普通高等教育"十一五"国家级规划教材配套参考书

信号与系统

重点与难点解析及模拟题

（第4版）

- 李　辉　主编
- 段哲民　严家明　姚如贵
  梁军利　夏召强　秦雨潇
  樊　晔　尹熙鹏　编

中国教育出版传媒集团
高等教育出版社·北京

内容简介

本书以普通高等教育"十一五"国家级规划教材《信号与系统》(第4版)的内容、结构体系、章节顺序为蓝本编写而成。基本内容有:信号与系统的基本概念、连续系统时域分析、连续信号频域分析、连续系统频域分析、连续系统复频域分析、复频域系统函数与系统模拟、离散信号与系统时域分析、离散信号与系统 z 域分析、状态变量法共九章内容。每一章内容由基本要求、重点与难点、典型例题、习题详解四个部分组成,最后增加了硕士研究生入学考试模拟题及解析等内容。

本书可作为普通高等学校电子信息类、自动化类、电气类、计算机类等专业的本科生信号与系统课程的辅导教材、报考硕士研究生的复习资料,也可供有关工程技术人员参考。

图书在版编目(CIP)数据

信号与系统:重点与难点解析及模拟题:第4版/李辉主编. --北京:高等教育出版社,2024.4

ISBN 978-7-04-060447-4

Ⅰ.①信… Ⅱ.①李… Ⅲ.①信号系统-高等学校-教学参考资料 Ⅳ.①TN911.6

中国国家版本馆CIP数据核字(2023)第079140号

Xinhao yu Xitong Zhongdian yu Nandian Jiexi ji Moniti

策划编辑 王 楠　责任编辑 王 楠　封面设计 王 琰　版式设计 李彩丽
责任绘图 李沛蓉　责任校对 张 然　责任印制 沈心怡

出版发行 高等教育出版社
社 址 北京市西城区德外大街4号
邮政编码 100120
印 刷 辽宁虎驰科技传媒有限公司
开 本 787mm×1092mm 1/16
印 张 27.25
字 数 600千字
购书热线 010-58581118
咨询电话 400-810-0598
网 址 http://www.hep.edu.cn
http://www.hep.com.cn
网上订购 http://www.hepmall.com.cn
http://www.hepmall.com
http://www.hepmall.cn
版 次 2024年4月第1版
印 次 2024年4月第1次印刷
定 价 54.00元

物 料 号 60447-00

前 言

信号与系统课程是电子信息类、电气类、自动化类和计算机类等专业重要的技术基础课程,在教学中具有承前启后、继往开来的作用,是学生合理知识结构的重要组成部分,在发展智力、培养能力和良好的非智力素质方面,起着极为重要的作用。

信号与系统课程的特点是内容多,有深度、新度和广度;用到的工程数学知识多,比较抽象;习题类型多,内涵深,外延大,难度高,计算量大,技巧性强。因此,编写团队编写了该教材供课程教学、学生自学和考研使用及参考,也可以用于部分专业研究生课程教学。

本教材是在《信号与系统重点与难点解析及模拟题》(第 3 版)的基础上,根据十多年的教学实践和教育部《高等学校工科基础课程教学基本要求》(2019 年)进行的修订。

本教材的编写团队长期从事信号与系统课程教学,教学经验丰富,在此次修订中,将科研成果融入教材,经典与现代融合,内容叙述深入浅出、关注知识点之间的联系,既帮助读者加深概念理解,又引导读者进一步思考;增加工程应用案例,引入课程发展新理论、新技术,将知识传授、价值塑造和能力培养融为一体,培养学生系统思维能力、批判性思维能力和创新意识。

本教材可作为普通高等学校电子信息类、自动化类、电气类、计算机类等专业的本科生信号与系统课程的辅导教材、报考研究生的复习资料,也可供有关工程技术人员参考。

本教材由西北工业大学李辉主编,段哲民、严家明、姚如贵、梁军利、夏召强、秦雨潇、樊晔、尹熙鹏编写。

本书在编写过程中得到了西北工业大学电子信息学院的大力支持,编者在此表示感谢。

由于水平有限,书中不足或错误之处在所难免,敬请广大读者批评指正。编者电子邮箱:lh@ nwpu. edu. cn。

编　者

2022 年 11 月

目　录

第1章　信号与系统的基本概念

第1章课件

本章论述了信号分析和系统分析问题：信号分析部分主要论述信号的描述、运算及变换等问题；系统分析部分主要研讨系统的特性、模型及系统在激励作用下的响应等问题。

1.1　基本要求

（1）了解信号与系统的基本概念与定义，会画信号的波形。

（2）了解常用基本信号的时域描述方法及其特点与性质，并会应用这些性质。

（3）深刻理解信号的时域分解及其变换与运算的方法，并会求解。

（4）深刻理解线性时不变系统的定义与性质，并会应用这些性质。

1.2　重点与难点

1.2.1　信号的定义与分类

1. 信号的定义

信号是带有信息（如语音、音乐、图像、数据等）、随时间（或空间）等变化的物理量或物理现象，其图形称为信号的波形。

2. 信号的分类

信号的分类见表1.1。

表1.1　信号的分类

序号	分类
1	连续信号与离散信号
2	确定信号与随机信号
3	周期信号与非周期信号
4	模拟信号与数字信号
5	实信号与复信号
6	能量信号与功率信号
7	非量化信号与量化信号
8	因果信号与非因果信号

备注：信号还有其他的分类形式。

1.2.2 基本连续信号

表1.2列出了常用的基本连续信号的函数式及波形。

表1.2　基本连续信号

序号	名称	函数式	波形
1	直流信号	$f(t)=A,\quad t\in\mathbf{R}$	f(t), A, O, t
2	正弦信号	$f(t)=A\cos(\omega t),\quad t\in\mathbf{R}$	f(t), A, O, −A, t
3	单位阶跃信号	$U(t)=\begin{cases}0, & t<0\\1, & t>0\end{cases}$	U(t), 1, 0, t
4	单位门信号	$G_\tau(t)=\begin{cases}0, & t<-\frac{\tau}{2},\quad t>\frac{\tau}{2}\\1, & -\frac{\tau}{2}<t<\frac{\tau}{2}\end{cases}$	$G_\tau(t)$, 1, −τ/2, 0, τ/2, t
5	单位冲激信号	$\begin{cases}\delta(t)=\begin{cases}\infty, & t=0\\0, & t\neq 0\end{cases}\\\int_{-\infty}^{\infty}\delta(t)\mathrm{d}t=1\end{cases}$	δ(t), (1), 0, 0^-, 0^+, t

续表

序号	名称	函数式	波形
6	单位冲激偶信号	$\delta'(t)=\frac{\mathrm{d}}{\mathrm{d}t}\delta(t)$	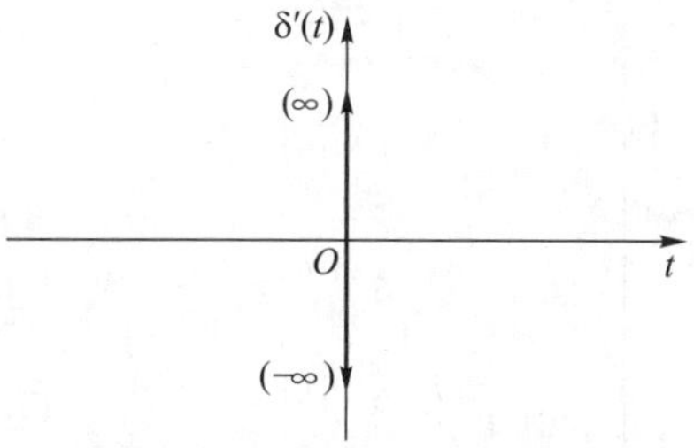
7	符号函数	$\mathrm{sgn}(t)=\begin{cases}1, & t>0\\ -1, & t<0\end{cases}$	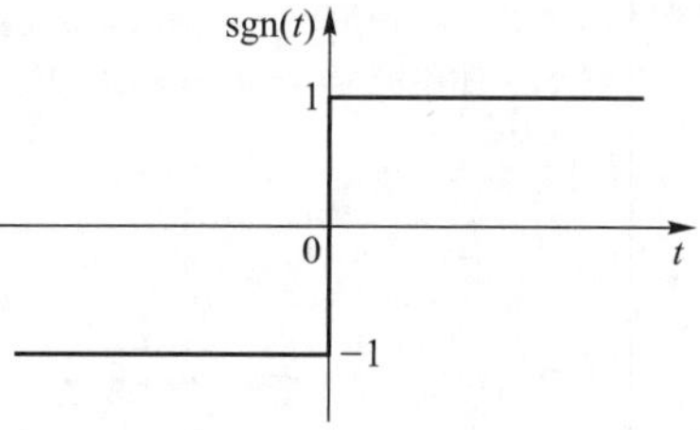
8	单位斜坡信号	$r(t)=tU(t)=\begin{cases}0, & t<0\\ t, & t\geqslant 0\end{cases}$	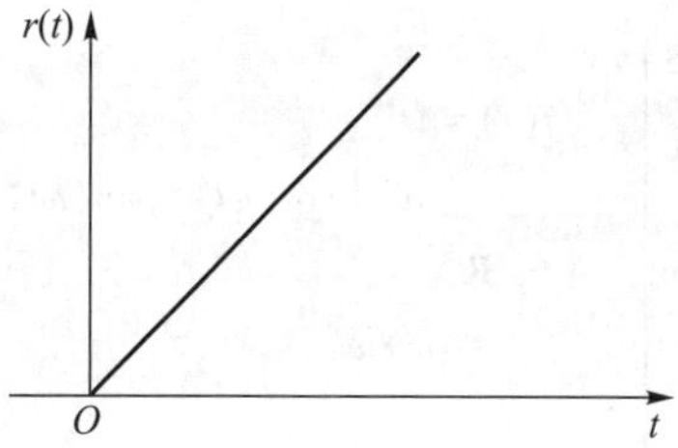
9	单边衰减指数信号	$f(t)=A\mathrm{e}^{-\alpha t}U(t),\quad \alpha>0$	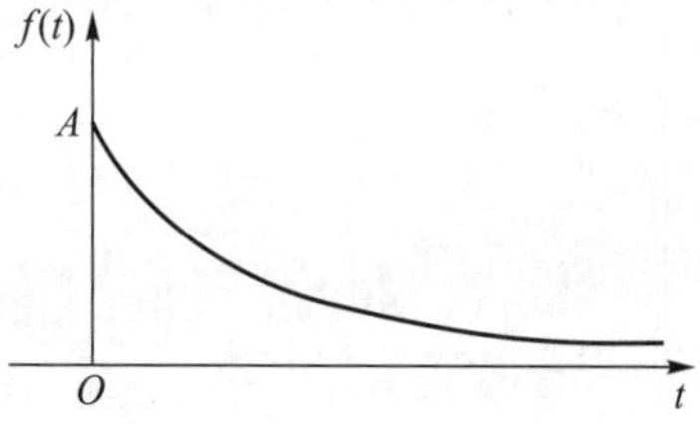
10	抽样信号	$f(t)=\frac{\sin t}{t}=\mathrm{Sa}(t),\quad t\in\mathbf{R}$	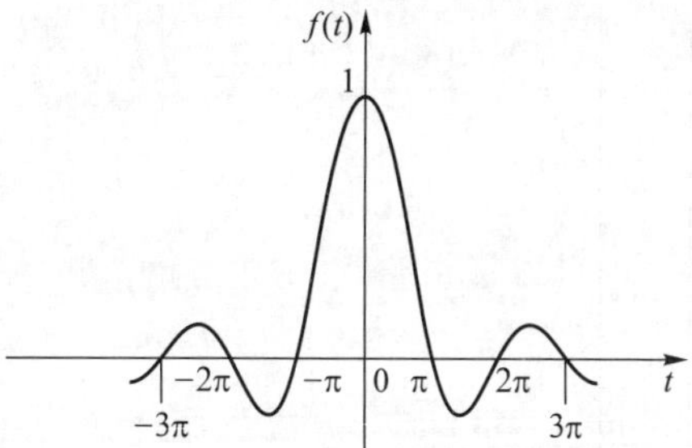

续表

序号	名称	函数式	波形
11	复指数信号	$f(t)=Ae^{st}$ $=Ae^{\sigma t}[\cos(\omega t)+\mathrm{j}\sin(\omega t)]$, $t\in\mathbf{R}$ $s=\sigma+\mathrm{j}\omega$	$Ae^{\sigma t}\sin(\omega_0 t),\ \sigma<0$; A, O, $-A$, t $Ae^{\sigma t}\cos(\omega_0 t),\ \sigma<0$; A, O, $-A$, t $Ae^{\sigma t}\sin(\omega_0 t),\ \sigma>0$; A, O, $-A$, t $Ae^{\sigma t}\cos(\omega_0 t),\ \sigma>0$; A, O, $-A$, t

续表

序号	名称	函数式	波形
12	钟形信号	$f(t)=E\mathrm{e}^{-\left(\frac{t}{\tau}\right)^2}, \quad t\in\mathbf{R}$	f(t), E, E/e, −τ, O, τ, t

1.2.3 δ(t)函数的性质

表 1.3 列出了 δ(t)函数的性质。

表 1.3 δ(t)函数的性质

序号	名称	函数表述
1	与有界函数 $f(t)$ 相乘	$f(t)\delta(t)=f(0)\delta(t)$ $f(t)\delta(t-t_0)=f(t_0)\delta(t-t_0)$
2	抽样性(积分性)	$\int_{-\infty}^{\infty}f(t)\delta(t)\mathrm{d}t=f(0)$ $\int_{-\infty}^{\infty}f(t_0)\delta(t-t_0)\mathrm{d}t=f(t_0)$
3	$\delta(t)$为偶函数	$\delta(t)=\delta(-t), \quad \delta(t-t_0)=\delta[-(t-t_0)]$
4	$\delta(t)$与 $U(t)$ 的关系	$\delta(t)=\frac{\mathrm{d}}{\mathrm{d}t}U(t)$ $U(t)=\int_{-\infty}^{t}\delta(\tau)\mathrm{d}\tau$
5	微分性——单位冲激偶信号	$\delta'(t)=\frac{\mathrm{d}}{\mathrm{d}t}\delta(t)$ $f(t)\delta'(t)=f(0)\delta'(t)-f'(0)\delta(t)$
6	尺度变换(展缩性)	$\delta(at)=\frac{1}{a}\delta(t), \quad a>0$
7	卷积性	$f(t)*\delta(t)=f(t), \quad f(t)*\delta(t\pm T)=f(t\pm T)$

1.2.4 δ′(t)函数的性质

表 1.4 列出了 δ′(t)函数的性质。

表1.4　$\delta'(t)$函数的性质

序号	名称	性质的数学描述
1	定义	$\delta'(t)=\frac{\mathrm{d}}{\mathrm{d}t}\delta(t)$
2	奇函数	$\delta'(t)=-\delta'(-t)$，　$\delta'(t-t_0)=-\delta'[-(t-t_0)]$
3	与有界函数$f(t)$相乘	$f(t)\delta'(t)=f(0)\delta'(t)-f'(0)\delta(t)$ $f(t)\delta'(t-t_0)=f(t_0)\delta'(t-t_0)-f'(t_0)\delta(t-t_0)$
4	尺度变换(展缩性)	$\delta'(at)=\frac{1}{a^2}\delta'(t)$，　$a>0$
5	积分性	$\int_{-\infty}^{\infty}\delta'(t)\mathrm{d}t=0$，　$\int_{-\infty}^{t}\delta'(\tau)\mathrm{d}\tau=\delta(t)$ $\int_{-\infty}^{\infty}f(t)\delta'(t)\mathrm{d}t=-f'(0)$，　$\int_{-\infty}^{\infty}f(t_0)\delta'(t-t_0)\mathrm{d}t=-f'(t_0)$
6	卷积性	$f(t)*\delta'(t)=f'(t)$，　$f(t)*\delta'(t\pm T)=f'(t\pm T)$

1.2.5　信号的时域分解

（1）任意信号$f(t)$可分解为在不同时刻阶跃、具有不同阶跃幅度的无穷多个阶跃函数的连续和，即

$$f(t)=\int_{-\infty}^{\infty}f'(\tau)U(t-\tau)\mathrm{d}\tau\approx\sum_{k=-\infty}^{\infty}f'(k\Delta\tau)U(t-k\Delta\tau)\Delta\tau$$

（2）任意信号$f(t)$可分解为在不同时刻出现、具有不同强度的无穷多个冲激函数的连续和，即

$$f(t)=\int_{-\infty}^{\infty}f(\tau)\delta(t-\tau)\mathrm{d}\tau\approx\sum_{k=-\infty}^{\infty}f(k\Delta\tau)\delta(t-k\Delta\tau)\Delta\tau$$

（3）任意信号$f(t)$可分解为直流分量$f_{\mathrm{D}}(t)$与交流分量$f_{\mathrm{A}}(t)$之和，即

$$f(t)=f_{\mathrm{D}}(t)+f_{\mathrm{A}}(t)$$

（4）任意信号$f(t)$可分解为偶分量$f_{\mathrm{e}}(t)$与奇分量$f_{\mathrm{o}}(t)$之和，即

$$f(t)=f_{\mathrm{e}}(t)+f_{\mathrm{o}}(t)$$

式中

$$f_{\mathrm{e}}(t)=\frac{1}{2}[f(t)+f(-t)]$$

$$f_{\mathrm{o}}(t)=\frac{1}{2}[f(t)-f(-t)]$$

1.2.6　信号的时域变换

表1.5列出了信号的时域变换。

表 1.5 信号的时域变换

序号	原信号	变换的名称	变换后的信号
1	$f(t)$	反折	$f(-t)$
2	$f(t)$	时移 τ	$f(t-\tau)$
3	$f(t)$	倒相	$-f(t)$
4	$f(t)$	时域展缩	$f(at)$， $0<a<1$ 时 $f(at)$ 展宽，$a>1$ 时 $f(at)$ 压缩

1.2.7 信号的时域运算

表 1.6 列出了信号时域的相关运算。

表 1.6 信号的时域运算

序号	名称	系统模拟	运算式
1	相加	$f_1(t)$ $f_2(t)$ Σ $y(t)$ 加法器	$y(t)=f_1(t)+f_2(t)$
2	相乘	$f_1(t)$ $f_2(t)$ × $y(t)$ 乘法器(调制器)	$y(t)=f_1(t)f_2(t)$
3	数乘	$f(t)$ a $y(t)$ 数乘器	$y(t)=af(t)$
4	微分	$f(t)$ $\frac{\mathrm{d}}{\mathrm{d}t}$ $y(t)$ 微分器	$y(t)=\frac{\mathrm{d}}{\mathrm{d}t}f(t)$
5	积分	$f(t)$ $\int$ $y(t)$ 积分器	$y(t)=\int_{-\infty}^{t}f(\tau)\mathrm{d}\tau$

1.2.8　系统的定义与分类

能够完成某种变换与运算或传输功能的集合体称为系统,如图1.1所示。其中,$H[\ ]$称为算子,表示将输入信号$f(t)$进行某种运算后得到输出信号$y(t)$。

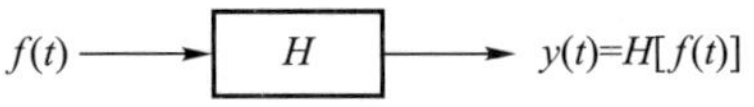

图1.1

根据不同的分类原则,系统可以分为:

(1) 动态系统与非动态系统。若系统在t_0时刻的响应$y(t_0)$不仅与t_0时刻的激励$f(t_0)$有关,且与区间$(-\infty,t_0]$的激励有关,则这种系统称为动态系统,也称记忆系统。若系统在t_0时刻的响应$y(t_0)$只与t_0时刻的激励$f(t_0)$有关,则这种系统称为非动态系统或静态系统,也称非记忆系统或即时系统。

(2) 线性系统与非线性系统。能同时满足齐次性与叠加性的系统称为线性系统。满足叠加性是线性系统的必要条件。不能同时满足齐次性与叠加性的系统称为非线性系统。

(3) 时不变系统与时变系统。能满足时不变性质的系统称为时不变系统,否则称为时变系统。

(4) 因果系统与非因果系统。能满足因果性质的系统称为因果系统,也称可实现系统。因果系统的特点是:$t>0$时作用于系统的激励,在$t<0$时不会在系统中产生响应。不满足因果性质的系统称为非因果系统,也称为不可实现系统。

(5) 连续时间系统与离散时间系统。

(6) 集中参数系统与分布参数系统。

1.2.9　线性时不变系统的性质

设$f(t)\to y(t)$,$f_1(t)\to y_1(t)$,$f_2(t)\to y_2(t)$,A、A_1、A_2为任意常数,则线性时不变系统的性质如表1.7所示。

表1.7　线性时不变系统的性质

序号	名称	数学描述
1	齐次性	$Af(t)\to Ay(t)$
2	叠加性	$f_1(t)+f_2(t)\to y_1(t)+y_2(t)$
3	线性	$A_1f_1(t)+A_2f_2(t)\to A_1y_1(t)+A_2y_2(t)$
4	时不变性(延迟性)	$f(t-\tau)\to y(t-\tau)$
5	微分性	$\frac{\mathrm{d}f(t)}{\mathrm{d}t}\to\frac{\mathrm{d}y(t)}{\mathrm{d}t}$
6	积分性	$\int_{-\infty}^{t}f(\tau)\mathrm{d}\tau\to\int_{-\infty}^{t}y(\tau)\mathrm{d}\tau$

1.3 典 型 例 题

例 1.1 判断下列各信号是否为周期信号,若为周期信号,求出其周期。

(1) $f(t)=\cos(8t)-\sin(12t)$　　(2) $f(t)=\cos(2t)+2\sin(\pi t)$

(3) $f(k)=\cos(\omega k)$,ω 为正整数　　(4) $f(k)=\cos\left(\dfrac{\pi}{4}k\right)+2\sin(4\pi k)$

解:由信号周期性的性质得

(1) $\cos(8t)$为周期信号,周期为 $T_1=\dfrac{2\pi}{8}=\dfrac{\pi}{4}$;$\sin(12t)$为周期信号,周期为 $T_2=\dfrac{2\pi}{12}=\dfrac{\pi}{6}$,且$\dfrac{T_1}{T_2}=\dfrac{3}{2}$为有理数,故$f(t)$为周期信号,其周期 T 等于 T_1 与 T_2 的最小公倍数,即 $T=\dfrac{\pi}{2}$。

(2) $\cos(2t)$为周期信号,周期为 $T_1=\dfrac{2\pi}{2}=\pi$;$2\sin(\pi t)$为周期信号,周期为 $T_2=\dfrac{2\pi}{\pi}=2$,但$\dfrac{T_1}{T_2}=\dfrac{\pi}{2}$为无理数,$T_1$ 与 T_2 之间不存在最小公倍数,故$f(t)$为非周期信号。此题说明两个周期信号之和不一定是周期信号。

(3) $f(k)$的周期 $N=\dfrac{2\pi}{\omega}$,N 应为正整数,但由于 π 为无理数,N 不可能为正整数,故$f(k)$为非周期信号。

(4) $\cos\left(\dfrac{\pi}{4}k\right)$为周期信号,周期为 $N_1=\dfrac{2\pi}{\frac{\pi}{4}}=8$;$2\sin(4\pi k)$为周期信号,周期为$N_2=\dfrac{2\pi}{4\pi}=\dfrac{1}{2}$。故$f(k)$为周期信号,其周期 N 等于 N_1 与 N_2 的最小公倍数,即 $N=8$。

例 1.2 试确定下列信号的周期。

(1) $f(t)=3\cos\left(4t+\dfrac{\pi}{3}\right)$　　(2) $f(k)=2\cos\left(\dfrac{\pi}{4}k\right)+\sin\left(\dfrac{\pi}{8}k\right)-2\cos\left(\dfrac{\pi}{2}k+\dfrac{\pi}{6}\right)$

解:由周期信号的性质得

(1) $T=\dfrac{2\pi}{4}=\dfrac{\pi}{2}$。

(2) $2\cos\left(\dfrac{\pi}{4}k\right)$的周期为 $N_1=\dfrac{2\pi}{\frac{\pi}{4}}=8$,$\sin\left(\dfrac{\pi}{8}k\right)$的周期为 $N_2=\dfrac{2\pi}{\frac{\pi}{8}}=16$,$\cos\left(\dfrac{\pi}{2}k+\dfrac{\pi}{6}\right)$的周期为$N_3=\dfrac{2\pi}{\frac{\pi}{2}}=4$,故 $f(k)$的周期为 $N=16$。

例 1.3 判断下列各信号的类型。

(1) $f(t)=\mathrm{e}^{-t}\cos(\omega t)$　　(2) $f(t)=U[\cos(\pi t)]$

(3) $f(t)=\operatorname{sgn}[\sin(\pi t)]$　　(4) $f(k)=e^{-Tk}$

(5) $f(k)=\cos(\pi k)$　　(6) $f(k)=\sin(\omega_0 k)$

(7) $f(k)=\left(\frac{1}{2}\right)^k, k\in\mathbf{Z}$

解:由信号分类的定义得

(1) 该信号为连续信号。

(2) 该信号为连续信号、量化信号,只取0、1值。

(3) 该信号为连续信号、量化信号,只取1、-1值。

(4) 该信号为离散信号。

(5) 该信号为离散信号、数字信号。

(6) 该信号为离散信号。

(7) 该信号为离散信号。

例1.4　判断下列信号是功率信号还是能量信号。

(1) $f(t)=e^{-at}U(t), a>0$　　(2) $f(t)=A\cos(\omega t+\varphi)$

(3) $f(t)=tU(t)$　　(4) $f(k)=(-0.5)^k U(k)$

(5) $f(k)=U(k)$

解:根据功率信号与能量信号的定义进行分析。

(1) 由于

$$W=\int_{-\infty}^{\infty}|f(t)|^2\mathrm{d}t=\int_0^{\infty}e^{-2at}\mathrm{d}t=\frac{1}{2a}<\infty$$

故$f(t)$为能量信号。

(2) 周期信号均为功率信号,$P=\frac{1}{2}A^2<\infty$。

(3) 由于

$$W=\int_{-\infty}^{\infty}|f(t)|^2\mathrm{d}t=\int_0^{\infty}t^2\mathrm{d}t\to\infty$$

$$P=\lim_{T\to\infty}\frac{1}{T}\int_{-\frac{T}{2}}^{\frac{T}{2}}|f(t)|^2\mathrm{d}t=\lim_{T\to\infty}\frac{1}{T}\int_0^{\frac{T}{2}}t^2\mathrm{d}t\to\infty$$

故$f(t)$既不是能量信号也不是功率信号。无界的与非收敛的非周期信号,即不是能量信号,也不是功率信号。

(4) 由于

$$W=\sum_{k=-\infty}^{\infty}|f(k)|^2=\sum_{k=0}^{\infty}0.25^k=\frac{1}{1-0.25}=\frac{4}{3}<\infty$$

故$f(t)$是能量信号。

(5) 由于

$$P=\lim_{N\to\infty}\frac{1}{2N+1}\sum_{k=0}^{N}|f(k)|^2=\lim_{N\to\infty}\frac{1}{2N+1}\sum_{k=0}^{N}1^2=\lim_{N\to\infty}\frac{1}{2N+1}(N+1)=\frac{1}{2}<\infty$$

故 $f(t)$ 为功率信号。

例 1.5 求下列积分函数 $y(t)$，并画出 $y(t)$ 的波形。

(1) $y_1(t)=\int_{-\infty}^{\infty}\delta(4-2t)\,\mathrm{d}t$ (2) $y_2(t)=\int_{-\infty}^{t}\delta(4-2\tau)\,\mathrm{d}\tau$

(3) $y_3(t)=\int_{t}^{\infty}\delta(4-2\tau)\,\mathrm{d}\tau$ (4) $y_4(t)=\int_{t-2}^{\infty}\delta(4-2\tau)\,\mathrm{d}\tau$

解:由信号的积分性得

(1) $y_1(t)=\int_{-\infty}^{\infty}\delta[2(2-t)]\,\mathrm{d}t=\frac{1}{2}\int_{-\infty}^{\infty}\delta(2-t)\,\mathrm{d}t=\frac{1}{2}\int_{-\infty}^{\infty}\delta(t-2)\,\mathrm{d}t=\frac{1}{2}$。

(2) $y_2(t)=\int_{-\infty}^{t}\delta[2(2-\tau)]\,\mathrm{d}\tau=\frac{1}{2}\int_{-\infty}^{t}\delta(\tau-2)\,\mathrm{d}\tau=\frac{1}{2}U(t-2)$。

(3) $y_3(t)=\frac{1}{2}\int_{t}^{\infty}\delta(\tau-2)\,\mathrm{d}\tau=\frac{1}{2}U(2-t)$。

(4) $y_4(t)=\frac{1}{2}\int_{t-2}^{\infty}\delta(\tau-2)\,\mathrm{d}\tau=\frac{1}{2}U(4-t)$。

其各自波形分别如图例 1.5(a)(b)(c)(d)所示。

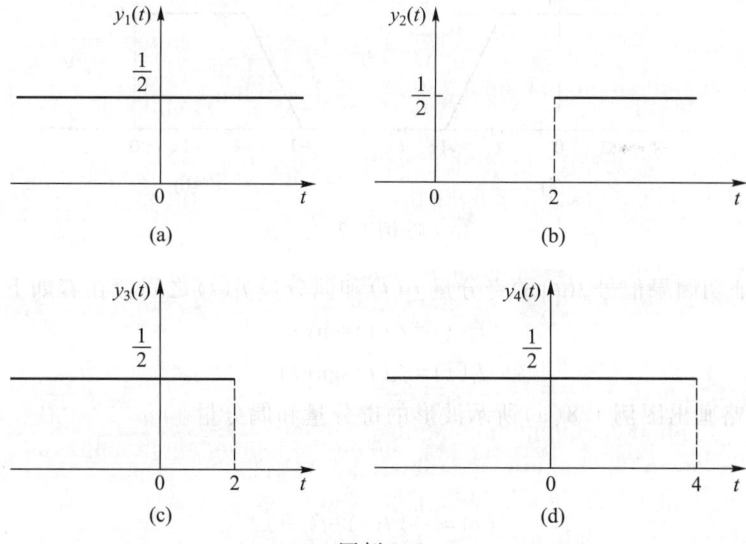

图例 1.5

例 1.6 求下列积分。

(1) $\int_{-5}^{5}(3t-2)[\delta(t)+\delta(t-2)]\,\mathrm{d}t$

(2) $\int_{-\infty}^{\infty}(2-t)[\delta'(t)+\delta(t)]\,\mathrm{d}t$

(3) $\int_{-5}^{5}(t^2-2t+3)\delta'(t-2)\,\mathrm{d}t$

(4) $\int_{-5}^{1}[\delta(t-2)+\delta(t+4)]\cos\left(\frac{\pi}{2}t\right)\mathrm{d}t$

解:由信号的积分性得

(1) 原式 $=\int_{-5}^{5}(3t-2)\delta(t)\mathrm{d}t+\int_{-5}^{5}(3t-2)\delta(t-2)\mathrm{d}t=-2+(3\times2-2)=2$。

(2) 原式 $=\int_{-\infty}^{\infty}(2-t)\delta'(t)\mathrm{d}t+\int_{-\infty}^{\infty}(2-t)\delta(t)\mathrm{d}t=1+2=3$。

(3) 原式 $=-(t^2-2t+3)'\big|_{t=2}=-(2t-2)\big|_{t=2}=-2$。

(4) 原式 $=\int_{-5}^{1}\cos\left(\frac{\pi}{2}t\right)\delta(t-2)\mathrm{d}t+\int_{-5}^{1}\cos\left(\frac{\pi}{2}t\right)\delta(t+4)\mathrm{d}t=0+1=1$。

例 1.7　已知信号 $f\left(-\frac{1}{2}t\right)$ 的波形如图例 1.7(a)所示,画出信号 $f(t+1)U(-t)$ 的波形。

解:信号 $f(t+1)U(-t)$ 的波形如图例 1.7(b)所示。

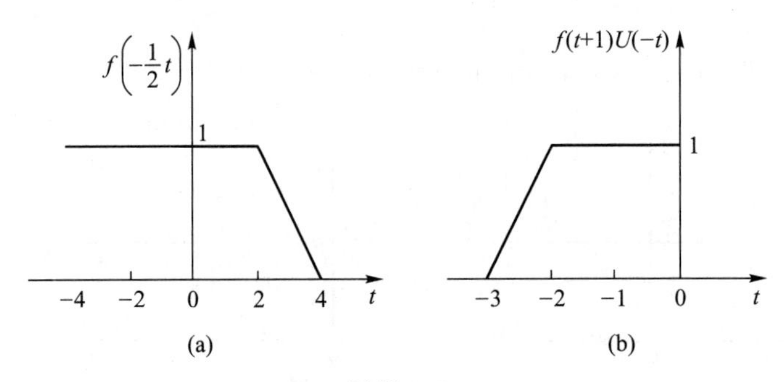

图例 1.7

例 1.8　证明因果信号 $f(t)$ 的奇分量 $f_o(t)$ 和偶分量 $f_e(t)$ 之间存在着如下关系式:

$$f_o(t)=f_e(t)\,\mathrm{sgn}(t)$$

$$f_e(t)=f_o(t)\,\mathrm{sgn}(t)$$

并用此结果粗略画出图例 1.8(a)所示波形的奇分量和偶分量。

解:由于

$$f_o(t)=\frac{1}{2}[f(t)-f(-t)]$$

故有

$$f_o(t)\,\mathrm{sgn}(t)=\frac{1}{2}[f(t)\,\mathrm{sgn}(t)-f(-t)\,\mathrm{sgn}(t)]=\frac{1}{2}[f(t)+f(-t)]=f_e(t)$$

同理

$$f_e(t)\,\mathrm{sgn}(t)=f_o(t)$$

其中,$f_o(t)$ 与 $f_e(t)$ 的波形如图例 1.8(b)(c)所示。

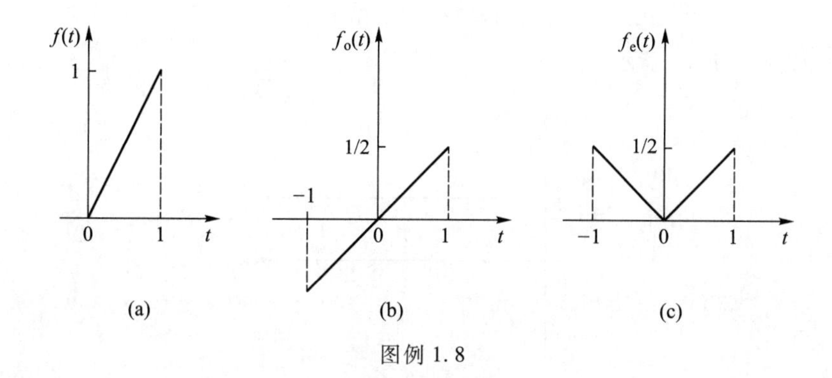

图例 1.8

例 1.9 试画出信号 $f(t)=\operatorname{sgn}\left[\cos\left(\frac{\pi}{2}t\right)\right]$ 的波形。

解：$f(t)=\operatorname{sgn}\left[\cos\left(\frac{\pi}{2}t\right)\right]$ 的波形如图例 1.9 所示。

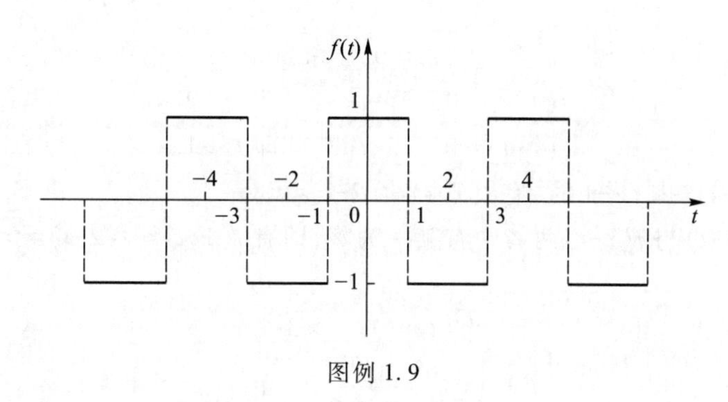

图例 1.9

例 1.10 已知 $f(1-2t)$ 的波形如图例 1.10(a)所示，试画出 $f(t)$ 的波形。

解：$f(t)$ 的波形如图例 1.10(b)所示。

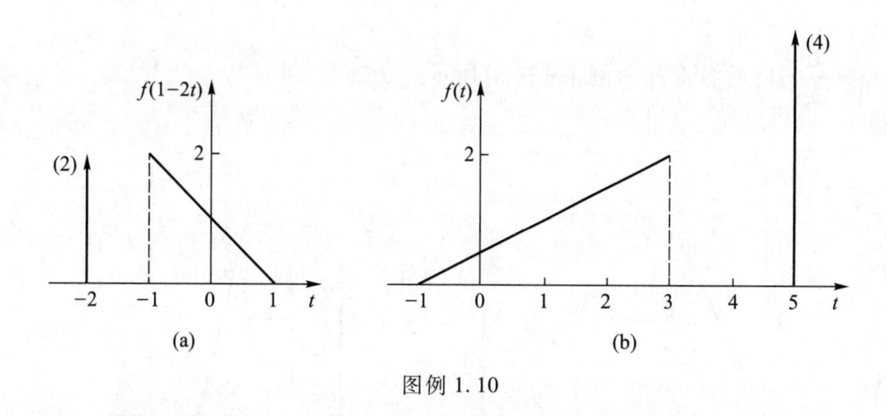

图例 1.10

例 1.11 已知 $f(t)=(t^2+4)U(t)$。求 $f''(t)$，并画出其波形。

解：由信号的微分性得

$$f'(t)=2tU(t)+(t^2+4)\delta(t)=2tU(t)+4\delta(t)$$

$$f''(t)=2U(t)+4\delta'(t)$$

$f''(t)$的波形如图例1.11所示。

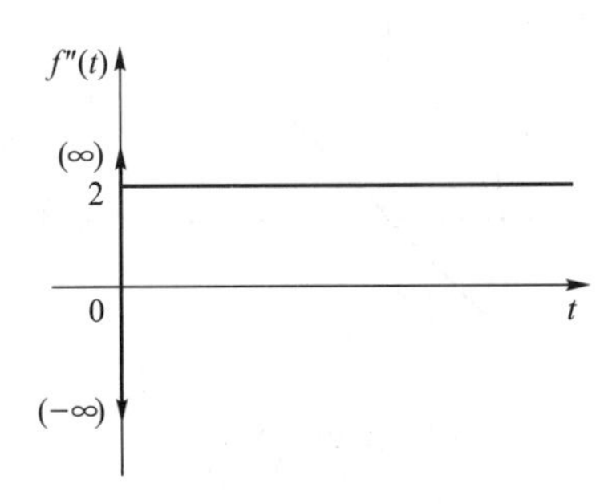

图例1.11

例1.12　设$f(t)=0,t<3$。试确定使下列信号为零的t值。

(1) $f(1-t)+f(2-t)$　　(2) $f(1-t)f(2-t)$　　(3) $f\left(\frac{1}{3}t\right)$

解:(1) 因

$$f(t)=0,\quad t<3$$

故

$$f(1-t)=0,\quad 1-t<3,\quad 即\ t>-2$$

$$f(2-t)=0,\quad 2-t<3,\quad 即\ t>-1$$

故得其交集为$t>-1$。即$t>-1$时,有$f(1-t)+f(2-t)=0$。

(2) 只要$f(1-t)$与$f(2-t)$两者中有某一为零,即有$f(1-t)\cdot f(2-t)=0$,故得

$$t>-2$$

(3) 因

$$f(t)=0,\quad t<3$$

故

$$f\left(\frac{1}{3}t\right)=0,\quad \frac{1}{3}t<3,\quad 即\ t<9$$

例1.13　已知$f(t)$的波形如图例1.13(a)所示,试画出$f\left(-\frac{1}{2}t-1\right)$的波形。

解:$f\left(-\frac{1}{2}t-1\right)$的波形如图例1.13(b)所示。

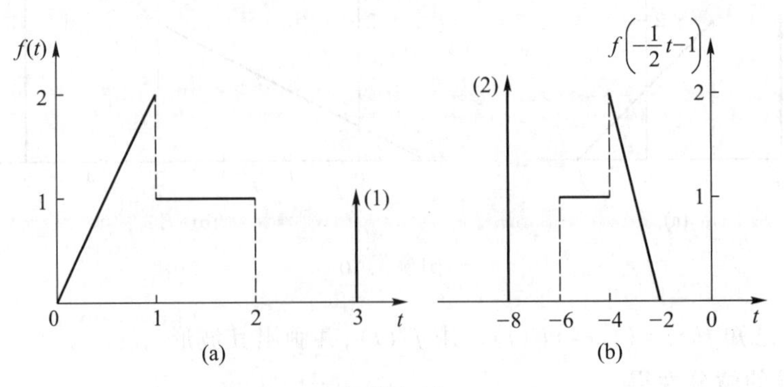

图例1.13

例 1.14 某线性时不变系统在零状态下激励 $f_1(t)$ 与响应 $y_1(t)$ 的波形如图例 1.14(a)所示。试求激励波形为 $f_2(t)$ 时响应 $y_2(t)$ 的波形。

解:因有

$$f_2(t)=\int_{-\infty}^{t} f_1(\tau)\,\mathrm{d}\tau$$

故有

$$y_2(t)=\int_{-\infty}^{t} y_1(\tau)\,\mathrm{d}\tau$$

其波形如图例 1.14(b)所示。

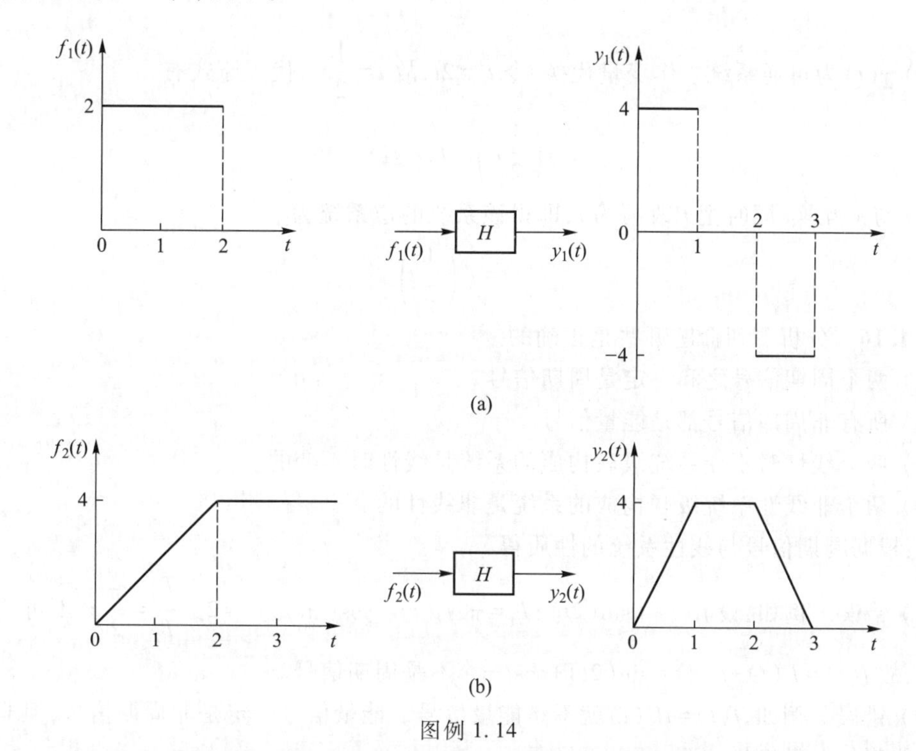

图例 1.14

例 1.15 判断下列系统是否是可逆的,若可逆,给出它的逆系统;若不可逆,指出使该系统产生相同输出的两个输入信号。

(1) $y(t)=f(t-5)$　　(2) $y(t)=\dfrac{\mathrm{d}}{\mathrm{d}t}f(t)$

(3) $y(t)=\int_{-\infty}^{t} f(\tau)\,\mathrm{d}\tau$　　(4) $y(t)=f(2t)$

解:若系统的激励不同,产生的响应也不同,则这样的系统称为可逆系统,否则称为不可逆系统。两个互逆系统的单位冲激响应 $h_1(t)$ 和 $h_2(t)$ 满足 $h_1(t)*h_2(t)=\delta(t)$。

(1) $y(t)$ 为可逆系统。作变量代换,令 $t'=t-5$,故 $t=t'+5$,代入原式有

$$y(t'+5)=f(t')$$

然后将 f 换成 y,将 y 换成 f,同时把 t' 改写为 t,即得该系统的逆系统为

$$y(t)=f(t+5)$$

可见，原系统为因果的，其逆系统则为非因果的。

（2）$y(t)$为不可逆系统。令$f_1(t)=C_1$，则响应$y_1(t)=0$；令$f_2(t)=C_2(C_2\neq C_1)$，则响应$y_2(t)=0$。可见，不同的激励$f_1(t)$、$f_2(t)$产生了相同的响应$y_1(t)=y_2(t)=0$，故系统是不可逆的。

（3）$y(t)$为可逆系统。因有

$$\frac{\mathrm{d}}{\mathrm{d}t}y(t)=f(t)$$

将f与y互换，即得该系统的可逆系统为

$$y(t)=\frac{\mathrm{d}}{\mathrm{d}t}f(t)$$

（4）$y(t)$为可逆系统。作变量代换，令$t'=2t$，故$t=\frac{1}{2}t'$，代入原式有

$$y\left(\frac{1}{2}t'\right)=f(t')$$

然后将f与y互换，同时把t'改写为t，即得该系统的逆系统为

$$y(t)=f\left(\frac{1}{2}t\right)$$

例1.16　分析下列命题哪些是正确的。

（1）两个周期信号之和一定是周期信号。

（2）所有非周期信号都是能量信号。

（3）两个线性时不变系统级联构成的系统是线性时不变的。

（4）两个非线性系统级联构成的系统是非线性的。

解：根据周期信号与线性系统的性质得

（1）错误。例如，设$f_1(t)=\sin(2t)$，$T_1=\pi$；$f_2(t)=\cos(\pi t)$，$T_2=2$。$\frac{T_1}{T_2}=\frac{\pi}{2}\neq$不可约的正整数比，故$f(t)=f_1(t)+f_2(t)=\sin(2t)+\cos(\pi t)$不是周期信号。

（2）错误。例如，$f(t)=tU(t)$就不是能量信号。能量信号一定是非周期信号，但非周期信号并非都是能量信号。

（3）正确。

（4）错误。例如，非线性系统1为$y(t)=[f(t)]^3$，非线性系统2为$y(t)=[f(t)]^{\frac{1}{3}}$，则级联构成的系统为$y(t)=f(t)$，此系统是线性的。

例1.17　某线性时不变系统，当激励为图例1.17(a)所示三个形状相同的波形时，其零状态响应$y_1(t)$如图例1.17(b)所示。试求当激励为图例1.17(c)所示的$f_2(t)$[$f_2(t)$每个波形都与图(a)中的任一个形状相同]时的零状态响应$y_2(t)$。

解：因有

$$f_2(t)=f_1(t)-f_1(t-1)+f_1(t-2)$$

故得

$$y_2(t)=y_1(t)-y_1(t-1)+y_1(t-2)$$

其中，$y_2(t)$的波形如图例1.17(d)所示。

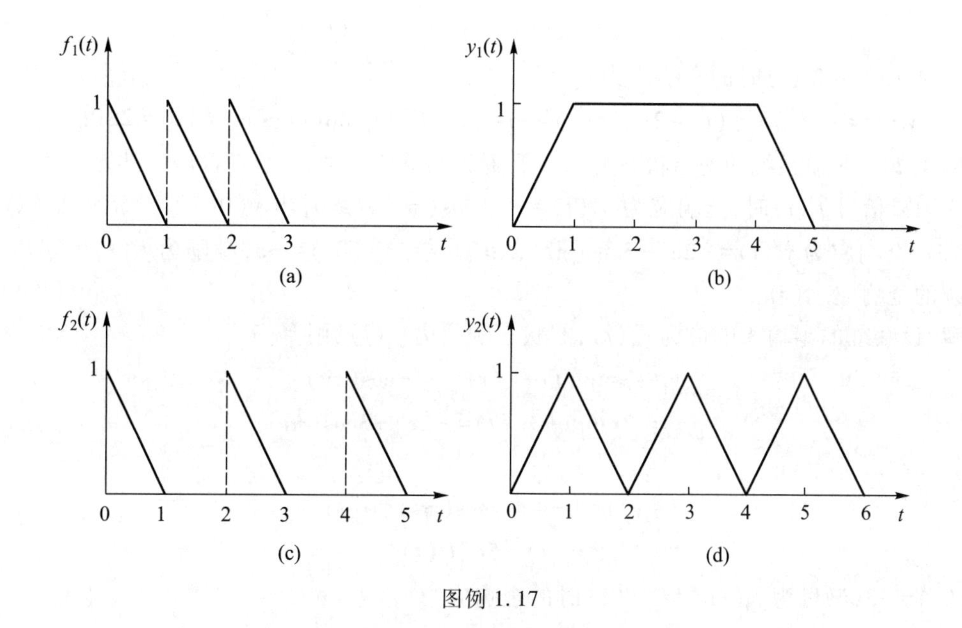

图例 1.17

例 1.18 某线性时不变系统在相同的条件下,当激励为 $f(t)$ [$t<0$ 时 $f(t)=0$]时,其全响应为 $y_1(t)=2e^{-t}+\cos(2t)$, $t>0$;当激励为 $2f(t)$ 时,其全响应为 $y_2(t)=e^{-t}+2\cos(2t)$, $t>0$。试求在同样的初始条件下,当激励为 $4f(t)$ 时系统的全响应 $y(t)$。

解:设系统的零输入响应为 $y_x(t)$,激励为 $f(t)$ 时的零状态响应为 $y_f(t)$,则有

$$y_1(t)=y_x(t)+y_f(t)=2e^{-t}+\cos(2t)$$

$$y_2(t)=y_x(t)+2y_f(t)=e^{-t}+2\cos(2t)$$

联解得

$$y_f(t)=-e^{-t}+\cos(2t)$$

$$y_x(t)=3e^{-t}$$

则当输入激励为 $4f(t)$ 时的全响应为

$$y(t)=y_x(t)+4y_f(t)=3e^{-t}+4[-e^{-t}+\cos(2t)]=-e^{-t}+4\cos(2t),\quad t>0$$

例 1.19 线性时不变一阶系统的单位阶跃响应 $g(t)=(1-e^{-2t})U(t)$。当初始状态 $y(0^-)=2$,激励 $f_1(t)=e^{-t}U(t)$ 时,其响应为 $y_1(t)=2e^{-t}U(t)$。求当初始状态为 $y(0^-)=4$,激励 $f_2(t)=\delta'(t)$ 时的全响应 $y_2(t)$。

解:由题意得

$$h(t)=g'(t)=\frac{d}{dt}[1-e^{-2t}]U(t)=2e^{-2t}U(t)$$

$$h'(t)=\frac{d}{dt}h(t)=2\delta(t)-4e^{-2t}U(t)$$

激励 $f_1(t)=e^{-t}U(t)$ 时的零状态响应为

$$y_{f1}(t)=f_1(t)*h(t)=\int_{-\infty}^{\infty}e^{-\tau}U(\tau)\times 2e^{-2(t-\tau)}U(t-\tau)d\tau=(2e^{-t}-2e^{-2t})U(t)$$

初始状态为 $y(0^-)=2$ 时的零输入响应为

$$y_{x1}(t)=y_1(t)-y_{f1}(t)=2\mathrm{e}^{-2t}U(t)$$

$y(0^-)=4$，$f_2(t)=\delta'(t)$时的全响应为

$$y_2(t)=y_{x2}(t)+y_{f2}(t)=2y_{x1}(t)+h'(t)=4\mathrm{e}^{-2t}U(t)+2\delta(t)-4\mathrm{e}^{-2t}U(t)=2\delta(t)$$

例 1.20　一阶系统的初始状态为$y(0^-)$，激励与响应分别为$f(t)$、$y(t)$。已知$y(0^-)=1$，激励为因果信号$f_1(t)$时，全响应为$y_1(t)=\mathrm{e}^{-t}+\cos(\pi t)$，$t\geqslant 0$；当$y(0^-)=2$，激励为$f_2(t)=3f_1(t)$时，全响应为$y_2(t)=-2\mathrm{e}^{-t}+3\cos(\pi t)$，$t\geqslant 0$。求当$y(0^-)=-3$，激励为$f_3(t)=5f_1(t-1)$时系统的全响应$y_3(t)$。

解：设系统的零输入响应为$y_x(t)$，零状态响应为$y_f(t)$，则有

$$y_1(t)=y_x(t)+y_f(t)=\mathrm{e}^{-t}+\cos(\pi t)$$

$$y_2(t)=2y_x(t)+3y_f(t)=-2\mathrm{e}^{-t}+3\cos(\pi t)$$

解得

$$y_f(t)=[-4\mathrm{e}^{-t}+\cos(\pi t)]U(t)$$

$$y_x(t)=5\mathrm{e}^{-t}U(t)$$

故$y(0^-)=-3$，激励为$f_3(t)=5f_1(t-1)$时的全响应为

$$\begin{aligned}y_3(t)&=-3y_x(t)+5y_f(t-1)=-3\times5\mathrm{e}^{-t}U(t)+5\{-4\mathrm{e}^{-(t-1)}+\cos[\pi(t-1)]\}U(t-1)\\&=-15\mathrm{e}^{-t}U(t)+\{-20\mathrm{e}^{-(t-1)}+5\cos[\pi(t-1)]\}U(t-1)\end{aligned}$$

例 1.21　某线性时不变系统，当激励$f_1(t)=U(t)$时，响应$y_1(t)=\mathrm{e}^{-at}U(t)\ (a>0)$。试求当激励$f_2(t)=\delta(t)$时，响应$y_2(t)$的表达式。（假定起始时刻系统无储能。）

解：已知

$$f_1(t)=U(t)\rightarrow y_1(t)=\mathrm{e}^{-at}U(t)$$

$y_1(t)$的波形如例图1.21(a)所示。

又因$\delta(t)=\dfrac{\mathrm{d}}{\mathrm{d}t}U(t)$，故

$$y_2(t)=\frac{\mathrm{d}}{\mathrm{d}t}y_1(t)=\frac{\mathrm{d}}{\mathrm{d}t}[\mathrm{e}^{-at}U(t)]=-a\mathrm{e}^{-at}U(t)+\mathrm{e}^{-at}\delta(t)=\delta(t)-a\mathrm{e}^{-at}U(t)$$

$y_2(t)$的波形如图例1.21(b)所示。

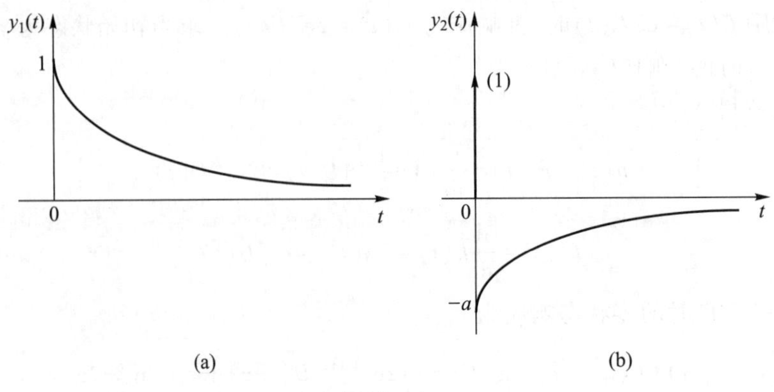

图例 1.21

例 1.22 某线性时不变系统,已知当激励为$f(t)$时,其零状态响应为$y(t)=\int_{t-2}^{\infty}\mathrm{e}^{t-\tau}f(\tau-1)\mathrm{d}\tau$。求该系统的单位冲激响应 $h(t)$,判断该系统是否为因果、稳定系统。

解:由题意得

(1) 令$f(t)=\delta(t)$,有

$$
\begin{aligned}
h(t)&=\int_{t-2}^{\infty}\mathrm{e}^{t-\tau}\delta(\tau-1)\mathrm{d}\tau=\int_{t-2}^{\infty}\mathrm{e}^{t-1}\delta(\tau-1)\mathrm{d}\tau=\mathrm{e}^{t-1}\int_{t-2}^{\infty}\delta(\tau-1)\mathrm{d}\tau=\mathrm{e}^{t-1}[U(\tau-1)]_{t-2}^{\infty}\\
&=\mathrm{e}^{t-1}[U(\infty)-U(t-3)]=\mathrm{e}^{t-1}[1-U(t-3)]\\
&=\mathrm{e}^{t-1}\{U[-(t-3)]+U(t-3)-U(t-3)\}=\mathrm{e}^{t-1}U[-(t-3)]\\
&=\mathrm{e}^{t-1}U(3-t)
\end{aligned}
$$

(2) $h(t)$的波形如图例 1.22 所示。可见 $t<0$ 时,$h(t)\neq0$,故该系统为非因果系统。

(3) 稳定系统的充分必要条件是

$$\int_{-\infty}^{\infty}|h(t)|\mathrm{d}t<\infty$$

即

$$\int_{-\infty}^{\infty}\mathrm{e}^{t-1}U(3-t)\mathrm{d}t=\int_{-\infty}^{3}\mathrm{e}^{t-1}\mathrm{d}t=\mathrm{e}^{-1}\int_{-\infty}^{3}\mathrm{e}^{t}\mathrm{d}t=\mathrm{e}^{-1}[\mathrm{e}^{t}]_{-\infty}^{3}=\mathrm{e}^{-1}(\mathrm{e}^{3}-0)=\mathrm{e}^{2}<\infty$$

故该系统为稳定系统。从 $h(t)$的波形也可以看出该系统是稳定系统。

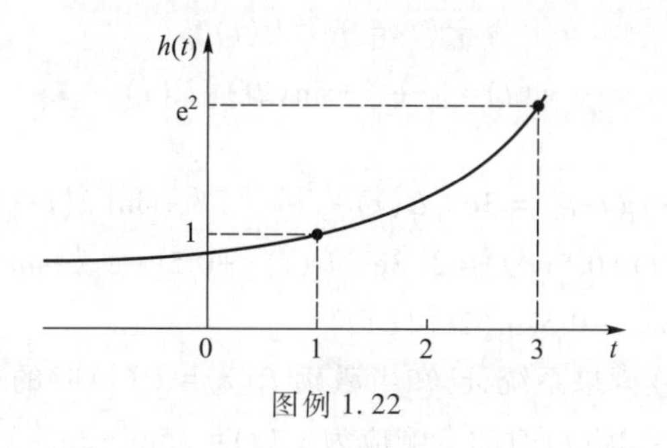

图例 1.22

例 1.23 已知线性时不变系统的微分方程为 $y'(t)+ay(t)=f(t)$,在激励$f(t)$作用下的零状态响应为 $y(t)=(1-\mathrm{e}^{-t})U(t)$。求方程 $y'(t)+ay(t)=2f(t)+f'(t)$的响应。

解:根据线性时不变系统的齐次性与微分性及叠加性求解。

当激励为 $2f(t)$时,其响应为

$$y_1(t)=2(1-\mathrm{e}^{-t})U(t)$$

当激励为$f'(t)$时,其响应为

$$y_2(t)=y'(t)=\frac{\mathrm{d}}{\mathrm{d}t}[(1-\mathrm{e}^{-t})U(t)]=\mathrm{e}^{-t}U(t)$$

故激励为 $2f(t)+f'(t)$时的响应为

$$y(t)=y_1(t)+y_2(t)=2(1-\mathrm{e}^{-t})U(t)+\mathrm{e}^{-t}U(t)=(2-\mathrm{e}^{-t})U(t)$$

例 1.24 某线性时不变非零状态系统,已知当激励$f(t)=U(t)$时,其全响应为 $y_1(t)=3\mathrm{e}^{-3t}U(t)$;当激励$f(t)=-U(t)$时,其全响应为 $y_2(t)=\mathrm{e}^{-3t}U(t)$。求该系统的单位冲激响应 $h(t)$。

解:设系统的零输入响应为 $y_x(t)$,零状态响应为 $y_f(t)$,则有

$$y_1(t)=y_x(t)+y_f(t)=3e^{-3t}U(t)$$

$$y_2(t)=y_x(t)-y_f(t)=e^{-3t}U(t)$$

解得

$$y_f(t)=e^{-3t}U(t)$$

$$y_x(t)=2e^{-3t}U(t)$$

又根据线性时不变系统的微分性,得

$$h(t)=y_f'(t)=\delta(t)-3e^{-3t}U(t)$$

例 1.25　一线性时不变系统,在相同的初始条件下,当激励为 $f(t)$ 时,其全响应为 $y_1(t)=[2e^{-3t}+\sin(2t)]U(t)$;当激励为 $2f(t)$ 时,其全响应为 $y_2(t)=[e^{-3t}+2\sin(2t)]U(t)$。求:(1) 初始条件不变,当激励为 $f(t-t_0)$ 时的全响应 $y_3(t)$,t_0 为大于零的实常数。(2) 初始条件增大1倍,当激励为 $0.5f(t)$ 时的全响应 $y_4(t)$。

解:(1) 设零输入响应为 $y_x(t)$,零状态响应为 $y_f(t)$,则有

$$y_x(t)+y_f(t)=y_1(t)=[2e^{-3t}+\sin(2t)]U(t)$$

$$y_x(t)+2y_f(t)=y_2(t)=[e^{-3t}+2\sin(2t)]U(t)$$

解得

$$y_x(t)=3e^{-3t}U(t)$$

$$y_f(t)=[-e^{-3t}+\sin(2t)]U(t)$$

故有

$$y_3(t)=y_x(t)+y_f(t-t_0)=3e^{-3t}U(t)+\{-e^{-3(t-t_0)}+\sin[2(t-t_0)]\}U(t-t_0)$$

(2)
$$\begin{aligned}y_4(t)&=2y_x(t)+0.5y_f(t)=2[3e^{-3t}U(t)]+0.5[-e^{-3t}+\sin(2t)]U(t)\\&=[5.5e^{-3t}+0.5\sin(2t)]U(t)\end{aligned}$$

例 1.26　线性时不变因果系统,已知当激励 $f_1(t)=U(t)$ 时的全响应为 $y_1(t)=(3e^{-t}+4e^{-2t})U(t)$;当激励 $f_2(t)=2U(t)$ 时的全响应为 $y_2(t)=(5e^{-t}-3e^{-2t})U(t)$。求在相同的条件下,激励 $f_3(t)$(其波形如图例1.26所示)的全响应 $y_3(t)$。

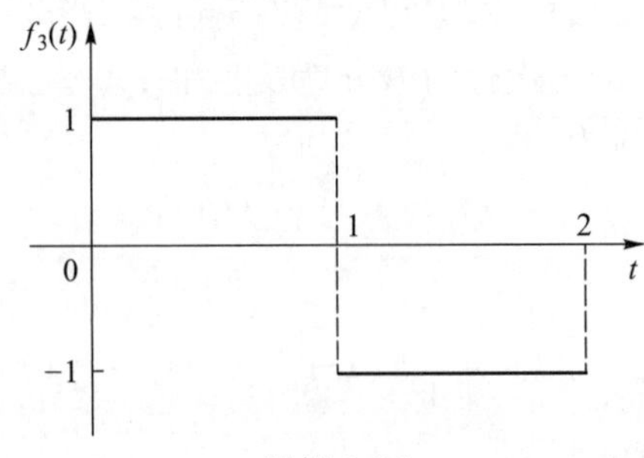

图例 1.26

解:设系统的零输入响应为 $y_x(t)$,对激励 $U(t)$ 的零状态响应为 $y_f(t)$,则有

$$y_1(t)=y_x(t)+y_f(t)=(3e^{-t}+4e^{-2t})U(t)$$

$$y_2(t)=y_x(t)+2y_f(t)=(5e^{-t}-3e^{-2t})U(t)$$

联解得

$$y_{\mathrm{f}}(t)=(2\mathrm{e}^{-t}-7\mathrm{e}^{-2t})U(t)$$

$$y_{\mathrm{x}}(t)=(\mathrm{e}^{-t}+11\mathrm{e}^{-2t})U(t)$$

又有

$$f_3(t)=U(t)-2U(t-1)+U(t-2)$$

故得全响应为

$$\begin{aligned}y_3(t)&=y_{\mathrm{x}}(t)+y_{\mathrm{f}}(t)-2y_{\mathrm{f}}(t-1)+y_{\mathrm{f}}(t-2)\\&=(\mathrm{e}^{-t}+11\mathrm{e}^{-2t})U(t)+(2\mathrm{e}^{-t}-7\mathrm{e}^{-2t})U(t)-\\&\quad 2[2\mathrm{e}^{-(t-1)}-7\mathrm{e}^{-2(t-1)}]U(t-1)+[2\mathrm{e}^{-(t-2)}-7\mathrm{e}^{-2(t-2)}]U(t-2)\\&=(3\mathrm{e}^{-t}+4\mathrm{e}^{-2t})U(t)-[4\mathrm{e}^{-(t-1)}-14\mathrm{e}^{-2(t-1)}]U(t-1)+[2\mathrm{e}^{-(t-2)}-7\mathrm{e}^{-2(t-2)}]U(t-2)\end{aligned}$$

例 1.27 一线性时不变系统有两个初始条件 $x_1(0)$、$x_2(0)$,且

(1) 当 $x_1(0)=1,x_2(0)=0$ 时,其零输入响应为$(\mathrm{e}^{-t}+\mathrm{e}^{-2t})U(t)$。

(2) 当 $x_1(0)=0,x_2(0)=1$ 时,其零输入响应为$(\mathrm{e}^{-t}-\mathrm{e}^{-2t})U(t)$。

(3) 当 $x_1(0)=1,x_2(0)=-1$,激励为 $f(t)$ 时,其全响应为$(2+\mathrm{e}^{-t})U(t)$。

求当 $x_1(0)=3,x_2(0)=2$,激励为 $2f(t)$ 时的全响应 $y(t)$。

解:仅有 $x_1(0)=1$ 时产生的零输入响应为

$$y_{\mathrm{x}1}=(\mathrm{e}^{-t}+\mathrm{e}^{-2t})U(t)$$

仅有 $x_2(0)=1$ 时产生的零输入响应为

$$y_{\mathrm{x}2}=(\mathrm{e}^{-t}-\mathrm{e}^{-2t})U(t)$$

设 $f(t)$ 产生的零状态响应为 $y_{\mathrm{f}}(t)$,则由 $x_1(0)=1,x_2(0)=-1$ 和 $f(t)$ 共同产生的全响应为

$$(2+\mathrm{e}^{-t})U(t)=y_{\mathrm{x}1}(t)+(-1)y_{\mathrm{x}2}(t)+y_{\mathrm{f}}(t)=(\mathrm{e}^{-t}+\mathrm{e}^{-2t})U(t)-(\mathrm{e}^{-t}-\mathrm{e}^{-2t})U(t)+y_{\mathrm{f}}(t)$$

故得

$$y_{\mathrm{f}}(t)=(2+\mathrm{e}^{-t}-2\mathrm{e}^{-2t})U(t)$$

故由 $x_1(0)=3,x_2(0)=2$ 和激励 $2f(t)$ 共同产生的全响应为

$$y(t)=3y_{\mathrm{x}1}(t)+2y_{\mathrm{x}2}(t)+2y_{\mathrm{f}}(t)=(4+7\mathrm{e}^{-t}-3\mathrm{e}^{-2t})U(t)$$

例 1.28 如图例 1.28(a)所示零状态电路,已知 $i(t)$ 的波形如图例 1.28(b)所示。求响应 $u_C(t)$,画出波形,并求当 $t=16$ s 时的电场能量 $W_C(16\text{ s})$。

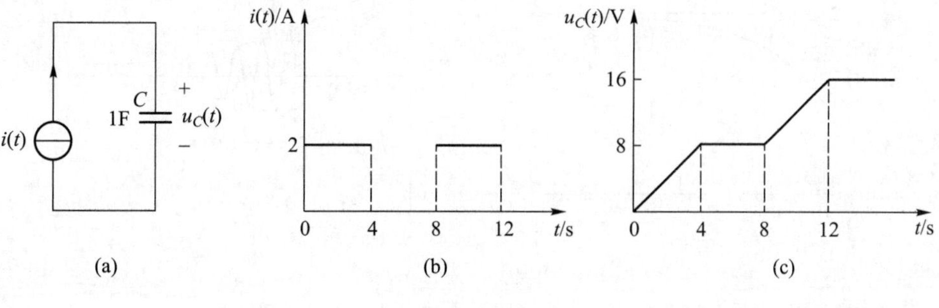

图例 1.28

解：

$$u_C(t)=\frac{1}{C}\int_0^t i(\tau)\mathrm{d}\tau=\int_0^t i(\tau)\mathrm{d}\tau$$

当 $0<t<4$ 时，$i(t)=2$ A，故

$$u_C(t)=\int_0^t i(\tau)\mathrm{d}\tau=\int_0^t 2\mathrm{d}\tau=2t$$

当 $4<t<8$ 时，$i(t)=0$ A，故

$$u_C(t)=\int_0^t i(\tau)\mathrm{d}\tau=\int_0^4 2\mathrm{d}\tau+\int_4^t 0\mathrm{d}\tau=8\ \mathrm{V}$$

当 $8<t<12$ 时，$i(t)=2$ A，故

$$u_C(t)=\int_0^t i(\tau)\mathrm{d}\tau=\int_0^4 2\mathrm{d}\tau+\int_4^8 0\mathrm{d}\tau+\int_8^t 2\mathrm{d}\tau=-8\ \mathrm{V}+2t$$

当 $12<t<+\infty$ 时，$i(t)=0$ A，故

$$u_C(t)=\int_0^t i(\tau)\mathrm{d}\tau=\int_0^4 2\mathrm{d}\tau+\int_4^8 0\mathrm{d}\tau+\int_8^{12} 2\mathrm{d}\tau+\int_{12}^t 0\mathrm{d}\tau=16\ \mathrm{V}$$

$u_C(t)$的波形如图例1.28(c)所示，故

$$u_C(16\ \mathrm{s})=16\ \mathrm{V}$$

$$W_C(16\ \mathrm{s})=\frac{1}{2}C\left[u_C(16\ \mathrm{s})\right]^2=\left(\frac{1}{2}\times1\times16^2\right)\ \mathrm{J}=128\ \mathrm{J}$$

1.4　本章习题详解

1-1　画出下列信号的波形。

(1) $f_1(t)=(2-\mathrm{e}^{-t})U(t)$　　(2) $f_2(t)=\mathrm{e}^{-t}\cos(10\pi t)\times[U(t-1)-U(t-2)]$

解：(1) $f_1(t)$的波形如图题1-1(a)所示。

(2) 因为 $\cos(10\pi t)$的周期 $T=\dfrac{2\pi}{10\pi}=0.2$，故 $f_2(t)$的波形如图题1-1(b)所示。

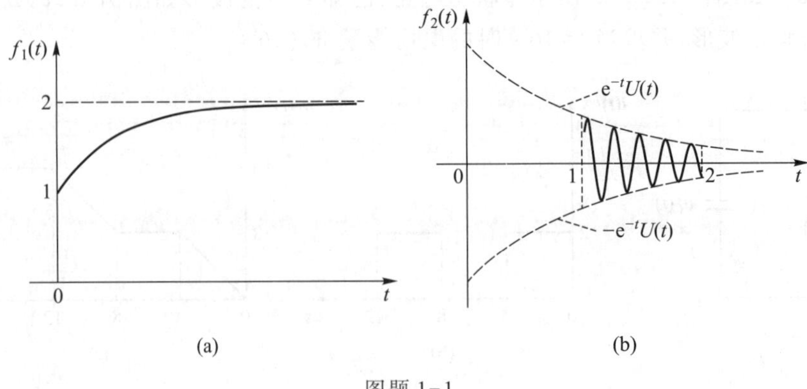

图题1-1

1-2 已知各信号的波形如图题 1-2 所示,试写出它们各自的函数式。

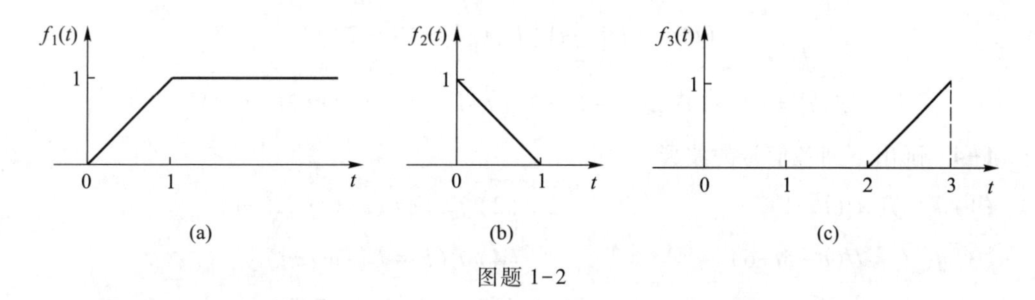

图题 1-2

解: $f_1(t)=t[U(t)-U(t-1)]+U(t-1)$。

$f_2(t)=-(t-1)[U(t)-U(t-1)]$。

$f_3(t)=(t-2)[U(t-2)-U(t-3)]$。

1-3 写出图题 1-3 所示各信号的函数表达式。

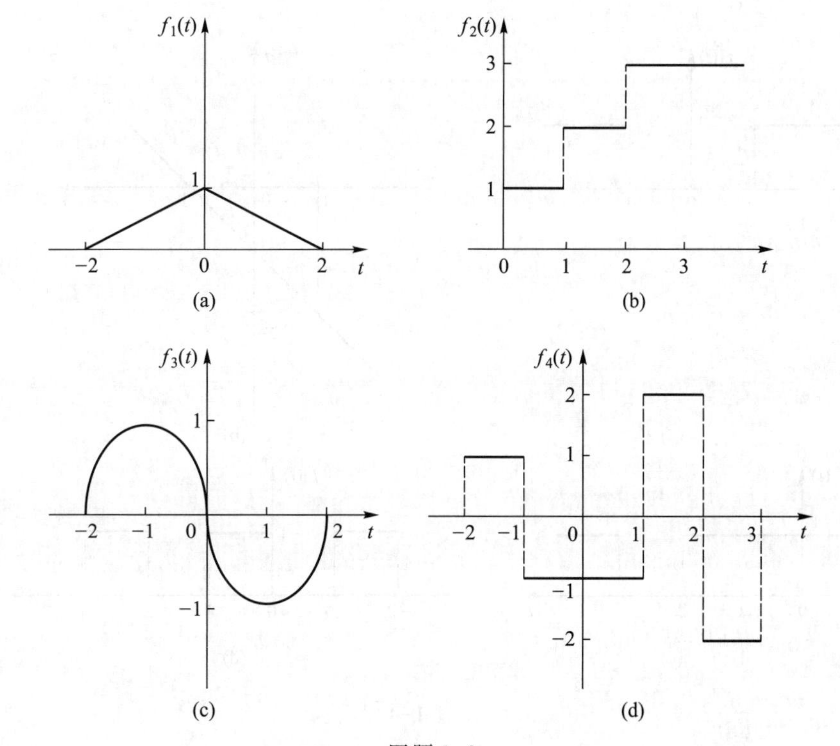

图题 1-3

解:

$$f_1(t)=\begin{cases}\dfrac{1}{2}(t+2)=\dfrac{1}{2}t+1, & -2\leqslant t\leqslant 0\\[2ex] \dfrac{1}{2}(-t+2)=-\dfrac{1}{2}t+1, & 0\leqslant t\leqslant 2\end{cases}$$

$$f_2(t)=U(t)+U(t-1)+U(t-2)$$

$$f_3(t)=-\sin\left(\frac{\pi}{2}t\right)[U(t+2)-U(t-2)]$$

$$f_4(t)=U(t+2)-2U(t+1)+3U(t-1)-4U(t-2)+2U(t-3)$$

1-4　画出下列各信号的波形。

(1) $f_1(t)=U(t^2-1)$　　(2) $f_2(t)=(t-1)U(t^2-1)$

(3) $f_3(t)=U(t^2-5t+6)$　　(4) $f_4(t)=U[\sin(\pi t)]$

解：(1) $f_1(t)=U(t-1)+U(-t-1)$，其波形如图题 1-4(a)所示。

(2) $f_2(t)=(t-1)[U(t-1)+U(-t-1)]=(t-1)U(t-1)+(t-1)U(-t-1)$，其波形如图题1-4(b)所示。

(3) $f_3(t)=U(-t+2)+U(t-3)$，其波形如图题 1-4(c)所示。

(4) $f_4(t)=U[\sin(\pi t)]$，其波形如图题 1-4(d)所示。

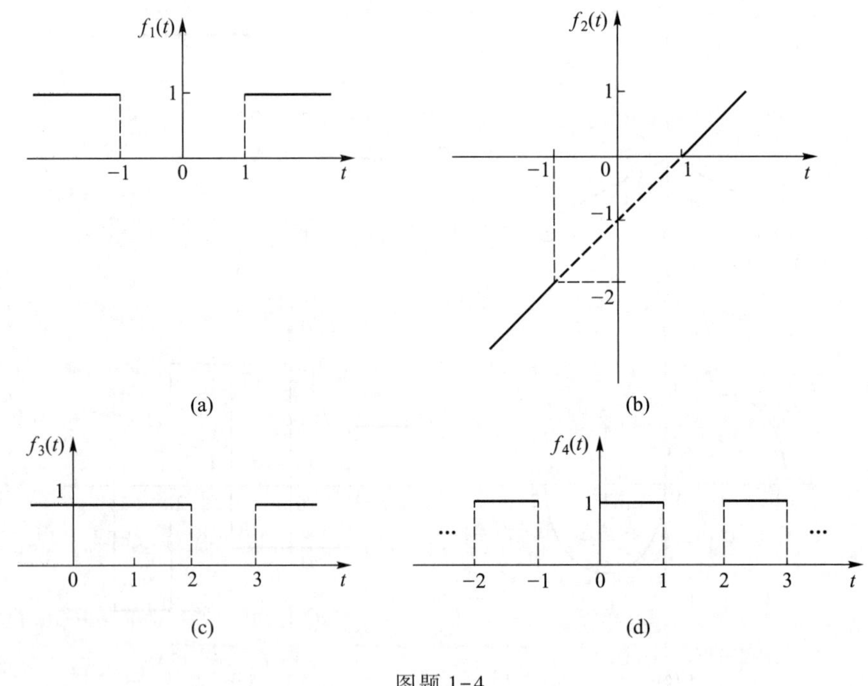

图题 1-4

1-5　判断下列各信号是否为周期信号，若是周期信号，求其周期 T。

(1) $f_1(t)=2\cos\left(3t-\frac{\pi}{4}\right)$　　(2) $f_2(t)=\left[\sin\left(t-\frac{\pi}{6}\right)\right]^2$

(3) $f_3(t)=3\cos(2\pi t)U(t)$

解：周期信号必须满足两个条件，即定义域 $t\in\mathbf{R}$ 和有周期性。两个条件中缺少任何一个，都不是周期信号。

(1) $f_1(t)$是周期信号，周期 $T=\frac{2}{3}\pi$。

(2) $f_2(t)=\frac{1}{2}\left[1-\cos\left(2t-\frac{\pi}{3}\right)\right]$，为周期信号，周期 $T=\frac{2\pi}{2}=\pi$。

(3) 因为 $t<0$ 时有 $f_3(t)=0$，故为非周期信号。

1-6 化简下列各式。

(1) $\int_{-\infty}^{t}\delta(2\tau-1)\mathrm{d}\tau$　　(2) $\frac{\mathrm{d}}{\mathrm{d}t}\left[\cos\left(t+\frac{\pi}{4}\right)\delta(t)\right]$

(3) $\int_{-\infty}^{\infty}\frac{\mathrm{d}}{\mathrm{d}t}[\cos t\delta(t)]\sin t\mathrm{d}t$

解：(1) 原式 $=\int_{-\infty}^{t}\delta\left[2\left(\tau-\frac{1}{2}\right)\right]\mathrm{d}\tau=\int_{-\infty}^{t}\frac{1}{2}\delta\left(\tau-\frac{1}{2}\right)\mathrm{d}\tau=\frac{1}{2}U\left(t-\frac{1}{2}\right)$。

(2) 原式 $=\frac{\mathrm{d}}{\mathrm{d}t}\left[\cos\frac{\pi}{4}\delta(t)\right]=\frac{\sqrt{2}}{2}\delta'(t)$。

(3) 原式 $=\int_{-\infty}^{\infty}\delta'(t)\sin t\mathrm{d}t=[-\sin'(t)]_{t=0}=-\cos t\mid_{t=0}=-1$。

1-7 求下列积分式。

(1) $\int_{0}^{\infty}\cos[\omega(t-3)]\delta(t-2)\mathrm{d}t$　　(2) $\int_{0}^{\infty}\mathrm{e}^{\mathrm{j}\omega t}\delta(t+3)\mathrm{d}t$

(3) $\int_{0}^{\infty}\mathrm{e}^{-2t}\times\delta(t_0-t)\mathrm{d}t\,(t_0>0)$

解：(1) 原式 $=\int_{0}^{\infty}\cos[\omega(2-3)]\delta(t-2)\mathrm{d}t=\cos(-\omega)=\cos\omega$。

(2) 原式 $=\mathrm{e}^{-\mathrm{j}3\omega}\int_{0}^{\infty}\delta(t+3)\mathrm{d}t=\mathrm{e}^{-\mathrm{j}3\omega}\times 0=0$。

(3) 原式 $=\mathrm{e}^{-2t_0}\int_{0}^{\infty}\delta(t_0-t)\mathrm{d}t=\mathrm{e}^{-2t_0}\times 1=\mathrm{e}^{-2t_0}$。

1-8 试求图题 1-8(a)(b)(c)各信号一阶导数的波形，并写出其函数表达式，其中 $f_3(t)=\cos\left(\frac{\pi}{2}t\right)[U(t)-U(t-5)]$。

解：(a) $f_1'(t)=2U(t+1)-3U(t)+U(t-2)$，$f_1'(t)$的波形如图题 1-8(d)所示。

(b) $f_2'(t)=U(t+1)-U(t)-2U(t-1)+3U(t-2)-U(t-3)$，$f_2'(t)$的波形如图题 1-8(e)所示。

(c) $f_3'(t)=-\sin\left(\frac{\pi}{2}t\right)[U(t)-U(t-5)]+\delta(t)$，$f_3'(t)$的波形如图题 1-8(f)所示。

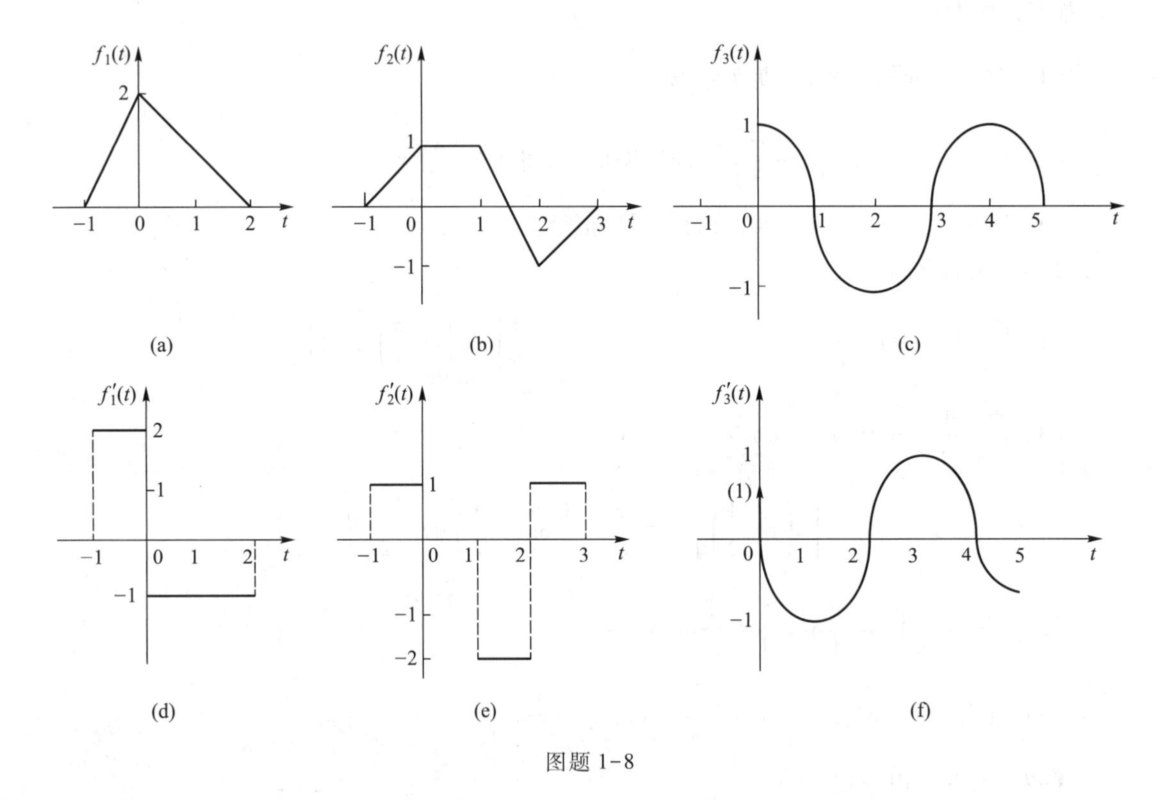

图题 1-8

1-9　已知 $f\left(-\dfrac{1}{2}t\right)$ 的波形如图题 1-9(a)所示,试画出 $y(t)=f(t+1)U(-t)$ 的波形。

解:$y(t)=f(t+1)U(-t)$ 的波形如图题 1-9(b)所示。

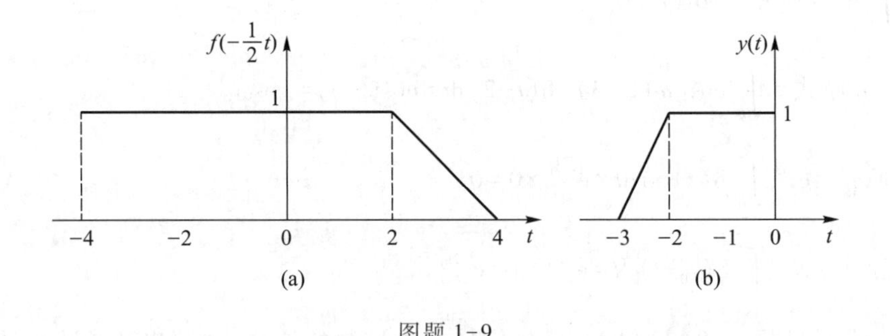

图题 1-9

1-10　已知信号 $f(t)$ 的波形如图题 1-10(a) 所示,试画出信号 $\int_{-\infty}^{t} f(2-\tau)\mathrm{d}\tau$ 与信号 $\dfrac{\mathrm{d}}{\mathrm{d}t}[f(6-2t)]$ 的波形。

解:(1) $f(2-t)$ 的波形如图题 1-10(b)所示,则 $\int_{-\infty}^{t} f(2-\tau)\mathrm{d}\tau$ 的波形如图题 1-10(c)所示。

（2）$f(6-2t)$的波形如图题1-10（d）所示，则$\frac{\mathrm{d}}{\mathrm{d}t}[f(6-2t)]$的波形如图题1-10（e）所示。

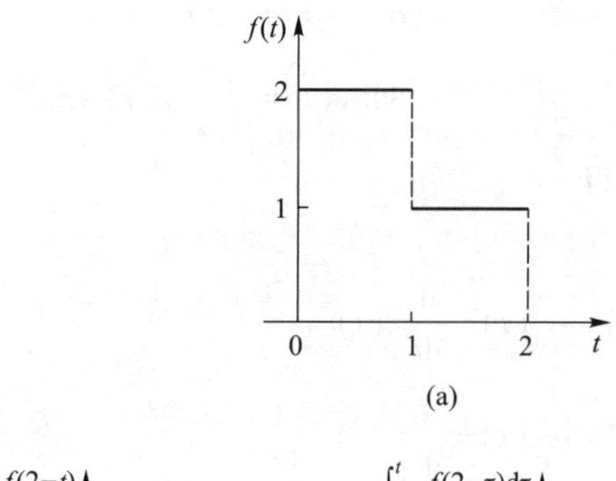

(a)

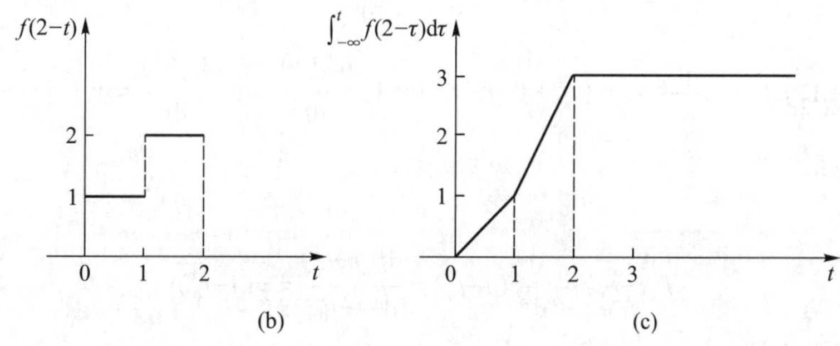

(b)　(c)

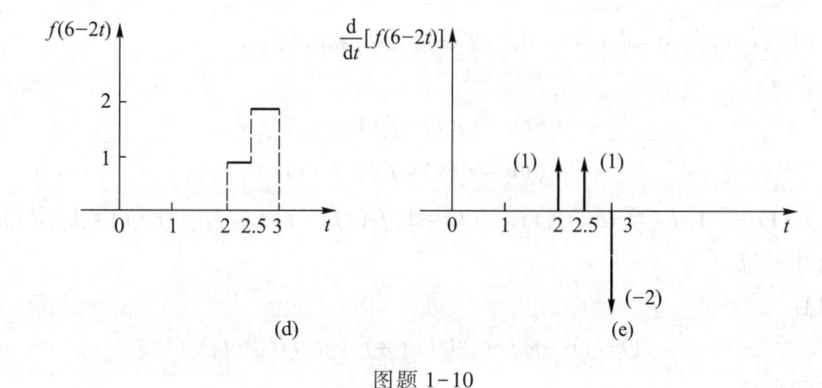

(d)　(e)

图题1-10

1-11　已知$f(t)$是已录制的声音磁带，则下列叙述中错误的是（　　）

A. $f(-t)$表示将磁带倒转播放产生的信号

B. $f(2t)$表示将磁带以二倍的速度加快播放

C. $f(2t)$表示将磁带放音速度降为原速度1/2播放

D. $2f(t)$表示将磁带音量放大一倍播放

解：应选C。

1-12　试判断下列各方程所描述的系统是否为线性、时不变、因果系统。式中$f(t)$为激励，$y(t)$为响应。

(1) $y(t)=\frac{\mathrm{d}}{\mathrm{d}t}f(t)$　　(2) $y(t)=f(t)U(t)$

(3) $y(t)=\sin[f(t)]U(t)$　　(4) $y(t)=f(1-t)$

(5) $y(t)=f(2t)$　　(6) $y(t)=[f(t)]^2$

(7) $y(t)=\int_{-\infty}^{t}f(\tau)\mathrm{d}\tau$　　(8) $y(t)=\int_{-\infty}^{5t}f(\tau)\mathrm{d}\tau$

解:由系统的线性时变性及因果性得

(1) 由于

$$f_1(t)\rightarrow y_1(t)=\frac{\mathrm{d}}{\mathrm{d}t}f_1(t)$$

$$f_2(t)\rightarrow y_2(t)=\frac{\mathrm{d}}{\mathrm{d}t}f_2(t)$$

$$A_1f_1(t)+A_2f_2(t)\rightarrow\frac{\mathrm{d}}{\mathrm{d}t}[A_1f_1(t)+A_2f_2(t)]=A_1\frac{\mathrm{d}f_1(t)}{\mathrm{d}t}+A_2\frac{\mathrm{d}f_2(t)}{\mathrm{d}t}=A_1y_1(t)+A_2y_2(t)$$

故系统是线性系统。

又因有

$$f(t-t_0)\rightarrow\frac{\mathrm{d}}{\mathrm{d}t}f(t-t_0)=\frac{\mathrm{d}f(t-t_0)}{\mathrm{d}(t-t_0)}=y(t-t_0)$$

故系统是时不变系统。

当 $t<t_0$ 时,若 $f(t)=0$,有 $y(t)=0$。故系统是因果系统。

(2) 由于

$$f_1(t)\rightarrow y_1(t)=f_1(t)U(t)$$

$$f_2(t)\rightarrow y_2(t)=f_2(t)U(t)$$

$$A_1f_1(t)+A_2f_2(t)\rightarrow[A_1f_1(t)+A_2f_2(t)]U(t)=A_1f_1(t)U(t)+A_2f_2(t)U(t)=A_1y_1(t)+A_2y_2(t)$$

故系统是线性系统。

由已知有

$$f(t-t_0)\rightarrow f(t-t_0)U(t)\neq f(t-t_0)U(t-t_0)$$

故系统是时变系统。

当 $t<t_0$ 时,若 $f(t)=0$,有 $y(t)=f(t)U(t)$ 为 0,故系统是因果系统。

(3) 由于

$$f_1(t)\rightarrow y_1(t)=\sin[f_1(t)]U(t),\quad f_2(t)\rightarrow y_2(t)=\sin[f_2(t)]U(t)$$

$$A_1f_1(t)+A_2f_2(t)\rightarrow\sin[A_1f_1(t)+A_2f_2(t)]U(t)\neq A_1\sin[f_1(t)]U(t)+A_2\sin[f_2(t)]U(t)$$

故系统是非线性系统。

又已知有

$$f(t-t_0)\rightarrow\sin[f(t-t_0)]U(t)\neq\sin[f(t-t_0)]U(t-t_0)$$

故系统是时变系统。

当 $t<t_0$ 时,若 $f(t)=0$,有 $y(t)=\sin[f(t)]U(t)$ 为 0,故系统是因果系统。

（4）由于

$$f_1(t)\rightarrow y_1(t)=f_1(1-t),\quad f_2(t)\rightarrow y_2(t)=f_2(1-t)$$

$$A_1f_1(t)+A_2f_2(t)\rightarrow A_1f_1(1-t)+A_2f_2(1-t)=A_1y_1(t)+A_2y_2(t)$$

故系统是线性系统。

设系统的激励为$f(t)$，延时t_0，即$f(t-t_0)$；其反折信号是$f(-t-t_0)$；再右移1，结果是

$$f(1-t-t_0)=f[1-(t+t_0)]=y(t+t_0)$$

可见，激励延时t_0，响应反而超前t_0，说明系统是时变的、且是非因果的。

（5）由于

$$f_1(t)\rightarrow f_1(2t),\quad f_2(t)\rightarrow f_2(2t)$$

$$A_1f_1(t)+A_2f_2(t)\rightarrow A_1f_1(2t)+A_2f_2(2t)=A_1y_1(t)+A_2y_2(t)$$

故系统是线性系统。

设激励$f(t)$的波形如图题1-12(a)所示，则响应$y(t)=f(2t)$的波形如图题1-12(b)所示。可见，响应产生在激励之前，该系统是非因果系统，且是时变的。

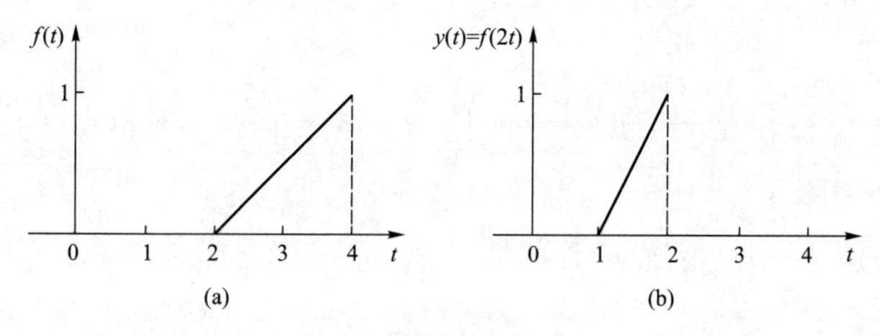

图题1-12

（6）由于

$$f_1(t)\rightarrow[f_1(t)]^2,\quad f_2(t)\rightarrow[f_2(t)]^2$$

$$A_1f_1(t)+A_2f_2(t)\rightarrow=[A_1f_1(t)+A_2f_2(t)]^2\neq A_1[f_1(t)]^2+A_2[f_2(t)]^2$$

故系统是非线性系统。

又因有

$$f(t)\rightarrow[f(t)]^2$$

故有

$$f(t-t_0)\rightarrow[f(t-t_0)]^2=y(t-t_0)$$

故系统是时不变系统。

由$y(t)=[f(t)]^2$可知，当$t<t_0$时，$f(t)=0$，故$y(t)=0$。系统是因果系统。

（7）由于

$$f_1(t)\rightarrow\int_{-\infty}^{t}f_1(\tau)\mathrm{d}\tau,\quad f_2(t)\rightarrow\int_{-\infty}^{t}f_2(\tau)\mathrm{d}\tau$$

$$\begin{aligned}A_1f_1(t)+A_2f_2(t)\rightarrow\int_{-\infty}^{t}[A_1f_1(\tau)+A_2f_2(\tau)]\mathrm{d}\tau&=A_1\int_{-\infty}^{t}f_1(\tau)\mathrm{d}\tau+A_2\int_{-\infty}^{t}f_2(\tau)\mathrm{d}\tau\\&=A_1y_1(t)+A_2y_2(t)\end{aligned}$$

故系统是线性系统。

又因有

$$f(t-t_0)\rightarrow\int_{-\infty}^{t}f(\tau-t_0)\,\mathrm{d}\tau\xlongequal{x=\tau-t_0}\int_{-\infty}^{t-t_0}f(x)\,\mathrm{d}x=y(t-t_0)$$

故系统是时不变系统。

当 $t<t_0$ 时,$f(t)=0$,故 $y(t)=\int_{-\infty}^{t}f(\tau)\,\mathrm{d}\tau=0$。系统是因果系统。

(8) 由于

$$f_1(t)\rightarrow\int_{-\infty}^{5t}f_1(\tau)\,\mathrm{d}\tau,\quad f_2(t)\rightarrow\int_{-\infty}^{5t}f_2(\tau)\,\mathrm{d}\tau$$

$$\begin{aligned}A_1f_1(t)+A_2f_2(t)\rightarrow\int_{-\infty}^{5t}[A_1f_1(\tau)+A_2f_2(\tau)]\,\mathrm{d}\tau&=A_1\int_{-\infty}^{5t}f_1(\tau)\,\mathrm{d}\tau+A_2\int_{-\infty}^{5t}f_2(\tau)\,\mathrm{d}\tau\\&=A_1y_1(t)+A_2y_2(t)\end{aligned}$$

故系统是线性系统

又因有

$$f(t-t_0)\rightarrow\int_{-\infty}^{5t}f(\tau-t_0)\,\mathrm{d}\tau\xlongequal{x=\tau-t_0}\int_{-\infty}^{5t-t_0}f(x)\,\mathrm{d}x\neq\int_{-\infty}^{5(t-t_0)}f(x)\,\mathrm{d}x=y(t-t_0)$$

故系统是时变系统。

对于 $y(t)=\int_{-\infty}^{5t}f(\tau)\,\mathrm{d}\tau$,取 $t=1$,有

$$y(1)=\int_{-\infty}^{5}f(\tau)\,\mathrm{d}\tau$$

故系统是非因果系统。

1-13　已知系统的激励 $f(t)$ 与其响应 $y(t)$ 的关系为 $y(t)=\mathrm{e}^{-t}\int_{-\infty}^{t}f(\tau)\mathrm{e}^{\tau}\mathrm{d}\tau$,则系统为(　　)

A. 线性时不变系统　　B. 线性时变系统

C. 非线性时不变系统　　D. 非线性时变系统

解:应选 A。

1-14　图题 1-14(a)所示系统为线性时不变系统,当激励 $f_1(t)=U(t)$ 时,其响应为 $y_1(t)=U(t)-2U(t-1)+U(t-2)$。若激励为 $f_2(t)=U(t)-U(t-2)$,求图题 1-14(b)所示系统的响应 $y_2(t)$。

解:

$$\begin{aligned}y_2(t)=&U(t)-2U(t-1)+U(t-2)-2[U(t-1)-2U(t-2)+U(t-3)]+\\&2[U(t-3)-2U(t-4)+U(t-5)]-[U(t-4)-2U(t-5)+U(t-6)]\\=&U(t)-4U(t-1)+5U(t-2)-5U(t-4)+4U(t-5)-U(t-6)\end{aligned}$$

$y_2(t)$ 的波形如图题 1-14(c)所示。

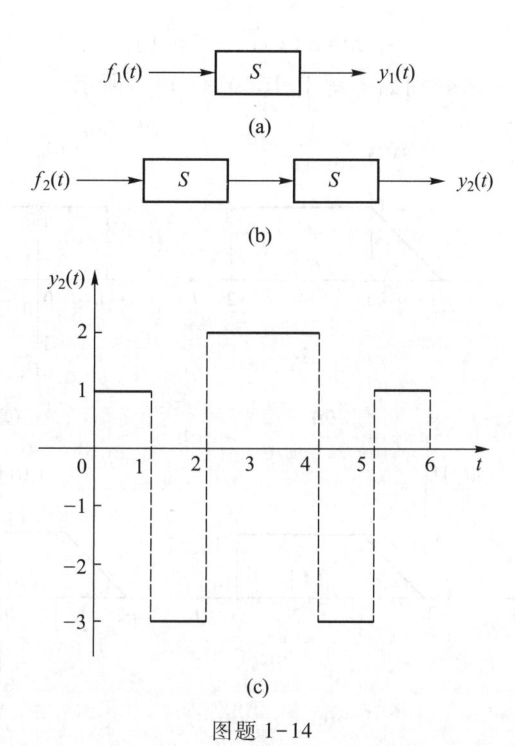

图题 1-14

1-15 图题 1-15(a)所示为线性时不变系统,已知 $h_1(t)=\delta(t)-\delta(t-1)$,$h_2(t)=\delta(t-2)-\delta(t-3)$。(1) 求响应 $h(t)$。(2) 当 $f(t)=U(t)$时,如图题 1-15(b)所示,求系统的响应 $y(t)$。

解:(1) $h(t)=h_1(t)-h_2(t)=\delta(t)-\delta(t-1)-\delta(t-2)+\delta(t-3)$。

(2) 因为 $f(t)=U(t)=\int_{-\infty}^{t}\delta(\tau)\mathrm{d}\tau$,根据线性系统的积分性有

$$y(t)=\int_{-\infty}^{t}h(\tau)\mathrm{d}\tau=\int_{-\infty}^{t}[\delta(t)-\delta(t-1)-\delta(t-2)+\delta(t-3)]\mathrm{d}\tau$$
$$=U(t)-U(t-1)-U(t-2)+U(t-3)$$

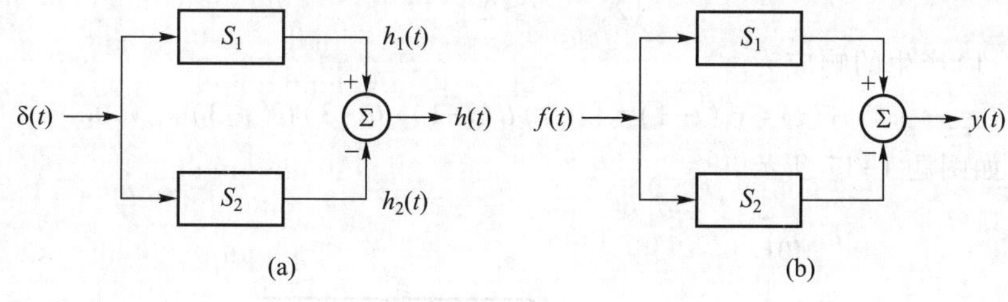

图题 1-15

1-16 已知系统激励 $f(t)$ 的波形如图题 1-16(a)所示,产生的响应 $y(t)$ 的波形如图题 1-16(b)所示。试求该系统由激励 $f_1(t)$[波形如图题 1-16(c)所示]产生的响应 $y_1(t)$ 的波形。

解:用 $f(t)$ 表示 $f_1(t)$,即 $f_1(t)=f(t+1)-f(t-1)$,故 $f_1(t)$ 在同一系统中所产生的响应为

$$y_1(t)=y(t+1)-y(t-1)$$

$y(t+1)$、$y(t-1)$、$y_1(t)$的波形分别如图题 1-16(d)(e)(f)所示。

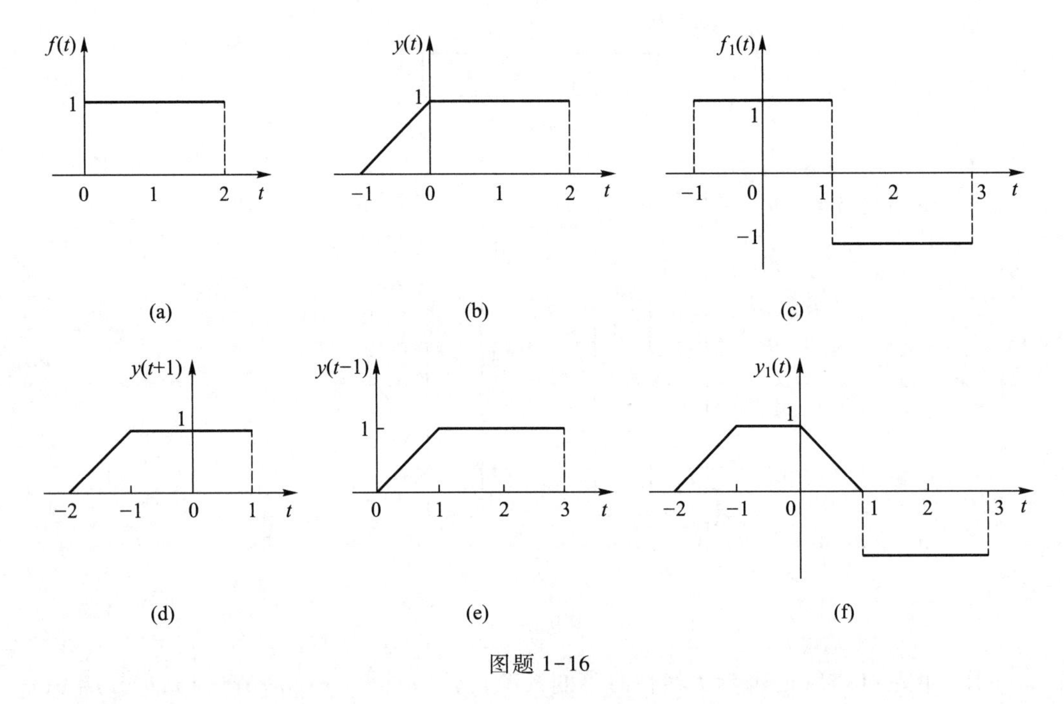

图题 1-16

1-17　已知线性时不变系统在信号 $\delta(t)$ 激励下的零状态响应为 $h(t)=U(t)-U(t-2)$。试求在信号 $U(t-1)$激励下的零状态响应 $y(t)$,并画出 $y(t)$的波形。

解:因有 $U(t)=\int_{-\infty}^{t}\delta(\tau)\mathrm{d}\tau$,故激励 $U(t)$产生的响应为

$$y_1(t)=\int_{-\infty}^{t}h(\tau)\mathrm{d}\tau=\int_{-\infty}^{t}[U(\tau)-U(\tau-2)]\mathrm{d}\tau=\int_{-\infty}^{t}U(\tau)\mathrm{d}\tau-\int_{-\infty}^{t}U(\tau-2)\mathrm{d}\tau$$

$$=tU(t)-(t-2)U(t-2)=\begin{cases}0, & t<0\\ t, & 0\leqslant t<2\\ 2, & t\geqslant 2\end{cases}$$

故激励 $U(t-1)$产生的响应为

$$y(t)=y_1(t-1)=(t-1)U(t-1)-(t-3)U(t-3)$$

$y(t)$的波形如图题 1-17 所示。

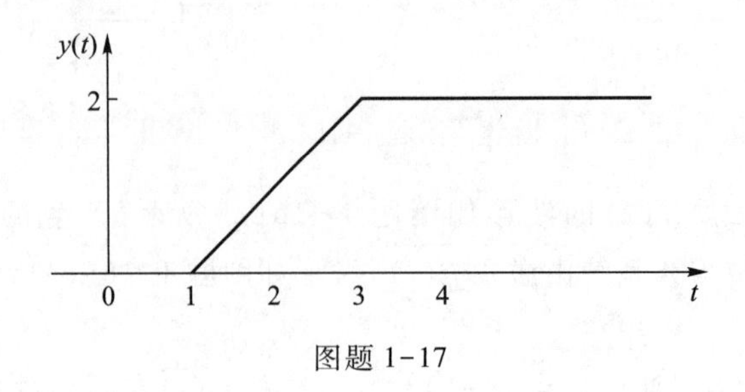

图题 1-17

1-18 线性时不变系统具有非零的初始状态，已知激励为 $f(t)$ 时的全响应为 $y_1(t)=2e^{-t}U(t)$；在相同的初始状态下，当激励为 $2f(t)$ 时的全响应为 $y_2(t)=[e^{-t}+\cos(\pi t)]U(t)$。求在相同的初始状态下，当激励为 $4f(t)$ 时的全响应 $y_3(t)$。

解：设系统的零输入响应为 $y_x(t)$，激励为 $f(t)$ 时的零状态响应为 $y_f(t)$，故有

$$y_1(t)=y_x(t)+y_f(t)=2e^{-t}U(t)$$

$$y_2(t)=y_x(t)+2y_f(t)=[e^{-t}+\cos(\pi t)]U(t)$$

解得

$$y_x(t)=[3e^{-t}-\cos(\pi t)]U(t)$$

$$y_f(t)=[-e^{-t}+\cos(\pi t)]U(t)$$

故有

$$y_3(t)=y_x(t)+4y_f(t)=[3e^{-t}-\cos(\pi t)]U(t)+4[-e^{-t}+\cos(\pi t)]U(t)=[-e^{-t}+3\cos(\pi t)]U(t)$$

第 2 章　连续系统时域分析

第 2 章课件

2.1　基 本 要 求

(1) 了解从物理模型建立连续时间系统数学模型的方法。

(2) 掌握常系数线性微分方程的经典解法。

(3) 深刻理解全响应 $y(t)$ 的三种分解方法:零输入响应 $y_x(t)$ 与零状态响应 $y_f(t)$;自由响应与强迫响应;瞬态响应与稳态响应。

(4) 深刻理解系统单位冲激响应 $h(t)$ 与阶跃响应 $g(t)$ 的概念,并会求解。

(5) 掌握零输入响应的概念,会根据微分方程的特征根与已知的系统初始条件求系统的零输入响应 $y_x(t)$。

(6) 掌握卷积积分的概念及其性质。

(7) 掌握零状态响应的概念,会应用卷积积分求线性时不变系统的零状态响应 $y_f(t)$。

(8) 会求系统的全响应 $y(t)=y_x(t)+y_f(t)$。

2.2　重点与难点

2.2.1　系统微分方程的建立

对于 n 阶系统,若设 $y(t)$ 为响应变量,$f(t)$ 为激励,则系统微分方程的一般形式为

$$\begin{aligned}&\frac{\mathrm{d}^n y(t)}{\mathrm{d}t^n}+a_{n-1}\frac{\mathrm{d}^{n-1} y(t)}{\mathrm{d}t^{n-1}}+\cdots+a_1\frac{\mathrm{d}y(t)}{\mathrm{d}t}+a_0 y(t)\\&=b_m\frac{\mathrm{d}^m f(t)}{\mathrm{d}t^m}+b_{m-1}\frac{\mathrm{d}^{m-1} f(t)}{\mathrm{d}t^{m-1}}+\cdots+b_1\frac{\mathrm{d}f(t)}{\mathrm{d}t}+b_0 f(t)\end{aligned}\tag{2.1}$$

2.2.2　微分方程的经典求解

微分方程(2.1)的解由两部分组成,即

$$y(t)=y_h(t)+y_p(t)\tag{2.2}$$

齐次解 $y_h(t)$ 是当式(2.1)中的激励信号 $f(t)$ 及其各阶导数都等于零时的解,满足

$$\frac{\mathrm{d}^n y(t)}{\mathrm{d}t^n}+a_{n-1}\frac{\mathrm{d}^{n-1} y(t)}{\mathrm{d}t^{n-1}}+\cdots+a_1\frac{\mathrm{d}y(t)}{\mathrm{d}t}+a_0 y(t)=0\tag{2.3}$$

特解 $y_p(t)$ 的形式与激励信号的形式有关。表 2.1 中列出几种典型激励信号对应的特解形式。特解中的待定系数可通过将特解代入方程(2.1),使方程两边系数恒等的方法来求得。

表 2.1 几种典型激励信号对应的特解形式

激励信号	特解形式
E(常数)	B
$e^{\alpha t},\alpha\neq\lambda_i$	$Be^{\alpha t}$
$e^{\alpha t},\alpha=\lambda_i,\lambda_i$ 为 r 重根	$\sum_{j=0}^{r}B_jt^je^{\alpha t}$
$\sum_{k=0}^{L}E_kt^k,E_k$ 为常数	$\sum_{j=0}^{L}B_jt^j$
$\sum_{k=0}^{L}E_kt^ke^{\alpha t},\alpha\neq\lambda_i$	$\sum_{j=0}^{L}B_jt^je^{\alpha t}$
$\sum_{k=0}^{L}E_kt^ke^{\alpha t},\alpha=\lambda_i,\lambda_i$ 为 r 重根	$\sum_{j=0}^{L+r}B_jt^je^{\alpha t}$

全解中待定系数需要根据系统的初始条件来确定。由于经典法求解微分方程时是考虑激励作用以后的解,时间范围是 $t>0^+$,所以需利用 $y^{(k)}(0^+)$ 来确定待定系数,而不能利用 $y^{(k)}(0^-)$。而通常给出的只是 $y^{(k)}(0^-)$,所以必须根据激励信号和微分方程确定 $y^{(k)}(0^+)$。

2.2.3 微分方程的微分算子表示

定义微分算子 p 后,n 阶系统微分方程(2.1)可写为

$$(p^n+a_{n-1}p^{n-1}+\cdots+a_1p+a_0)y(t)=(b_mp^m+b_{m-1}p^{m-1}+\cdots+b_1p+b_0)f(t) \tag{2.4}$$

若令

$$\begin{cases}D(p)=p^n+a_{n-1}p^{n-1}+\cdots+a_1p+a_0\\N(p)=b_mp^m+b_{m-1}p^{m-1}+\cdots+b_1p+b_0\end{cases}$$

则式(2.4)可简化为

$$D(p)y(t)=N(p)f(t) \tag{2.5}$$

这是微分方程(2.1)的微分算子表示。由式(2.5)可得

$$y(t)=\frac{N(p)}{D(p)}f(t)=H(p)f(t) \tag{2.6}$$

$$H(p)=\frac{N(p)}{D(p)}=\frac{b_mp^m+b_{m-1}p^{m-1}+\cdots+b_1p+b_0}{p^n+a_{n-1}p^{n-1}+\cdots+a_1p+a_0} \tag{2.7}$$

$H(p)$ 称为响应 $y(t)$ 对激励 $f(t)$ 的传输算子或转移算子,其分母即为微分方程的特征多项式 $D(p)$。

在时域分析中,微分算子提供了简单易行的辅助分析手段。它在本质上与经典分析系统相同,形式上与以后用到的拉普拉斯变换分析相似。

2.2.4 零输入响应的求解

零输入响应求解的具体步骤如下：

(1) 求系统的特征根。

(2) 写出 $y_x(t)$ 的通解表达式。

(3) 根据换路定律、电荷守恒定律、磁链守恒定律，从系统的初始状态，求系统的初始值 $y_x(0^+), y_x'(0^+), y_x''(0^+), \cdots, y_x^{(n-1)}(0^+)$。

(4) 将已求得的初始值 $y_x(0^+), y_x'(0^+), y_x''(0^+), \cdots, y_x^{(n-1)}(0^+)$ 代入 $y_x(t)$ 的通解表达式，确定待定系数。

(5) 由确定出的待定系数得到 $y_x(t)$。

(6) 画出 $y_x(t)$ 的波形。

2.2.5 系统的冲激响应与阶跃响应

1. 利用微分方程求冲激响应

在微分方程(2.1)中，$f(t)=\delta(t)$ 时求得的零状态响应即为 $h(t)$。

2. 利用 $H(p)$ 求冲激响应

利用 $H(p)$ 求冲激响应分以下三种情况：

(1) $n>m$ 时，设 $D(p)=0$ 的根为 n 个单根 $p_1, p_2, \cdots, p_n$，则可将 $H(p)$ 展开成如下部分分式。

$$\begin{aligned} H(p) &= \frac{b_m p^m + b_{m-1}p^{m-1} + \cdots + b_1 p + b_0}{p^n + a_{n-1}p^{n-1} + \cdots + a_1 p + a_0} = \frac{b_m p^m + \cdots + b_1 p + b_0}{(p-p_1)(p-p_2)\cdots(p-p_n)} \\ &= \frac{K_1}{p-p_1} + \frac{K_2}{p-p_2} + \cdots + \frac{K_n}{p-p_n} \end{aligned} \tag{2.8}$$

由 $y(t) = \dfrac{N(p)}{D(p)}f(t) = H(p)f(t)$ 可得

$$h(t) = \frac{K_1}{p-p_1}\delta(t) + \frac{K_2}{p-p_2}\delta(t) + \cdots + \frac{K_n}{p-p_n}\delta(t) \tag{2.9}$$

故有

$$h(t) = K_1 e^{p_1 t}U(t) + K_2 e^{p_2 t}U(t) + \cdots + K_n e^{p_n t}U(t) = \sum_{i=1}^{n} K_i e^{p_i t}U(t), \quad i = 1, 2, \cdots, n \tag{2.10}$$

设 $D(p)=0$ 的根(特征根)含有 r 重根 p_i，则 $H(p)$ 的部分分式将含有形如 $\dfrac{K}{(p-p_i)^r}$ 的项，可以证明，与之对应的冲激响应的形式将为 $\dfrac{K}{(r-1)!}t^{r-1}e^{p_i t}U(t)$。

(2) $n=m$ 时，将 $H(p)$ 用除法化为一个常数项 b_m 与一个真分式 $\dfrac{N_0(p)}{D(p)}$ 之和，即

$$H(p)=b_m+\frac{N_0(p)}{D(p)}=b_m+\frac{K_1}{p-p_1}+\frac{K_2}{p-p_2}+\cdots+\frac{K_n}{p-p_n}$$

故得

$$h(t)=b_m\delta(t)+\sum_{i=1}^{n}K_i\mathrm{e}^{p_it}U(t),\quad i=1,2,\cdots,n \tag{2.11}$$

此种情况下，$h(t)$中将含有冲激函数 $\delta(t)$。

(3) $n<m$ 时，$h(t)$除了包含指数项 $\sum\limits_{i=1}^{n}K_i\mathrm{e}^{p_it}U(t)$ 和冲激函数 $\delta(t)$，还将包含直到 $\delta^{(m-n)}(t)$ 的冲激函数 $\delta(t)$的各阶导数。

3. 阶跃响应的求解

阶跃响应 $g(t)$可通过求解微分方程得到。另一种 $g(t)$的求解方法是根据线性系统的积分性，通过 $h(t)$积分求得，即

$$g(t)=\int_{0^-}^{t}h(\tau)\mathrm{d}\tau \tag{2.12}$$

2.2.6 卷积积分

1. 卷积积分的定义

$$y(t)=f(t)*h(t)=\int_{-\infty}^{\infty}f(\tau)h(t-\tau)\mathrm{d}t \tag{2.13}$$

2. 卷积积分上下限的讨论

(1) 若$f(t)$和 $h(t)$均为因果信号，则

当 $\tau<0$ 时，$f(\tau)=0$，这样有 $f(\tau)h(t-\tau)=0$；

当 $t-\tau<0$，即 $\tau>t$ 时，$f(\tau)h(t-\tau)=0$，故 $\int_{-\infty}^{\infty}f(\tau)h(t-\tau)\mathrm{d}\tau=\int_{0^-}^{t}f(\tau)h(t-\tau)\mathrm{d}\tau$。

(2) 若$f(t)$为因果信号，$h(t)$为非因果信号，则积分的上下限可写为$(0^-,\infty)$，即

$$y(t)=f(t)*h(t)=\int_{0^-}^{\infty}f(\tau)h(t-\tau)\mathrm{d}\tau$$

(3) 若$f(t)$为非因果信号，$h(t)$为因果信号，则积分的上下限可写为$(-\infty,t)$，即

$$y(t)=f(t)*h(t)=\int_{-\infty}^{t}f(\tau)h(t-\tau)\mathrm{d}\tau$$

(4) 若$f(t)$和 $h(t)$均为非因果信号，则积分的上下限可写为$(-\infty,\infty)$，即

$$y(t)=f(t)*h(t)=\int_{-\infty}^{\infty}f(\tau)h(t-\tau)\mathrm{d}\tau$$

从上面几种情况可以看出，卷积积分的积分限要根据具体函数的定义域来确定，而且还要根据 t 的变化而改变。

3. 卷积积分的运算规律

(1) 交换律

$$f_1(t)*f_2(t)=f_2(t)*f_1(t)=\int_{-\infty}^{\infty}f_1(\tau)f_2(t-\tau)\mathrm{d}\tau=\int_{-\infty}^{\infty}f_2(\tau)f_1(t-\tau)\mathrm{d}\tau$$

（2）分配律

$$f_1(t)*[f_2(t)+f_3(t)]=f_1(t)*f_2(t)+f_1(t)*f_3(t)$$

（3）结合律

$$f_1(t)*[f_2(t)*f_3(t)]=[f_1(t)*f_2(t)]*f_3(t)=[f_1(t)*f_3(t)]*f_2(t)$$

4. 卷积积分的主要性质

（1）积分性

$$\int_{-\infty}^{t}[f_1(\tau)*f_2(\tau)\mathrm{d}\tau]=f_1(t)*\int_{-\infty}^{t}f_2(\tau)\mathrm{d}\tau=f_2(t)*\int_{-\infty}^{t}f_1(\tau)\mathrm{d}\tau$$

（2）微分性

$$\frac{\mathrm{d}}{\mathrm{d}t}[f_1(t)*f_2(t)]=f_1(t)*\frac{\mathrm{d}f_2(t)}{\mathrm{d}t}=f_2(t)*\frac{\mathrm{d}f_1(t)}{\mathrm{d}t}$$

（3）$f_1(t)$的微分与$f_2(t)$的积分的卷积

$$\frac{\mathrm{d}f_1(t)}{\mathrm{d}t}*\int_{-\infty}^{t}f_2(\tau)\mathrm{d}\tau=f_1(t)*f_2(t)$$

应用性质(2)和(3)的充要条件是必须有$\lim\limits_{t\to-\infty}f_1(t)=f_1(-\infty)=0$，$\lim\limits_{t\to-\infty}f_2(t)=f_2(-\infty)=0$。

（4）$f(t)$与$\delta(t)$的卷积　　$f(t)*\delta(t)=f(t)$

推论

$$f(t)*\delta(t-T)=f(t-T)$$

$$f(t-T_1)*\delta(t-T_2)=f(t-T_1-T_2)$$

$$\delta(t-T_1)*\delta(t-T_2)=\delta(t-T_1-T_2)$$

（5）$f(t)$与$U(t)$的卷积

$$f(t)*U(t)=\int_{-\infty}^{t}f(\tau)\mathrm{d}\tau$$

$$f(t)*U(t-t_0)=\int_{-\infty}^{t}f(\tau-t_0)\mathrm{d}\tau=\int_{-\infty}^{t-t_0}f(\tau)\mathrm{d}\tau$$

（6）$f(t)$与$\delta'(t)$的卷积

$$f(t)*\delta'(t)=f'(t)*\delta(t)=f'(t)$$

推论

$$f(t)*\delta^{(n)}(t)=f^{(n)}(t)$$

$$f(t)*\delta^{(n)}(t-t_0)=f^{(n)}(t-t_0)$$

（7）时移性

设$f_1(t)*f_2(t)=y(t)$，则有

$$f_1(t-T_1)*f_2(t-T_2)=y(t-T_1-T_2)$$

2.2.7 求系统零状态响应的卷积积分法

线性时不变系统对任意激励$f(t)$的零状态响应$y_f(t)$，可由$f(t)$与其单位冲激响应$h(t)$

的卷积积分求解，即

$$y_f(t)=f(t)*h(t)=\int_{-\infty}^{\infty} f(\tau)h(t-\tau)\mathrm{d}(\tau) \tag{2.14}$$

用卷积积分法求线性时不变系统零状态响应 $y_f(t)$ 的步骤是：

(1) 求系统的单位冲激响应 $h(t)$。

(2) 按式(2.14)求系统的零状态响应 $y_f(t)$。

2.3 典型例题

例 2.1 图例 2.1 所示为 *RLC* 并联电路，求并联电路的端电压 $u(t)$ 与激励源 $f(t)$ 之间的关系。

解：把 $u(t)$ 作为变量，根据元件的伏安关系和节点 KCL 有

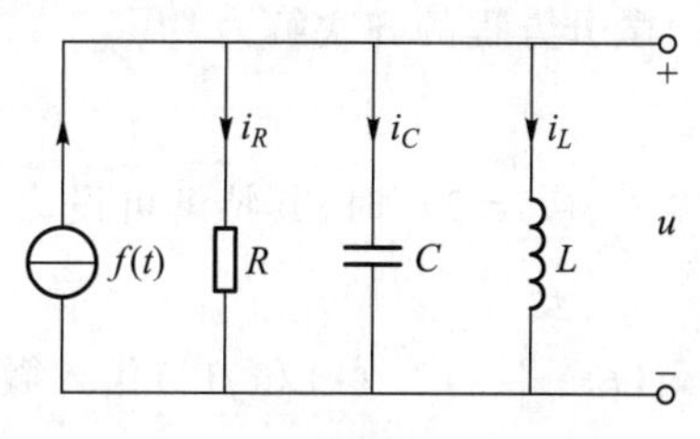

图例 2.1

$$\frac{1}{R}u(t)+\frac{1}{L}\int_{-\infty}^{t}u(\tau)\mathrm{d}\tau+C\frac{\mathrm{d}}{\mathrm{d}t}u(t)=f(t)$$

故

$$C\frac{\mathrm{d}^2}{\mathrm{d}t^2}u(t)+\frac{1}{R}\frac{\mathrm{d}}{\mathrm{d}t}u(t)+\frac{1}{L}u(t)=\frac{\mathrm{d}}{\mathrm{d}t}f(t)$$

例 2.2 如图例 2.2 所示电路，求：(1) 响应变量 $i_1(t)$、$i_2(t)$、$i_3(t)$ 对 $f(t)$ 的转移算子。(2) 描述 $i_1(t)$ 与 $f(t)$ 关系的微分方程。

解：(1) 对网孔列算子形成的 KVL 方程为

$$\begin{cases}3pi_1(t)-pi_2(t)-pi_3(t)=0\\-pi_1(t)+(p+1)i_2(t)-i_3(t)=f(t)\\-pi_1(t)-i_2(t)+\left(p+1+\dfrac{1}{p}\right)i_3(t)=0\end{cases}$$

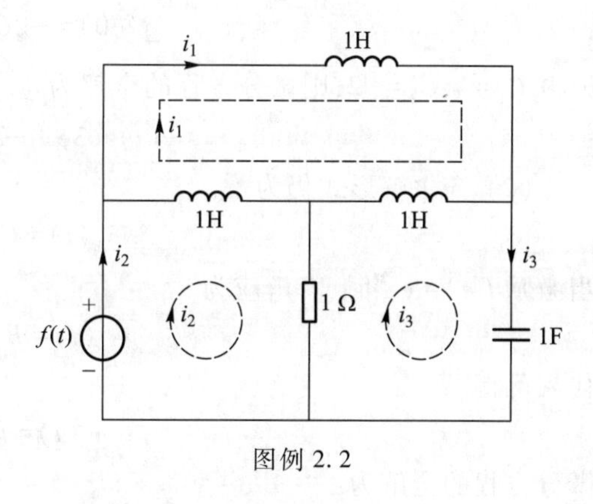

图例 2.2

解得

$$i_1(t)=\frac{p(p^2+2p+1)}{p(p^3+2p^2+2p+3)}f(t)=H_1(p)f(t)$$

$$i_2(t)=\frac{p(2p^2+3p+3)}{p(p^3+2p^2+2p+3)}f(t)=H_2(p)f(t)$$

$$i_3(t)=\frac{p^2(p+3)}{p(p^3+2p^2+2p+3)}f(t)=H_3(p)f(t)$$

故有

$$H_1(p)=\frac{p(p^2+2p+1)}{p(p^3+2p^2+2p+3)}$$

$$H_2(p)=\frac{p(2p^2+3p+3)}{p(p^3+2p^2+2p+3)}$$

$$H_3(p)=\frac{p^2(p+3)}{p(p^3+2p^2+2p+3)}$$

（2）联系 $i_1(t)$ 与 $f(t)$ 关系的微分方程为

$$(p^4+2p^3+2p^2+3p)i_1(t)=(p^3+2p^2+p)f(t)$$

注意：由于所给电路为四阶电路，故各转移算子中分子与分母的公因子 p 不能消去。

例 2.3　描述某 LTI 系统的微分方程为 $y''(t)+5y'(t)+6y(t)=f(t)$，求：(1) 当 $f(t)=2e^{-t}, t\geqslant 0; y(0)=2, y'(0)=-1$ 时的全解。(2) 当 $f(t)=e^{-2t}, t\geqslant 0; y(0)=1, y'(0)=0$ 时的全解。

解：(1) 特征方程为 $\lambda^2+5\lambda+6=0$，其特征根 $\lambda_1=-2, \lambda_2=-3$。

微分方程的齐次解为

$$y_h(t)=C_1e^{-2t}+C_2e^{-3t}$$

当输入 $f(t)=2e^{-t}$ 时，其特解可设为

$$y_p(t)=Be^{-t}$$

将 $y_p''(t)$、$y_p'(t)$、$y_p(t)$ 和 $f(t)$ 代入微分方程，得

$$y_p(t)=e^{-t}$$

微分方程的全解为

$$y(t)=y_h(t)+y_p(t)=C_1e^{-2t}+C_2e^{-3t}+e^{-t}$$

令 $t=0$，并将初始值代入，得

$$y(0)=C_1+C_2+1=2$$
$$y'(0)=-2C_1-3C_2-1=-1$$

解得 $C_1=3, C_2=-2$，则微分方程的全解为

$$y(t)=3e^{-2t}-2e^{-3t}+e^{-t},\quad t\geqslant 0$$

（2）齐次解形式仍为

$$y_h(t)=C_1e^{-2t}+C_2e^{-3t}$$

当激励 $f(t)=e^{-2t}$ 时，特解应为

$$y_p(t)=B_1te^{-2t}+B_0e^{-2t}$$

代入可得

$$y_p(t)=te^{-2t}+B_0e^{-2t}$$

微分方程的全解为

$$y(t)=C_1e^{-2t}+C_2e^{-3t}+te^{-2t}+B_0e^{-2t}=(C_1+B_0)e^{-2t}+C_2e^{-3t}+te^{-2t}$$

令 $t=0$，将初始条件代入得

$$y(0)=(C_1+B_0)+C_2=1$$
$$y'(0)=-2(C_1+B_0)-3C_2+1=0$$

由上式解得 $C_1+B_0=2, C_2=-1$，则微分方程的全解为

$$y(t)=2e^{-2t}-e^{-3t}+te^{-2t},\quad t\geqslant 0$$

例 2.4　描述某 LTI 系统的微分方程为 $y''(t)+3y'(t)+2y(t)=2f'(t)+6f(t)$，已知

$y(0^-)=2, y'(0^-)=0, f(t)=U(t)$，求 $y(0^+)$ 和 $y'(0^+)$。

解：将输入 $f(t)$ 代入以上微分方程，得

$$y''(t)+3y'(t)+2y(t)=2\delta(t)+6U(t)$$

由于等号右端含 $2\delta(t)$，故 $y''(t)$ 应包含冲激函数，从而 $y'(t)$ 在 $t=0$ 处将跃变，但 $y'(t)$ 不含冲激函数，否则 $y''(t)$ 将含有 $\delta'(t)$ 项。由于 $y'(t)$ 含有阶跃函数，故 $y(t)$ 在 $t=0$ 处是连续的。

对上述方程两端从 0^- 到 0^+ 进行积分，有

$$\int_{0^-}^{0^+} y''(t)\,\mathrm{d}t+3\int_{0^-}^{0^+} y'(t)\,\mathrm{d}t+2\int_{0^-}^{0^+} y(t)\,\mathrm{d}t=2\int_{0^-}^{0^+} \delta(t)\,\mathrm{d}t+6\int_{0^-}^{0^+} U(t)\,\mathrm{d}t$$

由于 $\int_{0^-}^{0^+} y(t)\,\mathrm{d}t=0$，$\int_{0^-}^{0^+} U(t)\,\mathrm{d}t=0$，上式得

$$[y'(0^+)-y'(0^-)]+3[y(0^+)-y(0^-)]=2$$

又 $y(t)$ 在 $t=0$ 处是连续的，故

$$y(0^+)-y(0^-)=0,\quad 即\ y(0^+)=y(0^-)=2$$

$$y'(0^+)-y'(0^-)=2,\quad 即\ y'(0^+)=y'(0^-)+2=2$$

可见，当微分方程式等号右端含有冲激函数（及其各阶导数）时，响应 $y(t)$ 及其各阶导数中，有些将发生跃变。这可利用微分方程两端各奇异函数项的系数相平衡的方法来判断，并从 0^- 到 0^+ 进行积分，求得时刻 0^+ 的初始值。

例 2.5 描述某 LTI 系统的微分方程为 $y''(t)+3y'(t)+2y(t)=2f'(t)+6f(t)$，已知 $y(0^-)=2, y'(0^-)=0, f(t)=U(t)$，求该系统的零输入响应和零状态响应。

解：(1) 零输入响应 $y_x(t)$ 是激励为零，仅由初始状态引起的响应，故 $y_x(t)$ 是满足方程

$$y''_x(t)+3y'_x(t)+2y_x(t)=0$$

且满足 $y(0^+)$、$y'(0^+)$ 的解。由于 $y_f(0^-)=y'_f(0^-)=0$，且激励也为零，故有

$$y_x(0^+)=y_x(0^-)=y(0^-)=2$$

$$y'_x(0^+)=y'_x(0^-)=y'(0^-)=0$$

系统的特征根为 -1、-2，故零输入响应为

$$y_x(t)=C_{x1}\mathrm{e}^{-t}+C_{x2}\mathrm{e}^{-2t}$$

将初始值代入上式及其导数，得

$$y_x(0^+)=C_{x1}+C_{x2}=2$$

$$y'_x(0^+)=-C_{x1}-2C_{x2}=0$$

由上式解得 $C_{x1}=4, C_{x2}=-2$。故

$$y_x(t)=4\mathrm{e}^{-t}-2\mathrm{e}^{-2t},\quad t\geqslant 0$$

(2) 零状态响应 $y_f(t)$ 是初始状态为零，仅由激励引起的响应，它是满足方程[考虑到 $f(t)=U(t)$]

$$y''_f(t)+3y'_f(t)+2y_f(t)=2\delta(t)+6U(t)$$

且满足 $y_f(0^-)=y'_f(0^-)=0$ 的解。由于上式等号右端含有 $\delta(t)$ 项，故 $y''_f(t)$ 应含有冲激函数，故 $y'_f(t)$ 将跃变，而 $y_f(t)$ 在 $t=0$ 处是连续的。对上式从 0^- 到 0^+ 进行积分，得

$$\int_{0^-}^{0^+} y''_f(t)\,dt+3\int_{0^-}^{0^+} y'_f(t)\,dt+2\int_{0^-}^{0^+} y_f(t)\,dt=2\int_{0^-}^{0^+} \delta(t)\,dt+6\int_{0^-}^{0^+} U(t)\,dt$$

由于 $\int_{0^-}^{0^+} y_f(t)\,dt=0$，$\int_{0^-}^{0^+} U(t)\,dt=0$，得

$$[y'_f(0^+)-y'_f(0^-)]+3[y_f(0^+)-y_f(0^-)]=2$$

又 $y_f(t)$ 在 $t=0$ 处是连续的，故

$$y_f(0^+)-y_f(0^-)=0,\quad 即\ y_f(0^+)=y_f(0^-)=0$$

$$y'_f(0^+)-y'_f(0^-)=2,\quad 即\ y'_f(0^+)=y'_f(0^-)+2=2$$

$t>0$ 时，有

$$y''_f(t)+3y'_f(t)+2y_f(t)=6$$

不难求得其齐次解为 $C_{f1}e^{-t}+C_{f2}e^{-2t}$，其特解为常数3，于是有

$$y_f(t)=C_{f1}e^{-t}+C_{f2}e^{-2t}+3$$

将初始值代入上式及其导数，得

$$y_f(0^+)=C_{f1}+C_{f2}+3=0$$

$$y'_f(0^+)=-C_{f1}-2C_{f2}=2$$

解得 $C_{f1}=-4$，$C_{f2}=1$。最后得系统的零状态响应为

$$y_f(t)=-4e^{-t}+e^{-2t}+3,\quad t\geqslant 0$$

例2.6 例2.5所述的系统，若已知 $y(0^+)=3$，$y'(0^+)=1$，$f(t)=U(t)$，求该系统的零输入响应和零状态响应。

解：本例中已知的是 0^+ 时刻的初始条件，有

$$\begin{cases} y(0^+)=y_x(0^+)+y_f(0^+)=3 \\ y'(0^+)=y'_x(0^+)+y'_f(0^+)=1 \end{cases}$$

按上式无法区分 $y_x(t)$ 和 $y_f(t)$ 在 $t=0^+$ 时的值。

可先求出零状态响应。由于零状态响应是指 $y_f(0^-)=y'_f(0^-)=0$ 时方程的解，因此本例中零状态响应的求法和结果与例2.5相同，即

$$y_f(t)=-4e^{-t}+e^{-2t}+3,\quad t\geqslant 0$$

由上式可求得 $y_f(0^+)=0$，$y'_f(0^+)=2$，故 $y_x(0^+)=3$，$y'_x(0^+)=-1$。

本例中，零输入响应的形式也与例2.5相同，有

$$y_x(t)=C_{x1}e^{-t}+C_{x2}e^{-2t}$$

将初始值代入，有

$$y_x(0^+)=C_{x1}+C_{x2}=3$$

$$y'_x(0^+)=-C_{x1}-2C_{x2}=-1$$

由上式解得 $C_{x1}=5$，$C_{x2}=-2$，于是得该系统的零输入响应为

$$y_x(t)=5e^{-t}-2e^{-2t},\quad t\geqslant 0$$

例2.7 描述某LTI系统的微分方程为 $y'(t)+2y(t)=f''(t)+f'(t)+2f(t)$，若 $f(t)=U(t)$，求该系统的零状态响应。

解：先求由 $f(t)$ 作用于上述系统所引起的零状态响应 $y_1(t)$，即

$$y_1'(t)+2y_1(t)=f(t)$$

且初始状态为零,即 $y_1(0^-)=0$。

由于当 $f(t)=U(t)$ 时,等号右端仅有阶跃函数,故 $y_1'(t)$ 将跃变,而 $y_1(t)$ 在 $t=0$ 处是连续的,从而有 $y_1(0^+)=y_1(0^-)=0$。不难求得

$$y_1(t)=\frac{1}{2}(1-e^{-2t})U(t)$$

故

$$y_1'(t)=\frac{1}{2}(1-e^{-2t})\delta(t)+e^{-2t}U(t)=e^{-2t}U(t)$$

$$y_1''(t)=e^{-2t}\delta(t)-2e^{-2t}U(t)=\delta(t)-2e^{-2t}U(t)$$

根据零状态响应的微分性和线性,本系统的零状态响应满足

$$y_f(t)=y_1''(t)+y_1'(t)+2y_1(t)$$

代入上述各式得

$$y_f(t)=\delta(t)+(1-2e^{-2t})U(t)$$

可见,引入奇异函数后,利用零状态响应的线性和微分性,可使求解简便。

例 2.8 已知系统 $y'(t)+y(t)=f(t)$ 的响应为 $y(t)=5e^{-t}+3e^{-2t},t\geqslant 0$。求:

(1) $y(0^-)=5$ 时的零输入响应和零状态响应。

(2) $y(0^-)=10$ 时系统 $y'(t)+y(t)=f(t)$ 的零输入响应。

(3) $y'(t)+y(t)=f(t-2)$ 的零状态响应。

(4) $y'(t)+y(t)=f'(t)+2f(t)$ 的零状态响应。

解:已知 $y(t)=5e^{-t}+3e^{-2t},t\geqslant 0$。

(1) 因为特征根为-1,故

$$y_x(t)=5e^{-t},\quad t\geqslant 0$$

$$y_f(t)=3e^{-2t},\quad t\geqslant 0$$

(2) $y_x'(t)+y_x(t)=0,y_x(0^+)=y_x(0^-)=y(0^-)=10$,故

$$y_x(t)=10e^{-t},\quad t\geqslant 0$$

(3) $y_f(t)=3e^{-2(t-2)}U(t-2)$。

(4) $y_f(t)=3e^{-2t}\delta(t)-6e^{-2t}U(t)+6e^{-2t}U(t)=3\delta(t)$。

例 2.9 描述某二阶 LTI 系统的微分方程为 $y''(t)+5y'(t)+6y(t)=f(t)$,求其冲激响应 $h(t)$。

解 1:根据冲激响应的定义,当 $f(t)=\delta(t)$ 时,系统的零状态响应 $y_f(t)=h(t)$,故 $h(t)$ 满足

$$\begin{cases}h''(t)+5h'(t)+6h(t)=\delta(t)\\h'(0^-)=h(0^-)=0\end{cases}$$

由于冲激函数仅在 $t=0$ 处作用,而在 $t>0$ 区间函数为零。因而,系统的冲激响应与该系统的零输入响应(即相应的齐次解)具有相同的函数形式。

微分方程的特征根为-2、-3,故系统的冲激响应为

$$h(t)=(C_1e^{-2t}+C_2e^{-3t})U(t)$$

为确定常数 C_1 和 C_2，需要求出 0^+ 时刻的初始值 $h(0^+)$ 和 $h'(0^+)$。微分方程两端奇异函数要平衡，$h''(t)$ 中应含有 $\delta(t)$，相应地，$h''(t)$ 的积分项 $h'(t)$ 中含有 $U(t)$，但它不含 $\delta(t)$，从而 $h(t)$ 在 $t=0$ 处连续。对原微分方程从 0^- 到 0^+ 逐项积分，并考虑 $h(t)$ 在 $t=0$ 处连续，且 $\int_{0^-}^{0^+} h(t)\mathrm{d}t=0$，得

$$h(0^+)=h(0^-)=0,\quad h'(0^+)=1+h'(0^-)=1$$

将以上初始值代入冲激响应通式，得

$$h(0^+)=C_1+C_2=0$$

$$h'(0^+)=-2C_1-3C_2=1$$

解得 $C_1=1$，$C_2=-1$，故系统的冲激响应为

$$h(t)=(\mathrm{e}^{-2t}-\mathrm{e}^{-3t})U(t)$$

解2：系统的传输算子为

$$H(p)=\frac{1}{p^2+5p+6}=\frac{1}{p+2}-\frac{1}{p+3}$$

故

$$h(t)=(\mathrm{e}^{-2t}-\mathrm{e}^{-3t})U(t)$$

例2.10　描述系统的微分方程为 $y''(t)+5y'(t)+6y(t)=f''(t)+2f'(t)+3f(t)$，求其冲激响应 $h(t)$。

解1：选新变量 $y_1(t)$，使其满足方程

$$y_1''(t)+5y_1'(t)+6y_1(t)=f(t)$$

设其冲激响应为 $h_1(t)$，则由例2.9可知

$$h_1(t)=(\mathrm{e}^{-2t}-\mathrm{e}^{-3t})U(t)$$

又 $h(t)=h_1''(t)+2h_1'(t)+3h_1(t)$，即

$$h(t)=\delta(t)+(3\mathrm{e}^{-2t}-6\mathrm{e}^{-3t})U(t)$$

解2：系统的传输算子为

$$H(p)=\frac{p^2+2p+3}{p^2+5p+6}=1+\frac{3}{p+2}-\frac{6}{p+3}$$

故

$$h(t)=\delta(t)+(3\mathrm{e}^{-2t}-6\mathrm{e}^{-3t})U(t)$$

例2.11　如图例2.11所示电路。(1) 对图例2.11(a)所示电路，以 $u_C(t)$ 为响应，求冲激响应 $h(t)$。(2) 对图例2.11(b)所示电路，以 $u_1(t)$、$u_2(t)$ 为响应，求冲激响应 $h_1(t)$、$h_2(t)$。

解：(1) 节点N的KCL方程为

$$\left(1+\frac{1}{1+p}+p\right)u_C(t)=f(t)$$

即

$$(p^2+2p+2)u_C(t)=(p+1)f(t)$$

故得

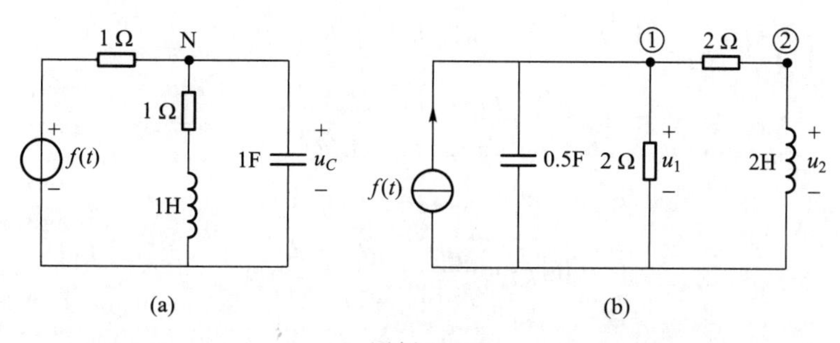

图例 2.11

$$H(p)=\frac{p+1}{p^2+2p+2}=\frac{\frac{1}{2}}{p+1+\mathrm{j}}+\frac{\frac{1}{2}}{p+1-\mathrm{j}}$$

进而得

$$h(t)=\frac{1}{2}\mathrm{e}^{-(1+\mathrm{j})t}U(t)+\frac{1}{2}\mathrm{e}^{-(1-\mathrm{j})t}U(t)=\mathrm{e}^{-t}\cos tU(t)$$

（2）对节点①和②列 KCL 方程为

$$\left(\frac{1}{2}p+1\right)u_1(t)-\frac{1}{2}u_2(t)=f(t) \tag{1}$$

$$-\frac{1}{2}u_1(t)+\left(\frac{1}{2p}+\frac{1}{2}\right)u_2(t)=0$$

即

$$-pu_1(t)+(1+p)u_2(t)=0 \tag{2}$$

(1)和(2)两式联解得

$$u_1(t)=\frac{2(p+1)}{p^2+2p+2}f(t)$$

$$u_2(t)=\frac{2p}{p^2+2p+2}f(t)$$

故得

$$h_1(t)=\frac{2(p+1)}{p^2+2p+2}\delta(t)=\frac{2(p+1)}{(p+1)^2+1}\delta(t)=2\mathrm{e}^{-t}\cos tU(t)$$

$$h_2(t)=\frac{2p}{p^2+2p+2}\delta(t)=\frac{2(p+1)-2}{(p+1)^2+1}\delta(t)=2\mathrm{e}^{-t}\cos tU(t)-2\mathrm{e}^{-t}\sin tU(t)$$

例 2.12 求图例 2.12 所示系统的单位冲激响应 $h(t)$。

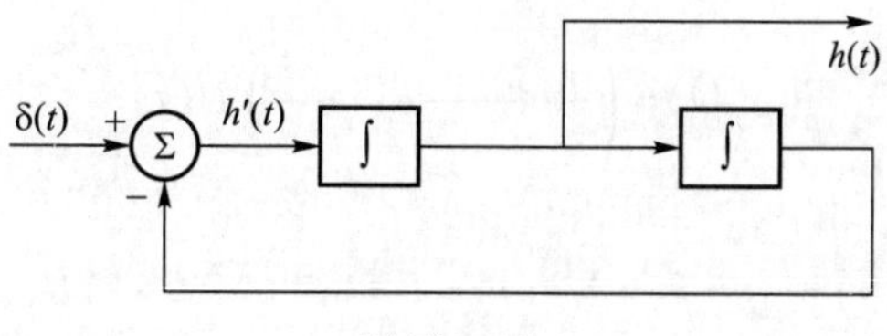

图例 2.12

解：$h'(t)=\delta(t)-\int_{-\infty}^{t}h(\tau)\mathrm{d}\tau,\quad h''(t)=\delta'(t)-h(t)$

故
$$h''(t)+h(t)=\delta'(t)$$
即
$$(p^2+1)h(t)=p\delta(t)$$
故得
$$H(p)=\frac{p}{p^2+1}=\frac{\frac{1}{2}}{p+\mathrm{j}}+\frac{\frac{1}{2}}{p-\mathrm{j}}$$
故
$$h(t)=\frac{1}{2}(\mathrm{e}^{-\mathrm{j}t}+\mathrm{e}^{\mathrm{j}t})=\cos tU(t)$$

例 2.13　令系统的冲激响应为 $h(t)=\mathrm{e}^{-t}U(t)$，则 $h'(t)=\delta(t)-\mathrm{e}^{-t}U(t)$，可得 $h'(t)+h(t)=\delta(t)$，由此可知系统微分方程为 $y'(t)+y(t)=f(t)$。借助这个思路，求与冲激响应 $h(t)=\mathrm{e}^{-\alpha t}U(t)$ 对应的系统微分方程。

解：$h(t)=\mathrm{e}^{-\alpha t}U(t)$，$h'(t)=\delta(t)-\alpha\mathrm{e}^{-\alpha t}U(t)$，$h'(t)+\alpha h(t)=\delta(t)$

所以系统方程为
$$y'(t)+\alpha y(t)=f(t)$$

例 2.14　已知LTI系统微分方程为 $y''(t)+3y'(t)+2y(t)=-f'(t)+2f(t)$，求其阶跃响应。

解：[方法一]设系统 $y''(t)+3y'(t)+2y(t)=f(t)$ 的阶跃响应为 $g_1(t)$，则
$$g_1''(t)+3g_1'(t)+2g_1(t)=U(t)$$
$$g_1(0^-)=g_1'(0^-)=0$$

其特征根为-1、-2，其特解为$\frac{1}{2}$，于是得
$$g_1(t)=\left(C_1\mathrm{e}^{-t}+C_2\mathrm{e}^{-2t}+\frac{1}{2}\right)U(t)$$

很容易得
$$g_1(0^+)=g_1(0^-)=0,\quad g_1'(0^+)=g_1'(0^-)=0$$

故
$$g_1(0^+)=C_1+C_2+\frac{1}{2}=0$$
$$g_1'(0^+)=-C_1-2C_2=0$$

解得 $C_1=-1$，$C_2=\frac{1}{2}$，于是得
$$g_1(t)=\left(-\mathrm{e}^{-t}+\frac{1}{2}\mathrm{e}^{-2t}+\frac{1}{2}\right)U(t)$$

原系统的阶跃响应为
$$g(t)=-g_1'(t)+2g_1(t)=(-3\mathrm{e}^{-t}+2\mathrm{e}^{-2t}+1)U(t)$$

[方法二]系统的传输算子为

$$H(p)=\frac{-p+2}{p^2+3p+2}=\frac{3}{p+1}+\frac{-4}{p+2}$$

故

$$h(t)=(3e^{-t}-4e^{-2t})U(t)$$

所以

$$g(t)=\int_{-\infty}^{t}h(\tau)d\tau=(-3e^{-t}+2e^{-2t}+1)U(t)$$

例 2.15 设 $f_1(t)=3e^{-2t}U(t)$，$f_2(t)=2U(t)$，$f_3(t)=2U(t-2)$。求：(1) $f_1(t)*f_2(t)$。(2) $f_1(t)*f_3(t)$。

解：(1) $f_1(t)*f_2(t)=\int_{-\infty}^{\infty}3e^{-2\tau}U(\tau)\cdot 2U(t-\tau)d\tau=6\int_{0^+}^{t}e^{-2\tau}d\tau=3(1-e^{-2t})U(t)$。

(2) $f_1(t)*f_3(t)=\int_{-\infty}^{\infty}3e^{-2\tau}U(\tau)\cdot 2U(t-\tau-2)d\tau=6\int_{0^+}^{t-2}e^{-2\tau}d\tau=3[1-e^{-2(t-2)}]U(t-2)$。

例 2.16 已知(1) $f_1(t)*tU(t)=(t+e^{-t}-1)U(t)$。(2) $f_2(t)*[e^{-t}U(t)]=(1-e^{-t})U(t)-[1-e^{-(t-1)}]U(t-1)$。求 $f_1(t)$ 和 $f_2(t)$。

解：由于卷积积分不易求逆运算，故此题可利用卷积的微分性质求解。

(1) 因有 $\frac{d^2}{dt^2}[f_1(t)*tU(t)]=\frac{d^2}{dt^2}[(t+e^{-t}-1)U(t)]$，即

$$f_1(t)*\frac{d^2}{dt^2}[tU(t)]=e^{-t}U(t)$$

$$f_1(t)*\delta(t)=e^{-t}U(t)$$

所以

$$f_1(t)=e^{-t}U(t)$$

(2) 因有 $\frac{d}{dt}\{f_2(t)*[e^{-t}U(t)]\}=\frac{d}{dt}\{(1-e^{-t})U(t)-[1-e^{-(t-1)}]U(t-1)\}$，即

$$f_2(t)*[\delta(t)-e^{-t}U(t)]=e^{-t}U(t)-e^{-(t-1)}U(t-1)$$

$$f_2(t)-f_2(t)*e^{-t}U(t)=e^{-t}U(t)-e^{-(t-1)}U(t-1)$$

$$f_2(t)-\{(1-e^{-t})U(t)-[1-e^{-(t-1)}]U(t-1)\}=e^{-t}U(t)-e^{-(t-1)}U(t-1)$$

所以

$$f_2(t)=U(t)-U(t-1)$$

例 2.17 对于由微分方程 $y'(t)+2y(t)=f(t)$ 描述的系统。

(1) 求该系统的冲激响应 $h(t)$。

(2) 若 $f(t)=e^{-2t}U(t)$，通过卷积求在零状态下的输出。

(3) 若 $f(t)=e^{-2t}U(t)$，且 $y(0)=0$，通过解微分方程求它的输出。

(4) 若 $f(t)=e^{-2t}U(t)$，且 $y(0)=1$，通过解微分方程求它的输出。

(5) 这些输出是否相同？它们是否应该相同？为什么？

解：(1) $h(t)=e^{-2t}U(t)$。

(2) $y_f(t)=f(t)*h(t)=te^{-2t}U(t)$。

(3) $y(t)=y_x(t)+y_f(t)=Ae^{-2t}+te^{-2t}$。令 $t=0$，并代入 $y(0)=0$，解得 $A=0$，所以 $y(t)=$

te^{-2t}。

（4）在 $y(t)=Ae^{-2t}+te^{-2t}$ 中，令 $t=0$，并代入 $y(0)=1$，解得 $A=1$，所以

$$y(t)=(1+t)e^{-2t}, \quad t\geqslant 0$$

（5）这些输出中（2）和（3）相同，因为两者都属于零状态响应。

例 2.18　图例 2.18(a)所示系统，已知 $h_1(t)=\delta(t-1)$，$h_2(t)=-2\delta(t-1)$，$f(t)=\sin tU(t)$，$y_f(t)$ 的图形如图例 2.18(b)所示。求 $h_3(t)$。

解：（1）求系统的冲激响应 $h(t)$。

因有

$$y_f(t)=\sin tU(t)*h(t)$$

故得

$$\frac{d^2}{dt^2}y_f(t)=\frac{d^2}{dt^2}[\sin tU(t)*h(t)]$$

又因有

$$\delta(t)=\sin tU(t)+\frac{d^2}{dt^2}[\sin tU(t)]$$

所以

$$y_f(t)+\frac{d^2}{dt^2}y_f(t)=\sin tU(t)*h(t)+\frac{d^2}{dt^2}[\sin tU(t)*h(t)]$$

$$=\left[\sin tU(t)+\frac{d^2}{dt^2}\sin tU(t)\right]*h(t)=h(t)$$

故得 $h(t)=y_f(t)+\delta(t)-2\delta(t-1)+\delta(t-2)$。$h(t)$ 的波形如图例 2.18(c)所示。

（2）$h(t)=\delta(t)+h_1(t)*h_1(t)+h_2(t)+h_3(t)=\delta(t)+\delta(t-1)*\delta(t-1)-2\delta(t-1)+h_3(t)$

$=\delta(t)+\delta(t-2)-2\delta(t-1)+h_3(t)$

故得

$$h_3(t)=h(t)-[\delta(t)-2\delta(t-1)+\delta(t-2)]=y_f(t)$$

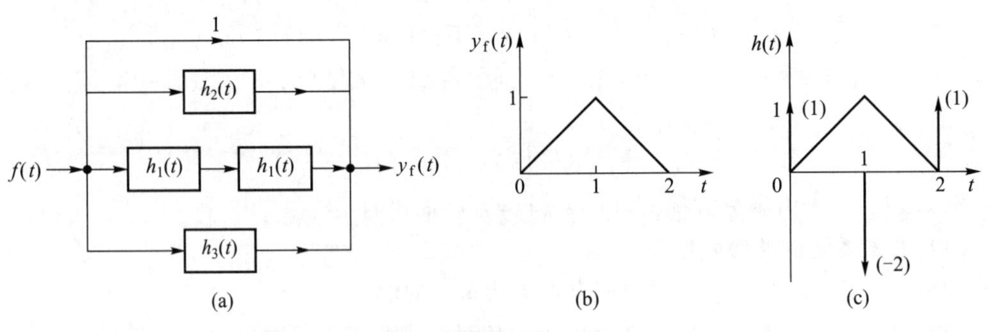

图例 2.18

例 2.19　求图例 2.19(a)中函数 $f_1(t)$ 与 $f_2(t)$ 的卷积。

解：直接求 $f_1(t)$ 与 $f_2(t)$ 的卷积比较复杂，利用函数与冲激函数的卷积较为简便。对 $f_1(t)$ 求导数得 $f_1^{(1)}(t)$，对 $f_2(t)$ 求积分得 $f_2^{(-1)}(t)$，其波形如图例 2.19(b)所示。卷积 $f_1^{(1)}(t)*f_2^{(-1)}(t)=f_1(t)*f_2(t)$，如图例 2.19(c)所示。

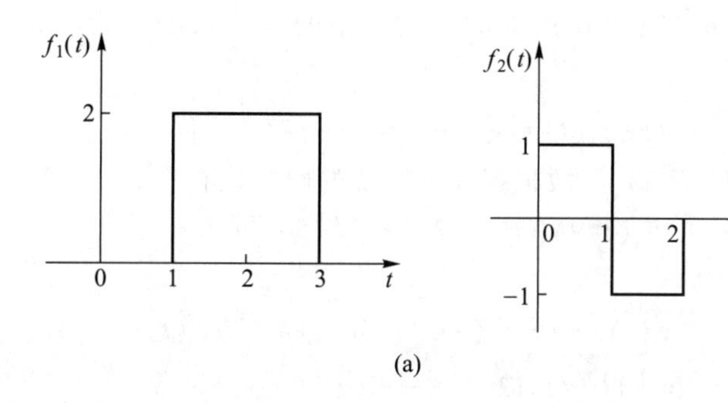

(a)

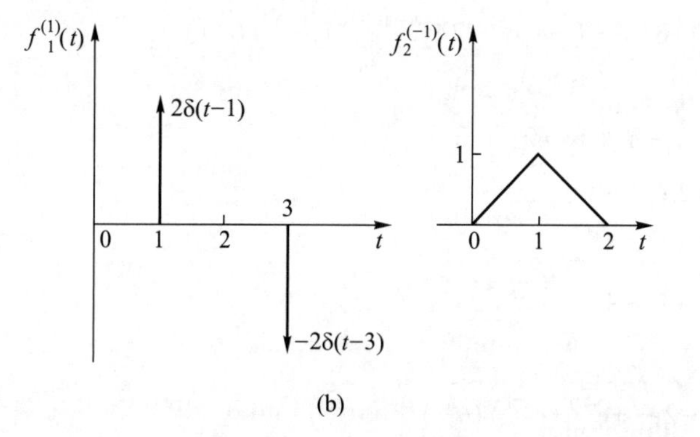

(b)

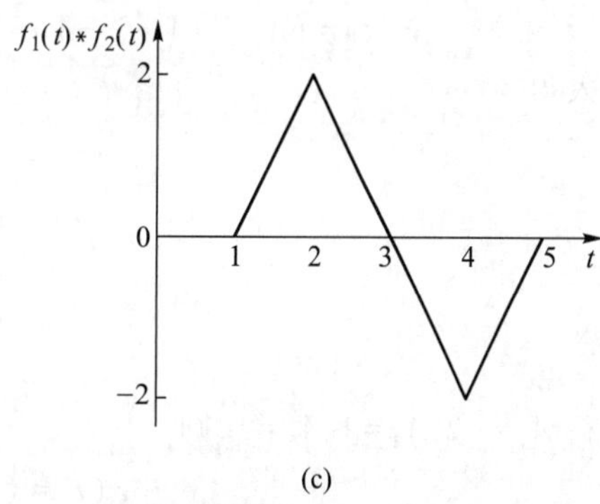

(c)

图例 2.19

例 2.20 图例 2.20 所示系统由若干个子系统组成,各个系统的冲激响应为 $h_1(t)=U(t)$,$h_2(t)=\delta(t-1)$,$h_3(t)=-\delta(t)$,试求此系统的冲激响应 $h(t)$。若以 $f(t)=e^{-t}U(t)$ 作为激励信号,求系统的零状态响应。

解:$h(t)=h_1(t)+h_2(t)*h_1(t)*h_3(t)=U(t)-\delta(t-1)*U(t)*\delta(t)=U(t)-U(t-1)$

$$y(t)=e^{-t}U(t)*[U(t)-U(t-1)]=\begin{cases}1-e^{-t}, & 0<t<1\\ e^{-(t-1)}-e^{-t}, & 1<t<\infty\end{cases}$$

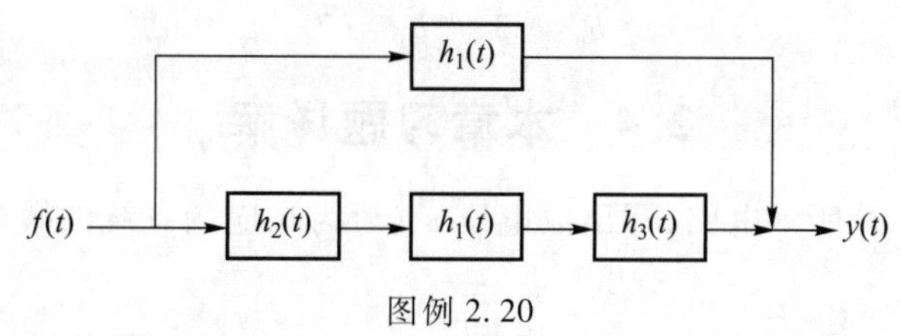

图例 2.20

例 2.21 二阶线性时不变系统 $y''(t)+a_0y'(t)+a_1y(t)=b_0f'(t)+b_1f(t)$,在激励 $f(t)=e^{-2t}U(t)$ 作用下的全响应为 $y(t)=(-e^{-t}+4e^{-2t}-e^{-3t})U(t)$,而在激励 $\delta(t)-2e^{-2t}U(t)$ 作用下的全响应为 $y_1(t)=(3e^{-t}+e^{-2t}-5e^{-3t})U(t)$。设系统的初始状态不变。(1) 求 a_0、a_1。(2) 求系统的零输入响应 $y_x(t)$ 和单位冲激响应 $h(t)$。(3) 求 b_0、b_1。

解:(1) 因激励 $f(t)=e^{-2t}U(t)$,故其全响应 $y(t)=(-e^{-t}+4e^{-2t}-e^{-3t})U(t)$ 中的强迫响应分量为 $4e^{-2t}U(t)$,自由响应分量为 $(-e^{-t}-e^{-3t})U(t)$,故知系统的特征根为 $p_1=-1$,$p_2=-3$,系统的特征方程为 $(p+1)(p+3)=0$,即 $p^2+4p+3=0$,可得 $a_0=4$,$a_1=3$。

（2）设激励 $f(t)=e^{-2t}U(t)$ 作用下的全响应中的零输入响应为 $y_x(t)$，零状态响应为 $y_f(t)$，故有

$$y(t)=y_x(t)+y_f(t)=(-e^{-t}+4e^{-2t}-e^{-3t})U(t)$$

又 $\delta(t)-2e^{-2t}U(t)=[e^{-2t}U(t)]'$，故根据线性系统的微分性有

$$y_x(t)+y_f'(t)=(3e^{-t}+e^{-2t}-5e^{-3t})U(t)$$

则

$$y_f(t)-y_f'(t)=(-4e^{-t}+3e^{-2t}+4e^{-3t})U(t)$$

设 $y_f(t)=(A_1e^{-t}+A_2e^{-2t}+A_3e^{-3t})U(t)$，故

$$y_f'(t)=(A_1e^{-t}+A_2e^{-2t}+A_3e^{-3t})\delta(t)+(-A_1e^{-t}-2A_2e^{-2t}-3A_3e^{-3t})U(t)$$

代入得

$$\begin{cases}A_1+A_2+A_3=0\\2A_1=-4\\3A_2=3\\4A_3=4\end{cases}$$

解得 $A_1=-2,A_2=1,A_3=1$，则

$$y_f(t)=(-2e^{-t}+e^{-2t}+e^{-3t})U(t)$$
$$y_x(t)=(e^{-t}+3e^{-2t}-2e^{-3t})U(t)$$

设系统的单位冲激响应为 $h(t)$，根据叠加性可得

$$y_x(t)+h(t)-2y_f(t)=(3e^{-t}+e^{-2t}-5e^{-3t})U(t)$$

故

$$h(t)=(-2e^{-t}-e^{-3t})U(t)$$

（3）当 $f(t)=\delta(t)$ 时，系统的响应为 $h(t)=(-2e^{-t}-e^{-3t})U(t)$，代入原方程有

$$-3\delta'(t)-7\delta(t)=b_0\delta'(t)+b_1\delta(t)$$

故

$$b_0=-3,\quad b_1=-7$$

2.4　本章习题详解

2-1　图题2-1(a)所示电路，写出以电压 $u_2(t)$ 为响应的系统的微分方程。

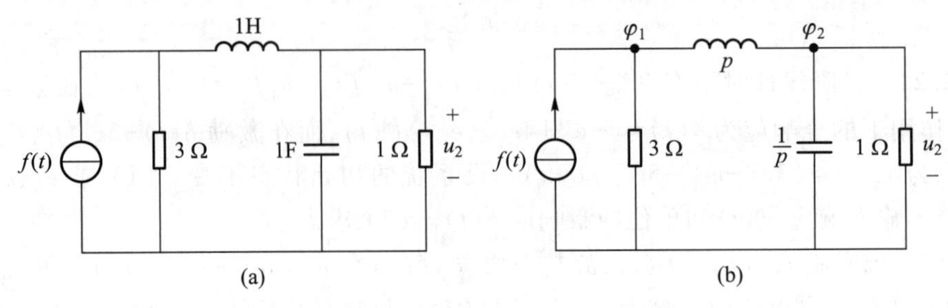

图题2-1

解:算子形式的电路模型如图题 2-1(b)所示。

由节点法,有:

$$\begin{cases}\left(\dfrac{1}{3}+\dfrac{1}{p}\right)\varphi_1-\dfrac{1}{p}\varphi_2=f(t)\\ -\dfrac{1}{p}\varphi_1+\left(\dfrac{1}{p}+p+1\right)\varphi_2=0\end{cases}$$

又 $u_2=\varphi_2$,解得

$$u_2=\frac{3}{p^2+4p+4}f(t)$$

则

$$\frac{\mathrm{d}^2u_2(t)}{\mathrm{d}t^2}+4\frac{\mathrm{d}u_2(t)}{\mathrm{d}t}+4u_2(t)=3f(t)$$

2-2 图题 2-2(a)所示电路,写出以电流 $i(t)$ 为响应的系统的微分方程。

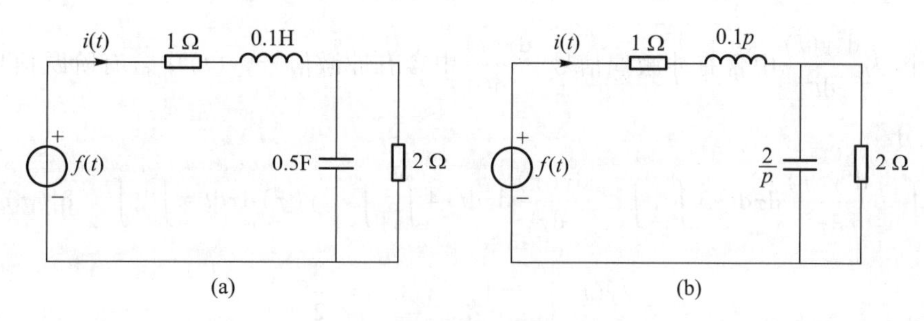

图题 2-2

解:算子形式的电路模型如图题 2-2(b)所示。

$$i(t)=\frac{f(t)}{1+0.1p+\dfrac{2\times\dfrac{2}{p}}{2+\dfrac{2}{p}}}=\frac{10p+10}{p^2+11p+30}f(t)$$

可得

$$\frac{\mathrm{d}^2i(t)}{\mathrm{d}t^2}+11\frac{\mathrm{d}i(t)}{\mathrm{d}t}+30i(t)=10\frac{\mathrm{d}f(t)}{\mathrm{d}t}+10f(t)$$

2-3 给定系统微分方程、初始状态及激励分别如下,试判断在起始点是否发生跃变,并据此求出 $y^{(k)}(0^+)$ 的值。

(1) $\dfrac{\mathrm{d}y(t)}{\mathrm{d}t}+2y(t)=f(t)$, $y(0^-)=0$, $f(t)=U(t)$。

(2) $\dfrac{\mathrm{d}y(t)}{\mathrm{d}t}+2y(t)=3\dfrac{\mathrm{d}f(t)}{\mathrm{d}t}$, $y(0^-)=0$, $f(t)=U(t)$。

(3) $2\dfrac{\mathrm{d}^2y(t)}{\mathrm{d}t^2}+3\dfrac{\mathrm{d}y(t)}{\mathrm{d}t}+4y(t)=\dfrac{\mathrm{d}f(t)}{\mathrm{d}t}$, $y(0^-)=1$, $y'(0^-)=1$, $f(t)=\delta(t)$。

解:(1) 作如下积分

$$\int_{0^-}^{0^+}\frac{\mathrm{d}y(t)}{\mathrm{d}t}\mathrm{d}t+2\int_{0^-}^{0^+}y(t)\,\mathrm{d}t=\int_{0^-}^{0^+}U(t)\,\mathrm{d}t$$

因为$\frac{\mathrm{d}y(t)}{\mathrm{d}t}$中含有阶跃信号,$y(t)$中含有斜坡信号,故

$$y(t)\Big|_{0^-}^{0^+}=0,\quad y(0^+)=0$$

(2) 作如下积分

$$\int_{0^-}^{0^+}\frac{\mathrm{d}y(t)}{\mathrm{d}t}\mathrm{d}t+2\int_{0^-}^{0^+}y(t)\,\mathrm{d}t=3\int_{0^-}^{0^+}\delta(t)\,\mathrm{d}t$$

因为$\frac{\mathrm{d}y(t)}{\mathrm{d}t}$中含有冲激信号,$y(t)$中含有阶跃信号,故

$$y(t)\Big|_{0^-}^{0^+}=3,\quad y(0^+)=3$$

(3) 因为$\frac{\mathrm{d}^2y(t)}{\mathrm{d}t^2}$中含有冲激偶信号,$\frac{\mathrm{d}y(t)}{\mathrm{d}t}$中含有冲激信号,$y(t)$中含有阶跃信号,作如下积分

$$2\int_{0^-}^{0^+}\int_{-\infty}^{t}\frac{\mathrm{d}^2y(\tau)}{\mathrm{d}\tau^2}\mathrm{d}\tau\mathrm{d}t+3\int_{0^-}^{0^+}\int_{-\infty}^{t}\frac{\mathrm{d}y(\tau)}{\mathrm{d}\tau}\mathrm{d}\tau\mathrm{d}t+4\int_{0^-}^{0^+}\int_{-\infty}^{t}y(\tau)\,\mathrm{d}\tau\mathrm{d}t=\int_{0^-}^{0^+}\int_{-\infty}^{t}\delta'(\tau)\,\mathrm{d}\tau\mathrm{d}t$$

故

$$2y(t)\Big|_{0^-}^{0^+}=1,\quad y(0^+)=\frac{3}{2}$$

再作积分

$$2\int_{0^-}^{0^+}\frac{\mathrm{d}^2y(t)}{\mathrm{d}t^2}\mathrm{d}t+3\int_{0^-}^{0^+}\frac{\mathrm{d}y(t)}{\mathrm{d}t}\mathrm{d}t+4\int_{0^-}^{0^+}y(t)\,\mathrm{d}t=\int_{0^-}^{0^+}\delta'(t)\,\mathrm{d}t$$

故

$$2y'(t)\Big|_{0^-}^{0^+}+3y(t)\Big|_{0^-}^{0^+}=0,\quad y'(0^+)=\frac{1}{4}$$

2-4　给定系统微分方程为$\frac{\mathrm{d}^2y(t)}{\mathrm{d}t^2}+3\frac{\mathrm{d}y(t)}{\mathrm{d}t}+2y(t)=\frac{\mathrm{d}f(t)}{\mathrm{d}t}+3f(t)$,若激励信号与初始状态为以下两种情况,分别求完全响应,并指出其零输入响应、零状态响应、自由响应、强迫响应。

(1) $f(t)=U(t)$,$y(0^-)=1$,$y'(0^-)=2$。(2) $f(t)=\mathrm{e}^{-3t}U(t)$,$y(0^-)=1$,$y'(0^-)=2$。

解:求 $H(p)$。

$$(p^2+3p+2)y(t)=(p+3)f(t)$$

$$H(p)=\frac{y(t)}{f(t)}=\frac{p+3}{p^2+3p+2}=\frac{2}{p+1}-\frac{1}{p+2}$$

$$h(t)=(2\mathrm{e}^{-t}-\mathrm{e}^{-2t})U(t)$$

(1) 设

$$y_x(t)=C_1\mathrm{e}^{-t}+C_2\mathrm{e}^{-2t}$$

代入初始状态,得
$$\begin{cases}C_1+C_2=1\\-C_1-2C_2=2\end{cases}$$

解得
$$\begin{cases}C_1=4\\C_2=-3\end{cases},\quad y_x(t)=4e^{-t}-3e^{-2t},\quad t\geqslant 0$$

$$y_f(t)=f(t)*h(t)=2e^{-t}U(t)*U(t)-e^{-2t}U(t)*U(t)=\left(\frac{3}{2}-2e^{-t}+\frac{1}{2}e^{-2t}\right)U(t)$$

$$y(t)=y_f(t)+y_x(t)=\frac{3}{2}+2e^{-t}-\frac{5}{2}e^{-2t},\quad t\geqslant 0$$

故自由响应为$\left(2e^{-t}-\frac{5}{2}e^{-2t}\right)U(t)$,强迫响应为$\frac{3}{2}U(t)$。

(2) $y_x(t)=4e^{-t}-3e^{-2t},t\geqslant 0$

$$y_f(t)=f(t)*h(t)=2e^{-t}U(t)*e^{-3t}U(t)-e^{-2t}U(t)*e^{-3t}U(t)=(e^{-t}-e^{-2t})U(t)$$

$$y(t)=y_f(t)+y_x(t)=5e^{-t}-4e^{-2t},\quad t\geqslant 0$$

故自由响应为$(5e^{-t}-4e^{-2t})U(t)$,强迫响应为0。

2-5 图题2-5(a)所示电路,求响应$u_2(t)$对激励$f(t)$的转移算子$H(p)$及微分方程。

解:算子形式的电路模型如图题2-5(b)所示。

由节点法得
$$\begin{cases}\left(\frac{1}{3}+\frac{1}{p}\right)\varphi_1-\frac{1}{p}\varphi_2=f(t)\\-\frac{1}{p}\varphi_1+\left(\frac{1}{p}+p+1\right)\varphi_2=0\end{cases}$$

又$u_2=\varphi_2$,解得
$$u_2=\frac{3}{p^2+4p+4}f(t)$$
$$H(p)=\frac{3}{p^2+4p+4}$$

则
$$\frac{d^2u_2(t)}{dt^2}+4\frac{du_2(t)}{dt}+4u_2(t)=3f(t)$$

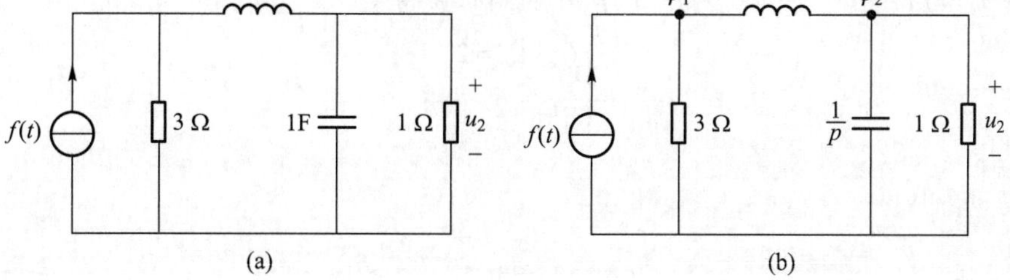

图题2-5

2-6　图题 2-6(a)所示电路,求响应 $i(t)$ 对激励 $f(t)$ 的转移算子 $H(p)$ 及微分方程。

解:算子形式的电路模型如图题 2-6(b)所示。

$$i(t)=\frac{f(t)}{1+0.1p+\dfrac{2\times\dfrac{2}{p}}{2+\dfrac{2}{p}}}=\frac{10p+10}{p^2+11p+30}f(t)$$

$$H(p)=\frac{10p+10}{p^2+11p+30}$$

可得

$$\frac{\mathrm{d}^2i(t)}{\mathrm{d}t^2}+11\frac{\mathrm{d}i(t)}{\mathrm{d}t}+30i(t)=10\frac{\mathrm{d}f(t)}{\mathrm{d}t}+10f(t)$$

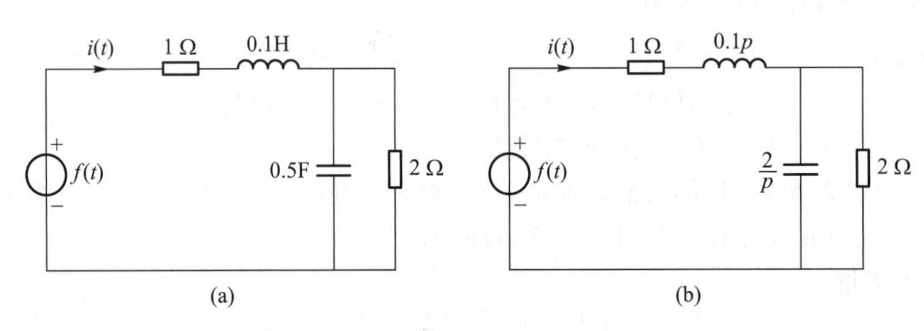

图题 2-6

2-7　图题 2-7(a)所示电路,已知 $u_C(0^-)=1$ V,$i(0^-)=2$ A。求 $t>0$ 时的零输入响应 $i(t)$ 和 $u_C(t)$。

解:利用外加电源法,算子形式的电路模型如图题 2-7(b)所示。

$$\left(\frac{p}{2}+\frac{1}{p}+\frac{3}{2}\right)\varphi=f(t)$$

$$H(p)=\frac{\varphi}{f(t)}=\frac{1}{\dfrac{p}{2}+\dfrac{1}{p}+\dfrac{3}{2}}=\frac{2p}{p^2+3p+2}$$

解得自然频率为-1、-2。

$$i(t)=C_1\mathrm{e}^{-t}+C_2\mathrm{e}^{-2t}$$

由 $i'(t)=u_C(t)$ 得 $i'(0^-)=u_C(0^-)=1$,代入初始状态得

$$\begin{cases}C_1+C_2=2\\-C_1-2C_2=1\end{cases}$$

解得$\begin{cases}C_1=5\\C_2=-3\end{cases}$,故

$$i(t)=5\mathrm{e}^{-t}-3\mathrm{e}^{-2t},\quad t\geqslant 0$$

$$u_C(t)=i'(t)=-5\mathrm{e}^{-t}+6\mathrm{e}^{-2t},\quad t\geqslant 0$$

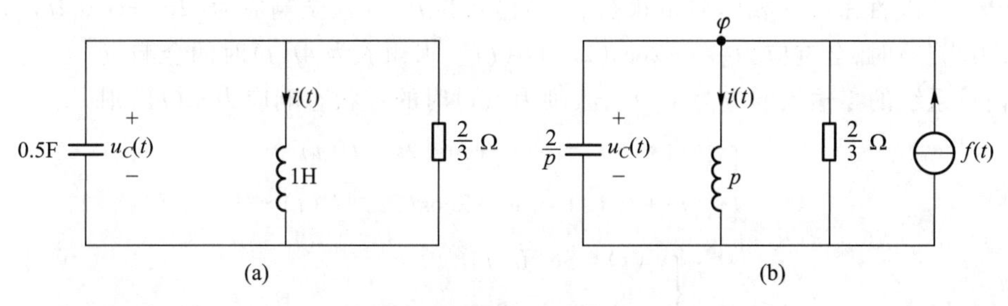

图题 2-7

2-8　图题 2-8(a)所示电路，$t<0$ 时 S 打开，已知 $u_C(0^-)=6$ V，$i(0^-)=0$。(1) 当 $t=0$ 时刻闭合 S，求 $t>0$ 时的零输入响应 $u_C(t)$ 和 $i(t)$。(2) 为使电路在临界阻尼状态下放电，并保持 L 和 C 的值不变，求 R 的值。

解：(1) 利用外加电源法，算子形式的电路模型如图题 2-8(b)所示。

$$u_C(t)=\frac{\frac{4}{p}f(t)}{\frac{4}{p}+2.5+\frac{1}{4}p}=\frac{16}{p^2+10p+16}f(t)$$

解得自然频率为−2、−8。设 $u_C(t)=C_1\mathrm{e}^{-2t}+C_2\mathrm{e}^{-8t}$，由 $i(t)=-0.25u_C'(t)$ 得

$$u_C'(0^-)=-4i(0^-)=0$$

代入初始状态得
$$\begin{cases}C_1+C_2=6\\-2C_1-8C_2=0\end{cases}$$

解得 $\begin{cases}C_1=8\\C_2=-2\end{cases}$，则

$$u_C(t)=8\mathrm{e}^{-2t}-2\mathrm{e}^{-8t},\quad t\geqslant 0$$

$$i(t)=-0.25u_C'(t)=4\mathrm{e}^{-2t}-4\mathrm{e}^{-8t},\quad t\geqslant 0$$

(2) $u_C(t)=\dfrac{\frac{4}{p}f(t)}{\frac{4}{p}+R+\frac{1}{4}p}=\dfrac{16}{p^2+4Rp+16}f(t)$ 要使电路在临界阻尼状态下放电，需 $R=2$ Ω。

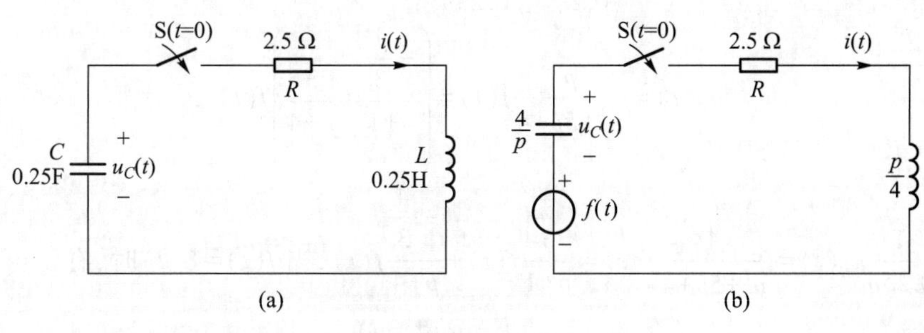

图题 2-8

2-9　一线性系统在相同初始状态下，当输入为 $f(t)$ 时，全响应为 $[2e^{-t}+\cos(2t)]U(t)$；当输入为 $2f(t)$ 时，全响应为 $[e^{-t}+2\cos(2t)]U(t)$。求输入为 $4f(t)$ 时的全响应。

解： 设系统的零输入响应为 $y_x(t)$，激励为 $f(t)$ 时的零状态响应为 $y_f(t)$，则

$$\begin{cases} y_x(t)+y_f(t)=[2e^{-t}+\cos(2t)]U(t) \\ y_x(t)+2y_f(t)=[e^{-t}+2\cos(2t)]U(t) \end{cases}$$

则

$$\begin{cases} y_x(t)=3e^{-t}U(t) \\ y_f(t)=[\cos(2t)-e^{-t}]U(t) \end{cases}$$

$$y(t)=y_x(t)+4y_f(t)=[4\cos(2t)-e^{-t}]U(t)$$

2-10　当激励 $f(t)=U(t)$ 时，系统的零状态响应为 $y_f(t)=(1-e^{-2t})U(t)$，初始状态不为零。(1) 若激励 $f(t)=e^{-t}U(t)$，全响应 $y(t)=2e^{-t}U(t)$，求零输入响应 $y_x(t)$。(2) 若系统无突变情况，求初始状态 $y_x(0^-)=4$，激励 $f(t)=\delta'(t)$ 时的全响应 $y(t)$。

解：

$$h(t)=y_f'(t)=2e^{-2t}U(t)$$

(1) $y_f(t)=f(t)*h(t)=e^{-t}U(t)*2e^{-2t}U(t)=2(e^{-t}-e^{-2t})U(t)$

故

$$y_x(t)=y(t)-y_f(t)=2e^{-2t},\quad t\geqslant 0$$

(2) $y_f(t)=f(t)*h(t)=e^{-2t}U(t)*\delta'(t)=-4e^{-2t}U(t)+2\delta(t)$，$y_x(t)=Ae^{-2t}U(t)=4e^{-2t}U(t)$

故

$$y(t)=y_x(t)+y_f(t)=2\delta(t)$$

2-11　图题 2-11(a) 所示电路。(1) 求激励 $f(t)=\delta(t)$ 时的单位冲激响应 $u_C(t)$ 和 $i(t)$。(2) 求激励 $f(t)=U(t)$ 时对应于 $i(t)$ 的单位阶跃响应 $g(t)$。

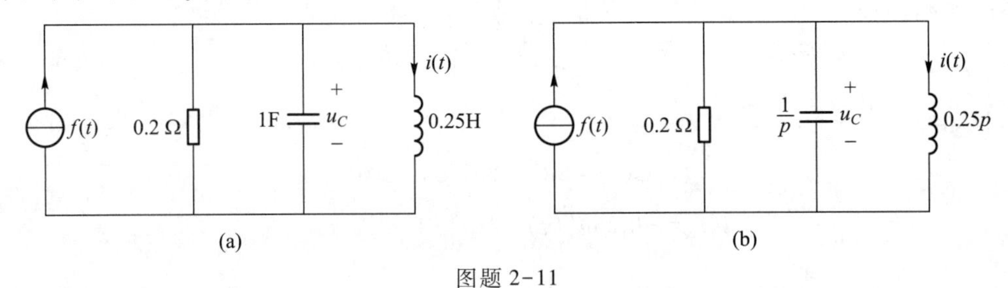

图题 2-11

解：(1) 算子形式的电路模型如图题 2-11(b) 所示。

由节点法得

$$\left(\frac{1}{0.2}+p+\frac{1}{0.25p}\right)u_C=f(t)$$

$$u_C(t)=\frac{p}{p^2+5p+4}f(t)=\left(\frac{-\frac{1}{3}}{p+1}+\frac{\frac{4}{3}}{p+4}\right)f(t)$$

又 $i(t)=\dfrac{1}{0.25p}u_C(t)=\dfrac{4}{p^2+5p+4}f(t)=\dfrac{\frac{4}{3}}{p+1}f(t)+\dfrac{-\frac{4}{3}}{p+4}f(t)$，当 $f(t)=\delta(t)$ 时，有

$$u_C(t)=\left(-\frac{1}{3}e^{-t}+\frac{4}{3}e^{-4t}\right)U(t)$$

$$i(t)=\left(\frac{4}{3}e^{-t}-\frac{4}{3}e^{-4t}\right)U(t)$$

（2）$g(t)=\left(\frac{4}{3}e^{-t}-\frac{4}{3}e^{-4t}\right)U(t)*U(t)=\left(-\frac{4}{3}e^{-t}+\frac{1}{3}e^{-4t}+1\right)U(t)$。

2-12 图题 2-12(a)所示电路，以 $u_C(t)$ 为响应，求电路的单位冲激响应 $h(t)$ 和单位阶跃响应 $g(t)$。

解：算子形式的电路模型如图题 2-12(b)所示。

由节点法得

$$\left(\frac{2}{p}+3+p\right)u_C(t)=\frac{f(t)}{\frac{1}{2}p}$$

$$H(p)=\frac{u_C(t)}{f(t)}=\frac{1}{\frac{1}{2}p\left(\frac{2}{p}+3+p\right)}=\frac{2}{p^2+3p+2}=\frac{2}{p+1}-\frac{2}{p+2}$$

故 $$h(t)=2(e^{-t}-e^{-2t})U(t),\quad g(t)=\int_{-\infty}^{t}h(\tau)d\tau=(1-2e^{-t}+e^{-2t})U(t)$$

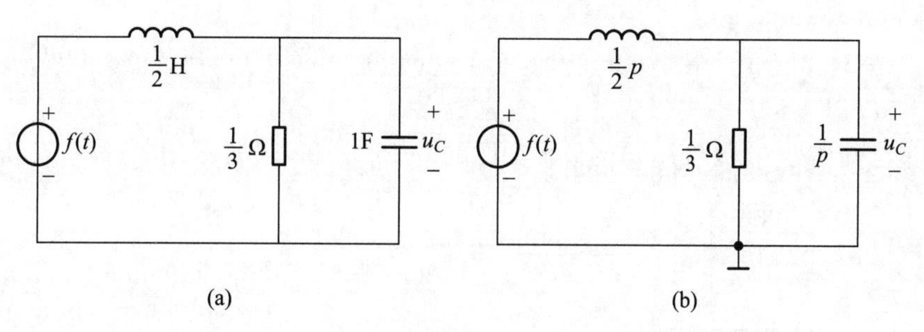

图题 2-12

2-13 系统的微分方程由下列各式描述，分别求单位冲激响应 $h(t)$ 和单位阶跃响应 $g(t)$。

（1）$\frac{d^2y(t)}{dt^2}+\frac{dy(t)}{dt}+y(t)=\frac{df(t)}{dt}+f(t)$。

（2）$\frac{dy(t)}{dt}+3y(t)=2\frac{df(t)}{dt}$。

（3）$\frac{dy(t)}{dt}+2y(t)=\frac{d^2f(t)}{dt^2}+3\frac{df(t)}{dt}+3f(t)$。

解：（1）$(p^2+p+1)y(t)=(p+1)f(t)$

则 $$H(p)=\frac{p+1}{p^2+p+1}=\frac{\frac{1}{2}+\frac{\sqrt{3}}{6}j}{p+\frac{1}{2}+\frac{\sqrt{3}}{2}j}+\frac{\frac{1}{2}-\frac{\sqrt{3}}{6}j}{p+\frac{1}{2}-\frac{\sqrt{3}}{2}j}$$

$$h(t)=\left(\frac{1}{2}+\frac{\sqrt{3}}{6}j\right)e^{\left(-\frac{1}{2}-\frac{\sqrt{3}}{2}j\right)t}+\left(\frac{1}{2}-\frac{\sqrt{3}}{6}j\right)e^{\left(-\frac{1}{2}+\frac{\sqrt{3}}{2}j\right)t}=e^{-\frac{t}{2}}\left[\cos\left(\frac{\sqrt{3}}{2}t\right)+\frac{1}{\sqrt{3}}\sin\left(\frac{\sqrt{3}}{2}t\right)\right]U(t)$$

$$g(t)=\left\{\mathrm{e}^{-\frac{t}{2}}\left[-\cos\left(\frac{\sqrt{3}}{2}t\right)+\frac{1}{\sqrt{3}}\sin\left(\frac{\sqrt{3}}{2}t\right)\right]+1\right\}U(t)$$

(2) $(p+3)y(t)=2pf(t)$

$$H(p)=\frac{y(t)}{f(t)}=\frac{2p}{p+3}=2-\frac{6}{p+3},\quad h(t)=2\delta(t)-6\mathrm{e}^{-3t}U(t)$$

$$g(t)=\int_{-\infty}^{t}h(\tau)\mathrm{d}\tau=2\mathrm{e}^{-3t}U(t)$$

(3) $(p+2)y(t)=(p^2+3p+3)f(t)$

$$H(p)=\frac{y(t)}{f(t)}=\frac{p^2+3p+3}{p+2}=p+1+\frac{1}{p+2},\quad h(t)=\mathrm{e}^{-2t}U(t)+\delta(t)+\delta'(t)$$

$$g(t)=\int_{-\infty}^{t}h(\tau)\mathrm{d}\tau=-\frac{1}{2}\mathrm{e}^{-2t}U(t)+\frac{3}{2}U(t)+\delta(t)$$

2-14 求下列卷积积分。

(1) $t[U(t)-U(t-2)]*\delta(1-t)$。(2) $[(1-3t)\delta'(t)]*\mathrm{e}^{-3t}U(t)$。

解:(1) $t[U(t)-U(t-2)]*\delta(1-t)=t[U(t)-U(t-2)]*\delta(t-1)=(t-1)[U(t-1)-U(t-3)]$。

(2) $[(1-3t)\delta'(t)]*\mathrm{e}^{-3t}U(t)=[\delta'(t)+3\delta(t)]*\mathrm{e}^{-3t}U(t)=[-3\mathrm{e}^{-3t}U(t)+\delta(t)]+3\mathrm{e}^{-3t}U(t)=\delta(t)$。

2-15 已知信号$f_1(t)$和$f_2(t)$的波形如图题2-15(a)和(b)所示,求$y(t)=f_1(t)*f_2(t)$。

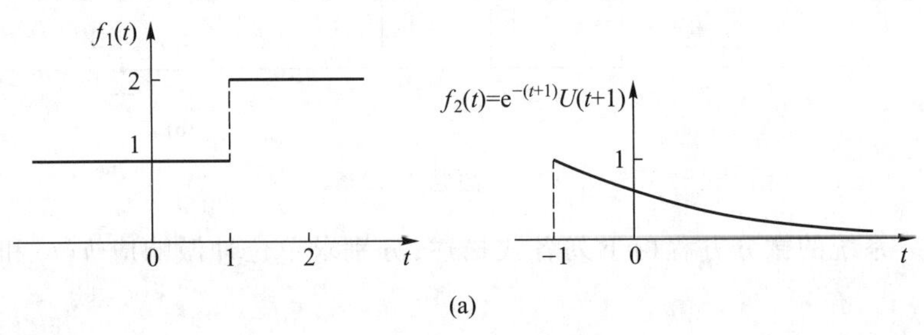

(a)

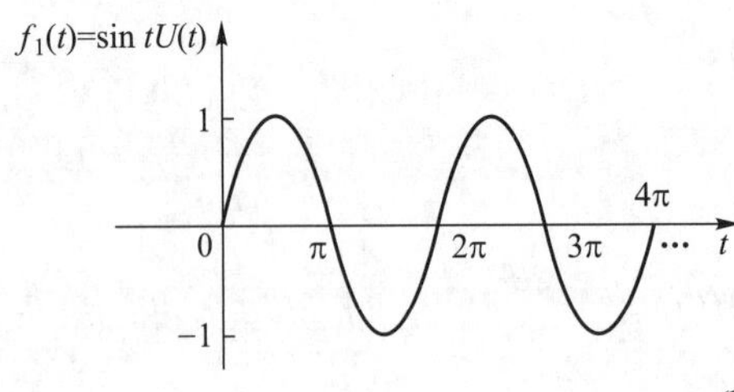

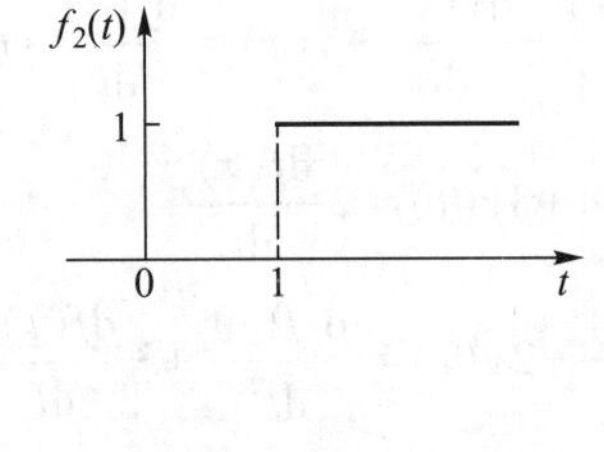

(b)

图题2-15

解:(1) 对图题2-15(a),$y(t)=f_2(t)*f_1(t)=\int_{-\infty}^{\infty}f_2(\tau)f_1(t-\tau)\mathrm{d}\tau$。

当$t-1<-1$,即$t<0$时有$y(t)=\int_{-1}^{\infty}\mathrm{e}^{-(\tau+1)}\mathrm{d}\tau=1$;

当 $t-1\geqslant-1$，即 $t\geqslant 0$ 时有 $y(t)=\int_{-1}^{t-1}2\mathrm{e}^{-(\tau+1)}\mathrm{d}\tau+\int_{t-1}^{\infty}\mathrm{e}^{-(\tau+1)}\mathrm{d}\tau=2-\mathrm{e}^{-t}$

（2）对图题 2-15(b)，$y(t)=f_1(t)*f_2(t)=\sin tU(t)*U(t-1)$。

因为 $\sin tU(t)*U(t)=\int_0^t\sin t\mathrm{d}t=(1-\cos t)U(t)$，所以

$$y(t)=[1-\cos(t-1)]U(t-1)$$

2-16 如图题 2-16 所示，已知信号 $f_1(t)$、$f_2(t)$ 的波形如图题 2-16 所示，$y(t)=f_1(t)*f_2(t)$，求 $y(6)$ 的值。

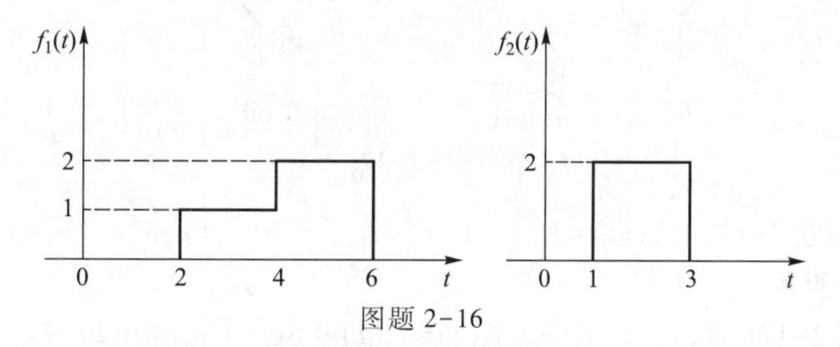

图题 2-16

解：将 $f_1(t)$、$f_2(t)$ 用阶跃信号表示，有

$$f_1(t)=U(t-2)+U(t-4)-2U(t-6)$$

$$f_2(t)=2U(t-1)-2U(t-3)$$

利用 $U(t)*U(t)=tU(t)$ 及卷积积分的时移性，可得

$$y(t)=2(t-3)U(t-3)-6(t-7)U(t-7)+4(t-9)U(t-9)$$

故

$$y(6)=6$$

2-17 已知信号 $f_1(t)$ 与 $f_2(t)$ 的波形如图题 2-17(a)和(b)所示，试求 $y(t)=f_1(t)*f_2(t)$，并画出 $y(t)$ 的波形。

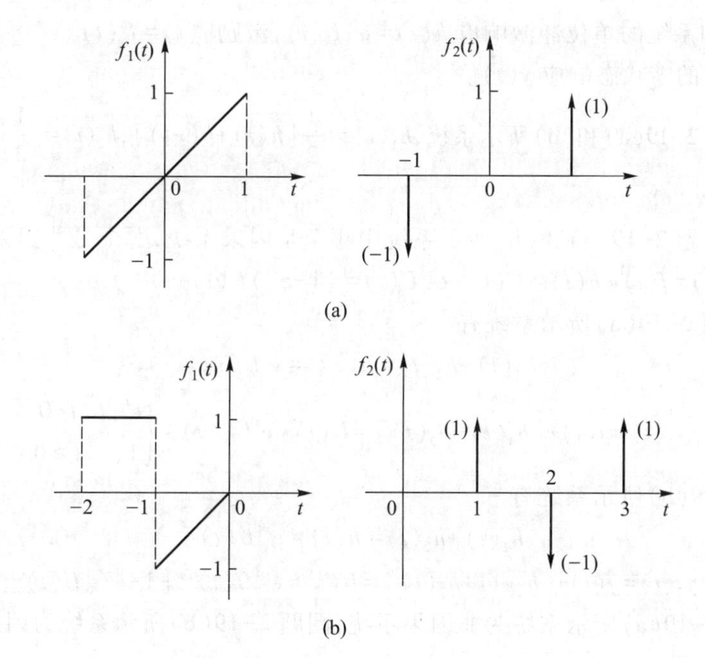

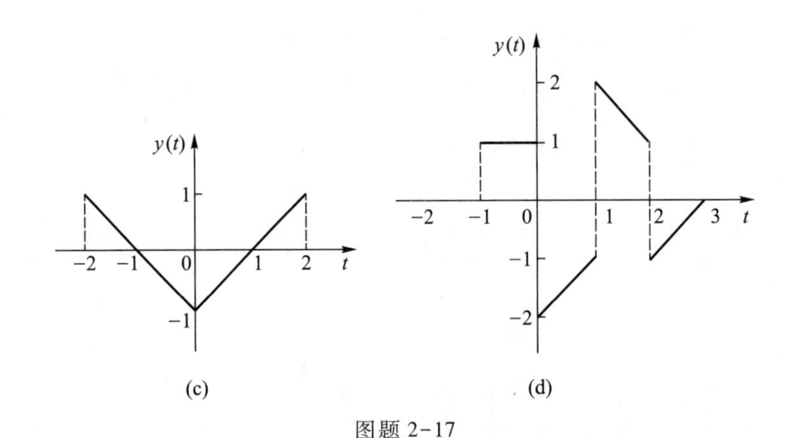

图题 2-17

解:(1) 对图题 2-17(a), $y(t)=f_1(t)*f_2(t)=f_1(t)*[\delta(t-1)-\delta(t+1)]=f_1(t-1)-f_1(t+1)$,如图题 2-17(c)所示。

(2) 对图题 2-17(b), $y(t)=f_1(t)*f_2(t)=f_1(t)*[\delta(t-1)-\delta(t-2)+\delta(t-3)]=f_1(t-1)-f_1(t-2)+f_1(t-3)$,如图题 2-17(d)所示。

2-18　试证明线性时不变系统的微分性质与积分性质,即若激励 $f(t)$ 产生的响应为 $y(t)$,则激励 $\frac{\mathrm{d}f(t)}{\mathrm{d}t}$ 产生的响应为 $\frac{\mathrm{d}y(t)}{\mathrm{d}t}$(微分性质),激励 $\int_{-\infty}^{t} f(\tau)\mathrm{d}\tau$ 产生的响应为 $\int_{-\infty}^{t} y(\tau)\mathrm{d}\tau$(积分性质)。

证明: $y(t)=f(t)*h(t)$,故

$$y_1(t)=f'(t)*h(t)=[f(t)*h(t)]'=y'(t)$$

$$y_2(t)=\int_{-\infty}^{t} f(\tau)\mathrm{d}\tau*h(t)=\int_{-\infty}^{t}[f(\tau)*h(\tau)]\mathrm{d}\tau=\int_{-\infty}^{t} y(\tau)\mathrm{d}\tau$$

2-19　已知系统的单位冲激响应 $h(t)=\mathrm{e}^{-t}U(t)$,激励 $f(t)=U(t)$。

(1) 求系统的零状态响应 $y(t)$。

(2) 如图题 2-19(a)和(b)所示系统, $h_1(t)=\frac{1}{2}[h(t)+h(-t)]$, $h_2(t)=\frac{1}{2}[h(t)-h(-t)]$,求响应 $y_1(t)$ 和 $y_2(t)$。

(3) 说明图题 2-19(a)和(b)所示系统中哪个是因果系统,哪个是非因果系统。

解:(1) $y(t)=f(t)*h(t)=U(t)*\mathrm{e}^{-t}U(t)=(1-\mathrm{e}^{-t})U(t)$。

(2) 对图题 2-19(a)所示系统有

$$h_1(t)-h_2(t)=h(-t)=\mathrm{e}^{t}U(-t)$$

$$y_1(t)=f(t)*[h_1(t)-h_2(t)]=U(t)*\mathrm{e}^{t}U(-t)=\begin{cases}\mathrm{e}^{t}, & t<0\\ 1, & t\geqslant 0\end{cases}$$

对图题 2-19(b)所示系统有

$$h_1(t)+h_2(t)=h(t)=\mathrm{e}^{-t}U(t)$$

$$y_2(t)=f(t)*[h_1(t)+h_2(t)]=U(t)*\mathrm{e}^{-t}U(t)=[1-\mathrm{e}^{-t}]U(t)$$

(3) 图题 2-19(a)所示系统为非因果系统,图题 2-19(b)所示系统为因果系统。

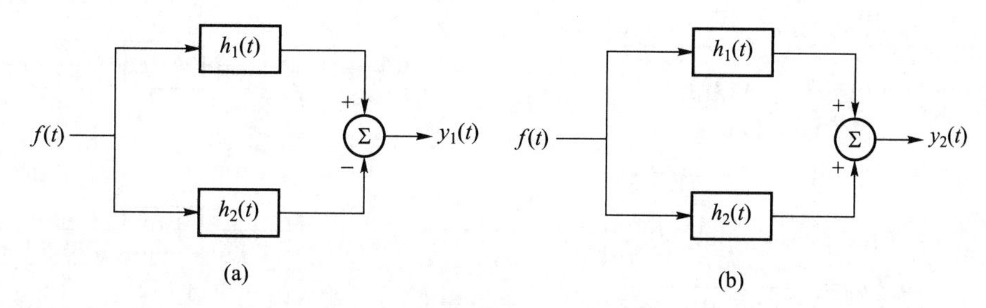

图题 2-19

2-20 已知激励 $f(t)=e^{-5t}U(t)$ 产生的响应为 $y(t)=\sin(\omega t)U(t)$，试求该系统的单位冲激响应 $h(t)$。

解：$y(t)=f(t)*h(t)=\sin(\omega t)U(t)$，有

$$y'(t)=f'(t)*h(t)=[-5e^{-5t}U(t)+\delta(t)]*h(t)=-5e^{-5t}U(t)*h(t)+h(t)=-5y(t)+h(t)$$

即

$$\omega\cos(\omega t)U(t)=-5\sin(\omega t)U(t)+h(t)$$

$$h(t)=5\sin(\omega t)U(t)+\omega\cos(\omega t)U(t)$$

2-21 已知系统的微分方程为 $y''(t)+3y'(t)+2y(t)=f(t)$。求：(1) 系统的单位冲激响应 $h(t)$。(2) 激励 $f(t)=e^{-t}U(t)$ 时系统的零状态响应 $y(t)$。

解：(1) $(p^2+3p+2)y(t)=f(t)$，有

$$H(p)=\frac{y(t)}{f(t)}=\frac{1}{p^2+3p+2}=\frac{1}{p+1}-\frac{1}{p+2}$$

$$h(t)=(e^{-t}-e^{-2t})U(t)$$

(2) $y(t)=f(t)*h(t)=(-e^{-t}+e^{-2t}+te^{-t})U(t)$。

2-22 图题 2-22 所示系统，$h_1(t)=U(t)$（积分器），$h_2(t)=\delta(t-1)$（单位延时器），$h_3(t)=-\delta(t)$（倒相器），激励 $f(t)=e^{-t}U(t)$。求：(1) 系统的单位冲激响应 $h(t)$。(2) 系统的零状态响应 $y(t)$。

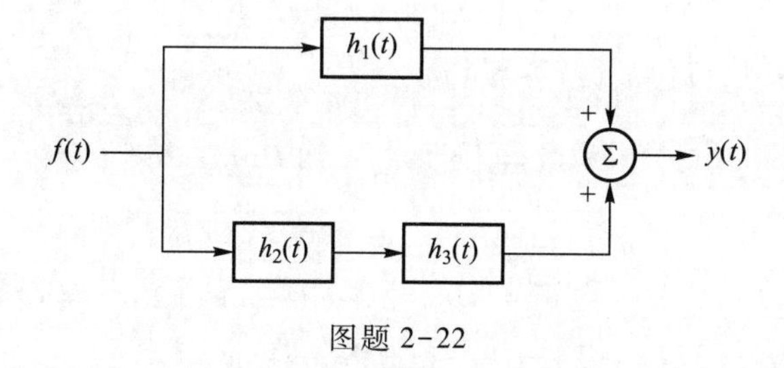

图题 2-22

解：(1) $h(t)=h_1(t)+h_2(t)*h_3(t)=U(t)-\delta(t-1)*\delta(t)=U(t)-\delta(t-1)$。

(2) $y(t)=f(t)*h(t)=e^{-t}U(t)*[U(t)-\delta(t-1)]=(1-e^{-t})U(t)-e^{-(t-1)}U(t-1)$。

2-23 图题 2-23 所示系统，$h_1(t)=h_2(t)=U(t)$，激励 $f(t)=U(t)-U(t-6\pi)$。求系统的单位冲激响应 $h(t)$ 和零状态响应 $y(t)$。

解：

$$\begin{cases}x(t)=f(t)-y(t)*U(t)\\y(t)=x(t)*U(t)\end{cases}$$

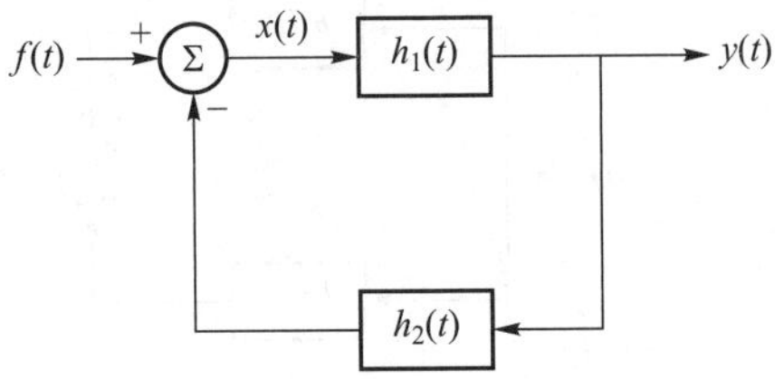

有　$y(t)=f(t)*U(t)-y(t)*U(t)*U(t)$

$$y'(t)=f(t)-y(t)*U(t)$$

$$y''(t)=f'(t)-y(t)$$

故　$(p^2+1)y(t)=pf(t)$

$$H(p)=\frac{p}{p^2+1}=\frac{\frac{1}{2}}{p+\mathrm{j}}+\frac{\frac{1}{2}}{p-\mathrm{j}}$$

图题 2-23

$$h(t)=\left(\frac{1}{2}\mathrm{e}^{-\mathrm{j}t}+\frac{1}{2}\mathrm{e}^{\mathrm{j}t}\right)U(t)=\cos tU(t)$$

$$y(t)=f(t)*h(t)=[U(t)-U(t-6\pi)]*\cos tU(t)=\sin t[U(t)-U(t-6\pi)]$$

2-24　图题 2-24(a)所示系统，已知 $h_{\mathrm{A}}(t)=\frac{1}{2}\mathrm{e}^{-4t}U(t)$，子系统 B 和 C 的单位阶跃响应分别为 $g_{\mathrm{B}}(t)=(1-\mathrm{e}^{-t})U(t)$，$g_{\mathrm{C}}(t)=2\mathrm{e}^{-3t}U(t)$。

(1) 求整个系统的单位阶跃响应 $g(t)$。

(2) 激励 $f(t)$ 的波形如图题 2-24(b)所示，求整个系统的零状态响应 $y(t)$。

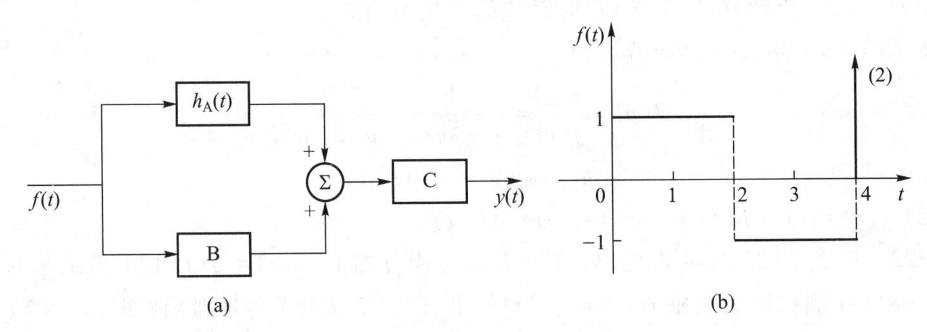

图题 2-24

解：　$h_{\mathrm{B}}(t)=g'_{\mathrm{B}}(t)=\mathrm{e}^{-t}U(t)$

(1) $g(t)=U(t)*[h_{\mathrm{A}}(t)+h_{\mathrm{B}}(t)]*h_{\mathrm{C}}(t)$

$$=[h_{\mathrm{A}}(t)+h_{\mathrm{B}}(t)]*g_{\mathrm{C}}(t)=\left(\mathrm{e}^{-t}+\frac{1}{2}\mathrm{e}^{-4t}\right)U(t)*2\mathrm{e}^{-3t}U(t)=(\mathrm{e}^{-t}-\mathrm{e}^{-4t})U(t)$$

$$h(t)=g'(t)=(4\mathrm{e}^{-4t}-\mathrm{e}^{-t})U(t)$$

(2) 因为 $f(t)=[U(t)-U(t-2)]-[U(t-2)-U(t-4)]+2\delta(t-4)$

$$=U(t)-2U(t-2)+U(t-4)+2\delta(t-4)$$

所以 $y(t)=g(t)-2g(t-2)+g(t-4)+2h(t-4)$

$$=(\mathrm{e}^{-t}-\mathrm{e}^{-4t})U(t)-2[\mathrm{e}^{-(t-2)}-\mathrm{e}^{-4(t-2)}]U(t-2)+[7\mathrm{e}^{-4(t-4)}-\mathrm{e}^{-(t-4)}]U(t-4)$$

第3章　连续信号频域分析

第3章课件

3.1　基本要求

（1）了解函数正交的条件及完备正交函数集的概念。掌握用正交函数集表示信号的基本思想和常见的正交函数集。

（2）能用傅里叶级数的定义、性质及周期信号的傅里叶变换，求解周期信号的频谱、频谱宽度，画频谱图；深刻理解周期信号频谱的特点。

（3）能利用傅里叶变换的定义、性质，求解非周期信号的频谱，画频谱图，求信号的频谱宽度；会对信号进行傅里叶正、逆变换。

（4）深刻理解和掌握周期信号的傅里叶变换及周期信号与非周期信号傅里叶变换之间的关系。

（5）深刻理解功率信号与功率谱、能量信号与能量谱的概念，会在时域与频域求解功率信号的功率与能量信号的能量。

3.2　重点与难点

3.2.1　用完备正交函数集表示任意信号

（1）两矢量 $\boldsymbol{a}_1$、$\boldsymbol{a}_2$ 正交的条件是 $\boldsymbol{a}_1\cdot\boldsymbol{a}_2=0$ 或标量系数 $C_{12}=\dfrac{\boldsymbol{a}_1\cdot\boldsymbol{a}_2}{|\boldsymbol{a}_1|\,|\boldsymbol{a}_2|}=0$。

（2）两个实函数 $f_1(t)$、$f_2(t)$ 在区间 (t_1,t_2) 内正交的条件是 $\int_{t_1}^{t_2}f_1(t)f_2(t)\,\mathrm{d}t=0$ 或相关系数 $C_{12}=\dfrac{\int_{t_1}^{t_2}f_1(t)f_2(t)\,\mathrm{d}t}{\sqrt{\int_{t_1}^{t_2}[f_1(t)]^2\mathrm{d}t}\sqrt{\int_{t_1}^{t_2}[f_2(t)]^2\mathrm{d}t}}=0$。

（3）正交函数集。设由 n 个实函数 $g_1(t)$、$g_2(t)$、…、$g_n(t)$ 构成一个实函数集，且这些函数在区间 (t_1,t_2) 内满足关系式

$$\int_{t_1}^{t_2}g_i(t)g_j(t)\,\mathrm{d}t=\begin{cases}0, & i\neq j\\ K_i, & i=j,K_i\text{ 为一正数}\end{cases}$$

则称此函数集为正交实函数集。

（4）两个复函数 $f_1(t)$、$f_2(t)$ 在区间 (t_1,t_2) 内正交的条件是 $\int_{t_1}^{t_2}f_1(t)\cdot f_2^*(t)\,\mathrm{d}t=\int_{t_1}^{t_2}f_1^*(t)\cdot f_2(t)\,\mathrm{d}t=0$；若在区间 (t_1,t_2) 内，复函数集

$\{g_1(t),g_2(t),\dots,g_r(t),\dots,g_n(t)\}(r=1,2,\dots,n)$满足关系式

$$\int_{t_1}^{t_2} g_i(t)g_j^*(t)\,\mathrm{d}t=\begin{cases}0, & i\neq j\\ K_i, & i=j,K_i\text{ 为一正数}\end{cases}$$

则此复函数集称为正交复函数集。

(5) 用完备的正交函数集表示任意信号$f(t)$,即

$$f(t)=C_1g_1(t)+C_2g_2(t)+\cdots+C_rg_r(t)+\cdots+C_ng_n(t)$$

应用最广泛的完备正交函数集包括三角函数集、复指数函数集等。还存在其他完备正交函数集,如勒让德多项式、拉德马赫函数集、沃尔什函数集等。

3.2.2　周期信号的频域分析

1. 周期为T的周期信号$f(t)$展开为傅里叶级数

(1) 三角函数形式

$$f(t)=\frac{a_0}{2}+\sum_{n=1}^{\infty}a_n\cos(n\Omega t)+\sum_{n=1}^{\infty}b_n\sin(n\Omega t)$$

其中,

$$\Omega=\frac{2\pi}{T}$$

$$a_0=\frac{2}{T}\int_{-\frac{T}{2}}^{\frac{T}{2}}f(t)\,\mathrm{d}t$$

$$a_n=\frac{2}{T}\int_{-\frac{T}{2}}^{\frac{T}{2}}f(t)\cos(n\Omega t)\,\mathrm{d}t,\quad n=1,2,3,\dots$$

$$b_n=\frac{2}{T}\int_{-\frac{T}{2}}^{\frac{T}{2}}f(t)\sin(n\Omega t)\,\mathrm{d}t,\quad n=1,2,3,\dots$$

或

$$f(t)=A_0+\sum_{n=1}^{\infty}A_n\cos(n\Omega t+\varphi_n)$$

其中,

$$A_0=\frac{a_0}{2},\quad A_n=\sqrt{a_n^2+b_n^2},\quad \varphi_n=-\arctan\frac{b_n}{a_n},\quad n=1,2,3,\dots$$

(2) 复指数形式

$$f(t)=\sum_{n=-\infty}^{\infty}F_n\mathrm{e}^{\mathrm{j}n\Omega t},$$

其中,

$$F_n=\frac{1}{T}\int_{-\frac{T}{2}}^{\frac{T}{2}}f(t)\mathrm{e}^{-\mathrm{j}n\Omega t}\,\mathrm{d}t=\frac{1}{2}(a_n-\mathrm{j}b_n),\quad n=0,\pm1,\pm2,\dots$$

2. 傅里叶级数的主要性质

若$f(t)\Leftrightarrow F_n$,则

(1) $f(-t)\Leftrightarrow F_{-n}=F_n^*$

(2) $f^*(t)\Leftrightarrow F_{-n}^*$

(3) $f(t-t_0) \Leftrightarrow F_n \mathrm{e}^{-\mathrm{j}n\Omega t_0}$ (t_0 为实数)

(4) $f^{(k)}(t) \Leftrightarrow (\mathrm{j}n\Omega)^k F_n$

(5) $f(t)\cos(\Omega t) \Leftrightarrow \dfrac{1}{2}(F_{n+1}+F_{n-1})$

(6) $f(t)\sin(\Omega t) \Leftrightarrow \dfrac{1}{2\mathrm{j}}(F_{n-1}-F_{n+1})$

3. 傅里叶系数与周期信号波形对称性的关系(见表 3.1)

表 3.1 傅里叶系数与周期信号波形对称性的关系

<table>
<tr><th>对称性</th><th>傅里叶级数中所含分量</th><th>系数 a_n</th><th>系数 b_n</th></tr>
<tr><td>(偶函数)纵轴对称
$f(t)=f(-t)$</td><td>只有直流分量和 cos 项</td><td>$\dfrac{4}{T}\int_0^{\frac{T}{2}} f(t)\cos(n\Omega t)\,\mathrm{d}t$
$(n=1,2,\cdots)$</td><td>0</td></tr>
<tr><td>(奇函数)坐标原点对称
$f(t)=-f(-t)$</td><td>只有 sin 项</td><td>0</td><td>$\dfrac{4}{T}\int_0^{\frac{T}{2}} f(t)\sin(n\Omega t)\,\mathrm{d}t$
$(n=1,2,\cdots)$</td></tr>
<tr><td>(偶谐函数)半周期重叠
$f(t)=f\left(t\pm\dfrac{T}{2}\right)$</td><td>只有偶次谐波</td><td rowspan="2">$\dfrac{4}{T}\int_0^{\frac{T}{2}} f(t)\cos(n\Omega t)\,\mathrm{d}t$</td><td rowspan="2">$\dfrac{4}{T}\int_0^{\frac{T}{2}} f(t)\sin(n\Omega t)\,\mathrm{d}t$</td></tr>
<tr><td>(奇谐函数)
半周期镜像对称
$f(t)=-f\left(t\pm\dfrac{T}{2}\right)$</td><td>只有奇次谐波</td></tr>
</table>

4. 周期信号频谱的特点

具有离散性、谐波性、收敛性。

5. 信号的频谱宽度

$$B_\omega=\frac{2\pi}{\tau},\quad B_f=\frac{1}{\tau}$$

3.2.3 非周期信号的频域分析

1. 傅里叶变换

任意非周期信号 $f(t)$,若满足狄利克雷(Dirichlet)条件且在无穷区间绝对可积,则可求得其频谱函数为

$$F(\mathrm{j}\omega)=\mathscr{F}[f(t)]=\int_{-\infty}^{\infty} f(t)\mathrm{e}^{-\mathrm{j}\omega t}\mathrm{d}t \quad \text{(傅里叶正变换)}$$

因 $F(\mathrm{j}\omega)$ 一般是复数,故可表示为

$$F(\mathrm{j}\omega)=|F(\mathrm{j}\omega)|\mathrm{e}^{\mathrm{j}\varphi(\omega)}$$

$|F(\mathrm{j}\omega)|$与$\varphi(\omega)$分别称为信号$f(t)$的幅度谱与相位谱。

若已知$F(\mathrm{j}\omega)$，则可求得时域的原函数为

$$f(t)=\mathscr{F}^{-1}[F(\mathrm{j}\omega)]=\frac{1}{2\pi}\int_{-\infty}^{\infty}F(\mathrm{j}\omega)\mathrm{e}^{\mathrm{j}\omega t}\mathrm{d}\omega\quad（傅里叶逆变换）$$

2. 傅里叶变换的性质

傅里叶变换的性质揭示了信号$f(t)$的时域特性与频域特性之间的关系，其基本性质列于表3.2中。

表3.2　傅里叶变换的性质

序号	性质名称	$f(t)$	$F(\mathrm{j}\omega)$
1	唯一性	$f(t)$	$F(\mathrm{j}\omega)$
2	齐次性	$Af(t)$	$AF(\mathrm{j}\omega)$
3	叠加性	$f_1(t)+f_2(t)$	$F_1(\mathrm{j}\omega)+F_2(\mathrm{j}\omega)$
4	线性	$A_1f_1(t)+A_2f_2(t)$	$A_1F_1(\mathrm{j}\omega)+A_2F_2(\mathrm{j}\omega)$
5	反折性	$f(-t)$	$F(-\mathrm{j}\omega)$
6	对称性	$F(\mathrm{j}t)$（一般函数）	$2\pi f(-\omega)$
		$F(t)$（实偶函数）	$2\pi f(\omega)$
7	奇偶性	$f(t)$为实、偶函数	$F(\mathrm{j}\omega)$为实、偶函数
		$f(t)$为实、奇函数	$F(\mathrm{j}\omega)$为虚、奇函数
8	尺度展缩	$f(at)$（a为大于零的实数）	$\frac{1}{a}F\left(\mathrm{j}\frac{\omega}{a}\right)$
9	时域延迟	$f(t-t_0)$（t_0为实数）	$F(\mathrm{j}\omega)\mathrm{e}^{-\mathrm{j}\omega t_0}$
		$f(at-t_0)$（t_0为实数，$a>0$）	$\frac{1}{a}F\left(\mathrm{j}\frac{\omega}{a}\right)\mathrm{e}^{-\mathrm{j}\frac{\omega}{a}t_0}$
10	频移	$f(t)\mathrm{e}^{\pm\mathrm{j}\omega_0t}$（$\omega_0$为实数）	$F[\mathrm{j}(\omega\mp\omega_0)]$
		$f(t)\cos(\omega_0t)$	$\frac{1}{2}F[\mathrm{j}(\omega+\omega_0)]+\frac{1}{2}F[\mathrm{j}(\omega-\omega_0)]$
		$f(t)\sin(\omega_0t)$	$\mathrm{j}\frac{1}{2}F[\mathrm{j}(\omega+\omega_0)]-\mathrm{j}\frac{1}{2}F[\mathrm{j}(\omega-\omega_0)]$
11	时域微分*	$\frac{\mathrm{d}f(t)}{\mathrm{d}t}$	$\mathrm{j}\omega F(\mathrm{j}\omega)$
		$\frac{\mathrm{d}^kf(t)}{\mathrm{d}t^k}$	$(\mathrm{j}\omega)^kF(\mathrm{j}\omega)$
		$\frac{\mathrm{d}}{\mathrm{d}t}f(at-t_0)$（$a$为大于零的实数）	$\mathrm{j}\omega\left[\frac{1}{a}F\left(\mathrm{j}\frac{\omega}{a}\right)\mathrm{e}^{-\mathrm{j}\omega\frac{t_0}{a}}\right]$

续表

序号	性质名称	$f(t)$	$F(\mathrm{j}\omega)$
12	时域积分	$\int_{-\infty}^{t} f(\tau)\mathrm{d}\tau$	$\left[\pi\delta(\omega)+\frac{1}{\mathrm{j}\omega}\right]F(\mathrm{j}\omega)$
13	频域微分	$(-\mathrm{j}t)f(t)$	$\frac{\mathrm{d}F(\mathrm{j}\omega)}{\mathrm{d}\omega}$
		$(-\mathrm{j}t)^k f(t)$	$\frac{\mathrm{d}^k F(\mathrm{j}\omega)}{\mathrm{d}\omega^k}$
		$(-\mathrm{j}t)f(at-t_0)$（a 为大于零的实数）	$\frac{\mathrm{d}}{\mathrm{d}\omega}\left[\frac{1}{a}F\left(\mathrm{j}\frac{\omega}{a}\right)\mathrm{e}^{-\mathrm{j}\omega\frac{t_0}{a}}\right]$
14	时域卷积	$f_1(t)*f_2(t)$	$F_1(\mathrm{j}\omega)F_2(\mathrm{j}\omega)$
15	频域卷积	$f_1(t)\cdot f_2(t)$	$\frac{1}{2\pi}F_1(\mathrm{j}\omega)*F_2(\mathrm{j}\omega)$
16	时域抽样	$\sum_{n=-\infty}^{\infty} f(t)\delta(t-nT_s)$	$\frac{1}{T_s}\sum_{n=-\infty}^{\infty} F\left[\mathrm{j}\left(\omega-\frac{2\pi}{T_s}n\right)\right]$
17	频域抽样	$\frac{1}{\Omega_s}\sum_{n=-\infty}^{\infty} f\left(t-n\frac{2\pi}{\Omega_s}\right)$	$\sum_{n=-\infty}^{\infty} F(\mathrm{j}\omega)\delta(\omega-n\Omega_s)$
18	信号能量	$W=\int_{-\infty}^{\infty}[f(t)]^2\mathrm{d}t=\frac{1}{2\pi}\int_{-\infty}^{\infty}\lvert F(\mathrm{j}\omega)\rvert^2\mathrm{d}\omega$	
19	$F(0)=\int_{-\infty}^{\infty} f(t)\mathrm{d}t$，　条件：$\lim\limits_{t\to\pm\infty} f(t)=0$ $f(0)=\frac{1}{2\pi}\int_{-\infty}^{\infty} F(\mathrm{j}\omega)\mathrm{d}\omega$，　条件：$\lim\limits_{\omega\to\pm\infty} F(\mathrm{j}\omega)=0$		

* 注：时域微分性质适合满足 $\int_{-\infty}^{\infty} f(t)\mathrm{d}t<\infty$ 的信号 $f(t)$，否则不适用。

3. 常用非周期信号 $f(t)$ 的傅里叶变换（见表 3.3）

表 3.3　常用非周期信号 $f(t)$ 的傅里叶变换

序号	$f(t)$	$F(\mathrm{j}\omega)$
1	$\delta(t)$	1
2	单位直流信号 1	$2\pi\delta(\omega)$
3	$U(t)$	$\pi\delta(\omega)+\frac{1}{\mathrm{j}\omega}$
4	$\mathrm{sgn}(t)$	$\frac{2}{\mathrm{j}\omega}$
5	$\mathrm{e}^{-at}U(t)$（a 为大于零的实数）	$\frac{1}{\mathrm{j}\omega+a}$

续表

序号	$f(t)$	$F(j\omega)$
6	$te^{-at}U(t)$（a 为大于零的实数）	$\frac{1}{(j\omega+a)^2}$
7	$G_\tau(t)$	$\tau \mathrm{Sa}\left(\frac{\tau}{2}\omega\right)$
8	$\mathrm{Sa}(\omega_0 t)=\frac{\sin(\omega_0 t)}{\omega_0 t}$	$\frac{\pi}{\omega_0}G_{2\omega_0}(\omega)$
9	$\sin(\omega_0 t)U(t)$	$\frac{\pi}{2j}[\delta(\omega-\omega_0)-\delta(\omega+\omega_0)]+\frac{\omega_0}{\omega_0^2-\omega^2}$
10	$\cos(\omega_0 t)U(t)$	$\frac{\pi}{2}[\delta(\omega-\omega_0)+\delta(\omega+\omega_0)]+\frac{j\omega_0}{\omega_0^2-\omega^2}$
11	$e^{j\omega_0 t}$	$2\pi\delta(\omega-\omega_0)$
12	$tU(t)$	$j\pi\delta'(\omega)-\frac{1}{\omega^2}$
13	$G_\tau(t)\cos(\omega_0 t)$	$\left[\mathrm{Sa}\frac{(\omega+\omega_0)\tau}{2}+\mathrm{Sa}\frac{(\omega-\omega_0)\tau}{2}\right]\frac{\tau}{2}$
14	$e^{-at}\sin(\omega_0 t)U(t)$ $(a>0)$	$\frac{\omega_0}{(j\omega+a)^2+\omega_0^2}$
15	$e^{-at}\cos(\omega_0 t)$ $(a>0)$	$\frac{j\omega+a}{(j\omega+a)^2+\omega_0^2}$
16	双边指数信号 $e^{-a\|t\|}$ $(a>0)$	$\frac{2a}{\omega^2+a^2}$
17	钟形脉冲 $e^{-\left(\frac{t}{\tau}\right)^2}$	$\tau\sqrt{\pi}e^{-\left(\frac{\omega\tau}{2}\right)^2}$
18	$\frac{1}{t}$	$-j\pi\mathrm{sgn}(\omega)$
19	$\|t\|$	$-\frac{2}{\omega^2}$

3.2.4　周期信号的傅里叶变换

周期信号傅里叶变换的特点是，其频谱均由频域的冲激函数组成（见表3.4）。

表 3.4 周期信号 $f(t)$ 的傅里叶变换

序号	$f(t)(-\infty<t<\infty)$	$F(j\omega)$
1	$e^{j\omega_0 t}$	$2\pi\delta(\omega-\omega_0)$
2	$\cos(\omega_0 t)$	$\pi[\delta(\omega+\omega_0)+\delta(\omega-\omega_0)]$
3	$\sin(\omega_0 t)$	$j\pi[\delta(\omega+\omega_0)-\delta(\omega-\omega_0)]$
4	$\delta_T(t)=\sum\limits_{n=-\infty}^{\infty}\delta(t-nT)$	$\Omega\sum\limits_{n=-\infty}^{\infty}\delta(\omega-n\Omega),\Omega=\dfrac{2\pi}{T}$
5	一般周期信号 $f(t)=\sum\limits_{n=-\infty}^{\infty}F_n e^{jn\Omega t}$， 其中 $F_n=\dfrac{1}{T}\int_{-\frac{T}{2}}^{\frac{T}{2}}f(t)e^{-jn\Omega t}dt$	$\sum\limits_{n=-\infty}^{\infty}2\pi F_n\delta(\omega-n\Omega),\Omega=\dfrac{2\pi}{T}$

3.2.5 功率信号与功率谱，能量信号与能量谱

(1) 功率信号：信号在时间区间 $(-\infty,\infty)$ 内的能量为 ∞，但在一个周期 $\left(-\dfrac{T}{2},\dfrac{T}{2}\right)$ 内的平均功率为有限值，这样的信号称为功率信号。周期信号即为功率信号。

(2) 功率信号平均功率 P 的计算公式。

时域公式：

$$P=\frac{1}{T}\int_{-\frac{T}{2}}^{\frac{T}{2}}[f(t)]^2dt$$

频域公式：

$$P=A_0^2+\sum_{n=1}^{\infty}\left(\frac{A_n}{\sqrt{2}}\right)^2$$

即平均功率 P 等于频域中直流分量与各次谐波分量的平均功率之和。

(3) 功率谱：将各次谐波的平均功率 $\left(\dfrac{A_n}{2}\right)^2$ 随 $\omega=n\Omega(n=0,\pm1,\pm2,\dots)$ 的分布关系画成图形，即得周期信号的双边功率频谱，简称功率谱。也可将各次谐波的平均功率 A_0^2、$\left(\dfrac{A_n}{\sqrt{2}}\right)^2$ 随 $\omega=n\Omega(n=0,\pm1,\pm2,\dots)$ 的分布关系画成图形，从而构成单边功率谱。

(4) 能量信号：信号在时间区间 $(-\infty,\infty)$ 内的能量为有限值，而在时间区间 $(-\infty,\infty)$ 内的平均功率 $P=0$，这样的信号称为能量信号。非周期信号即为能量信号。

(5) 能量信号能量 W 的计算公式。

时域公式：

$$W=\int_{-\infty}^{\infty}[f(t)]^2dt$$

频域公式：

$$W=\int_{-\infty}^{\infty}\frac{1}{2\pi}|F(\mathrm{j}\omega)|^2\mathrm{d}\omega=\int_{-\infty}^{\infty}G(\omega)\mathrm{d}f$$

（6）能量谱：$G(\omega)=|F(\mathrm{j}\omega)|^2$

$G(\omega)$称为能量信号的能量频谱，简称能量谱。它描述了单位频率上信号的能量随ω分布的规律。其单位是J/Hz（焦耳/赫兹）。

（7）一个信号，或者是功率信号，或者是能量信号，不会二者都是。

3.3　典型例题

例3.1　已知余弦函数集$\cos t,\cos(2t),\cos(3t),\cdots,\cos(nt)$（$n$为正整数）。

（1）试证明它在时间区间$[0,2\pi]$是正交函数集。

（2）它在时间区间$[0,2\pi]$是完备正交函数集吗？

（3）它在时间区间$[0,\pi/2]$是正交函数集吗？

解：（1）设$\cos(it)$、$\cos(rt)$是余弦函数集中的任意两个函数，若$i\neq r$，则

$$\int_0^{2\pi}\cos(it)\cos(rt)\mathrm{d}t=\frac{1}{2}\left\{\frac{\sin[(i+r)t]}{i+r}+\frac{\sin[(i-r)t]}{i-r}\right\}\Bigg|_0^{2\pi}=0$$

若$i=r$，则

$$\int_0^{2\pi}\cos(it)\cos(rt)\mathrm{d}t=\int_0^{2\pi}\cos^2(it)\mathrm{d}t=\frac{1}{2}\left[t+\frac{1}{2i}\sin(2it)\right]\Bigg|_0^{2\pi}=\pi$$

故余弦函数集$\{\cos(nt)\}$在时间区间$[0,2\pi]$是正交函数集。

（2）要证明一个正交函数集是不完备的，只需找到一个函数与该函数集正交即可。而所谓一个函数与某个函数集正交，指的是这个函数与函数集中的每个函数都正交。因此不能用余弦函数集中某个特指的函数来证明，而必须用一般表达式证明。这里选$\sin t$，看它在时间区间$[0,2\pi]$是否与$\{\cos(nt)\}$正交。由于

$$\int_0^{2\pi}\sin t\cos(nt)\mathrm{d}t=\frac{1}{2}\left\{-\frac{\cos[(n+1)t]}{n+1}+\frac{\cos[(n-1)t]}{n-1}\right\}\Bigg|_0^{2\pi}=0\quad(n\neq 1)$$

当$n=1$时，有$\int_0^{2\pi}\sin t\cos t\mathrm{d}t=0$，因此，$\sin t$在时间区间$[0,2\pi]$与$\{\cos(nt)\}$正交。故$\{\cos(nt)\}$在区间$[0,2\pi]$不是完备正交函数集。

（3）当$i\neq r$时，有

$$\int_0^{\frac{\pi}{2}}\cos(it)\cos(rt)\mathrm{d}t=\frac{1}{2}\left\{\frac{\sin[(i+r)t]}{i+r}+\frac{\sin[(i-r)t]}{i-r}\right\}\Bigg|_0^{\frac{\pi}{2}}=\frac{1}{i^2-r^2}\left[i\sin\frac{i\pi}{2}\cos\frac{r\pi}{2}-r\cos\frac{i\pi}{2}\sin\frac{r\pi}{2}\right]$$

由于对于任意的正整数i、r，此式都不等于零$\left(\text{例如}\ i=1,r=2,\text{此式等于}\frac{1}{3}\right)$，故$\{\cos(nt)\}$在区间$[0,\pi/2]$不是正交函数集。

由此例可以看出：① 一个函数集是否正交，与它所在的区间有关，在某个区间正交，在另一个区间可能不正交；② 正交函数集的定义规定，函数集中所有函数应两两正交。即使一个函数集中某几个函数两两之间相互正交，也不能说该函数集就是正交函数集。

例 3.2 如图例 3.2 所示信号 $f(t)$,求:

(1) 指数形式与三角函数形式傅里叶级数。

(2) 级数的和 $S=1-\frac{1}{3}+\frac{1}{5}-\frac{1}{7}+\cdots$。

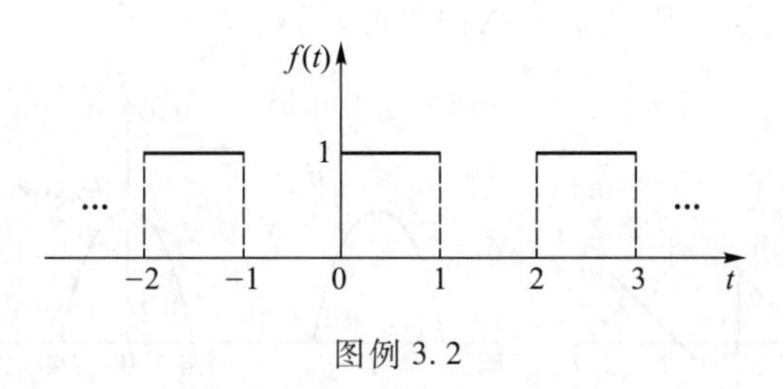

图例 3.2

解:(1) $T=2,\Omega=\frac{2\pi}{T}=\pi$

$$F_n=\frac{1}{T}\int_{-\frac{T}{2}}^{\frac{T}{2}}f(t)\mathrm{e}^{-\mathrm{j}n\Omega t}\mathrm{d}t=\frac{1}{2}\int_0^1\mathrm{e}^{-\mathrm{j}n\pi t}\mathrm{d}t=\frac{1-\mathrm{e}^{-\mathrm{j}n\pi}}{\mathrm{j}2n\pi}$$

$$=\frac{\mathrm{e}^{-\mathrm{j}\frac{n\pi}{2}}}{\mathrm{j}2n\pi}(\mathrm{e}^{\mathrm{j}\frac{n\pi}{2}}-\mathrm{e}^{-\mathrm{j}\frac{n\pi}{2}})=\frac{1}{n\pi}\mathrm{e}^{-\mathrm{j}\frac{n\pi}{2}}\sin\frac{n\pi}{2}$$

故得复指数形式傅里叶级数为

$$f(t)=\sum_{n=-\infty}^{\infty}F_n\mathrm{e}^{\mathrm{j}n\Omega t}=\sum_{\substack{n=1\\ \text{奇数}}}^{\infty}\frac{1}{n\pi}\sin\frac{n\pi}{2}\mathrm{e}^{\mathrm{j}\left(n\pi t-\frac{n\pi}{2}\right)}$$

因 $F_n=\frac{1}{2}(a_n-\mathrm{j}b_n)=-\mathrm{j}\frac{1-\mathrm{e}^{-\mathrm{j}n\pi}}{n\pi}$,故当 n 为奇数时,有

$$F_n=-\mathrm{j}\frac{1}{n\pi}$$

则

$$a_n=0,\quad b_n=\frac{2}{n\pi}$$

$$F_0=\frac{1}{T}\int_{-\frac{T}{2}}^{\frac{T}{2}}f(t)\mathrm{d}t=\frac{1}{2}\int_0^1 1\mathrm{d}t=0.5$$

当 n 为非零偶数时,有 $a_n=b_n=0$,故得三角函数形式傅里叶级数为

$$f(t)=\frac{a_0}{2}+\sum_{n=1}^{\infty}a_n\cos(n\Omega t)+\sum_{n=1}^{\infty}b_n\sin(n\Omega t)=\frac{1}{2}+0+\sum_{\substack{n=1\\ \text{奇数}}}^{\infty}\frac{2}{n\pi}\sin(n\pi t)$$

$$=\frac{1}{2}+\frac{2}{\pi}\left[\sin(\pi t)+\frac{1}{3}\sin(3\pi t)+\frac{1}{5}\sin(5\pi t)+\frac{1}{7}\sin(7\pi t)+\cdots\right]$$

(2) 当 $t=\frac{1}{2}$时,有

$$f\left(\frac{1}{2}\right)=1=\frac{1}{2}+\frac{2}{\pi}\left(1-\frac{1}{3}+\frac{1}{5}-\frac{1}{7}+\cdots\right)$$

故得级数的和为

$$S=1-\frac{1}{3}+\frac{1}{5}-\frac{1}{7}+\cdots=\frac{1-\frac{1}{2}}{\frac{2}{\pi}}=\frac{1}{4}\pi$$

例 3.3　求图例3.3所示周期信号的傅里叶级数。

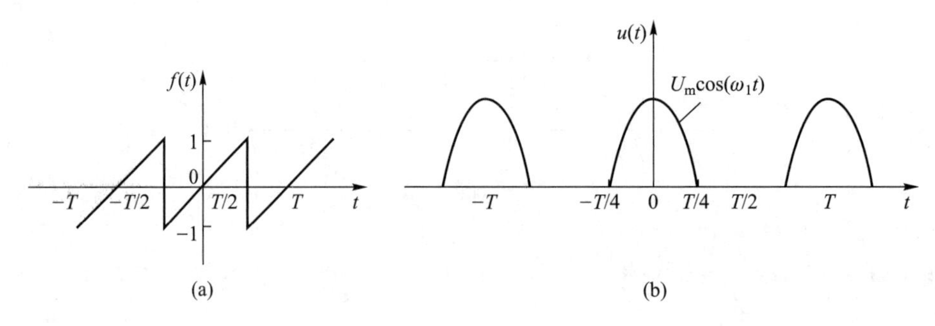

图例 3.3

解:图例3.3(a)所示信号为时间 t 的实、奇周期函数,所以傅里叶级数系数 $a_k=0$,系数

$$b_k=\frac{4}{T}\int_0^{\frac{T}{2}}f(t)\sin(k\omega_1 t)\mathrm{d}t$$

在 $t=0\sim T/2$ 区间,$f(t)$ 的表达式为

$$f(t)=\frac{2}{T}t$$

由此可得

$$b_k=\frac{4}{T}\int_0^{\frac{T}{2}}\frac{2}{T}t\sin(k\omega_1 t)\mathrm{d}t$$

应用分部积分,令 $u=\frac{2}{T}t,\mathrm{d}v=\sin(k\omega_1 t)\mathrm{d}t$,则 $\mathrm{d}u=\frac{2}{T}\mathrm{d}t,v=-\frac{1}{k\omega_1}\cos(k\omega_1 t)$。考虑到 $\omega_1=2\pi/T$,所以

$$\begin{aligned}b_k&=\frac{4}{T}\left\{\frac{2}{T}t\left[-\frac{1}{k\omega_1}\cos(k\omega_1 t)\right]\right\}\Bigg|_0^{\frac{T}{2}}-\frac{4}{T}\int_0^{\frac{T}{2}}-\frac{1}{k\omega_1}\cos(k\omega_1 t)\frac{2}{T}\mathrm{d}t\\&=\frac{2}{k\pi}(-1)^{k+1}+\frac{8}{T^2k^2\omega_1^2}\sin(k\omega_1 t)\Bigg|_0^{\frac{T}{2}}\\&=\frac{2}{k\pi}(-1)^{k+1}+\frac{8}{T^2k^2\omega_1^2}\sin(k\pi)=\frac{2}{k\pi}(-1)^{k+1},\quad k=1,2,3,\cdots\end{aligned}$$

故得图例3.3(a)所示信号 $f(t)$ 的傅里叶级数三角函数展开式为

$$\begin{aligned}f(t)&=\sum_{k=1}^{\infty}b_k\sin(k\omega_1 t)=\sum_{k=1}^{\infty}\frac{2}{k\pi}(-1)^{k+1}\sin(k\omega_1 t)\\&=\frac{2}{\pi}\left[\sin(\omega_1 t)-\frac{1}{2}\sin(2\omega_1 t)+\cdots+(-1)^{k+1}\frac{1}{k}\sin(k\omega_1 t)+\cdots\right]\end{aligned}$$

图例3.3(b)所示信号为时间 t 的实、偶周期函数,所以傅里叶级数系数 $b_k=0$,系数

$$a_k=\frac{4}{T}\int_0^{\frac{T}{2}}u(t)\cos(k\omega_1 t)\mathrm{d}t$$

由图例 3.3(b)可知 $u(t)$在 $t=0\sim T/2$ 区间的函数表达式为

$$u(t)=\begin{cases}U_{\mathrm{m}}\cos\omega_1 t, & 0\leqslant t\leqslant T/4\\ 0, & T/4\leqslant t\leqslant T/2\end{cases}$$

由此可得

$$\begin{aligned}a_k&=\frac{4}{T}\int_0^{\frac{T}{2}}U_{\mathrm{m}}\cos(\omega_1 t)\cos(k\omega_1 t)\mathrm{d}t\\&=\frac{4}{T}\int_0^{\frac{T}{2}}U_{\mathrm{m}}\left\{\frac{1}{2}\cos[(k+1)\omega_1 t]+\frac{1}{2}\cos[(k-1)\omega_1 t]\right\}\mathrm{d}t\\&=\frac{2U_{\mathrm{m}}}{T}\cdot\frac{\sin[(k+1)\omega_1 t]}{(k+1)\omega_1}\bigg|_0^{\frac{T}{4}}+\frac{2U_{\mathrm{m}}}{T}\cdot\frac{\sin[(k-1)\omega_1 t]}{(k-1)\omega_1}\bigg|_0^{\frac{T}{4}}\\&=\frac{U_{\mathrm{m}}}{(k+1)\pi}\sin\left[(k+1)\frac{\pi}{2}\right]+\frac{U_{\mathrm{m}}}{(k-1)\pi}\sin\left[(k-1)\frac{\pi}{2}\right]\end{aligned}$$

于是有

$$a_0=\frac{2U_{\mathrm{m}}}{\pi}$$

$$a_1=U_{\mathrm{m}}$$

$$a_2=\frac{2U_{\mathrm{m}}}{3\pi}$$

$$a_3=0$$

$$a_4=-\frac{2U_{\mathrm{m}}}{15\pi}$$

$$\cdots\cdots\cdots\cdots$$

所以 $u(t)$的傅里叶级数展开式为

$$\begin{aligned}u(t)&=\frac{a_0}{2}+\sum_{k=1}^{\infty}a_k\cos(k\omega_1 t)=\frac{U_{\mathrm{m}}}{\pi}+\frac{U_{\mathrm{m}}}{2}\cos(\omega_1 t)+\frac{2U_{\mathrm{m}}}{3\pi}\cos(2\omega_1 t)-\frac{2U_{\mathrm{m}}}{15\pi}\cos(4\omega_1 t)+\cdots\\&=\frac{U_{\mathrm{m}}}{\pi}+\frac{2U_{\mathrm{m}}}{\pi}\left[\frac{\pi}{4}\cos(\omega_1 t)+\frac{1}{3}\cos(2\omega_1 t)-\frac{1}{15}\cos(4\omega_1 t)+\cdots\right]\end{aligned}$$

例 3.4 已知如图例 3.4(a)所示的单位冲激串 $\delta_T(t)=\sum\limits_{k=-\infty}^{\infty}\delta(t-kT)$。求其傅里叶级数与频谱。

解：

$$F_n=\frac{1}{T}\int_{-T/2}^{T/2}\delta(t)\mathrm{e}^{-\mathrm{j}n\Omega t}\mathrm{d}t=\frac{1}{T}$$

$$\delta_T(t)=\sum_{n=-\infty}^{\infty}F_n\mathrm{e}^{\mathrm{j}n\Omega t}=\frac{1}{T}\sum_{n=-\infty}^{\infty}\mathrm{e}^{\mathrm{j}n\Omega t},\Omega=\frac{2\pi}{T}$$

其频谱如图例 3.4(b)所示。

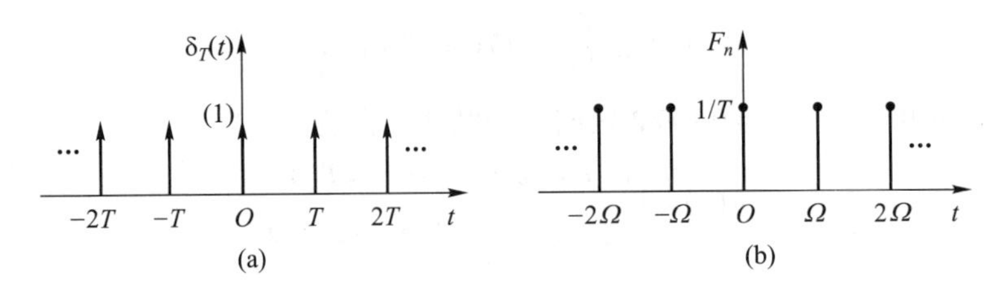

图例 3.4

例 3.5　试画出下列周期信号 $f(t)$ 的振幅频谱图和相位频谱图。

(1) $f(t)=\dfrac{4}{\pi}\left[\cos(\omega_1 t)-\dfrac{1}{3}\cos(3\omega_1 t)+\dfrac{1}{5}\cos(5\omega_1 t)-\dfrac{1}{7}\cos(7\omega_1 t)+\cdots\right]$

(2) $f(t)=\dfrac{1}{2}-\dfrac{2}{\pi}\left[\sin(2\pi t)+\dfrac{1}{2}\sin(4\pi t)+\dfrac{1}{3}\sin(6\pi t)+\cdots\right]$

解:本问题给出的两个周期信号均为三角函数表示的级数形式,所以只需对照周期信号的三角函数形式进行傅里叶级数展开:

$$f(t)=A_0+\sum_{k=1}^{\infty}A_k\cos(k\omega_1 t+\varphi_k)$$

为此 $f(t)$ 可表示为

$$f(t)=\frac{4}{\pi}\left[\cos(\omega_1 t)+\frac{1}{3}\cos(3\omega_1 t+\pi)+\frac{1}{5}\cos(5\omega_1 t)+\frac{1}{7}\cos(7\omega_1 t+\pi)+\cdots\right]$$

由此可得

$$A_0=0,\ \ \varphi_0=0$$

$$A_1=\frac{4}{\pi},\varphi_1=0$$

$$A_3=\frac{4}{3\pi},\varphi_3=\pi$$

$$A_5=\frac{4}{5\pi},\varphi_5=0$$

$$A_7=\frac{4}{7\pi},\varphi_7=\pi$$

…………

据此可画得(1)中周期信号 $f(t)$ 的单边振幅频谱图与相位频谱图,如图例 3.5(a)和(b)所示。

考虑正弦函数与余弦函数的变化关系,类似地将(2)中所给出的周期信号改写为用余弦函数表示的傅里叶级数形式,即

$$f(t)=\frac{1}{2}+\frac{2}{\pi}\left[\cos\left(2\pi t+\frac{\pi}{2}\right)+\frac{1}{2}\cos\left(4\pi t+\frac{\pi}{2}\right)+\frac{1}{3}\cos\left(6\pi t+\frac{\pi}{2}\right)+\cdots\right]$$

式中,基波角频率 $\omega_1=2\pi\mathrm{rad/s}$;除直流分量以外的各谐波分量的初相位均为 $\pi/2$。容易求得

$$A_0=\frac{1}{2},\quad \varphi_0=0$$

$$A_1=\frac{2}{\pi},\quad \varphi_1=\frac{\pi}{2}$$

$$A_2=\frac{1}{\pi},\quad \varphi_2=\frac{\pi}{2}$$

$$A_3=\frac{2}{3\pi},\quad \varphi_3=\frac{\pi}{2}$$

…………

由此可画得(2)中所给周期信号 $f(t)$ 的单边振幅频谱图与相位频谱图,如图例 3.5(c)和(d)所示。

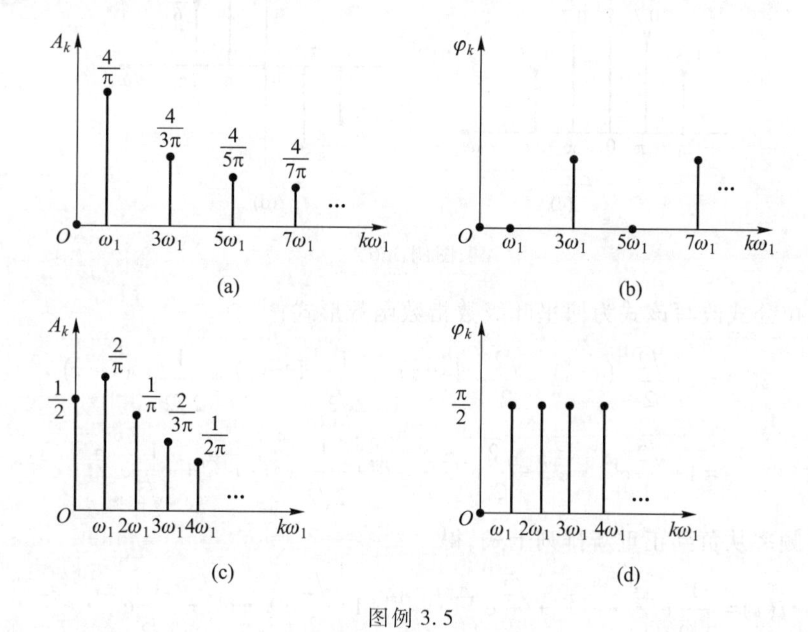

图例 3.5

例 3.6 周期信号

$$i(t)=1-\sin(\pi t)+\cos(\pi t)+\frac{1}{\sqrt{2}}\cos\left(2\pi t+\frac{\pi}{6}\right)\text{(A)}$$

试画该信号的单、双边频谱图并求信号的有效值 I 及平均功率 P。

解:应用三角公式将 $-\sin(\pi t)+\cos(\pi t)$ 合并为 $\sqrt{2}\cos\left(\pi t+\frac{\pi}{4}\right)$,再将 $i(t)$ 改写为规范的傅里叶级数三角函数形式,即

$$i(t)=1+\sqrt{2}\cos\left(\pi t+\frac{\pi}{4}\right)+\frac{1}{\sqrt{2}}\cos\left(2\pi t+\frac{\pi}{6}\right)\text{(A)}$$

由该式可见:该周期电流信号共有三个频谱分量,即该电流由直流、基波、二次谐波组成。

基波角频率 $\omega_1=\pi\text{rad/s}$。画该信号的单边频谱图如图例 3.6(a)和(b)所示。

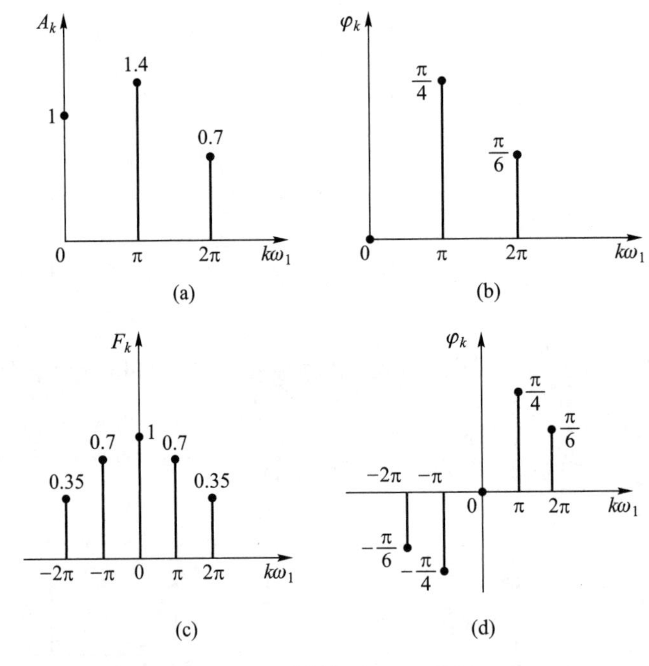

图例 3.6

应用欧拉公式改写该式为傅里叶级数指数函数形式：

$$i(t)=1+\frac{\sqrt{2}}{2}e^{j\left(\pi t+\frac{\pi}{4}\right)}+\frac{\sqrt{2}}{2}e^{-j\left(\pi t+\frac{\pi}{4}\right)}+\frac{1}{2\sqrt{2}}e^{j\left(2\pi t+\frac{\pi}{6}\right)}+\frac{1}{2\sqrt{2}}e^{-j\left(2\pi t+\frac{\pi}{6}\right)}$$

$$=1+\frac{\sqrt{2}}{2}e^{j\frac{\pi}{4}}\cdot e^{j\pi t}+\frac{\sqrt{2}}{2}e^{-j\frac{\pi}{4}}\cdot e^{-j\pi t}+\frac{1}{2\sqrt{2}}e^{j\frac{\pi}{6}}\cdot e^{j2\pi t}+\frac{1}{2\sqrt{2}}e^{-j\frac{\pi}{6}}\cdot e^{-j2\pi t}$$

按照角频率从负到正重新排列上式，得

$$i(t)=\frac{1}{2\sqrt{2}}e^{-j\frac{\pi}{6}}\cdot e^{-j2\pi t}+\frac{\sqrt{2}}{2}e^{-j\frac{\pi}{4}}\cdot e^{-j\pi t}+1+\frac{\sqrt{2}}{2}e^{j\frac{\pi}{4}}\cdot e^{j\pi t}+\frac{1}{2\sqrt{2}}e^{j\frac{\pi}{6}}\cdot e^{j2\pi t}$$

画得该信号的双边频谱图如图例 3.6(c)和(d)所示。

周期电流信号所包含的直流分量为　$I_0=1\ \text{A}$

基波分量有效值为　$I_1=1\ \text{A}$

二次谐波分量有效值为　$I_2=\frac{1}{2}\ \text{A}$

所以电流 $i(t)$ 的有效值为　$I=\sqrt{I_0^2+I_1^2+I_2^2}=\sqrt{1^2+1^2+\left(\frac{1}{2}\right)^2}\ \text{A}=1.5\ \text{A}$

考虑信号的平均功率是定义为该信号加在 1 Ω 电阻上消耗的平均功率，再联系周期电流有效值的定义，所以可得该信号的平均功率

$$P=I^2R=(1.5^2\times1)\ \text{W}=2.25\ \text{W}$$

计算信号的平均功率时亦可通过分别计算出各谐波分量的平均功率然后相加得到，读者可自行计算验证。

例 3.7 求如图例 3.7 所示两个信号的频谱函数。

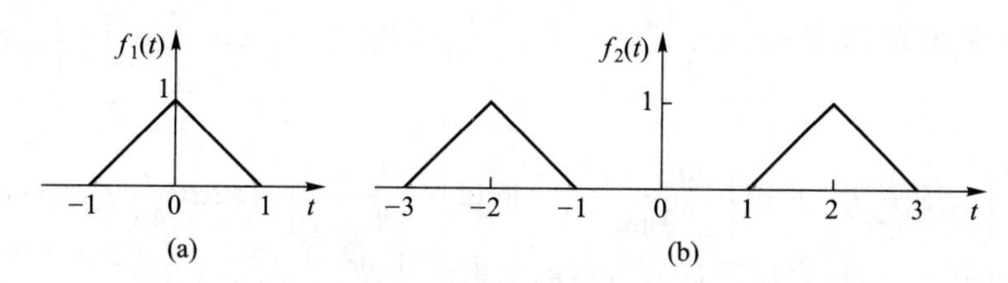

图例 3.7

解:(a) $f_1''(t)=\delta(t+1)-2\delta(t)+\delta(t-1)$

故
$$(\mathrm{j}\omega)^2F_1(\mathrm{j}\omega)=1\mathrm{e}^{\mathrm{j}\omega}-2\times1+1\mathrm{e}^{-\mathrm{j}\omega}=(\mathrm{e}^{\mathrm{j}\frac{\omega}{2}}-\mathrm{e}^{-\mathrm{j}\frac{\omega}{2}})^2$$

故得
$$F_1(\mathrm{j}\omega)=\left(\frac{\sin\frac{\omega}{2}}{\frac{\omega}{2}}\right)^2=\mathrm{Sa}^2\left(\frac{\omega}{2}\right)$$

(b) $f_2(t)=f_1(t+2)+f_1(t-2)$

故
$$F_2(\mathrm{j}\omega)=F_1(\mathrm{j}\omega)\mathrm{e}^{\mathrm{j}2\omega}+F_1(\mathrm{j}\omega)\mathrm{e}^{-\mathrm{j}2\omega}=2F_1(\mathrm{j}\omega)\frac{\mathrm{e}^{\mathrm{j}2\omega}+\mathrm{e}^{-\mathrm{j}2\omega}}{2}=2\mathrm{Sa}^2\left(\frac{\omega}{2}\right)\cos(2\omega)$$

例 3.8 求下列函数的 $F(\mathrm{j}\omega)$。

(1) $f(t)=\dfrac{\sin[2\pi(t-2)]}{\pi(t-2)}$, $-\infty<t<\infty$

(2) $f(t)=\dfrac{2\alpha}{\alpha^2+t^2}$, $-\infty<t<\infty$, $\alpha>0$

(3) $f(t)=\left[\dfrac{\sin(2\pi t)}{2\pi t}\right]^2$, $-\infty<t<\infty$

解:(1)因 $G_\tau(t)\Leftrightarrow\tau\dfrac{\sin\frac{\omega\tau}{2}}{\frac{\omega\tau}{2}}$

取 $\dfrac{\omega\tau}{2}=2\pi\omega$,故得 $\tau=4\pi$,则 $G_{4\pi}(t)\Leftrightarrow4\pi\dfrac{\sin(2\pi\omega)}{2\pi\omega}=2\pi\dfrac{\sin(2\pi\omega)}{\pi\omega}$

则
$$\frac{1}{2\pi}G_{4\pi}(t)\Leftrightarrow\frac{\sin(2\pi\omega)}{\pi\omega}$$

$$\frac{\sin(2\pi\omega)}{\pi\omega}\Leftrightarrow2\pi\times\frac{1}{2\pi}G_{4\pi}(\omega)=G_{4\pi}(\omega),\ \frac{\sin[2\pi(t-2)]}{\pi(t-2)}\Leftrightarrow G_{4\pi}(\omega)\mathrm{e}^{-\mathrm{j}2\omega}$$

(2) 因 $\mathrm{e}^{-\alpha|t|}\Leftrightarrow\dfrac{2\alpha}{\alpha^2+\omega^2}$, $\alpha>0$,故 $\dfrac{2\alpha}{\alpha^2+t^2}\Leftrightarrow2\pi\mathrm{e}^{-\alpha|\omega|}$, $\alpha>0$。

(3) 三角脉冲信号 $f_\tau(t)=\begin{cases}1-\dfrac{|t|}{\tau}, & |t|\leqslant\tau\\0, & |t|>\tau\end{cases}$，因有 $f_\tau(t)\Leftrightarrow\tau\left[\dfrac{\sin\dfrac{\omega\tau}{2}}{\dfrac{\omega\tau}{2}}\right]^2$，故 $f_{4\pi}(t)\Leftrightarrow$ $4\pi\left[\dfrac{\sin(2\pi\omega)}{2\pi\omega}\right]^2$，即 $\dfrac{1}{4\pi}f_{4\pi}(t)\Leftrightarrow\left[\dfrac{\sin(2\pi\omega)}{2\pi\omega}\right]^2$，所以 $\left[\dfrac{\sin(2\pi t)}{2\pi t}\right]^2\Leftrightarrow 2\pi\times\dfrac{1}{4\pi}f_{4\pi}(\omega)=\dfrac{1}{2}f_{4\pi}(\omega)$。

例 3.9 求图例 3.9(a)所示信号 $f(t)$ 的傅里叶变换 $F(\mathrm{j}\omega)$。

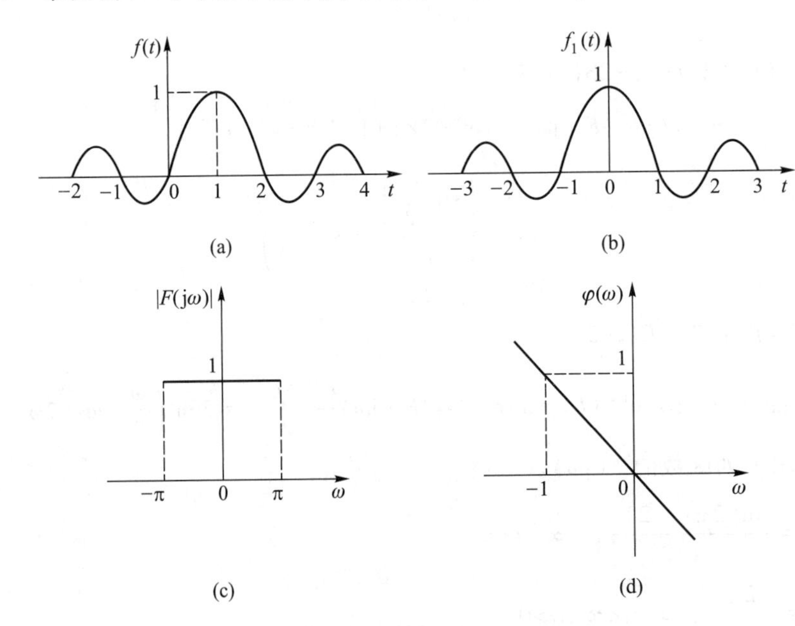

图例 3.9

解：引入辅助信号 $f_1(t)$，如图例 3.9(b)所示，并由图可得

$$f_1(t)=\frac{\sin(\pi t)}{\pi t}=\mathrm{Sa}(\pi t)$$

因有

$$G_\tau(t)\leftrightarrow\tau\frac{\sin\dfrac{\omega\tau}{2}}{\dfrac{\omega\tau}{2}}$$

取 $\dfrac{\omega\tau}{2}=\pi\omega$，故得 $\tau=2\pi$，有

$$G_{2\pi}(t)\leftrightarrow 2\pi\frac{\sin(\pi\omega)}{\pi\omega}$$

$$\frac{1}{2\pi}G_{2\pi}(t)\leftrightarrow\frac{\sin(\pi\omega)}{\pi\omega}$$

$$\frac{\sin(\pi t)}{\pi t}\leftrightarrow 2\pi\times\frac{1}{2\pi}G_{2\pi}(\omega)=G_{2\pi}(\omega)$$

即 $F_1(\mathrm{j}\omega)=G_{2\pi}(\omega)$。

又因有 $f(t)=f_1(t-1)$,故

$$F(\mathrm{j}\omega)=F_1(\mathrm{j}\omega)\mathrm{e}^{-\mathrm{j}\omega}=G_{2\pi}(\omega)\mathrm{e}^{-\mathrm{j}\omega}$$

$F(\mathrm{j}\omega)$的幅度谱与相位谱分别如图例 3.9(c)和(d)所示。

例 3.10 已知$f(t)=\dfrac{\sin t}{t}$,求其 $F(\mathrm{j}\omega)$,并证明$\displaystyle\int_{-\infty}^{\infty}\frac{\sin t}{t}\mathrm{d}t=\pi$。

解:利用傅里叶变换的对称性求解。因已知 $G_\tau(t)\leftrightarrow\tau\mathrm{Sa}\left(\dfrac{\omega\tau}{2}\right)$,所以

$$G_2(t)\leftrightarrow 2\mathrm{Sa}(\omega)$$

即有

$$2\pi G_2(\omega)\leftrightarrow 2\mathrm{Sa}(t)$$

故

$$F(\mathrm{j}\omega)=\pi G_2(\omega)\leftrightarrow\mathrm{Sa}(t)$$

$F(\mathrm{j}\omega)$的图形如图例 3.10 所示。又因有

$$F(\mathrm{j}\omega)=\int_{-\infty}^{\infty}\frac{\sin t}{t}\mathrm{e}^{-\mathrm{j}\omega t}\mathrm{d}t=\begin{cases}\pi, & |\omega|<1\\ 0, & |\omega|>1\end{cases}$$

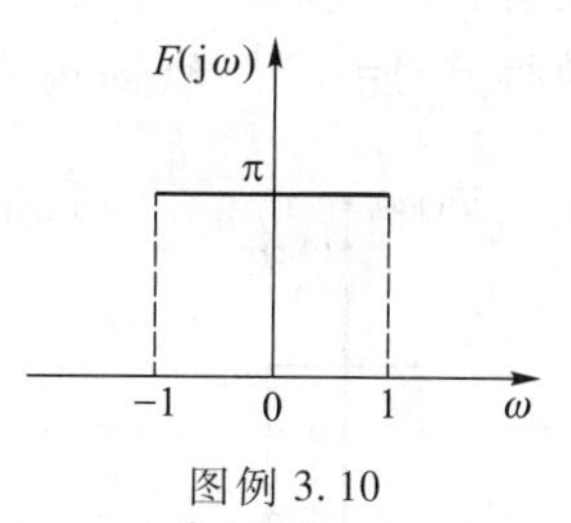

图例 3.10

取 $\omega=0$,则得

$$F(\mathrm{j}\omega)=\int_{-\infty}^{\infty}\frac{\sin t}{t}\mathrm{d}t=\pi$$

例 3.11 已知 $F(\mathrm{j}\omega)$如图例 3.11 所示,求其$f(t)$。

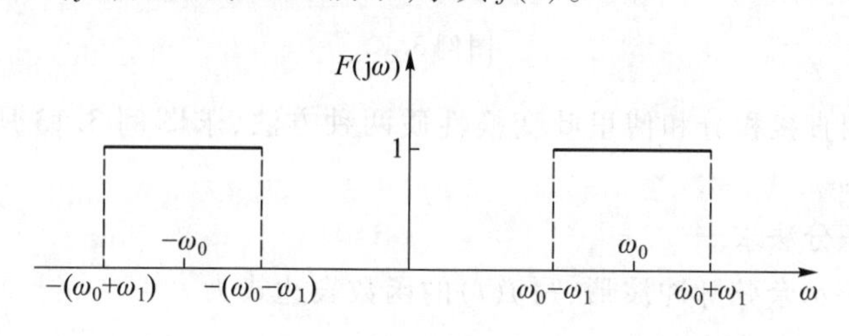

图例 3.11

解:因有

$$G_{2\omega_1}(\omega)\leftrightarrow\frac{\omega_1}{\pi}\mathrm{Sa}(\omega_1 t)$$

故有

$$G_{2\omega_1}(\omega+\omega_0)\leftrightarrow\frac{\omega_1}{\pi}\mathrm{Sa}(\omega_1 t)\mathrm{e}^{-\mathrm{j}\omega_0 t}$$

$$G_{2\omega_1}(\omega-\omega_0)\leftrightarrow\frac{\omega_1}{\pi}\mathrm{Sa}(\omega_1 t)\mathrm{e}^{\mathrm{j}\omega_0 t}$$

故有

$$F(\mathrm{j}\omega)=G_{2\omega_1}(\omega+\omega_0)+G_{2\omega_1}(\omega-\omega_0)\leftrightarrow\frac{\omega_1}{\pi}\mathrm{Sa}(\omega_1 t)\mathrm{e}^{-\mathrm{j}\omega_0 t}+\frac{\omega_1}{\pi}\mathrm{Sa}(\omega_1 t)\mathrm{e}^{\mathrm{j}\omega_0 t}$$

即

$$F(\mathrm{j}\omega)\leftrightarrow\frac{2\omega_1}{\pi}\mathrm{Sa}(\omega_1 t)\cos(\omega_0 t)$$

故得

$$f(t)=\frac{2\omega_1}{\pi}\mathrm{Sa}(\omega_1 t)\cos(\omega_0 t)$$

例 3.12 $F(\mathrm{j}\omega)$的图形如图例 3.12(a)和(b)所示。求原函数$f(t)$,并画出波形。

解:
$$F(\mathrm{j}\omega)=4\pi\delta(\omega)+G_{2\pi}(\omega)\mathrm{e}^{-\mathrm{j}2\omega}$$

又因 $G_{\tau}(t)\leftrightarrow\tau\mathrm{Sa}\left(\frac{\omega\tau}{2}\right)$,取 $\tau=2\pi$,有

$$G_{2\pi}(t)\leftrightarrow2\pi\mathrm{Sa}(\pi\omega)$$
$$2\pi G_{2\pi}(\omega)\leftrightarrow2\pi\mathrm{Sa}(\pi t)$$
$$G_{2\pi}(\omega)\leftrightarrow\mathrm{Sa}(\pi t)$$

故
$$G_{2\pi}(\omega)\mathrm{e}^{-\mathrm{j}2\omega}\leftrightarrow\mathrm{Sa}[\pi(t-2)]$$

又有
$$4\pi\delta(\omega)=2\times2\pi\delta(\omega)\leftrightarrow2\times1=2$$

故得 $f(t)=\mathscr{F}^{-1}[F(\mathrm{j}\omega)]=2+\mathrm{Sa}[\pi(t-2)]$,$f(t)$ 的波形如图例 3.12(c) 所示。

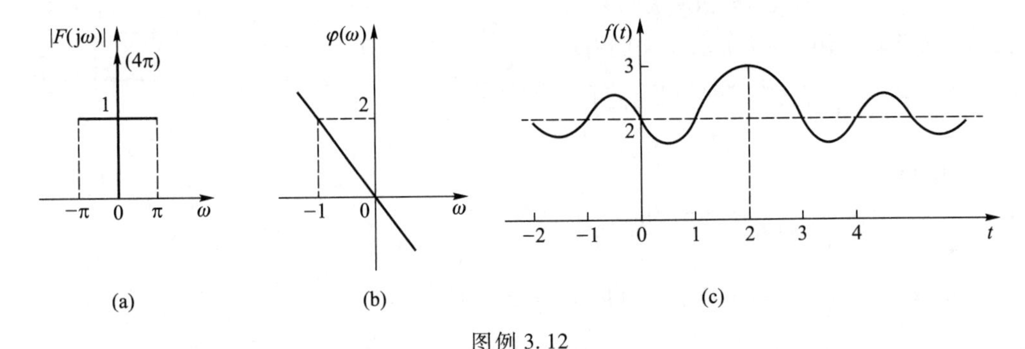

图例 3.12

例 3.13　应用直接积分和傅里叶变换性质两种方法,求图例 3.13 所示余弦脉冲信号的傅里叶变换 $F(\mathrm{j}\omega)$。

解 1:用直接积分法求。

由图例 3.13 所示余弦脉冲波形,写 $f(t)$ 的函数表达式为

$$f(t)=\begin{cases}\cos\left(\dfrac{\pi}{2}t\right), & -1\leqslant t\leqslant1\\ 0, & 其他\end{cases}$$

$$F(\mathrm{j}\omega)=\int_{-\infty}^{\infty}f(t)\mathrm{e}^{-\mathrm{j}\omega t}\mathrm{d}t=\int_{-1}^{1}\cos\left(\frac{\pi}{2}t\right)\mathrm{e}^{-\mathrm{j}\omega t}\mathrm{d}t$$

图例 3.13

应用欧拉公式将 $\cos\left(\frac{\pi}{2}t\right)$ 写为指数函数形式并代入上式,得

$$F(\mathrm{j}\omega)=\int_{-1}^{1}\left(\frac{1}{2}\mathrm{e}^{\mathrm{j}\frac{\pi}{2}t}+\frac{1}{2}\mathrm{e}^{-\mathrm{j}\frac{\pi}{2}t}\right)\mathrm{e}^{-\mathrm{j}\omega t}\mathrm{d}t=\int_{-1}^{1}\frac{1}{2}\mathrm{e}^{-\mathrm{j}\left(\omega-\frac{\pi}{2}\right)t}\mathrm{d}t+\int_{-1}^{1}\frac{1}{2}\mathrm{e}^{-\mathrm{j}\left(\omega+\frac{\pi}{2}\right)t}\mathrm{d}t$$

$$=\frac{\mathrm{e}^{-\mathrm{j}\left(\omega-\frac{\pi}{2}\right)t}}{-\mathrm{j}2\left(\omega-\frac{\pi}{2}\right)}\Bigg|_{-1}^{1}+\frac{\mathrm{e}^{-\mathrm{j}\left(\omega+\frac{\pi}{2}\right)t}}{-\mathrm{j}2\left(\omega+\frac{\pi}{2}\right)}\Bigg|_{-1}^{1}=\frac{\mathrm{e}^{\mathrm{j}\left(\omega-\frac{\pi}{2}\right)}}{\mathrm{j}2\left(\omega-\frac{\pi}{2}\right)}-\frac{\mathrm{e}^{-\mathrm{j}\left(\omega-\frac{\pi}{2}\right)}}{\mathrm{j}2\left(\omega-\frac{\pi}{2}\right)}+\frac{\mathrm{e}^{\mathrm{j}\left(\omega+\frac{\pi}{2}\right)}}{\mathrm{j}2\left(\omega+\frac{\pi}{2}\right)}-\frac{\mathrm{e}^{-\mathrm{j}\left(\omega+\frac{\pi}{2}\right)}}{\mathrm{j}2\left(\omega+\frac{\pi}{2}\right)}$$

再应用欧拉公式及抽样函数 $\mathrm{Sa}(x)=\dfrac{\sin x}{x}$,得

$$F(\mathrm{j}\omega)=\mathrm{Sa}\left(\omega-\frac{\pi}{2}\right)+\mathrm{Sa}\left(\omega+\frac{\pi}{2}\right)$$

解 2:用傅里叶变换性质求解。

将$f(t)$看作为门函数$G_2(t)$与余弦函数$\cos\left(\frac{\pi}{2}t\right)$的乘积,即

$$f(t)=G_2(t)\cos\left(\frac{\pi}{2}t\right)$$

而
$$G_2(t)\leftrightarrow 2\mathrm{Sa}(\omega),\quad \cos\left(\frac{\pi}{2}t\right)\leftrightarrow\pi\left[\delta\left(\omega-\frac{\pi}{2}\right)+\delta\left(\omega+\frac{\pi}{2}\right)\right]$$

由频域卷积定理可得

$$F(\mathrm{j}\omega)=\frac{1}{2\pi}2\mathrm{Sa}(\omega)*\pi\left[\delta\left(\omega-\frac{\pi}{2}\right)+\delta\left(\omega+\frac{\pi}{2}\right)\right]=\mathrm{Sa}\left(\omega-\frac{\pi}{2}\right)+\mathrm{Sa}\left(\omega+\frac{\pi}{2}\right)$$

例 3.14 求图例 3.14 中各信号的傅里叶变换。其中,图(a)所示信号$f_1(t)$要求用直接积分与应用性质两种方法求解;图(b)~(e)所示信号的傅里叶变换可直接应用图(a)信号所求的结果求解。

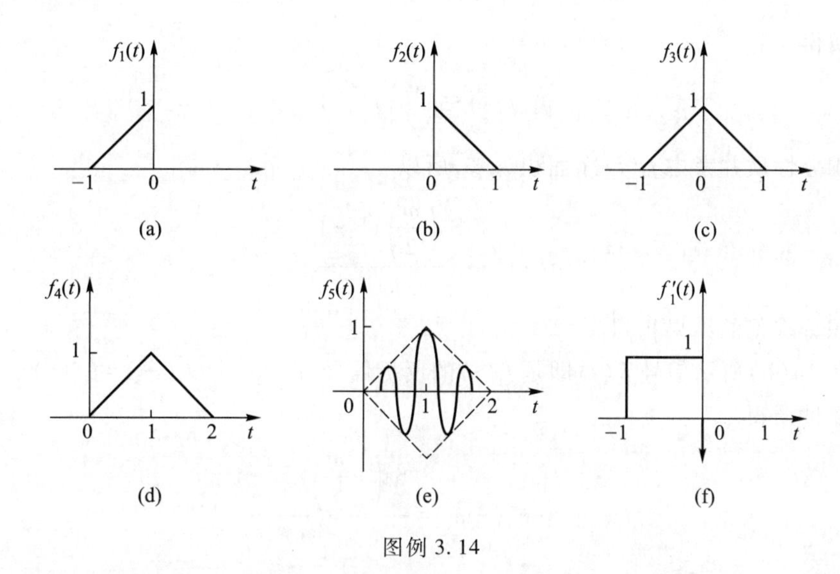

图例 3.14

解:求图例 3.14(a)所示信号$f_1(t)$的傅里叶变换。

先应用直接积分求$F_1(\mathrm{j}\omega)$。由$f_1(t)$波形写出它的函数表达式为

$$f_1(t)=\begin{cases}t+1, & -1\leqslant t\leqslant 0\\ 0, & \text{其他}\end{cases}$$

由傅里叶变换公式,得

$$F_1(\mathrm{j}\omega)=\int_{-1}^{0}(t+1)\mathrm{e}^{-\mathrm{j}\omega t}\mathrm{d}t$$

令$u=t+1,\mathrm{d}v=\mathrm{e}^{-\mathrm{j}\omega t}$,则$\mathrm{d}u=\mathrm{d}t,v=\frac{\mathrm{e}^{-\mathrm{j}\omega t}}{-\mathrm{j}\omega}$,有

$$F_1(\mathrm{j}\omega)=(t+1)\frac{\mathrm{e}^{-\mathrm{j}\omega t}}{-\mathrm{j}\omega}\bigg|_{-1}^{0}-\int_{-1}^{0}\frac{\mathrm{e}^{-\mathrm{j}\omega t}}{-\mathrm{j}\omega}\mathrm{d}t=-\frac{1}{\mathrm{j}\omega}-\frac{\mathrm{e}^{-\mathrm{j}\omega t}}{(-\mathrm{j}\omega)^2}\bigg|_{-1}^{0}=\frac{1-\mathrm{e}^{\mathrm{j}\omega}}{\omega^2}-\frac{1}{\mathrm{j}\omega}$$

$$=\frac{\frac{e^{j\frac{\omega}{2}}-e^{-j\frac{\omega}{2}}}{2j}\cdot e^{j\frac{\omega}{2}}}{j\left(\frac{\omega}{2}\right)\omega}-\frac{1}{j\omega}=\frac{Sa\left(\frac{\omega}{2}\right)e^{j\frac{\omega}{2}}}{j\omega}-\frac{1}{j\omega}=\frac{Sa\left(\frac{\omega}{2}\right)e^{j\frac{\omega}{2}}-1}{j\omega}$$

再应用性质、常用函数变换对求 $F_1(j\omega)$。对 $f_1(t)$ 求导得 $f_1'(t)$，如图例 3.14(f) 所示，将 $f_1'(t)$ 看作移位门函数与冲激函数之和，即

$$f_1'(t)=G_1\left(t+\frac{1}{2}\right)-\delta(t)$$

$$G_1(t)\leftrightarrow Sa\left(\frac{\omega}{2}\right)$$

$$G_1\left(t+\frac{1}{2}\right)\leftrightarrow Sa\left(\frac{\omega}{2}\right)e^{j\frac{\omega}{2}}$$

$$\delta(t)\leftrightarrow 1$$

由线性性质得

$$f_1'(t)\leftrightarrow Sa\left(\frac{\omega}{2}\right)e^{j\frac{\omega}{2}}-1$$

根据时域积分性质并考虑 $f_1'(t)$ 净面积为零，所以

$$f_1(t)\leftrightarrow\frac{Sa\left(\frac{\omega}{2}\right)e^{j\frac{\omega}{2}}-1}{j\omega}$$

这与直接积分求得的结果相同。

图例 3.14(b) 所示信号 $f_2(t)$ 即是 $f_1(t)$ 的反折信号，即 $f_2(t)=f_1(-t)=f_1(at)\big|_{a=-1}$。由尺度变换性质得

$$f_1(-t)\leftrightarrow F_1(-j\omega)=\frac{Sa\left(-\frac{\omega}{2}\right)e^{-j\frac{\omega}{2}}-1}{-j\omega}$$

考虑 $Sa\left(-\frac{\omega}{2}\right)=Sa\left(\frac{\omega}{2}\right)$ 的偶函数特性，有 $f_1(-t)\leftrightarrow\frac{1-Sa\left(\frac{\omega}{2}\right)e^{-j\frac{\omega}{2}}}{j\omega}$，即

$$F_2(j\omega)\leftrightarrow\frac{1-Sa\left(\frac{\omega}{2}\right)e^{-j\frac{\omega}{2}}}{j\omega}$$

图例 3.14(c) 中信号可看作 $f_1(t)$ 与 $f_2(t)$ 信号之和，即 $f_3(t)=f_1(t)+f_2(t)$。由线性性质得

$$F_3(j\omega)=F_1(j\omega)+F_2(j\omega)=\frac{Sa\left(\frac{\omega}{2}\right)e^{j\frac{\omega}{2}}-1}{j\omega}+\frac{1-Sa\left(\frac{\omega}{2}\right)e^{-j\frac{\omega}{2}}}{j\omega}=\frac{Sa\left(\frac{\omega}{2}\right)\left(e^{j\frac{\omega}{2}}-e^{-j\frac{\omega}{2}}\right)}{j\omega}$$

$$=\frac{\mathrm{Sa}\left(\frac{\omega}{2}\right)\left(\frac{\mathrm{e}^{\mathrm{j}\frac{\omega}{2}}-\mathrm{e}^{-\mathrm{j}\frac{\omega}{2}}}{2\mathrm{j}}\right)}{\frac{\omega}{2}}=\mathrm{Sa}\left(\frac{\omega}{2}\right)\frac{\sin\left(\frac{\omega}{2}\right)}{\frac{\omega}{2}}=\mathrm{Sa}^2\left(\frac{\omega}{2}\right)$$

图例 3.14(d)中信号可看作由 $f_3(t)$ 右移单位 1 得到,即

$$f_4(t)=f_3(t-1)$$

由时移性质得

$$F_4(\mathrm{j}\omega)=F_3(\mathrm{j}\omega)\mathrm{e}^{-\mathrm{j}\omega}=\mathrm{Sa}^2\left(\frac{\omega}{2}\right)\mathrm{e}^{-\mathrm{j}\omega}$$

图例 3.14(e)中信号可看作 $f_4(t)$ 与 $\cos(4\pi t)$ 之乘积,即

$$f_5(t)=f_4(t)\cos(4\pi t),\quad \cos(4\pi t)\leftrightarrow\pi[\delta(\omega-4\pi)+\delta(\omega+4\pi)]$$

由频域卷积定理(调制定理)得

$$\begin{aligned}F_5(\mathrm{j}\omega)&=\frac{1}{2\pi}F_4(\mathrm{j}\omega)*\pi[\delta(\omega-4\pi)+\delta(\omega+4\pi)]\\&=\frac{1}{2\pi}\mathrm{Sa}^2\left(\frac{\omega}{2}\right)\mathrm{e}^{-\mathrm{j}\omega}*\pi[\delta(\omega-4\pi)+\delta(\omega+4\pi)]\\&=\frac{1}{2}\mathrm{Sa}^2\left(\frac{\omega-4\pi}{2}\right)\mathrm{e}^{-\mathrm{j}(\omega-4\pi)}+\frac{1}{2}\mathrm{Sa}^2\left(\frac{\omega+4\pi}{2}\right)\mathrm{e}^{-\mathrm{j}(\omega+4\pi)}\end{aligned}$$

例 3.15 已知 $f(t)=\frac{1}{t}$,求 $F(\mathrm{j}\omega)$,并求 $f_1(t)=\frac{1}{t}*\frac{1}{t}$。

解:(1) 根据傅里叶变换的对称性求解。

因有 $\mathrm{sgn}(t)\Leftrightarrow\frac{2}{\mathrm{j}\omega}$,故有 $2\pi\mathrm{sgn}(-\omega)\Leftrightarrow\frac{2}{\mathrm{j}t}$。

因 $\mathrm{sgn}(\omega)$ 是 ω 的奇函数,故上述关系可写为 $-2\pi\mathrm{sgn}(\omega)\Leftrightarrow\frac{2}{\mathrm{j}t}$,故

$$f(t)=\frac{1}{t}\Leftrightarrow-\mathrm{j}\pi\mathrm{sgn}(\omega),\quad \text{即 } F(\mathrm{j}\omega)=-\mathrm{j}\pi\mathrm{sgn}(\omega)$$

(2) 因有 $\frac{1}{t}\Leftrightarrow-\mathrm{j}\pi\mathrm{sgn}(\omega)$,根据卷积定理有

$$\frac{1}{t}*\frac{1}{t}\Leftrightarrow[-\mathrm{j}\pi\mathrm{sgn}(\omega)]^2=-\pi^2[\mathrm{sgn}(\omega)]^2=-\pi^2\times1$$

故得

$$f_1(t)=\frac{1}{t}*\frac{1}{t}=-\pi^2\delta(t)$$

例 3.16 已知 $F(\mathrm{j}\omega)$ 的幅度谱与相位谱如图例 3.16(a)和(b)所示,求其反变换 $f(t)$。

解:由图可写出

$$F(\mathrm{j}\omega)=\mathrm{j}A[U(\omega+\omega_0)-U(\omega)]-\mathrm{j}A[U(\omega)-U(\omega-\omega_0)]$$

有

$$\begin{aligned}F'(\mathrm{j}\omega)&=\mathrm{j}A[\delta(\omega+\omega_0)-\delta(\omega)]-\mathrm{j}A[\delta(\omega)-\delta(\omega-\omega_0)]\\&=\mathrm{j}A[\delta(\omega+\omega_0)+\delta(\omega-\omega_0)-2\delta(\omega)]\end{aligned}$$

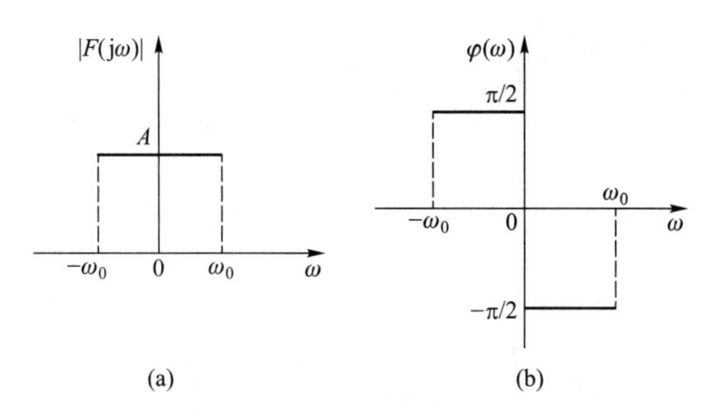

图例 3.16

又因有
$$\cos(\omega_0 t)\Leftrightarrow\pi[\delta(\omega+\omega_0)+\delta(\omega-\omega_0)]$$
$$1\Leftrightarrow 2\pi\delta(\omega)$$

故
$$\frac{1}{\pi}\cos(\omega_0 t)\Leftrightarrow\delta(\omega+\omega_0)+\delta(\omega-\omega_0)$$
$$\frac{1}{\pi}\Leftrightarrow 2\delta(\omega)$$

得 $F'(\mathrm{j}\omega)$ 的反变换为
$$f_1(t)=\mathscr{F}^{-1}[F'(\mathrm{j}\omega)]=\mathrm{j}A\left[\frac{1}{\pi}\cos(\omega_0 t)-\frac{1}{\pi}\right]=\frac{\mathrm{j}A}{\pi}[\cos(\omega_0 t)-1]$$

根据频域微分性质有
$$f(t)=\frac{f_1(t)}{-\mathrm{j}t}=\frac{A}{\pi t}[1-\cos(\omega_0 t)]$$

例 3.17　求图例 3.17(a)和(b)所示信号的傅里叶变换。

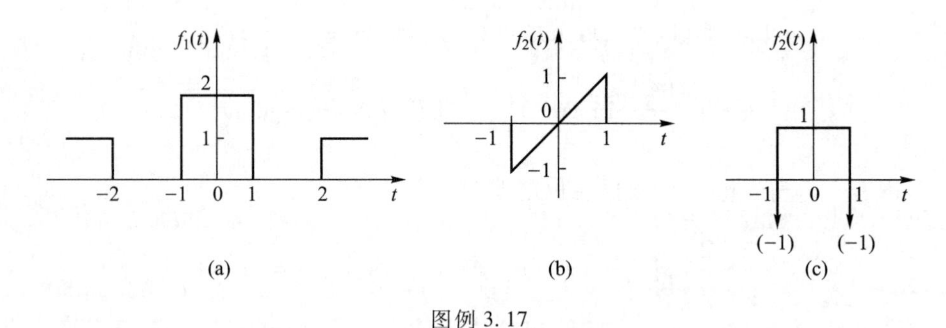

图例 3.17

解:图例 3.17(a)所示信号可看作直流信号与两个门信号的代数和,即
$$f_1(t)=1-G_4(t)+2G_2(t)$$

由常用函数傅里叶变换对
$$1\leftrightarrow 2\pi\delta(\omega)$$
$$G_4(t)\leftrightarrow 4\mathrm{Sa}(2\omega)$$
$$2G_2(t)\leftrightarrow 4\mathrm{Sa}(\omega)$$

以及线性性质得

$$F_1(j\omega)=2\pi\delta(\omega)-4\text{Sa}(2\omega)+4\text{Sa}(\omega)$$

对图例 3.17(b)所示信号求导,如图例 3.17(c)所示,显然

$$f_2'(t)=G_2(t)-\delta(t+1)-\delta(t-1)$$

$$G_2(t)\leftrightarrow 2\text{Sa}(\omega)$$

$$\delta(t+1)\leftrightarrow e^{j\omega}$$

$$\delta(t-1)\leftrightarrow e^{-j\omega}$$

由线性性质得

$$f_2'(t)\leftrightarrow 2\text{Sa}(\omega)-e^{j\omega}-e^{-j\omega}=2\text{Sa}(\omega)-2\cos\omega$$

考虑 $f_2'(t)$ 净面积为零,所以由时域积分性质得

$$F_2(j\omega)=\frac{2\text{Sa}(\omega)-2\cos\omega}{j\omega}=j2\,\frac{\cos\omega-\text{Sa}(\omega)}{\omega}$$

例 3.18 已知 $f(t)$ 的傅里叶变换 $F(j\omega)$,设 $y(t)=f\left(\frac{t}{2}+3\right)*\cos(4t)$。试求 $y(t)$ 的傅里叶变换 $Y(j\omega)$。

解: $f(t)\leftrightarrow F(j\omega)$

由尺度变换性质得 $$f\left(\frac{1}{2}t\right)\leftrightarrow\frac{1}{1/2}F\left[j\omega/\left(\frac{1}{2}\right)\right]=2F(j2\omega)$$

由时移性质得

$$f\left(\frac{t}{2}+3\right)=f\left[\frac{1}{2}(t+6)\right]\leftrightarrow 2F(j2\omega)e^{j6\omega}$$

又

$$\cos 4t\leftrightarrow\pi[\delta(\omega+4)+\delta(\omega-4)]$$

再应用时域卷积定理,得

$$Y(j\omega)=2F(j2\omega)e^{j6\omega}\times\pi[\delta(\omega+4)+\delta(\omega-4)]=2\pi F(-j8)e^{-j24}\delta(\omega+4)+2\pi F(j8)e^{j24}\delta(\omega-4)$$

例 3.19 已知 $f(t)\Leftrightarrow F(j\omega)$,求下列信号的傅里叶变换。

(1) $y_1(t)=\frac{1}{2}f(t+1)+\frac{1}{2}f(t-1)$。

(2) $y_2(t)=f\left(-\frac{1}{2}t+1\right)+f\left(\frac{1}{2}t-1\right)$。

(3) $y_3(t)=f(t)\cdot\cos(\pi t)$。

(4) $y_4(t)=\frac{\sin 3t}{t}*f(t)$。

(5) $y_5(t)=\frac{d}{dt}\left[f\left(-\frac{1}{4}t-1\right)\right]$。

解:(1) 由时移性质,可知

$$\frac{1}{2}f(t+1)\leftrightarrow\frac{1}{2}F(j\omega)e^{j\omega},\quad \frac{1}{2}f(t-1)\leftrightarrow\frac{1}{2}F(j\omega)e^{-j\omega}$$

由线性性质及应用欧拉公式化简,得

$$Y_1(j\omega)=\frac{1}{2}F(j\omega)e^{j\omega}+\frac{1}{2}F(j\omega)e^{-j\omega}=F(j\omega)\frac{e^{j\omega}+e^{-j\omega}}{2}=F(j\omega)\cos\omega$$

（2）由尺度变换性质，可知

$$f\left(-\frac{1}{2}t\right)\leftrightarrow 2F(-2j\omega),\quad f\left(\frac{1}{2}t\right)\leftrightarrow 2F(j2\omega)$$

由时移性质可知

$$f\left(-\frac{1}{2}t+1\right)=f\left[-\frac{1}{2}(t-2)\right]\leftrightarrow 2F(-2j\omega)e^{-2j\omega}$$

$$f\left(\frac{1}{2}t-1\right)=f\left[\frac{1}{2}(t-2)\right]\leftrightarrow 2F(2j\omega)e^{-2j\omega}$$

根据线性性质，得

$$Y_2(j\omega)=2F(-2j\omega)e^{-2j\omega}+2F(2j\omega)e^{-2j\omega}=2[F(-2j\omega)+F(2j\omega)]e^{-2j\omega}$$

（3）$y_3(t)$为$f(t)$与$\cos(\pi t)$相乘得到的函数。由于

$$\cos(\pi t)\leftrightarrow\pi[\delta(\omega+\pi)+\delta(\omega-\pi)]$$

再由频域卷积定理，得

$$Y_3(j\omega)=\frac{1}{2\pi}F(j\omega)*\pi[\delta(\omega+\pi)+\delta(\omega-\pi)]=\frac{1}{2}F[j(\omega+\pi)]+\frac{1}{2}F[j(\omega-\pi)]$$

$Y_3(j\omega)$亦可应用频移性质求得。用欧拉公式将$\cos(\pi t)$展开为指数函数形式，即

$$\cos(\pi t)=\frac{1}{2}e^{j\pi t}+\frac{1}{2}e^{-j\pi t}$$

则

$$y_3(t)=\frac{1}{2}e^{j\pi t}f(t)+\frac{1}{2}e^{-j\pi t}f(t)$$

由频移性质，可知

$$\frac{1}{2}e^{j\pi t}f(t)\leftrightarrow\frac{1}{2}F[j(\omega-\pi)],\quad \frac{1}{2}e^{-j\pi t}f(t)\leftrightarrow\frac{1}{2}F[j(\omega+\pi)]$$

再由线性性质，得

$$Y_3(j\omega)=\frac{1}{2}F[j(\omega+\pi)]+\frac{1}{2}F[j(\omega-\pi)]$$

（4）$y_4(t)$为抽样函数$3\dfrac{\sin(3t)}{3t}$与$f(t)$的卷积。因宽度为τ、高度为 1 的门函数的傅里叶变换为频域的抽样函数形式，即

$$G_\tau(t)\leftrightarrow\tau\mathrm{Sa}\left(\frac{\omega\tau}{2}\right)$$

所以，由对称性质并考虑$G_\tau(t)$的偶函数特性，得

$$\tau\mathrm{Sa}\left(\frac{t\tau}{2}\right)\Leftrightarrow 2\pi G_\tau(-\omega)=2\pi G_\tau(\omega)$$

从$y_4(t)$中的抽样函数$3\mathrm{Sa}(3t)$可以得出$\dfrac{\tau t}{2}=3t$，从而$\tau=6$。故得

$$3\mathrm{Sa}(3t)=\frac{\tau}{2}\mathrm{Sa}\left(\frac{t\tau}{2}\right)\leftrightarrow\pi G_{\tau}(\omega)$$

由时域卷积定理,可得

$$Y_4(\mathrm{j}\omega)=\pi G_6(\omega)\cdot F(\mathrm{j}\omega)$$

(5) 由尺度变换特性可得 $f\left(-\frac{1}{4}t\right)\leftrightarrow 4F(-4\mathrm{j}\omega)$。

由时移性质,得

$$f\left(-\frac{1}{4}t-1\right)=f\left[-\frac{1}{4}(t+4)\right]\leftrightarrow 4F(-4\mathrm{j}\omega)\mathrm{e}^{\mathrm{j}4\omega}$$

由时域微分性质,得

$$\frac{\mathrm{d}}{\mathrm{d}t}\left[f\left(-\frac{1}{4}t-1\right)\right]\leftrightarrow \mathrm{j}\omega\cdot 4F(-4\mathrm{j}\omega)\mathrm{e}^{\mathrm{j}4\omega}$$

即

$$Y_5(\mathrm{j}\omega)=4\mathrm{j}\omega F(-4\mathrm{j}\omega)\mathrm{e}^{\mathrm{j}4\omega}$$

例 3.20 求下列频谱函数的傅里叶逆变换。

(1) $F_1(\mathrm{j}\omega)=2\cos\omega$。 (2) $F_2(\mathrm{j}\omega)=\frac{\mathrm{e}^{\mathrm{j}2\omega}}{\mathrm{j}\omega+1}$。 (3) $F_3(\mathrm{j}\omega)=\frac{\mathrm{e}^{-\mathrm{j}\omega}}{6-\omega^2+5\mathrm{j}\omega}$。

解:傅里叶逆变换公式为

$$f(t)=\frac{1}{2\pi}\int_{-\infty}^{\infty}F(\mathrm{j}\omega)\mathrm{e}^{\mathrm{j}\omega t}\mathrm{d}\omega$$

若 $F(\mathrm{j}\omega)$ 为比较简单的函数,如频域门函数,代入上面的逆变换公式,可以简便地求得原函数 $f(t)$。但对于大多数频谱函数而言,代入上式积分求原函数还是比较麻烦的,通常利用傅里叶变换性质结合常用的傅里叶变换对来求取傅里叶逆变换更简便。

(1) 应用欧拉公式改写 $F_1(\mathrm{j}\omega)$ 表达式,即

$$F_1(\mathrm{j}\omega)=2\cdot\frac{\mathrm{e}^{\mathrm{j}\omega}+\mathrm{e}^{-\mathrm{j}\omega}}{2}=\mathrm{e}^{\mathrm{j}\omega}+\mathrm{e}^{-\mathrm{j}\omega}$$

考虑 $\delta(t)\Leftrightarrow 1$ 并应用时移性质可得

$$f_1(t)=\mathscr{F}^{-1}[F_1(\mathrm{j}\omega)]=\delta(t+1)+\delta(t-1)$$

(2) $F_2(\mathrm{j}\omega)$ 中的 $\mathrm{e}^{\mathrm{j}2\omega}$ 为对应信号时域移位的频域因子。先去掉该因子,令所剩部分为 $F_{\mathrm{a}}(\mathrm{j}\omega)$,即

$$F_{\mathrm{a}}(\mathrm{j}\omega)=\frac{1}{\mathrm{j}\omega+1}$$

由单边衰减指数的傅里叶变换对有 $f_{\mathrm{a}}(t)=\mathrm{e}^{-t}U(t)$,而 $F_2(\mathrm{j}\omega)=F_{\mathrm{a}}(\mathrm{j}\omega)\mathrm{e}^{2\mathrm{j}\omega}$,由时移性质得

$$f_2(t)=\mathscr{F}^{-1}[F_2(\mathrm{j}\omega)]=f_{\mathrm{a}}(t+2)=\mathrm{e}^{-(t+2)}U(t+2)$$

(3) 类似(2)中对因子 $\mathrm{e}^{\mathrm{j}2\omega}$ 的处理,令 $F_{\mathrm{b}}(\mathrm{j}\omega)=\frac{1}{6-\omega^2+\mathrm{j}5\omega}$,但将 $F_{\mathrm{b}}(\mathrm{j}\omega)$ 代入逆变换公式积分来求 $f_{\mathrm{b}}(t)$ 是很复杂的。这里,用部分分式法求 $f_{\mathrm{b}}(t)$。在用部分分式展开 $F_{\mathrm{b}}(\mathrm{j}\omega)$ 之前,将分母多项式中 $-\omega^2$ 改写为 $(\mathrm{j}\omega)^2$ 是很关键的一步。例如

$$F_{\mathrm{b}}(\mathrm{j}\omega)=\frac{1}{6-\omega^2+\mathrm{j}5\omega}=\frac{1}{6+(\mathrm{j}\omega)^2+\mathrm{j}5\omega}=\frac{1}{(\mathrm{j}\omega+2)(\mathrm{j}\omega+3)}=\frac{A}{\mathrm{j}\omega+2}+\frac{B}{\mathrm{j}\omega+3}$$

式中

$$A=(\mathrm{j}\omega+2)F_{\mathrm{b}}(\mathrm{j}\omega)\Big|_{\mathrm{j}\omega=-2}=\frac{1}{\mathrm{j}\omega+3}\Big|_{\mathrm{j}\omega=-2}=1$$

$$B=(\mathrm{j}\omega+3)F_{\mathrm{b}}(\mathrm{j}\omega)\Big|_{\mathrm{j}\omega=-3}=\frac{1}{\mathrm{j}\omega+2}\Big|_{\mathrm{j}\omega=-3}=-1$$

所以

$$F_{\mathrm{b}}(\mathrm{j}\omega)=\frac{1}{\mathrm{j}\omega+2}-\frac{1}{\mathrm{j}\omega+3}$$

对照单边指数衰减傅里叶变换对，可写得 $f_{\mathrm{b}}(t)=\mathrm{e}^{-2t}U(t)-\mathrm{e}^{-3t}U(t)$，而 $F_3(\mathrm{j}\omega)=F_{\mathrm{b}}(\mathrm{j}\omega)\mathrm{e}^{-\mathrm{j}\omega}$，由时移性质得

$$f_3(t)=f_{\mathrm{b}}(t-1)=\mathrm{e}^{-2(t-1)}U(t-1)-\mathrm{e}^{-3(t-1)}U(t-1)$$

例 3.21　已知信号 $f(t)=t\left(\dfrac{\sin(\pi t)}{\pi t}\right)\cdot\left(\dfrac{\sin(2\pi t)}{\pi t}\right)$，求 $\displaystyle\int_{-\infty}^{+\infty}t^2\left(\frac{\sin(\pi t)}{\pi t}\right)^2\cdot\left(\frac{\sin(2\pi t)}{\pi t}\right)^2\mathrm{d}t$ 的值。

解：在求解这一类定积分时，可以考虑傅里叶变换的以下性质。

$$F(0)=\int_{-\infty}^{+\infty}f(t)\,\mathrm{d}t\qquad(若\lim_{t\to\pm\infty}f(t)=0)$$

$$f(0)=\frac{1}{2\pi}\int_{-\infty}^{+\infty}F(\omega)\,\mathrm{d}\omega\qquad(若\lim_{\omega\to\pm\infty}F(\omega)=0)$$

$$\int_{-\infty}^{+\infty}|f(t)|^2\mathrm{d}t=\frac{1}{2\pi}\int_{-\infty}^{+\infty}|F(\mathrm{j}\omega)|^2\mathrm{d}\omega$$

设

$$f_1(t)=\left(\frac{\sin(\pi t)}{\pi t}\right)\cdot\left(\frac{\sin(2\pi t)}{\pi t}\right)$$

由于

$$\frac{\sin(\pi t)}{\pi t}\leftrightarrow G_{2\pi}(\omega)$$

$$\frac{\sin(2\pi t)}{\pi t}\leftrightarrow G_{4\pi}(\omega)$$

根据频域卷积定理，可得

$$F_1(\mathrm{j}\omega)=\frac{1}{2\pi}G_{2\pi}(\omega)*G_{4\pi}(\omega)$$

$F_1(\omega)$ 如图例 3.21(a) 所示。

又由于 $f(t)=tf_1(t)$，根据频域微分定理，可得

$$F(\mathrm{j}\omega)=\mathrm{j}\cdot\frac{\mathrm{d}}{\mathrm{d}\omega}F_1(\mathrm{j}\omega)$$

$F(\mathrm{j}\omega)$ 的波形如图例 3.21(b) 所示。

由于信号 $f(t)$ 是实信号，即有 $f^2(t)=f(t)\cdot f^*(t)=|f(t)|^2$，因此

$$\int_{-\infty}^{+\infty}t^2\left(\frac{\sin(\pi t)}{\pi t}\right)^2\left(\frac{\sin(2\pi t)}{\pi t}\right)^2\mathrm{d}t=\int_{-\infty}^{+\infty}f^2(t)\,\mathrm{d}t=\int_{-\infty}^{+\infty}|f(t)|^2\mathrm{d}t$$

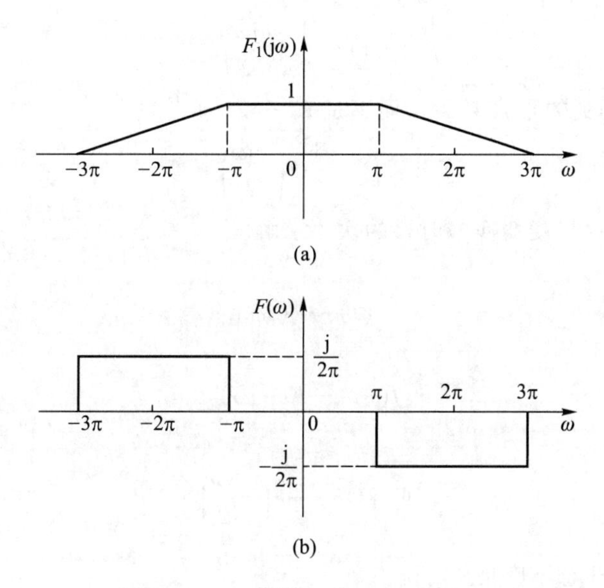

图例 3.21

因此本题实际上求的是信号 $f(t)$ 的总能量，根据帕塞瓦尔定理可得

$$\int_{-\infty}^{+\infty} t^2\left(\frac{\sin(\pi t)}{\pi t}\right)^2\left(\frac{\sin(2\pi t)}{\pi t}\right)^2 \mathrm{d}t=\int_{-\infty}^{+\infty} |f(t)|^2 \mathrm{d}t=\frac{1}{2\pi}\int_{-\infty}^{+\infty} |F(\mathrm{j}\omega)|^2 \mathrm{d}\omega=\frac{1}{2\pi^2}$$

再举出一些这样的定积分，希望读者用类似的方法验证。

① $\displaystyle\int_{-\infty}^{+\infty} \frac{1}{(a^2+x^2)^2}\mathrm{d}x=\frac{\pi}{2a^3}$ （$a>0$ 且 $a\in\mathbf{R}$）

② $\displaystyle\int_{-\infty}^{+\infty} \frac{1}{a^2+x^2}\mathrm{d}x=\frac{\pi}{a}$ （$a>0$ 且 $a\in\mathbf{R}$）

例 3.22 已知 $f(t)\leftrightarrow F(\mathrm{j}\omega)$，若 $f_2(t)=\int_{-\infty}^{t}(t-2)f(4-2t)\mathrm{d}t$，求 $f_2(t)$ 的傅里叶变换 $F_2(\mathrm{j}\omega)$。

解：计算本题需要利用傅里叶变换反折、时移、尺度变换、时域积分、频域微分等性质。这里需要注意的是计算次序的问题。

［方法一］按 $\mathscr{F}[f(t)]\longrightarrow\mathscr{F}[f(4-2t)]\longrightarrow\mathscr{F}[(t-2)f(4-2t)]\longrightarrow\mathscr{F}[f_2(t)]$ 的次序计算。

步骤一，计算 $f(4-2t)$ 的傅里叶变换。

计算 $f(4-2t)$ 的傅里叶变换要用到反折、时移、尺度变换的性质。应用不同的次序会有不同的解法。以下仅举两种解法。

方法①，按时移→尺度变换→反折的次序求解。

已知

$$f(t)\leftrightarrow F(\mathrm{j}\omega)$$

对 t 时移 4 个单位，可得

$$f(t+4)\leftrightarrow F(\mathrm{j}\omega)\mathrm{e}^{\mathrm{j}4\omega}$$

对 t 压缩 2 倍得（注意得到的是 $f(2t+4)$，而不是 $f[2(t+4)]$）

$$f(2t+4)\leftrightarrow\frac{1}{2}F\left(\frac{\mathrm{j}\omega}{2}\right)\mathrm{e}^{\mathrm{j}2\omega}$$

对 t 反折，得（注意得到的是 $f(4-2t)$，而不是 $f[-(2t+4)]$）

$$f(4-2t)\leftrightarrow\frac{1}{2}F\left(\frac{-\mathrm{j}\omega}{2}\right)\mathrm{e}^{-\mathrm{j}2\omega}$$

方法②，按反折→尺度变换→时移的次序求解。

已知

$$f(t)\leftrightarrow F(\mathrm{j}\omega)$$

对 t 反折

$$f(-t)\leftrightarrow F(-\mathrm{j}\omega)$$

对 t 压缩 2 倍

$$f(-2t)\leftrightarrow\frac{1}{2}F\left(-\frac{\mathrm{j}\omega}{2}\right)$$

对 t 时移 $\frac{4}{2}$ 个单位（注意不应是 4），得

$$f[-2(t-2)]=f(4-2t)\leftrightarrow\frac{1}{2}F\left(-\frac{\mathrm{j}\omega}{2}\right)\mathrm{e}^{-\mathrm{j}2\omega}$$

当然，采用其他的次序，会有其他的解法，请读者自己验证。但是，不管采用什么次序，都要牢记这一点，即对形如 $f(at-b)$ 的信号进行反折、时移和尺度变换，都是直接对自变量 t 进行的，以免出错。

为了减少计算上的错误，常将这三条性质归纳成一条，即

$$f(at-b)\leftrightarrow\frac{1}{|a|}F\left(\frac{\omega}{a}\right)\mathrm{e}^{-\mathrm{j}\omega\frac{b}{a}}$$

在本题中，$a=-2$，$b=-4$，代入上式即可得到

$$f(4-2t)\leftrightarrow\frac{1}{2}F\left(-\frac{\mathrm{j}\omega}{2}\right)\mathrm{e}^{-\mathrm{j}2\omega}$$

步骤二，计算 $(t-2)f(4-2t)$ 的傅里叶变换。根据频域微分性质，可得

$$tf(4-2t)\leftrightarrow\mathrm{j}\frac{\mathrm{d}}{\mathrm{d}\omega}\mathscr{F}[f(4-2t)]=\mathrm{j}\frac{\mathrm{d}}{\mathrm{d}\omega}\left[\frac{1}{2}F\left(-\frac{\mathrm{j}\omega}{2}\right)\mathrm{e}^{-\mathrm{j}2\omega}\right]$$

$$=\frac{\mathrm{j}}{2}\left[\frac{\mathrm{d}}{\mathrm{d}\omega}F\left(-\frac{\mathrm{j}\omega}{2}\right)\right]\mathrm{e}^{-\mathrm{j}2\omega}+\frac{\mathrm{j}}{2}F\left(-\frac{\mathrm{j}\omega}{2}\right)\frac{\mathrm{d}}{\mathrm{d}\omega}(\mathrm{e}^{-\mathrm{j}2\omega})$$

$$=\frac{\mathrm{j}}{2}\mathrm{e}^{-\mathrm{j}2\omega}\frac{\mathrm{d}}{\mathrm{d}\omega}F\left(-\frac{\mathrm{j}\omega}{2}\right)+F\left(-\frac{\mathrm{j}\omega}{2}\right)\mathrm{e}^{-\mathrm{j}2\omega}$$

由线性性质，可得

$$(t-2)f(4-2t)\leftrightarrow\mathrm{j}\frac{\mathrm{d}}{\mathrm{d}\omega}\mathscr{F}[f(4-2t)]-2\mathscr{F}[f(4-2t)]=\frac{\mathrm{j}}{2}\mathrm{e}^{-\mathrm{j}2\omega}\frac{\mathrm{d}}{\mathrm{d}\omega}F\left(-\frac{\mathrm{j}\omega}{2}\right)$$

步骤三，计算 $\int_{-\infty}^{t}(t-2)f(4-2t)\,\mathrm{d}t$ 的傅里叶变换。

由时域积分定理可得 $F_2(\mathrm{j}\omega)=\frac{\mathrm{j}}{2}\mathrm{e}^{-\mathrm{j}2\omega}\frac{\mathrm{d}}{\mathrm{d}\omega}F\left(-\frac{\mathrm{j}\omega}{2}\right)\cdot\left[\pi\delta(\omega)+\frac{1}{\mathrm{j}\omega}\right]$

$$=\frac{\mathrm{j}\pi}{2}\left[\frac{\mathrm{d}}{\mathrm{d}\omega}F\left(-\frac{\mathrm{j}\omega}{2}\right)\right]\Big|_{\omega=0}\cdot\delta(\omega)+\frac{\mathrm{e}^{-\mathrm{j}2\omega}}{2\omega}\frac{\mathrm{d}}{\mathrm{d}\omega}F\left(-\frac{\mathrm{j}\omega}{2}\right)$$

[方法二] 按$\mathscr{F}[tf(t)]\longrightarrow\mathscr{F}[(t-2)f(4-2t)]\longrightarrow\mathscr{F}[f_2(t)]$的次序计算。

注意到$(t-2)f(4-2t)=-\frac{1}{2}(4-2t)f(4-2t)$，利用该信号的这一特殊性，可以使计算得到简化。

令$g(t)=-\frac{1}{2}tf(t)$，则$g(4-2t)=(t-2)f(4-2t)$。根据频域微分性质，可得

$$g(t)=-\frac{1}{2}tf(t)\leftrightarrow-\frac{\mathrm{j}}{2}\frac{\mathrm{d}}{\mathrm{d}\omega}F(\omega)$$

由[方法一]中的结论，可得

$$g(4-2t)\leftrightarrow\frac{1}{2}\left[-\frac{\mathrm{j}}{2}\frac{\mathrm{d}}{\mathrm{d}\left(-\frac{\omega}{2}\right)}F\left(-\mathrm{j}\frac{\omega}{2}\right)\right]\mathrm{e}^{-\mathrm{j}2\omega}=\frac{\mathrm{j}}{2}\mathrm{e}^{-\mathrm{j}2\omega}\frac{\mathrm{d}}{\mathrm{d}\omega}F\left(-\frac{\mathrm{j}\omega}{2}\right)$$

利用时域卷积定理，即得到

$$F_2(\mathrm{j}\omega)=\mathscr{F}\left[\int_{-\infty}^{t}g(4-2t)\,\mathrm{d}t\right]=\frac{\mathrm{j}\pi}{2}\left[\frac{\mathrm{d}}{\mathrm{d}\omega}F\left(-\frac{\mathrm{j}\omega}{2}\right)\right]\Bigg|_{\omega=0}\cdot\delta(\omega)+\frac{\mathrm{e}^{-\mathrm{j}2\omega}}{\omega}\frac{\mathrm{d}}{\mathrm{d}\omega}F\left(-\frac{\mathrm{j}\omega}{2}\right)$$

对于已知信号$f(t)$的傅里叶变换，求信号$(ct-d)f(at-b)$的傅里叶变换问题，通常采用[方法一]的解法，即先求得$f(at-b)$的傅里叶变换，再利用频域微分和线性性质求得$(ct-d)\cdot f(at-b)$的傅里叶变换；但如果该信号能够转换成为$(at-b)$的信号形式，那么采用[方法二]的解法，即先求得信号$tf(t)$的傅里叶变换，再利用反折、时移和尺度变换求得$(at-b)f(at-b)$的傅里叶变换往往是比较简便的。

例 3.23 已知一个实连续信号$f(t)$有傅里叶变换$F(\mathrm{j}\omega)$，且$F(\mathrm{j}\omega)$的模满足关系式$\ln|F(\mathrm{j}\omega)|=-|\omega|$。若已知$f(t)$是：(1) 时间的偶函数；(2) 时间的奇函数。分别求这两种情况下的$f(t)$。

解：解本题一定要抓住$f(t)$为实信号的条件，充分利用$F(\mathrm{j}\omega)$的虚实奇偶性来求解。

(1) 由于$f(t)$是实、偶函数，可知$F(\mathrm{j}\omega)$是实、偶函数，即有

$$F^*(\mathrm{j}\omega)=F(\mathrm{j}\omega),\quad F(\mathrm{j}\omega)=F(-\mathrm{j}\omega)$$

又由于$\ln|F(\mathrm{j}\omega)|=-|\omega|$，可得$|F(\mathrm{j}\omega)|=\mathrm{e}^{-|\omega|}$。

设$F(\mathrm{j}\omega)=|F(\mathrm{j}\omega)|\mathrm{e}^{\mathrm{j}\varphi(\omega)}$，$\varphi(\omega)$为$F(\mathrm{j}\omega)$的相位谱。可以得到

$$F^*(\mathrm{j}\omega)=|F(\mathrm{j}\omega)|\mathrm{e}^{-\mathrm{j}\varphi(\omega)}=|F(\mathrm{j}\omega)|\mathrm{e}^{\mathrm{j}\varphi(\omega)}=F(\mathrm{j}\omega)$$

即有

$$\mathrm{e}^{\mathrm{j}\varphi(\omega)}=\mathrm{e}^{-\mathrm{j}\varphi(\omega)}$$

所以

$$\varphi(\omega)=0\quad\text{或}\quad\varphi(\omega)=\pi$$

$$F(\mathrm{j}\omega)=|F(\mathrm{j}\omega)|\quad\text{或}\quad F(\mathrm{j}\omega)=|F(\mathrm{j}\omega)|\mathrm{e}^{\mathrm{j}\pi}=-|F(\mathrm{j}\omega)|$$

因此

$$F(\mathrm{j}\omega)=\pm|F(\mathrm{j}\omega)|=\pm\mathrm{e}^{-|\omega|}$$

若 $F(\mathrm{j}\omega)=\pm\mathrm{e}^{-|\omega|}$，由于已知 $\mathrm{e}^{-|t|}\leftrightarrow\dfrac{2}{1+\omega^2}$，根据对称性可得到 $\dfrac{1}{2\pi}\cdot\dfrac{2}{1+(-t)^2}\leftrightarrow\mathrm{e}^{-|\omega|}$，即

$$f(t)=\frac{1}{2\pi}\cdot\frac{2}{1+(-t)^2}=\frac{1}{\pi(1+t^2)}$$

若 $F(\mathrm{j}\omega)=-\mathrm{e}^{-|\omega|}$，同理可得 $f(t)=-\dfrac{1}{\pi(1+t^2)}$。

（2）由于 $f(t)$ 是实、奇函数，可知 $F(\mathrm{j}\omega)$ 是虚、奇函数。即

$$F^*(\mathrm{j}\omega)=-F(\mathrm{j}\omega),\qquad F(-\mathrm{j}\omega)=-F(\mathrm{j}\omega)$$

设 $F(\mathrm{j}\omega)=|F(\mathrm{j}\omega)|\mathrm{e}^{\mathrm{j}\varphi(\omega)}$，则可以得到

$$F^*(\mathrm{j}\omega)=|F(\mathrm{j}\omega)|\mathrm{e}^{-\mathrm{j}\varphi(\omega)}=-|F(\mathrm{j}\omega)|\mathrm{e}^{\mathrm{j}\varphi(\omega)}=-F(\mathrm{j}\omega)$$

$$\mathrm{e}^{\mathrm{j}\varphi(\omega)}=-\mathrm{e}^{-\mathrm{j}\varphi(\omega)}$$

所以 $\varphi(\omega)$ 存在相位不确定性，即

$$\varphi(\omega)=\pm\frac{\pi}{2}$$

此外，还要注意由于 $f(t)$ 是实信号，$\varphi(\omega)$ 是奇对称的，所以 $F(\mathrm{j}\omega)$ 的相频特性 $\varphi(\omega)$ 有以下两种波形，如图例 3.23 所示。

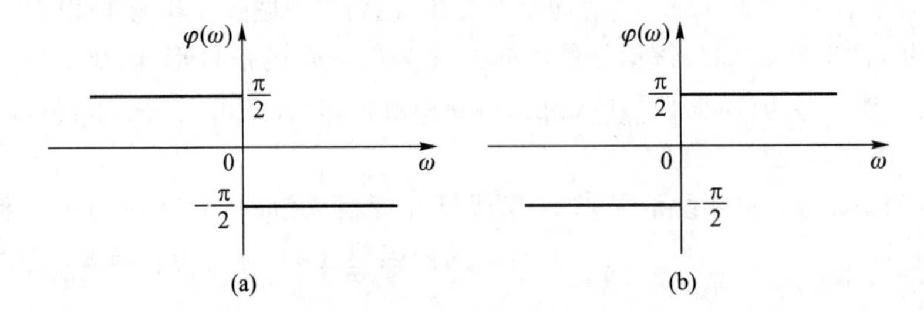

图例 3.23

对应 $\varphi(\omega)$ 的两种情况，$F(\mathrm{j}\omega)$ 为

$$F(\mathrm{j}\omega)=\begin{cases}\mathrm{j}\mathrm{e}^{\omega}, & \omega<0\\ -\mathrm{j}\mathrm{e}^{-\omega}, & \omega>0\end{cases}\quad \text{或}\quad F(\mathrm{j}\omega)=\begin{cases}-\mathrm{j}\mathrm{e}^{\omega}, & \omega<0\\ \mathrm{j}\mathrm{e}^{-\omega}, & \omega>0\end{cases}$$

若

$$F(\mathrm{j}\omega)=\begin{cases}\mathrm{j}\mathrm{e}^{\omega}, & \omega<0\\ -\mathrm{j}\mathrm{e}^{-\omega}, & \omega>0\end{cases}$$

则

$$f(t)=\mathscr{F}^{-1}[F(\omega)]=\frac{1}{2\pi}\int_{-\infty}^{0}\mathrm{j}\mathrm{e}^{\omega}\mathrm{e}^{\mathrm{j}\omega t}\mathrm{d}\omega+\frac{1}{2\pi}\int_{0}^{+\infty}(-\mathrm{j}\mathrm{e}^{-\omega})\mathrm{e}^{\mathrm{j}\omega t}\mathrm{d}\omega=\frac{t}{\pi(1+t^2)}$$

若

$$F(\mathrm{j}\omega)=\begin{cases}-\mathrm{j}\mathrm{e}^{\omega}, & \omega<0\\ \mathrm{j}\mathrm{e}^{-\omega}, & \omega>0\end{cases}$$

同理可得$f(t)=-\dfrac{t}{\pi(1+t^2)}$。

例 3.24 已知周期信号$f(t)$的波形如图例 3.24 所示。求$f(t)$的傅里叶变换$F(\mathrm{j}\omega)$。

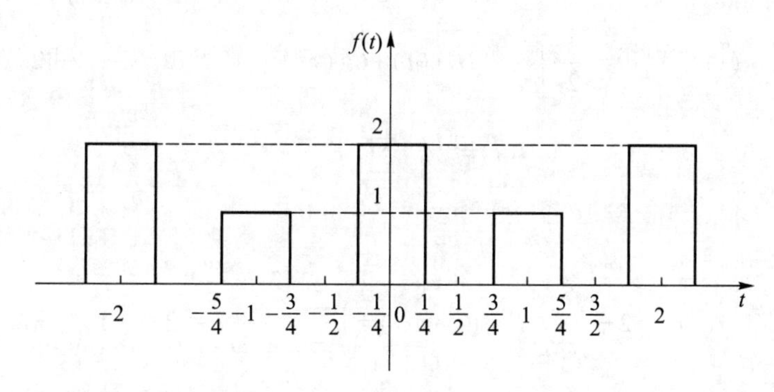

图例 3.24

解:求周期信号的傅里叶变换一般有两种解法。一种是将周期信号转换成单周期信号与单位冲激串$\delta_T(t)$的卷积,用时域卷积定理求解;另一种是利用周期信号的傅里叶级数求解。

[方法一]将周期信号转换成单周期信号与单位冲激串$\delta_T(t)$的卷积。截取$f(t)$在$-\dfrac{1}{2}\leqslant t\leqslant\dfrac{3}{2}$的一段信号构成单周期信号$f_1(t)$,即有

$$f_1(t)=\begin{cases}f(t), & -\dfrac{1}{2}\leqslant t\leqslant\dfrac{3}{2}\\ 0, & \text{其他}\end{cases}$$

则

$$f_1(t)=G_{\frac{1}{2}}(t)*[2\delta(t)+\delta(t-1)]\Leftrightarrow\frac{2\sin\dfrac{\omega}{4}}{\omega}(2+\mathrm{e}^{-\mathrm{j}\omega})$$

易知$f(t)$的周期为 2,则有

$$f(t)=f_1(t)*\delta_T(t)\quad(T=2)$$

$$\delta_T(t)\Leftrightarrow\frac{2\pi}{T}\delta_{\omega_0}(\omega)=\pi\sum_{n=-\infty}^{\infty}\delta(\omega-n\pi)\quad\left(\omega_0=\frac{2\pi}{T}=\pi\right)$$

由时域卷积定理可得

$$F(\mathrm{j}\omega)=\mathscr{F}^*[f_1(t)]\cdot\mathscr{F}^*[\delta_T(t)]=\frac{2\sin\dfrac{\omega}{4}}{\omega}(2+\mathrm{e}^{-\mathrm{j}\omega})\cdot\pi\sum_{n=-\infty}^{\infty}\delta(\omega-n\pi)$$

$$= \sum_{n=-\infty}^{\infty} \frac{2\sin\frac{\omega}{4}}{\omega}[2+(-1)^n]\pi\delta(\omega-n\pi)$$

[方法二]利用周期信号的傅里叶级数求解。

$f(t)$的傅里叶级数为

$$F_n = \frac{1}{T}\int_T f(t)\mathrm{e}^{-\mathrm{j}\frac{2\pi}{T}nt}\mathrm{d}t = \frac{1}{2}\int_{-\frac{1}{2}}^{\frac{3}{2}}[2G_{\frac{1}{2}}(t)+G_{\frac{1}{2}}(t-1)]\mathrm{e}^{-\mathrm{j}\pi nt}\mathrm{d}t = \frac{\sin\frac{\omega}{4}}{n\pi}[2+(-1)^n]$$

$$f(t) = 2\pi\sum_{n=-\infty}^{\infty} F_n \mathrm{e}^{\mathrm{j}n\pi t}$$

所以

$$F(\mathrm{j}\omega) = \mathscr{F}^*[f(t)] = 2\pi\sum_{n=-\infty}^{\infty} F_n\delta(\omega-n\pi) = \sum_{n=-\infty}^{\infty}\frac{2\sin\frac{\omega}{4}}{\omega}[2+(-1)^n]\pi\delta(\omega-n\pi)$$

例 3.25　已知$f(t)=\sum_{n=-\infty}^{\infty} a^{-|t-2n|}$($a>1$ 且 $a\in\mathbf{R}$)。求$f(t)$的傅里叶变换 $F(\omega)$。

解: 要求$f(t)$的傅里叶变换,首先要弄清楚$f(t)$是一个什么样的信号。由于

$$f(t) = \sum_{n=-\infty}^{\infty} a^{-|t-2n|} \xlongequal{\text{令 } n'=n-1} \sum_{n'=-\infty}^{\infty} a^{-|t-2(n'+1)|} = \sum_{n'=-\infty}^{\infty} a^{-|t-2n'-2|} = f(t-2)$$

所以$f(t)$是周期为2的周期信号。由此有以下三种解法。

[方法一]将$f(t)$表示为单周期信号与单位冲激串$\delta_T(t)$的卷积。截取$f(t)$在$0\leqslant t\leqslant 2$的信号构成单周期信号$f_1(t)$,则

$$f_1(t) = \begin{cases} f(t), & 0\leqslant t\leqslant 2 \\ 0, & \text{其他} \end{cases}$$

所以

$$f(t) = f_1(t) * \delta_T(t) \quad (T=2)$$

$$f_1(t) = \sum_{n=-\infty}^{\infty} a^{-|t-2n|} \quad (0\leqslant t\leqslant 2)$$

$$= \sum_{n=-\infty}^{0} a^{2n}\cdot a^{-t} + \sum_{n=0}^{\infty} a^{-2n}\cdot a^{t}$$

$$= \frac{a^{-t}}{1-a^{-2}} + \frac{a^{t-2}}{1-a^{-2}}$$

$$F_1(\mathrm{j}\omega) = \frac{1}{1-a^{-2}}\left(\int_0^2 a^{-t}\,\mathrm{e}^{-\mathrm{j}\omega t}\mathrm{d}t + \int_0^2 a^{t-2}\,\mathrm{e}^{-\mathrm{j}\omega t}\mathrm{d}t\right)$$

$$= \frac{1}{1-a^{-2}}\left\{\frac{1-\mathrm{e}^{-2(\ln a+\mathrm{j}\omega)}}{\ln a+\mathrm{j}\omega} + \frac{a^{-2}[\mathrm{e}^{2(\ln a-\mathrm{j}\omega)}-1]}{\ln a-\mathrm{j}\omega}\right\}$$

又由

$$\delta_T(t)\leftrightarrow\pi\sum_{n=-\infty}^{\infty}\delta(\omega-n\pi)$$

根据时域卷积定理求得$f(t)$的傅里叶变换为

$$F(\mathrm{j}\omega)=F_1(\mathrm{j}\omega)\cdot\pi\sum_{n=-\infty}^{\infty}\delta(\omega-n\pi)$$

$$=\sum_{n=-\infty}^{\infty}\frac{\pi}{1-a^{-2}}\left[\frac{1-\mathrm{e}^{-2(\ln a+\mathrm{j}\omega)}}{\ln a+\mathrm{j}\omega}+\frac{a^{-2}[\mathrm{e}^{2(\ln a-\mathrm{j}\omega)}-1]}{\ln a-\mathrm{j}\omega}\right]\delta(\omega-n\pi)$$

$$=\sum_{n=-\infty}^{\infty}\frac{2\pi\ln a}{\ln^2 a+(n\pi)^2}\delta(\omega-n\pi)$$

[方法二]利用周期信号的傅里叶级数求解。

$f(t)$的傅里叶级数系数为

$$F_n=\frac{1}{2}\int_0^2 a^{-|t-2n|}\mathrm{e}^{-\mathrm{j}n\pi t}\mathrm{d}t=\frac{1}{2}\int_0^2\left[\sum_{n=-\infty}^{0}a^{-(t-2n)}+\sum_{n=0}^{\infty}a^{t-2n}\right]\mathrm{e}^{-\mathrm{j}n\pi t}\mathrm{d}t$$

$$=\frac{1}{2}\int_0^2\left(\frac{a^{-t}}{1-a^{-2}}+\frac{a^{t-2}}{1-a^{-2}}\right)\mathrm{e}^{-\mathrm{j}n\pi t}\mathrm{d}t=\frac{\ln a}{\ln^2 a+(n\pi)^2}$$

所以

$$f(t)=\sum_{n=-\infty}^{\infty}\frac{\ln a}{\ln^2 a+(n\pi)^2}\mathrm{e}^{-\mathrm{j}n\pi t}$$

$$F(\mathrm{j}\omega)=\sum_{n=-\infty}^{\infty}2\pi F_n\delta(\omega-n\pi)=\sum_{n=-\infty}^{\infty}\frac{2\pi\ln a}{\ln^2 a+(n\pi)^2}\delta(\omega-n\pi)$$

[方法三]利用冲激串$\delta_T(t)$的傅里叶变换。注意到

$$a^{-|t|}=\mathrm{e}^{-\ln a\cdot|t|}\Leftrightarrow\frac{2\ln a}{\ln^2 a+\omega^2}$$

令$f_1(t)=a^{-|t|}$,则

$$\mathscr{F}\left[\sum_{n=-\infty}^{\infty}a^{-|t-2n|}\right]=\mathscr{F}\left[\sum_{n=-\infty}^{\infty}f_1(t-2n)\right]=\sum_{n=-\infty}^{\infty}\mathscr{F}[f_1(t)]\mathrm{e}^{-\mathrm{j}2n\omega}=\frac{2\ln a}{\ln^2 a+\omega^2}\sum_{n=-\infty}^{\infty}\mathrm{e}^{-\mathrm{j}2n\omega}$$

在时域中,对冲激串$\delta_T(t)$有

$$\delta_T(t)=\sum_{n=-\infty}^{\infty}\delta(t-nT)=\sum_{n=-\infty}^{\infty}\frac{1}{T}\mathrm{e}^{\mathrm{j}n\omega_0 t}\quad\left(\omega_0=\frac{2\pi}{T}\right)$$

$$\sum_{n=-\infty}^{\infty}\delta(t-nT)\leftrightarrow\sum_{n=-\infty}^{\infty}\mathrm{e}^{-\mathrm{j}nT\omega}$$

$$\sum_{n=-\infty}^{\infty}\frac{1}{T}\mathrm{e}^{\mathrm{j}n\omega_0 t}\leftrightarrow\sum_{n=-\infty}^{\infty}\frac{2\pi}{T}\delta(\omega-\omega_0)$$

根据傅里叶变换的唯一性,可得

$$\sum_{n=-\infty}^{\infty}\mathrm{e}^{-\mathrm{j}nT\omega}=\frac{2\pi}{T}\sum_{n=-\infty}^{\infty}\delta(\omega-n\omega_0)\quad\left(\omega_0=\frac{2\pi}{T}\right)$$

由此可得

$$F(\mathrm{j}\omega)=\frac{2\ln a}{\ln^2 a+\omega^2}\sum_{n=-\infty}^{\infty}\frac{1}{T}\mathrm{e}^{-\mathrm{j}2n\omega}=\frac{2\ln a}{\ln^2 a+\omega^2}\pi\sum_{n=-\infty}^{\infty}\delta(\omega-n\pi)=\sum_{n=-\infty}^{\infty}\frac{2\pi\ln a}{\ln^2 a+(n\pi)^2}\delta(\omega-n\pi)$$

例 3.26　图例 3.26(a)所示为非周期信号 $f_0(t)$，设其频谱为 $F_0(\mathrm{j}\omega)$；图例 3.26(b)所示的信号 $f(t)$ 为周期为 T 的周期信号。试证明：$F_n=\frac{1}{T}F_0(\mathrm{j}\omega)\big|_{\omega=n\Omega}$，$\Omega=\frac{2\pi}{T}$。

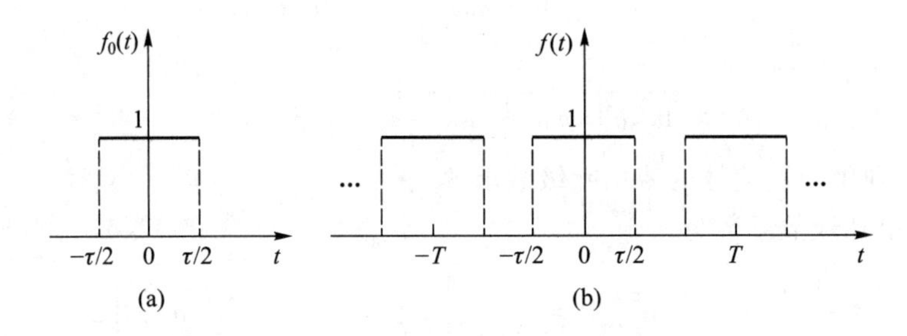

图例 3.26

证明：因 $f(t)=\sum_{n=-\infty}^{\infty}f_0(t-nT)$，可写成 $f(t)=f_0(t)*\sum_{n=-\infty}^{\infty}\delta(t-nT)$，$T>\tau$

则有

$$F(\mathrm{j}\omega)=F_0(\mathrm{j}\omega)\cdot\Omega\sum_{n=-\infty}^{\infty}\delta(\omega-n\Omega)=\frac{2\pi}{T}\sum_{n=-\infty}^{\infty}F_0(\mathrm{j}\omega)\delta(\omega-n\Omega),\quad \Omega=\frac{2\pi}{T}$$

对上式进行傅里叶反变换有

$$f(t)=\frac{1}{2\pi}\int_{-\infty}^{\infty}F(\mathrm{j}\omega)\mathrm{e}^{\mathrm{j}\omega t}\mathrm{d}\omega=\frac{1}{2\pi}\int_{-\infty}^{\infty}\frac{2\pi}{T}\sum_{n=-\infty}^{\infty}F_0(\mathrm{j}\omega)\delta(\omega-n\Omega)\mathrm{e}^{\mathrm{j}\omega t}\mathrm{d}\omega$$

$$=\sum_{n=-\infty}^{\infty}\frac{1}{T}F_0(\mathrm{j}n\Omega)\mathrm{e}^{\mathrm{j}n\Omega t}\int_{-\infty}^{\infty}\delta(\omega-n\Omega)\mathrm{d}\omega=\sum_{n=-\infty}^{\infty}\frac{1}{T}F_0(\mathrm{j}n\Omega)\mathrm{e}^{\mathrm{j}n\Omega t}$$

又知

$$f(t)=\sum_{n=-\infty}^{\infty}F_n\mathrm{e}^{\mathrm{j}n\Omega t}$$

将上述两式比较可得

$$F_n=\frac{1}{T}F_0(\mathrm{j}n\Omega)=\frac{1}{T}F_0(\mathrm{j}\omega)\Big|_{\omega=n\Omega}\quad（证毕）$$

如

$$F_0(\mathrm{j}\omega)=\tau\frac{\sin\frac{\omega\tau}{2}}{\frac{\omega\tau}{2}}$$

故周期信号 $f(t)$ 的

$$F_n=\frac{1}{T}F_0(\mathrm{j}\omega)\Bigg|_{\omega=n\Omega}=\frac{1}{T}\tau\frac{\sin\dfrac{\omega\tau}{2}}{\dfrac{\omega\tau}{2}}\Bigg|_{\omega=n\Omega}=\frac{1}{T}\tau\frac{\sin\dfrac{n\Omega\tau}{2}}{\dfrac{n\Omega\tau}{2}}$$

与以前所求的结果相同。

例 3.27　已知理想低通滤波器的传输函数为 $H(\mathrm{j}\omega)=5\mathrm{e}^{-\mathrm{j}\omega}$，$|\omega|<1$，激励为 $f(t)=10\mathrm{e}^{-t}U(t)$，如图例 3.27 所示。求：(1) $f(t)$ 的能量 W。(2) 响应 $y(t)$ 的能量频谱函数 $G(\omega)$。

$f(t)\longrightarrow$ [$H(\mathrm{j}\omega)$] $\longrightarrow y(t)$

图例 3.27

解：(1) [方法一] $W=\int_{-\infty}^{\infty}[f(t)]^2\mathrm{d}t=\int_0^{\infty}(10\mathrm{e}^{-t})^2\mathrm{d}t=100\int_0^{\infty}\mathrm{e}^{-2t}\mathrm{d}t=50\ \mathrm{J}$

[方法二] $F(\mathrm{j}\omega)=\dfrac{10}{\mathrm{j}\omega+1}=\dfrac{10}{\sqrt{1+\omega^2}}\mathrm{e}^{-\mathrm{j}\arctan\omega}$，　$|F(\mathrm{j}\omega)|=\dfrac{10}{\sqrt{1+\omega^2}}$

故

$$W=\frac{1}{2\pi}\int_{-\infty}^{\infty}|F(\mathrm{j}\omega)|^2\mathrm{d}\omega=\frac{1}{2\pi}\int_{-\infty}^{\infty}\frac{100}{1+\omega^2}\mathrm{d}\omega=\frac{50}{\pi}[\arctan\omega]\Big|_{-\infty}^{\infty}=50\ \mathrm{J}$$

(2) 因 $Y(\mathrm{j}\omega)=F(\mathrm{j}\omega)\cdot H(\mathrm{j}\omega)$，则有

$$|Y(\mathrm{j}\omega)|=|F(\mathrm{j}\omega)||H(\mathrm{j}\omega)|=\frac{50}{\sqrt{1+\omega^2}},\quad |\omega|<1$$

故得

$$G(\omega)=|Y(\mathrm{j}\omega)|^2=\frac{2\ 500}{1+\omega^2}(\mathrm{J/Hz})$$

3.4　本章习题详解

3-1　图题 3-1 所示矩形波，试将此函数 $f(t)$ 用下列正弦函数来近似。

$$f(t)=C_1\sin t+C_2\sin(2t)+\cdots+C_n\sin(nt)$$

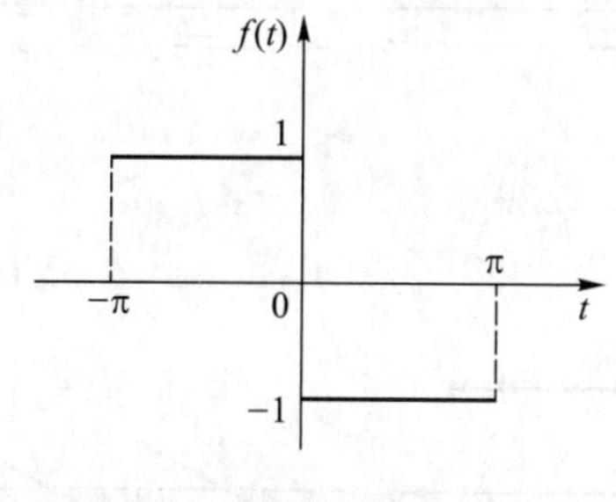

图题 3-1

解：任意函数在给定区间内可以用此区间内的完备正交函数表示，但若只取函数集中的有限项，或者正交函数集不完备，则只能得到近似的表达式

$$C_n=\frac{\int_{-\pi}^{\pi}f(t)\sin(nt)\,\mathrm{d}t}{\int_{-\pi}^{\pi}\sin^2(nt)\,\mathrm{d}t}$$

由于分母中的被积函数在区间$(-\pi,\pi)$是偶函数,故有

$$C_n=\frac{\int_{-\pi}^{\pi}f(t)\sin(nt)\,\mathrm{d}t}{\int_{-\pi}^{\pi}\sin^2(nt)\,\mathrm{d}t}=\frac{\frac{2}{n}\cos(nt)\Big|_0^{\pi}}{\left[t-\frac{1}{2n}\sin(2nt)\right]\Big|_0^{\pi}}=\frac{2}{n\pi}[(-1)^n-1]$$

故得

$$C_1=-\frac{4}{\pi},\quad C_2=0,\quad C_3=-\frac{4}{3\pi},\quad C_4=0,\quad \cdots$$

3-2　求图题 3-2(a)所示周期锯齿波$f(t)$的傅里叶级数。

解:将$f(t)$分解为奇、偶两部分,可作出$f(-t)$的波形如图题 3-2(b)所示。由此可得$f(t)$的偶部$f_{\mathrm{ev}}(t)$和奇部$f_{\mathrm{od}}(t)$如图题 3-2(c)和(d)所示。由图(c)可见,$f(t)$的偶部是幅度为$\frac{1}{2}$的直流分量,故有

$$\frac{a_0}{2}=\frac{1}{2}$$

$$a_n=0,\quad n=1,2,3,\cdots$$

图(d)是$f(t)$的奇部,由此可得

$$b_n=\frac{4}{T}\int_0^{\frac{T}{2}}\left(\frac{t}{T}-\frac{1}{2}\right)\sin(n\Omega t)\,\mathrm{d}t=\frac{4}{T^2}\frac{\sin(n\Omega t)-n\Omega t\cos(n\Omega t)}{(n\Omega)^2}\Bigg|_0^{\frac{T}{2}}+\frac{2}{T}\frac{\cos(n\Omega t)}{n\Omega}\Bigg|_0^{\frac{T}{2}}$$

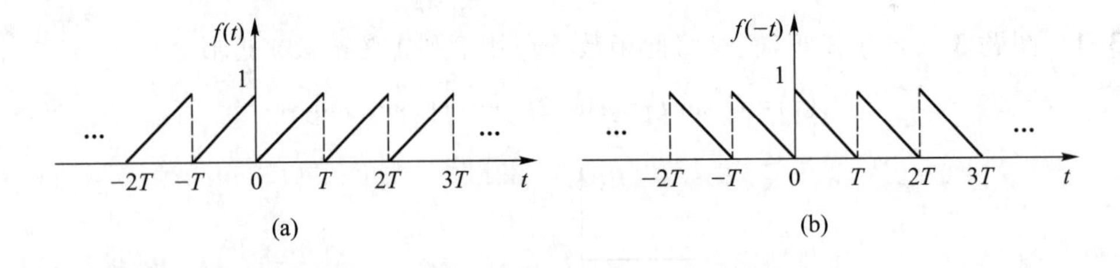

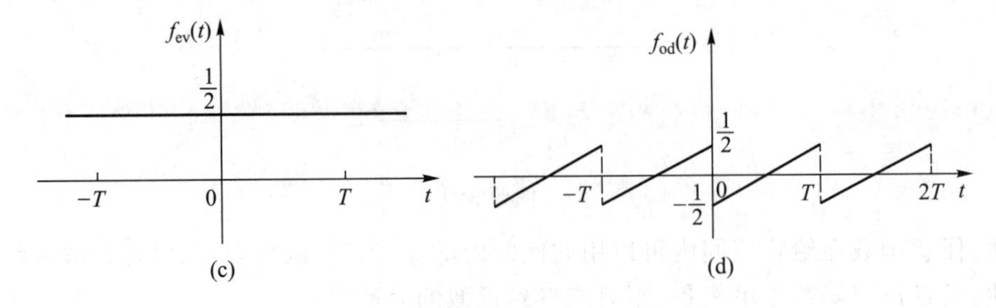

图题 3-2

考虑到 $\Omega=\dfrac{2\pi}{T}$,则

$$b_n=-\frac{1}{n\pi},\quad n=1,2,3,\cdots$$

综合以上两部分结果,信号 $f(t)$ 的傅里叶级数展开式为

$$f(t)=\frac{1}{2}-\frac{1}{\pi}\left[\sin(\Omega t)+\frac{1}{2}\sin(2\Omega t)+\cdots+\frac{1}{n}\sin(n\Omega t)+\cdots\right]$$

3-3 求图题 3-3 所示信号 $f(t)$ 的傅里叶级数。

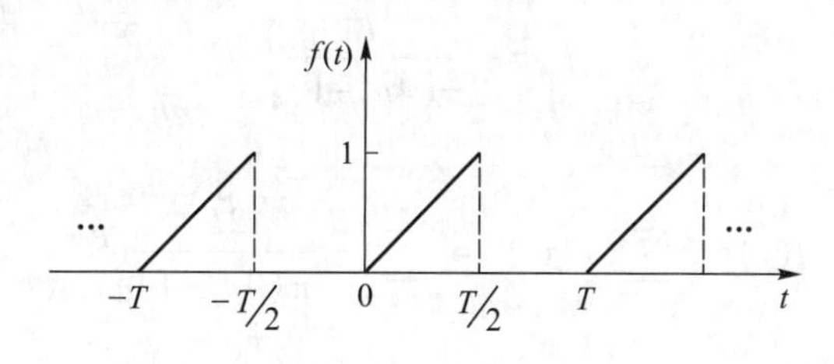

图题 3-3

解:

$$f(t)=\begin{cases}\dfrac{2}{T}t, & 0<t\leqslant\dfrac{T}{2}\\ 0, & -\dfrac{T}{2}<t\leqslant 0\end{cases}$$

由此可得

$$F_n=\frac{1}{T}\int_{-\frac{T}{2}}^{\frac{T}{2}}f(t)\mathrm{e}^{-\mathrm{j}n\Omega t}\mathrm{d}t=\frac{1}{T}\int_0^{\frac{T}{2}}\frac{2}{T}t\mathrm{e}^{-\mathrm{j}n\Omega t}\mathrm{d}t=\frac{2}{T^2}\int_0^{\frac{T}{2}}t\mathrm{e}^{-\mathrm{j}n\Omega t}\mathrm{d}t=\frac{(-1)^n-1}{2(n\pi)^2}+\frac{\mathrm{j}(-1)^n}{2n\pi},\quad n\neq 0$$

$$F_0=\frac{2}{T^2}\int_0^{\frac{T}{2}}t\mathrm{d}t=\frac{1}{4}$$

故

$$f(t)=\frac{1}{4}+\sum_{\substack{n=-\infty\\ n\neq 0}}^{+\infty}\left[\frac{(-1)^n-1}{2(n\pi)^2}+\frac{\mathrm{j}(-1)^n}{2n\pi}\right]\mathrm{e}^{\mathrm{j}n\Omega t}$$

3-4 求图题 3-4(a)所示信号 $f(t)$ 的傅里叶级,$T=1$ s。

解: $f'(t)$、$f''(t)$ 的波形如图题 3-4(b)和(c)所示,可得 $f''(t)=2\pi E\delta(t)-\pi^2 f(t)$。

首先获得 $f''(t)$ 的傅里叶系数为

$$\begin{aligned}F(\mathrm{j}n\Omega)&=\frac{1}{T}\int_{-\frac{T}{2}}^{\frac{T}{2}}f''(t)\mathrm{e}^{-\mathrm{j}n\Omega t}\mathrm{d}t=\frac{1}{T}\int_0^T\left[2\pi E\delta(t)-\pi^2 f(t)\right]\mathrm{e}^{-\mathrm{j}n\Omega t}\mathrm{d}t\\&=\frac{1}{T}\int_{0^-}^T 2\pi E\delta(t)\mathrm{e}^{-\mathrm{j}n\Omega t}\mathrm{d}t-\pi^2\frac{1}{T}\int_{0^-}^T f(t)\mathrm{e}^{-\mathrm{j}n\Omega t}\mathrm{d}t\\&=\frac{2\pi E}{T}-\pi^2 F_n\end{aligned}$$

其中,$F_n=\dfrac{1}{T}\displaystyle\int_{0^-}^T f(t)\mathrm{e}^{-\mathrm{j}n\Omega t}\mathrm{d}t$ 为 $f(t)$ 的傅里叶系数。故 $f(t)$ 的傅里叶系数 F_n 可按照如下公

式求得

$$(\mathrm{j}n\Omega)^2F_n=F(\mathrm{j}n\Omega)=\frac{2\pi E}{T}-\pi^2F_n$$

即

$$[\pi^2+(\mathrm{j}n\Omega)^2]F_n=\frac{2\pi E}{T}$$

因 $T=1\ \mathrm{s}$，故 $\Omega=\frac{2\pi}{T}=2\pi$。代入上式得 $[\pi^2-4\pi^2n^2]F_n=2\pi E$。故得

$$F_n=-\frac{2E}{\pi(4n^2-1)}$$

$f(t)$的傅里叶级数为

$$f(t)=\sum_{n=-\infty}^{\infty}F_n\mathrm{e}^{\mathrm{j}n\Omega t}=\sum_{n=-\infty}^{\infty}-\frac{2E}{\pi(4n^2-1)}\mathrm{e}^{\mathrm{j}2n\pi t}$$

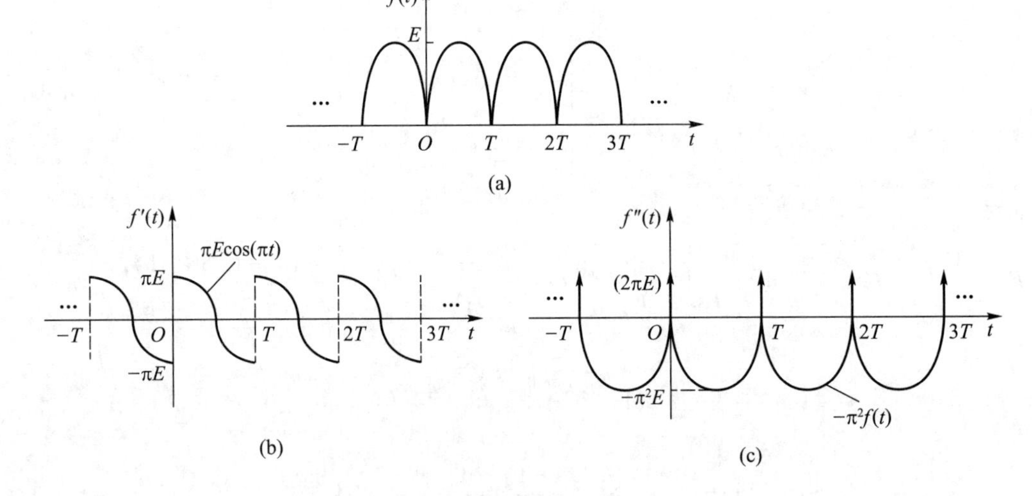

图题 3-4

3-5　假定$f(t)$是实周期信号，其傅里叶级数用正弦、余弦形式表示，即

$$f(t)=\frac{a_0}{2}+\sum_{n=1}^{\infty}[a_n\cos(n\Omega t)+b_n\sin(n\Omega t)]$$

(1) 求信号$f(t)$偶部和奇部的指数形式的傅里叶级数表达式。即求

$$E_{\mathrm{v}}(f(t))=\sum_{n=-\infty}^{\infty}\alpha_n\mathrm{e}^{\mathrm{j}n\Omega t},\quad O_{\mathrm{d}}(f(t))=\sum_{n=-\infty}^{\infty}\beta_n\mathrm{e}^{\mathrm{j}n\Omega t}$$

中的 α_n 和 β_n。

(2) 在问题(1)中 α_n 和 α_{-n}之间有什么关系？β_n 和 β_{-n}有什么关系？

解：(1) 因为$f(t)$可表示为

$$f(t)=\frac{a_0}{2}+\sum_{n=1}^{\infty}[a_n\cos(n\Omega t)+b_n\sin(n\Omega t)]$$

故

$$f(-t)=\frac{a_0}{2}+\sum_{n=1}^{\infty}\left[a_n\cos(n\Omega t)-b_n\sin(n\Omega t)\right]$$

则

$$E_{\mathrm{v}}[f(t)]=\frac{1}{2}[f(t)+f(-t)]=\frac{a_0}{2}+\sum_{n=1}^{\infty}a_n\cos(n\Omega t)=\frac{a_0}{2}+\sum_{n=1}^{\infty}a_n\frac{\mathrm{e}^{\mathrm{j}n\Omega t}+\mathrm{e}^{-\mathrm{j}n\Omega t}}{2}=\sum_{n=-\infty}^{\infty}\alpha_n\mathrm{e}^{\mathrm{j}n\Omega t}$$

$$O_{\mathrm{d}}[f(t)]=\frac{1}{2}[f(t)-f(-t)]=\sum_{n=1}^{\infty}b_n\sin(n\Omega t)=\sum_{n=1}^{\infty}b_n\frac{\mathrm{e}^{\mathrm{j}n\Omega t}-\mathrm{e}^{-\mathrm{j}n\Omega t}}{2\mathrm{j}}=\sum_{n=-\infty}^{\infty}\beta_n\mathrm{e}^{\mathrm{j}n\Omega t}$$

其中

$$\alpha_n=\begin{cases}\dfrac{a_n}{2}, & n>0\\[2mm] \dfrac{a_{-n}}{2}, & n<0\\[2mm] \dfrac{a_0}{2}, & n=0\end{cases}$$

$$\beta_n=\begin{cases}-\dfrac{\mathrm{j}b_n}{2}, & n>0\\[2mm] \dfrac{\mathrm{j}b_{-n}}{2}, & n<0\\[2mm] 0, & n=0\end{cases}$$

（2）因 a_n 是 n 的偶函数，b_n 是 n 的奇函数，故有

$$\alpha_n=\alpha_{-n},\quad \beta_{-n}=-\beta_n。$$

3-6 完成下列证明。

（1）证明函数 $\phi_m(t)$ 和 $\phi_n(t)$ 在区间 $(0,T)$ 正交，其中 $T=2\pi/\Omega$，$\phi_k(t)=\dfrac{1}{\sqrt{T}}[\cos(k\Omega t)+\sin(k\Omega t)]$。

（2）设 $f(t)$ 是任意实信号，$f_{\mathrm{o}}(t)$ 和 $f_{\mathrm{e}}(t)$ 分别为 $f(t)$ 的奇部和偶部，证明 $f_{\mathrm{o}}(t)$ 和 $f_{\mathrm{e}}(t)$ 在 $(-T,T)$ 正交，其中 T 为任意值。

解：（1）

$$\phi_m(t)=\frac{1}{\sqrt{T}}[\cos(m\Omega t)+\sin(m\Omega t)]$$

$$\phi_n(t)=\frac{1}{\sqrt{T}}[\cos(n\Omega t)+\sin(n\Omega t)]$$

$$\int_0^T\phi_m(t)\phi_n^*(t)\,\mathrm{d}t=\int_0^T\frac{1}{\sqrt{T}}[\cos(m\Omega t)+\sin(m\Omega t)]\frac{1}{\sqrt{T}}[\cos(n\Omega t)+\sin(n\Omega t)]\,\mathrm{d}t$$

$$=\frac{1}{T}\int_0^T[\cos(m\Omega t)\cos(n\Omega t)+\sin(m\Omega t)\cos(n\Omega t)+$$

$$\cos(m\Omega t)\sin(n\Omega t)+\sin(m\Omega t)\sin(n\Omega t)]\mathrm{d}t$$

$$=\frac{1}{T}\int_0^T\cos(m\Omega t-n\Omega t)\mathrm{d}t+\frac{1}{T}\int_0^T\sin(m+n)\Omega t\mathrm{d}t$$

$$=\begin{cases}0, & m\neq n\\ 1, & m=n\end{cases}$$

即函数 $\phi_m(t)$ 和 $\phi_n(t)$ 在区间 $(0,T)$ 归一正交。

(2)

$$\int_{-T}^{T}f_e(t)f_o^*(t)\mathrm{d}t=\int_{-T}^{T}\frac{1}{2}[f(t)+f(-t)]\cdot\frac{1}{2}[f(t)-f(-t)]^*\mathrm{d}t$$

$$=\frac{1}{4}\int_{-T}^{T}[f(t)f^*(t)+f(-t)f^*(t)-f(t)f^*(-t)-f(-t)f^*(-t)]\mathrm{d}t$$

$$=\frac{1}{4}\int_{-T}^{T}[f^2(t)+f(-t)f(t)-f(t)f(-t)-f^2(-t)]\mathrm{d}t$$

$$=\frac{1}{4}\int_{-T}^{T}f^2(t)\mathrm{d}t-\frac{1}{4}\int_{-T}^{T}f^2(-t)\mathrm{d}t=0$$

即 $f_o(t)$ 和 $f_e(t)$ 在 $(-T,T)$ 正交。

3-7　(1) 设 $[\phi_l(t)]$，$l=0,\pm1,\pm2,\cdots$ 是区间 $[a,b]$ 的归一正交函数集，$f(t)$ 是一给定信号，$f(t)$ 在区间 $[a,b]$ 的近似式 $\hat{f}(t)$、近似误差 $\mathrm{e}(t)$ 和误差能量 E 分别为

$$\hat{f}(t)=\sum_{i=-N}^{N}a_i\phi_i(t),\quad \mathrm{e}(t)=f(t)-\hat{f}(t),\quad E=\int_a^b|\mathrm{e}(t)|^2\mathrm{d}t$$

其中 a_i 为加权系数，试证明当选取 $a_i=\int_a^b f(t)\phi_i^*(t)\mathrm{d}t$ 时，误差能量 E 最小。

(2) 设 $[\phi_n(t)]=\mathrm{e}^{\mathrm{j}n\Omega t}$，$n=0,\pm1,\pm2,\cdots$，$T=2\pi/\Omega$。证明使误差能量最小的 a_n 为 $a_n=\frac{1}{T}\int_T f(t)\mathrm{e}^{-\mathrm{j}n\Omega t}\mathrm{d}t$。

解：(1)

$$E=\int_a^b|\mathrm{e}(t)|^2\mathrm{d}t=\int_a^b|f(t)-\hat{f}(t)|^2\mathrm{d}t$$

$$=\int_a^b\left\{\left[f(t)-\sum_{i=-N}^{N}a_i\phi_i(t)\right]\cdot\left[f^*(t)-\sum_{j=-N}^{N}a_j^*\phi_j^*(t)\right]\right\}\mathrm{d}t$$

$$=\int_a^b|f(t)|^2\mathrm{d}t-\int_a^b\sum_{i=-N}^{N}a_i\phi_i(t)f^*(t)\mathrm{d}t-\int_a^b f(t)\sum_{j=-N}^{N}a_j^*\phi_j^*(t)\mathrm{d}t+$$

$$\int_a^b\sum_{i=-N}^{N}a_i\phi_i(t)\sum_{j=-N}^{N}a_j^*\phi_j^*(t)\mathrm{d}t$$

设加权系数 $a_i=b_i+\mathrm{j}c_i$，并令 $\frac{\partial E}{\partial b_i}=0$ 和 $\frac{\partial E}{\partial c_i}=0$，则可求得使 E 最小的 a_i。

$$\frac{\partial E}{\partial b_i}=-\int_a^b f^*(t)\phi_i(t)\mathrm{d}t-\int_a^b f(t)\phi_j^*(t)\mathrm{d}t+\sum_{i=-N}^{N}a_i\int_a^b\phi_j^*(t)\phi_i(t)\mathrm{d}t+\sum_{j=-N}^{N}a_j^*\int_a^b\phi_j^*(t)\phi_i(t)\mathrm{d}t$$

由于

$$\int_a^b \phi_j^*(t)\phi_i(t)\,\mathrm{d}t=\begin{cases}1, & i=j\\ 0, & i\neq j\end{cases}$$

故

$$\frac{\partial E}{\partial b_i}=-\int_a^b f^*(t)\phi_i(t)\,\mathrm{d}t-\int_a^b f(t)\phi_j^*(t)\,\mathrm{d}t+a_i+a_j^*=0$$

可见,令

$$a_i=\int_a^b f(t)\phi_i^*(t)\,\mathrm{d}t$$

可使$\frac{\partial E}{\partial b_i}=0$。对$\frac{\partial E}{\partial c_i}=0$可做出同样分析。所以当取 $a_i=\int_a^b f(t)\phi_i^*(t)\,\mathrm{d}t$ 时,可使误差 E 最小。

(2) 将 $\phi_n(t)=\mathrm{e}^{\mathrm{j}n\Omega t}$带入(1)的结论,即可求得 $a_n=\frac{1}{T}\int_T f(t)\mathrm{e}^{-\mathrm{j}n\Omega t}\mathrm{d}t$。

3-8 设$f(t)$是周期信号,其周期为 T。求下列信号的傅里叶系数(以 F_n 表示)。

(1) $f(t-t_0)$。 (2) $f(-t)$。 (3) $f^*(t)$。 (4) $\frac{\mathrm{d}f(t)}{\mathrm{d}t}$。

解:

(1) $\frac{1}{T}\int_T f(t-t_0)\mathrm{e}^{-\mathrm{j}n\Omega t}\mathrm{d}t=\frac{1}{T}\int_T f(l)\mathrm{e}^{-\mathrm{j}n\Omega l}\mathrm{e}^{-\mathrm{j}n\Omega t_0}\mathrm{d}l$,所以$f(t-t_0)$的傅里叶系数为 $F_n\mathrm{e}^{-\mathrm{j}n\Omega t_0}$。

(2) $\frac{1}{T}\int_T f(-t)\mathrm{e}^{-\mathrm{j}n\Omega t}\mathrm{d}t=\frac{1}{T}\int_T f(l)\mathrm{e}^{\mathrm{j}n\Omega l}\mathrm{d}l$,所以$f(-t)$的傅里叶系数为 F_{-n}。

(3) $\frac{1}{T}\int_T f^*(t)\mathrm{e}^{-\mathrm{j}n\Omega t}\mathrm{d}t=\frac{1}{T}\left[\int_T f(t)\mathrm{e}^{\mathrm{j}n\Omega t}\right]^*\mathrm{d}t$,所以$f^*(t)$的傅里叶系数为 F_{-n}^*。

(4) $f(t)=\sum_{n=-\infty}^{\infty}F_n\mathrm{e}^{\mathrm{j}n\Omega t}$,$\frac{\mathrm{d}f(t)}{\mathrm{d}t}=\sum_{n=-\infty}^{\infty}\mathrm{j}n\Omega F_n\mathrm{e}^{\mathrm{j}n\Omega t}$,所以$\frac{\mathrm{d}f(t)}{\mathrm{d}t}$的傅里叶系数为 $\mathrm{j}n\Omega F_n$。

3-9 已知周期 $T=2$ 的周期信号$f(t)$的傅里叶系数为 $F_n=\left(\frac{1}{2}\right)^{|n|}\mathrm{e}^{\mathrm{j}n\pi/20}$,求信号$f(t)$。

解: 由 $T=2$ 可知,该信号的基波频率为 $\Omega=\frac{2\pi}{T}=\pi$,据此信号 $f(t)$ 可表示为

$$\begin{aligned}f(t)&=\sum_{n=-\infty}^{\infty}F_n\mathrm{e}^{\mathrm{j}n\Omega t}=\sum_{n=-\infty}^{\infty}\left(\frac{1}{2}\right)^{|n|}\mathrm{e}^{\mathrm{j}n\pi/20}\mathrm{e}^{\mathrm{j}n\Omega t}\\&=\sum_{n=0}^{\infty}\left(\frac{1}{2}\right)^{n}\mathrm{e}^{\mathrm{j}n\pi/20}\mathrm{e}^{\mathrm{j}n\Omega t}+\sum_{n=-1}^{-\infty}\left(\frac{1}{2}\right)^{-n}\mathrm{e}^{\mathrm{j}n\pi/20}\mathrm{e}^{\mathrm{j}n\Omega t}\\&=\sum_{n=0}^{\infty}\left(\frac{1}{2}\right)^{n}\mathrm{e}^{\mathrm{j}n\pi/20}\mathrm{e}^{\mathrm{j}n\Omega t}+\sum_{l=1}^{\infty}\left(\frac{1}{2}\right)^{l}\mathrm{e}^{-\mathrm{j}l\pi/20}\mathrm{e}^{-\mathrm{j}l\Omega t}\end{aligned}$$

利用幂级数求和公式可得

$$f(t)=\frac{1}{1-(1/2)\mathrm{e}^{\mathrm{j}(\pi t+\pi/20)}}+\frac{1}{1-(1/2)\mathrm{e}^{-\mathrm{j}(\pi t+\pi/20)}}-1=\frac{3}{5-4\cos(\pi t+\pi/20)}$$

3-10 图题 3-10(a)是直流-交流变换器。变换器的电子开关每 1/100 秒改变位置一次,电子开关可在两种模式下工作:(1) 通断工作模式;(2) 交替改变极性模式。它们产生

的输出波形分别如图题 3-10(b)和(c)所示。计算两种情况下的转换效率,即基波功率/直流输入功率。其中,基频 $\Omega=\frac{2\pi}{T}=100\pi(\text{rad/s})$。

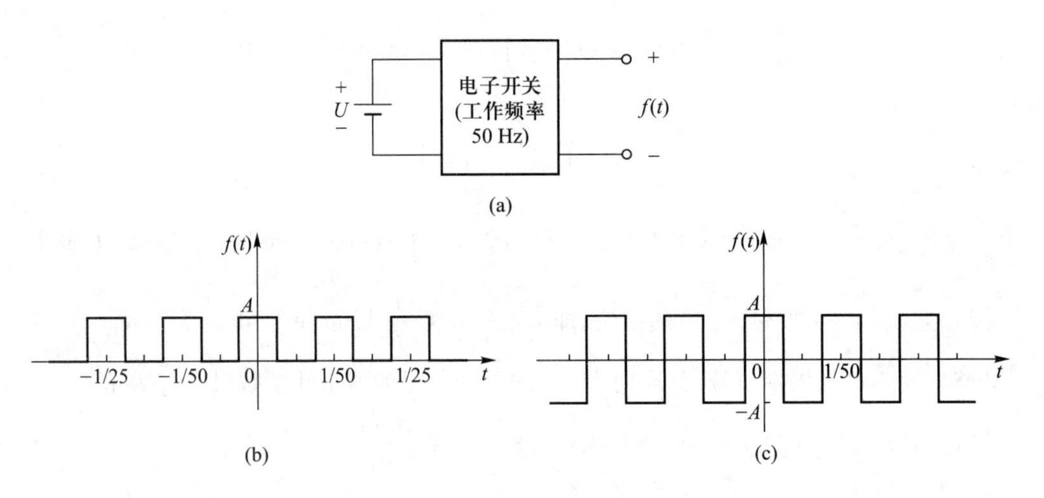

图题 3-10

解:对图题 3-10(b),有

$$a_0=A,\quad a_n=\frac{2A\sin(n\pi/2)}{n\pi},\quad n\neq 0,\quad b_n=0$$

即基波信号的幅度 $a_1=2A/\pi$。因此,它的功率为 $p=\frac{(a_1)^2}{2}=2A^2/\pi^2$。它的转换效率为

$$C_{\text{eff}}=\frac{(a_1)^2/2}{A^2}=2/\pi^2\approx 0.2$$

对图题 3-10(c),有

$$a_0=0;\quad a_n=\frac{4A\sin(n\pi/2)}{n\pi},\quad n\neq 0;\quad b_n=0$$

故此,它的转换效率为

$$C_{\text{eff}}=\frac{(a_1)^2/2}{A^2}=8/\pi^2\approx 0.81$$

3-11　设 $f(t)$ 为复数函数,可表示为实部 $f_r(t)$ 与虚部 $f_i(t)$ 之和,即 $f(t)=f_r(t)+\text{j}f_i(t)$,且设 $f(t)\Leftrightarrow F(\text{j}\omega)$。试证明:

$$\mathscr{F}[f_r(t)]=\frac{1}{2}[F(\text{j}\omega)+F(-\text{j}\omega)]$$

$$\mathscr{F}[f_i(t)]=\frac{1}{2\text{j}}[F(\text{j}\omega)-F(-\text{j}\omega)]$$

其中,$F(-\text{j}\omega)=\mathscr{F}[f^*(t)]$。

解:因

$$f(t)=f_r(t)+\mathrm{j}f_i(t)$$

则其共轭函数为

$$f^*(t)=f_r(t)-\mathrm{j}f_i(t)$$

可得

$$f_r(t)=\frac{1}{2}[f(t)+f^*(t)]$$

$$f_i(t)=\frac{1}{2\mathrm{j}}[f(t)-f^*(t)]$$

故得

$$\mathscr{F}[f_r(t)]=\frac{1}{2}[F(\mathrm{j}\omega)+F(-\mathrm{j}\omega)]$$

$$\mathscr{F}[f_i(t)]=\frac{1}{2\mathrm{j}}[F(\mathrm{j}\omega)-F(-\mathrm{j}\omega)]$$

3-12 求图题 3-12(a)所示信号 $f(t)$ 的 $F(\mathrm{j}\omega)$。

解:$F(\mathrm{j}\omega)=A\tau\mathrm{Sa}\left(\frac{\omega\tau}{2}\right)\mathrm{e}^{\mathrm{j}\omega\frac{\tau}{2}}-A\tau\mathrm{Sa}\left(\frac{\omega\tau}{2}\right)\mathrm{e}^{-\mathrm{j}\omega\frac{\tau}{2}}$

$$=A\tau\mathrm{Sa}\left(\frac{\omega\tau}{2}\right)\left[\mathrm{e}^{\mathrm{j}\omega\frac{\tau}{2}}-\mathrm{e}^{-\mathrm{j}\omega\frac{\tau}{2}}\right]=2\mathrm{j}A\tau\frac{\sin\frac{\omega\tau}{2}}{\frac{\omega\tau}{2}}\sin\frac{\omega\tau}{2}$$

$$=2\mathrm{j}A\tau\frac{\omega\tau}{2}\left(\frac{\sin\frac{\omega\tau}{2}}{\frac{\omega\tau}{2}}\right)^2=\mathrm{j}\omega A\tau^2\mathrm{Sa}^2\left(\frac{\omega\tau}{2}\right)$$

故 $|F(\mathrm{j}\omega)|$ 的曲线如图 3-12(b)所示。

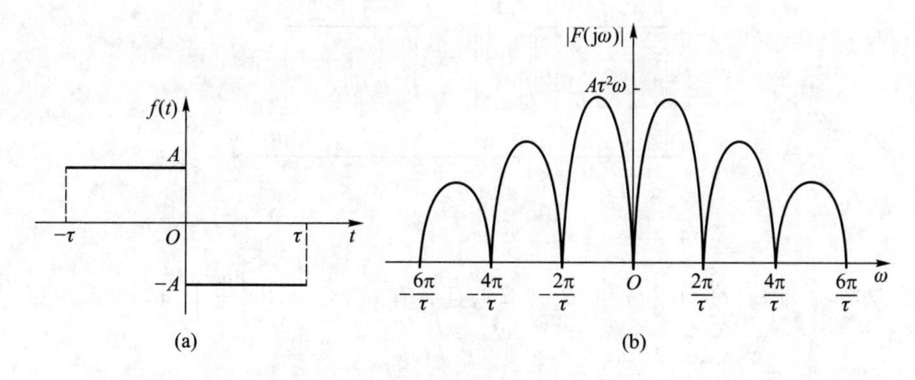

图题 3-12

3-13 求图题 3-13 所示信号 $f(t)$ 的频谱函数 $F(\mathrm{j}\omega)$。

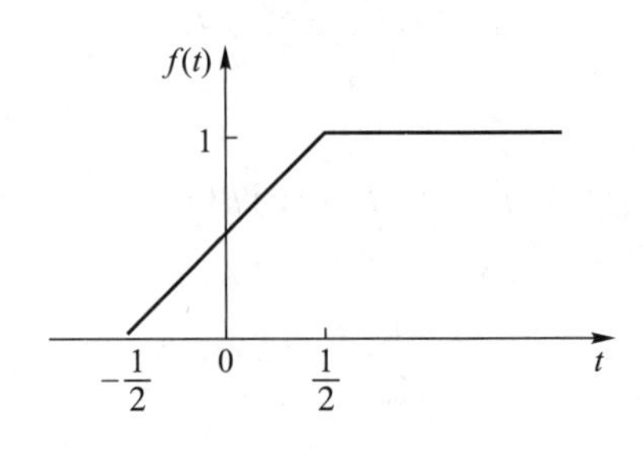

图题 3-13

解:[方法一]用时域积分性质解。因有 $f'(t)=G_1(t)$,故

$$f'(t)=G_1(t)\leftrightarrow \mathrm{Sa}\left(\frac{\omega}{2}\right)=G_1(\mathrm{j}\omega)$$

又因有

$$f(t)=\int_{-\infty}^{t} f'(\tau)\,\mathrm{d}\tau=\int_{-\infty}^{t} G_1(\tau)\,\mathrm{d}\tau$$

故得

$$F(\mathrm{j}\omega)=\pi G_1(\mathrm{j}\omega)\delta(\omega)+\frac{G_1(\mathrm{j}\omega)}{\mathrm{j}\omega}=\pi\delta(\omega)+\frac{\mathrm{Sa}\left(\frac{\omega}{2}\right)}{\mathrm{j}\omega}$$

[方法二]用卷积性质求。因有 $f(t)=G_1(t)*U(t)$,故得

$$F(\mathrm{j}\omega)=\mathrm{Sa}\left(\frac{\omega}{2}\right)\times\left[\pi\delta(\omega)+\frac{1}{\mathrm{j}\omega}\right]=\pi\delta(\omega)+\frac{\mathrm{Sa}\left(\frac{\omega}{2}\right)}{\mathrm{j}\omega}$$

3-14　求图题 3-14 所示信号 $f(t)$ 的 $F(\mathrm{j}\omega)$。

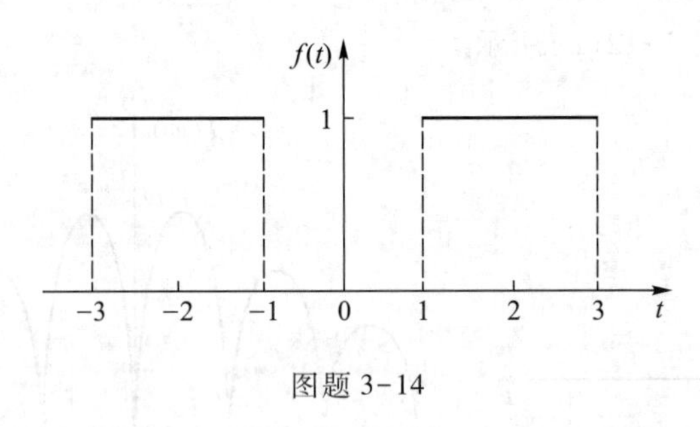

图题 3-14

解:[方法一]因 $f(t)=G_2(t+2)+G_2(t-2)$,且又有 $G_\tau(t)\leftrightarrow\tau\mathrm{Sa}\left(\frac{\omega\tau}{2}\right)$,取 $\tau=2$,故得 $\frac{\omega\tau}{2}=\omega$。

有

$$G_2(t)\leftrightarrow 2\mathrm{Sa}(\omega),\quad G_2(t+2)\leftrightarrow 2\mathrm{Sa}(\omega)\mathrm{e}^{\mathrm{j}2\omega},\quad G_2(t-2)\leftrightarrow 2\mathrm{Sa}(\omega)\mathrm{e}^{-\mathrm{j}2\omega}$$

故得

$$F(\mathrm{j}\omega)=2\mathrm{Sa}(\omega)\mathrm{e}^{\mathrm{j}2\omega}+2\mathrm{Sa}(\omega)\mathrm{e}^{-\mathrm{j}2\omega}=4\cos(2\omega)\cdot\mathrm{Sa}(\omega)$$

[方法二]因有 $f(t)=G_2(t)*\delta(t+2)+G_2(t)*\delta(t-2)$,故

$$F(\mathrm{j}\omega)=2\mathrm{Sa}(\omega)\mathrm{e}^{\mathrm{j}2\omega}+2\mathrm{Sa}(\omega)\mathrm{e}^{-\mathrm{j}2\omega}=4\cos(2\omega)\mathrm{Sa}(\omega)$$

3-15 设 $f(t)\leftrightarrow F(\mathrm{j}\omega)$。试证明：

(1) $F(0)=\int_{-\infty}^{\infty}f(t)\mathrm{d}t$。 (2) $f(0)=\frac{1}{2\pi}\int_{-\infty}^{\infty}F(\mathrm{j}\omega)\mathrm{d}\omega$

解:(1) 因有 $F(\mathrm{j}\omega)=\int_{-\infty}^{\infty}f(t)\mathrm{e}^{-\mathrm{j}\omega t}\mathrm{d}t$,取 $\omega=0$,得 $F(0)=\int_{-\infty}^{\infty}f(t)\mathrm{d}t$。

(2) 因有 $f(t)=\frac{1}{2\pi}\int_{-\infty}^{\infty}F(\mathrm{j}\omega)\mathrm{e}^{\mathrm{j}\omega t}\mathrm{d}\omega$,取 $t=0$,得 $f(0)=\frac{1}{2\pi}\int_{-\infty}^{\infty}F(\mathrm{j}\omega)\mathrm{d}\omega$。

3-16 已知 $f(t)\Leftrightarrow F(\mathrm{j}\omega)$,求下列信号的傅里叶变换。

(1) $tf(2t)$。 (2) $(t-2)f(t)$。

(3) $(t-2)f(-2t)$。 (4) $t\frac{\mathrm{d}f(t)}{\mathrm{d}t}$。

(5) $f(1-t)$。 (6) $(1-t)f(1-t)$。

(7) $f(2t-5)$。 (8) $tU(t)$。

解:(1) 因有 $f(2t)\leftrightarrow\frac{1}{2}F\left(\mathrm{j}\frac{\omega}{2}\right)$,且又有 $-\mathrm{j}tf(2t)\leftrightarrow\frac{\mathrm{d}}{\mathrm{d}\omega}\left[\frac{1}{2}F\left(\mathrm{j}\frac{\omega}{2}\right)\right]=\frac{1}{2}F'\left(\mathrm{j}\frac{\omega}{2}\right)$,故

$$tf(2t)\leftrightarrow\frac{\mathrm{j}}{2}F'\left(\mathrm{j}\frac{\omega}{2}\right)$$

(2) $(t-2)f(t)=tf(t)-2f(t)\leftrightarrow\mathrm{j}F'(\mathrm{j}\omega)-2F(\mathrm{j}\omega)$

(3) $(t-2)f(-2t)=tf(-2t)-2f(-2t)\leftrightarrow\frac{\mathrm{j}}{2}\frac{\mathrm{d}}{\mathrm{d}\omega}\left[F\left(-\mathrm{j}\frac{\omega}{2}\right)\right]-2\times\frac{1}{2}F\left(-\mathrm{j}\frac{\omega}{2}\right)$

故

$$(t-2)f(-2t)\leftrightarrow\frac{\mathrm{j}}{2}F'\left(-\mathrm{j}\frac{\omega}{2}\right)-F\left(-\mathrm{j}\frac{\omega}{2}\right)$$

(4) 因有 $-\mathrm{j}tf(t)\leftrightarrow\frac{\mathrm{d}F(\mathrm{j}\omega)}{\mathrm{d}\omega}$,则有 $-\mathrm{j}t\frac{\mathrm{d}f(t)}{\mathrm{d}t}\leftrightarrow\frac{\mathrm{d}}{\mathrm{d}\omega}[\mathrm{j}\omega F(\mathrm{j}\omega)]$,故

$$t\frac{\mathrm{d}f(t)}{\mathrm{d}t}\to-[\omega F'(\mathrm{j}\omega)+F(\mathrm{j}\omega)]$$

(5) $f(1-t)=f[-(t-1)]$,因有 $f(t-1)\leftrightarrow F(\mathrm{j}\omega)\mathrm{e}^{-\mathrm{j}\omega\times1}$,故

$$f(1-t)=f[-(t-1)]\leftrightarrow F(-\mathrm{j}\omega)\mathrm{e}^{-\mathrm{j}\omega}$$

(6) $(1-t)f(1-t)=f(1-t)-tf(1-t)\leftrightarrow F(-\mathrm{j}\omega)\mathrm{e}^{-\mathrm{j}\omega}-\left\{\mathrm{j}\frac{\mathrm{d}}{\mathrm{d}\omega}[F(-\mathrm{j}\omega)\mathrm{e}^{-\mathrm{j}\omega}]\right\}=-\mathrm{j}F'(-\mathrm{j}\omega)\mathrm{e}^{-\mathrm{j}\omega}$

(7) $f(2t-5)=f\left[2\left(t-\frac{5}{2}\right)\right]\leftrightarrow\frac{1}{2}F\left(\mathrm{j}\frac{\omega}{2}\right)\mathrm{e}^{-\mathrm{j}\frac{5}{2}\omega}$

(8) $tU(t)\leftrightarrow\mathrm{j}\frac{\mathrm{d}}{\mathrm{d}\omega}\left[\pi\delta(\omega)+\frac{1}{\mathrm{j}\omega}\right]=\mathrm{j}\pi\delta'(\omega)-\frac{1}{\omega^2}$

3-17　求图题3-17(a)所示信号$f(t)$的$F(\mathrm{j}\omega)$。

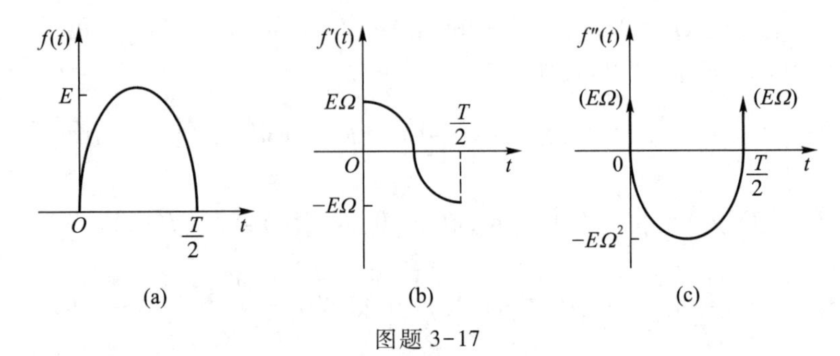

图题3-17

解:$f(t)=E\sin(\Omega t)\left[U(t)-U\left(t-\frac{T}{2}\right)\right]$,$\Omega=\frac{2\pi}{T}$,$f'(t)$,$f''(t)$的波形如图题3-17(b)和(c)所示。故有

$$f''(t)=-\Omega^2 f(t)+E\Omega\left[\delta(t)+\delta\left(t-\frac{T}{2}\right)\right]$$

$$(\mathrm{j}\omega)^2F(\mathrm{j}\omega)=-\Omega^2F(\mathrm{j}\omega)+E\Omega(1+\mathrm{e}^{-\mathrm{j}\frac{T}{2}\omega})$$

$$F(\mathrm{j}\omega)=\frac{E\Omega}{\Omega^2-\omega^2}(1+\mathrm{e}^{-\mathrm{j}\frac{T}{2}\omega})$$

3-18　求图题3-18(a)所示信号$f(t)$的$F(\mathrm{j}\omega)$。

解:将$f(t)$分解为$f_1(t)$和$f_2(t)$的叠加,即

$$f(t)=f_1(t)+f_2(t)$$

如图题3-18(b)和(c)所示;$f'(t)$的波形如图题3-18(d)所示,故得

$$F(\mathrm{j}\omega)=F_1(\mathrm{j}\omega)+F_2(\mathrm{j}\omega)=3\pi\delta(\omega)+\frac{1}{\mathrm{j}\omega}\mathrm{Sa}\left(\frac{\omega}{2}\right)\mathrm{e}^{-\mathrm{j}\frac{1}{2}\omega}$$

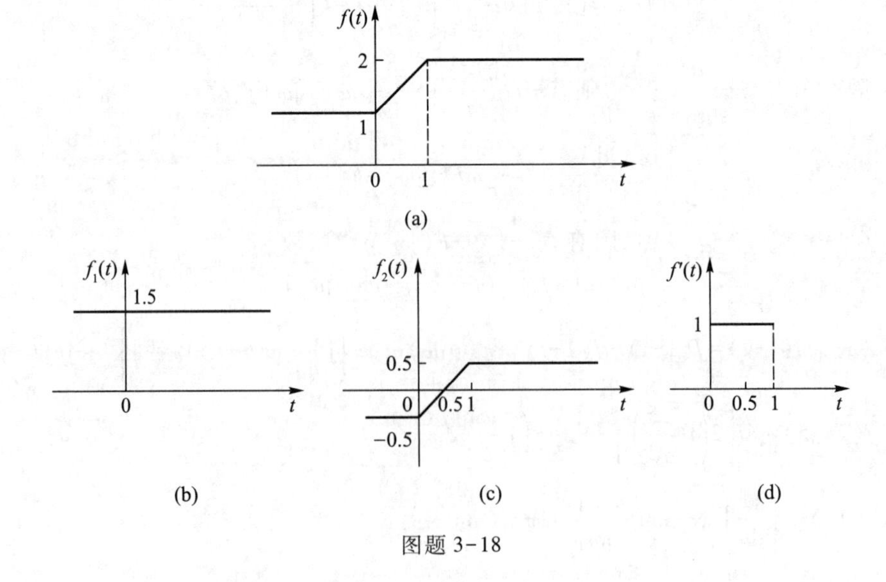

图题3-18

3-19 求下列各时间函数的傅里叶变换。

(1) $\dfrac{1}{\pi t}$。 (2) $-\dfrac{1}{\pi t^2}$。 (3) t^n。

解:(1) [方法一]由于$\dfrac{1}{t}$为奇函数,故$\mathscr{F}\left(\dfrac{1}{t}\right)=-2\mathrm{j}\int_0^{\infty}\dfrac{1}{t}\sin(\omega t)\,\mathrm{d}t$。

由于

$$\int_0^{\infty}\frac{\sin(\omega t)}{t}\mathrm{d}t=\begin{cases}\dfrac{\pi}{2}, & \omega>0\\ -\dfrac{\pi}{2}, & \omega<0\end{cases}$$

有

$$\mathscr{F}\left(\frac{1}{t}\right)=\begin{cases}-\mathrm{j}\pi, & \omega>0\\ \mathrm{j}\pi, & \omega<0\end{cases}$$

又得

$$\mathscr{F}\left(\frac{1}{\pi t}\right)=\begin{cases}-\mathrm{j}1, & \omega>0\\ \mathrm{j}1, & \omega<0\end{cases}$$

即

$$\mathscr{F}\left(\frac{1}{\pi t}\right)=-\mathrm{j}\operatorname{sgn}(\omega)$$

[方法二]利用傅里叶变换的对称性求解。因已知有$\operatorname{sgn}(t)\leftrightarrow\dfrac{2}{\mathrm{j}\omega}$,故有

$$2\pi\times\frac{1}{2}\mathrm{j}\operatorname{sgn}(-\omega)\Leftrightarrow\frac{1}{t}$$

故得

$$\frac{1}{\pi t}\leftrightarrow-\mathrm{j}\operatorname{sgn}(\omega)$$

(2) 因$-\dfrac{1}{\pi t^2}=\left(\dfrac{1}{\pi t}\right)'$,故有

$$\mathscr{F}\left(-\frac{1}{\pi t^2}\right)=\mathrm{j}\omega[-\mathrm{j}\operatorname{sgn}(\omega)]=\omega\operatorname{sgn}(\omega)=\begin{cases}\omega, & \omega>0\\ -\omega, & \omega<0\end{cases}=|\omega|$$

(3) 因有$\dfrac{1}{2\pi}\leftrightarrow\delta(\omega)$,根据时域微分性质有$(-\mathrm{j}t)^n\cdot\dfrac{1}{2\pi}\leftrightarrow\delta^{(n)}(\omega)$,故得

$$t^n\leftrightarrow2\pi\mathrm{j}^n\delta^{(n)}(\omega)$$

3-20 已知图题3-20(a)所示信号$f(t)$的频谱函数$F(\mathrm{j}\omega)=a(\omega)-\mathrm{j}b(\omega)$,$a(\omega)$和$b(\omega)$均为$\omega$的实函数。试求$x(t)=[f_0(t+1)+f_0(t-1)]\cos(\omega_0 t)$的频谱函数$X(\mathrm{j}\omega)$。$f_0(t)=f(t)+f(-t)$,其波形如图题3-20(b)所示。

解:

$$x(t)=f_0(t+1)\cos(\omega_0 t)+f_0(t-1)\cos(\omega_0 t)$$

令

$$f(t)\leftrightarrow F(\mathrm{j}\omega)=a(\omega)-\mathrm{j}b(\omega)$$

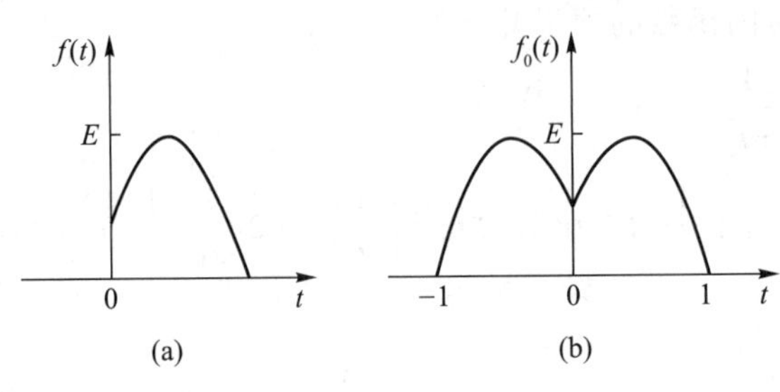

图题 3-20

故
$$f(-t)\leftrightarrow F(-\mathrm{j}\omega)=a(-\omega)-\mathrm{j}b(-\omega)=a(\omega)+\mathrm{j}b(\omega)$$

$$f_0(t)\leftrightarrow F_0(\mathrm{j}\omega)=F(\mathrm{j}\omega)+F(-\mathrm{j}\omega)=2a(\omega)$$

$$f_0(t+1)+f_0(t-1)\leftrightarrow 2a(\omega)\mathrm{e}^{\mathrm{j}\omega}+2a(\omega)\mathrm{e}^{-\mathrm{j}\omega}=4a(\omega)\cos\omega$$

故得
$$X(\mathrm{j}\omega)=\frac{1}{2\pi}\{4a(\omega)\cos\omega*\pi[\delta(\omega+\omega_0)+\delta(\omega-\omega_0)]\}$$

$$=2a(\omega+\omega_0)\cos(\omega+\omega_0)+2a(\omega-\omega_0)\cos(\omega-\omega_0)$$

3-21　已知 $F(\mathrm{j}\omega)$ 的模频谱与相频谱分别为 $|F(\mathrm{j}\omega)|=2[U(\omega+3)-U(\omega-3)]$，$\varphi(\omega)=-\frac{3}{2}\omega+\pi$。求 $F(\mathrm{j}\omega)$ 的原函数 $f(t)$ 及 $f(t)=0$ 时的 t 值。

解：　$F(\mathrm{j}\omega)=|F(\mathrm{j}\omega)|\mathrm{e}^{\mathrm{j}\varphi(\omega)}=2[U(\omega+3)-U(\omega-3)]\mathrm{e}^{-\mathrm{j}\frac{3}{2}\omega}\mathrm{e}^{\mathrm{j}\pi}=-2G_6(\omega)\mathrm{e}^{-\mathrm{j}\frac{3}{2}\omega}$

因有
$$G_\tau(t)\Leftrightarrow\tau\mathrm{Sa}\left(\frac{\omega\tau}{2}\right)$$

故
$$G_6(\omega)\Leftrightarrow\frac{6}{2\pi}\mathrm{Sa}\left(\frac{6t}{2}\right)=\frac{3}{\pi}\mathrm{Sa}(3t)$$

$$-2G_6(\omega)\Leftrightarrow-\frac{6}{\pi}\mathrm{Sa}(3t),\quad -2G_6(\omega)\mathrm{e}^{-\mathrm{j}\frac{3}{2}\omega}\Leftrightarrow-\frac{6}{\pi}\mathrm{Sa}\left[3\left(t-\frac{3}{2}\right)\right]$$

可得
$$f(t)=-\frac{6}{\pi}\mathrm{Sa}\left[3\left(t-\frac{3}{2}\right)\right]$$

当 $3\left(t-\frac{3}{2}\right)=K\pi(K\neq0)$ 时，有 $f(t)=0$，故得
$$t=\frac{K\pi}{3}+\frac{3}{2}(K\neq0)$$

3-22　求下列各频谱函数所对应的时间函数 $f(t)$。

(1) ω^2。　　(2) $\frac{1}{\omega^2}$。

(3) $\delta(\omega-2)$。　　(4) $2\cos\omega$。

(5) $\mathrm{e}^{a\omega}U(-\omega)$。　　(6) $6\pi\delta(\omega)+\frac{5}{(\mathrm{j}\omega-2)(\mathrm{j}\omega+3)}$。

解:(1) $\omega^2=-(\mathrm{j}\omega)^2\times 1\leftrightarrow-\delta''(t)$,故 $f(t)=-\delta''(t)$。

(2) 因有 $F(\mathrm{j}\omega)=\dfrac{1}{\omega^2}=-\dfrac{1}{\mathrm{j}\omega}\cdot\dfrac{1}{\mathrm{j}\omega}=-\dfrac{1}{2}\cdot\dfrac{\frac{2}{\mathrm{j}\omega}}{\mathrm{j}\omega}$,故根据时域积分性得

$$f(t)=-\frac{1}{2}\int_{-\infty}^{t}\mathrm{sgn}(\tau)\,\mathrm{d}\tau=-\frac{1}{2}t\,\mathrm{sgn}(t)=-\frac{1}{2}|t|$$

(3) 因有 $1\leftrightarrow 2\pi\delta(\omega)$,则有 $\dfrac{1}{2\pi}\leftrightarrow\delta(\omega)$,故

$$\frac{1}{2\pi}\mathrm{e}^{\mathrm{j}2t}\leftrightarrow\delta(\omega-2)$$

可得

$$f(t)=\frac{1}{2\pi}\mathrm{e}^{\mathrm{j}2t}$$

(4) 因有 $\cos t\leftrightarrow\pi[\delta(\omega-1)+\delta(\omega+1)]$,则有 $\dfrac{1}{\pi}\cos t\leftrightarrow\delta(\omega-1)+\delta(\omega+1)$,故

$$2\pi\times\frac{1}{\pi}\cos\omega\leftrightarrow\delta(t-1)+\delta(t+1)$$

即

$$2\cos\omega\leftrightarrow f(t)=\delta(t-1)+\delta(t+1)$$

(5) 因 $F(\mathrm{j}\omega)=\mathrm{e}^{a\omega}U(-\omega)$,故有

$$\begin{aligned}f(t)&=\frac{1}{2\pi}\int_{-\infty}^{\infty}F(\mathrm{j}\omega)\mathrm{e}^{\mathrm{j}\omega t}\mathrm{d}\omega=\frac{1}{2\pi}\int_{-\infty}^{0}\mathrm{e}^{a\omega}\mathrm{e}^{\mathrm{j}\omega t}\mathrm{d}\omega\\&=\frac{1}{2\pi}\int_{-\infty}^{0}\mathrm{e}^{(a+\mathrm{j}t)\omega}\mathrm{d}\omega=\frac{1}{2\pi(a+\mathrm{j}t)}\left[\mathrm{e}^{(a+\mathrm{j}t)\omega}\right]\Big|_{-\infty}^{0}\\&=\frac{1}{2\pi(a+\mathrm{j}t)},\quad-\infty<t<\infty\end{aligned}$$

(6)
$$\begin{aligned}F(\mathrm{j}\omega)&=6\pi\delta(\omega)+\frac{5}{(\mathrm{j}\omega-2)(\mathrm{j}\omega+3)}=6\pi\delta(\omega)+\frac{1}{\mathrm{j}\omega-2}+\frac{-1}{\mathrm{j}\omega+3}\\&=3\times2\pi\delta(\omega)-\frac{1}{-\mathrm{j}\omega+2}+\frac{-1}{\mathrm{j}\omega+3}\end{aligned}$$

故

$$f(t)=3-\mathrm{e}^{2t}U(-t)-\mathrm{e}^{-3t}U(t)$$

3-23 $F(\mathrm{j}\omega)$的图形如图题 3-23(a)和(b)所示,求原函数 $f(t)$。

解:[方法一]用基本定义式求解。因已知有

$$F(\mathrm{j}\omega)=|F(\mathrm{j}\omega)|\mathrm{e}^{\mathrm{j}\varphi(\omega)}=A\mathrm{e}^{-\mathrm{j}\omega t_0},\quad-\omega_0<\omega<\omega_0$$

故

$$f(t)=\frac{1}{2\pi}\int_{-\infty}^{\infty}A\mathrm{e}^{-\mathrm{j}\omega t_0}\mathrm{e}^{\mathrm{j}\omega t}\mathrm{d}\omega=\frac{A}{2\pi}\int_{-\omega_0}^{\omega_0}\mathrm{e}^{\mathrm{j}\omega(t-t_0)}\mathrm{d}\omega=\frac{\omega_0A}{\pi}\mathrm{Sa}[\omega_0(t-t_0)]$$

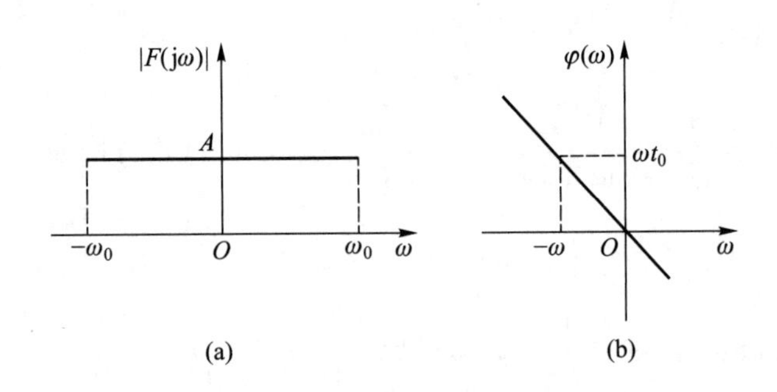

图题 3-23

[方法二]利用傅里叶变换的对称性求解。因已知有

$$F(\mathrm{j}\omega)=AG_{2\omega_0}(\omega)\mathrm{e}^{-\mathrm{j}t_0\omega}$$

又因有

$$G_\tau(t)\leftrightarrow\tau\mathrm{Sa}\left(\frac{\omega\tau}{2}\right)$$

取 $\tau=2\omega_0$,得

$$G_{2\omega_0}(t)\leftrightarrow 2\omega_0\mathrm{Sa}\left(\frac{2\omega_0\omega}{2}\right)=2\omega_0\mathrm{Sa}(\omega_0\omega)$$

$$2\pi G_{2\omega_0}(\omega)\leftrightarrow 2\omega_0\mathrm{Sa}(\omega_0 t),\quad G_{2\omega_0}(\omega)\leftrightarrow\frac{\omega_0}{\pi}\mathrm{Sa}(\omega_0 t)$$

即

$$AG_{2\omega_0}(\omega)\leftrightarrow\frac{A\omega_0}{\pi}\mathrm{Sa}(\omega_0 t)$$

故

$$AG_{2\omega_0}(\omega)\mathrm{e}^{-\mathrm{j}t_0\omega}\leftrightarrow\frac{A\omega_0}{\pi}\mathrm{Sa}[\omega_0(t-t_0)]$$

$$f(t)=\frac{\omega_0 A}{\pi}\mathrm{Sa}[\omega_0(t-t_0)]$$

3-24　用傅里叶变换法求图题 3-24(a)所示周期信号 $f(t)$ 的傅里叶级数。

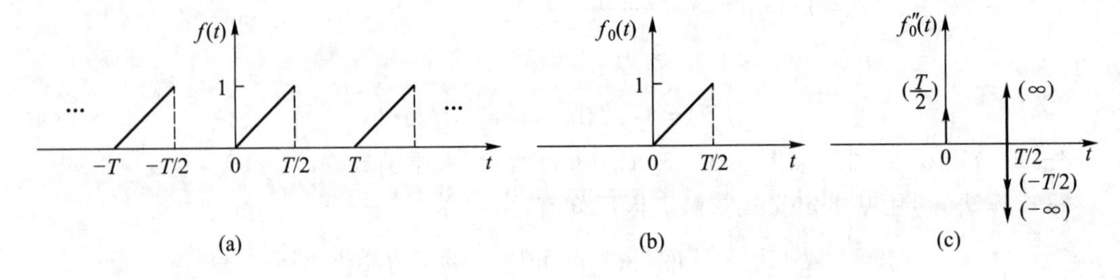

图题 3-24

解:从 $f(t)$ 中截取一个周期,即 $f_0(t)$。这样 $f(t)$ 就可理解为 $f_0(t)$ 的周期延拓。$f_0''(t)$ 的波形如图题 3-24(c)所示,

即

$$f_0''(t)=\frac{2}{T}\delta(t)-\frac{2}{T}\delta\left(t-\frac{T}{2}\right)-\delta'\left(t-\frac{T}{2}\right)$$

故有

$$(j\omega)^2F_0(j\omega)=\frac{2}{T}-\frac{2}{T}e^{-j\omega\frac{T}{2}}-j\omega e^{-j\omega\frac{T}{2}}$$

于是得

$$F_0(j\omega)=\frac{2}{\omega^2T}\left(e^{-j\omega\frac{T}{2}}-1+j\frac{\omega T}{2}e^{-j\omega\frac{T}{2}}\right)$$

故周期信号 $f(t)$ 的傅里叶级数为

$$F_n=\frac{1}{T}F_n(j\omega)\Big|_{\omega=n\Omega}=\frac{1}{T}\frac{2}{T(n\Omega)^2}\left(e^{-jn\Omega\frac{T}{2}}-1+\frac{jn\Omega T}{2}e^{-jn\Omega\frac{T}{2}}\right)$$

$$\xlongequal{\Omega=\frac{2\pi}{T}}\frac{1}{2n^2\pi^2}[(-1)^n-1+jn\pi(-1)^n]$$

$$=\frac{1}{2n^2\pi^2}[(-1)^n-1]+\frac{j}{2n\pi}(-1)^n,\quad n\neq 0$$

$$F_0=\frac{1}{T}\int_0^T f(t)\,dt=\frac{1}{2}$$

$f(t)$ 的傅里叶级数展开为

$$f(t)=\frac{1}{2}+\sum_{\substack{n=-\infty\\ n\neq 0}}^{\infty}F_ne^{jn\Omega t}$$

3-25 已知信号 $f(t)$ 的傅里叶变换为 $F(j\omega)=\delta(\omega)+\begin{cases}1,2<|\omega|<4\\0,\text{其他}\end{cases}$，求 $[f(t)]^2$ 的傅里叶变换 $Y(j\omega)$。

解：$F(j\omega)$ 的图形如图题 3-25(a)所示，又设 $F_1(j\omega)$ 的图形如图题 3-25(b)所示。

$$Y(j\omega)=\mathcal{F}[f^2(t)]=\frac{1}{2\pi}F(j\omega)*F(j\omega)$$

$$=\frac{1}{2\pi}[\delta(\omega)+F_1(j\omega)]*[\delta(\omega)+F_1(j\omega)]$$

$$=\frac{1}{2\pi}[\delta(\omega)+2F_1(j\omega)+F_1(j\omega)*F_1(j\omega)]$$

$F_1(j\omega)*F_1(j\omega)$ 的图形如图题 3-25(c)所示。故得 $Y(j\omega)$ 的图形如图题 3-25(d)所示。

3-26 应用信号的能量公式

$$W=\int_{-\infty}^{\infty}f^2(t)\,dt=\frac{1}{2\pi}\int_{-\infty}^{\infty}|F(j\omega)|^2d\omega$$

求下列各积分。

(1) $f(t)=\int_{-\infty}^{\infty}\mathrm{Sa}^2(at)\,dt$。

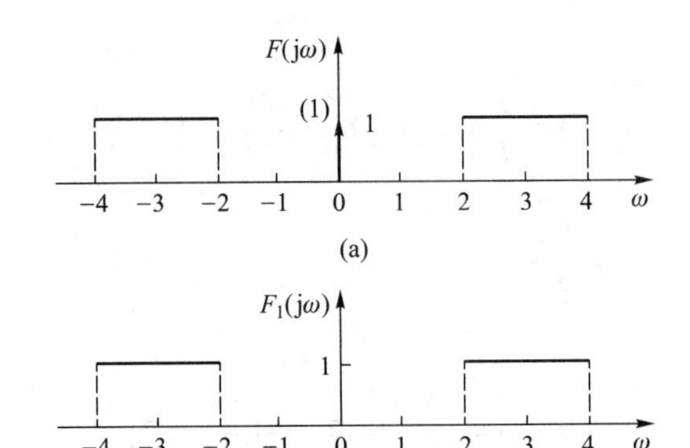

(b)

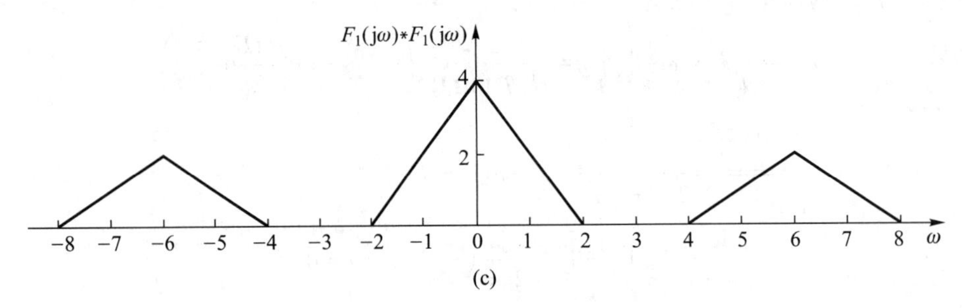

(c)

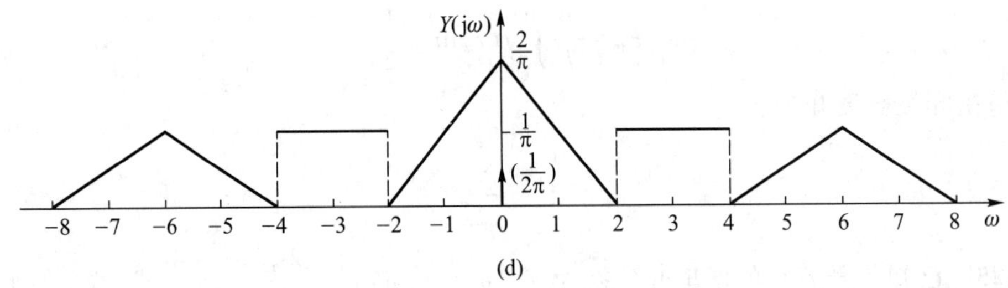

(d)

图题 3-25

（2）$f(t)=\int_{-\infty}^{\infty}\mathrm{Sa}^4(at)\,\mathrm{d}t$。

（3）$f(t)=\int_{-\infty}^{\infty}\dfrac{1}{(a^2+t^2)^2}\mathrm{d}t$。

解：（1）因有

$$\mathrm{Sa}(at)\leftrightarrow F(\mathrm{j}\omega)=\begin{cases}\dfrac{\pi}{a}, & |\omega|<a\\ 0, & |\omega|>a\end{cases}$$

故得

$$\int_{-\infty}^{\infty}\mathrm{Sa}^2(at)\,\mathrm{d}t=\frac{1}{2\pi}\int_{-a}^{a}\left(\frac{\pi}{a}\right)^2\mathrm{d}\omega=\frac{\pi}{a}$$

（2）利用傅里叶变换的对称性可得

$$\mathrm{Sa}^2(at)\leftrightarrow F(\mathrm{j}\omega)=\begin{cases}\dfrac{\pi}{a}\left(1-\dfrac{|\omega|}{2a}\right), & |\omega|<2a\\ 0, & |\omega|>2a\end{cases}$$

故

$$\int_{-\infty}^{\infty} \mathrm{Sa}^4(at)\,\mathrm{d}t=\frac{1}{2\pi}\left[\int_{-2a}^{0}\left(\frac{\pi}{a}\right)^2\left(1-\frac{\omega}{2a}\right)^2\mathrm{d}\omega+\int_{0}^{2a}\left(\frac{\pi}{a}\right)^2\left(1-\frac{\omega}{2a}\right)^2\mathrm{d}\omega\right]=\frac{\pi}{2a^2}\times\frac{4a}{3}=\frac{2\pi}{3a}$$

（3）因有$\dfrac{1}{a^2+t^2}\leftrightarrow F(\mathrm{j}\omega)=\dfrac{\pi}{a}\mathrm{e}^{-a|\omega|}$,故得

$$\int_{-\infty}^{\infty}\frac{1}{(a^2+t^2)^2}\mathrm{d}t=\frac{1}{2\pi}\left[\int_{-\infty}^{0}\left(\frac{\pi}{a}\right)^2\mathrm{e}^{2a\omega}\mathrm{d}\omega+\int_{0}^{\infty}\left(\frac{\pi}{a}\right)^2\mathrm{e}^{-2a\omega}\mathrm{d}\omega\right]=\frac{\pi}{2a^3}$$

3-27 已知信号$f(t)=\dfrac{2\sin(2t)}{t}\cos(1\ 000t)$,求其能量 W。

解:令$f_1(t)=\dfrac{2\sin(2t)}{t}=4\mathrm{Sa}(2t)$,故 $F_1(\mathrm{j}\omega)=2\pi G_4(\omega)$,因此

$$F(\mathrm{j}\omega)=\mathscr{F}[f(t)]=\frac{1}{2\pi}F_1(\mathrm{j}\omega)*\pi[\delta(\omega+1\ 000)+\delta(\omega-1\ 000)]$$

$$=\frac{1}{2}F_1[\mathrm{j}(\omega+10^3)]+\frac{1}{2}F_1[\mathrm{j}(\omega-10^3)]=\pi G_4(\omega+1\ 000)+\pi G_4(\omega-1\ 000)$$

$F(\mathrm{j}\omega)$的图形如图题 3-27 所示,故得

$$W=\frac{1}{2\pi}\int_{-\infty}^{\infty}|F(\mathrm{j}\omega)|^2\mathrm{d}\omega=\frac{1}{2\pi}\times 8\pi^2=4\pi\ \mathrm{J}$$

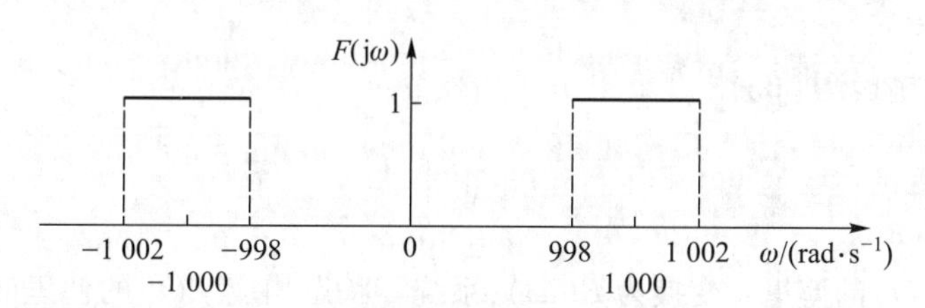

图题 3-27

3-28 已知信号$f(t)=\dfrac{2\sin(5t)}{\pi t}\cos(997t)$,求其能量 W。

解:

$$f(t)=\frac{10}{\pi}\mathrm{Sa}(5t)\cos(997t)$$

因有

$$10\mathrm{Sa}(5t)\leftrightarrow 2\pi G_{10}(\omega)=2\pi[U(\omega+5)-U(\omega-5)]$$

$$F(\mathrm{j}\omega)=\frac{1}{2\pi}\cdot 2G_{10}(\omega)*\pi[\delta(\omega+997)+\delta(\omega-997)]$$

$$=U(\omega-992)-U(\omega-1\ 002)+U(\omega+1\ 002)-U(\omega+992)$$

故得信号能量

$$W=\frac{1}{\pi}\int_{0}^{\infty}|F(\mathrm{j}\omega)|^2\mathrm{d}\omega=\frac{1}{\pi}\int_{992}^{1\ 002}1\,\mathrm{d}\omega=\frac{10}{\pi}\mathrm{J}$$

第 4 章　连续系统频域分析

4.1　基 本 要 求

（1）深刻理解频域系统函数 $H(\mathrm{j}\omega)$ 的定义、物理意义、求法与应用，并会求解 $H(\mathrm{j}\omega)$。

（2）会求解非正弦周期信号激励下系统的稳态响应。

（3）会求解非周期信号激励下系统的零状态响应。

（4）深刻理解理想低通滤波器的定义、传输特性（冲激响应与阶跃响应）及其上升时间的意义。

（5）了解信号无失真传输的条件。

（6）深刻理解和掌握抽样信号的频谱及其求解；深刻理解和掌握抽样定理。

（7）了解调制与解调的基本原理与应用。

4.2　重点与难点

4.2.1　频域系统函数 $H(\mathrm{j}\omega)$

1. 定义

设系统激励 $f(t)$ 的傅里叶变换为 $F(\mathrm{j}\omega)$，系统零状态响应 $y_{\mathrm{f}}(t)$ 的傅里叶变换为 $Y_{\mathrm{f}}(\mathrm{j}\omega)$，则定义频域系统函数为 $H(\mathrm{j}\omega)=\dfrac{Y_{\mathrm{f}}(\mathrm{j}\omega)}{F(\mathrm{j}\omega)}$。

2. 物理意义

（1）因有

$$y_{\mathrm{f}}(t)=h(t)*f(t)$$

故

$$Y_{\mathrm{f}}(\mathrm{j}\omega)=H(\mathrm{j}\omega)F(\mathrm{j}\omega)$$

即

$$H(\mathrm{j}\omega)=\frac{Y_{\mathrm{f}}(\mathrm{j}\omega)}{F(\mathrm{j}\omega)}$$

其中，$H(\mathrm{j}\omega)=\mathscr{F}[h(t)]$，可见 $H(\mathrm{j}\omega)$ 就是单位冲激响应 $h(t)$ 的傅里叶变换。

（2）设激励为 $f(t)=\mathrm{e}^{\mathrm{j}\omega t}$（$\mathrm{e}^{\mathrm{j}\omega t}$ 称为频域单元信号），则系统的零状态响应为

$$y_{\mathrm{f}}(t)=h(t)*\mathrm{e}^{\mathrm{j}\omega t}=\int_{-\infty}^{\infty}h(\tau)\mathrm{e}^{\mathrm{j}\omega(t-\tau)}\mathrm{d}\tau=\mathrm{e}^{\mathrm{j}\omega t}\int_{-\infty}^{\infty}h(\tau)\mathrm{e}^{-\mathrm{j}\omega\tau}\mathrm{d}\tau=H(\mathrm{j}\omega)\mathrm{e}^{\mathrm{j}\omega t}$$

式中，$H(\mathrm{j}\omega)=\int_{-\infty}^{\infty}h(\tau)\mathrm{e}^{-\mathrm{j}\omega\tau}\mathrm{d}\tau$ 为 $h(t)$ 的傅里叶变换，即有 $h(t)\leftrightarrow H(\mathrm{j}\omega)$。

可见，系统的零状态响应 $y_{\mathrm{f}}(t)$ 等于激励 $\mathrm{e}^{\mathrm{j}\omega t}$ 与加权函数 $H(\mathrm{j}\omega)$ 的乘积。此加权函数 $H(\mathrm{j}\omega)$

即为频域系统函数，亦即为 $h(t)$ 的傅里叶变换。

3. 求法

(1) 从系统的传输算子 $H(p)$ 求 $H(\mathrm{j}\omega)$，即 $H(\mathrm{j}\omega)=H(p)\big|_{p=\mathrm{j}\omega}$。

(2) 从系统的单位冲激响应 $h(t)$ 求 $H(\mathrm{j}\omega)$，即 $H(\mathrm{j}\omega)=\mathscr{F}[h(t)]$。

(3) 根据正弦稳态分析方法，从频域电路模型按定义求 $H(\mathrm{j}\omega)$。

(4) 用实验方法求 $H(\mathrm{j}\omega)$。

4. 频率特性

$H(\mathrm{j}\omega)$ 一般为实变量 ω 的复函数，故可写为 $H(\mathrm{j}\omega)=|H(\mathrm{j}\omega)|\mathrm{e}^{\mathrm{j}\varphi(\omega)}=R(\omega)+\mathrm{j}X(\omega)$。

$|H(\mathrm{j}\omega)|$ 和 $\varphi(\omega)$ 分别称为系统的幅频特性和相频特性，统称为系统的频率特性，也称为频率响应。$|H(\mathrm{j}\omega)|$ 和 $R(\omega)$ 为 ω 的偶函数，而 $\varphi(\omega)$ 和 $X(\omega)$ 为 ω 的奇函数。

利用频率特性可分析系统的滤波性能。

5. $H(\mathrm{j}\omega)$ 可实现的条件

(1) 在时域中必须满足 $t<0$ 时 $h(t)=0$，即系统必须是因果系统。

(2) 在频域中的必要条件为 $|H(\mathrm{j}\omega)|\neq 0$，即必须满足佩利-维纳准则：

$$\int_{-\infty}^{\infty}|H(\mathrm{j}\omega)|^2\mathrm{d}\omega=\text{有限值},\quad \int_{-\infty}^{\infty}\frac{|\ln|H(\mathrm{j}\omega)||}{1+\omega^2}\mathrm{d}\omega=\text{有限值}$$

4.2.2 非正弦周期信号激励下系统的稳态响应

1. 定义

非正弦周期信号激励下系统的稳态响应有以下两种定义方法。

(1) 由于周期信号是无始无终、按一定规律作周期性变化的，当这样的信号作用于系统时，其作用的起点必然是在 $t\to-\infty$ 的时刻。这样，由系统的初始状态（即 $t\to-\infty$ 时刻系统的储能）所产生的零输入响应和在接入激励源（在 $t=-\infty$ 时刻接入）后所产生的随时间按指数规律衰减的瞬态响应，都将由于时间的无限延续而早已衰减为零，系统已达到稳定工作状态。故非正弦周期信号激励下的响应中就只有稳态响应了。

(2) 当非正弦周期信号在 $t=0$ 时刻作用于系统时，经过无穷长的时间（实际上只需要有限长时间）后，系统已达到稳定工作状态，此时系统中的所有瞬态响应已衰减为零。系统中只有稳态响应了。

以上两种定义方法本质上是一致的。

2. 求法

(1) 求激励信号 $f(t)$。当其满足狄利克雷条件时，可展开成

$$f(t)=A_0+\sum_{n=1}^{\infty}A_n\cos(n\Omega t+\varphi_n)=\sum_{n=-\infty}^{\infty}F_n\mathrm{e}^{\mathrm{j}n\Omega t},\quad \Omega=\frac{2\pi}{T}$$

（2）求直流分量 A_0 作用下系统的响应 Y_0。

（3）用正弦稳态分析的方法求 n 次谐波作用时的系统函数 $H(\mathrm{j}n\Omega)$。

$$H(\mathrm{j}n\Omega)=\frac{\text{响应相量}}{\text{激励相量}},\quad n=1,2,\cdots$$

或者

$$H(\mathrm{j}n\Omega)=H(\mathrm{j}\omega)\big|_{\omega=n\Omega}=|H(\mathrm{j}n\Omega)|\mathrm{e}^{\mathrm{j}\varphi(n\Omega)}$$

（4）写出稳态响应 $y(t)$ 形式的傅里叶级数，即

$$y(t)=Y_0+\sum_{n=1}^{\infty}A_n|H(\mathrm{j}n\Omega)|\cos[n\Omega t+\varphi_n+\varphi(n\Omega)]=\sum_{n=-\infty}^{\infty}F_n|H(\mathrm{j}n\Omega)|\mathrm{e}^{\mathrm{j}[n\Omega t+\varphi(n\Omega)]}$$

4.2.3　非周期信号激励下系统零状态响应的求解步骤

（1）求激励 $f(t)$ 的傅里叶变换 $F(\mathrm{j}\omega)$。

（2）求频域系统函数 $H(\mathrm{j}\omega)$。

（3）求零状态响应 $y_\mathrm{f}(t)$ 的傅里叶变换 $Y_\mathrm{f}(\mathrm{j}\omega)$，即 $Y_\mathrm{f}(\mathrm{j}\omega)=H(\mathrm{j}\omega)F(\mathrm{j}\omega)$。

（4）求零状态响应的时域解，即 $y_\mathrm{f}(t)=\mathscr{F}^{-1}[Y_\mathrm{f}(\mathrm{j}\omega)]=\mathscr{F}^{-1}[H(\mathrm{j}\omega)F(\mathrm{j}\omega)]$。

（5）频域方法无法求解系统的零输入响应 $y_\mathrm{x}(t)$。若要求解 $y_\mathrm{x}(t)$，需按照第2章的时域方法进行求解。此时，叠加 $y_\mathrm{x}(t)$ 和 $y_\mathrm{f}(t)$ 即可得到全响应。

4.2.4　理想低通滤波器及其传输特性

（1）理想低通滤波器的定义。若系统函数 $H(\mathrm{j}\omega)$ 满足 $H(\mathrm{j}\omega)=\begin{cases}\mathrm{e}^{-\mathrm{j}\omega t_0}, & |\omega|<\omega_\mathrm{c}\\ 0, & |\omega|>\omega_\mathrm{c}\end{cases}$，则称此系统为理想低通滤波器。其中 t_0 为实常数；ω_c 为截止频率，也称为理想低通滤波器的通频带，简称频带。

（2）理想低通滤波器的单位冲激响应为 $h(t)=\dfrac{\omega_\mathrm{c}}{\pi}\mathrm{Sa}[\omega_\mathrm{c}(t-t_0)]$。

（3）理想低通滤波器的单位阶跃响应为

$$g(t)=\int_{-\infty}^{t}h(\tau)\mathrm{d}\tau=\frac{1}{2}+\frac{1}{\pi}\int_0^{\omega_\mathrm{c}(t-t_0)}\frac{\sin x}{x}\mathrm{d}x=\frac{1}{2}+\frac{1}{\pi}S_\mathrm{i}[\omega_\mathrm{c}(t-t_0)]=\frac{1}{2}+\frac{1}{\pi}S_\mathrm{i}(y)$$

其中，$S_\mathrm{i}(y)=\displaystyle\int_0^{y}\frac{\sin x}{x}\mathrm{d}x$，$y=\omega_\mathrm{c}(t-t_0)$。

（4）理想低通滤波器的上升时间 t_τ 定义为：从阶跃响应的极小值上升到极大值所经历的时间。它与通频带 ω_c 的关系为 $t_\tau=\dfrac{2\pi}{\omega_\mathrm{c}}$。

（5）由于理想低通滤波器为非因果系统，因此实际中不可能实现，但其具有理论价值。

4.2.5　信号传输不失真条件

（1）在时域的条件　　$h(t)=K\delta(t-t_0)$

（2）在频域的条件　　$H(\mathrm{j}\omega)=|H(\mathrm{j}\omega)|\mathrm{e}^{\mathrm{j}\varphi(\omega)}=K\mathrm{e}^{-\mathrm{j}\omega t_0}$

即 $|H(\mathrm{j}\omega)|=K,\varphi(\omega)=-\omega t_0$。其中,$K$ 和 t_0 均为实常数。

4.2.6 抽样信号与抽样定理

1. 抽样信号 $f_s(t)$

设被抽样的信号为 $f(t)$,则定义

$$f_s(t)=f(t)\cdot s(t)=f(t)\sum_{n=-\infty}^{\infty}G_\tau(t-nT_s),\quad T_s>\tau$$

或

$$f_s(t)=f(t)\cdot\delta_{T_s}(t)=f(t)\sum_{n=-\infty}^{\infty}\delta(t-nT_s)$$

以上两种 $f_s(t)$ 均称为抽样信号。其中,前者为矩形脉冲序列 $s(t)=\sum\limits_{n=-\infty}^{\infty}G_\tau(t-nT_s)$ 抽样,后者为均匀冲激序列 $\delta_T(t)=\sum\limits_{n=-\infty}^{\infty}\delta(t-nT_s)$ 抽样,而 T_s 为抽样间隔(周期)。

2. 抽样信号 $f_s(t)$ 的傅里叶变换

(1) 矩形脉冲序列 $s(t)=\sum\limits_{n=-\infty}^{\infty}G_\tau(t-nT_s)$ 抽样的傅里叶变换为

$$F_s(\mathrm{j}\omega)=\mathscr{F}[f(t)\cdot s(t)]=\frac{\tau}{T_s}\sum_{n=-\infty}^{\infty}\mathrm{Sa}\left(\frac{n\Omega\tau}{2}\right)F[\mathrm{j}(\omega-n\omega_s)],\quad \omega_s=\frac{2\pi}{T_s}$$

(2) 均匀冲激序列 $\delta_{T_s}(t)=\sum\limits_{n=-\infty}^{\infty}\delta(t-nT_s)$ 抽样的傅里叶变换为

$$F_s(\mathrm{j}\omega)=\mathscr{F}[f(t)\cdot\delta_T(t)]=\frac{1}{T_s}\sum_{n=-\infty}^{\infty}F[\mathrm{j}(\omega-n\omega_s)],\quad \omega_s=\frac{2\pi}{T_s}$$

3. 时域抽样定理

(1) 限带信号的定义。设 $f(t)\leftrightarrow F(\mathrm{j}\omega)$,且当 $|\omega|\geqslant\omega_m$ 时有 $F(\mathrm{j}\omega)=0$,则称 $f(t)$ 为带宽为 ω_m 的限带信号。

(2) 时域抽样定理。为了能从抽样信号 $f_s(t)$ 中恢复原信号 $f(t)$,必须满足两个条件:① 被抽样的信号 $f(t)$ 必须是限带信号。不妨设其带宽为 ω_m(或 f_m);② 抽样频率满足 $\omega_s\geqslant 2\omega_m$(即 $f_s\geqslant 2f_m$),或抽样间隔 $T_s\leqslant\frac{1}{2f_m}=\frac{\pi}{\omega_m}$。其最低抽样频率 $f_s=2f_m$ 或 $\omega_s=2\omega_m$ 称为奈奎斯特频率,其最大允许抽样间隔 $T_s=\frac{1}{2f_m}=\frac{\pi}{\omega_m}$ 称为奈奎斯特抽样间隔。此结论即为时域抽样定理。

4.2.7 调制与解调

图 4.1 为一幅度调制(AM)与解调系统。其中 $f(t)$ 为被传送的信号,$a_1(t)=\cos(\omega_0 t)$ 为载波信号(即调制信号),ω_0 为载波频率,$a_2(t)=\cos(\omega_0 t)$ 为解调信号[$a_1(t)=a_2(t)$],$H(\mathrm{j}\omega)=G_{2\omega_c}(\omega)$ 为理想低通滤波器,ω_c 为滤波器的截止频率。

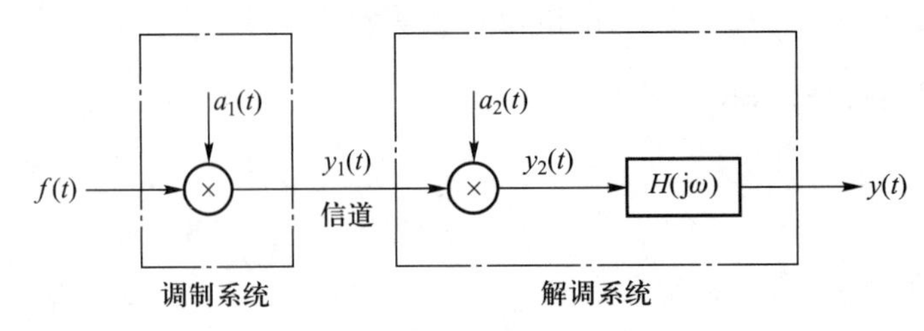

图4.1　幅度调制与解调系统

1. 调制

调制信号 $y_1(t)$ 为

$$y_1(t)=f(t)a_1(t)=f(t)\cos(\omega_0 t)$$

故

$$Y_1(j\omega)=\frac{1}{2\pi}F(j\omega)*\pi[\delta(\omega-\omega_0)+\delta(\omega+\omega_0)]=\frac{1}{2}F[j(\omega-\omega_0)]+\frac{1}{2}F[j(\omega+\omega_0)]$$

可见 $Y_1(j\omega)$ 中包含了 $F(j\omega)$ 的全部信息。

2. 解调

解调信号 $y_2(t)$ 为

$$y_2(t)=y_1(t)a_2(t)=y_1(t)\cos(\omega_0 t)=f(t)\cos^2(\omega_0 t)=\frac{1}{2}[f(t)+f(t)\cos(2\omega_0 t)]$$

故

$$Y_2(j\omega)=\frac{1}{2}F(j\omega)+\frac{1}{4}F[j(\omega+2\omega_0)]+\frac{1}{4}F[j(\omega-2\omega_0)]$$

可见 $Y_2(j\omega)$ 的频谱结构中包含了 $f(t)$ 的全部信息 $F(j\omega)$，令 $y_2(t)$ 通过传输函数为 $H(j\omega)=2G_{2\omega_c}(\omega)$ 的理想低通滤波器，即可实现 $y(t)=f(t)$，从而恢复原信号 $f(t)$。ω_c 为理想低通滤波器的截止频率（亦即通频带），它应满足 $\omega_b\leqslant\omega_c\leqslant(2\omega_0-\omega_b)$。$\omega_b$ 为 $F(j\omega)$ 的带宽。

4.3　典型例题

例4.1　已知线性时不变系统的输入 $f(t)$ 如图例4.1所示，而系统的冲激响应 $h(t)=e^{-2t}U(t)$。试求该系统的零状态响应 $y_f(t)$。

解：若在时域求解该问题，将输入信号 $f(t)$ 与冲激响应 $h(t)$ 进行卷积积分就可得到零状态响应 $y_f(t)$。

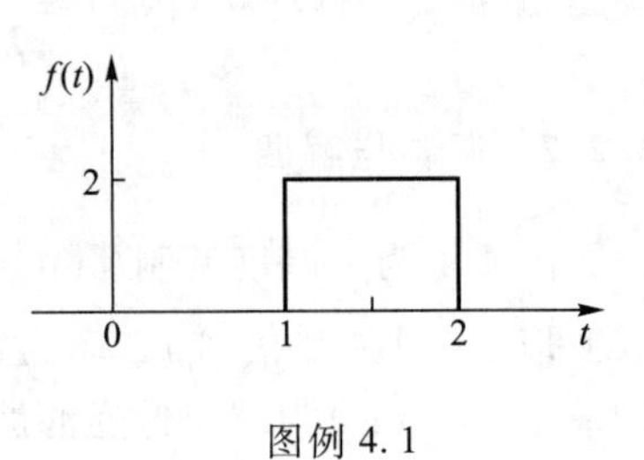

图例4.1

若在频域求解，按常规思路应是 $\mathscr{F}[h(t)]=H(j\omega)$，$\mathscr{F}[f(t)]=F(j\omega)$，根据时域卷积定理求得 $Y_f(j\omega)=H(j\omega)\cdot F(j\omega)$，再进行傅里叶逆变换求得 $y_f(t)$。但这样的频域求解过程比较麻烦，主要难点在于对 $Y_f(j\omega)$ 的傅里叶逆变换上。下面考虑采用另一种频域法思路并结合系统的线性、时不变特点求解。

输入为单位阶跃函数 $U(t)$ 时系统的零状态响应即是系统的单位阶跃响应 $g(t)$。考虑到

$$\mathscr{F}[U(t)]=\pi\delta(\omega)+\frac{1}{\mathrm{j}\omega},\quad \mathscr{F}[h(t)]=\mathscr{F}[\mathrm{e}^{-2t}U(t)]=\frac{1}{\mathrm{j}\omega+2}$$

而 $$G(\mathrm{j}\omega)=H(\mathrm{j}\omega)\times\left[\pi\delta(\omega)+\frac{1}{\mathrm{j}\omega}\right]=\frac{1}{\mathrm{j}\omega+2}\pi\delta(\omega)+\frac{1}{(\mathrm{j}\omega+2)\mathrm{j}\omega}=\frac{1}{2}\pi\delta(\omega)+\frac{1}{(\mathrm{j}\omega+2)\mathrm{j}\omega}$$

对 $G(\mathrm{j}\omega)$ 中第二项按部分分式展开并改写 $G(\mathrm{j}\omega)$ 表达式,得

$$G(\mathrm{j}\omega)=\frac{1}{2}\pi\delta(\omega)+\frac{1/2}{\mathrm{j}\omega}-\frac{1/2}{\mathrm{j}\omega+2}=\frac{1}{2}\left[\pi\delta(\omega)+\frac{1}{\mathrm{j}\omega}\right]-\frac{1}{2}\cdot\frac{1}{\mathrm{j}\omega+2}$$

对照单位阶跃函数、单边指数衰减函数傅里叶变换对,即可得

$$g(t)=\frac{1}{2}U(t)-\frac{1}{2}\mathrm{e}^{-2t}U(t)$$

输入信号为 $$f(t)=2U(t-1)-2U(t-2)$$

由时不变性、线性概念,可得系统的零状态响应为

$$y_{\mathrm{f}}(t)=2g(t-1)-2g(t-2)=U(t-1)-\mathrm{e}^{-2(t-1)}U(t-1)-U(t-2)+\mathrm{e}^{-2(t-2)}U(t-2)$$

例 4.2 半波整流器和滤波电路如图例 4.2(a)所示,半波整流器的输出电压 $u(t)$ 如图例 4.2(b)所示。已知 $U_{\mathrm{m}}=220\sqrt{2}$ V,$\omega=314$ rad/s,$L=10$ H,$C=20$ μF,$R=1\ 500$ Ω。试求电阻上的电压 $u_R(t)$ 及电阻 R 消耗的平均功率(忽略四次以上谐波)。

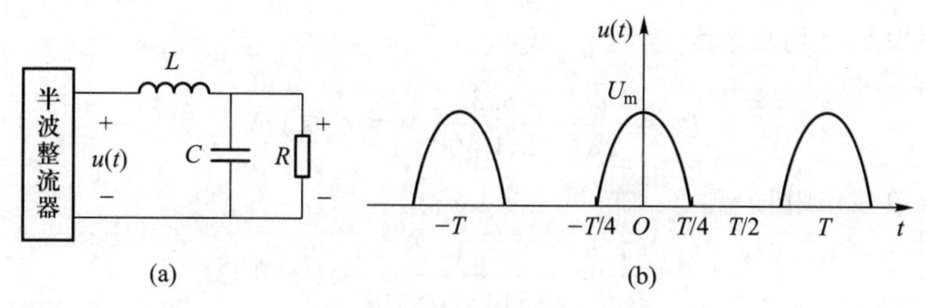

图例 4.2

解:对信号 $u(t)$ 进行傅里叶级数展开

$$u(t)=\frac{U_{\mathrm{m}}}{\pi}+\frac{2U_{\mathrm{m}}}{\pi}\left[\frac{\pi}{4}\cos(\omega t)+\frac{1}{3}\cos(2\omega t)-\frac{1}{15}\cos(4\omega t)+\cdots\right]$$

将本例题给出的参数代入上式,得

直流分量: $$U_0=\frac{U_{\mathrm{m}}}{\pi}=\frac{220\sqrt{2}}{3.14}\ \mathrm{V}=99\ \mathrm{V}$$

基波分量: $$u_1(t)=\frac{220\sqrt{2}}{2}\cos(314t)\ \mathrm{V}=155\cos(314t)\ \mathrm{V}$$

二次谐波分量: $$u_2(t)=\frac{2\times220\sqrt{2}}{3\pi}\cos(628t)\ \mathrm{V}=66\cos(628t)\ \mathrm{V}$$

三次谐波分量:0

四次谐波分量：　　$u_4(t)=-\dfrac{2U_m}{15\pi}\cos(4\omega t)=-13.2\cos(1\ 256t)$ V

四次以上谐波分量忽略。

当直流分量单独作用时，L 相当于短路，C 相当于开路，所以输出电压为

$$U_{R_0}=U_0=99\ \text{V}$$

电阻 R 上消耗的直流平均功率为

$$P_{R_0}=\frac{U_{R_0}^2}{R}=\frac{99^2}{1\ 500}\ \text{W}=6.534\ \text{W}$$

当基波分量单独作用时

$$X_{C_1}=\frac{1}{\omega C}=\frac{1}{314\times20\times10^{-6}}\ \Omega=159\ \Omega$$

$$X_{L_1}=\omega L=(314\times10)\ \Omega=3\ 140\ \Omega$$

而

$$R//(-\text{j}X_{C_1})=\frac{1\ 500\times(-\text{j}159)}{1\ 500-\text{j}159}\ \Omega\approx-\text{j}159\ \Omega$$

所以，输出电压基波复振幅为

$$\dot{U}_{R_1\text{m}}=\dot{U}_{1\text{m}}\frac{-\text{j}159}{\text{j}3\ 140-\text{j}159}=\left(155\times\frac{-\text{j}159}{\text{j}2\ 981}\right)\ \text{V}=8.3\angle180^\circ\ \text{V}$$

对应的基波时间函数为

$$u_{R_1}(t)=8.3\cos(\omega t+180^\circ)\ \text{V}=8.3\cos(314t+180^\circ)\ \text{V}$$

电阻 R 消耗的基波平均功率为

$$P_{R_1}=\frac{U_{R_1\text{m}}^2}{2R}=\frac{8.3^2}{2\times1\ 500}\ \text{W}=0.023\ \text{W}$$

二次谐波单独作用时

$$X_{C_2}=\frac{1}{2\omega C}=\frac{1}{2\times314\times20\times10^{-6}}\ \Omega=80\ \Omega$$

$$X_{L_2}=2\omega L=2\times314\times10\ \Omega=6\ 280\ \Omega$$

$$R//(-\text{j}X_{C_2})=\frac{1\ 500\times(-\text{j}80)}{1\ 500-\text{j}80}\ \Omega\approx-\text{j}80\ \Omega$$

所以，输出电压二次谐波复振幅为

$$\dot{U}_{R_2\text{m}}=\dot{U}_{2\text{m}}\frac{-\text{j}80}{\text{j}6\ 280-\text{j}80}=66\times\frac{-\text{j}80}{\text{j}6\ 200}\ \text{V}=0.85\angle180^\circ\ \text{V}$$

对应的二次谐波时间函数为

$$u_{R_2}(t)=0.85\cos(2\omega t+180^\circ)\ \text{V}=0.85\cos(628t+180^\circ)\ \text{V}$$

电阻 R 消耗的二次谐波平均功率为

$$P_{R_2}=\frac{U_{R_2\text{m}}^2}{2R}=\frac{0.85^2}{2\times1\ 500}\ \text{W}=2.4\times10^{-4}\ \text{W}$$

四次谐波单独作用时

$$X_{C_4}=\frac{1}{4\omega C}=\frac{1}{4}X_{C_1}=40\ \Omega$$

$$X_{L_4}=4\omega L=4X_{L_1}=12\ 560\ \Omega$$

$$R//(-\mathrm{j}X_{C_4})\approx -\mathrm{j}40\ \Omega$$

所以,输出电压四次谐波复振幅为

$$\dot{U}_{R_{4\mathrm{m}}}=\dot{U}_{4\mathrm{m}}\frac{-\mathrm{j}40}{\mathrm{j}12\ 560-\mathrm{j}40}=\left(13.2\angle 180^\circ\times\frac{-40}{12\ 520}\right)\ \mathrm{V}=0.042\angle 0^\circ\ \mathrm{V}$$

对应的四次谐波时间函数为

$$u_{R_4}(t)=0.042\cos(4\omega t)\ \mathrm{V}=0.042\cos(1\ 256t)\ \mathrm{V}$$

电阻 R 消耗的四次谐波平均功率为

$$P_{R_4}=\frac{U_{R_4m}^2}{2R}=\frac{0.042^2}{2\times 1\ 500}\ \mathrm{W}=0.59\times 10^{-6}\ \mathrm{W}$$

于是有

$$\begin{aligned}u_R(t)&=u_{R_0}+u_{R_1}(t)+u_{R_2}(t)+u_{R_4}(t)\\&=[99+8.3\cos(314t+180^\circ)+0.85\cos(628t+180^\circ)+0.042\cos(1\ 256t)]\ \mathrm{V}\end{aligned}$$

电阻 R 消耗的总平均功率等于它的各次谐波平均功率之和。从上述计算结果可以看出,电阻 R 消耗的二次、四次谐波平均功率与它消耗的直流功率与基波平均功率相比,非常微小,可以忽略不计。所以

$$P_R=P_{R_0}+P_{R_1}+P_{R_2}+P_{R_4}\approx P_{R_0}+P_{R_1}=(6.534+0.023)\ \mathrm{W}=6.557\ \mathrm{W}$$

例 4.3　描述某线性时不变系统的微分方程为 $y''(t)+7y'(t)+12y(t)=f'(t)+2f(t)$。(1) 求该系统的冲激响应 $h(t)$。(2) 若输入 $f(t)=6\mathrm{e}^{-t}U(t)$,求系统的零状态响应 $y_\mathrm{f}(t)$。

解:(1) 考虑零状态条件,对方程两端做傅里叶变换,得

$$(\mathrm{j}\omega)^2Y_\mathrm{f}(\mathrm{j}\omega)+7\mathrm{j}\omega Y_\mathrm{f}(\mathrm{j}\omega)+12Y_\mathrm{f}(\mathrm{j}\omega)=\mathrm{j}\omega F(\mathrm{j}\omega)+2F(\mathrm{j}\omega)$$

$$[(\mathrm{j}\omega)^2+7\mathrm{j}\omega+12]Y_\mathrm{f}(\mathrm{j}\omega)=(\mathrm{j}\omega+2)F(\mathrm{j}\omega)$$

由上式解得

$$H(\mathrm{j}\omega)=\frac{Y_\mathrm{f}(\mathrm{j}\omega)}{F(\mathrm{j}\omega)}=\frac{\mathrm{j}\omega+2}{(\mathrm{j}\omega+3)(\mathrm{j}\omega+4)}=\frac{-1}{\mathrm{j}\omega+3}+\frac{2}{\mathrm{j}\omega+4}$$

所以

$$h(t)=\mathscr{F}^{-1}[H(\mathrm{j}\omega)]=[2\mathrm{e}^{-4t}-\mathrm{e}^{-3t}]U(t)$$

(2) $F(\mathrm{j}\omega)=\mathscr{F}[f(t)]=\mathscr{F}[6\mathrm{e}^{-t}U(t)]=\dfrac{6}{\mathrm{j}\omega+1}$

$$Y_\mathrm{f}(\mathrm{j}\omega)=H(\mathrm{j}\omega)\cdot F(\mathrm{j}\omega)=\frac{6}{\mathrm{j}\omega+1}\cdot\frac{\mathrm{j}\omega+2}{(\mathrm{j}\omega+3)(\mathrm{j}\omega+4)}=\frac{1}{\mathrm{j}\omega+1}+\frac{3}{\mathrm{j}\omega+3}-\frac{4}{\mathrm{j}\omega+4}$$

故得

$$y_\mathrm{f}(t)=\mathscr{F}^{-1}[Y_\mathrm{f}(\mathrm{j}\omega)]=[\mathrm{e}^{-t}+3\mathrm{e}^{-3t}-4\mathrm{e}^{-4t}]U(t)$$

例 4.4　图例 4.4(a)为通信设备中常用的抑制载波振幅调制的解调系统,其中低通滤波器频响函数的幅频特性如图例 4.4(b)所示,相频特性 $\varphi(\omega)=0$。$s(t)=\cos(1\ 000t)\ (-\infty<t<\infty)$。

若输入信号 $f(t)=\dfrac{\sin t}{\pi t}\cos(1\,000t)(-\infty<t<\infty)$，试求该系统的输出信号 $y(t)$。

解： 由常用函数傅里叶变换对 $G_\tau(t)\leftrightarrow\tau\text{Sa}\left(\dfrac{\omega\tau}{2}\right)$ 及对称性质，得

$$\frac{\sin t}{\pi t}\leftrightarrow G_2(\omega)$$

又 $\cos(1\,000t)\leftrightarrow\pi[\delta(\omega+1\,000)+\delta(\omega-1\,000)]$，由调制定理得

$$F(\mathrm{j}\omega)=\frac{1}{2\pi}G_2(\omega)*\pi[\delta(\omega+1\,000)+\delta(\omega-1\,000)]=\frac{1}{2}G_2(\omega+1\,000)+\frac{1}{2}G_2(\omega-1\,000)$$

设乘法器输出为 $y_1(t)$，如图(a)所示，$y_1(t)=f(t)\cdot s(t)=f(t)\cos(1\,000t)$，其频谱为

$$\begin{aligned}
Y_1(\mathrm{j}\omega)&=\frac{1}{2\pi}F(\mathrm{j}\omega)*\pi[\delta(\omega+1\,000)+\delta(\omega-1\,000)]\\
&=\frac{1}{2\pi}\left[\frac{1}{2}G_2(\omega+1\,000)+\frac{1}{2}G_2(\omega-1\,000)\right]*\pi[\delta(\omega+1\,000)+\delta(\omega-1\,000)]\\
&=\frac{1}{4}G_2(\omega+2\,000)+\frac{1}{4}G_2(\omega)+\frac{1}{4}G_2(\omega)+\frac{1}{4}G_2(\omega-2\,000)\\
&=\frac{1}{4}G_2(\omega+2\,000)+\frac{1}{2}G_2(\omega)+\frac{1}{4}G_2(\omega-2\,000)
\end{aligned}$$

考虑低通滤波器特性

$$H(\mathrm{j}\omega)=G_2(\omega)$$

所以

$$Y(\mathrm{j}\omega)=Y_1(\mathrm{j}\omega)H(\mathrm{j}\omega)=\frac{1}{2}G_2(\omega)$$

再由对称性质，可得输出为

$$y(t)=\mathscr{F}^{-1}[Y(\mathrm{j}\omega)]=\frac{\sin t}{2\pi t}=\frac{1}{2\pi}\text{Sa}(t)$$

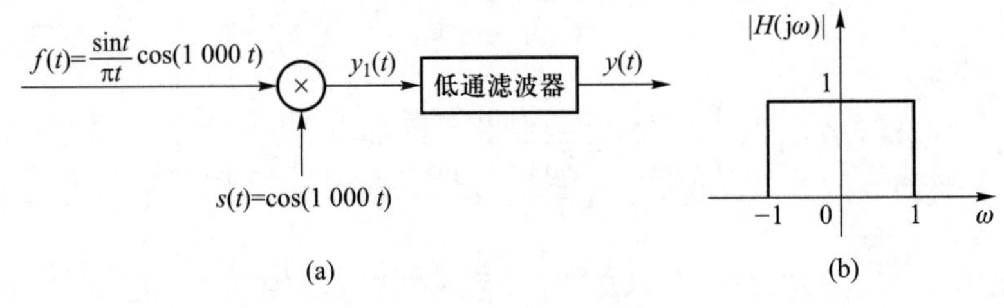

图例 4.4

例 4.5　图例 4.5(a)画出了这样一个幅度调制系统：先把调制信号与载波之和平方，然后通过带通滤波器获得已调信号。若 $g(t)$ 是带限信号，即 $|\omega|>\omega_m$ 时 $G(\mathrm{j}\omega)=0$。试确定带通滤波器的参量 A、ω_l、ω_h，使得 $f(t)=g(t)\cos(\omega_c t)$，并给出对 ω_c 和 ω_m 的约束关系。

解： 由于要求输出的信号 $f(t)=g(t)\cos(\omega_c t)$，令调制信号与载波之和的平方为 $f_1(t)$，即

$$f_1(t)=[g(t)+\cos(\omega_c t)]^2=g(t)^2+2g(t)\cos(\omega_c t)+\frac{1+\cos(2\omega_c t)}{2}$$

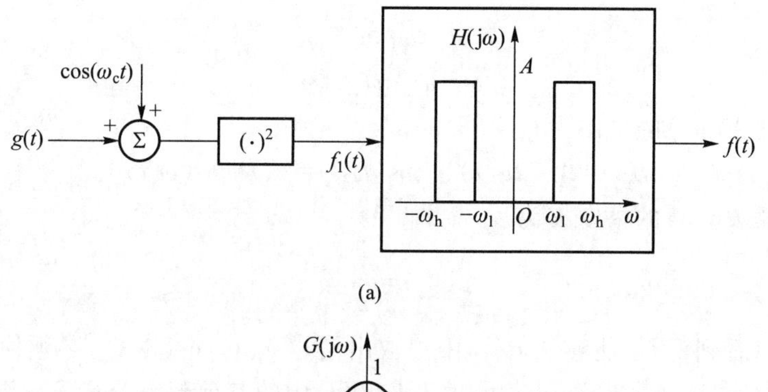

(a)

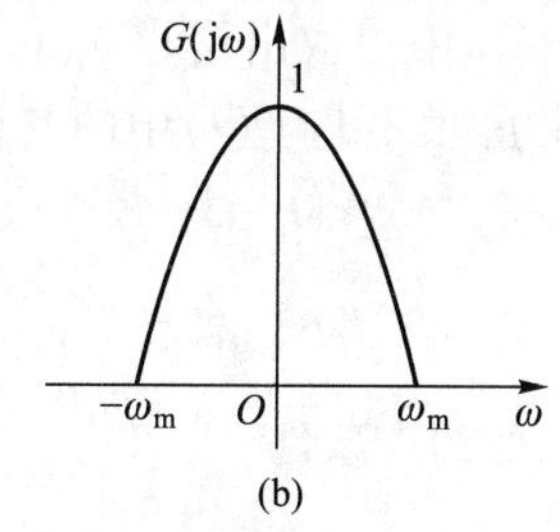

(b)

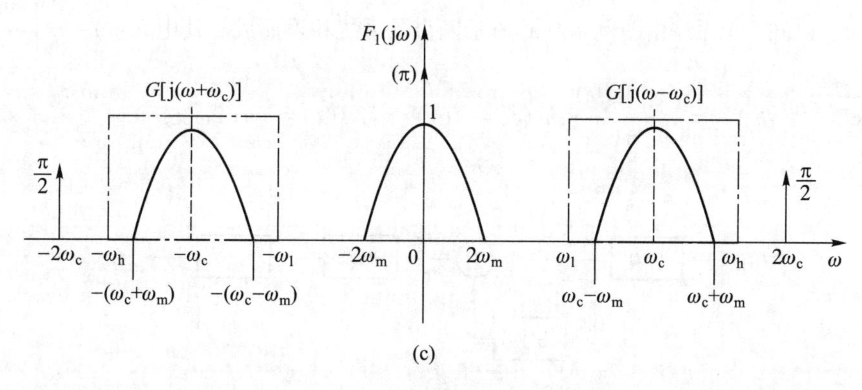

(c)

图例 4.5

如果带通滤波器能够通过 $f_1(t)$ 中的 $g(t)\cos(\omega_c t)$ 项所对应的频率分量并适当地限幅，滤掉 $f_1(t)$ 中的其他频率分量，即可使信号 $f(t)$ 为所期望的结果，不妨令 $g(t)$ 的频谱 $G(j\omega)$ 如图例 4.5(b)所示。显然有

$$F_1(j\omega)=\mathscr{F}\left[g^2(t)+2g(t)\cos(\omega_c t)+\frac{1+\cos(2\omega_c t)}{2}\right]$$

$$=\frac{1}{2\pi}G(j\omega)*G(j\omega)+G[j(\omega-\omega_c)]+G[j(\omega+\omega_c)]+$$

$$\pi\left[\delta(\omega)+\frac{1}{2}\delta(\omega-2\omega_c)+\frac{1}{2}\delta(\omega+2\omega_c)\right]$$

其中，$G[j(\omega-\omega_c)]$ 和 $G[j(\omega+\omega_c)]$ 为 $2g(t)\cos(\omega_c t)$ 所对应的频谱分量。$F_1(j\omega)$ 的频谱示意图如图例 4.5(c)所示。

从上面的频谱图可以看出，要使带通滤波器 $H(j\omega)$ 只通过 $G[j(\omega-\omega_c)]$ 和 $G[j(\omega+\omega_c)]$ 而滤掉 $F_1(j\omega)$ 中的其他频率分量，需要使 $H(j\omega)$ 的通带的下限频率 ω_l 和上限频率 ω_h 分别满

足以下的条件：

$$2\omega_m<\omega_l<\omega_c-\omega_m$$
$$\omega_c+\omega_m<\omega_h<2\omega_c$$

此时带通滤波器 $H(j\omega)$ 的输出为

$$f(t)=A\cdot 2g(t)\cdot\cos(\omega_c t)=g(t)\cos(\omega_c t)$$

因此带通滤波器 $H(j\omega)$ 的幅度 A 为

$$A=\frac{1}{2}$$

同时还可以看到，为了能够从 $f_1(t)$ 中提取出信号 $g(t)\cos(\omega_c t)$，必须使 $g(t)\cos(\omega_c t)$ 的频谱中 $G[j(\omega+\omega_c)]$ 和 $G[j(\omega-\omega_c)]$ 项不与 $f_1(t)$ 中的其他频率分量发生混叠，即要求：

$$2\omega_m<\omega_c-\omega_m$$
$$-\omega_c+\omega_m<-2\omega_m$$

由此可得 $\omega_m<\dfrac{\omega_c}{3}$，这就是对 ω_c 和 ω_m 的约束条件。

例 4.6　已知一个系统由图例 4.6(a)所示四个子系统相连而成。其中 $h_1(t)=\dfrac{d}{dt}\left[\dfrac{\sin(\omega_c t)}{2\pi t}\right]$，$H_2(j\omega)=e^{-j2\pi\omega/\omega_c}$，$h_3(t)=\dfrac{\sin(3\omega_c t)}{\pi t}$，$h_4(t)=U(t)$。若 $f(t)=\sin(2\omega_c t)+\cos\dfrac{\omega_c t}{2}$，求系统的输出 $y(t)$。

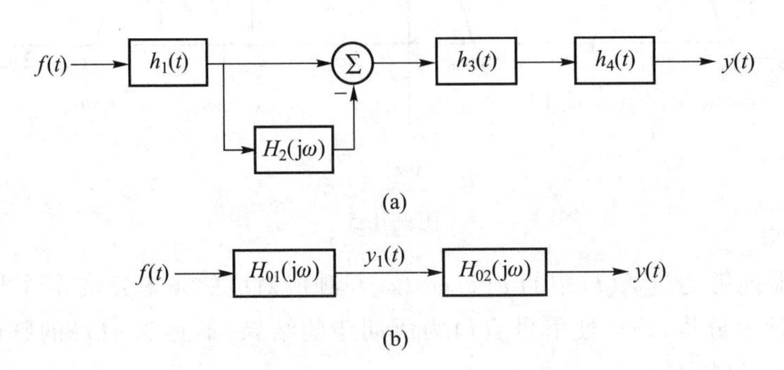

图例 4.6

解：由于该系统和其他子系统均为 LTI 系统，所以其频率响应为

$$H(j\omega)=H_1(j\omega)\cdot[1-H_2(j\omega)]\cdot H_3(j\omega)\cdot H_4(j\omega)$$

且系统的频率响应 $H(j\omega)$ 与四个子系统级联的次序无关。因此，可以根据系统的特点交换子系统的次序，从而使系统分析得到简化。由

$$H_1(j\omega)=\mathscr{F}[h_1(t)]=\frac{1}{2}j\omega G_{2\omega_c}(\omega)$$

可知 $H_1(j\omega)$ 是一个低通微分器。又由 $h_4(t)=U(t)$，可知 $h_4(t)$ 是一个积分器。所以有

$$H_1(j\omega)\cdot H_4(j\omega)=\frac{1}{2}j\omega G_{2\omega_c}(\omega)\cdot\left[\frac{1}{j\omega}+\pi\delta(\omega)\right]$$

因此 $H_1(\mathrm{j}\omega)\cdot H_4(\mathrm{j}\omega)$ 等效为一个低通滤波器,截止频率为 ω_{c}。

由于 $H_3(\mathrm{j}\omega)=\mathscr{F}[h_3(t)]=G_{6\omega_{\mathrm{c}}}(\omega)$,可知 $H_3(\mathrm{j}\omega)$ 是一个低通滤波器,其截止频率为 $3\omega_{\mathrm{c}}$,高于 $H_1(\mathrm{j}\omega)$、$H_4(\mathrm{j}\omega)$ 的截止频率。因此有

$$H_1(\mathrm{j}\omega)\cdot H_4(\mathrm{j}\omega)\cdot H_3(\mathrm{j}\omega)=H_1(\mathrm{j}\omega)\cdot H_4(\mathrm{j}\omega)=\frac{1}{2}G_{2\omega_{\mathrm{c}}}(\omega)$$

由于 $H_2(\mathrm{j}\omega)=\mathrm{e}^{-\mathrm{j}2\pi\omega/\omega_{\mathrm{c}}}$,相当于对信号在时域上时延 $\dfrac{2\pi}{\omega_{\mathrm{c}}}$ 个单位,因此在时域上讨论该子系统比较方便。

实际上相当于把系统 $H(\mathrm{j}\omega)$ 变成了两个子系统的级联,如图例 4.6(b)所示。其中

$$H_{01}(\mathrm{j}\omega)=H_1(\mathrm{j}\omega)H_3(\mathrm{j}\omega)H_4(\mathrm{j}\omega)=\frac{1}{2}G_{2\omega_{\mathrm{c}}}(\omega)$$

$$H_{02}(\mathrm{j}\omega)=1-H_2(\mathrm{j}\omega)=1-\mathrm{e}^{-\mathrm{j}2\pi\omega/\omega_{\mathrm{c}}}$$

由于 $f(t)=\sin(2\omega_{\mathrm{c}}t)+\cos\left(\dfrac{\omega_{\mathrm{c}}t}{2}\right)$,则经过系统 $H_{01}(\mathrm{j}\omega)$ 之后,输入中的 $\sin(2\omega_{\mathrm{c}}t)$ 分量被滤掉,$\cos\left(\dfrac{\omega_{\mathrm{c}}t}{2}\right)$ 分量通过并乘以 $\dfrac{1}{2}$ 的增益。$H_{01}(\mathrm{j}\omega)$ 的输出 $y_1(t)$ 为

$$y_1(t)=\frac{1}{2}\cos\left(\frac{\omega_{\mathrm{c}}t}{2}\right)$$

又由于

$$h_{02}(t)=\mathscr{F}^{-1}[H_{02}(\mathrm{j}\omega)]=\delta(t)-\delta\left(t-\frac{2\pi}{\omega_{\mathrm{c}}}\right)$$

因而系统的输出为

$$y(t)=y_1(t)*\left[\delta(t)-\delta\left(t-\frac{2\pi}{\omega_{\mathrm{c}}}\right)\right]=\frac{1}{2}\cos\frac{\omega_{\mathrm{c}}t}{2}-\frac{1}{2}\cos\left[\frac{\omega_{\mathrm{c}}}{2}\left(t-\frac{2\pi}{\omega_{\mathrm{c}}}\right)\right]=\cos\frac{\omega_{\mathrm{c}}t}{2}$$

例 4.7 已知一个系统的框图如图例 4.7(a)所示,其中 $\delta_T(t)$ 为周期冲激串信号,周期 $T=1$。若周期信号 $f(t)$ 的波形如图例 4.7(b)所示,画出 $y_{\mathrm{f}}(t)$ 的频谱。

解:由 $f(t)$ 的波形可知 $f(t)$ 是周期方波信号,且周期 $T=8$。因此 $f(t)$ 的频谱为

$$F(\mathrm{j}\omega)=2\pi\sum_{n=-\infty}^{\infty}F_n\delta\left(\omega-\frac{n\pi}{4}\right)=\sum_{n=-\infty}^{\infty}\frac{2\sin\dfrac{n\pi}{4}}{n}\delta\left(\omega-\frac{n\pi}{4}\right)$$

$f(t)$ 经过低通滤波器 $H_1(\mathrm{j}\omega)$ 之后,高于 π 的频率分量均被滤掉。若经过 $H_1(\mathrm{j}\omega)$ 之后的信号为 $y_1(t)$,则其频谱为

$$Y_1(\mathrm{j}\omega)=2\pi\sum_{n=-\infty}^{\infty}F_n\delta\left(\omega-\frac{n\pi}{4}\right)=\sum_{n=-4}^{4}\frac{2\sin\dfrac{n\pi}{4}}{n}\delta\left(\omega-\frac{n\pi}{4}\right)$$

显然,$Y_1(\mathrm{j}\omega)$ 是一个低频带限信号,频率上限为 $\omega_{\mathrm{m}}=\pi$,如图例 4.7(c)所示。设 $y_1(t)$ 经过 $\delta_T(t)$ 抽样后得到的信号为 $y_2(t)$,则其频谱为

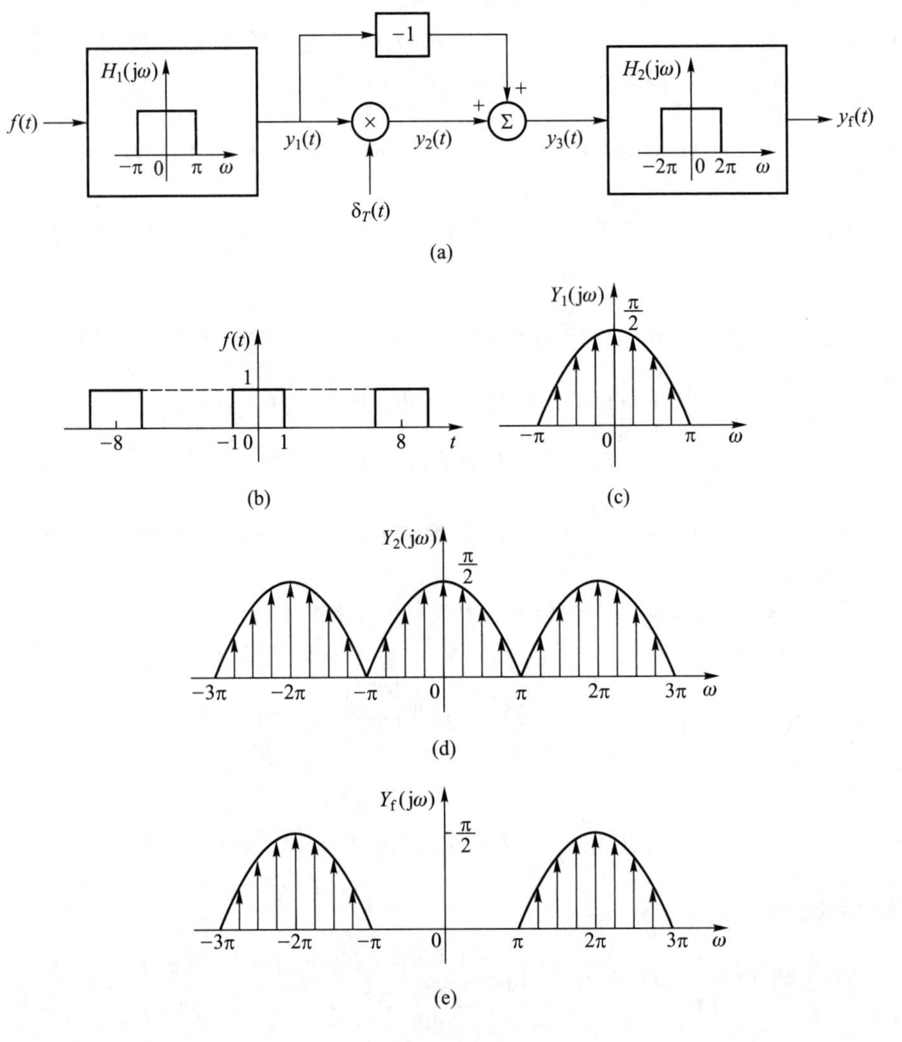

图例 4.7

$$Y_2(j\omega)=\mathscr{F}[y_1(t)\cdot\delta_T(t)]$$

$$=\frac{1}{2\pi}Y_1(j\omega)*2\pi\sum_{n=-\infty}^{\infty}\delta(\omega-2n\pi)=\sum_{n=-\infty}^{\infty}Y_1[j(\omega-2n\pi)]$$

由 $\delta_T(t)$ 的抽样角频率 $\omega_0=\frac{2\pi}{T}=2\pi=2\omega_m$ 及 $Y_1(j\omega)$ 的频率分布可知，该抽样满足抽样定理，抽样后的信号 $y_2(t)$ 不会发生频率混叠。$y_2(t)$ 的频谱如图例 4.7(d)所示。

设 $y_2(t)$ 与 $-y_1(t)$ 叠加后的信号为 $y_3(t)$，则 $y_3(t)$ 的频谱为

$$Y_3(j\omega)=Y_2(j\omega)-Y_1(j\omega)=\sum_{n=-\infty}^{\infty}Y_1[j(\omega-2n\pi)]-Y_1(j\omega)$$

实际上 $Y_3(j\omega)$ 相当于 $Y_2(j\omega)$ 去掉了频率小于 π 的低频分量之后得到的高频信号。显然，$Y_3(j\omega)$ 经过低通滤波器 $H_2(j\omega)$ 之后，高于 3π 的频率分量均被滤掉，得到 $Y_f(j\omega)$ 为

$$Y_f(j\omega)=\sum_{n=-1}^{1}Y_1[j(\omega-2n\pi)]-Y_1(j\omega)=Y_1[j(\omega-2\pi)]+Y_1[j(\omega+2\pi)]$$

$y_f(t)$的频谱 $Y_f(j\omega)$如图例 4.7(e)所示。

$y_f(t)$实际上是频率分布在 π 到 3π 之间的带限信号。

例 4.8 已知一个系统如图例 4.8(a)所示,若输入信号$f(t)$的频谱如图例 4.8(b)所示,求系统的输出 $y(t)$。

解:设子系统 $j\mathrm{sgn}(\omega)$的输出为 $y_1(t)$,则子系统 $j\mathrm{sgn}(\omega)$的冲激响应 $h_1(t)$为

$$h_1(t)=\mathscr{F}^{-1}[j\mathrm{sgn}(\omega)]=-\frac{1}{\pi t}$$

因而

$$y_1(t)=f(t)*h_1(t)=-\frac{1}{\pi}\int_{-\infty}^{+\infty}\frac{f(\tau)}{t-\tau}d\tau$$

这种运算通常称为希尔伯特变换(Hilbert transform)。

由题意可知,$F(j\omega)$是低频门限函数。$f(t)$经 $\cos(4t)$调制,得到信号 $y_2(t)$的频谱为

$$Y_2(j\omega)=\mathscr{F}^{-1}[f(t)\cos(4t)]=\frac{1}{2}\{F[j(\omega+4)]+F[j(\omega-4)]\}$$

如图例 4.8(c)所示。

$y_1(t)$的频谱为

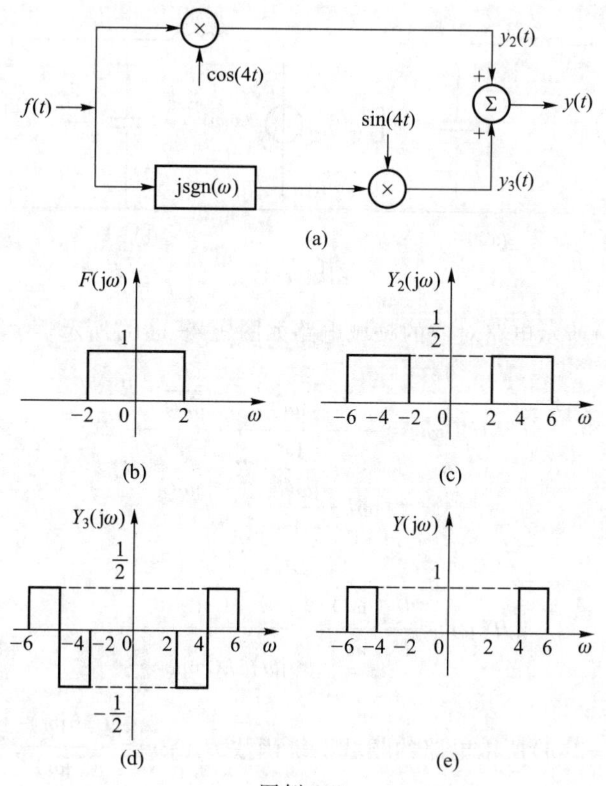

图例 4.8

$$Y_1(j\omega)=F(j\omega)\cdot j\mathrm{sgn}(\omega)=j\mathrm{sgn}(\omega)\cdot G_4(\omega)$$

$y_1(t)$经过$\sin(4t)$调制,得到的信号$y_3(t)$的频谱为

$$Y_3(j\omega)=\mathscr{F}[y_1(t)\sin(4t)]=\frac{1}{2j}\{Y_1[j(\omega-4)]-Y_1[j(\omega+4)]\}$$

$$=\frac{1}{2}\{\mathrm{sgn}(\omega-4)F[j(\omega-4)]-\mathrm{sgn}(\omega+4)F[j(\omega+4)]\}$$

如图例4.8(d)所示。

输出信号$y(t)$的频谱$Y(j\omega)$为

$$Y(j\omega)=Y_2(j\omega)+Y_3(j\omega)$$

将$Y_2(j\omega)$和$Y_3(j\omega)$叠加,即得$Y(j\omega)$如图例4.8(e)所示。$Y(j\omega)$是一个带通信号。

$$Y(j\omega)=G_2(\omega-5)+G_2(\omega+5)$$

求$Y(j\omega)$的傅里叶反变换,即得输出信号$y(t)$为

$$y(t)=\mathscr{F}^{-1}[Y(j\omega)]=\mathscr{F}^{-1}[G_2(\omega)]\cdot(e^{j5t}+e^{-j5t})=\frac{2\sin t\cos(5t)}{\pi t}$$

4.4　本章习题详解

4-1　求图题4-1(a)所示电路的系统函数$H(j\omega)=\dfrac{U_2(j\omega)}{U_1(j\omega)}$。

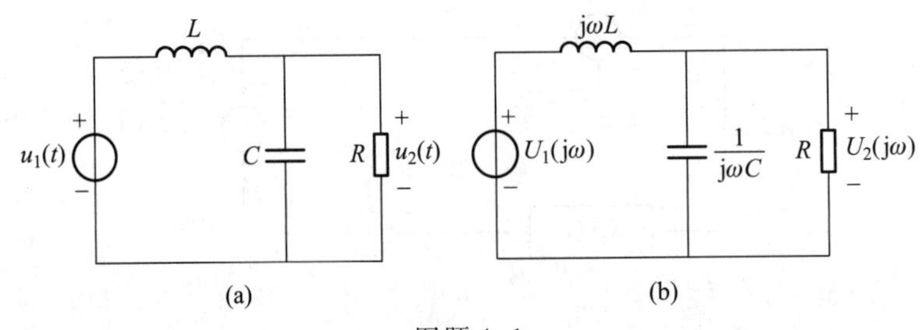

图题4-1

解:图题4-1(a)所示电路对应的频域电路如图题4-1(b)所示。

$$U_2(j\omega)=\frac{U_1(j\omega)}{j\omega L+\dfrac{\dfrac{1}{j\omega C}\cdot R}{\dfrac{1}{j\omega C}+R}}\cdot\frac{\dfrac{1}{j\omega C}\cdot R}{\dfrac{1}{j\omega C}+R}$$

$$H(j\omega)=\frac{U_2(j\omega)}{U_1(j\omega)}=\frac{1}{(j\omega)^2LC+j\omega\dfrac{L}{R}+1}$$

4-2　求图题4-2(a)所示电路的频域系统函数$H_1(j\omega)=\dfrac{U_C(j\omega)}{F(j\omega)}$,$H_2(j\omega)=\dfrac{I(j\omega)}{F(j\omega)}$及相对应的单位冲激响应$h_1(t)$与$h_2(t)$。

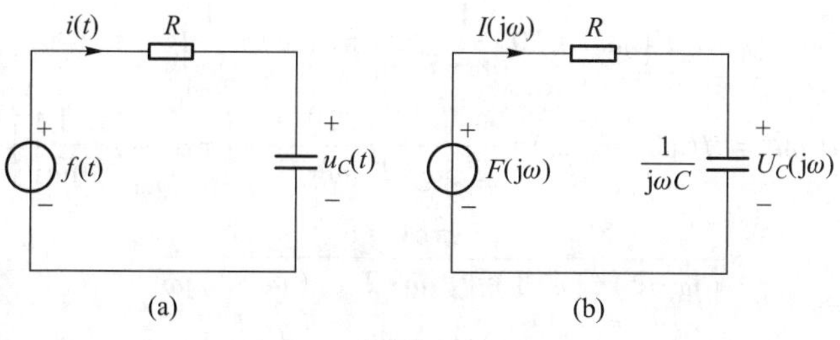

图题 4-2

解:频域电路如图题 4-2(b) 所示。

$$H_1(\mathrm{j}\omega)=\frac{U_C(\mathrm{j}\omega)}{F(\mathrm{j}\omega)}=\frac{\frac{1}{\mathrm{j}\omega C}}{R+\frac{1}{\mathrm{j}\omega C}}=\frac{1}{RC}\times\frac{1}{\mathrm{j}\omega+\frac{1}{RC}}$$

$$I(\mathrm{j}\omega)=\frac{F(\mathrm{j}\omega)}{R+\frac{1}{\mathrm{j}\omega C}}=\frac{\mathrm{j}\omega C}{\mathrm{j}\omega CR+1}F(\mathrm{j}\omega)$$

$$H_2(\mathrm{j}\omega)=\frac{I(\mathrm{j}\omega)}{F(\mathrm{j}\omega)}=\frac{1}{R}\frac{\mathrm{j}\omega}{\mathrm{j}\omega+\frac{1}{RC}}=\frac{1}{R}\left[1-\frac{\frac{1}{RC}}{\mathrm{j}\omega+\frac{1}{RC}}\right]$$

故

$$h_1(t)=\mathscr{F}^{-1}[H_1(\mathrm{j}\omega)]=\frac{1}{RC}\mathrm{e}^{-\frac{1}{RC}t}U(t)$$

$$h_2(t)=\mathscr{F}^{-1}[H_2(\mathrm{j}\omega)]=\frac{1}{R}\delta(t)-\frac{1}{R^2C}\mathrm{e}^{-\frac{1}{RC}t}U(t)$$

4-3　图题 4-3(a)所示电路,$f(t)=[10\mathrm{e}^{-t}+2]U(t)$(V),求关于 $i(t)$ 的单位冲激响应 $h(t)$ 和零状态响应 $i(t)$。

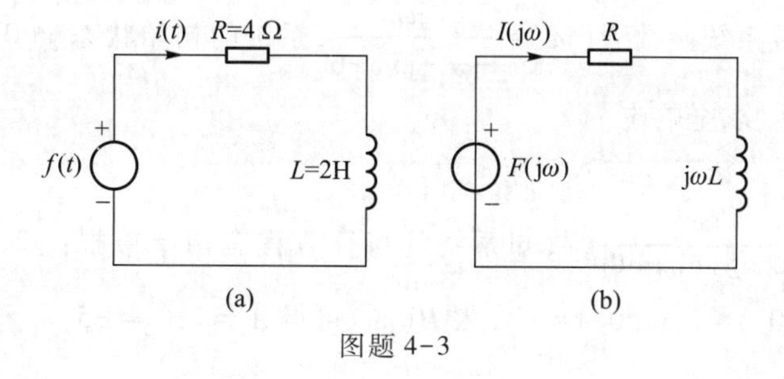

图题 4-3

解:频域电路如图题 4-3(b) 所示。

$$H(\mathrm{j}\omega)=\frac{I(\mathrm{j}\omega)}{F(\mathrm{j}\omega)}=\frac{1}{R+\mathrm{j}\omega L}=\frac{1}{2}\frac{1}{\mathrm{j}\omega+2}$$

故得

$$h(t)=\frac{1}{2}\mathrm{e}^{-2t}U(t)\ (\mathrm{A})$$

$$F(\mathrm{j}\omega)=10\frac{1}{\mathrm{j}\omega+1}+2\left[\pi\delta(\omega)+\frac{1}{\mathrm{j}\omega}\right]$$

$$\begin{aligned}I(\mathrm{j}\omega)=H(\mathrm{j}\omega)F(\mathrm{j}\omega)&=\frac{1}{2}\frac{1}{\mathrm{j}\omega+2}\left\{\frac{10}{\mathrm{j}\omega+1}+2\left[\pi\delta(\omega)+\frac{1}{\mathrm{j}\omega}\right]\right\}\\&=\frac{5}{(\mathrm{j}\omega+2)(\mathrm{j}\omega+1)}+\frac{\pi\delta(\omega)}{\mathrm{j}\omega+2}+\frac{1}{(\mathrm{j}\omega+2)\mathrm{j}\omega}\\&=\frac{-5}{\mathrm{j}\omega+2}+\frac{5}{\mathrm{j}\omega+1}+\frac{1}{2}\pi\delta(\omega)+\frac{-\frac{1}{2}}{\mathrm{j}\omega+2}+\frac{\frac{1}{2}}{\mathrm{j}\omega}\\&=\frac{-5.5}{\mathrm{j}\omega+2}+\frac{5}{\mathrm{j}\omega+1}+\frac{1}{2}\left[\pi\delta(\omega)+\frac{1}{\mathrm{j}\omega}\right]\end{aligned}$$

故

$$i(t)=(-5.5\mathrm{e}^{-2t}+5\mathrm{e}^{-t})U(t)+\frac{1}{2}U(t)$$

4-4　已知频域系统函数 $H(\mathrm{j}\omega)=\dfrac{-\omega^2+\mathrm{j}4\omega+5}{-\omega^2+\mathrm{j}3\omega+2}$。若激励 $f(t)=\mathrm{e}^{-3t}U(t)$，求零状态响应 $y(t)$。

解：

$$F(\mathrm{j}\omega)=\mathscr{F}[f(t)]=\frac{1}{\mathrm{j}\omega+3}$$

$$H(\mathrm{j}\omega)=1+\frac{\mathrm{j}\omega+3}{-\omega^2+\mathrm{j}3\omega+2}=1+\frac{\mathrm{j}\omega+3}{(\mathrm{j}\omega+1)(\mathrm{j}\omega+2)}$$

$$Y(\mathrm{j}\omega)=F(\mathrm{j}\omega)H(\mathrm{j}\omega)=\frac{1}{\mathrm{j}\omega+3}+\frac{1}{(\mathrm{j}\omega+1)(\mathrm{j}\omega+2)}=\frac{1}{\mathrm{j}\omega+3}+\frac{1}{\mathrm{j}\omega+1}-\frac{1}{\mathrm{j}\omega+2}$$

故得

$$y(t)=(\mathrm{e}^{-3t}+\mathrm{e}^{-t}-\mathrm{e}^{-2t})U(t)$$

4-5　已知频域系统函数 $H(\mathrm{j}\omega)=\dfrac{\mathrm{j}\omega}{-\omega^2+\mathrm{j}5\omega+6}$，系统的初始状态 $y(0^-)=2, y'(0^-)=1$，激励 $f(t)=\mathrm{e}^{-t}U(t)$。求全响应 $y(t)$。

解：(1) 用时域方法求零输入响应 $y_x(t)$。

因 $H(\mathrm{j}\omega)=\dfrac{\mathrm{j}\omega}{(\mathrm{j}\omega+2)(\mathrm{j}\omega+3)}$，故知系统的特征方程有两个单根：$-2$ 和 -3。故 $y_x(t)=A_1\mathrm{e}^{-2t}+A_2\mathrm{e}^{-3t}$，将 $y(0^-)=2, y'(0^-)=1$ 代入 $H(\mathrm{j}\omega)$ 可得 $A_1=7, A_2=-5$。

故

$$y_x(t)=7\mathrm{e}^{-2t}-5\mathrm{e}^{-3t}, t\geqslant 0$$

(2) 用频域方法求零状态响应 $y_f(t)$。

$$F(\mathrm{j}\omega)=\mathscr{F}[f(t)]=\frac{1}{\mathrm{j}\omega+1}$$

$$Y_f(\mathrm{j}\omega)=F(\mathrm{j}\omega)H(\mathrm{j}\omega)=\frac{\mathrm{j}\omega}{(\mathrm{j}\omega+1)(\mathrm{j}\omega+2)(\mathrm{j}\omega+3)}=-\frac{1}{2}\cdot\frac{1}{\mathrm{j}\omega+1}+\frac{2}{\mathrm{j}\omega+2}-\frac{3}{2}\cdot\frac{1}{\mathrm{j}\omega+3}$$

故得

$$y_f(t)=\left(-\frac{1}{2}e^{-t}+2e^{-2t}-\frac{3}{2}e^{-3t}\right)U(t)$$

$$y(t)=y_x(t)+y_f(t)=\underbrace{7e^{-2t}-5e^{-3t}}_{\text{零输入响应}}+\underbrace{\left(-\frac{1}{2}e^{-t}+2e^{-2t}-\frac{3}{2}e^{-3t}\right)}_{\text{零状态响应}}$$

$$=\underbrace{\underbrace{-\frac{1}{2}e^{-t}}_{\text{强迫响应}}\underbrace{+9e^{-2t}-\frac{13}{2}e^{-3t}}_{\text{自由响应}}}_{\text{瞬态响应}},t\geqslant 0$$

4-6　在图题 4-6 所示系统中,$f(t)$为已知的激励,$h(t)=\frac{1}{\pi t}$,求零状态响应 $y(t)$。

f(t) → h(t) → h(t) → y(t)

图题 4-6

解:设 $F(j\omega)=\mathscr{F}[f(t)]$,又有

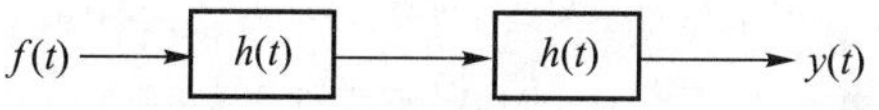

$$\mathscr{F}[h(t)]=H(j\omega)=\mathscr{F}\left[\frac{1}{\pi}\frac{1}{t}\right]=\frac{1}{\pi}[-j\pi\text{sgn}(\omega)]$$

$$=-j\text{sgn}(\omega)$$

故得

$$\begin{aligned}Y(j\omega)&=F(j\omega)H(j\omega)H(j\omega)\\&=F(j\omega)\cdot[-j\text{sgn}(\omega)][-j\text{sgn}(\omega)]=F(j\omega)[-\text{sgn}(\omega)\text{sgn}(\omega)]\\&=-F(j\omega)\end{aligned}$$

$$y(t)=-f(t)$$

由此可见该系统为一反相器。

4-7　图题 4-7(a)所示系统,已知信号 $f(t)$如图题 4-7(b)所示,$f_1(t)=\cos(\omega_0 t)$,$f_2(t)=\cos(2\omega_0 t)$,求响应 $y(t)$的频谱函数 $Y(j\omega)$。

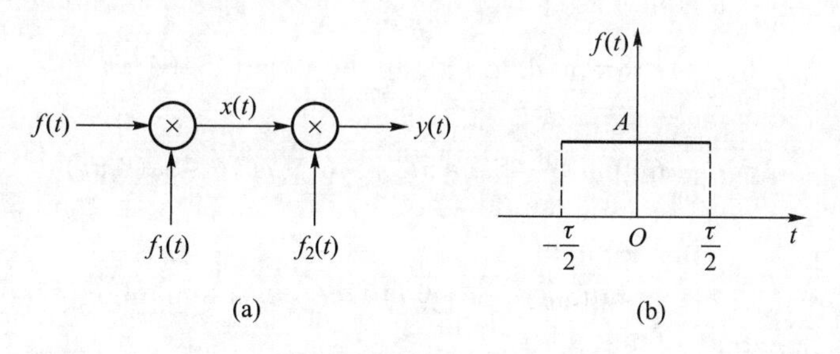

图题 4-7

解: $x(t)=f(t)f_1(t)$

故　$$X(j\omega)=\frac{1}{2\pi}F(j\omega)*F_1(j\omega)=\frac{1}{2\pi}A\tau\text{Sa}\left(\frac{\omega\tau}{2}\right)*\pi[\delta(\omega+\omega_0)+\delta(\omega-\omega_0)]$$

$$=\frac{1}{2}A\tau\left\{\text{Sa}\left[\frac{(\omega+\omega_0)\tau}{2}\right]+\text{Sa}\left[\frac{(\omega-\omega_0)\tau}{2}\right]\right\}$$

又　$$y(t)=x(t)f_2(t)$$

故

$$Y(\mathrm{j}\omega)=\frac{1}{2\pi}X(\mathrm{j}\omega)*F_2(\mathrm{j}\omega)$$

$$=\frac{1}{2\pi}\cdot\frac{1}{2}A\tau\left\{\mathrm{Sa}\left[\frac{(\omega+\omega_0)\tau}{2}\right]+\mathrm{Sa}\left[\frac{(\omega-\omega_0)\tau}{2}\right]\right\}*\pi[\delta(\omega+2\omega_0)+\delta(\omega-2\omega_0)]$$

$$=\frac{1}{4}A\tau\left\{\mathrm{Sa}\left[\frac{(\omega+3\omega_0)\tau}{2}\right]+\mathrm{Sa}\left[\frac{(\omega+\omega_0)\tau}{2}\right]+\mathrm{Sa}\left[\frac{(\omega-\omega_0)\tau}{2}\right]+\mathrm{Sa}\left[\frac{(\omega-3\omega_0)\tau}{2}\right]\right\}$$

4-8　理想低通滤波器的系统函数 $H(\mathrm{j}\omega)=G_{2\pi}(\omega)$，求激励为下列各信号时的响应 $y(t)$。

(1) $f(t)=\mathrm{Sa}(\pi t)$。(2) $f(t)=\dfrac{\sin(4\pi t)}{\pi t}$。

解:(1) 因有 $G_\tau(t)\leftrightarrow\tau\mathrm{Sa}\left(\dfrac{\omega\tau}{2}\right)$，取$\dfrac{\omega\tau}{2}=\pi\omega$，得 $\tau=2\pi$，故有

$$G_{2\pi}(t)\leftrightarrow 2\pi\mathrm{Sa}(\pi\omega),\quad \frac{1}{2\pi}G_{2\pi}(t)\leftrightarrow\mathrm{Sa}(\pi\omega),\quad \mathrm{Sa}(\pi t)\leftrightarrow G_{2\pi}(\omega)$$

可得

$$F(\mathrm{j}\omega)=\mathscr{F}[f(t)]=G_{2\pi}(\omega)$$

又

$$Y(\mathrm{j}\omega)=F(\mathrm{j}\omega)H(\mathrm{j}\omega)=G_{2\pi}(\omega)G_{2\pi}(\omega)=G_{2\pi}(\omega)$$

故得响应为

$$y(t)=\mathrm{Sa}(\pi t)$$

(2)
$$f(t)=\frac{\sin(4\pi t)}{\pi t}=4\cdot\frac{\sin(4\pi t)}{4\pi t}=4\mathrm{Sa}(4\pi t)$$

因有
$$G_\tau(t)\leftrightarrow\tau\mathrm{Sa}\left(\frac{\omega\tau}{2}\right)\text{，取}\frac{\omega\tau}{2}=4\pi\omega\text{，得 }\tau=8\pi\text{，故有}$$

$$G_{8\pi}(t)\leftrightarrow 8\pi\mathrm{Sa}(4\pi\omega),\quad \frac{1}{2\pi}G_{8\pi}(t)\leftrightarrow 4\mathrm{Sa}(4\pi\omega)$$

$$2\pi\cdot\frac{1}{2\pi}G_{8\pi}(\omega)\leftrightarrow 4\mathrm{Sa}(4\pi t),\quad G_{8\pi}(\omega)\leftrightarrow 4\mathrm{Sa}(4\pi t)$$

故得

$$F(\mathrm{j}\omega)=\mathscr{F}[f(t)]=G_{8\pi}(\omega)$$

又

$$Y(\mathrm{j}\omega)=F(\mathrm{j}\omega)H(\mathrm{j}\omega)=G_{2\pi}(\omega)G_{8\pi}(\omega)=G_{2\pi}(\omega)$$

故得响应为

$$y(t)=\mathrm{Sa}(\pi t)$$

4-9　图题 4-9(a)所示为一信号处理系统，已知 $f(t)=20\cos(100t)\cos^2(10^4t)$，理想低通滤波器的系统函数 $H(\mathrm{j}\omega)=G_{240}(\omega)$。求零状态响应 $y(t)$。

解:$H(\mathrm{j}\omega)$的图形如图题 4-9(b)所示。

$$f(t)=20\cos(100t)\cos^2(10^4t)=10\cos(100t)+5[\cos(20\,100t)+\cos(19\,900t)]$$

故

$$F(j\omega)=10\pi[\delta(\omega+100)+\delta(\omega-100)]+$$
$$5\pi[\delta(\omega+20\ 100)+\delta(\omega-20\ 100)+\delta(\omega+19\ 900)+\delta(\omega-19\ 900)]$$

$F(j\omega)$的图形如图题 4-9(c)所示。故

$$Y(j\omega)=H(j\omega)F(j\omega)=10\pi[\delta(\omega+100)+\delta(\omega-100)]$$

$Y(j\omega)$的图形如图题 4-9(d)所示。故响应为

$$y(t)=10\cos(100t)$$

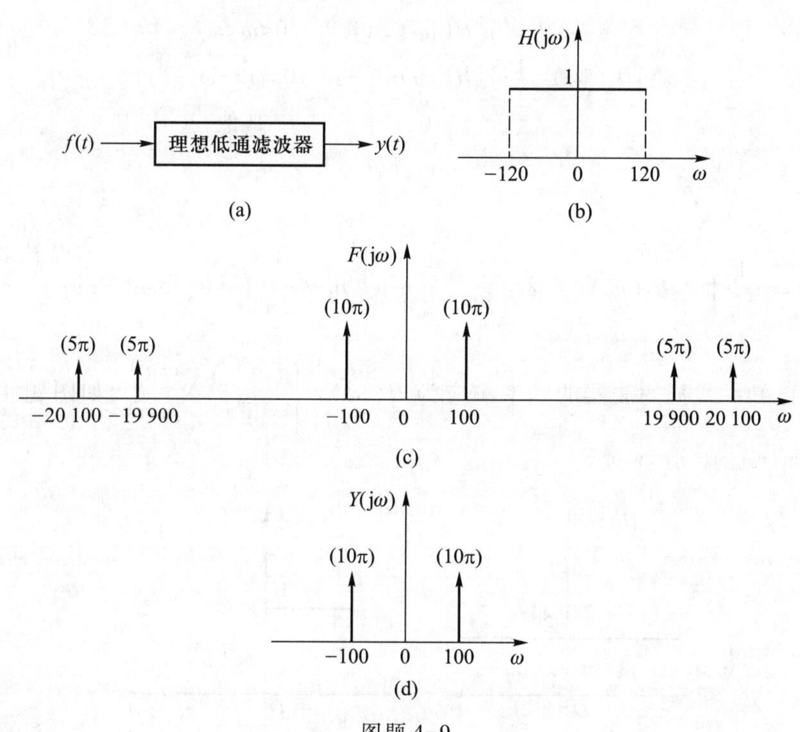

图题 4-9

4-10 图题 4-10 是一个低通滤波器的幅频响应$|H(j\omega)|$。当具有下列相位特性时,确定该滤波器的冲激响应。(1) $\angle H(j\omega)=0$。(2) $\angle H(j\omega)=\omega T$,其中 T 为常数。(3) $\angle H(j\omega)=\begin{cases}\dfrac{\pi}{2},\omega>0\\ -\dfrac{\pi}{2},\omega<0\end{cases}$。

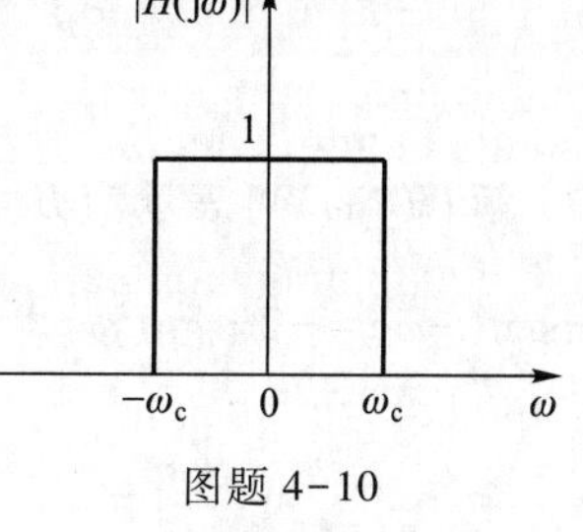

图题 4-10

解:(1) 由图题 4-10 可知,$|H_1(j\omega)|=\begin{cases}1, & |\omega|<\omega_c\\ 0, & 其他\end{cases}$,$\angle H(j\omega)=0$,因此有

$$h_1(t)=\frac{1}{2\pi}\int_{-\infty}^{\infty}H_1(j\omega)e^{j\omega t}d\omega=\frac{1}{2\pi}\int_{-\omega_c}^{\omega_c}e^{j\omega t}d\omega=\frac{\sin(\omega_c t)}{\pi t}$$

（2）由傅里叶变换的位移特性可得

$$h_2(t)=h_1(t+T)=\frac{\sin \omega_c(t+T)}{\pi(t+T)}$$

（3）由 $\angle H(j\omega)=\begin{cases}\dfrac{\pi}{2}, \omega>0\\ -\dfrac{\pi}{2}, \omega<0\end{cases}$ 及其幅频响应 $|H(j\omega)|$ 可得

$$H_3(j\omega)=\begin{cases}j|H(j\omega)|=j, & 0<\omega<\omega_c\\ -j|H(j\omega)|=-j, & 0>\omega>-\omega_c\\ 0, & \text{其他}\end{cases}$$

因此有

$$h_3(t)=\frac{1}{2\pi}\int_{-\infty}^{\infty} H_3(j\omega)e^{j\omega t}d\omega=\frac{1}{2\pi}\int_{-\omega_c}^{0} -je^{j\omega t}d\omega+\frac{1}{2\pi}\int_{0}^{\omega_c} je^{j\omega t}d\omega=-\frac{2\sin^2\left(\dfrac{\omega_c t}{2}\right)}{\pi t}$$

4-11　已知一线形滤波器的频率响应为 $H(j\omega)=\begin{cases}A_0e^{-j\theta_0}, & \omega>0\\ A_0e^{j\theta_0}, & \omega<0\end{cases}$，如图题 4-11 所示。确定其单位冲激响应 $h(t)$。

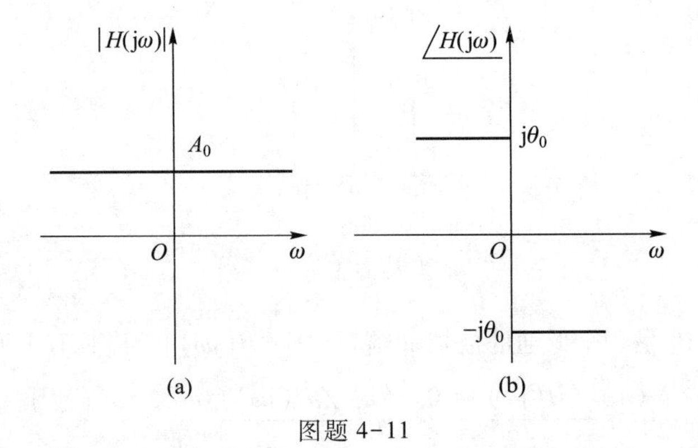

图题 4-11

解：$H(j\omega)$ 可表示为 $H(j\omega)=A_0[\cos\theta_0-j\sin\theta_0\text{sgn}(\omega)]$，由对称性 $\text{sgn}(t)\leftrightarrow\frac{2}{j\omega}$，可得 $\frac{2}{jt}\leftrightarrow 2\pi\text{sgn}(-\omega)=-2\pi\text{sgn}(\omega)$。因此

$$h(t)=A_0\cos\theta_0\delta(t)+A_0\frac{\sin\theta_0}{\pi t}$$

4-12　在图题 4-12(a)所示系统中，$H(j\omega)$ 为理想低通滤波器的系统函数，其图形如图题 4-12(b)所示。$\varphi(\omega)=0$；$f(t)=f_0(t)\cos(1\ 000t)$，$-\infty<t<\infty$，$f_0(t)=\frac{1}{\pi}\text{Sa}(t)$；$s(t)=\cos(1\ 000t)$，$-\infty<t<\infty$。求响应 $y(t)$。

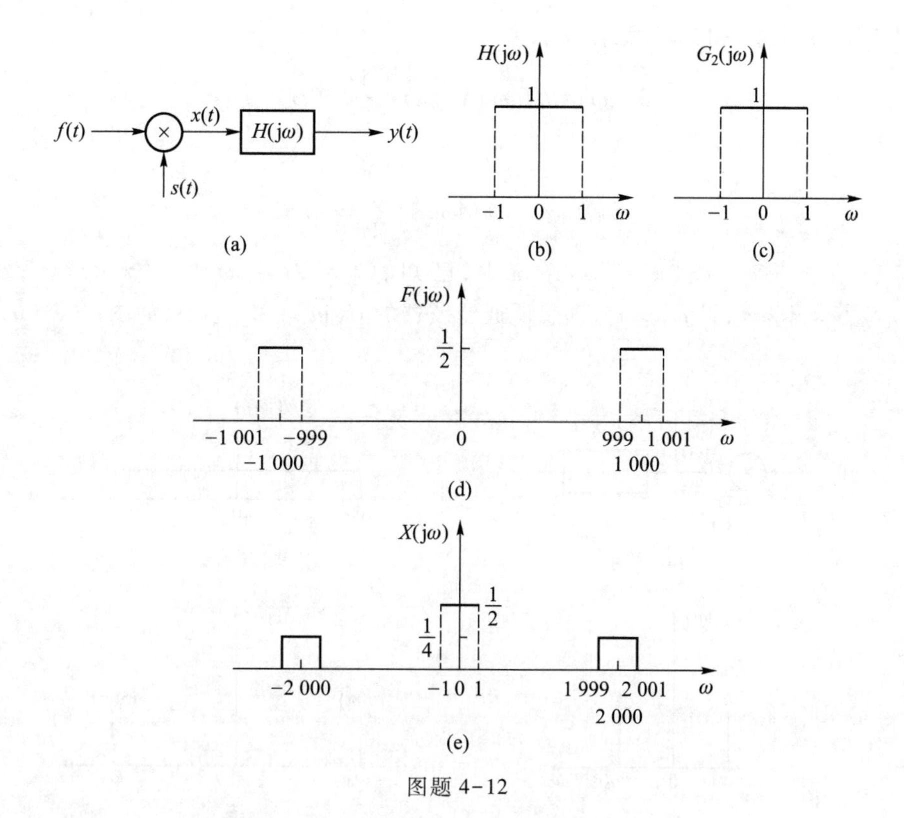

图题 4-12

解:因有 $G_\tau(t)\leftrightarrow\tau\mathrm{Sa}\left(\dfrac{\omega\tau}{2}\right)$,取$\dfrac{\omega\tau}{2}=\omega$,得 $\tau=2$,故有

$$G_2(t)\leftrightarrow 2\mathrm{Sa}(\omega)$$

$$\frac{1}{\pi}\mathrm{Sa}(t)\leftrightarrow G_2(\omega)$$

即

$$F_0(j\omega)=\mathscr{F}[f_0(t)]=G_2(\omega)$$

$F_0(j\omega)$的图形如图题 4-12(c)所示。由此可得

$$F(j\omega)=\mathscr{F}[f(t)]=\frac{1}{2\pi}G_2(\omega)*\pi[\delta(\omega+\omega_0)+\delta(\omega-\omega_0)]=\frac{1}{2}[G_2(\omega+1\ 000)+G_2(\omega-1\ 000)]$$

$F(j\omega)$的图形如图题 4-12(d)所示。

$$x(t)=f(t)s(t)=\frac{1}{\pi}\mathrm{Sa}(t)\cdot\cos(1\ 000t)\cos(1\ 000t)=\frac{1}{\pi}\mathrm{Sa}(t)\cdot\cos^2(1\ 000t)$$

$$=\frac{1}{2\pi}\mathrm{Sa}(t)[1+\cos(2\ 000t)]=\frac{1}{2}f_0(t)+\frac{1}{2}f_0(t)\cdot\cos(2\ 000t)$$

故

$$X(j\omega)=\frac{1}{2}F_0(j\omega)+\frac{1}{2}\times\frac{1}{2\pi}F_0(j\omega)*\pi[\delta(\omega+2\ 000)+\delta(\omega-2\ 000)]$$

即

$$X(j\omega)=\frac{1}{2}F_0(j\omega)+\frac{1}{4}[G_2(\omega+2\ 000)+G_2(\omega-2\ 000)]$$

$X(\mathrm{j}\omega)$的图形如图题4-12(e)所示。

$$Y(\mathrm{j}\omega)=H(\mathrm{j}\omega)X(\mathrm{j}\omega)=\frac{1}{2}G_2(\omega)$$

故得

$$y(t)=\mathscr{F}^{-1}[Y(\mathrm{j}\omega)]=\frac{1}{2\pi}\mathrm{Sa}(t)$$

4-13　在图题4-13(a)所示系统中，已知$f(t)=2\cos(\omega_m t)$，$-\infty<t<\infty$；$x(t)=50\cos(\omega_0 t)$，$-\infty<t<\infty$，且$\omega_0\gg\omega_m$，理想低通滤波器的$H(\mathrm{j}\omega)=G_{2\omega_0}(\omega)$，如图4-13(b)所示。求$y(t)$。

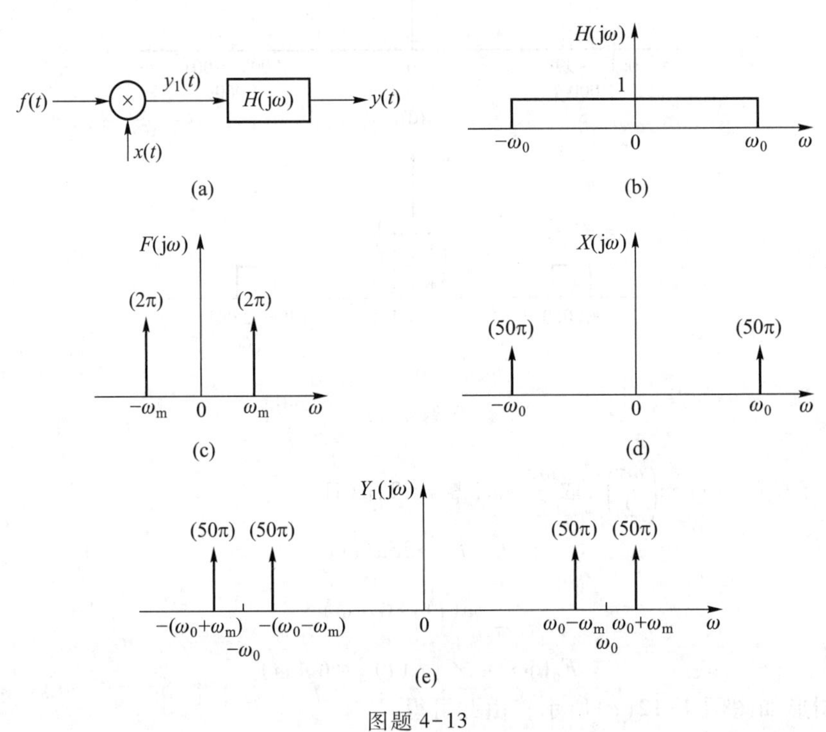

图题4-13

解：$F(\mathrm{j}\omega)=2\pi[\delta(\omega-\omega_m)+\delta(\omega+\omega_m)]$，$F(\mathrm{j}\omega)$的图形如图题4-13(c)所示。

$X(\mathrm{j}\omega)=50\pi[\delta(\omega-\omega_0)+\delta(\omega+\omega_0)]$，$X(\mathrm{j}\omega)$的图形如图题4-13(d)所示。

$$\begin{aligned}Y_1(\mathrm{j}\omega)&=\frac{1}{2\pi}F(\mathrm{j}\omega)*X(\mathrm{j}\omega)=\frac{1}{2\pi}\cdot 2\pi[\delta(\omega-\omega_m)+\delta(\omega+\omega_m)]*50\pi[\delta(\omega-\omega_0)+\delta(\omega+\omega_0)]\\&=50\pi[\delta(\omega-\omega_m-\omega_0)+\delta(\omega+\omega_m-\omega_0)+\delta(\omega-\omega_m+\omega_0)+\delta(\omega+\omega_m+\omega_0)]\\&=50\pi\{\delta[\omega-(\omega_m+\omega_0)]+\delta[\omega+(\omega_m+\omega_0)]+\delta[\omega-(\omega_0-\omega_m)]+\delta[\omega+(\omega_0-\omega_m)]\}\end{aligned}$$

$Y_1(\mathrm{j}\omega)$的图形如图题4-13(e)所示。

$$Y(\mathrm{j}\omega)=Y_1(\mathrm{j}\omega)H(\mathrm{j}\omega)=50\pi\{\delta[\omega-(\omega_0-\omega_m)]+\delta[\omega+(\omega_0-\omega_m)]\}$$

故得

$$y(t)=50\cos[(\omega_0-\omega_m)t],\quad t\in\mathbf{R}$$

4-14　在图题4-14(a)所示系统中，若输入信号$f(t)$的傅里叶变换$F(\mathrm{j}\omega)$如图题4-14(b)

所示，确定并画出 $y(t)$ 的频谱 $Y(\mathrm{j}\omega)$。

解：信号 $f(t)$ 经过第一个调制器后输出频谱为

$$f_1(t)=f(t)\cos(5Wt)\leftrightarrow F_1(\mathrm{j}\omega)=\frac{1}{2}F[\mathrm{j}(\omega+5W)]+\frac{1}{2}F[\mathrm{j}(\omega-5W)]$$

$F_1(\mathrm{j}\omega)$、$F_2(\mathrm{j}\omega)$、$F_3(\mathrm{j}\omega)$、$Y(\mathrm{j}\omega)$ 的频谱图分别如图题 4-14(c)(d)(e)(f)所示。

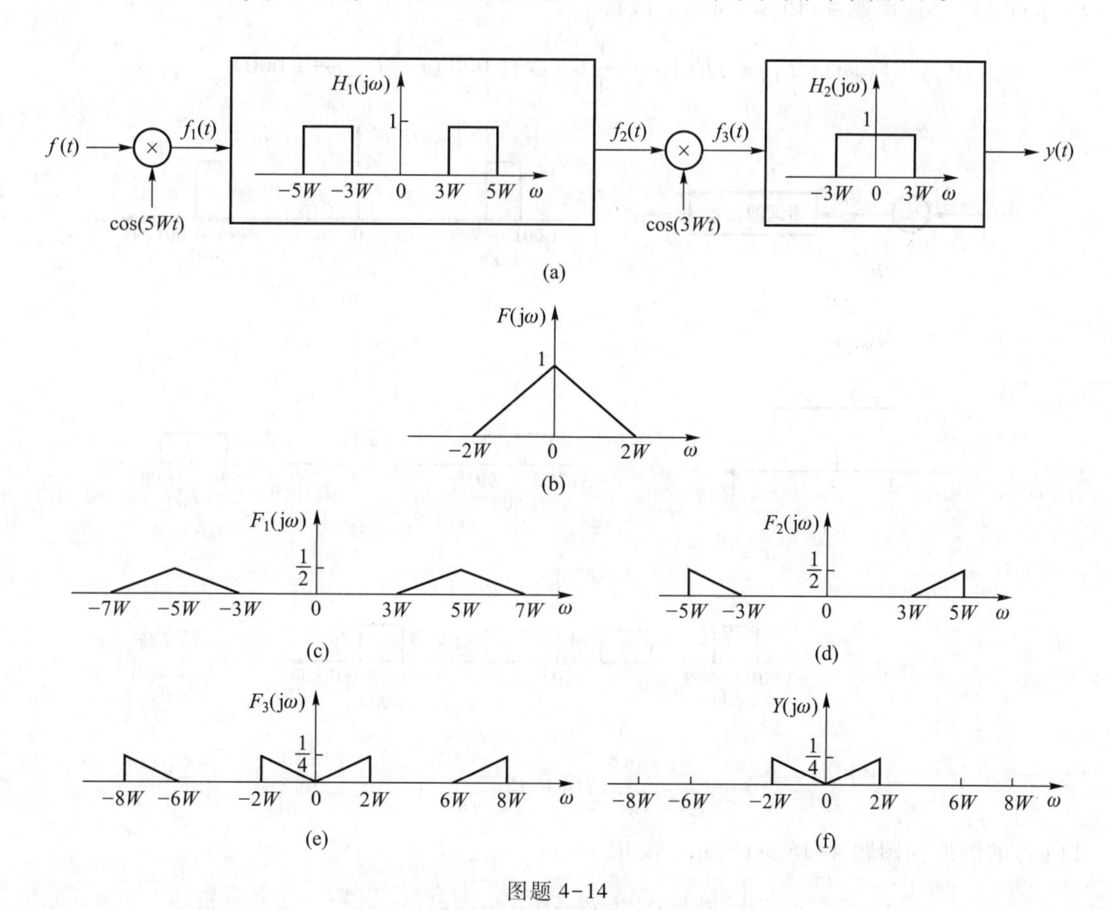

图题 4-14

4-15 在图题 4-15(a) 所示系统中，已知 $f(t)=\dfrac{1}{\pi}\mathrm{Sa}(2t)$，$-\infty<t<\infty$；$s(t)=\cos(1\,000t)$，$-\infty<t<\infty$。带通滤波器的 $H(\mathrm{j}\omega)$ 如图题 4-15(b)所示。求零状态响应 $y(t)$。

解：

$$G_4(t)\leftrightarrow 4\mathrm{Sa}(2\omega),\quad 4\mathrm{Sa}(2t)\leftrightarrow 2\pi G_4(\omega)$$

$$\frac{1}{\pi}\mathrm{Sa}(2t)\leftrightarrow\frac{1}{2}G_4(\omega)$$

即

$$F(\mathrm{j}\omega)=\frac{1}{2}G_4(\omega)$$

$F(\mathrm{j}\omega)$ 的图形如图题 4-15(c)所示。因为

$$S(\mathrm{j}\omega)=\pi[\delta(\omega-1\,000)+\delta(\omega+1\,000)]$$

$$f_1(t)=f(t)\cdot s(t)$$

故

$$F_1(\mathrm{j}\omega)=\frac{1}{2\pi}F(\mathrm{j}\omega)*S(\mathrm{j}\omega)=\frac{1}{2\pi}\left\{\frac{1}{2}G_4(\omega)*\pi[\delta(\omega-1\ 000)+\delta(\omega+1\ 000)]\right\}$$

$$=\frac{1}{4}G_4(\omega-1\ 000)+\frac{1}{4}G_4(\omega+1\ 000)$$

$F_1(\mathrm{j}\omega)$的图形如图题 4-15(d)所示。故得

$$Y(\mathrm{j}\omega)=F_1(\mathrm{j}\omega)H(\mathrm{j}\omega)=\frac{1}{4}G_2(\omega-1\ 000)+\frac{1}{4}G_2(\omega+1\ 000)$$

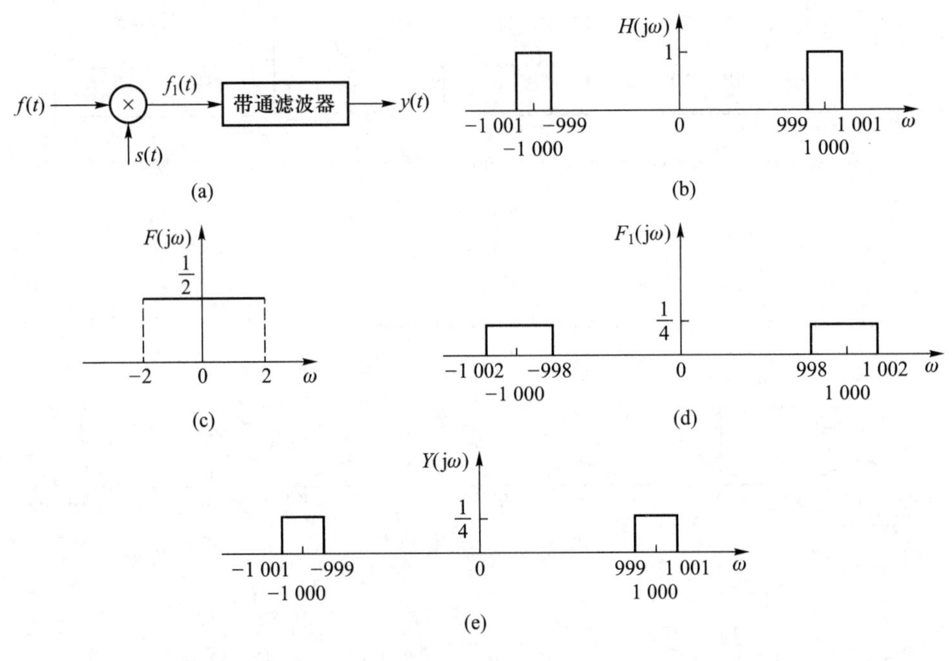

图题 4-15

$Y(\mathrm{j}\omega)$的图形如图题 4-15(e)所示。又因

$$\mathscr{F}^{-1}[G_2(\omega)]=\frac{\sin t}{\pi t}=\frac{1}{\pi}\mathrm{Sa}(t)$$

故得

$$y(t)=\frac{1}{4}\cdot\frac{\sin t}{\pi t}\mathrm{e}^{\mathrm{j}1\ 000t}+\frac{1}{4}\cdot\frac{\sin t}{\pi t}\mathrm{e}^{-\mathrm{j}1\ 000t}=\frac{\sin t}{2\pi t}\cdot\cos(1\ 000t),\quad t\in(-\infty,+\infty)$$

4-16 假定在图题 4-16(a)的振幅调制和图(b)的解调系统中,$\theta_c-\theta_d=0$,调制器的载频频率为 ω_c,解调器的载频频率为 ω_d,它们之间的频差 $\Delta\omega=\omega_d-\omega_c$。此外,假定$f(t)$为带限信号,即$|\omega|\geqslant\omega_M$ 时,$F(\mathrm{j}\omega)=0$,且假定调制器中低通滤波器的截止频率满足不等式$(\omega_M+\Delta\omega)<\omega<(2\omega_c+\Delta\omega-\omega_M)$。(1) 证明解调器中低通滤波器的输出正比于$f(t)\cos(\Delta\omega t)$;(2) 若$f(t)$的频谱如图题 4.16(c)所示,画出解调器输出的频谱。

解:(1) 由图题 4-16 可知

$$w(t)=f(t)\cos(\omega_c t+\theta_c)\cos(\omega_d t+\theta_d)=\frac{1}{2}f(t)[\cos(\Delta\omega t)+\cos(\omega_c t+\omega_d t+\theta_d+\theta_c)]$$

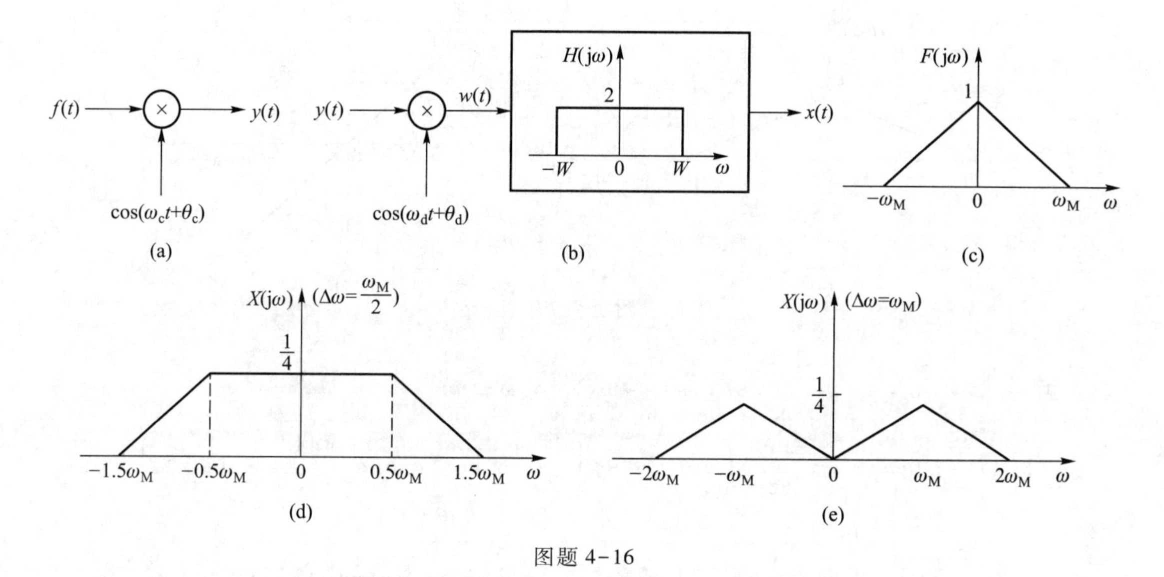

图题 4-16

式中，$\Delta\omega=\omega_d-\omega_c$。

$$W(j\omega)=\frac{1}{2}\frac{1}{2\pi}F(j\omega)*\{\pi[\delta(\omega-\Delta\omega)+\delta(\omega+\Delta\omega)]+\pi[\delta(\omega-\omega_c-\omega_d)+\delta(\omega+\omega_c+\omega_d)]e^{j(\theta_c+\theta_d)}\}$$

$$=\frac{1}{4}\{F[j(\omega-\Delta\omega)]+F[j(\omega+\Delta\omega)]\}+\frac{1}{4}e^{j(\theta_c+\theta_d)}\{F[j(\omega-\omega_c-\omega_d)]+F[j(\omega+\omega_c+\omega_d)]\}$$

由 $W(j\omega)$的表达式可以看出，$w(t)$的频谱由两部分组成：

第一部分位于$-\omega_M-\Delta\omega<\omega<\omega_M-\Delta\omega$ 和$-\omega_M+\Delta\omega<\omega<\omega_M+\Delta\omega$；

第二部分位于 $-\omega_c-\omega_d-\omega_M<\omega<-\omega_c-\omega_d+\omega_M$ 和 $\omega_c+\omega_d-\omega_M<\omega<\omega_c+\omega_d+\omega_M$，即$-2\omega_c-\Delta\omega-\omega_M<\omega<-2\omega_c-\Delta\omega+\omega_M$ 和 $2\omega_c+\Delta\omega-\omega_M<\omega<2\omega_c+\Delta\omega+\omega_M$。

然而，低通滤波器的截止频率满足 $\omega_M+\Delta\omega<\omega<2\omega_c+\Delta\omega-\omega_M$，因此，滤波器的输出只是 $w(t)$的第一部分，即$\frac{1}{2}f(t)\cos(\Delta\omega t)$，所以解调器的输出正比于$f(t)\cos(\Delta\omega t)$。

(2) 由(1)可知，解调器输出 $x(t)$为

$$x(t)=\frac{1}{2}f(t)\cos(\Delta\omega t)$$

其傅里叶变换为

$$X(j\omega)=\frac{1}{4}\{F[j(\omega-\Delta\omega)]+F[j(\omega+\Delta\omega)]\}$$

分别取 $\Delta\omega=\omega_M/2$ 和 $\Delta\omega=\omega_M$，相应地 $X(j\omega)$的图形分别如图 4.16(d)和(e)所示。

4-17 图题 4-17(a)和(b)所示为系统的幅频与相频特性，系统的激励$f(t)=2+4\cos(5t)+4\cos(10t)$，求系统响应 $y(t)$。

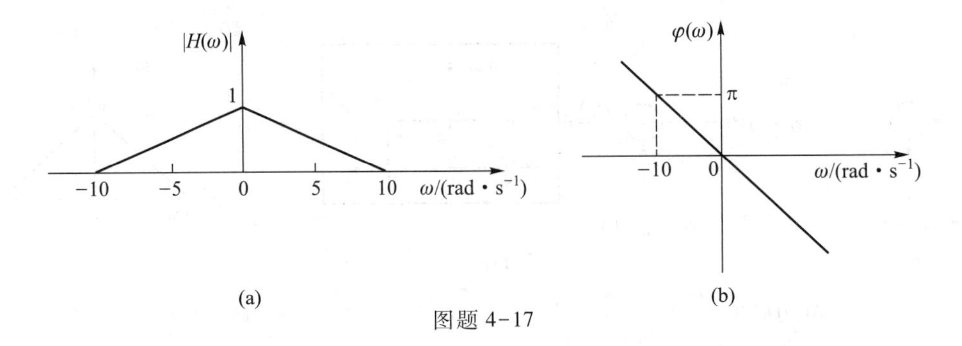

(a)　(b)

图题 4-17

解:

$$F(\mathrm{j}\omega)=4\pi\sum_{n=-2}^{2}\delta(\omega-5n)$$

$$Y(\mathrm{j}\omega)=H(\mathrm{j}\omega)\cdot 4\pi\sum_{n=-2}^{2}\delta(\omega-5n)=4\pi\left[\frac{1}{2}\mathrm{e}^{\mathrm{j}\frac{\pi}{2}}\delta(\omega+5)+\delta(\omega)+\frac{1}{2}\mathrm{e}^{-\mathrm{j}\frac{\pi}{2}}\delta(\omega-5)\right]$$

故

$$y(t)=\mathrm{e}^{-\mathrm{j}\left(5t-\frac{\pi}{2}\right)}+2+\mathrm{e}^{\mathrm{j}\left(5t-\frac{\pi}{2}\right)}=2+2\cos\left(5t-\frac{\pi}{2}\right)$$

4-18　已知系统函数 $H(\mathrm{j}\omega)$ 如图题 4-18(a)所示,激励 $f(t)$ 的波形如图题 4-18(b)所示,求系统响应 $y(t)$,并画出 $y(t)$ 的频谱图。

解:周期信号 $f(t)$ 的周期 $T=1$ s,$\Omega=\dfrac{2\pi}{T}=2\pi$ rad/s,其傅里叶系数为

$$F_n=\frac{1}{T}\int_0^T f(t)\mathrm{e}^{-\mathrm{j}n\Omega t}\mathrm{d}t=\int_0^T t\mathrm{e}^{-\mathrm{j}2\pi nt}\mathrm{d}t=\left[\frac{\mathrm{j}}{2n\pi}+\frac{1}{4n^2\pi^2}\right]\mathrm{e}^{-\mathrm{j}2\pi n}-\frac{2}{4n^2\pi^2}$$

$$F_0=\frac{1}{T}\int_0^T f(t)\,\mathrm{d}t=\int_0^1 t\mathrm{d}t=\frac{1}{2}$$

故得

$$f(t)=\sum_{n=-\infty}^{\infty}F_n\mathrm{e}^{\mathrm{j}2\pi nt}$$

又

$$H(\mathrm{j}\omega)=\left(\frac{1}{2\pi}\omega+2\right)[U(\omega+4\pi)-U(\omega)]+\left(-\frac{1}{2\pi}\omega+2\right)[U(\omega)-U(\omega-4\pi)]$$

故该系统只允许 $f(t)$ 中的一次谐波和直流分量通过,可得响应为

$$y(t)=\frac{1}{2}\times 2+\left[\left(\frac{\mathrm{j}}{2\pi}+\frac{1}{4\pi^2}\right)\mathrm{e}^{-\mathrm{j}2\pi}-\frac{1}{4\pi^2}\right]\mathrm{e}^{\mathrm{j}2\pi t}\left[-\frac{1}{2\pi}\times 2\pi+2\right]+$$

$$\left[\left(-\frac{\mathrm{j}}{2\pi}+\frac{1}{4\pi^2}\right)\mathrm{e}^{\mathrm{j}2\pi}-\frac{1}{4\pi^2}\right]\mathrm{e}^{-\mathrm{j}2\pi t}\left[\frac{1}{2\pi}\times(-2\pi)+2\right]$$

$$=1-\frac{\sin(2\pi t)}{\pi},\quad t\in\mathbf{R}$$

$$Y(\mathrm{j}\omega)=2\pi\delta(\omega)-\mathrm{j}\delta(\omega+2\pi)+\mathrm{j}\delta(\omega-2\pi)$$

$F(\mathrm{j}\omega)$ 的图形如图题 4-18(c)所示。

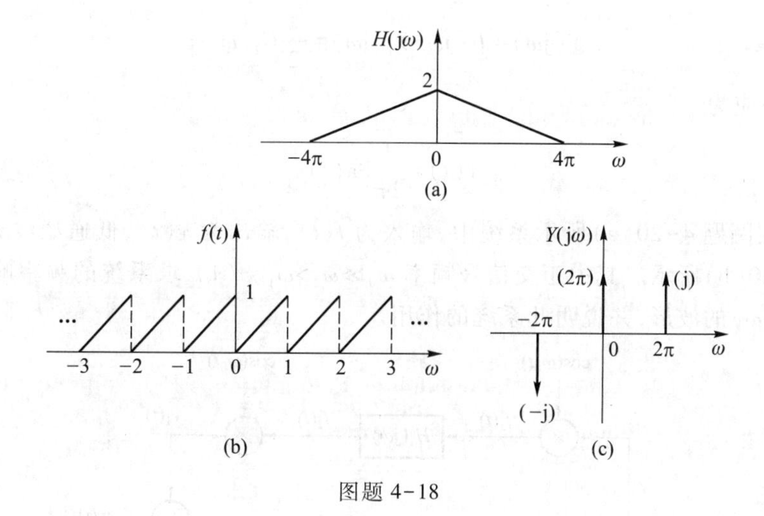

图题 4-18

4-19 在图题 4-19(a)所示系统中，$H(j\omega)$ 的图形如图题 4-19(b)所示，$f(t)=\dfrac{\sin t}{\pi t}\cos(1\,000t)$，$s(t)=\cos(1\,000t)$，$t\in\mathbf{R}$。求响应 $y(t)$。

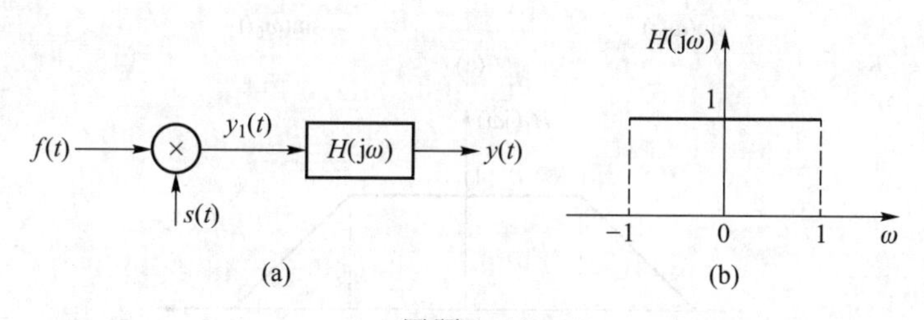

图题 4-19

解：因有 $\dfrac{\sin t}{\pi t}\leftrightarrow G_2(\omega)$

$$F(j\omega)=\frac{1}{2\pi}G_2(\omega)*\pi[\delta(\omega+1\,000)+\delta(\omega-1\,000)]=\frac{1}{2}[G_2(\omega+1\,000)+G_2(\omega-1\,000)]$$

又

$$y_1(t)=f(t)s(t)=f(t)\cos(1\,000t)$$

故

$$\begin{aligned}Y_1(j\omega)&=\frac{1}{2\pi}F(j\omega)*\pi[\delta(\omega+1\,000)+\delta(\omega-1\,000)]\\&=\frac{1}{2}\left[\frac{1}{2}G_2(\omega+1\,000)+\frac{1}{2}G_2(\omega-1\,000)\right]*[\delta(\omega+1\,000)+\delta(\omega-1\,000)]\\&=\frac{1}{4}G_2(\omega+2\,000)+\frac{1}{4}G_2(\omega)+\frac{1}{4}G_2(\omega)+\frac{1}{4}G_2(\omega-2\,000)\\&=\frac{1}{4}G_2(\omega+2\,000)+\frac{1}{2}G_2(\omega)+\frac{1}{4}G_2(\omega-2\,000)\end{aligned}$$

即

$$Y(\mathrm{j}\omega)=H(\mathrm{j}\omega)Y_1(\mathrm{j}\omega)=\frac{1}{2}G_2(\omega)$$

经反变换得响应为

$$y(t)=\frac{1}{2\pi}\mathrm{Sa}(t)$$

4-20　在图题4-20(a)所示系统中,输入为$f(t)$,输出为$y(t)$,低通滤波$H_1(\mathrm{j}\omega)$的特性如图题4-20(b)所示。其中正交信号频率$\omega_0\gg\omega_2>\omega_1$。(1)求系统的频率响应$H(\mathrm{j}\omega)$。(2)画出$H(\mathrm{j}\omega)$的波形,并说明此系统的作用。

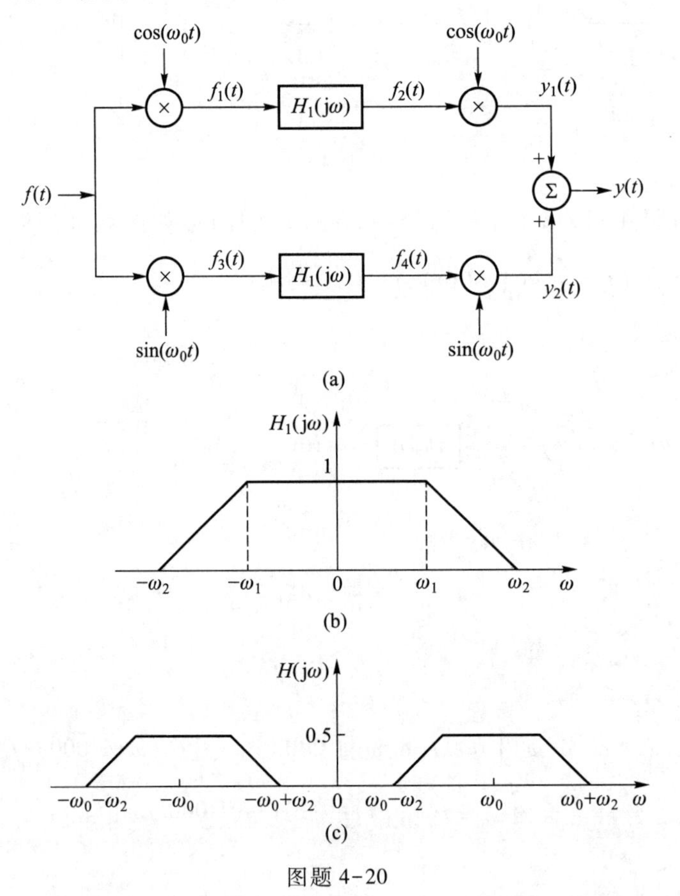

图题4-20

解:由图可知,第一级乘法器的输出分别为

$$f_1(t)=f(t)\cos(\omega_0t)\leftrightarrow F_1(\mathrm{j}\omega)=\frac{1}{2\pi}F(\mathrm{j}\omega)*\pi[\delta(\omega+\omega_0)+\delta(\omega-\omega_0)]$$

$$=\frac{1}{2}\{F[\mathrm{j}(\omega+\omega_0)]+F[\mathrm{j}(\omega-\omega_0)]\}$$

$$f_3(t)=f(t)\sin(\omega_0t)\leftrightarrow F_3(\mathrm{j}\omega)=\frac{1}{2\pi}F(\mathrm{j}\omega)*\mathrm{j}\pi[\delta(\omega+\omega_0)-\delta(\omega-\omega_0)]$$

$$=\frac{\mathrm{j}}{2}\{F[\mathrm{j}(\omega+\omega_0)]-F[\mathrm{j}(\omega-\omega_0)]\}$$

两路信号通过低通波滤器的输出分别为

$$F_2(\mathrm{j}\omega)=F_1(\mathrm{j}\omega)H_1(\mathrm{j}\omega)=\frac{1}{2}\{F[\mathrm{j}(\omega+\omega_0)]+F[\mathrm{j}(\omega-\omega_0)]\}H_1(\mathrm{j}\omega)$$

$$F_4(\mathrm{j}\omega)=F_3(\mathrm{j}\omega)H_1(\mathrm{j}\omega)=\frac{\mathrm{j}}{2}\{F[\mathrm{j}(\omega+\omega_0)]-F[\mathrm{j}(\omega-\omega_0)]\}H_1(\mathrm{j}\omega)$$

第二级乘法器的输出分别为

$$y_1(t)=f_2(t)\cos(\omega_0 t)\leftrightarrow Y_1(\mathrm{j}\omega)=\frac{1}{2\pi}F_2(\mathrm{j}\omega)*\pi[\delta(\omega+\omega_0)+\delta(\omega-\omega_0)]$$

$$y_2(t)=f_4(t)\sin(\omega_0 t)\leftrightarrow Y_2(\mathrm{j}\omega)=\frac{1}{2\pi}F_4(\mathrm{j}\omega)*\mathrm{j}\pi[\delta(\omega+\omega_0)-\delta(\omega-\omega_0)]$$

由以上各式可得

$$Y_1(\mathrm{j}\omega)=\frac{1}{4}\{[F[\mathrm{j}(\omega+2\omega_0)]+F(\mathrm{j}\omega)]H_1[\mathrm{j}(\omega+\omega_0)]\}+\frac{1}{4}\{[F(\mathrm{j}\omega)+F[\mathrm{j}(\omega-2\omega_0)]]H_1[\mathrm{j}(\omega-\omega_0)]\}$$

$$Y_2(\mathrm{j}\omega)=-\frac{1}{4}\{[F[\mathrm{j}(\omega+2\omega_0)]-F(\mathrm{j}\omega)]H_1[\mathrm{j}(\omega+\omega_0)]\}+\frac{1}{4}\{[F(\mathrm{j}\omega)-F[\mathrm{j}(\omega-2\omega_0)]]H_1[\mathrm{j}(\omega-\omega_0)]\}$$

$$Y(\mathrm{j}\omega)=Y_1(\mathrm{j}\omega)+Y_2(\mathrm{j}\omega)=\frac{1}{2}F(\mathrm{j}\omega)H_1[\mathrm{j}(\omega+\omega_0)]+\frac{1}{2}F(\mathrm{j}\omega)H_1[\mathrm{j}(\omega-\omega_0)]$$

因此,得

$$H(\mathrm{j}\omega)=\frac{Y(\mathrm{j}\omega)}{F(\mathrm{j}\omega)}=\frac{1}{2}\{H_1[\mathrm{j}(\omega+\omega_0)]+H_1[\mathrm{j}(\omega-\omega_0)]\}$$

其幅频特性如图题 4-20(c)所示。此系统为一带通滤波器,其中心频率决定于 ω_0。若 ω_0 可变,则此系统为一中心频率可变的选频滤波器。

4-21 一种不要求相位同步,但要求频率同步的解调系统如图题 4-21 所示。两个低通滤波器的截止频率都是 ω_M,而 $y(t)=[f(t)+A]\cos(\omega_c t+\theta_c)$,其中 θ_c 是未知的常数。$f(t)$ 是带限信号,即当 $|\omega|>\omega_M$ 时,$F(\mathrm{j}\omega)=0$,且 $\omega_M<\omega_c$。设对所有的 t 都有 $f(t)+A>0$,证明可以用图题 4-21(a)所示的系统从 $y(t)$ 中恢复 $f(t)$,而不需要知道调制器的相位 θ_c。

证明:已知
$$y(t)=[f(t)+A]\cos(\omega_c t+\theta_c)$$
其傅里叶变换为

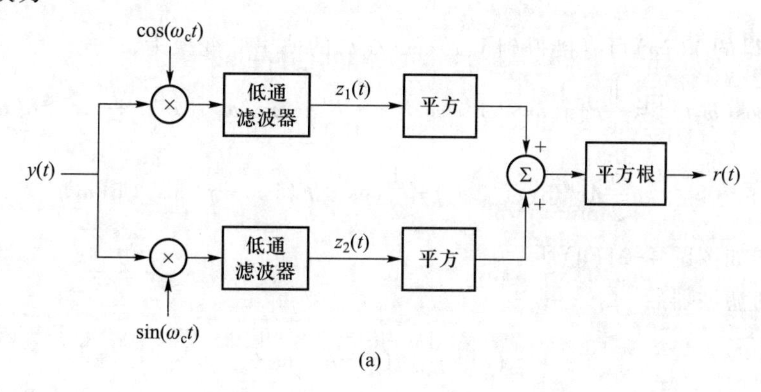

(a)

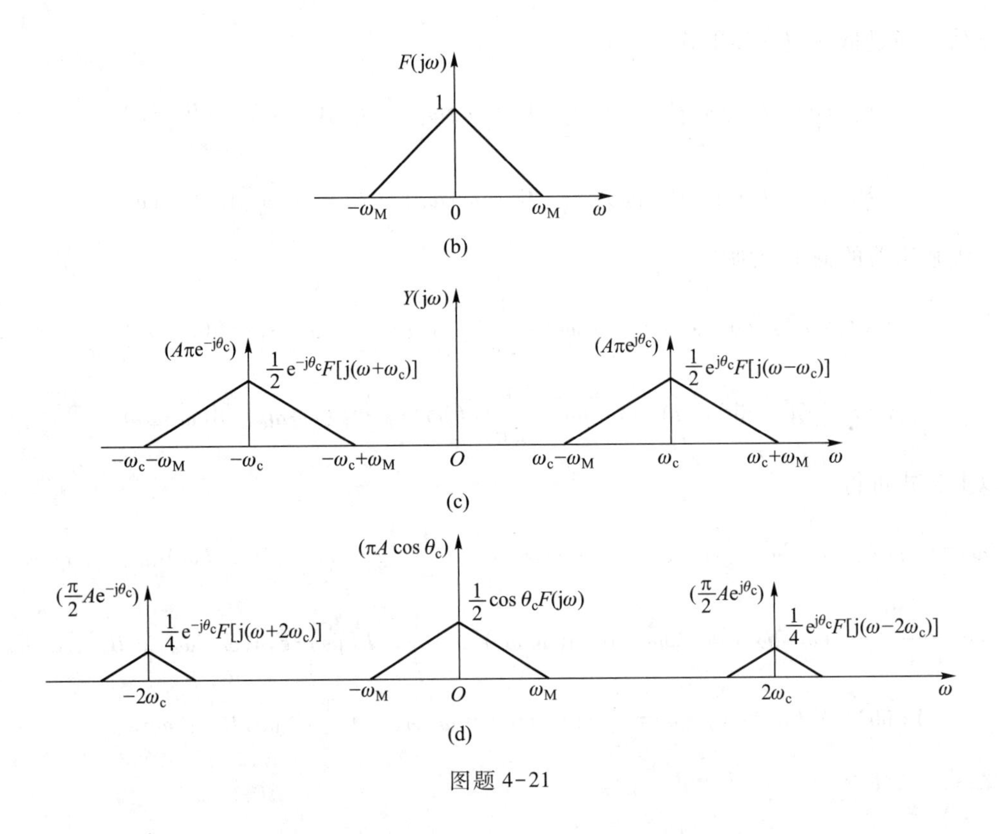

图题 4-21

$$Y(\mathrm{j}\omega)=\frac{1}{2\pi}[F(\mathrm{j}\omega)+2\pi A\delta(\omega)]*\pi[\delta(\omega-\omega_c)\mathrm{e}^{\mathrm{j}\theta_c}+\delta(\omega+\omega_c)\mathrm{e}^{-\mathrm{j}\theta_c}]$$

$$=\frac{1}{2}F[\mathrm{j}(\omega+\omega_c)]\mathrm{e}^{-\mathrm{j}\theta_c}+\frac{1}{2}F[\mathrm{j}(\omega-\omega_c)]\mathrm{e}^{\mathrm{j}\theta_c}+A\pi\mathrm{e}^{-\mathrm{j}\theta_c}\delta(\omega+\omega_c)+A\pi\mathrm{e}^{\mathrm{j}\theta_c}\delta(\omega-\omega_c)$$

设带限信号的频谱 $F(\mathrm{j}\omega)$ 如图题 4-21(b) 所示，则 $Y(\mathrm{j}\omega)$ 的图形如图题 4-21(c) 所示。

对于图题 4-21(a) 所示上支路有

$$y(t)\cos(\omega_c t)=[f(t)+A]\cos(\omega_c t+\theta_c)\cos(\omega_c t)=\frac{1}{2}[f(t)+A][\cos(2\omega_c t+\theta_c)+\cos\theta_c]$$

$$=\frac{1}{2}[f(t)+A]\cos(2\omega_c t+\theta_c)+\frac{1}{2}[f(t)+A]\cos\theta_c$$

因此，由已求得的 $Y(\mathrm{j}\omega)$ 可直接得到 $y(t)\cos(\omega_c t)$ 的傅里叶变换为

$$\mathscr{F}\{y(t)\cos(\omega_c t)\}=\frac{1}{4}F[\mathrm{j}(\omega+2\omega_c)]\mathrm{e}^{-\mathrm{j}\theta_c}+\frac{1}{4}F[\mathrm{j}(\omega-2\omega_c)]\mathrm{e}^{\mathrm{j}\theta_c}+\frac{\pi}{2}A\mathrm{e}^{-\mathrm{j}\theta_c}\delta(\omega+2\omega_c)+$$

$$\frac{\pi}{2}A\mathrm{e}^{\mathrm{j}\theta_c}\delta(\omega-2\omega_c)+\frac{1}{2}\cos\theta_c F(\mathrm{j}\omega)+\pi A\cos\theta_c\delta(\omega)$$

画出其频谱图如图题 4-21(d) 所示。

通过低通滤波器后

$$z_1(t)=\frac{1}{2}[f(t)+A]\cos\theta_c$$

同理，对于图题 4-21(a)所示下支路有

$$y(t)\sin(\omega_c t)=[f(t)+A]\cos(\omega_c t+\theta_c)\sin(\omega_c t)=\frac{1}{2}[f(t)+A][\sin(2\omega_c t+\theta_c)-\sin\theta_c]$$

$$=\frac{1}{2}[f(t)+A]\sin(2\omega_c t+\theta_c)-\frac{1}{2}[f(t)+A]\sin\theta_c$$

同样，通过低通滤波器后，只剩下上式后面的低频分量，即

$$z_2(t)=\frac{1}{2}[f(t)+A]\sin\theta_c$$

系统的响应为

$$r(t)=[z_1^2(t)+z_2^2(t)]^{\frac{1}{2}}=\left\{\frac{1}{4}[f(t)+A]^2\cos^2\theta_c+\frac{1}{4}[f(t)+A]^2\sin^2\theta_c\right\}^{\frac{1}{2}}=\frac{1}{2}[f(t)+A]$$

可见，这时只需要频率同步，而不需要相位同步即可恢复 $f(t)$。

4-22 图题 4-22(a)所示系统，$H(j\omega)$ 的图形如图题 4-22(b)所示，$f(t)$ 的波形如图题 4-22(c)所示。求响应 $y(t)$ 的频谱 $Y(j\omega)$，并画出 $Y(j\omega)$ 的图形。

解：

$$f(t)=\frac{\omega_c}{\pi}\mathrm{Sa}(\omega_c t)$$

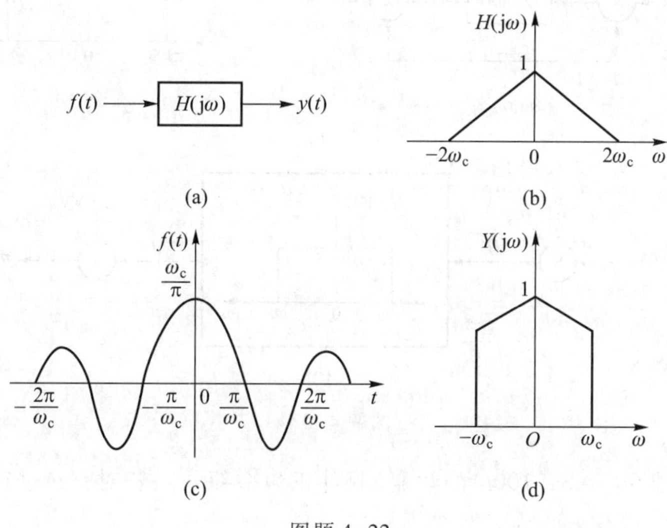

图题 4-22

故

$$F(j\omega)=G_{2\omega_c}(\omega),\quad Y(j\omega)=H(j\omega)F(j\omega)=H(j\omega)G_{2\omega_c}(\omega)$$

$Y(j\omega)$ 的图形如图题 4-22(d)所示。

4-23 图题 4-23(a)为用正弦调制和低通滤波器构成带通滤波器的方案，证明该系统的输出 $y(t)$ 与图题 4-23(b)中只保留 $\mathrm{Re}\{p(t)\}$ 所得的输出相同。

证明：设图题 4-23(a)中，$g_1(t)$ 为 $H_1(j\omega)$ 对 $f(t)\cos(\omega_0 t)$ 的响应；$g_2(t)$ 为 $H_2(j\omega)$ 对 $f(t)\sin(\omega_0 t)$ 的响应。因此输出 $y(t)$ 为

$$y(t)=g_1(t)\cos(\omega_0 t)+g_2(t)\sin(\omega_0 t)$$

由图题4-23(b)可知

$$y(t)=f(t)\mathrm{e}^{\mathrm{j}\omega_0 t}=f(t)\cos(\omega_0 t)+\mathrm{j}f(t)\sin(\omega_0 t)$$

同样,设$g_1(t)$为$H_1(\mathrm{j}\omega)$对$f(t)\cos(\omega_0 t)$的响应;$g_2(t)$为$H_1(\mathrm{j}\omega)$对$f(t)\sin(\omega_0 t)$的响应。因此

$$w(t)=g_1(t)+\mathrm{j}g_2(t)$$

$$\begin{aligned}p(t)&=\mathrm{e}^{-\mathrm{j}\omega_0 t}w(t)=[\cos(\omega_0 t)-\mathrm{j}\sin(\omega_0 t)][g_1(t)+\mathrm{j}g_2(t)]\\&=[g_1(t)\cos(\omega_0 t)+g_2(t)\sin(\omega_0 t)]+\mathrm{j}[g_2(t)\cos(\omega_0 t)-g_1(t)\sin(\omega_0 t)]\end{aligned}$$

所以

$$\mathrm{Re}\{p(t)\}=g_1(t)\cos(\omega_0 t)+g_2(t)\sin(\omega_0 t)$$

它与图题4-23(a)的输出$y(t)$相同,因此图题4-23(a)的系统等价于一个带通波滤器,其中心频率为ω_0,带宽为$2\omega_0$。

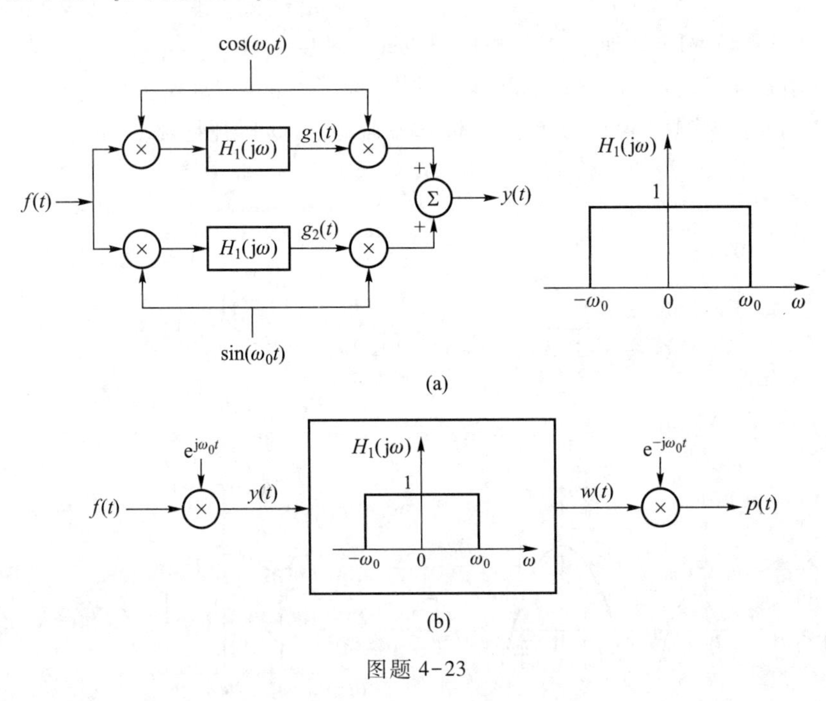

图题4-23

4-24　求信号$f(t)=\mathrm{Sa}(100t)$的频宽(只计正频率部分);若对$f(t)$进行均匀冲激抽样,求奈奎斯特频率f_N与奈奎斯特周期T_N。

解:(1) 因有$G_\tau(t)\Leftrightarrow\tau\mathrm{Sa}\left(\dfrac{\omega\tau}{2}\right)$,令$\dfrac{\omega\tau}{2}=100\omega$,则

$$\tau=200$$

$$G_{200}(t)\leftrightarrow200\mathrm{Sa}(100\omega),\quad\frac{1}{200}G_{200}(t)\leftrightarrow\mathrm{Sa}(100\omega)$$

$$\mathrm{Sa}(100t)\leftrightarrow2\pi\times\frac{1}{200}G_{200}(\omega)=\frac{\pi}{100}G_{200}(\omega)$$

故信号的频谱宽度为

$$\Delta\omega_s=100\ \mathrm{rad/s}$$

或

$$\Delta f_s=\frac{\Delta\omega_s}{2\pi}=\frac{100}{2\pi}\ \text{Hz}=\frac{50}{\pi}\ \text{Hz}$$

（2）最低抽样频谱（即奈奎斯特频率）为

$$f_N=2\cdot\Delta f_s=\left(2\times\frac{50}{\pi}\right)\ \text{Hz}=\frac{100}{\pi}\ \text{Hz}$$

奈奎斯特间隔（即最大允许抽样间隔）为

$$T_N=\frac{1}{f_N}=\frac{\pi}{100}\ \text{s}$$

4-25 若下列各信号被均匀抽样，求其奈奎斯特间隔 T_N 与奈奎斯特频率 f_N。

（1）$f(t)=\text{Sa}(100t)$。（2）$f(t)=\text{Sa}^2(100t)$。（3）$\text{Sa}(100t)+\text{Sa}^{10}(50t)$。

解：（1）$\omega_m=100$ rad/s，故 $\omega_N=2\omega_m=200$ rad/s，$f_N=\frac{\omega_N}{2\pi}=\frac{200}{2\pi}$ Hz $=31.83$ Hz，$T_N=\frac{2\pi}{\omega_N}=$ 31.4 ms。

（2）时域相乘相当于频域卷积，频带展宽 1 倍，即 $\omega_m=(100\times2)$ rad/s $=200$ rad/s，故 $\omega_N=2\omega_m=400$ rad/s，$f_N=\frac{\omega_N}{2\pi}=63.66$ Hz，$T_N=\frac{1}{f_N}=15.7$ ms。

（3）与（2）同理，可求得 $\omega_m=(50\times10)$ rad/s $=500$ rad/s，故 $\omega_N=2\omega_m=1\ 000$ rad/s，$f_N=\frac{\omega_N}{2\pi}=159.15$ Hz，$T_N=\frac{1}{f_N}=6.28$ ms。

4-26 $f(t)=\text{Sa}(1\ 000\pi t)\text{Sa}(2\ 000\pi t)$，$s(t)=\sum_{n=-\infty}^{\infty}\delta(t-nT)$，$f_s(t)=f(t)s(t)$。（1）若要从 $f_s(t)$ 无失真地恢复 $f(t)$，求最大抽样周期 T_N。（2）当抽样周期 $T=T_N$ 时，画出 $f_s(t)$ 的频谱图。

解：（1）$\text{Sa}(1\ 000\pi t)\leftrightarrow\frac{1}{1\ 000}G_{2\ 000\pi}(\omega)$，$\text{Sa}(2\ 000\pi t)\leftrightarrow\frac{1}{2\ 000}G_{4\ 000\pi}(\omega)$

由此可得

$$F(\text{j}\omega)=\frac{1}{2\pi}\cdot\frac{1}{1\ 000}\cdot\frac{1}{2\ 000}G_{2\ 000\pi}(\omega)*G_{4\ 000\pi}(\omega)$$

$F(\text{j}\omega)$ 的图形如图题 4-26（a）所示。

由此可得奈奎斯特频率为

$$f_N=3\ 000\ \text{Hz}$$

故奈奎斯特间隔为

$$T_N=\frac{1}{3\ 000}\ \text{s}$$

（2）$F_s(\text{j}\omega)=\frac{1}{T_N}\sum_{n=-\infty}^{\infty}F[\text{j}(\omega-n\Omega)]$，$\Omega=\frac{2\pi}{T_N}=6\ 000\pi$ rad/s，$F_s(\text{j}\omega)$ 的图形如图题 4-26（b）所示。

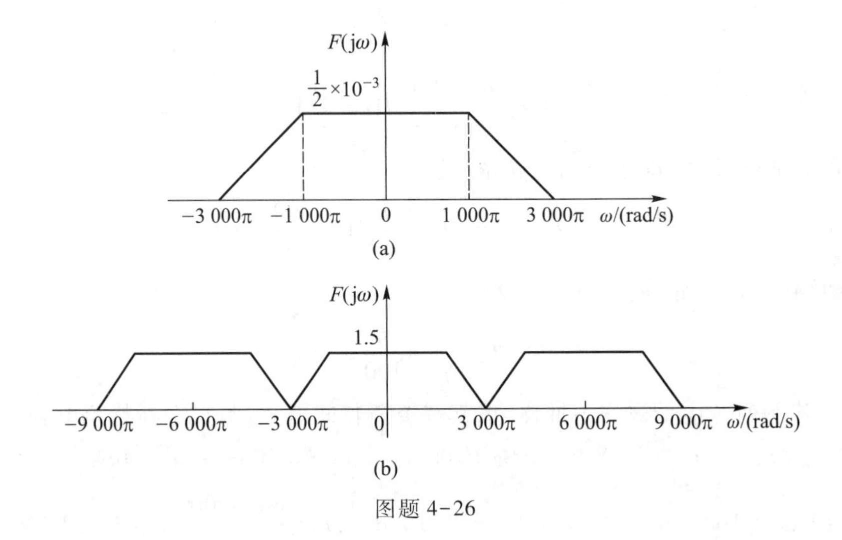

图题 4-26

4-27　图题 4-27(a)为实现低通滤波器的系统。其中,$H(\mathrm{j}\omega)$是一个理想的 90°相移器,其频率响应为 $H(\mathrm{j}\omega)=\mathrm{j}\,\mathrm{sgn}(\omega)$,整个系统的输出 $y(t)$是复信号 $r_3(t)$的虚部。(1) 当 $F(\mathrm{j}\omega)$为图题 4-27(b)所示的实函数时,画出 $r_1(t)$、$r_2(t)$、$r_3(t)$及 $y(t)$的频谱。证明此系统实现了一个理想的低通滤波器,并用调制频率 ω_c 表示该低通滤波器的截止频率。(2) 证明图题 4-27(c)的系统与图题 4-27(a)的系统等效,其中图题 4-27(a)和(c)的 $H(\mathrm{j}\omega)$是完全相同的,而且 $f(t)$为实信号。

解:(1) 由图题 4-27(a)可知,$r_1(t)=f(t)\mathrm{e}^{\mathrm{j}\omega_c t}$的傅里叶变换 $R_1(\mathrm{j}\omega)$为

$$R_1(\mathrm{j}\omega)=F[\mathrm{j}(\omega-\omega_c)]$$

经 90°相移器 $H(\mathrm{j}\omega)$后得 $R_2(\mathrm{j}\omega)$为

$$R_2(\mathrm{j}\omega)=\begin{cases}F[\mathrm{j}(\omega-\omega_c)]\mathrm{e}^{\mathrm{j}\frac{\pi}{2}}, & \omega>0\\ F[\mathrm{j}(\omega-\omega_c)]\mathrm{e}^{-\mathrm{j}\frac{\pi}{2}}, & \omega<0\end{cases}=\mathrm{j}F[\mathrm{j}(\omega-\omega_c)]\mathrm{sgn}(\omega)$$

解调信号 $r_3(t)=r_2(t)\mathrm{e}^{-\mathrm{j}\omega_c t}$的傅里叶变换为

$$R_3(\mathrm{j}\omega)=R_2[\mathrm{j}(\omega+\omega_c)]=\begin{cases}F(\mathrm{j}\omega)\mathrm{e}^{\mathrm{j}\frac{\pi}{2}}, & \omega+\omega_c>0\\ F(\mathrm{j}\omega)\mathrm{e}^{-\mathrm{j}\frac{\pi}{2}}, & \omega+\omega_c<0\end{cases}=\mathrm{j}F(\mathrm{j}\omega)\mathrm{sgn}(\omega+\omega_c)$$

由于

$$y(t)=\mathrm{Im}\{r_3(t)\}=\frac{1}{2\mathrm{j}}[r_3(t)-r_3^*(t)]$$

所以 $y(t)$的傅里叶变换为

$$Y(\mathrm{j}\omega)=-\frac{\mathrm{j}}{2}[R_3(\mathrm{j}\omega)-R_3^*(-\mathrm{j}\omega)]$$

而

$$R_3^*(-\mathrm{j}\omega)=\begin{cases}F(-\mathrm{j}\omega)\mathrm{e}^{-\mathrm{j}\frac{\pi}{2}}, & -\omega+\omega_c>0\\ F(-\mathrm{j}\omega)\mathrm{e}^{\mathrm{j}\frac{\pi}{2}}, & -\omega+\omega_c<0\end{cases}=\begin{cases}F(\mathrm{j}\omega)\mathrm{e}^{-\mathrm{j}\frac{\pi}{2}}, & -\omega+\omega_c>0\\ F(\mathrm{j}\omega)\mathrm{e}^{\mathrm{j}\frac{\pi}{2}}, & -\omega+\omega_c<0\end{cases}$$

其中,$F(-\mathrm{j}\omega)=F(\mathrm{j}\omega)$,因此可得 $Y(\mathrm{j}\omega)$为

$$Y(\mathrm{j}\omega)=-\frac{\mathrm{j}}{2}[R_3(\mathrm{j}\omega)-R_3^*(-\mathrm{j}\omega)]=\begin{cases}F(\mathrm{j}\omega), & -\omega_c<\omega<\omega_c\\ 0, & \omega>\omega_c \text{ 或 } \omega<-\omega_c\end{cases}$$

可见,这是一个截止频率为 ω_c 的低通波滤器,对于 $\omega_M>\omega_c$ 的情况,$Y(\omega)$如图题 4-27(d)所示。

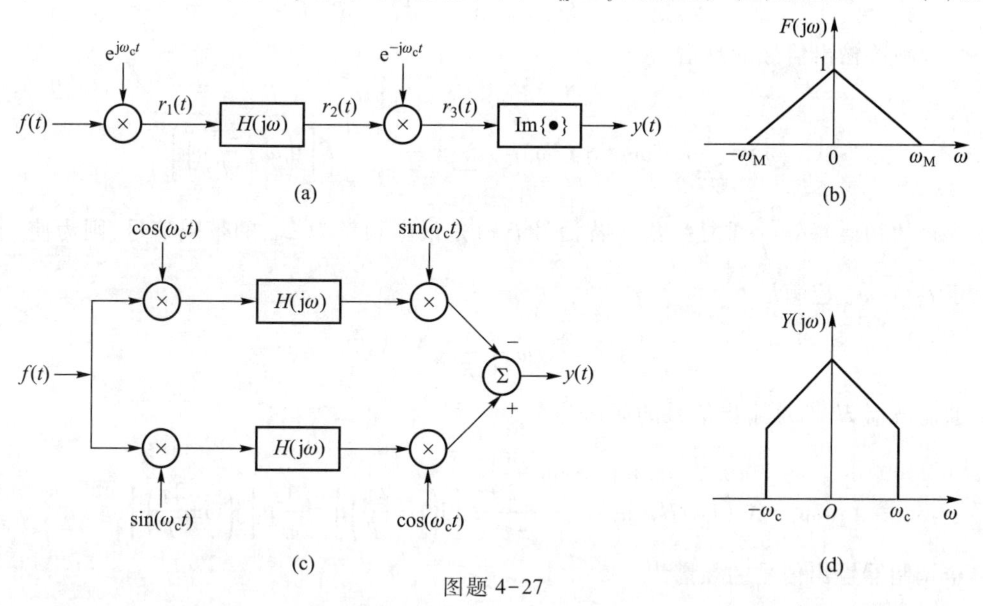

图题 4-27

(2) 由图题 4-27(c)可知,其输出为

$$y(t)=-[f(t)\cos(\omega_c t)*h(t)]\sin(\omega_c t)+[f(t)\sin(\omega_c t)*h(t)]\cos(\omega_c t)$$

而图题 4-27(a)的输出为

$$\begin{aligned}y(t)&=\mathrm{Im}\{[f(t)\mathrm{e}^{\mathrm{j}\omega_c t}*h(t)]\mathrm{e}^{-\mathrm{j}\omega_c t}\}\\&=\cos(\omega_c t)\mathrm{Im}\{[f(t)\mathrm{e}^{\mathrm{j}\omega_c t}*h(t)]\}-\sin(\omega_c t)\mathrm{Re}\{[f(t)\mathrm{e}^{\mathrm{j}\omega_c t}*h(t)]\}\end{aligned}$$

又 $H(\mathrm{j}\omega)=H^*(-\mathrm{j}\omega)$,所以 $h(t)$是实函数。因此上式变为

$$y(t)=\cos(\omega_c t)[f(t)\sin(\omega_c t)*h(t)]-\sin(\omega_c t)[f(t)\cos(\omega_c t)*h(t)]$$

这恰好是图题 4-27(c)的输出。故图题 4-27(a)所示系统和图题 4-27(c)所示系统等效。

4-28 图题 4-28 表示一个斩波放大器。它根据调幅原理将低频信号搬到较高频段上。

(1) 若 $y(t)$正比于 $f(t)$(即如果整个系统等效于一个放大器),根据 T 确定 $f(t)$中允许存在的最高频率。(2) 若 $f(t)$为(1)中所述的带限信号,确定图题 4-28 中整个系统的增益。

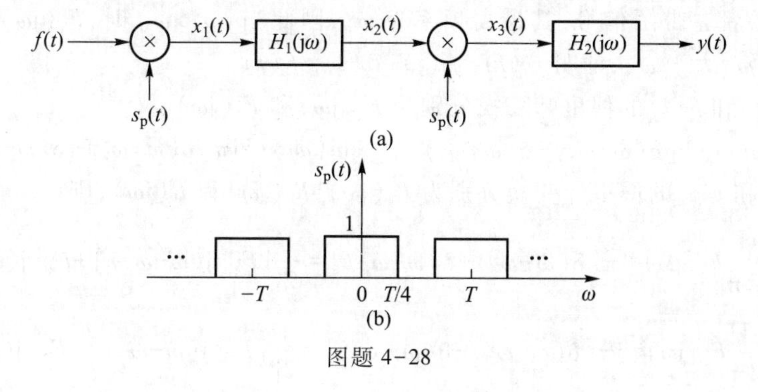

图题 4-28

解:(1) 周期方波 $s_p(t)$ 的傅里叶变换为

$$S_p(j\omega)=\sum_{n=-\infty}^{\infty}\frac{2\sin\left(\frac{n\pi}{2}\right)}{n}\delta\left(\omega-\frac{2\pi}{T}n\right)$$

第一个调制器输出信号的频谱为

$$X_1(j\omega)=\frac{1}{2\pi}F(j\omega)*S_p(j\omega)=\sum_{n=-\infty}^{\infty}\frac{\sin\left(\frac{n\pi}{2}\right)}{\pi n}F\left[j\left(\omega-\frac{2\pi}{T}n\right)\right]$$

即 $F(j\omega)$ 的频谱每隔 $\frac{2\pi}{T}$ 重复一次。若信号 $f(t)$ 是最高频率为 ω_M 的带限信号,则为使 $y(t)$ 正比于 $f(t)$,ω_M 应满足

$$\omega_M<\frac{\pi}{T}$$

而带通滤波器 $H_1(j\omega)$ 输出信号的频谱为

$$X_2(j\omega)=X_1(j\omega)H_1(j\omega)=\frac{\sin\left(\frac{\pi}{2}\right)}{\pi}F\left[j\left(\omega\pm\frac{2\pi}{T}\right)\right]=\frac{1}{\pi}F\left[j\left(\omega\pm\frac{2\pi}{T}\right)\right]$$

第二个调制器输出信号的频谱为

$$\begin{aligned}X_3(j\omega)&=\frac{1}{2\pi}X_2(j\omega)*S_p(j\omega)\\&=\sum_{n=-\infty}^{\infty}\frac{\sin\left(\frac{n\pi}{2}\right)}{\pi^2 n}F\left[j\left(\omega\pm\frac{2\pi}{T}-\frac{2\pi}{T}n\right)\right]\end{aligned}$$

低通滤波器 $H_2(j\omega)$ 输出信号的频谱为

$$Y(j\omega)=H_2(j\omega)\sum_{n=-\infty}^{\infty}\frac{\sin\left(\frac{n\pi}{2}\right)}{\pi^2 n}F\left[j\left(\omega\pm\frac{2\pi}{T}-\frac{2\pi}{T}n\right)\right]=\frac{2}{\pi^2}F(j\omega)$$

(2) 系统的总增益为 $G=\frac{2}{\pi^2}$。

4-29　一种多路复用系统如图题 4-29(a)所示,解复用系统如图题 4-29(b)所示。假定 $f_1(t)$ 和 $f_2(t)$ 都是带限信号,其最高频率为 ω_M,因此当 $|\omega|>\omega_M$ 时,$F_1(j\omega)=F_2(j\omega)=0$。假定载波频率 ω_c 大于 ω_M,证明 $y_1(t)=f_1(t)$,$y_2(t)=f_2(t)$。

解:设 $f_1(t)$ 和 $f_2(t)$ 的傅里叶变换分别为 $F_1(j\omega)$ 和 $F_2(j\omega)$,又

$$\cos(\omega t)\leftrightarrow\pi[\delta(\omega-\omega_c)+\delta(\omega+\omega_c)],\quad \sin(\omega t)\leftrightarrow j\pi[\delta(\omega+\omega_c)-\delta(\omega-\omega_c)]$$

设 $r_1(t)$、$r_2(t)$ 和 $r(t)$ 的傅里叶变换分别为 $R_1(j\omega)$、$R_2(j\omega)$ 和 $R(j\omega)$,则

$$R_1(j\omega)=\frac{1}{2\pi}F_1(j\omega)*\pi[\delta(\omega-\omega_c)+\delta(\omega+\omega_c)]=\frac{1}{2}\{F_1[j(\omega-\omega_c)]+F_1[j(\omega+\omega_c)]\}$$

$$R_2(j\omega)=\frac{1}{2\pi}F_2(j\omega)*j\pi[\delta(\omega-\omega_c)-\delta(\omega+\omega_c)]=\frac{1}{2j}\{F_2[j(\omega-\omega_c)]-F_2[j(\omega+\omega_c)]\}$$

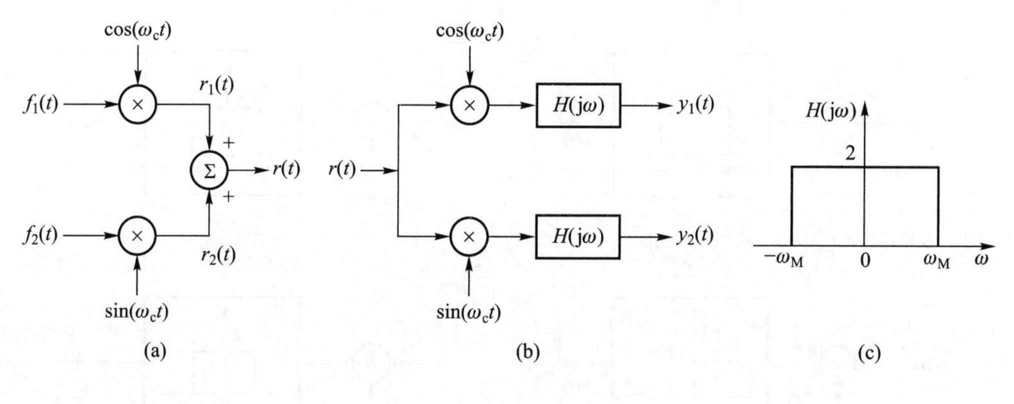

图题 4-29

而

$$R(\mathrm{j}\omega)=R_1(\mathrm{j}\omega)+R_2(\mathrm{j}\omega)=\frac{1}{2}\{F_1[\mathrm{j}(\omega-\omega_c)]+F_1[\mathrm{j}(\omega+\omega_c)]\}+\frac{1}{2\mathrm{j}}\{F_2[\mathrm{j}(\omega-\omega_c)]-F_2[\mathrm{j}(\omega+\omega_c)]\}$$

上支路解调器输出为

$$\frac{1}{2\pi}R(\mathrm{j}\omega)*\pi[\delta(\omega-\omega_c)+\delta(\omega+\omega_c)]$$

$$=\frac{1}{4}\{F_1[\mathrm{j}(\omega-2\omega_c)]+2F_1(\mathrm{j}\omega)+F_1[\mathrm{j}(\omega+2\omega_c)]+\frac{1}{\mathrm{j}}F_2[\mathrm{j}(\omega-2\omega_c)]-\frac{1}{\mathrm{j}}F_2[\mathrm{j}(\omega+2\omega_c)]\}$$

经幅度为 2 的低通滤波器 $H(\mathrm{j}\omega)$（$\omega_M<\omega_c$）后有

$$Y_1(\mathrm{j}\omega)=\frac{1}{2\pi}R(\mathrm{j}\omega)*\pi[\delta(\omega-\omega_c)+\delta(\omega+\omega_c)]H(\mathrm{j}\omega)=F_1(\mathrm{j}\omega)$$

即

$$y_1(t)=f_1(t)$$

同理从解复用的下支路解调器可得

$$y_2(t)=f_2(t)$$

4-30 图题 4-30(a)表示保留下边带的单边带系统，而图题 4-30(b)表示保留上边带的单边带系统。

(1) 当 $F(\mathrm{j}\omega)$ 如图题 4-30(c)所示时，确定并画出下边带已调信号的傅里叶变换 $S(\mathrm{j}\omega)$ 和上边带已调信号的傅里叶变换 $R(\mathrm{j}\omega)$，假定 $\omega_c>\omega_s$。(2) 图题 4-30(d)表示用相移法产生的单边带系统。证明它所产生的单边带信号与图题 4-30(a)的下边带调制方案所产生的单边带信号成比例（即 $y(t)$ 与 $s(t)$ 成比例）。

解：(1) 设 $f(t)\leftrightarrow F(\mathrm{j}\omega)$，而

$$\cos(\omega t)\leftrightarrow\pi[\delta(\omega-\omega_c)+\delta(\omega+\omega_c)]$$

于是有

$$f(t)\cos(\omega t)\leftrightarrow\frac{1}{2}F[\mathrm{j}(\omega-\omega_c)]+\frac{1}{2}F[\mathrm{j}(\omega+\omega_c)]$$

低通滤波器 $H_1(\mathrm{j}\omega)$ 的频率特性为

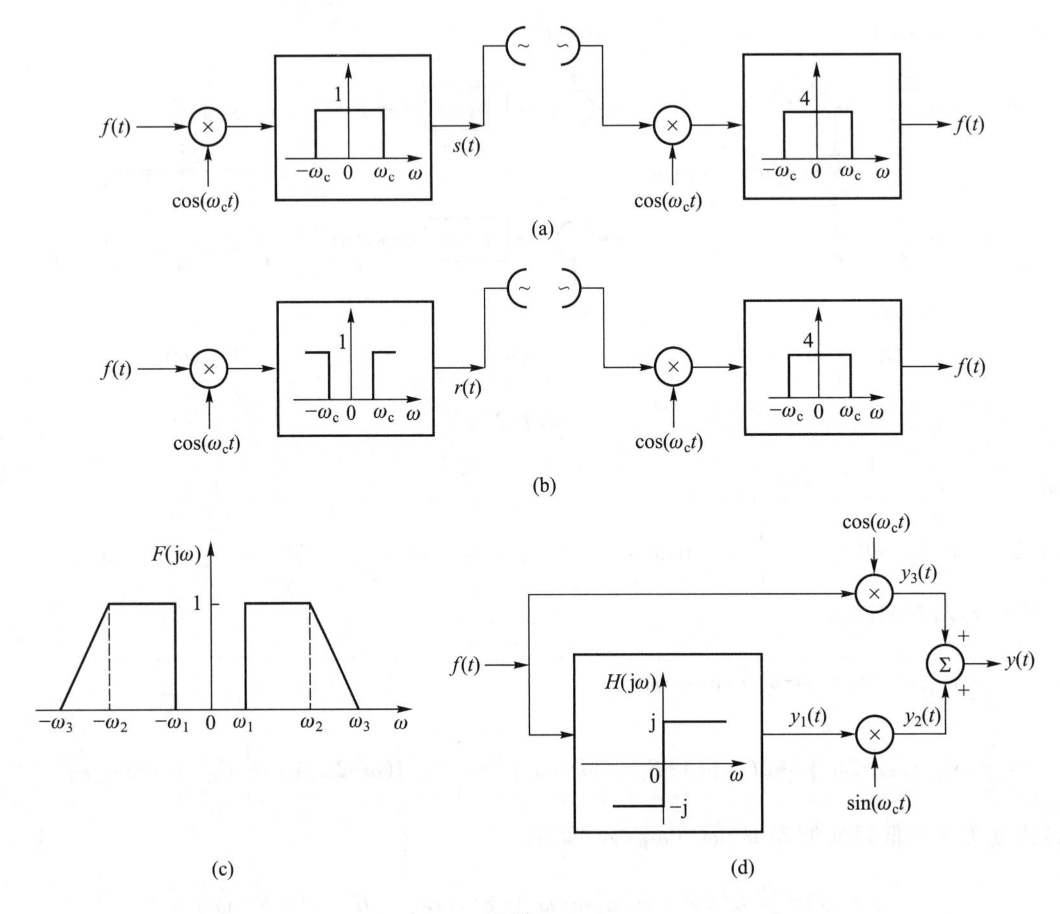

图题 4-30

$$H_1(j\omega)=\begin{cases}1, & |\omega|\leqslant\omega_c\\0, & |\omega|>\omega_c\end{cases}$$

因此

$$S(j\omega)=\left\{\frac{1}{2\pi}F(j\omega)*\pi[\delta(\omega-\omega_c)+\delta(\omega+\omega_c)]\right\}H_1(j\omega)=\begin{cases}\dfrac{1}{2}F[j(\omega+\omega_c)]\\ \dfrac{1}{2}F[j(\omega-\omega_c)]\end{cases}$$

对图题 4-30(b)所示的上边带有 $f(t)\leftrightarrow F(j\omega)$，而

$$\cos(\omega t)\leftrightarrow\pi[\delta(\omega-\omega_c)+\delta(\omega+\omega_c)]$$

于是有

$$f(t)\cos(\omega t)\leftrightarrow\frac{1}{2}F[j(\omega-\omega_c)]+\frac{1}{2}F[j(\omega+\omega_c)]$$

高通滤波器 $H_h(j\omega)$ 的频率特性为

$$H_h(j\omega)=\begin{cases}1, & |\omega|\geqslant\omega_c\\0, & |\omega|<\omega_c\end{cases}$$

因此

$$R(\mathrm{j}\omega)=\left\{\frac{1}{2\pi}F(\mathrm{j}\omega)*\pi[\delta(\omega-\omega_c)+\delta(\omega+\omega_c)]\right\}H_h(\mathrm{j}\omega)$$

(2) 由图题 4-30(d)可知,$f(t)$经相移器后的频谱 $Y_1(\mathrm{j}\omega)$为

$$Y_1(\mathrm{j}\omega)=F(\mathrm{j}\omega)H(\mathrm{j}\omega)=-\mathrm{j}F(\mathrm{j}\omega)\mathrm{sgn}(\omega)$$

相移器输出 $y_1(t)$与 $\sin(\omega_c t)$相乘所得的频谱为

$$Y_2(\mathrm{j}\omega)=\frac{1}{2\pi}Y_1(\mathrm{j}\omega)*\mathscr{F}[\sin(\omega_c t)]=\frac{1}{2\mathrm{j}}\{Y_1[\mathrm{j}(\omega-\omega_c)]\mathrm{sgn}(\omega-\omega_c)-Y_1[\mathrm{j}(\omega+\omega_c)]\mathrm{sgn}(\omega+\omega_c)\}$$

$f(t)$乘以 $\cos(\omega_c t)$的频谱为

$$Y_3(\mathrm{j}\omega)=\frac{1}{2\pi}F(\mathrm{j}\omega)*\pi[\delta(\omega-\omega_c)+\delta(\omega+\omega_c)]=\frac{1}{2}\{F[\mathrm{j}(\omega-\omega_c)]+F[\mathrm{j}(\omega+\omega_c)]\}$$

系统输出信号的频谱为

$$Y(\mathrm{j}\omega)=Y_2(\mathrm{j}\omega)+Y_3(\mathrm{j}\omega)=2S(\mathrm{j}\omega)$$

即

$$y(t)=2s(t)$$

$y(t)$与 $s(t)$成比例。

4-31 假设在图题 4-31(a)所示系统中,周期方波的周期为 T,输入信号是带限的,即 $|F(\mathrm{j}\omega)|=0(|\omega|>\omega_M)$。(1) 当 $\Delta=T/3$ 时,根据 ω_M 确定可由 $w(t)$恢复 $x(t)$的最大 T 值。并由此确定一个从 $w(t)$恢复 $f(t)$的系统。(2) 当 $\Delta=T/4$ 时,重做(1)。

解:(1) 令 $s_1(t)=s(t)+1$,则 $s_1(t)$的傅里叶变换为

$$S_1(\mathrm{j}\omega)=S(\mathrm{j}\omega)+2\pi\delta(\omega)=2\pi\sum_{n=-\infty}^{\infty}F_n\delta\left(\omega-\frac{2\pi n}{T}\right)$$

式中,$F_0=\dfrac{2\Delta}{T}$,$F_n=\dfrac{1}{T}\displaystyle\int_{-\Delta}^{\Delta}2\mathrm{e}^{-\mathrm{j}n\Omega t}=\dfrac{2\sin(n\Omega\Delta)}{n\pi}$。因此

$$S_1(\mathrm{j}\omega)=\sum_{n=-\infty}^{\infty}\frac{4\sin(n\Omega\Delta)}{n}\delta\left(\omega-\frac{2\pi n}{T}\right),\quad \Omega=\frac{2\pi}{T}$$

将 $\Delta=\dfrac{T}{3}$代入 $S_1(\mathrm{j}\omega)$,得

$$S_1(\mathrm{j}\omega)=\frac{8\pi}{3}\sum_{n=-\infty}^{\infty}\frac{\sin\left(\frac{2n\pi}{3}\right)}{\frac{2n\pi}{3}}\delta\left(\omega-\frac{2\pi n}{T}\right)=\frac{8\pi}{3}\sum_{n=-\infty}^{\infty}\mathrm{Sa}\left(\frac{2n\pi}{3}\right)\delta\left(\omega-\frac{2\pi n}{T}\right)$$

当 $n=\pm3,\pm6,\pm9,\cdots$时 $\qquad S_1(\mathrm{j}\omega)=0$

与此同时,取 $n=0$ $\qquad S_1(\mathrm{j}\omega)=\dfrac{8\pi}{3}\delta(\omega)$

则

$$S(\mathrm{j}\omega)=S_1(\mathrm{j}\omega)-2\pi\delta(\omega)=\frac{2\pi}{3}\delta(\omega)$$

当 $\omega\neq 0$ 时，有

$$S_1(\mathrm{j}\omega)=S(\mathrm{j}\omega)$$

由于 $f(t)$ 是带限信号，它的最高工作频率是 ω_{M}，由抽样定理可知，当 $\frac{2\pi}{T}\geqslant 2\omega_{\mathrm{M}}$，即 $\frac{\pi}{T}\geqslant\omega_{\mathrm{M}}$ 时 $w(t)$ 的频谱不会发生混叠。然而，由于在 $\omega=\pm\frac{6\pi}{T}$ 时，$S(\mathrm{j}\omega)=0$。因此，若取 $\frac{2\pi}{T}=\omega_{\mathrm{M}}$，则 $w(t)$ 的频谱 $W(\mathrm{j}\omega)$ 由于不满足抽样定理会发生混叠，但在 $|2\omega_{\mathrm{M}}|<\omega<|4\omega_{\mathrm{M}}|$ 区间频谱并无混叠，因而 $W(\mathrm{j}\omega)$ 可用图题 4-31(b) 所示系统恢复 $f(t)$。此时有

$$T_{\max}=\frac{2\pi}{\omega_{\mathrm{M}}}$$

(2) 同样，将 $\Delta=\frac{T}{4}$ 代入 $S_1(\mathrm{j}\omega)$，得

$$S_1(\mathrm{j}\omega)=\sum_{n=-\infty}^{\infty}2\pi\mathrm{Sa}\left(\frac{n\pi}{2}\right)\delta\left(\omega-n\frac{2\pi}{T}\right)$$

当 $n=\pm 2,\pm 4,\pm 6,\cdots$ 时　　$S_1(\mathrm{j}\omega)=0$

与此同时，取 $n=0$　　$S_1(\mathrm{j}\omega)=2\pi\delta(\omega)$

则　　$S(\mathrm{j}\omega)=S_1(\mathrm{j}\omega)-2\pi\delta(\omega)=0$

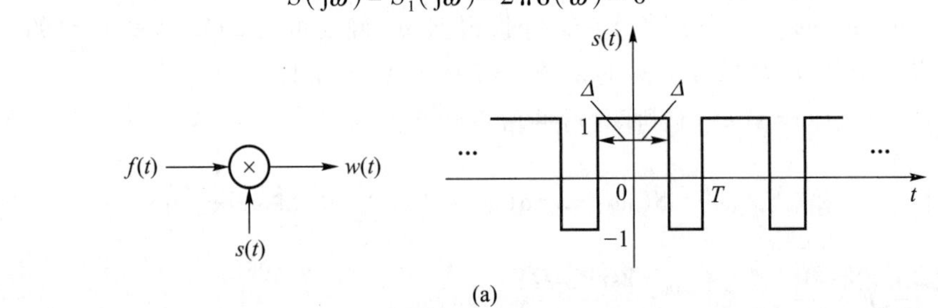

(a)

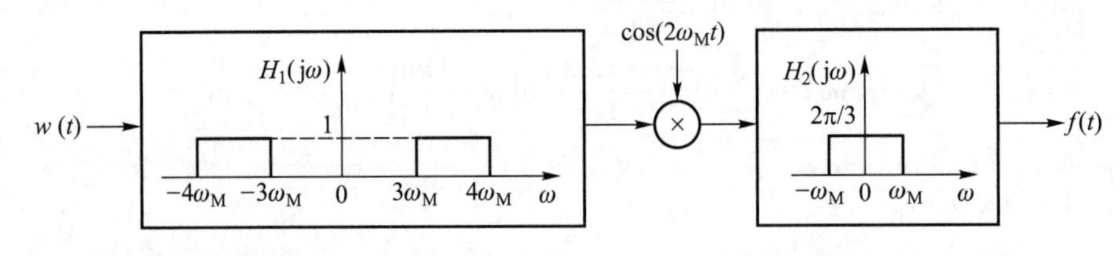

(b)

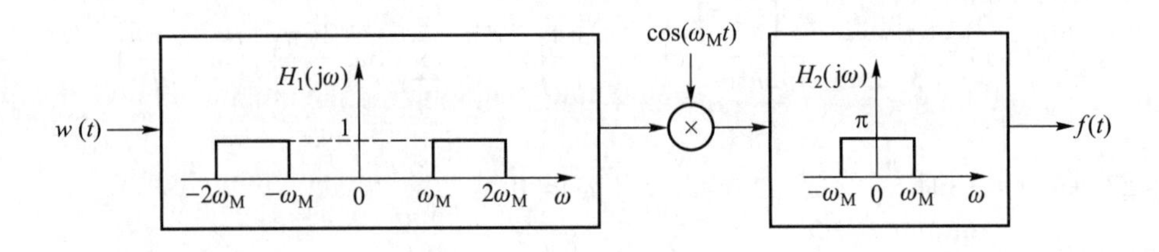

(c)

图题 4-31

当$f(t)$为带限信号时，$W(\mathrm{j}\omega)$可用图题4-31(c)所示系统恢复$f(t)$。同(1)一样，$T_{\max}=\dfrac{2\pi}{\omega_M}$时，频谱不会发生混叠。

4-32 某一线性系统如图题4-32(a)所示，输入信号$f(t)$的频谱$F(\mathrm{j}\omega)$如图题4-32(b)所示，它通过网络$H_1(\omega)$后便用冲激串$\delta_T(t)$进行抽样，$H_1(\mathrm{j}\omega)$的特性如图题4-32(c)所示。(1)为保证不出现混叠效应，求最低抽样频率f_s。(2)求抽样输出信号$y(t)$的频谱函数。(3)若抽样输出的脉冲调幅信号通过理想信道，为了使接收端能实现无失真地恢复信号$f_1(t)$，接入的网络$H_2(\mathrm{j}\omega)$应具有什么样的特性？

解：(1) $F_1(\mathrm{j}\omega)=F(\mathrm{j}\omega)H(\mathrm{j}\omega)$，如图题4-32(d)所示。由此可知，$f_1(t)$的最高工作频率为$f_m=\dfrac{\omega_1}{2\pi}$，由抽样定理可知，不发生频谱混叠的抽样频率为$f_s\geqslant 2f_m=\dfrac{\omega_1}{\pi}$。

(2) 抽样后信号$y(t)$的频谱$Y(\mathrm{j}\omega)$[如图题4-32(e)所示]为

$$Y(\mathrm{j}\omega)=\frac{1}{2\pi}F_1(\mathrm{j}\omega)*S(\mathrm{j}\omega)=\frac{1}{T_s}\sum_{n=-\infty}^{\infty}F_1[\mathrm{j}(\omega-n\omega_s)]$$

(3) 要恢复图题4-32(d)所示的$F_1(\mathrm{j}\omega)$，$H_2(\mathrm{j}\omega)$应满足

$$Y(\mathrm{j}\omega)H_2(\mathrm{j}\omega)=F_1(\mathrm{j}\omega)$$

$H_2(\mathrm{j}\omega)$的频率特性如图题4-32(f)所示。

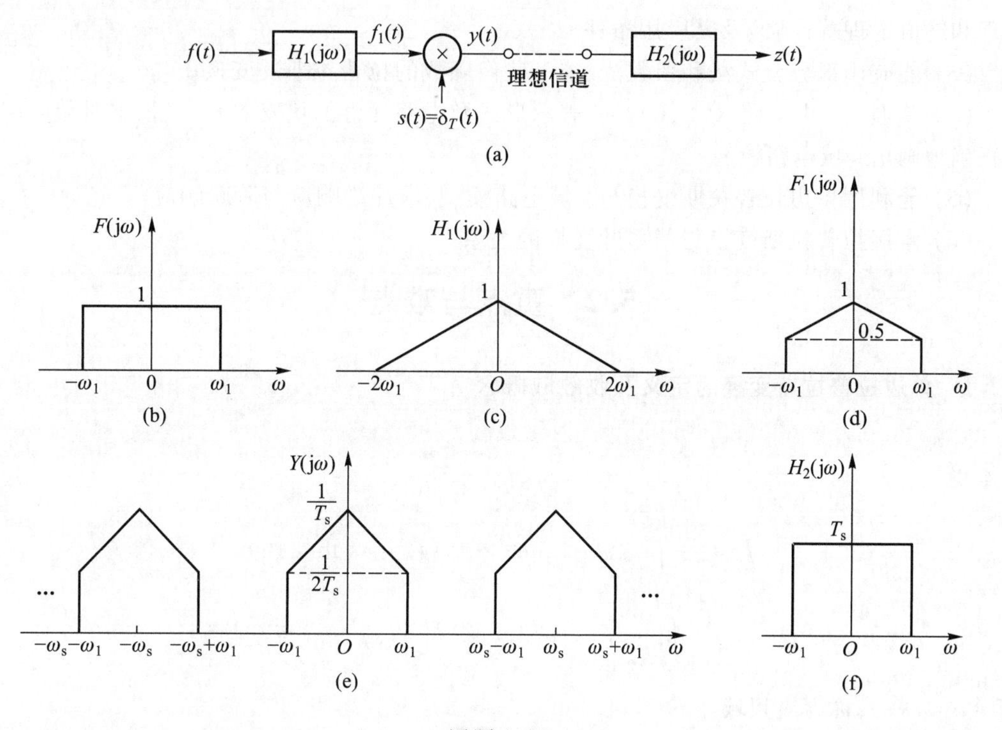

图题4-32

第 5 章　连续系统复频域分析

第 5 章课件

在前面的章节中介绍了连续时间信号与系统的频域分析,即傅里叶分析,这种频域分析法揭示了信号与系统的内在频率特性,是信号与系统分析的重要方法。但频域分析法存在一定的不足:第一,某些信号不存在傅里叶变换,因而无法利用频域分析法;第二,系统的频域分析法只能求解系统的零状态响应,系统的零输入响应仍然需要按照时域方法求解。为此,本章介绍另一种连续时间信号与系统的复频域分析方法。复频域分析是频域分析的推广,这种方法可以解决上述频域分析法存在的问题,更具有一般性。

5.1　基 本 要 求

(1) 深刻理解拉普拉斯变换的定义式、收敛域及基本性质;会根据拉普拉斯变换的定义式及基本性质,求一些常用信号的拉普拉斯变换。

(2) 正确理解拉普拉斯变换的性质(特别是时移性、频移性、时域微分、频域微分、初值定理和终值定理等性质)及其应用条件。

(3) 能应用部分分式法和留数法,求一些像函数的拉普拉斯反变换。

(4) 掌握 s 域中电路 KCL、KVL 的表示形式及电路元件的伏安关系;能根据时域电路模型正确地画出 s 域电路模型。

(5) 能利用单边拉普拉斯变换与 s 域电路模型,求冲激响应与阶跃响应。

(6) 掌握拉普拉斯变换与傅里叶变换的关系。

5.2　重点与难点

5.2.1　单边拉普拉斯变换的定义及收敛域概念

1. 定义

$$F(s)=\int_{0^-}^{\infty} f(t)\mathrm{e}^{-st}\mathrm{d}t=\mathscr{L}[f(t)]\quad(\text{正变换})$$

$$f(t)=\frac{1}{2\pi\mathrm{j}}\int_{\sigma-\mathrm{j}\infty}^{\sigma+\mathrm{j}\infty} F(s)\mathrm{e}^{st}\mathrm{d}s=\mathscr{L}^{-1}[F(s)]\quad(\text{反变换})$$

其中,$s=\sigma+\mathrm{j}\omega$,称为复频域。

2. 单边拉普拉斯变换存在的条件与收敛域

因 $F(s)=\int_{0^-}^{\infty} f(t)\mathrm{e}^{-st}\mathrm{d}t=\int_{0^-}^{\infty} f(t)\mathrm{e}^{-\sigma t}\mathrm{e}^{-\mathrm{j}\omega t}\mathrm{d}t$,可见欲使此积分存在,必须有

$$\lim_{t\to\infty} f(t)\,\mathrm{e}^{-\sigma t}=0$$

在 s 平面(也称为复频率平面)上,满足上式的 σ 的取值范围称为 $f(t)$ 或 $F(s)$ 的收敛域。

5.2.2 单边拉普拉斯变换的性质

拉普拉斯变换的性质揭示了信号 $f(t)$ 的时域特性与复频域特性之间的关系。

1. 单边拉普拉斯变换的基本性质(见表 5.1)

表 5.1 单边拉普拉斯变换的基本性质

序号	性质名称	$f(t)U(t)$	$F(s)$
1	唯一性	$f(t)$	$F(s)$
2	齐次性	$Af(t)$	$AF(s)$
3	叠加性	$f_1(t)+f_2(t)$	$F_1(s)+F_2(s)$
4	线性	$A_1f_1(t)+A_2f_2(t)$	$A_1F_1(s)+A_2F_2(s)$
5	尺度变换性	$f(at),a>0$	$\frac{1}{a}F\left(\frac{s}{a}\right)$
6	时移性	$f(t-t_0)U(t-t_0),t_0>0$	$F(s)\mathrm{e}^{-t_0s}$
7	复频移性	$f(t)\mathrm{e}^{-at}$	$F(s+a)$
8	时域微分	$f'(t)$	$sF(s)-f(0^-)$
		$f''(t)$	$s^2F(s)-sf(0^-)-f'(0^-)$
		$f^{(n)}(t)$	$s^nF(s)-s^{n-1}f(0^-)-s^{n-2}f'(0^-)-\cdots-f^{(n-1)}(0^-)$
9	时域积分	$\left(\int_{0^-}^{t}\right)^n f(\tau)\mathrm{d}\tau$	$\frac{1}{s^n}F(s)$
		$f^{(-1)}(t)=\int_{-\infty}^{t}f(\tau)\mathrm{d}\tau$	$\frac{1}{s}F(s)+\frac{1}{s}f^{(-1)}(0^-)$
		$f^{(-n)}(t)=\left(\int_{-\infty}^{t}\right)^n f(\tau)\mathrm{d}\tau$	$\frac{1}{s^n}F(s)+\sum_{m=1}^{n}\frac{1}{s^{n-m+1}}f^{(-m)}(0^-)$
10	时域卷积	$f_1(t)*f_2(t)$	$F_1(s)F_2(s)$
11	时域相乘	$f_1(t)f_2(t)$	$\frac{1}{2\pi\mathrm{j}}\int_{c-\mathrm{j}\infty}^{c+\mathrm{j}\infty}F_1(\lambda)F_2(s-\lambda)\mathrm{d}\lambda$, $\sigma>\sigma_1+\sigma_2,\sigma_1<c<\sigma-\sigma_2$
12	复频域微分	$(-t)^nf(t)$	$F^{(n)}(s)$
13	复频域积分	$\frac{f(t)}{t}$	$\int_s^{\infty}F(\lambda)\mathrm{d}\lambda$

续表

序号	性质名称	$f(t)U(t)$	$F(s)$
14	复频域卷积	$f_1(t)f_2(t)$	$\frac{1}{2\pi j}F_1(s)*F_2(s)$
15	调制定理	$f(t)\cos(\omega_0 t)$	$\frac{1}{2}[F(s-j\omega_0)+F(s+j\omega_0)]$
		$f(t)\sin(\omega_0 t)$	$\frac{1}{2j}[F(s-j\omega_0)-F(s+j\omega_0)]$
16	初值定理	$f(0^+)=\lim\limits_{t\to 0^+}f(t)=\lim\limits_{s\to\infty}sF(s)$	
17	终值定理	$f(\infty)=\lim\limits_{t\to\infty}f(t)=\lim\limits_{s\to 0}sF(s)$	

备注：① 初值定理要求 $F(s)$ 必须是真分式；

② 终值定理要求 $f(t)$ 必须存在终值，即 $F(s)$ 的极点必须全部在 s 平面的左半开平面上；在 $s=0$ 处只能有一阶极点。若无终值，则不能应用。

2. 常用时间函数的单边拉普拉斯变换对（见表5.2）

表5.2　常用时间函数的单边拉普拉斯变换对

序号	$f(t)U(t)$	$F(s)$
1	$\delta(t)$	1
2	$\delta^{(n)}(t)$	s^n
3	$U(t)$	$\frac{1}{s}$
4	t	$\frac{1}{s^2}$
5	t^n（n 为正整数）	$\frac{n!}{s^{n+1}}$
6	e^{-at}	$\frac{1}{s+a}$
7	te^{-at}	$\frac{1}{(s+a)^2}$
8	$t^n e^{-at}$（n 为正整数）	$\frac{n!}{(s+a)^{n+1}}$
9	$e^{-j\omega_0 t}$	$\frac{1}{s+j\omega_0}$

续表

序号	$f(t)U(t)$	$F(s)$
10	$\sin(\omega_0 t)$	$\dfrac{\omega_0}{s^2+\omega_0^2}$
11	$\cos(\omega_0 t)$	$\dfrac{s}{s^2+\omega_0^2}$
12	$e^{-at}\sin(\omega_0 t)$	$\dfrac{\omega_0}{(s+a)^2+\omega_0^2}$
13	$e^{-at}\cos(\omega_0 t)$	$\dfrac{s+a}{(s+a)^2+\omega_0^2}$
14	$t\sin(\omega_0 t)$	$\dfrac{2\omega_0 s}{(s^2+\omega_0^2)^2}$
15	$t\cos(\omega_0 t)$	$\dfrac{s^2-\omega_0^2}{(s^2+\omega_0^2)^2}$
16	$\mathrm{sh}(\omega_0 t)$	$\dfrac{\omega_0}{s^2-\omega_0^2}$
17	$\mathrm{ch}(\omega_0 t)$	$\dfrac{s}{s^2-\omega_0^2}$
18	$\sum_{n=0}^{\infty}\delta(t-nT)$	$\dfrac{1}{1-e^{-sT}}$
19	$\sum_{n=0}^{\infty}f_0(t-nT)$	$\dfrac{F_0(s)}{1-e^{-sT}}$
20	$\sum_{n=0}^{\infty}[U(t-nT)-U(t-nT-\tau)],T>\tau$	$\dfrac{1-e^{-s\tau}}{s(1-e^{-sT})}$

5.2.3 单边拉普拉斯反变换——由 $F(s)$ 求 $f(t)$

1. 部分分式法(应用条件为 $m<n$)

$$F(s)=\frac{N(s)}{D(s)}=\frac{b_m s^m+b_{m-1}s^{m-1}+\cdots+b_1 s+b_0}{s^n+a_{n-1}s^{n-1}+\cdots+a_1 s+a_0}$$

若分母 $D(s)=s^n+a_{n-1}s^{n-1}+\cdots+a_1 s+a_0=0$ 的根[称为 $F(s)$ 的极点]为 n 个单根 $p_1,p_2,\cdots,p_i,\cdots,p_n$,则 $F(s)=\dfrac{N(s)}{D(s)}$的部分分式为

$$\begin{aligned}F(s)&=\frac{N(s)}{D(s)}=\frac{b_m s^m+b_{m-1}s^{m-1}+\cdots+b_1 s+b_0}{(s-p_1)(s-p_2)\cdots(s-p_i)\cdots(s-p_n)}\\&=\frac{K_1}{s-p_1}+\frac{K_2}{s-p_2}+\cdots+\frac{K_i}{s-p_i}+\cdots+\frac{K_n}{s-p_n}\end{aligned}$$

$K_i(i=1,2,\cdots,n)$为待定常数，K_i 求法如下：

$$K_i=\frac{N(s)}{D(s)}(s-p_i)\Big|_{s=p_i} \tag{5.1}$$

若分母 $D(s)=s^n+a_{n-1}s^{n-1}+\cdots+a_1s+a_0=0$ 的根[称为 $F(s)$的极点]含有 m 阶重根 p_i 时，则 $F(s)=\dfrac{N(s)}{D(s)}$的部分分式为

$$F(s)=\frac{N(s)}{D(s)}=\frac{K_{11}}{(s-p_1)^m}+\frac{K_{12}}{(s-p_1)^{m-1}}+\cdots+\frac{K_{1m}}{s-p_1}+\frac{K_2}{s-p_2}+\frac{K_3}{s-p_3}+\cdots$$

则待定系数 K_{1m}即为

$$K_{1m}=\frac{1}{(m-1)!}\frac{\mathrm{d}^{(m-1)}}{\mathrm{d}s^{(m-1)}}\left[\frac{N(s)}{D(s)}(s-p_1)^m\right]\Big|_{s=p_1} \tag{5.2}$$

其余系数 $K_1,K_2,\cdots$ 的求法仍用式(5.1)，则

$$f(t)=\mathrm{e}^{p_1t}\sum_{i=1}^{m}\frac{K_{1i}}{(m-i)!}t^{m-i}+K_2\mathrm{e}^{p_2t}+\cdots$$

2. 留数法

将拉普拉斯反变换的复变函数积分运算，转化为求被积函数 $F(s)$在其极点上的留数计算，即

$$f(t)=\frac{1}{2\pi\mathrm{j}}\int_{\sigma-\mathrm{j}\infty}^{\sigma+\mathrm{j}\infty}F(s)\mathrm{e}^{st}\mathrm{d}s=\frac{1}{2\pi\mathrm{j}}\int_{AB}F(s)\mathrm{e}^{st}\mathrm{d}s+\frac{1}{2\pi\mathrm{j}}\int_{C_\mathrm{R}}F(s)\mathrm{e}^{st}\mathrm{d}s$$

$$=\frac{1}{2\pi\mathrm{j}}\oint_{AB+C_\mathrm{R}}F(s)\mathrm{e}^{st}\mathrm{d}s=\sum_{i=1}^{n}\mathrm{Res}[p_i]$$

若 p_i 为 $F(s)$的一阶极点，则

$$\mathrm{Res}[p_i]=F(s)\mathrm{e}^{st}(s-p_i)\Big|_{s=p_i}$$

若 p_i 为 $F(s)$的 m 阶极点，则

$$\mathrm{Res}[p_i]=\frac{1}{(m-1)!}\frac{\mathrm{d}^{m-1}}{\mathrm{d}s^{m-1}}[F(s)\mathrm{e}^{st}(s-p_i)^m]\Big|_{s=p_i}$$

与部分分式法相比，留数法的好处是可直接求得像函数 $F(s)$的时间函数 $f(t)$。

5.2.4　电路元件的 s 域电路模型

1. 电阻元件

电阻元件的时域电路模型如图 5.1(a)所示，其时域伏安关系为

$$u(t)=Ri(t)$$

或

$$i(t)=\frac{1}{R}u(t)=Gu(t)$$

对上两式求拉普拉斯变换，即得其复频域伏安关系为

$$U(s)=RI(s)$$

或

$$I(s)=GU(s)$$

式中，$U(s) \leftrightarrow u(t)$，$I(s) \leftrightarrow i(t)$。其复频域电路模型如图 5.1(b)所示。

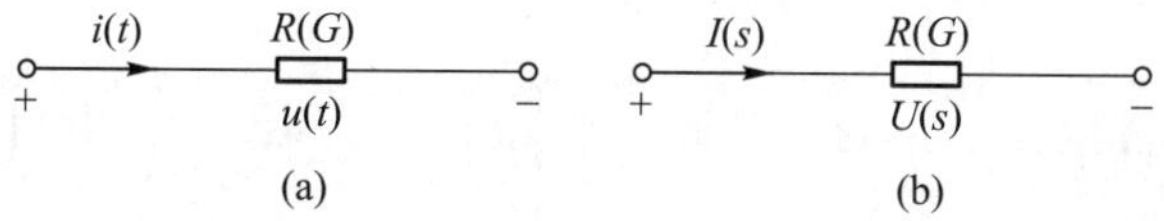

i(t)　R(G)　u(t)　+　−　(a)

I(s)　R(G)　U(s)　+　−　(b)

图 5.1

2. 电容元件

电容元件的时域电路模型如图 5.2 所示，其时域伏安关系为

$$i(t)=C\frac{\mathrm{d}u(t)}{\mathrm{d}t}$$

或

$$u(t)=u(0^-)+\frac{1}{C}\int_{0^-}^{t}i(\tau)\mathrm{d}\tau$$

式中，$u(0^-)$为 $t=0^-$ 时刻电容 C 上的初始电压。电容元件的 s 域电路模型如图 5.3(a)和(b)所示。

电容元件的 s 域伏安关系为

串联形式：
$$U(s)=\frac{1}{s}u(0^-)+\frac{1}{Cs}I(s)$$

并联形式：
$$I(s)=CsU(s)-Cu(0^-)=\frac{U(s)}{\frac{1}{Cs}}-Cu(0^-)$$

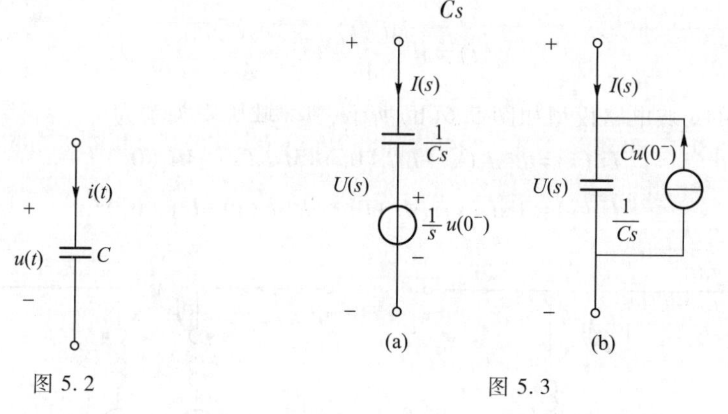

图 5.2

图 5.3

3. 电感元件

电感元件的时域电路模型如图 5.4 所示，其时域伏安关系为

$$u(t)=L\frac{\mathrm{d}i(t)}{\mathrm{d}t}$$

或

$$i(t)=i(0^-)+\frac{1}{L}\int_{0^-}^{t}u(\tau)\mathrm{d}\tau$$

式中,$i(0^-)$为 $t=0^-$时刻电感 L 中的初始电流。电感元件的 s 域电路模型如图 5.5(a)和(b)所示。

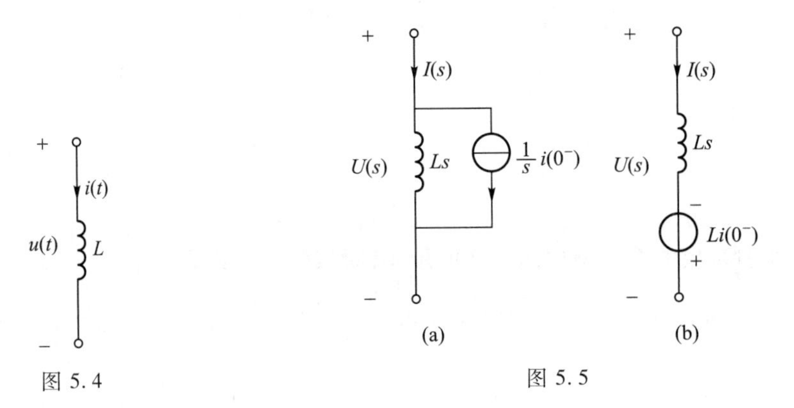

图 5.4　　　　图 5.5

电感元件的 s 域伏安关系为

串联形式:
$$U(s)=LsI(s)-Li(0^-)$$

并联形式:
$$I(s)=\frac{1}{s}i(0^-)+\frac{1}{Ls}U(s)$$

4. 耦合电感元件

耦合电感元件的时域电路模型如图 5.6(a)所示,其时域伏安关系为

$$u_1(t)=L_1\frac{\mathrm{d}i_1(t)}{\mathrm{d}t}+M\frac{\mathrm{d}i_2(t)}{\mathrm{d}t}$$

$$u_2(t)=M\frac{\mathrm{d}i_1(t)}{\mathrm{d}t}+L_2\frac{\mathrm{d}i_2(t)}{\mathrm{d}t}$$

耦合电感元件的 s 域电路模型如图 5.6(b)所示,其 s 域伏安关系为

$$U_1(s)=L_1sI_1(s)-L_1i_1(0^-)+MsI_2(s)-Mi_2(0^-)$$

$$U_2(s)=MsI_1(s)-Mi_1(0^-)+L_2sI_2(s)-L_2i_2(0^-)$$

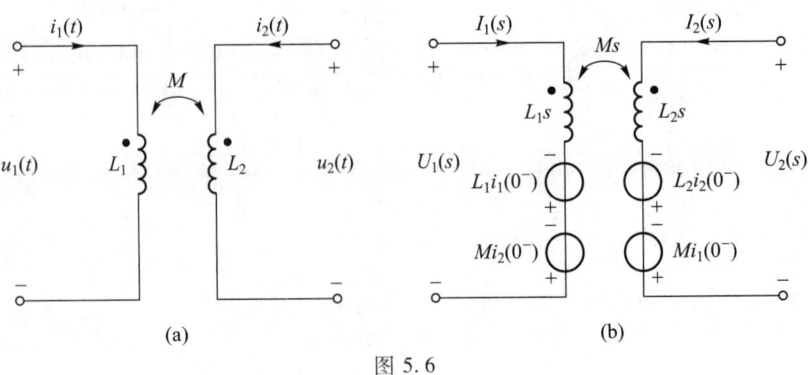

图 5.6

5. 理想变压器

理想变压器的时域电路模型如图 5.7(a)所示,其时域伏安关系为

$$\begin{cases} u_1(t)=nu_2(t) \\ i_1(t)=-\dfrac{1}{n}i_2(t) \end{cases}$$

理想变压器的 s 域电路模型如图 5.7(b)所示,其 s 域伏安关系为

$$\begin{cases} U_1(s)=nU_2(s) \\ I_1(s)=-\dfrac{1}{n}I_2(s) \end{cases}$$

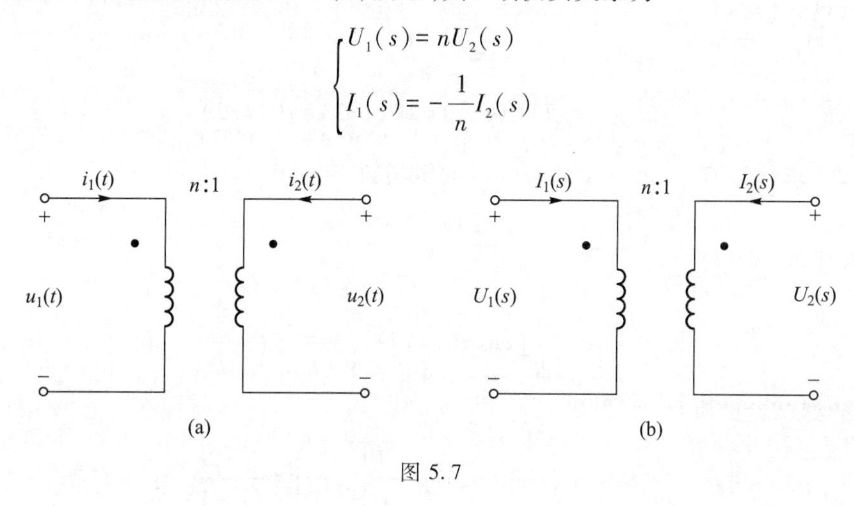

图 5.7

5.2.5 KCL 与 KVL 的 s 域形式

KCL 与 KVL 的 s 域形式见表 5.3。

表 5.3 KCL 与 KVL 的 s 域形式

定律	时域形式	s 域形式
KCL	$\sum i(t)=0$	$\sum I(s)=0$
KVL	$\sum u(t)=0$	$\sum U(s)=0$

5.2.6 线性系统 s 域分析方法的步骤

线性系统 s 域分析方法一般步骤如下。

(1) 根据换路前的电路(即 $t<0$ 时的电路),求 $t=0^-$时刻电感的初始电流 $i_L(0^-)$和电容的初始电压 $u_C(0^-)$。

(2) 求已知激励 $f(t)$的单边拉普拉斯变换 $F(s)$。

(3) 画出换路后(即 $t>0$ 时)的 s 域电路模型。

(4) 应用节点法、割集法、网孔法、回路法及电路的各种等效变换和电路定理,对 s 域电路列写 KCL、KVL 方程组,并求解此方程组,从而求得全响应解的像函数。

(5) 对第(4)步所求得的全响应解的像函数进行单边拉普拉斯反变换,即得时域中的全响应解,并画出其波形。至此,求解完毕。

5.3 典型例题

例5.1　求像函数 $F(s)=\dfrac{2s+1}{s^2}e^{-2s}$ 的原函数 $f(t)$。

解:$F(s)=\dfrac{1}{s^2}e^{-2s}+2\dfrac{1}{s}e^{-2s}$

故得

$$f(t)=(t-2)U(t-2)+2U(t-2)=tU(t-2)$$

例5.2　求信号 $f(t)=t\dfrac{d}{dt}[\cos tU(t)]$ 的像函数 $F(s)$。

解:因有 $\cos tU(t)\leftrightarrow\dfrac{s}{s^2+1}$,故

$$\frac{d}{dt}[\cos tU(t)]\leftrightarrow\frac{s^2}{s^2+1}$$

又根据复频域微分性质有

$$t\frac{d}{dt}[\cos tU(t)]\leftrightarrow(-1)^1\frac{d}{ds}\left[\frac{s^2}{s^2+1}\right]=\frac{-2s}{(s^2+1)^2}$$

例5.3　求下列各像函数 $F(s)$ 的原函数 $f(t)$。

(1) $F(s)=\dfrac{s^3+6s^2+6s}{s^2+6s+8}$。　　(2) $F(s)=\dfrac{1}{s^2(s+1)^3}$。

(3) $F(s)=\dfrac{2+e^{-(s-1)}}{(s-1)^2+4}$。　　(4) $F(s)=\dfrac{1}{s(1-e^{-s})}$。

解:(1) $F(s)=s+\dfrac{2}{s+2}+\dfrac{-4}{s+4}$

故

$$f(t)=\delta'(t)+(2e^{-2t}-4e^{-4t})U(t)$$

(2) $F(s)=\dfrac{K_{11}}{(s+1)^3}+\dfrac{K_{12}}{(s+1)^2}+\dfrac{K_{13}}{s+1}+\dfrac{K_{21}}{s^2}+\dfrac{K_{22}}{s}=\dfrac{1}{(s+1)^3}+\dfrac{2}{(s+1)^2}+\dfrac{3}{s+1}+\dfrac{1}{s^2}+\dfrac{-3}{s}$

故

$$f(t)=\left(\frac{1}{2}t^2e^{-t}+2te^{-t}+3e^{-t}+t-3\right)U(t)$$

(3) $F(s)=\dfrac{2}{(s-1)^2+2^2}+\dfrac{1}{2}\times\dfrac{2}{(s-1)^2+2^2}\times e^{-(s-1)}$

故

$$f(t)=e^t\sin(2t)U(t)+\frac{1}{2}e^t\sin 2(t-1)U(t-1)$$

(4) $F(s)=\dfrac{1}{s}\times\dfrac{1}{1-e^{-s}}$

故
$$f(t)=U(t)*\sum_{n=0}^{\infty}\delta(t-n)=\sum_{n=0}^{\infty}U(t-n)$$

例 5.4 求 $F(s)=\dfrac{s^3+5s^2+9s+7}{(s+1)(s+2)}$的原函数$f(t)$。

解:$F(s)=s+2+\dfrac{2}{s+1}+\dfrac{-1}{s+2}$

故
$$f(t)=\delta'(t)+2\delta(t)+(2e^{-t}-e^{-2t})U(t)$$

例 5.5 用留数法求 $F(s)=\dfrac{4s^2+17s+16}{(s+2)^2(s+3)}$的原函数$f(t)$。

解:可求得 $F(s)$的极点为 $p_1=-3,p_2=-2$(二重极点)。故

$$\text{Res}[p_1]=[F(s)(s+3)e^{st}]\Big|_{s=-3}=e^{-3t}$$

$$\text{Res}[p_2]=\frac{1}{(2-1)!}\left\{\frac{d}{ds}[F(s)(s+2)^2e^{st}]\right\}\Big|_{s=-2}=\frac{d}{ds}\left[\frac{4s^2+17s+16}{s+3}e^{st}\right]\Big|_{s=-2}$$

$$=\left[\frac{4s^2+24s+35}{s^2+6s+9}e^{st}+t\,\frac{4s^2+17s+16}{s+3}e^{st}\right]\Big|_{s=-2}=3e^{-2t}-2te^{-2t}$$

故 $f(t)=\text{Res}[p_1]+\text{Res}[p_2]=[e^{-3t}+3e^{-2t}-2te^{-2t}]U(t)$。

例 5.6 求图例 5.6 所示信号$f(t)$的拉普拉斯变换 $F(s)$。

解:因有

$$f(t)=[U(t)-U(t-1)]*[U(t)-U(t-1)]$$

故

$$F(s)=\left[\frac{1}{s}-\frac{1}{s}e^{-s}\right]\times\left[\frac{1}{s}-\frac{1}{s}e^{-s}\right]=\frac{1}{s^2}(1-2e^{-s}+e^{-2s})$$

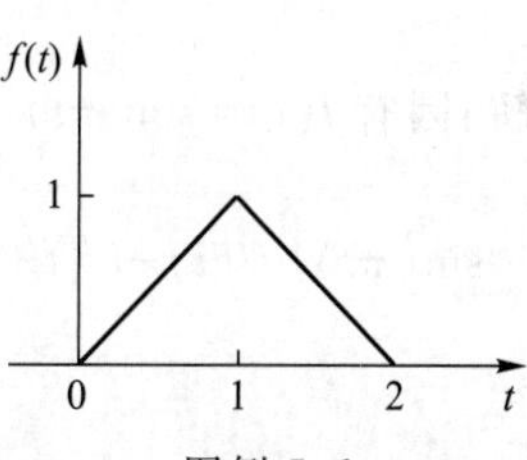

图例 5.6

例 5.7 求图例 5.7(a)所示信号$f(t)$的拉普拉斯变换 $F(s)$。

解:引入辅助信号 $f_0(t)$,如图例 5.7(b)所示。故有

$$f(t)=f_0(t)*\sum_{n=0}^{\infty}\delta(t-nT),\quad T=2\text{ s}$$

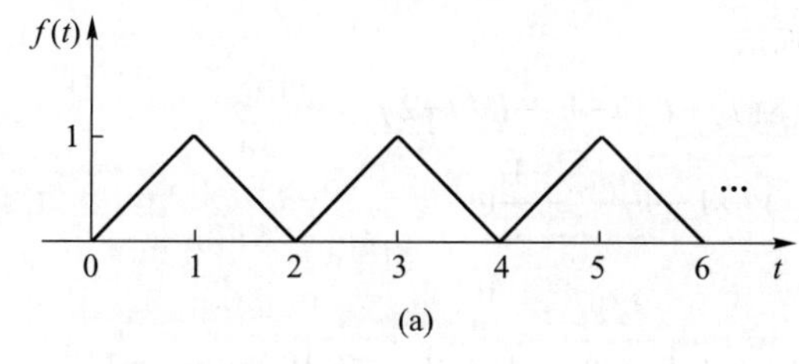

图例 5.7

因为

$$f_0''(t)=\delta(t)-2\delta(t-1)+\delta(t-2)$$

故

$$f_0''(t)\leftrightarrow 1-2\mathrm{e}^{-s}+\mathrm{e}^{-2s}=(\mathrm{e}^{-s}-1)^2$$

根据拉普拉斯变换的积分性质有

$$f_0(t)\leftrightarrow\frac{(\mathrm{e}^{-s}-1)^2}{s^2}$$

又有

$$\sum_{n=0}^{\infty}\delta(t-nT)\leftrightarrow 1+\mathrm{e}^{-Ts}+\mathrm{e}^{-2Ts}+\cdots+\mathrm{e}^{-nTs}=\frac{1}{1-\mathrm{e}^{-Ts}}=\frac{1}{1-\mathrm{e}^{-2s}}$$

根据拉普拉斯变换时域卷积性质得

$$F(s)=\frac{(\mathrm{e}^{-s}-1)^2}{s^2}\times\frac{1}{1-\mathrm{e}^{-2s}}=\frac{1-\mathrm{e}^{-s}}{s^2(1+\mathrm{e}^{-s})}$$

例 5.8　求图例 5.8 所示信号 $f(t)$ 的拉普拉斯变换 $F(s)$。

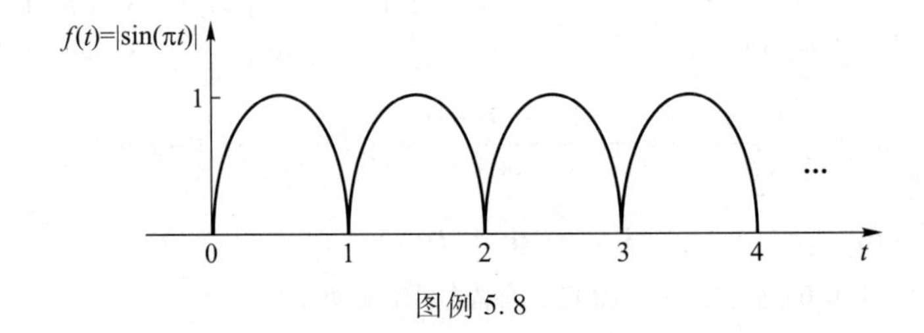

图例 5.8

解：因有 $f(t)=\sin(\pi t)[U(t)-U(t-1)]*\sum\limits_{n=0}^{\infty}\delta(t-n)$

$$\sin(\pi t)[U(t)-U(t-1)]=\sin(\pi t)U(t)+\sin[\pi(t-1)]U(t-1)\leftrightarrow\frac{\pi}{s^2+\pi^2}(1+\mathrm{e}^{-s})$$

$$\sum_{n=0}^{\infty}\delta(t-n)\leftrightarrow\frac{1}{1-\mathrm{e}^{-s}}$$

故

$$F(s)=\frac{\pi}{s^2+\pi^2}(1+\mathrm{e}^{-s})\times\frac{1}{1-\mathrm{e}^{-s}}=\frac{\pi}{s^2+\pi^2}\times\frac{1+\mathrm{e}^{-s}}{1-\mathrm{e}^{-s}}$$

例 5.9　已知 $f(t)$ 的波形如图例 5.9(a) 所示，求其 $F(s)$。

解：$f'(t)$ 的图形如图例 5.9(b) 所示

$$f'(t)=\delta(t)-U(t-1)+U(t-2)$$

$$f'(t)\leftrightarrow 1-\frac{1}{s}\mathrm{e}^{-s}+\frac{1}{s}\mathrm{e}^{-2s}$$

故

$$F(s)=\frac{1}{s}\left(1-\frac{1}{s}\mathrm{e}^{-s}+\frac{1}{s}\mathrm{e}^{-2s}\right)=\frac{1}{s}-\frac{1}{s^2}\mathrm{e}^{-s}+\frac{1}{s^2}\mathrm{e}^{-2s}$$

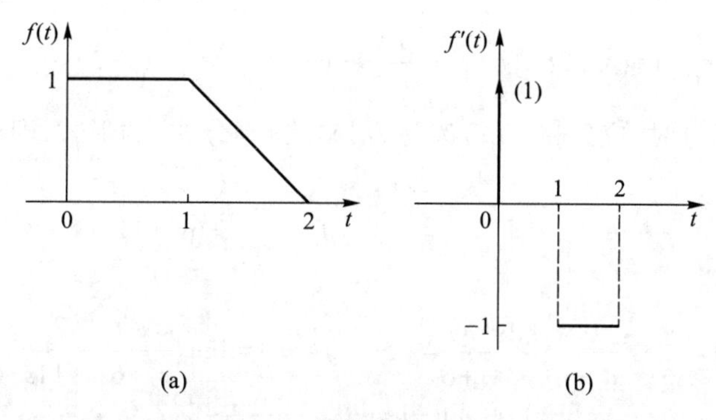

图例 5.9

例 5.10 判断下列叙述是否正确。

(1) 一个信号存在拉普拉斯变换,就一定存在傅里叶变换。

(2) 一个信号存在傅里叶变换,就一定存在单边拉普拉斯变换。

(3) 一个信号存在傅里叶变换,就一定存在双边拉普拉斯变换。

解:由傅里叶变换及拉普拉斯变换的性质得:

(1) 不正确。若拉普拉斯变换的收敛域不包含 $j\omega$ 轴,则其傅里叶变换就不存在。

(2) 不正确。若信号为非因果信号,则其傅里叶变换及双边拉普拉斯变换均可能存在,但单边拉普拉斯变换为零,即不存在。

(3) 正确。因为傅里叶变换是双边拉普拉斯变换的特例,傅里叶变换存在说明收敛域包含 $j\omega$ 轴。

例 5.11 求下列各像函数 $F(s)$ 的原函数 $f(t)$ 的初值 $f(0^+)$ 和终值 $f(\infty)$。

(1) $F(s)=\dfrac{2s+3}{s^3+2s^2+5s}$。 (2) $F(s)=\dfrac{s^2+8s+10}{s^2+5s+4}$。

解:由初值和终值定义得

(1) $f(0^+)=\lim\limits_{s\to\infty}s\dfrac{2s+3}{s^3+2s^2+5s}=0$, $f(\infty)=\lim\limits_{s\to 0}s\dfrac{2s+3}{s^3+2s^2+5s}=\dfrac{3}{5}$

(2) $F(s)=1+\dfrac{3s+6}{s^2+5s+4}$

故
$$f(0^+)=\lim_{s\to\infty}s\frac{3s+6}{s^2+5s+4}=3,\quad f(\infty)=\lim_{s\to 0}s\frac{s^2+8s+10}{s^2+5s+4}=0$$

例 5.12 (1) 已知 $F(s)=\dfrac{1-e^{-2s}}{s(s^2+4)}$,求 $f(t)$。

(2) 求 $F(s)=\dfrac{s^3+s^2+2s+1}{(s+1)(s+2)(s+3)}$的反变换 $f(t)$ 的初值和终值。

解:(1) $F(s)=\dfrac{1}{s(s^2+4)}-\dfrac{1}{s(s^2+4)}e^{-2s}$

$$=\left(\frac{\frac{1}{4}}{s}-\frac{1}{4}\frac{s}{s^2+4}\right)-\left(\frac{\frac{1}{4}}{s}-\frac{1}{4}\frac{s}{s^2+4}\right)e^{-2s}$$

$$=\frac{1}{4}[1-\cos(2t)]U(t)-\frac{1}{4}[1-\cos2(t-2)]U(t-2)$$

（2）求初值 $f(0^+)$ 时，应先将 $F(s)$ 改写为“整式+真分式”的形式，即

$$F(s)=\frac{s^3+s^2+2s+1}{(s+1)(s+2)(s+3)}=1+\frac{-(5s^2+9s+5)}{s^3+6s^2+11s+6}$$

故

$$f(0^+)=\lim_{s\to\infty}s\frac{-(5s^2+9s+5)}{s^3+6s^2+11s+6}=-5,\quad f(\infty)=\lim_{s\to0}s\frac{s^3+s^2+2s+1}{s^3+6s^2+11s+6}=0$$

例 5.13　求下列 $F(s)$ 全部可能的收敛域及其相对应的反变换 $f(t)$。

（1）$F(s)=\dfrac{2s+4}{s^2+4s+3}$。　　（2）$F(s)=\dfrac{1}{s(s+1)^2}$。

解：由收敛域及反变换性质得

（1）$F(s)=\dfrac{2s+4}{s^2+4s+3}=\dfrac{1}{s+1}+\dfrac{1}{s+3}$

当 $\mathrm{Re}[s]>-1$ 时，$f(t)=e^{-t}U(t)+e^{-3t}U(t)$

当 $\mathrm{Re}[s]<-3$ 时，$f(t)=-e^{-t}U(-t)-e^{-3t}U(-t)$

当 $-3<\mathrm{Re}[s]<-1$ 时，$f(t)=-e^{-t}U(-t)+e^{-3t}U(t)$

（2）$F(s)=\dfrac{1}{s(s+1)^2}=\dfrac{1}{s}-\dfrac{1}{s+1}-\dfrac{1}{(s+1)^2}$

当 $\mathrm{Re}[s]>0$ 时，$f(t)=U(t)-e^{-t}U(t)-te^{-t}U(t)$

当 $\mathrm{Re}[s]<-1$ 时，$f(t)=-U(-t)+e^{-t}U(-t)+te^{-t}U(-t)$

当 $-1<\mathrm{Re}[s]<0$ 时，$f(t)=-U(-t)-e^{-t}U(t)-te^{-t}U(t)$

例 5.14　求下列 $F(s)$ 的反变换 $f(t)$。

（1）$F(s)=\dfrac{1}{s^2+4}$，$\mathrm{Re}[s]<0$。

（2）$F(s)=\dfrac{2s+1}{s^2+5s+6}$，$-3<\mathrm{Re}[s]<-2$。

（3）$F(s)=\dfrac{s+1}{(s+1)^2+4}$，$\mathrm{Re}[s]<-1$。

（4）$F(s)=\dfrac{2s+4}{s^2+7s+12}$，$-4<\mathrm{Re}[s]<-3$。

解：由拉普拉斯反变换性质得

（1）$f(t)=-\dfrac{1}{2}\sin(2t)U(-t)$

（2）$F(s)=\dfrac{2s+1}{s^2+5s+6}=\dfrac{-3}{s+2}+\dfrac{5}{s+3}$，$-3<\mathrm{Re}[s]<-2$

故

$$f(t)=3e^{-2t}U(-t)+5e^{-3t}U(t)$$

(3) $f(t)=-e^{-t}\cos(2t)U(-t)$

(4) $F(s)=\dfrac{2s+4}{s^2+7s+12}=\dfrac{-2}{s+3}+\dfrac{4}{s+4},-4<\mathrm{Re}[s]<-3$

故

$$f(t)=2e^{-3t}U(-t)+4e^{-4t}U(t)$$

例 5.15 图例 5.15(a)所示电路，$t<0$ 时 S 打开，电路已工作于稳定状态，且 $u_{C2}(0^-)=0$。今于 $t=0$ 时刻闭合 S，求 $t\geqslant0$ 时的响应 $u_{C2}(t)$，并画出曲线。

解：$t<0$ 时 S 打开，电路已工作于稳定状态，C 相当于开路，故有

$$u_{C1}(0^-)=(2\times5)\ \text{V}=10\ \text{V},\quad u_{C2}(0^-)=0$$

$t>0$ 时 S 闭合，其 s 域电路如图例 5.15(b)所示。故有方程

$$\left(\frac{1}{2}+\frac{s}{2}+\frac{s}{3}\right)U_{C2}(s)=\frac{5}{s}+\frac{\dfrac{1}{s}u_{C1}(0^-)}{\dfrac{2}{s}}$$

代入数据得

$$U_{C2}(s)=\frac{6(s+1)}{s\left(s+\dfrac{3}{5}\right)}=\frac{10}{s}+\frac{-4}{s+\dfrac{3}{5}}$$

故得

$$u_{C2}(t)=[10-4e^{-0.6t}]U(t)(\text{V})$$

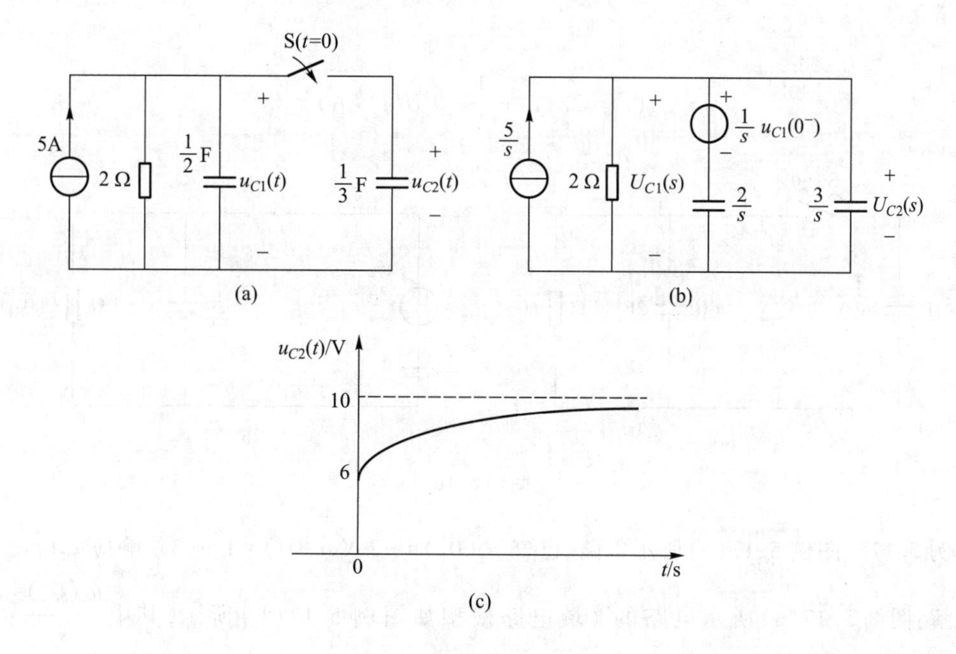

图例 5.15

$u_{C2}(t)$的波形如图例5.15(c)所示。

当$t=0^+$时有$u_{C2}(0^+)=6\ \text{V}\neq u_{C2}(0^-)=0$,即在$t=0$的瞬间,电压$u_{C2}(t)$发生了突变。这是因为$t>0$时,该电路中出现了由纯电容构成的回路。

例 5.16　图例5.16(a)所示电路,已知$t<0$时S打开,$u_1(0^-)=3\ \text{V}$,$u_2(0^-)=0\ \text{V}$。今于$t=0$时刻闭合S,求$t>0$时的$i(t)$和$u(t)$。

解:$t>0$时的s域电路模型如图例5.16(b)所示。可列出节点KCL方程为

$$(1+2s+s)U(s)=\frac{\frac{3}{s}}{\frac{1}{s}}=3$$

故

$$U(s)=\frac{3}{1+3s}=\frac{1}{s+\frac{1}{3}}$$

$$u(t)=\mathrm{e}^{-\frac{1}{3}t}U(t)\ (\text{V})$$

又

$$I(s)=\frac{U(s)}{\frac{1}{2s}}+\frac{U(s)}{1}=(2s+1)\frac{1}{s+\frac{1}{3}}=2+\frac{\frac{1}{3}}{s+\frac{1}{3}}$$

故

$$i(t)=2\delta(t)+\frac{1}{3}\mathrm{e}^{-\frac{1}{3}t}U(t)\ (\text{A})$$

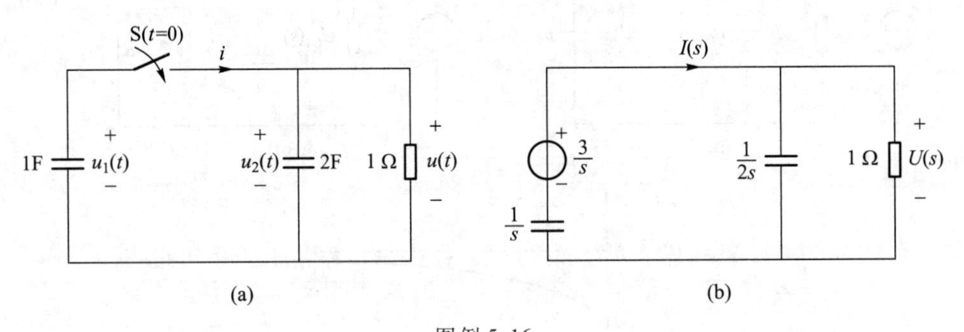

图例5.16

例 5.17　图例5.17(a)所示电路,已知$u_1(0^-)=-2\ \text{V}$,$i(0^-)=1\ \text{A}$。求响应$u_2(t)$。

解:图例5.17(a)所示电路的s域电路模型如图例5.17(b)所示,其中$\frac{u_1(0^-)}{s}=\frac{-2}{s}$,$Li(0^-)=2$,$\frac{1}{Cs}=\frac{1}{2s}$,$Ls=2s$。故可列写出节点KCL方程为

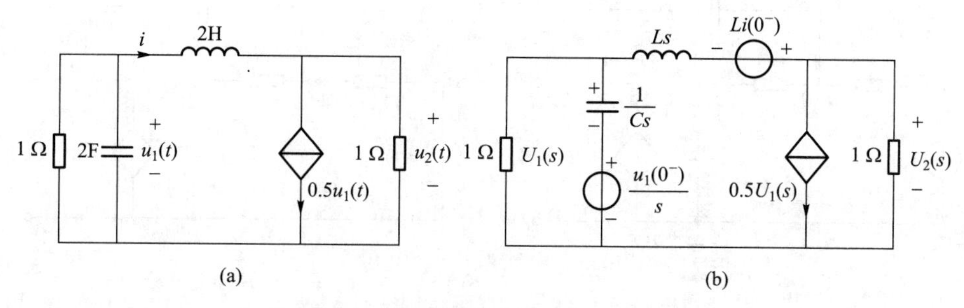

图例 5.17

$$\begin{cases}\left(1+Cs+\dfrac{1}{Ls}\right)U_1(s)-\dfrac{1}{Ls}U_2(s)=\dfrac{\dfrac{u_1(0^-)}{s}}{\dfrac{1}{Cs}}-\dfrac{Li(0^-)}{Ls}\\ -\dfrac{1}{Ls}U_1(s)+\left(1+\dfrac{1}{Ls}\right)U_2(s)=\dfrac{Li(0^-)}{Ls}-0.5U_1(s)\end{cases}$$

代入数据联解求得

$$U_2(s)=\frac{16s-2}{8s^2+8s+5}=\frac{2\left(s+\dfrac{1}{2}\right)-\dfrac{5}{3}\times\dfrac{\sqrt{3}}{2\sqrt{2}}\times\dfrac{\sqrt{6}}{2}}{\left(s+\dfrac{1}{2}\right)^2+\left(\dfrac{\sqrt{3}}{2\sqrt{2}}\right)^2}$$

故得

$$u_2(t)=\left[2e^{-\frac{1}{2}t}\cos\left(\frac{\sqrt{6}}{4}t\right)-\frac{5\sqrt{6}}{6}e^{-\frac{1}{2}t}\sin\left(\frac{\sqrt{6}}{4}t\right)\right]U(t)\ \text{V}$$

例 5.18 图例 5.18(a)所示电路,激励 $f(t)=U(t)$ V,求零状态响应 $u(t)$。

解:图例 5.18(a)所示电路的 s 域电路模型如图例 5.18(b)所示,根据此电路可列出 KCL 方程为

$$\begin{cases}\dfrac{F(s)-U_1(s)}{1}=\dfrac{U_1(s)-U_2(s)}{1}+\dfrac{U_1(s)-U(s)}{\dfrac{1}{s}}\\ U(s)=2U_2(s)\\ U_1(s)=\dfrac{U_2(s)}{\dfrac{1}{s}}+U_2(s)\end{cases}$$

联解得

$$U(s)=\frac{2}{s^2+2s+1}F(s)=\frac{2}{(s+1)^2}\times\frac{1}{s}=\frac{2}{s}-\frac{2}{(s+1)^2}-\frac{2}{s+1}$$

故

$$u(t)=(2-2te^{-t}-2e^{-t})U(t)\ \text{V}$$

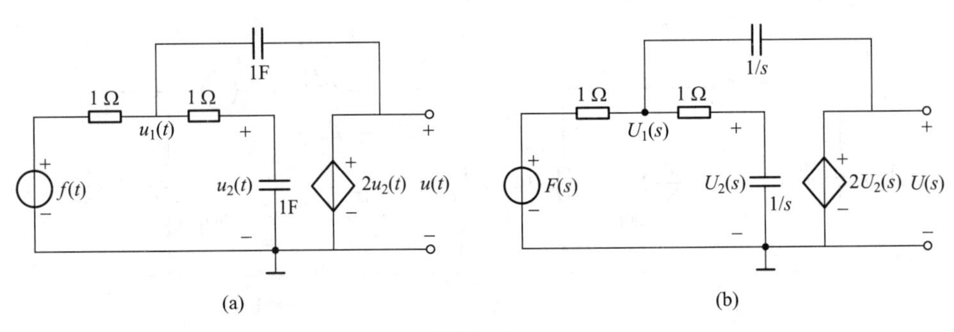

图例 5.18

例 5.19　连续系统的微分方程为 $y''(t)+4y'(t)+4y(t)=f'(t)+3f(t)$，当激励 $f(t)=e^{-t}U(t)$ 时，其全响应的初始值 $y(0^+)=1, y'(0^+)=3$。求系统的全响应 $y(t)$、零状态响应 $y_f(t)$、零输入响应 $y_x(t)$。

解：系统的特征方程为 $p^2+4p+4=0$，特征根为 $p_1=p_2=p=-2$。零输入响应的通解为

$$y_x(t)=(K_1t+K_2)e^{-2t}U(t)$$

在零状态条件下对微分方程求单边拉普拉斯变换，且 $F(s)=\dfrac{1}{s+1}$，有

$$Y_f(s)=\frac{s+3}{s^2+4s+4}\times\frac{1}{s+1}=\frac{2}{s+1}+\frac{-1}{(s+2)^2}+\frac{-2}{s+2}$$

故得零状态响应为

$$y_f(t)=(2e^{-t}-te^{-2t}-2e^{-2t})U(t)$$

全响应为

$$y(t)=y_x(t)+y_f(t)=(K_1t+K_2)e^{-2t}U(t)+(2e^{-t}-te^{-2t}-2e^{-2t})U(t)$$

将 $y(0^+)=1, y'(0^+)=3$ 代入上式，可求得 $K_1=4, K_2=1$。故得

$$y_x(t)=(4t+1)e^{-2t}U(t)$$

$$y(t)=(2e^{-t}+3te^{-2t}-e^{-2t})U(t)$$

例 5.20　已知系统微分方程 $y''(t)-y'(t)-6y(t)=f(t)$。(1) 求系统函数 $H(s)=\dfrac{Y(s)}{F(s)}$。(2) 求使系统为因果系统的收敛域和单位冲激响应 $h(t)$。(3) 求使系统为稳定系统的收敛域和单位冲激响应 $h(t)$。

解：(1) $H(s)=\dfrac{Y(s)}{F(s)}=\dfrac{1}{s^2-s-6}=\dfrac{-\frac{1}{5}}{s+2}+\dfrac{\frac{1}{5}}{s-3}$

(2) 为使系统为因果系统，其收敛域应为 $\mathrm{Re}[s]>3$，此时

$$h(t)=\left(-\frac{1}{5}e^{-2t}+\frac{1}{5}e^{3t}\right)U(t)$$

(3) 为使系统为稳定系统，其收敛域为 $-2<\mathrm{Re}[s]<3$，此时

$$h(t)=-\frac{1}{5}e^{3t}U(-t)-\frac{1}{5}e^{-2t}U(t)$$

5.4 本章习题详解

5-1 求下列各时间函数 $f(t)$ 的像函数 $F(s)$。

(1) $f(t)=(1-e^{-at})U(t)$。

(2) $f(t)=(\sin t+2\cos t)U(t)$。

(3) $f(t)=te^{-2t}U(t)$。

(4) $f(t)=e^{-t}\sin(2t)U(t)$。

(5) $f(t)=(1+2t)e^{-t}U(t)$。

(6) $f(t)=[1-\cos(\alpha t)]e^{-\beta t}U(t)$。

(7) $f(t)=(t^2+2t)U(t)$。

(8) $f(t)=2\delta(t)-3e^{-7t}U(t)$。

(9) $f(t)=te^{-(t-2)}U(t-1)$。

(10) $f(t)=t^2\cos(2t)U(t)$。

(11) $f(t)=\dfrac{1}{t}(1-e^{-at})U(t)$。

(12) $f(t)=\dfrac{\sin(at)}{t}U(t)$，$a>0$。

解：(1) $F(s)=\dfrac{1}{s}-\dfrac{1}{s+a}=\dfrac{a}{s(s+a)}$

(2) $f(t)=\sin tU(t)+2\cos tU(t)$，则

$$F(s)=\frac{1}{s^2+1}+\frac{2s}{s^2+1}=\frac{2s+1}{s^2+1}$$

(3) $F(s)=\dfrac{1}{(s+2)^2}$

(4) $F(s)=\dfrac{2}{(s+1)^2+2^2}=\dfrac{2}{(s+1)^2+4}$

(5) $f(t)=e^{-t}U(t)+2te^{-t}U(t)$，则

$$F(s)=\frac{1}{s+1}+\frac{2}{(s+1)^2}=\frac{s+3}{(s+1)^2}$$

(6) $f(t)=e^{-\beta t}U(t)-\cos(\alpha t)e^{-\beta t}U(t)$，则

$$F(s)=\frac{1}{s+\beta}-\frac{s+\beta}{(s+\beta)^2+\alpha^2}$$

(7) $f(t)=t^2U(t)+2tU(t)$，则

$$F(s)=\frac{2}{s^{2+1}}+\frac{2}{s^2}=\frac{2s+2}{s^3}$$

(8) $f(t)=2\delta(t)-3e^{-7t}U(t)$，则

$$F(s)=2-3\,\frac{1}{s+7}=2-\frac{3}{s+7}$$

(9) $f(t)=te^{-[(t-1)-1]}U(t-1)$，则

$$F(s)=\frac{(s+2)e^{-(s-1)}}{(s+1)^2}$$

(10) $F(s)=\mathscr{L}[t^2\cos(2t)]=\mathscr{L}\left[\dfrac{1}{2}t^2(e^{j2t}+e^{-j2t})\right]=\dfrac{1}{2}\mathscr{L}[t^2e^{j2t}]+\dfrac{1}{2}\mathscr{L}[t^2e^{-j2t}]$

$$=\frac{1}{2}\cdot\frac{2!}{(s-2j)^3}+\frac{1}{2}\cdot\frac{2!}{(s+2j)^3}=\frac{2s^3-24s}{(s^2+4)^3}$$

(11) $F(s)=\int_{s}^{\infty}\left(\frac{1}{\lambda}-\frac{1}{\lambda+a}\right)\mathrm{d}\lambda=-\ln s-[-\ln(s+a)]=-\ln\left(\frac{s}{s+a}\right)$

(12) $f(t)=a\cdot\frac{\sin(at)}{at}U(t)$，$a>0$，则

$$\sin tU(t)\overset{\mathscr{L}}{\leftrightarrow}\frac{1}{s^{2}+1}$$

$$\frac{\sin t}{t}U(t)\overset{\mathscr{L}}{\leftrightarrow}\int_{s}^{\infty}\frac{1}{\lambda^{2}+1}\mathrm{d}\lambda=\frac{\pi}{2}-\arctan s$$

$$\frac{\sin(at)}{at}U(at)\overset{\mathscr{L}}{\leftrightarrow}\frac{1}{a}\left(\frac{\pi}{2}-\arctan\frac{s}{a}\right)$$

$$\frac{\sin at}{t}U(t)\overset{\mathscr{L}}{\leftrightarrow}\frac{\pi}{2}-\arctan\left(\frac{s}{a}\right)$$

$$F(s)=\frac{\pi}{2}-\arctan\left(\frac{s}{a}\right)$$

5-2　求下列各像函数$F(s)$的原函数$f(t)$。

(1) $F(s)=\frac{(s+1)(s+3)}{s(s+2)(s+4)}$。

(2) $F(s)=\frac{2s^{2}+16}{(s^{2}+5s+6)(s+12)}$。

(3) $F(s)=\frac{2s^{2}+9s+9}{s^{2}+3s+2}$。

(4) $F(s)=\frac{s^{3}}{(s^{2}+3s+2)s}$。

(5) $F(s)=\frac{s^{3}+6s^{2}+6s}{s^{2}+6s+8}$。

(6) $F(s)=\frac{1}{s^{2}(s+1)^{2}}$。

(7) $F(s)=\frac{2+\mathrm{e}^{-(s-1)}}{(s-1)^{2}+4}$。

(8) $F(s)=\frac{1}{s(1-\mathrm{e}^{-s})}$。

(9) $F(s)=\left[\frac{1-\mathrm{e}^{-s}}{s}\right]^{2}$。

(10) $F(s)=\frac{s}{(s+\alpha)[(s+\alpha)^{2}+\beta^{2}]}$。

(11) $F(s)=\frac{\mathrm{e}^{-s}}{4s(s^{2}+1)}$。

(12) $F(s)=\ln\left(\frac{s}{s+9}\right)$。

解：(1) $F(s)=\frac{K_{1}}{s}+\frac{K_{2}}{s+2}+\frac{K_{3}}{s+4}$，其中

$$K_{1}=\frac{(s+1)(s+3)}{s(s+2)(s+4)}\times s\bigg|_{s=0}=\frac{3}{8}$$

$$K_{2}=\frac{(s+1)(s+3)}{s(s+2)(s+4)}\times(s+2)\bigg|_{s=-2}=\frac{1}{4}$$

$$K_{3}=\frac{(s+1)(s+3)}{s(s+2)(s+4)}\times(s+4)\bigg|_{s=-4}=\frac{3}{8}$$

故得

$$F(s)=\frac{\frac{3}{8}}{s}+\frac{\frac{1}{4}}{s+2}+\frac{\frac{3}{8}}{s+4}$$

$$f(t)=\left(\frac{3}{8}+\frac{1}{4}e^{-2t}+\frac{3}{8}e^{-4t}\right)U(t)$$

(2) $F(s)=\frac{K_1}{s+2}+\frac{K_2}{s+3}+\frac{K_3}{s+12}=\frac{\frac{12}{5}}{s+2}+\frac{-\frac{34}{9}}{s+3}+\frac{\frac{152}{45}}{s+12}$

故得

$$f(t)=\left(\frac{12}{5}e^{-2t}-\frac{34}{9}e^{-3t}+\frac{152}{45}e^{-12t}\right)U(t)$$

(3) $F(s)=\frac{2(s^2+3s+2)+3s+5}{s^2+3s+2}=2+\frac{3s+5}{(s+1)(s+2)}=2+\frac{2}{s+1}+\frac{1}{s+2}$

故得

$$f(t)=2\delta(t)+(2e^{-t}+e^{-2t})U(t)$$

(4) $F(s)=\frac{s^2}{s^2+3s+2}=1-\frac{3s+2}{s^2+3s+2}=1+\frac{1}{s+1}-\frac{4}{s+2}$,则

$$f(t)=\delta(t)+(e^{-t}-4e^{-2t})U(t)$$

(5) $F(s)=\frac{s(s^2+6s+6)}{(s+2)(s+4)}=s+\frac{2}{s+2}+\frac{-4}{s+4}$,则

$$f(t)=\delta'(t)+(2e^{-2t}-4e^{-4t})U(t)$$

(6) $F(s)=\frac{K_{11}}{s^2}+\frac{K_{12}}{s}+\frac{K_{21}}{(s+1)^2}+\frac{K_{22}}{s+1}$,其中

$$K_{11}=\lim_{s\to 0}\frac{1}{(s+1)^2}=1$$

$$K_{12}=\lim_{s\to 0}\frac{d}{ds}\left[\frac{1}{(s+1)^2}\right]=\lim_{s\to 0}\frac{-2}{(s+1)^3}=-2$$

$$K_{21}=\lim_{s\to -1}\frac{1}{s^2}=1$$

$$K_{22}=\lim_{s\to -1}\frac{d}{ds}\left[\frac{1}{s^2}\right]=\lim_{s\to -1}\frac{-2}{s^3}=2$$

故得

$$F(s)=\frac{1}{s^2}-\frac{2}{s}+\frac{1}{(s+1)^2}+\frac{2}{s+1}$$

$$f(t)=[t-2+te^{-t}+2e^{-t}]U(t)$$

(7) $F(s)=\frac{2}{(s-1)^2+2^2}+\frac{1}{2}\times\frac{2e^{-(s-1)}}{(s-1)^2+2^2}$,因有

$$\sin(2t)U(t)\leftrightarrow\frac{2}{s^2+4}$$

由时移性得

$$\sin[2(t-1)]U(t-1)\leftrightarrow\frac{2}{s^2+4}e^{-s}$$

且有

$$e^t\sin[2(t-1)]U(t-1)\leftrightarrow\frac{2}{(s-1)^2+4}e^{-(s-1)}$$

故得

$$f(t)=e^t\sin(2t)U(t)+\frac{1}{2}e^t\sin[2(t-1)]U(t-1)$$

(8) $F(s)=\frac{1}{s}\times\frac{1}{1-e^{-s}}$,则

$$f(t)=U(t)*\sum_{k=0}^{\infty}\delta(t-k)=\sum_{k=0}^{\infty}U(t-k),\quad k\in\mathbf{N}$$

(9) $F(s)=\frac{1-e^{-s}}{s}\times\frac{1-e^{-s}}{s}$,因有

$$U(t)-U(t-1)\leftrightarrow\frac{1}{s}(1-e^{-s})$$

$$\begin{aligned}f(t)&=[U(t)-U(t-1)]*[U(t)-U(t-1)]\\&=tU(t)-2(t-1)U(t-1)+(t-2)U(t-2)\end{aligned}$$

(10) $F(s)=\frac{s}{(s+\alpha)^3+(s+\alpha)\beta^2}=\frac{1}{\beta}\frac{\beta}{(s+\alpha)^2+\beta^2}-\frac{\alpha}{\beta^2}\frac{1}{s+\alpha}+\frac{\alpha}{\beta^2}\frac{s+\alpha}{(s+\alpha)^2+\beta^2}$

故得

$$f(t)=\left[\frac{1}{\beta}\sin(\beta t)+\frac{\alpha}{\beta^2}\cos(\beta t)-\frac{\alpha}{\beta^2}\right]e^{-\alpha t}U(t)$$

(11) $F(s)=\frac{1}{4}\times\frac{1}{s(s^2+1)}\times e^{-s}=\frac{1}{4}\left[\frac{1}{s}-\frac{s}{s^2+1}\right]e^{-s}$,则

$$f(t)=\frac{1}{4}[1-\cos(t-1)]U(t-1)$$

(12) $F(s)=\ln s-\ln(s+9)=-\ln\frac{1}{s}+\ln\frac{1}{s+9}$,则

$$f(t)=\frac{1}{t}(e^{-9t}-1)U(t)$$

5-3　用留数法求像函数 $F(s)=\frac{4s^2+17s+16}{(s+2)^2(s+3)}$ 的原函数 $f(t)$。

解:令 $F(s)$ 的分母 $(s+2)^2(s+3)=0$,得到一个单极点 $s_1=-3$ 和一个二重极点 $s_2=-2$。下面求各极点上的留数。

$$\text{Res}_1=[F(s)(s+3)e^{st}]\Big|_{s=-3}=\left[\frac{4s^2+17s+16}{(s+2)^2}e^{st}\right]\Bigg|_{s=-3}=e^{-3t}$$

$$\text{Res}_2=\frac{1}{(2-1)!}\left\{\frac{d}{ds}[F(s)(s+2)^2e^{st}]\right\}\Bigg|_{s=-2}=\left[\frac{d}{ds}\left(\frac{4s^2+17s+16}{s+3}e^{st}\right)\right]\Bigg|_{s=-2}$$

$$=\left[\frac{4s^2+24s+35}{s^2+6s+9}e^{st}+t\frac{4s^2+17s+16}{s+3}e^{st}\right]\Bigg|_{s=-2}$$

$$=3e^{-2t}+(-2)te^{-2t}=(3-2t)e^{-2t}$$

故得

$$f(t)=\left[e^{-3t}+(3-2t)e^{-2t}\right]U(t)$$

5-4 求下列各像函数 $F(s)$ 的原函数 $f(t)$ 的初值 $f(0^+)$ 与终值 $f(\infty)$。

(1) $F(s)=\dfrac{s^2+2s+1}{s^3-s^2-s+1}$。 (2) $F(s)=\dfrac{s^3}{s^2+s+1}$。

(3) $F(s)=\dfrac{2s+1}{s^3+3s^2+2s}$。 (4) $F(s)=\dfrac{1-e^{-2s}}{s(s^2+4)}$。

(5) $F(s)=\dfrac{s+6}{(s+2)(s+5)}$。 (6) $F(s)=\dfrac{s+3}{(s+1)^2(s+2)}$。

解：初值定理应用的条件是，$F(s)$ 必须为真分式；终值定理应用的条件是，① $F(s)$ 的极点必须在 s 平面的左半开平面；② 在 $s=0$ 处，$F(s)$ 只能有一阶极点。也就是说，终值定理只有在 $f(t)$ 有终值的情况下才能应用。例如，当 $f(t)$ 为周期函数时，终值定理就不适用了。

(1) $F(s)=\dfrac{(s+1)^2}{(s-1)(s^2-1)}=\dfrac{(s+1)^2}{(s-1)^2(s+1)}$，由于 $F(s)$ 在 s 的右半开平面上有二阶极点 $s=1$，故 $f(t)$ 的终值不存在。

$$f(0^+)=\lim_{s\to\infty}s\frac{(s+1)^2}{(s-1)^2(s+1)}=\lim_{s\to\infty}\frac{s^3}{s^3}=1$$

(2) $f(\infty)=\lim\limits_{s\to 0}s\dfrac{s^3}{s^2+s+1}=0$，因

$$F(s)=s-1+\frac{1}{s^2+s+1}$$

故得

$$f(0^+)=\lim_{s\to\infty}s\frac{1}{s^2+s+1}=0$$

(3) $f(\infty)=\lim\limits_{s\to 0}s\dfrac{2s+1}{s^3+3s^2+2s}=\dfrac{1}{2}$，$f(0^+)=\lim\limits_{s\to\infty}s\dfrac{2s+1}{s^3+3s^2+2s}=0$

(4) $f(0^+)=\lim\limits_{s\to\infty}s\dfrac{1-e^{-2s}}{s(s^2+4)}=0$，因 $F(s)$ 在 $j\omega$ 轴上有一对共轭极点，故与 $F(s)$ 对应的 $f(t)$ 不存在终值。

(5) $f(\infty)=\lim\limits_{s\to 0}sF(s)=\lim\limits_{s\to 0}\dfrac{s^2+6s}{s^2+7s+10}=0$

$f(0^+)=\lim\limits_{s\to\infty}sF(s)=\lim\limits_{s\to\infty}s\dfrac{s+6}{(s+2)(s+5)}=\lim\limits_{s\to\infty}\dfrac{2s+6}{2s+7}=1$

(6) $f(\infty)=\lim\limits_{s\to 0}sF(s)=0$，$f(0^+)=\lim\limits_{s\to\infty}sF(s)=\lim\limits_{s\to\infty}\dfrac{2}{6s+8}=0$

5-5　已知系统的微分方程为 $y''(t)+3y'(t)+2y(t)=f'(t)+3f(t)$，激励为 $f(t)=e^{-3t}U(t)$，系统的初始状态为 $y(0^-)=1, y'(0^-)=2$。(1) 求系统的零输入响应 $y_x(t)$ 和零状态响应 $y_f(t)$。(2) 求全响应 $y(t)$ 的初始值 $y(0^+)$ 和 $y'(0^+)$。

解：对微分方程等式两边同时取拉普拉斯变换有

$$s^2Y(s)-sy(0^-)-y'(0^-)+3sY(s)-3y(0^-)+2Y(s)=sF(s)+3F(s)$$

故有

$$Y(s)=\frac{y'(0^-)+sy(0^-)+3y(0^-)}{s^2+3s+2}+\frac{s+3}{s^2+3s+2}F(s)$$

即

$$Y(s)=Y_x(s)+Y_f(s)$$

其中

$$Y_x(s)=\frac{y'(0^-)+sy(0^-)+3y(0^-)}{s^2+3s+2}=\frac{s+5}{(s+2)(s+1)}=\frac{-3}{s+2}+\frac{4}{s+1}$$

故得零输入响应为

$$y_x(t)=(-3e^{-2t}+4e^{-t})U(t)$$

$$Y_f(s)=\frac{s+3}{s^2+3s+2}\times\frac{1}{s+3}=\frac{1}{(s+2)(s+1)}=\frac{-1}{s+2}+\frac{1}{s+1}$$

零状态响应为

$$y_f(t)=(-e^{-2t}+e^{-t})U(t)$$

全响应为

$$y(t)=y_x(t)+y_f(t)=(-4e^{-2t}+5e^{-t})U(t)$$

又

$$y'(t)=(8e^{-2t}-5e^{-t})U(t)+\delta(t)$$

故得

$$y(0^+)=1,\quad y'(0^+)=3$$

5-6　图题 5-6(a) 所示电路，$f(t)$ 为激励，$i(t)$ 为响应。求单位冲激响应 $h(t)$ 与单位阶跃响应 $g(t)$。

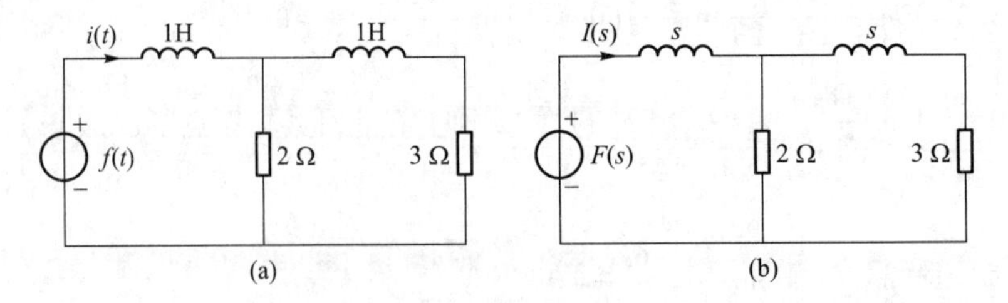

图题 5-6

解：电路的 s 域模拟图如图题 5-6(b) 所示，有

$$\left[\frac{2(s+3)}{(s+3)+2}+s\right]I(s)=F(s)$$

故得系统函数为

$$H(s)=\frac{I(s)}{F(s)}=\frac{s+5}{s^2+7s+6}=\frac{0.2}{s+6}+\frac{0.8}{s+1}$$

单位冲激响应为

$$h(t)=(0.8e^{-t}+0.2e^{-6t})U(t)$$

单位阶跃响应为[用时域卷积也可求解 $g(t)=h(t)*U(t)$]

$$g(t)=\int_0^t h(\tau)\mathrm{d}\tau=\int_0^t(0.8e^{-\tau}+0.2e^{-6\tau})\mathrm{d}\tau=\left(\frac{5}{6}-0.8e^{-t}-\frac{1}{30}e^{-6t}\right)U(t)$$

5-7 图题 5-7(a)所示电路,当 $t<0$ 时 S 打开,电路已达稳定,且 $u_{C1}(0^-)=3\ \mathrm{V}$。今于 $t=0$ 时刻闭合 S,求 $t>0$ 时的全响应 $i(t)$。

解:作图题 5-7(a)的 s 域电路如图题 5-7(b)所示。此电路 S 闭合后存在一个由纯电容和电压源组成的回路,若当 $t=0$ 时,$u_{C1}(0^+)=u_{C1}(0^-)$,$u_{C2}(0^+)=u_{C2}(0^-)$,电路不满足 KVL,因此 u_{C1}、u_{C2}必须跃变。用复频域分析时,不必计算跃变值,由图题 5-7(b)得

$$I(s)=\frac{6/s+3/s}{\frac{1}{s}+\frac{2\times[1/(2s)]}{2+[1/(2s)]}}=\frac{9}{1+\frac{2s}{4s+1}}=6+\frac{1/2}{s+1/6}$$

故得

$$i(t)=\left[6\delta(t)+\frac{1}{2}e^{-\frac{1}{6}t}U(t)\right]\mathrm{A}$$

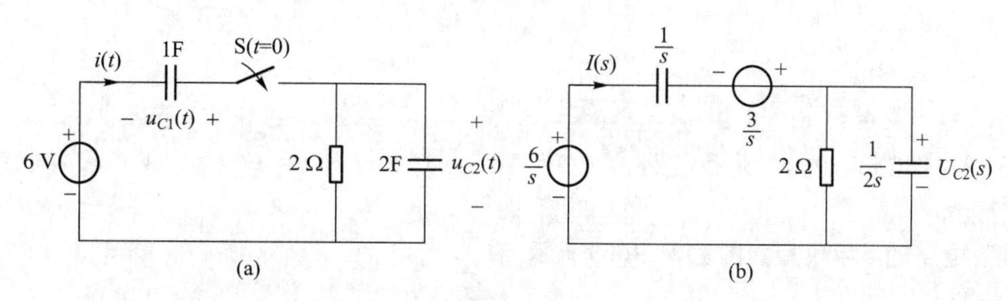

图题 5-7

5-8 图题 5-8(a)和(b)所示电路,$f(t)=U(t)\,\mathrm{V}$,求零状态响应 $u_L(t)$。

解:(1) 图题 5-8(a)所示电路的 s 域电路模型如图题 5-8(c)所示。

$$U_L(s)=U(s)=\frac{\frac{2}{s}\times\frac{1}{2}s}{\frac{2}{s}+\frac{1}{2}s}\times\frac{1}{s}=\frac{2}{s^2+4}$$

故得

$$u(t)=\sin(2t)U(t)\,\mathrm{V}$$

(2) 图题 5-8(b)所示电路的 s 域电路模型如图题 5-8(d)所示。

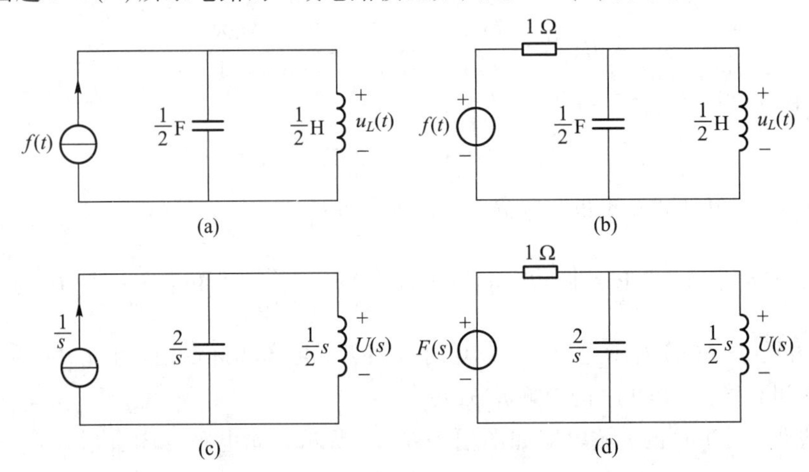

图题 5-8

$$U_L(s)=U(s)=\frac{\dfrac{\dfrac{2}{s}\times\dfrac{1}{2}s}{\dfrac{2}{s}+\dfrac{1}{2}s}}{\left(1+\dfrac{\dfrac{2}{s}\times\dfrac{1}{2}s}{\dfrac{2}{s}+\dfrac{1}{2}s}\right)}\times\frac{1}{s}=\frac{2}{s^2+2s+4}=\frac{2}{\sqrt{3}}\cdot\frac{\sqrt{3}}{(s+1)^2+3}$$

故得

$$u(t)=\frac{2\sqrt{3}}{3}e^{-t}\sin(\sqrt{3}t)U(t)\text{ (V)}$$

5-9 图题 5-9(a)所示电路，$f_1(t)=3e^{-t}U(t)$ V，$f_2(t)=e^{-2t}U(t)$ V。求零状态响应 $i_2(t)$。

解: 电路的 s 域模型如图题 5-9(b)所示，有

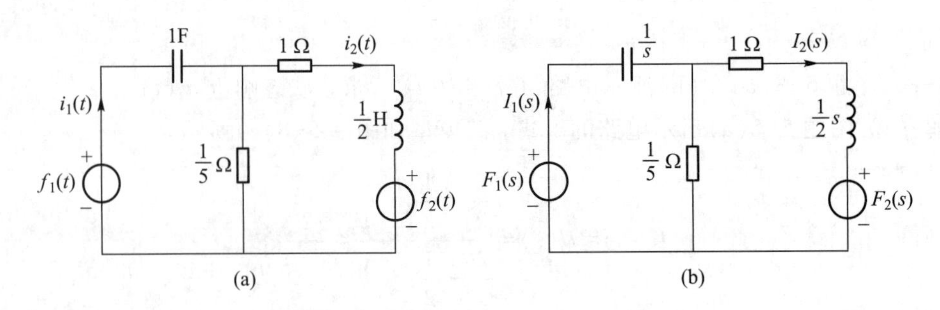

图题 5-9

$$\begin{cases}\left(\dfrac{1}{s}+\dfrac{1}{5}\right)I_1(s)-\dfrac{1}{5}I_2(s)=F_1(s)\\ -\dfrac{1}{5}I_1(s)+\left(1+\dfrac{1}{5}+\dfrac{1}{2}s\right)I_2(s)=-F_2(s)\end{cases}$$

又因为 $F_1(s)=\dfrac{3}{s+1}$，$F_2(s)=\dfrac{1}{s+2}$，代入上式得

$$I_2(s)=\frac{13}{s+3}-\frac{9}{s+4}-\frac{3}{s+2}-\frac{1}{s+1}$$

故得零状态响应 $i_2(t)$ 为

$$i_2(t)=(13e^{-3t}-9e^{-4t}-3e^{-2t}-e^{-t})U(t)\text{ V}$$

5-10 图题 5-10(a)所示电路，$u_1(0^-)=u_2(0^-)=1$ V，以$u_1(t)$和$u_2(t)$为响应。(1) 求零输入响应$u_{1x}(t)$、$u_{2x}(t)$。(2) 设$f_1(t)=U(t)$ V，$f_2(t)=\delta(t)$ V，求零状态响应$u_1(t)$、$u_2(t)$。(3) 设$f_1(t)=\delta(t)$ V，$f_2(t)=0$，求零状态响应$u_2(t)$。

解：图题 5-10(a)的零输入响应的 s 域模型如图题 5-10(b)所示，零状态响应的 s 域模型如图题 5-10(c)所示。

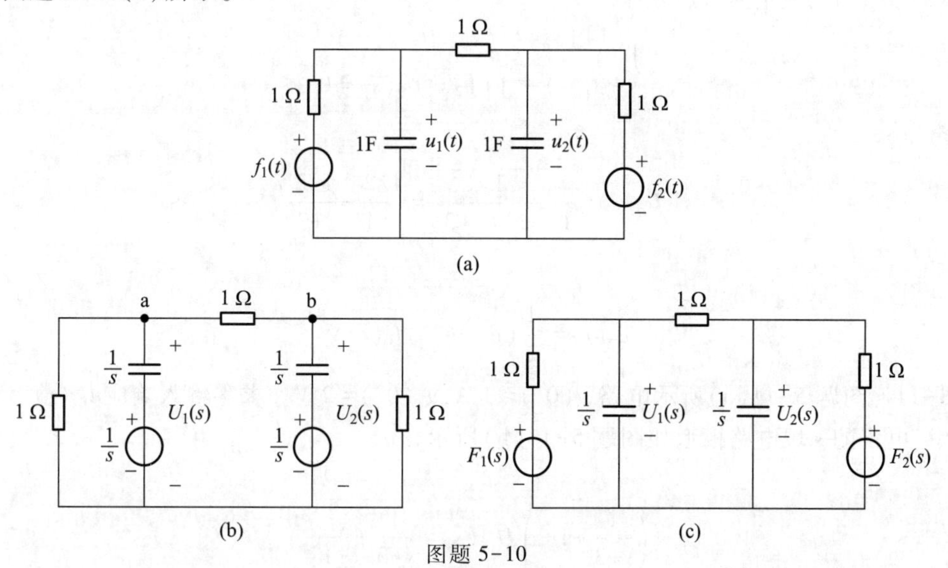

图题 5-10

(1) 当 $u_1(0^-)=u_2(0^-)=1$ V 时，由图 5-10(b)可知，由于电路对称，a、b 点等电位，ab 支路无电流可断开，有

$$U_{1x}(s)=U_{2x}(s)=\frac{1/s}{1+1/s}\times 1=\frac{1}{s+1}$$

故得

$$u_{1x}(t)=u_{2x}(t)=e^{-t}U(t)$$

(2) 当$f_1(t)=U(t)$，$f_2(t)=\delta(t)$时，如题图 5-10(c)所示，得

$$F_1(s)=\mathscr{L}[U(t)]=\frac{1}{s},\quad F_2(s)=\mathscr{L}[\delta(t)]=1$$

于是以 $U_1(s)$、$U_2(s)$为变量列节点方程为

$$\begin{cases}(1+1+s)U_1(s)-U_2(s)=\dfrac{1}{s}\\ -U_1(s)+(1+1+s)U_2(s)=1\end{cases}$$

联解得

$$\begin{cases}U_1(s)=\dfrac{2}{s(s+3)}=\dfrac{2/3}{s}-\dfrac{2/3}{s+3}\\ U_2(s)=\dfrac{s+1}{s(s+3)}=\dfrac{1/3}{s}+\dfrac{2/3}{s+3}\end{cases}$$

故得

$$\begin{cases}u_1(t)=\dfrac{2}{3}(1-e^{-3t})U(t)\text{ V}\\ u_2(t)=\dfrac{1}{3}(1+2e^{-3t})U(t)\text{ V}\end{cases}$$

（3）当$f_1(t)=\delta(t)$，$f_2(t)=0$时，如图题5-10(c)所示，令$F_1(s)=\mathscr{L}[\delta(t)]=1$，$F_2(s)=0$，以$U_1(s)$、$U_2(s)$为变量列节点方程

$$\begin{cases}(1+1+s)U_1(s)-U_2(s)=1\\ -U_1(s)+(1+1+s)U_2(s)=0\end{cases}$$

联解得

$$U_2(s)=\frac{1}{(s+1)(s+3)}=\frac{1/2}{s+1}-\frac{1/2}{s+3}$$

故得

$$u_2(t)=\frac{1}{2}(e^{-t}-e^{-3t})U(t)\text{ V}$$

5-11　图题5-11(a)所示电路，$i(0^-)=1$ A，$u_C(0^-)=2$ V。求零输入响应$u_{Cx}(t)$。

解：电路的s域电路模型如图题5-11(b)所示，有

$$\left(\frac{1}{s+3}+1+s\right)U_{Cx}(s)=\frac{1}{s+3}+\frac{\dfrac{2}{s}}{\dfrac{1}{s}}$$

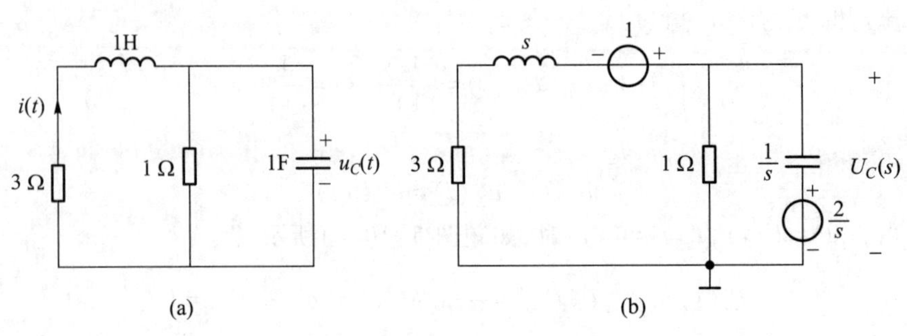

图题5-11

则有

$$U_{Cx}(s)=\frac{\frac{1}{s+3}+2}{\frac{1}{s+3}+s+1}=\frac{2(s+2)+3}{(s+2)^2}=\frac{2}{s+2}+\frac{3}{(s+2)^2}$$

故得零输入响应为

$$u_{Cx}(t)=2\mathrm{e}^{-2t}U(t)+3t\mathrm{e}^{-2t}U(t)$$

5-12 图题 5-12(a)所示电路，$f(t)=\frac{1}{3}(1-\mathrm{e}^{-2t})U(t)\,\mathrm{V}$，求零状态响应$u_C(t)$。

解：电路的 s 域电路模型如图题 5-12(b)所示。

$$F(s)=\frac{1}{3s}-\frac{1}{3(s+2)}$$

由 KCL 节点法可得

$$U_C(s)=\frac{F(s)}{s+1+\frac{1}{s+1}}=\frac{2(s+1)}{3(s^2+2s+2)s(s+2)}=\frac{1}{6}\left[\frac{1}{s}+\frac{1}{s+2}-\frac{2(s+1)}{(s+1)^2+1}\right]$$

故得

$$u_C(t)=\left[\frac{1}{6}(1+\mathrm{e}^{-2t})U(t)-\frac{1}{3}\mathrm{e}^{-t}\cos tU(t)\right]\mathrm{V}$$

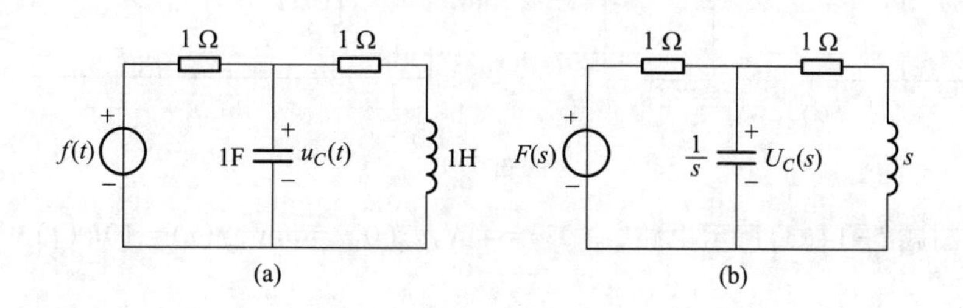

图题 5-12

5-13 图题 5-13(a)所示电路，$f(t)=10\sin tU(t)\,\mathrm{V}$，求零状态响应 $y(t)$。

解：电路的 s 域电路模型如图题 5-13(b)所示。

$$F(s)=\frac{10}{s^2+1}$$

$$I_2(s)=\frac{F(s)}{9}=I(s)+9I(s)=10I(s)$$

故

$$I(s)=\frac{F(s)}{90}=\frac{1}{90}\times\frac{10}{s^2+1}=\frac{1}{9}\times\frac{1}{s^2+1}$$

$$U(s)=-\frac{s\times\frac{1}{4s}}{s+\frac{1}{4s}}\times 9I(s)=\frac{-\frac{1}{4}s}{\left(s^2+\frac{1}{4}\right)(s^2+1)}$$

即

$$U(s)=\frac{1}{3}\left(\frac{-s}{s^2+\frac{1}{4}}+\frac{s}{s^2+1}\right)$$

故得

$$u(t)=\frac{1}{3}\left[\cos t-\cos\left(\frac{1}{2}t\right)\right]U(t)\text{ V}$$

零状态响应为

$$y(t)=\frac{1}{3}\left[\cos t-\cos\left(\frac{1}{2}t\right)\right]U(t)\text{ V}$$

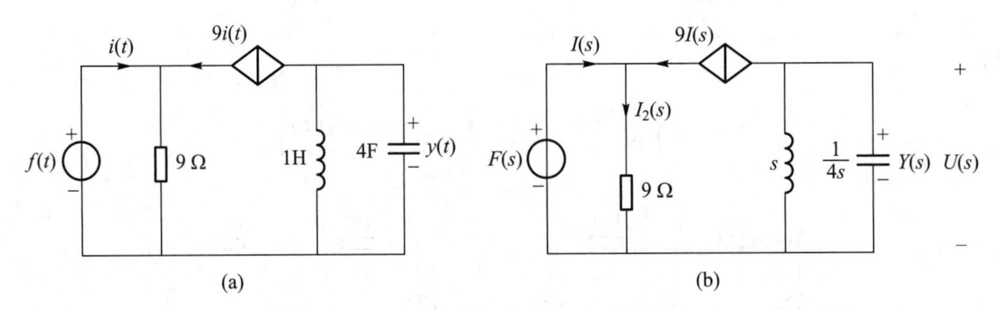

图题 5-13

5-14　图题 5-14(a)所示电路,$i_2(0^-)=4$ A,$u_C(0^-)=5$ V,$f(t)=10U(t)$ V。求全响应 $i_1(t)$、$i_2(t)$。

解:电路的 s 域电路模型如图题 5-14(b)所示,列写回路 KVL 方程有

$$\begin{cases}\dfrac{10}{s}+\dfrac{5}{s}=I_1(s)\left(\dfrac{1}{s}+\dfrac{1}{5}\right)-I_2(s)\cdot\dfrac{1}{5}\\ \left(\dfrac{1}{5}+1+\dfrac{s}{2}\right)I_2(s)-\dfrac{1}{5}I_1(s)=2\end{cases}$$

则

$$I_1(s)=\frac{79s+180}{s^2+7s+12}=\frac{K_1}{s+3}+\frac{K_2}{s+4}$$

$$I_2(s)=\frac{395s+79s^2+900+180s}{s(s^2+7s+12)}-\frac{75}{s}=\frac{K_3}{s}+\frac{K_4}{s+3}+\frac{K_5}{s+4}$$

其中

$$K_1=-57,\quad K_2=136,\quad K_3=0,\quad K_4=38,\quad K_5=-34$$

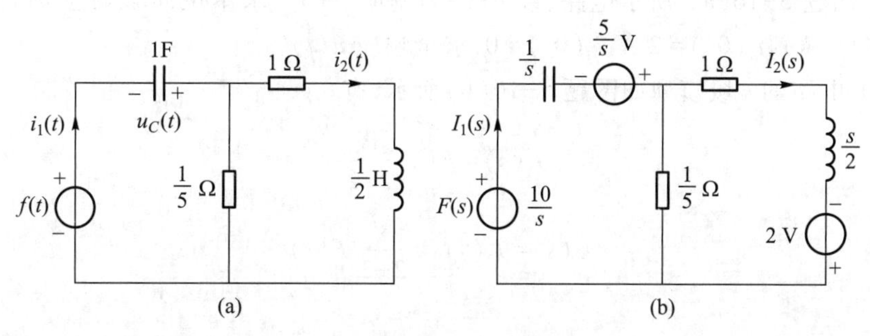

图题 5-14

所以

$$I_1(s)=\frac{-57}{s+3}+\frac{136}{s+4},\quad I_2(s)=\frac{38}{s+3}+\frac{-34}{s+4}$$

$$i_1(t)=(136e^{-4t}-57e^{-3t})U(t)\text{ A}$$

$$i_2(t)=(38e^{-3t}-34e^{-4t})U(t)\text{ A}$$

5-15 图题 5-15(a)所示电路,以 $y(t)$ 为响应,求单位阶跃响应 $g(t)$ 与单位冲激响应 $h(t)$。

解:电路的 s 域模型如图题 5-15(b)所示,有

$$Y(s)=\frac{F(s)}{s+1+\dfrac{1}{s+1}}=\frac{s+1}{(s+1)^2+1}F(s)$$

故得

$$H(s)=\frac{s+1}{(s+1)^2+1}$$

所以系统的单位冲激响应为

$$h(t)=e^{-t}\cos tU(t)\text{ V}$$

系统的单位阶跃响应为

$$g(t)=\int_0^t h(\tau)\mathrm{d}\tau=\int_0^t e^{-\tau}\cos\tau\mathrm{d}\tau=\frac{1}{2}[1+e^{-t}(\sin t-\cos t)]U(t)\text{ V}$$

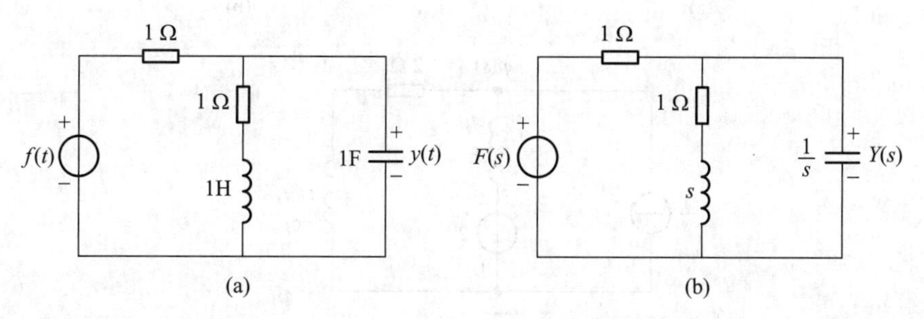

图题 5-15

5-16　图题 5-16(a) 所示电路，以 $u(t)$ 为响应。(1) 求单位冲激响应 $h(t)$。(2) 已知 $f(t)=U(t)$(A)，$i_1(0^-)=2$ A，$i_2(0^-)=0$，求全响应 $u(t)$。

解：(1) 电路的 s 域模型如图题 5-16(b) 所示，有

$$I_2(s)=F(s)\frac{s}{2+2s}$$

$$U(s)=I_2(s)s=\frac{s^2}{2+2s}F(s)$$

则

$$H(s)=\frac{U(s)}{F(s)}=\frac{s^2}{2(s+1)}=\frac{1}{2}s-\frac{1}{2}+\frac{1}{2}\frac{1}{s+1}$$

故得单位冲激响应为

$$h(t)=\left[\frac{1}{2}\delta'(t)-\frac{1}{2}\delta(t)+\frac{1}{2}e^{-t}U(t)\right]\text{V}$$

(2) $f(t)=U(t)$(A) 时电路的 s 域模型如图题 5-16(c) 所示，有

$$\left(\frac{1}{s}+\frac{1}{s+2}\right)\varphi(s)=\frac{1}{s}-\frac{2}{s}$$

$$U(s)=\frac{s}{s+2}\varphi(s)=-\frac{1}{2}+\frac{1}{2}\cdot\frac{1}{s+1}$$

故得系统全响应为

$$u(t)=\left[-\frac{1}{2}\delta(t)+\frac{1}{2}e^{-t}U(t)\right]\text{V}$$

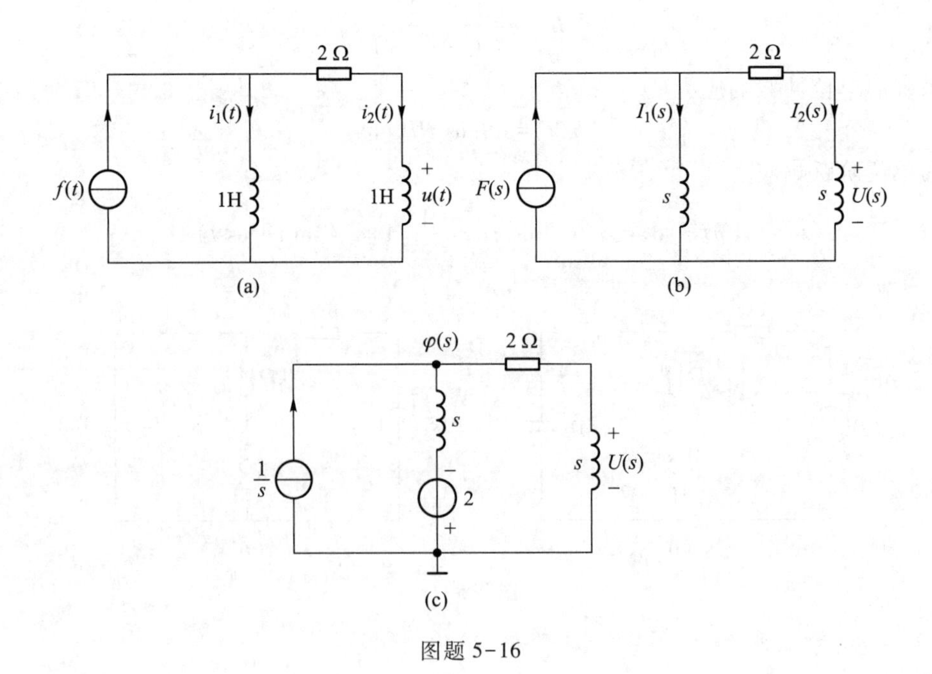

图题 5-16

5-17 图题 5-17(a)所示的零状态电路,$f(t)=U(t)$ V,求 $u_2(t)$。

解:电路的 s 域电路模型如图题 5-17(b)所示,列写回路 KVL 方程有

$$(1+s)I_1(s)-2sI_2(s)=\frac{1}{s}$$

$$-2sI_1(s)+(4s+1)I_2(s)=0$$

联解得

$$I_2(s)=0.4\times\frac{1}{s+0.2}$$

所以

$$U_2(s)=1\times I_2(s)=\frac{0.4}{s+0.2}$$

则

$$u_2(t)=0.4\mathrm{e}^{-0.2t}U(t)\ \mathrm{V}$$

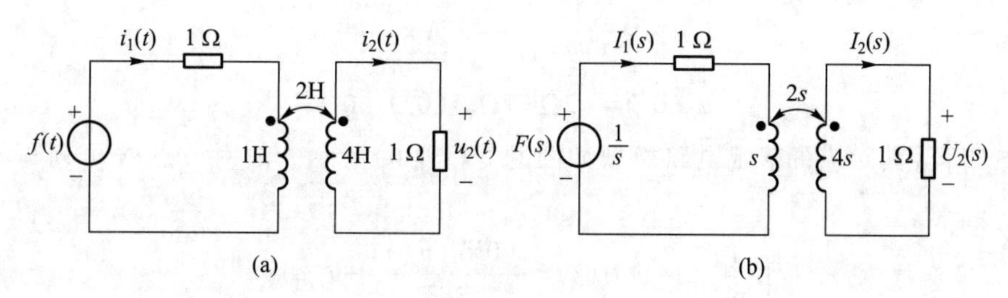

图题 5-17

5-18 图题 5-18(a)所示电路,$t<0$ 时 S 闭合,电路已工作于稳态。今于 $t=0$ 时刻打开 S,求 $t>0$ 时的 $i_1(t)$ 和 $i_2(t)$。

解:$t<0$ 时 S 闭合,电路已工作于稳态,电感相当于短路,故有

$$i_1(0^-)=\frac{20}{4}\ \mathrm{A}=5\ \mathrm{A}$$

$$i_2(0^-)=0$$

$$i_1(0^-)+i_2(0^-)=5\ \mathrm{A}$$

$t>0$ 时 S 打开,电路对应的 s 域电路模型如图题 5-18(b)所示,故有

$$I(s)=\frac{20}{4s+4}=\frac{5}{s+1}$$

则

$$I_1(s)=I_2(s)=\frac{1}{2}I(s)=\frac{\frac{5}{2}}{s+1}$$

可得

$$i_1(t)=i_2(t)=\frac{5}{2}\mathrm{e}^{-t}U(t)\mathrm{A}$$

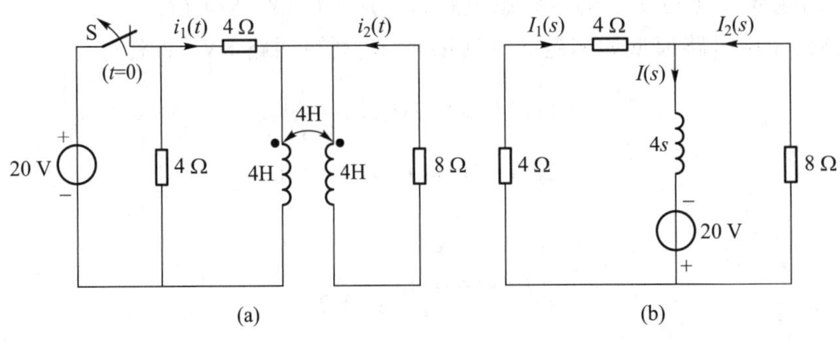

图题 5-18

5-19　图题 5-19(a)所示电路，$t<0$ 时 S 打开，电路已工作于稳态。今于 $t=0$ 时刻闭合 S，求 $t>0$ 时关于 $u(t)$ 的零输入响应、零状态响应、全响应。

解：$t<0$ 时 S 打开，电路已工作于稳态。电感 L 相当于短路，电容 C 相当于开路。故有

$$i(0^-)=\frac{12}{3+2+1}\ \text{A}=2\ \text{A}$$

$$u_C(0^-)=(2\Omega+1\Omega)i(0^-)=6\ \text{V}$$

$t>0$ 时，S 闭合，其对应的 s 域电路模型如图题 5-19(b)所示。故对节点 N 可列写 KCL 方程为

$$\left(\frac{1}{s+3}+s+1\right)U(s)=\frac{i(0^-)+F(s)}{s+3}+u_C(0^-)$$

故

$$U(s)=\frac{i(0^-)+(s+3)u_C(0^-)}{(s+2)^2}+\frac{F(s)}{(s+2)^2}$$

零输入响应与零状态响应的像函数为

$$U_x(s)=\frac{i(0^-)+(s+3)u_C(0^-)}{(s+2)^2}=\frac{6s+20}{(s+2)^2}=\frac{8}{(s+2)^2}+\frac{6}{s+2}$$

$$U_f(s)=\frac{F(s)}{(s+2)^2}=\frac{\frac{12}{s}}{(s+2)^2}=\frac{12}{s(s+2)^2}=\frac{3}{s}+\frac{-6}{(s+2)^2}+\frac{-3}{s+2}$$

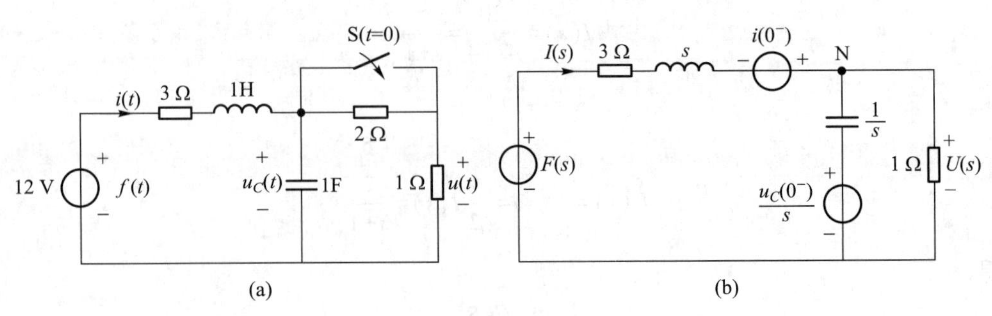

图题 5-19

零输入响应与零状态响应分别为

$$u_x(t)=(8t+6)e^{-2t}U(t)\text{V},\quad u_f(t)=[3-(6t+3)e^{-2t}]U(t)\text{V}$$

全响应为

$$u(t)=u_x(t)+u_f(t)=[3+(2t+3)e^{-2t}]U(t)\text{V}$$

5-20 已知系统的微分方程为 $y''(t)+5y'(t)+6y(t)=2f'(t)+8f(t)$,激励为 $f(t)=e^{-t}U(t)$,初始状态为 $y(0^-)=3, y'(0^-)=2$。求系统的全响应 $y(t)$,并指出零输入响应 $y_x(t)$、零状态响应 $y_f(t)$。

解:对微分方程等式两边同时求拉普拉斯变换,并考虑到拉普拉斯变换的微分性质,有

$$s^2Y(s)-sy(0^-)-y'(0^-)+5[sY(s)-y(0^-)]+6Y(s)=2sF(s)-f(0^-)+8F(s)$$

故

$$Y(s)=\frac{2s+8}{s^2+5s+6}F(s)+\frac{(s+5)y(0^-)+y'(0^-)}{s^2+5s+6}=Y_f(s)+Y_x(s)$$

因为

$$f(t)=e^{-t}U(t)$$

所以

$$F(s)=\frac{1}{s+1}$$

又有 $y(0^-)=3, y'(0^-)=2$,代入上式有

$$Y(s)=\frac{2s+8}{s^2+5s+6}\times\frac{1}{s+1}+\frac{3s+17}{s^2+5s+6}$$

故零状态响应为

$$Y_f(s)=\frac{2s+8}{s^2+5s+6}\times\frac{1}{s+1}=\frac{3}{s+1}+\frac{-4}{s+2}+\frac{1}{s+3}$$

可得

$$y_f(t)=(3e^{-t}-4e^{-2t}+e^{-3t})U(t)$$

零输入响应为

$$Y_x(s)=\frac{3s+17}{s^2+5s+6}=\frac{11}{s+2}+\frac{-8}{s+3}$$

可得

$$y_x(t)=(11e^{-2t}-8e^{-3t})U(t)$$

全响应为

$$y(t)=y_x(t)+y_f(t)=(3e^{-t}+7e^{-2t}-7e^{-3t})U(t)$$

第 6 章　复频域系统函数与系统模拟

第 6 章课件

系统的响应与激励有关，同时也与系统本身有关。系统函数就是描述系统本身特性的，它在电路与系统分析理论中占有重要的地位。本章将介绍系统函数的定义、物理意义、求法，零点与极点的概念及应用；还要介绍系统的框图、系统的模拟、信号流图、系统稳定性的概念及其判定方法。

6.1　基 本 要 求

（1）深刻理解复频域系统函数 $H(s)$ 的定义及物理意义，会用多种方法求 $H(s)$。

（2）了解复频域系统函数 $H(s)$ 的一般表达形式及 $H(s)$ 的零点与极点概念，会画零极点图，并会根据零极点图求 $H(s)$。

（3）深刻理解系统模拟与信号流图的意义；能根据系统的微分方程或 $H(s)$ 画出系统直接形式、并联形式、级联形式的模拟图与信号流图；能根据模拟图或信号流图按梅森公式求出系统函数 $H(s)$；能根据电路图或模拟图或框图，画出相应的信号流图。

（4）深刻理解系统稳定性的意义，会根据 $H(s)$ 的极点分布与罗斯判据，判定系统是否为稳定系统。

6.2　重点与难点

6.2.1　s 域系统函数 $H(s)$

1. 定义

s 域系统函数 $H(s)$ 可定义为

$$H(s)=\frac{Y_{\mathrm{f}}(s)}{F(s)}$$

其中，$Y_{\mathrm{f}}(s)$ 为系统零状态响应的拉普拉斯变换，$F(s)$ 为激励的拉普拉斯变换。

2. 物理意义

$H(s)$ 是系统单位冲激响应 $h(t)$ 的单边拉普拉斯变换，即 $H(s)=\mathscr{L}[h(t)]$。

3. 求法

（1）由系统的单位冲激响应 $h(t)$ 求解，即 $H(s)=\mathscr{L}[h(t)]$。

（2）由系统的传输算子 $H(p)$ 求解，即 $H(s)=H(p)\big|_{p=s}$。

（3）根据 s 域电路模型，按定义求响应像函数与激励像函数的比，即得到 $H(s)$。

(4) 对零状态系统的微分方程进行单边拉普拉斯变换求 $H(s)$。

(5) 根据系统的模拟图求解 $H(s)$。

(6) 由系统的信号流图根据梅森公式求 $H(s)$。

(7) 根据 $H(s)$ 的零极点图求 $H(s)$。

(8) 从系统的框图求 $H(s)$。

4. 一般表示形式

$$H(s)=\frac{Y_{\mathrm{f}}(s)}{F(s)}=\frac{b_m s^m+b_{m-1}s^{m-1}+\cdots+b_1 s+b_0}{a_n s^n+a_{n-1}s^{n-1}+\cdots+a_1 s+a_0}=\frac{N(s)}{D(s)}$$

5. 零点与极点及零极点图

(1) 分子多项式 $N(s)=b_m s^m+b_{m-1}s^{m-1}+\cdots+b_1 s+b_0=0$ 的根称为 $H(s)$ 的零点;分母多项式 $D(s)=a_n s^n+a_{n-1}s^{n-1}+\cdots+a_1 s+a_0=0$ 的根称为 $H(s)$ 的极点。

(2) 把 $H(s)$ 的零极点画在 s 平面上而构成的图,称为 $H(s)$ 的零极点图。

备注:零极点图的作用是研究系统的稳定性、单位冲激响应、频率特性及其他性质。

6.2.2 系统函数 $H(s)$ 的应用

1. 求系统的单位冲激响应 $h(t)$

$$h(t)=\mathscr{L}^{-1}[H(s)]$$

2. 对于给定的激励 $f(t)$,求系统的零状态响应 $y_{\mathrm{f}}(t)$

$$y_{\mathrm{f}}(t)=\mathscr{L}^{-1}[H(s)F(s)]$$

3. 当系统的初始条件已知时,根据 $H(s)$ 的极点求系统的零输入响应 $y_{\mathrm{x}}(t)$

若

$$H(s)=\frac{Y_{\mathrm{f}}(s)}{F(s)}=\frac{b_m s^m+b_{m-1}s^{m-1}+\cdots+b_1 s+b_0}{a_n s^n+a_{n-1}s^{n-1}+\cdots+a_1 s+a_0}$$

其分子与分母无公因式相消,则 $H(s)$ 的极点[即 $D(s)=a_n s^n+a_{n-1}s^{n-1}+\cdots+a_1 s+a_0=0$ 的根]为系统微分方程的特征根。故可由 $H(s)$ 的极点,直接写出系统的零输入响应 $y_{\mathrm{x}}(t)$ 的通解表达式。

若系统有 n 个单极点 $p_1,p_2,\cdots,p_n$,则

$$y_{\mathrm{x}}(t)=A_1\mathrm{e}^{p_1 t}+A_2\mathrm{e}^{p_2 t}+\cdots+A_n\mathrm{e}^{p_n t}$$

若系统有 n 重极点,即 $p_1=p_2=\cdots=p_n=p$,则

$$y_{\mathrm{x}}(t)=A_1\mathrm{e}^{pt}+A_2 t\mathrm{e}^{pt}+\cdots+A_n t^{n-1}\mathrm{e}^{pt}$$

其中,系数 $A_1,A_2,\cdots,A_n$ 由系统的初始值确定。

4. 根据 $H(s)$ 可直接写出系统的微分方程

例如假设

$$H(s)=\frac{2s^2+3s+4}{s^3+4s^2+5s+10}$$

则系统的微分方程为

$$\frac{\mathrm{d}^3y(t)}{\mathrm{d}t^3}+4\frac{\mathrm{d}^2y(t)}{\mathrm{d}t^2}+5\frac{\mathrm{d}y(t)}{\mathrm{d}t}+10y(t)=2\frac{\mathrm{d}^2f(t)}{\mathrm{d}t^2}+3\frac{\mathrm{d}f(t)}{\mathrm{d}t}+4f(t)$$

5. 根据 $H(s)$ 研究 $H(s)$ 的零极点分布对 $h(t)$ 的影响（见表 6.1）

表 6.1 $H(s)$ 的零极点分布与 $h(t)$ 波形的关系

序号	$H(s)$	s 平面上的零极点	$h(t)$	波形
1	$\frac{1}{s}$	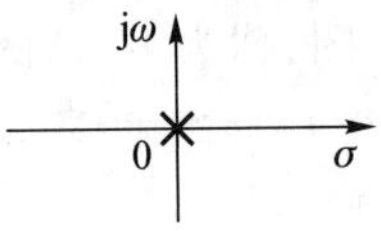	$U(t)$	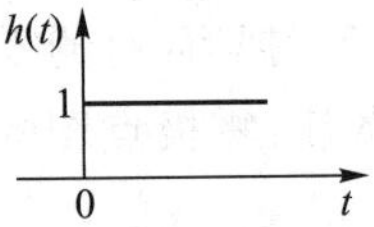
2	$\frac{1}{s-\alpha}$ $(\alpha>0)$	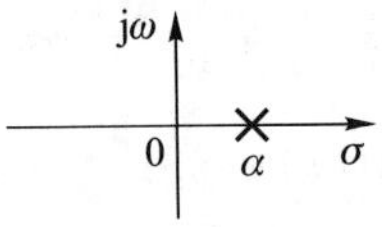	$e^{\alpha t}U(t)$	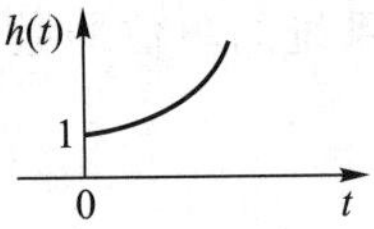
3	$\frac{1}{s+\alpha}$ $(\alpha>0)$	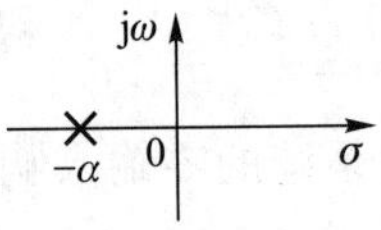	$e^{-\alpha t}U(t)$	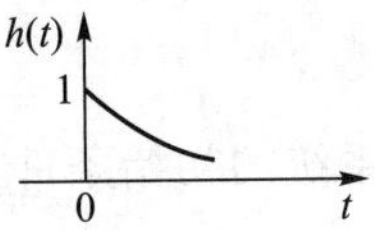
4	$\frac{1}{(s+\alpha)^2}$ $(\alpha>0)$	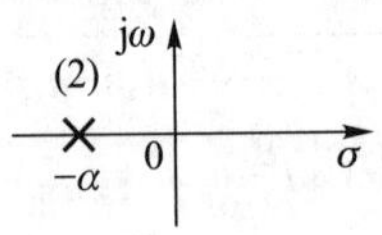	$te^{-\alpha t}U(t)$	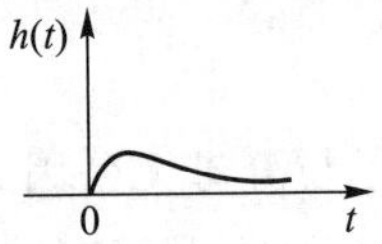
5	$\frac{\omega_0}{s^2+\omega_0^2}$	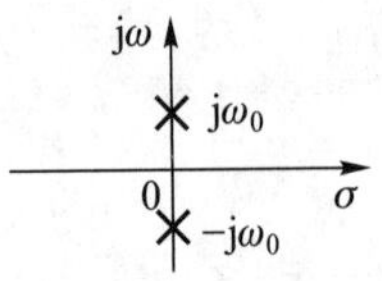	$\sin(\omega_0 t)U(t)$	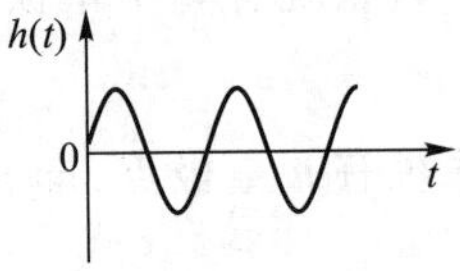

续表

序号	$H(s)$	s 平面上的零极点	$h(t)$	波形
6	$\frac{s}{s^2+\omega_0^2}$	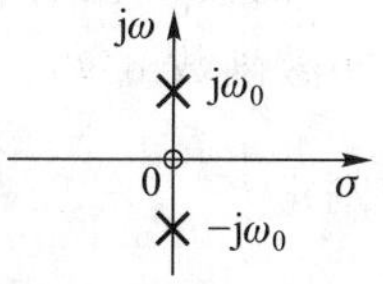 $j\omega$, $j\omega_0$, 0, σ, $-j\omega_0$	$\cos(\omega_0 t)U(t)$	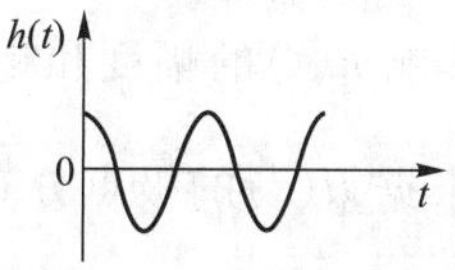 $h(t)$, 0, t
7	$\frac{\omega_0}{(s-\alpha)^2+\omega_0^2}$ $(\alpha>0)$	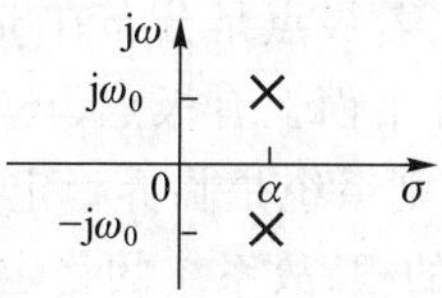 $j\omega$, $j\omega_0$, 0, α, σ, $-j\omega_0$	$e^{\alpha t}\sin(\omega_0 t)U(t)$	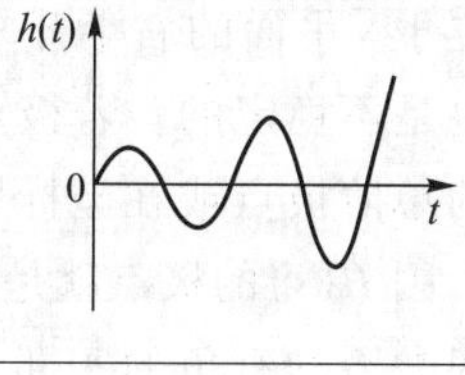 $h(t)$, 0, t
8	$\frac{\omega_0}{(s+\alpha)^2+\omega_0^2}$ $(\alpha>0)$	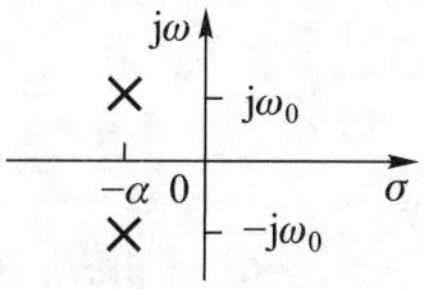 $j\omega$, $j\omega_0$, $-\alpha$, 0, σ, $-j\omega_0$	$e^{-\alpha t}\sin(\omega_0 t)U(t)$	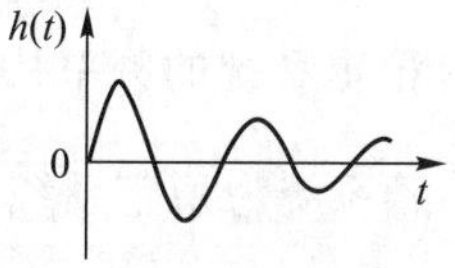 $h(t)$, 0, t
9	$\frac{1}{s^2}$	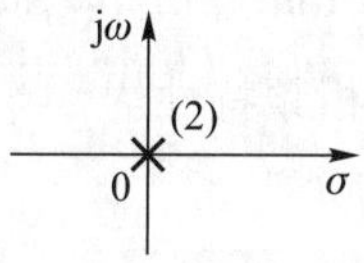 $j\omega$, (2), 0, σ	$tU(t)$	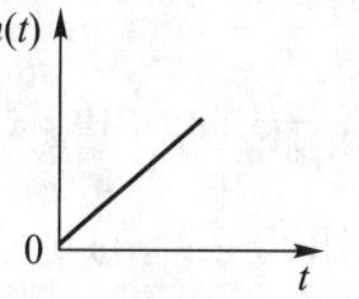 $h(t)$, 0, t
10	$\frac{2\omega_0 s}{(s^2+\omega_0^2)^2}$	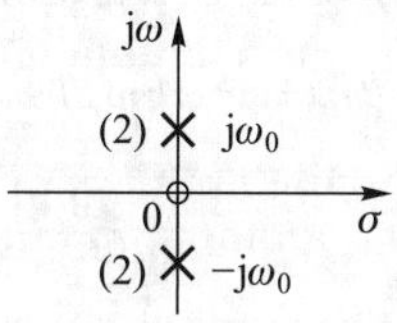 $j\omega$, (2) $j\omega_0$, 0, σ, (2) $-j\omega_0$	$t\sin(\omega_0 t)U(t)$	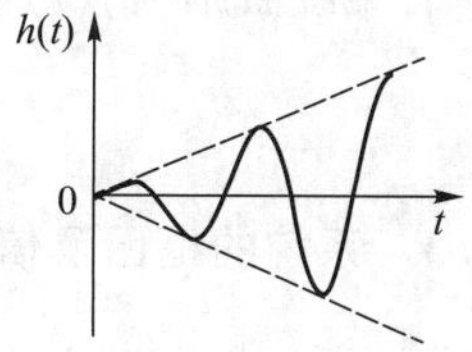 $h(t)$, 0, t
11	$\frac{1-e^{-s\tau}}{s}$	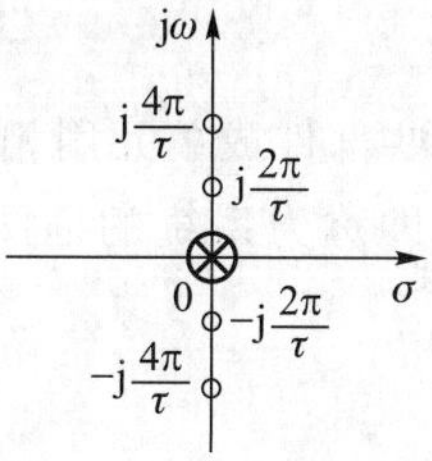 $j\omega$, $j\frac{4\pi}{\tau}$, $j\frac{2\pi}{\tau}$, 0, σ, $-j\frac{2\pi}{\tau}$, $-j\frac{4\pi}{\tau}$	$U(t)-U(t-\tau)$	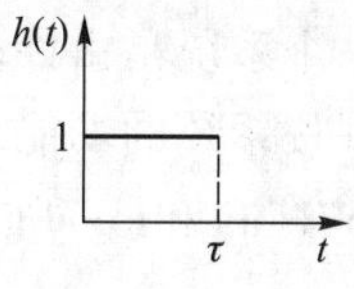 $h(t)$, 1, τ, t
12	$\frac{1}{1-e^{-sT}}$	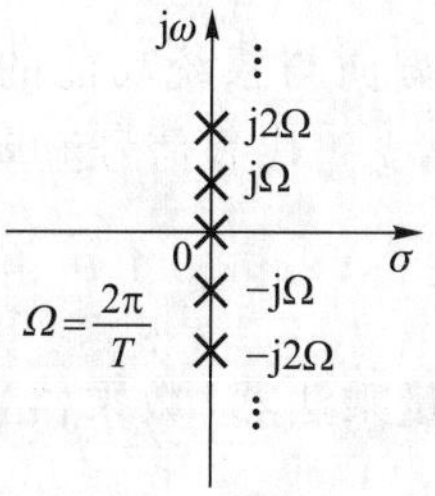 $j\omega$, ⋮, $j2\Omega$, $j\Omega$, 0, σ, $-j\Omega$, $-j2\Omega$, ⋮, $\Omega=\frac{2\pi}{T}$	$\sum_{n=0}^{\infty}\delta(t-nT)$	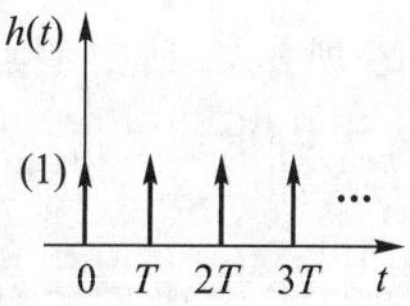 $h(t)$, (1), …, 0, T, $2T$, $3T$, t

$H(s)$的极点对$h(t)$的影响是确定了$h(t)$的波形，即时域变化模式，对$h(t)$的幅度(大小)和相位也有影响。

$H(s)$的零点只影响$h(t)$的幅度和相位，对$h(t)$的波形没有影响；零点阶次的变化，不仅影响$h(t)$的幅度和相位，还可能使$h(t)$中出现冲激函数$\delta(t)$。

6. 根据$H(s)$的极点分布，可对系统的稳定性进行判定

若$H(s)$的极点全部分布在s平面的左半开平面，则系统是稳定的。若极点中至少有一个位于s平面的右半开平面，则系统是不稳定的；若极点是分布在$\mathrm{j}\omega$轴上且是重阶的，则系统也是不稳定的。若极点中除了s平面的左半开平面上有极点，还在$\mathrm{j}\omega$轴上至少有一对共轭的单阶极点或在坐标原点上有一个单阶极点，则系统是临界稳定的。

因$H(s)$的极点就是其分母多项式$D(s)=0$的根，故系统的稳定与否，就归结为$D(s)=0$的根是否均有负的实部。

7. 求稳定系统的频率特性$H(\mathrm{j}\omega)$

若系统为稳定系统，则

$$H(\mathrm{j}\omega)=H(s)\Big|_{s=\mathrm{j}\omega}=\frac{b_m s^m+\cdots+b_1 s+b_0}{a_n s^n+\cdots+a_1 s+a_0}\Bigg|_{s=\mathrm{j}\omega}=\frac{b_m(\mathrm{j}\omega)^m+\cdots+b_1\mathrm{j}\omega+b_0}{a_n(\mathrm{j}\omega)^n+\cdots+a_1\mathrm{j}\omega+a_0}=|H(\mathrm{j}\omega)|\mathrm{e}^{\mathrm{j}\varphi(\omega)}$$

其中，$|H(\mathrm{j}\omega)|$和$\varphi(\omega)$分别是系统的幅频特性和相频特性。

8. 可求得系统的正弦稳态响应

若系统激励为$f(t)=F_{\mathrm{m}}\cos(\omega_0 t+\phi)U(t)$，则系统的正弦稳态响应为

$$y(t)=|H(\mathrm{j}\omega_0)|F_{\mathrm{m}}\cos[\omega_0 t+\phi+\varphi(\omega_0)]$$

6.2.3　系统的框图及信号流图与模拟

1. 系统的框图

一个系统是由许多部件或单元组成的，将这些部件或单元用相应的方框表示，然后将这些方框按系统的功能要求连接起来而构成的图，即称为系统的框图表示，简称系统的框图，如图6.1(a)和(b)所示。

2. 信号流图

由节点与支路构成的表征系统中信号流动方向与系统功能的图，称为信号流图，如图6.1(c)所示。其中节点代表信号(即系统变量)，支路代表信号流动的方向与支路的$H(s)$。

3. 系统模拟

在实验室中用三种基本运算器[加法器、标量乘法器(数乘器)、积分器]来模拟给定系统的微分方程或系统函数$H(s)$，称为系统模拟。

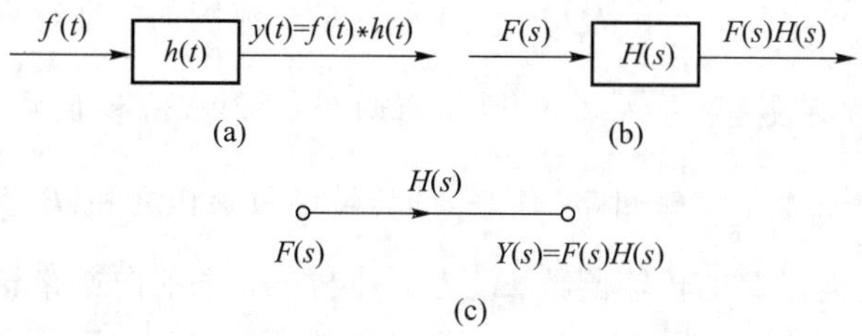

$f(t)$ → $h(t)$ → $y(t)=f(t)*h(t)$

(a)

$F(s)$ → $H(s)$ → $F(s)H(s)$

(b)

$F(s)$ —$H(s)$→ $Y(s)=F(s)H(s)$

(c)

图 6.1

三种运算器的表示符号及其输入与输出的关系如表 6.2 所示。

表 6.2 三种运算器的表示符号及其输入与输出的关系

名称	时域表示	s 域表示	信号流图表示
加法器	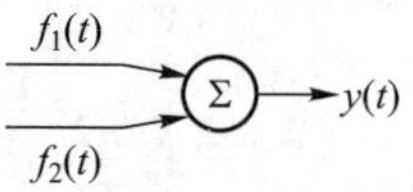 $f_1(t)$, $f_2(t)$ → Σ → $y(t)$ $y(t)=f_1(t)+f_2(t)$	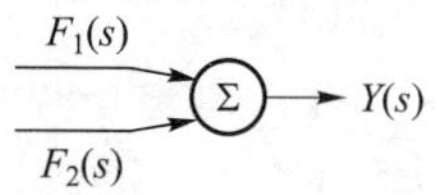 $F_1(s)$, $F_2(s)$ → Σ → $Y(s)$ $Y(s)=F_1(s)+F_2(s)$	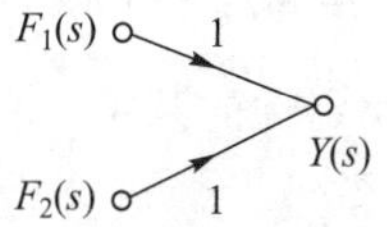 $F_1(s)$ —1→ $Y(s)$, $F_2(s)$ —1→ $Y(s)$ $Y(s)=F_1(s)+F_2(s)$
数乘器	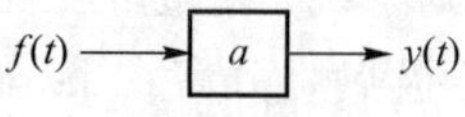 $f(t)$ → a → $y(t)$ $y(t)=af(t)$	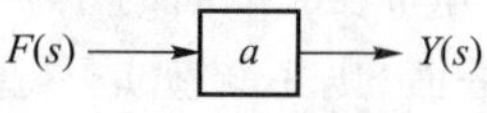 $F(s)$ → a → $Y(s)$ $Y(s)=aF(s)$	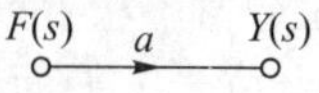 $F(s)$ —a→ $Y(s)$ $Y(s)=aF(s)$
积分器	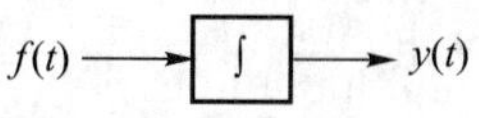 $f(t)$ → ∫ → $y(t)$ $y(t)=\int_{-\infty}^{t}f(\tau)\mathrm{d}\tau=y(0^-)+\int_{0^-}^{t}f(\tau)\mathrm{d}\tau$ 其中$y(0^-)=\int_{-\infty}^{0^-}f(\tau)\mathrm{d}\tau$	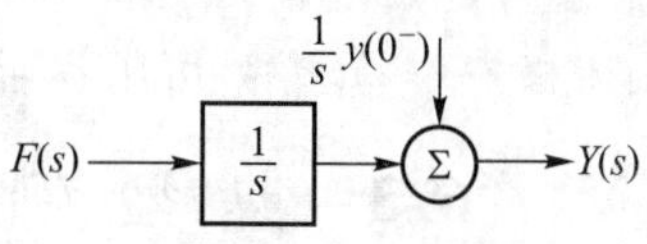 $F(s)$ → $\frac{1}{s}$ → Σ（$\frac{1}{s}y(0^-)$）→ $Y(s)$ $Y(s)=\frac{1}{s}F(s)+\frac{1}{s}y(0^-)$	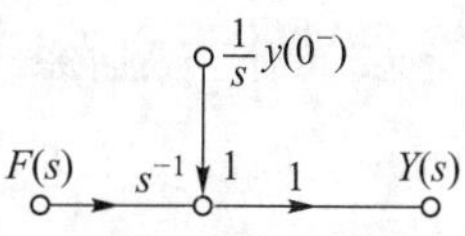 $F(s)$ —s^{-1}→ ○ —1→ $Y(s)$，$\frac{1}{s}y(0^-)$ —1→ ○ $Y(s)=\frac{1}{s}F(s)+\frac{1}{s}y(0^-)$

4. 信号流图的构筑

（1）从电路图构筑信号流图,即由电路图中先找出由激励信号到响应信号的流程及流程中各有关的信号变量,并找出各信号变量间相互的传输函数值(传输值),然后用节点表示各信号变量,用支路表示信号的流动方向及传输函数,按信号的流程相连,即可画出信号流图。

（2）从模拟图画信号流图,只需要按模拟图与信号流图相互转换的原则进行即可。

6.2.4 梅森公式

根据信号流图求系统函数 $H(s)$ 的公式称为梅森公式,即

$$H(s)=\frac{Y(s)}{F(s)}=\frac{1}{\Delta}\sum_{k}P_k\Delta_k$$

其中，$\Delta=1-\sum_{i}L_i+\sum_{m,n}L_mL_n-\sum_{p,q,r}L_pL_qL_r+\cdots$，$\Delta$ 称为信号流图的特征行列式。式中，$\sum_{i}L_i$ 为所有环路(回路)传输函数之和；$\sum_{m,n}L_mL_n$ 为所有两个不接触环路(回路)的传输函数乘积之和；$\sum_{p,q,r}L_pL_qL_r$ 为所有三个不接触回路(环路)的传输函数乘积之和；P_k 为由激励节点到所求响应节点的第 k 条前向通路的传输函数；Δ_k 为去掉与第 k 条前向通路相接触的回路(环路)后所剩子图的特征行列式。

6.2.5　系统的稳定性及其判定

1. 定义

若系统对有界激励 $f(t)$ 产生的零状态响应 $y_f(t)$ 也是有界的，则系统就是稳定的；否则就不是稳定的。一切实际系统都应具有稳定性。

2. 稳定性的判定

(1) 在时域中，若满足 $\int_{-\infty}^{\infty}|h(t)|\mathrm{d}t<\infty$ 或 $\int_{0}^{\infty}|h(t)|\mathrm{d}t<\infty$，系统就是稳定的。

(2) 若 $H(s)$ 的极点全部分布在 s 平面的左半开平面，则系统是稳定的。若极点中至少有一个位于 s 平面的右半开平面，则系统就是不稳定的；若极点是分布在 $\mathrm{j}\omega$ 轴上且是重阶的，则系统也是不稳定的。若极点中除了 s 平面的左半开平面上有极点，还在 $\mathrm{j}\omega$ 轴上至少有一对共轭的单阶极点或在坐标原点上有一个单阶极点，则系统是临界稳定的。

(3) 对于高阶系统，由于极点不易求解，可用罗斯准则判定。

6.3　典型例题

例 6.1　图例 6.1(a)所示电路。(1) 求 $H(s)=\dfrac{U_2(s)}{U_s(s)}$。(2) 求 $H(s)$ 的零极点，并画出零极点图。

解：列写节点 KCL 方程为

$$\left(1+s+\frac{1}{0.5}\right)U_1(s)-\frac{1}{0.5}U_2(s)=sU_s(s)$$

$$-\frac{1}{0.5}U_1(s)+\left(\frac{1}{0.5}+2s\right)U_2(s)=0$$

联解得

$$H(s)=\frac{U_2(s)}{U_s(s)}=\frac{s}{s^2+4s+1}$$

故得 $H(s)$ 的零点为 $z_1=0$；极点为 $p_1=-2+\sqrt{3}$，$p_2=-2-\sqrt{3}$。其零极点分布如图例 6.1(b)所示。

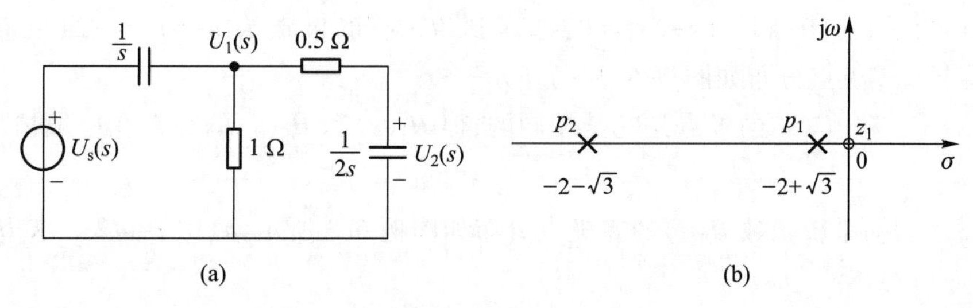

图例 6.1

例 6.2 图例 6.2(a)所示电路。(1) 求 $H_1(s)=\dfrac{U_1(s)}{F(s)}$,$H_2(s)=\dfrac{U_2(s)}{F(s)}$。(2) 求 $H_1(s)$、$H_2(s)$的零极点,画出它们的零极点图。

解:(1) 对节点①和②列写 KCL 方程为

$$\left(\frac{1}{3}+\frac{1}{s}\right)U_1(s)-\frac{1}{s}U_2(s)=F(s)$$

$$-\frac{1}{s}U_1(s)+\left(s+1+\frac{1}{s}\right)U_2(s)=0$$

联解得

$$H_1(s)=\frac{U_1(s)}{F(s)}=\frac{3(s^2+s+1)}{s^2+4s+4}=\frac{3(s^2+s+1)}{(s+2)^2},\quad H_2(s)=\frac{U_2(s)}{F(s)}=\frac{3}{s^2+4s+4}=\frac{3}{(s+2)^2}$$

(2) 令 $H_1(s)$的分子 $N(s)=3(s^2+s+1)=0$,即得到 $H_1(s)$的零点为 $z_1=-\dfrac{1}{2}+\mathrm{j}\dfrac{\sqrt{3}}{2}$,$z_2=-\dfrac{1}{2}-\mathrm{j}\dfrac{\sqrt{3}}{2}$;令 $H_1(s)$的分母 $D(s)=(s+2)^2=0$,即得到 $H_1(s)$的极点为 $p_1=p_2=-2$(二重极点)。零极点分布如图例 6.2(b)所示。

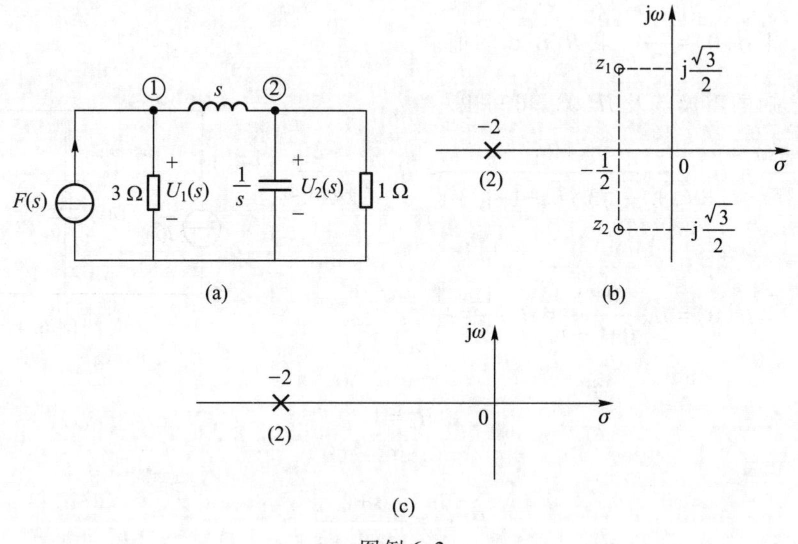

图例 6.2

令 $H_2(s)$ 的分母 $D(s)=(s+2)^2=0$，即得到 $H_2(s)$ 的极点为 $p_1=p_2=-2$（二重极点）；$H_2(s)$ 无零点。零极点分布如图例 6.2(c) 所示。

可见，$H_1(s)$ 和 $H_2(s)$ 的极点是完全相同的，但 $H_1(s)$ 和 $H_2(s)$ 的零点在一般情况下是不同的。

例 6.3　已知系统函数 $H(s)$ 的零极点分布如图例 6.3 所示，$h(0^+)=\sqrt{2}$。求 $H(s)$ 及单位冲激响应 $h(t)$。

解：由图例 6.3 得

$$H(s)=H_0\frac{s^2}{\left(s+\frac{\sqrt{2}}{2}+\mathrm{j}\frac{\sqrt{2}}{2}\right)\left(s+\frac{\sqrt{2}}{2}-\mathrm{j}\frac{\sqrt{2}}{2}\right)}=\frac{H_0 s^2}{s^2+\sqrt{2}s+1}=H_0+\frac{-\sqrt{2}H_0 s-H_0}{s^2+\sqrt{2}s+1}$$

$$h(0^+)=\lim_{s\to\infty}s[H(s)-H_0]=-\sqrt{2}H_0=\sqrt{2}$$

解得

$$H_0=-1$$

故得

$$H(s)=\frac{-s^2}{s^2+\sqrt{2}s+1}=-1+\frac{\sqrt{2}\left(s+\frac{\sqrt{2}}{2}\right)}{\left(s+\frac{\sqrt{2}}{2}\right)^2+\left(\frac{\sqrt{2}}{2}\right)^2}$$

$$h(t)=-\delta(t)+\sqrt{2}\,\mathrm{e}^{-\frac{\sqrt{2}}{2}t}\cos\left(\frac{\sqrt{2}}{2}t\right)U(t)$$

图例 6.3

例 6.4　图例 6.4 所示电路，已知 $H(s)=\frac{U(s)}{I(s)}$ 的零点为 $z_1=-2$，极点为 $p_1=-1+\mathrm{j}\sqrt{3}$，$p_2=-1-\mathrm{j}\sqrt{3}$，且 $H(0)=\frac{1}{2}$。求 R、L、C 的值。

解：由已知的零极点及 $H(0)$，可写出

$$H(s)=\frac{U(s)}{I(s)}=H_0\frac{s+2}{(s+1-\mathrm{j}\sqrt{3})(s+1+\mathrm{j}\sqrt{3})}=H_0\frac{s+2}{s^2+2s+4}$$

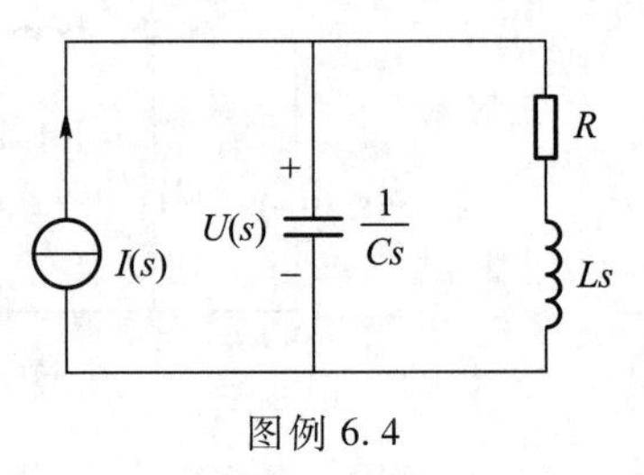

图例 6.4

又

$$H(0)=H_0\frac{0+2}{0+0+4}=H_0\frac{1}{2}=\frac{1}{2}$$

故

$$H_0=1$$

可得

$$H(s)=\frac{s+2}{s^2+2s+4}$$

又由图例 6.4 电路有

$$H(s)=\frac{U(s)}{I(s)}=\frac{(R+Ls)\times\dfrac{1}{Cs}}{R+Ls+\dfrac{1}{Cs}}=\frac{1}{C}\times\frac{s+\dfrac{R}{L}}{s^2+\dfrac{R}{L}s+\dfrac{1}{LC}}$$

则有

$$\begin{cases}\dfrac{R}{L}=2\\ \dfrac{1}{LC}=4\\ H(0)=R=\dfrac{1}{2}\end{cases}$$

联解得

$$R=\frac{1}{2}\ \Omega,\quad L=\frac{1}{4}\ \text{H},\quad C=1\ \text{F}$$

例 6.5 已知系统函数 $H(s)$ 的零极点分布如图例 6.5 所示，$h(0^+)=1$，激励 $f(t)=\cos(\omega t)U(t)$，分别对以下几种情况求零状态响应 $y(t)$。(1) $\omega=0$。(2) $\omega=1$ rad/s。(3) $\omega=2$ rad/s。

图例 6.5

解：由于全部极点均位于 $j\omega$ 轴上，且是单阶的，所以这是一个临界稳定系统。可写出

$$H(s)=H_0\frac{(s+j2)(s-j2)}{s(s+j4)(s-j4)}=H_0\frac{s^2+4}{s(s^2+16)}$$

又

$$h(0^+)=\lim_{s\to\infty}sH(s)=1$$

可得

$$H_0=1$$

故

$$H(s)=\frac{s^2+4}{s(s^2+16)}$$

(1) 当 $\omega=0$ 时，$f(t)=U(t)$，$F(s)=\dfrac{1}{s}$。

$$Y(s)=F(s)H(s)=\frac{s^2+4}{s^2(s^2+16)}=\frac{1}{4}\cdot\frac{1}{s^2}+\frac{3}{16}\cdot\frac{4}{s^2+16}$$

$$y(t)=\left[\frac{1}{4}t+\frac{3}{16}\sin(4t)\right]U(t)$$

(2) 当 $\omega=1$ rad/s 时，$f(t)=\cos tU(t)$，$F(s)=\dfrac{s}{s^2+1}$。

$$Y(s)=F(s)H(s)=\frac{s^2+4}{(s^2+1)(s^2+16)}=\frac{1}{5}\cdot\frac{1}{s^2+1}+\frac{1}{5}\cdot\frac{4}{s^2+16}$$

$$y(t)=\frac{1}{5}[\sin t+\sin(4t)]U(t)$$

（3）当 $\omega=2$ rad/s 时，$f(t)=\cos(2t)U(t)$，$F(s)=\frac{s}{s^2+4}$。

$$Y(s)=F(s)H(s)=\frac{1}{4}\cdot\frac{4}{s^2+16}$$

$$y(t)=\frac{1}{4}\sin(4t)U(t)$$

例 6.6　线性时不变因果系统系统函数 $H(s)$ 的零极点分布如图例 6.6 所示，已知 $f(t)=|\cos t|$ 时，响应的直流分量为 $\frac{5}{\pi}$。（1）求 $H(s)$。（2）求 $f(t)=\left[2+3\cos\left(2t+\frac{\pi}{4}\right)\right]U(t)$ 时的稳态响应 $y(t)$。

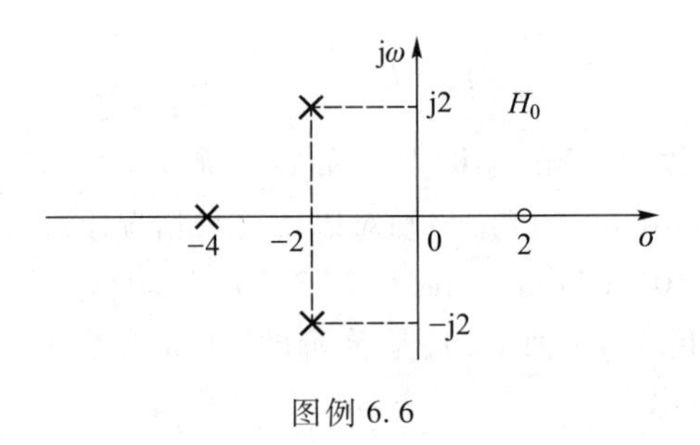

图例 6.6

解：（1）因为

$$H(s)=H_0\frac{s-2}{(s+4)(s+2+j2)(s+2-j2)}=H_0\frac{s-2}{(s+4)(s^2+4s+8)}$$

因果系统具有稳定性，故

$$H(j\omega)=H_0\frac{j\omega-2}{(j\omega+4)(j\omega+2+j2)(j\omega+2-j2)}$$

$$=H_0\frac{j\omega-2}{(j\omega+4)(-\omega^2+4j\omega+8)}$$

当 $\omega=0$ 时，$H(j0)=-\frac{H_0}{16}$，$f(t)=|\cos t|$ 的直流分量为

$$A_0=\frac{1}{\pi}\left(\int_0^{\frac{\pi}{2}}\cos t\mathrm{d}t-\int_{\frac{\pi}{2}}^{\pi}\cos t\mathrm{d}t\right)=\frac{2}{\pi}$$

又

$$H(j0)=H_0\frac{-2}{32}=-\frac{H_0}{16}$$

故

$$H(j0)A_0=-\frac{H_0}{16}\times\frac{2}{\pi}=\frac{5}{\pi}$$

可得

$$H_0=-40$$

有

$$H(s)=\frac{-40(s-2)}{(s+4)(s^2+4s+8)}$$

$$H(\mathrm{j}\omega)=\frac{-40(\mathrm{j}\omega-2)}{(\mathrm{j}\omega+4)(-\omega^2+4\mathrm{j}\omega+8)}$$

（2）当 $\omega=0$ 时，$H(\mathrm{j}0)=\frac{5}{2}=2.5$。

当 $\omega=2$ 时

$$H(\mathrm{j}2)=\frac{-40(\mathrm{j}2-2)}{(\mathrm{j}2+4)(-2^2+\mathrm{j}8+8)}=2\sqrt{2}\angle -135^\circ$$

故得

$$y(t)=2\times 2.5+3\times 2\sqrt{2}\cos(2t+45^\circ-135^\circ)=5+6\sqrt{2}\cos(2t-90^\circ)$$

例 6.7 已知线性时不变稳定系统 $H(s)$ 的零极点分布如图例 6.7(a)所示，系统的激励 $f(t)=\mathrm{e}^{3t}, t\in\mathbf{R}$，响应 $y(t)=\frac{3}{20}\mathrm{e}^{3t}, t\in\mathbf{R}$。（1）求 $H(s)$ 及 $h(t)$，判断系统是否为因果系统。（2）若 $f(t)=U(t)$，求响应 $y(t)$。（3）求系统的微分方程。（4）画出系统的信号流图。

解：（1）因有

$$H(s)=H_0\frac{s}{(s+1)(s+2)}$$

$$y(t)=h(t)*f(t)=h(t)*\mathrm{e}^{3t}=\int_{-\infty}^{\infty}h(\tau)\mathrm{e}^{3(t-\tau)}\mathrm{d}\tau=\mathrm{e}^{3t}\int_{-\infty}^{\infty}h(\tau)\mathrm{e}^{-3\tau}\mathrm{d}\tau=\mathrm{e}^{3t}H(3)=\frac{3}{20}\mathrm{e}^{3t}$$

故得

$$H(3)=\frac{3}{20}$$

即

$$H(3)=\frac{H_0\times 3}{(3+1)(3+2)}=\frac{3}{20}$$

解得

$$H_0=1$$

故

$$H(s)=\frac{s}{(s+1)(s+2)}=\frac{-1}{s+1}+\frac{2}{s+2}$$

因为已知系统是稳定的，故 $H(s)$ 的收敛域必须包含 $\mathrm{j}\omega$ 轴，$H(s)$ 的收敛域为 $\sigma>-1$，所以系统为因果系统。故得

$$h(t)=[-\mathrm{e}^{-t}+2\mathrm{e}^{-2t}]U(t)$$

（2）因有

$$F(s)=\frac{1}{s}$$

故得

$$Y(s)=F(s)H(s)=\frac{1}{s}\times\frac{s}{(s+1)(s+2)}=\frac{1}{s+1}+\frac{-1}{s+2}$$

$$y(t)=(\mathrm{e}^{-t}-\mathrm{e}^{-2t})U(t)$$

（3）系统的微分方程为

$$y''(t)+3y'(t)+2y(t)=f'(t)$$

（4）系统的信号流图如图例6.7(b)所示。

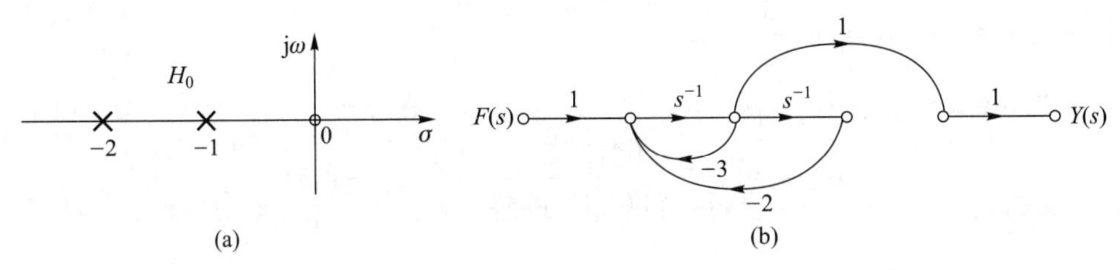

图例6.7

例6.8　图例6.8(a)所示零状态电路，$f(t)$为激励，$y(t)$为响应。(1) 求描述$y(t)$与$f(t)$关系的微分方程。(2) 求$H(\mathrm{j}\omega)=\dfrac{Y(\mathrm{j}\omega)}{F(\mathrm{j}\omega)}$和$h(t)$。(3) $f(t)=\cos t, t\in\mathbf{R}$，求正弦稳态响应$y(t)$。

解：系统的s域电路模型如图例6.8(b)所示。

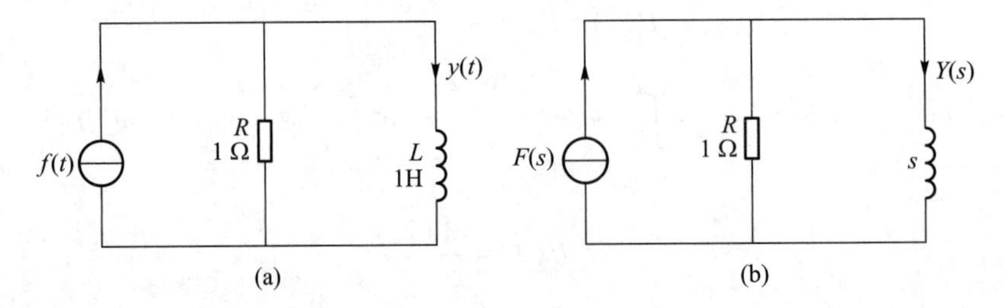

图例6.8

（1）因有

$$Y(s)=\frac{1}{1+s}F(s)$$

$$H(s)=\frac{Y(s)}{F(s)}=\frac{1}{s+1}$$

故得电路的微分方程为

$$y'(t)+y(t)=f(t)$$

（2）由于电路为因果稳定系统，故

$$H(\mathrm{j}\omega)=\frac{1}{\mathrm{j}\omega+1},\quad h(t)=\mathrm{e}^{-t}U(t)$$

（3）激励$f(t)$的$\omega=1$ rad/s，故

$$H(\mathrm{j}1)=\frac{1}{\mathrm{j}1+1}=\frac{1}{\sqrt{2}}\angle{-45^\circ}$$

$$y(t)=\frac{\sqrt{2}}{2}\cos(t-45^\circ)$$

例 6.9 已知带通滤波器的系统函数 $H(s)=\dfrac{2s}{(s+1)^2+100^2}$。(1) 求系统的单位冲激响应 $h(t)$。(2) 激励 $f(t)=(1+\cos t)\cos(100t)$, $t\in\mathbf{R}$, 求稳态响应 $y(t)$。

解:(1) 因有

$$H(s)=\frac{2(s+1)}{(s+1)^2+100^2}-\frac{0.02\times100}{(s+1)^2+100^2}$$

故得

$$h(t)=[2\mathrm{e}^{-t}\cos(100t)-0.02\mathrm{e}^{-t}\sin(100t)]U(t)$$

(2) 由于 $H(s)$ 的极点为 $p=-1\pm\mathrm{j}100$, 故系统稳定, 有

$$H(\mathrm{j}\omega)=|H(\mathrm{j}\omega)|\mathrm{e}^{\mathrm{j}\varphi(\omega)}=\frac{2\mathrm{j}\omega}{(\mathrm{j}\omega+1)^2+100^2}$$

$$f(t)=\cos(100t)+\cos t\cos(100t)=\cos(100t)+\frac{1}{2}\cos(101t)+\frac{1}{2}\cos(99t)$$

当 $\omega=100$ 时,

$$H(\mathrm{j}100)=\frac{2\cdot\mathrm{j}100}{(\mathrm{j}100+1)^2+100^2}=\frac{\mathrm{j}200}{\mathrm{j}200+1}\approx1\angle{0^\circ}$$

当 $\omega=101$ 时,

$$H(\mathrm{j}101)=\frac{2\cdot\mathrm{j}101}{(\mathrm{j}101+1)^2+100^2}=\frac{\mathrm{j}202}{-101^2+\mathrm{j}202+100^2+1}\approx\frac{\sqrt{2}}{2}\angle{-45^\circ}$$

当 $\omega=99$ 时,

$$H(\mathrm{j}99)=\frac{2\cdot\mathrm{j}99}{(\mathrm{j}99+1)^2+100^2}=\frac{\mathrm{j}198}{-99^2+\mathrm{j}198+100^2+1}\approx\frac{\sqrt{2}}{2}\angle{45^\circ}$$

故得

$$y(t)=\cos(100t)+\frac{\sqrt{2}}{4}\cos(101t-45^\circ)+\frac{\sqrt{2}}{4}\cos(99t+45^\circ),\ t\in\mathbf{R}$$

例 6.10 图例 6.10 所示为非零状态系统, 已知激励 $f(t)=U(t)$ 时的全响应 $y(t)=(1-\mathrm{e}^{-t}+\mathrm{e}^{-3t})U(t)$。(1) 求常数 a、b、c 的值。(2) 求零输入响应 $y_x(t)$。(3) 若 $f(t)=10\sqrt{5}\cos(3t-63.4^\circ)$, 求稳态响应 $y(t)$。

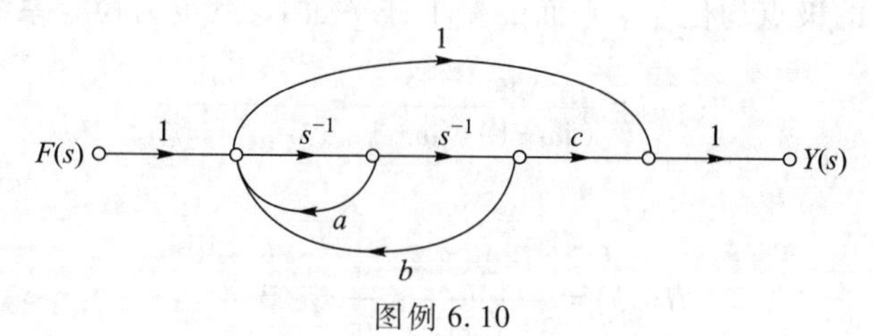

图例 6.10

解:(1) 系统函数为

$$H(s)=\frac{s^2+c}{s^2-as-b}$$

从全响应 $y(t)$ 的表示式和激励 $f(t)$ 可知,系统的两个特征根为 $p_1=-1, p_2=-3$,系统的特征多项式为

$$(s+1)(s+3)=s^2+4s+3=s^2-as-b$$

故得

$$a=-4,\quad b=-3$$

有

$$H(s)=\frac{s^2+c}{s^2+4s+3}=\frac{s^2+c}{(s+1)(s+3)}$$

又

$$F(s)=\frac{1}{s}$$

$$Y_f(s)=F(s)H(s)=\frac{s^2+c}{s(s+1)(s+3)}=\frac{\frac{c}{3}}{s}+\frac{K_2}{s+1}+\frac{K_3}{s+3}$$

$$y_f(t)=\left(\frac{c}{3}+K_2e^{-t}+K_3e^{-3t}\right)U(t)$$

由于全响应 $y(t)$ 中的稳态响应和零状态响应 $y_f(t)$ 中的稳态响应相等,故有

$$1=\frac{c}{3}$$

$$c=3$$

可得

$$H(s)=\frac{s^2+3}{(s+1)(s+3)}$$

(2) $Y_f(s)=\dfrac{s^2+3}{s(s+1)(s+3)}=\dfrac{1}{s}+\dfrac{-2}{s+1}+\dfrac{2}{s+3}$

$$y_f(t)=(1-2e^{-t}+2e^{-3t})U(t)$$

$$y_x(t)=y(t)-y_f(t)=(e^{-t}-e^{-3t})U(t)$$

(3) 由于 $H(s)$ 的极点均位于 s 平面的左半开平面上,系统为稳定系统,有

$$H(j\omega)=\frac{(j\omega)^2+3}{(j\omega+1)(j\omega+3)}=\frac{3-\omega^2}{3-\omega^2+j4\omega}$$

由于 $\omega=3$,故

$$H(j3)=\frac{3-3^2}{3-3^2+j12}=\frac{1}{\sqrt{5}}\angle 63.4^\circ$$

可得

$$y(t)=10\sqrt{5}\frac{1}{\sqrt{5}}\cos(3t-63.4°+63.4°)=10\cos(3t),\quad t\in\mathbf{R}$$

例 6.11 已知系统的激励为$f(t)=(e^{-t}+e^{-3t})U(t)$,系统的零状态响应为$y(t)=(2e^{-t}-2e^{-4t})U(t)$。(1) 求系统的单位冲激响应$h(t)$。(2) 求系统的微分方程。

解:(1) $F(s)=\frac{1}{s+1}+\frac{1}{s+3}=\frac{2s+4}{(s+1)(s+3)}$, $Y(s)=\frac{2}{s+1}-\frac{2}{s+4}=\frac{6}{(s+1)(s+4)}$

$$H(s)=\frac{Y(s)}{F(s)}=\frac{3(s+3)}{(s+2)(s+4)}=\frac{3s+9}{s^2+6s+8}=\frac{\frac{3}{2}}{s+2}+\frac{\frac{3}{2}}{s+4}$$

故得

$$h(t)=\frac{3}{2}(e^{-2t}+e^{-4t})U(t)$$

(2) 系统的微分方程为

$$y''(t)+6y'(t)+8y(t)=3f'(t)+9f(t)$$

例 6.12 已知系统函数为$H(s)=\frac{s+3}{s^2+3s+2}$,激励为$f(t)=e^{-3t}U(t)$,初始状态为$y(0^-)=1$, $y'(0^-)=2$。求系统的全响应$y(t)$、零输入响应$y_x(t)$、零状态响应$y_f(t)$,并确定其自由响应与强迫响应分量。

解:根据已知的$H(s)$可列写系统的微分方程为

$$y''(t)+3y'(t)+2y(t)=f'(t)+3f(t)$$

对等式两端同时求单边拉普拉斯变换得

$$s^2Y(s)-sy(0^-)-y'(0^-)+3sY(s)-3y(0^-)+2Y(s)=sF(s)+3F(s)$$

将$F(s)=\frac{1}{s+3}$和$y(0^-)=1, y'(0^-)=2$代入上式,整理得

$$Y(s)=\underbrace{\frac{s+3}{s^2+3s+2}F(s)}_{Y_f(s)}+\underbrace{\frac{s+5}{s^2+3s+2}}_{Y_x(s)}$$

$$Y_x(s)=\frac{s+5}{s^2+3s+2}=\frac{4}{s+1}-\frac{3}{s+2}$$

故得零输入响应为

$$y_x(t)=(4e^{-t}-3e^{-2t})U(t)$$

$$Y_f(s)=\frac{s+3}{s^2+3s+2}F(s)=\frac{s+3}{(s+1)(s+2)(s+3)}=\frac{1}{s+1}-\frac{1}{s+2}$$

零状态响应为

$$y_f(t)=(e^{-t}-e^{-2t})U(t)$$

全响应为

$$y(t)=y_x(t)+y_f(t)=\underbrace{(5e^{-t}-4e^{-2t})U(t)}_{\text{自由分量}}$$

全响应中没有强迫响应分量，这是因为激励 $F(s)$ 的极点 $(s+3)$ 被系统 $H(s)$ 的零点 $(s+3)$ 约去了。

例 6.13　已知连续系统的微分方程为 $y''(t)+7y'(t)+10y(t)=2f'(t)+3f(t)$，且有 $f(t)=e^{-t}U(t)$，$y(0^-)=1$，$y'(0^-)=1$。由 s 域求解：(1) 零输入响应与零状态响应。(2) 系统函数 $H(s)$、单位冲激响应 $h(t)$，并判断系统是否稳定。

解：(1) $s^2Y(s)-sy(0^-)-y'(0^-)+7sY(s)-7y(0^-)+10Y(s)=(2s+3)F(s)$

$$Y(s)=\frac{sy(0^-)+y'(0^-)+7y(0^-)}{s^2+7s+10}+\frac{2s+3}{s^2+7s+10}F(s)$$

$$Y_x(s)=\frac{s+8}{s^2+7s+10}=\frac{2}{s+2}+\frac{-1}{s+5},\quad y_x(t)=(2e^{-2t}-e^{-5t})U(t)$$

$$Y_f(s)=\frac{2s+3}{s^2+7s+10}F(s)=\frac{2s+3}{s^2+7s+10}\times\frac{1}{s+1}=\frac{\frac{1}{3}}{s+2}+\frac{-\frac{7}{12}}{s+5}+\frac{\frac{1}{4}}{s+1}$$

$$y_f(t)=\left(\frac{1}{3}e^{-2t}-\frac{7}{12}e^{-5t}+\frac{1}{4}e^{-t}\right)U(t)$$

$$y(t)=y_x(t)+y_f(t)=\left(\frac{7}{3}e^{-2t}-\frac{19}{12}e^{-5t}+\frac{1}{4}e^{-t}\right)U(t)$$

(2) 因有

$$H(s)=\frac{Y_f(s)}{F(s)}=\frac{2s+3}{s^2+7s+10}=\frac{-\frac{1}{3}}{s+2}+\frac{\frac{7}{3}}{s+5}$$

故得

$$h(t)=\left(-\frac{1}{3}e^{-2t}+\frac{7}{3}e^{-5t}\right)U(t)$$

令 $H(s)$ 的分母 $s^2+7s+10=0$，得到两个极点 $p_1=-2$，$p_2=-5$。故系统为稳定系统。

例 6.14　已知 $H(s)=H_0\dfrac{s+3}{s^2+3s+2}$，系统单位阶跃响应 $g(t)$ 的终值 $g(\infty)=1$。欲使系统的零状态响应为 $y(t)=(1-e^{-t}+e^{-2t})U(t)$，求激励 $f(t)$。

解：因为 $h(t)=\dfrac{d}{dt}g(t)$，有

$$H(s)=sG(s)$$

$$G(s)=\frac{1}{s}H(s)=H_0\frac{s+3}{s(s^2+3s+2)}$$

故

$$g(\infty)=\lim_{s\to 0}sG(s)=\lim_{s\to 0}sH_0\frac{s+3}{s(s^2+3s+2)}=\frac{3}{2}H_0=1$$

$$H_0=\frac{2}{3}$$

$$H(s)=\frac{2}{3}\frac{s+3}{s^2+3s+2}$$

$$Y(s)=\frac{1}{s}-\frac{1}{s+1}+\frac{1}{s+2}=\frac{s^2+2s+2}{s(s+1)(s+2)}$$

$$F(s)=\frac{Y(s)}{H(s)}=\frac{3(s^2+2s+2)}{2s(s+3)}=1.5+\frac{1}{s}-\frac{2.5}{s+3}$$

可得

$$f(t)=1.5\delta(t)+(1-2.5\mathrm{e}^{-3t})U(t)$$

例 6.15 连续时间系统,已知:(1) 系统为因果系统;(2) $H(s)$是有理真分式,仅有两个极点-2 和-4;(3) 激励$f(t)=1(t\in\mathbf{R})$时响应 $y(t)=0$;(4) 系统单位冲激响应的初始值 $h(0^+)=4$。求 $H(s)$和系统的微分方程。

解:设 $H(s)=H_0\dfrac{N(s)}{(s+2)(s+4)}$,收敛域为 $\sigma>-2$。

$$f(t)=1=1\mathrm{e}^{0t},\quad t\in\mathbf{R}$$

因有

$$y(t)=\int_{-\infty}^{\infty}h(\tau)f(t-\tau)\,\mathrm{d}\tau=\int_{-\infty}^{\infty}h(\tau)\mathrm{e}^{0\cdot(t-\tau)}\,\mathrm{d}\tau=\mathrm{e}^{0t}\int_{-\infty}^{\infty}h(\tau)\mathrm{e}^{0\tau}\,\mathrm{d}\tau=\mathrm{e}^{0t}H(0)=H(0)$$

故

$$H(0)=H(s)\mid_{s=0}=\frac{H_0N(0)}{8}$$

得 $N(0)=0$,因为 $H(s)$为真分式,故 $N(s)$必为

$$N(s)=Ks$$

有

$$h(0^+)=\lim_{s\to\infty}sH(s)=\lim_{s\to\infty}\frac{H_0Ks^2}{(s+2)(s+4)}=4$$

解得

$$H_0K=4,\quad H(s)=\frac{4s}{(s+2)(s+4)}=\frac{4s}{s^2+6s+8}$$

系统的微分方程为

$$y''(t)+6y'(t)+8y(t)=4f'(t)$$

例 6.16 图例 6.16(a)所示系统。(1) 求 $H(s)=\dfrac{Y(s)}{F(s)}$。(2) 求系统的微分方程。(3) 画出一种与 $H(s)$相对应的电路,并标出电路元件的值。

解:(1) 由图例 6.16(a)所示,有

$$H(s)=\frac{s^2+2s}{s^2+5s+3}$$

（2）系统微分方程为

$$y''(t)+5y'(t)+3y(t)=f''(t)+2f'(t)$$

（3）将 $H(s)$ 的表达式改写为

$$H(s)=\frac{s+2}{s+5+\dfrac{3}{s}}=\frac{s+2}{s+2+\dfrac{3}{s}+3}$$

可以画出与 $H(s)$ 相对应的一种电路，如图例 6.16(b)所示。

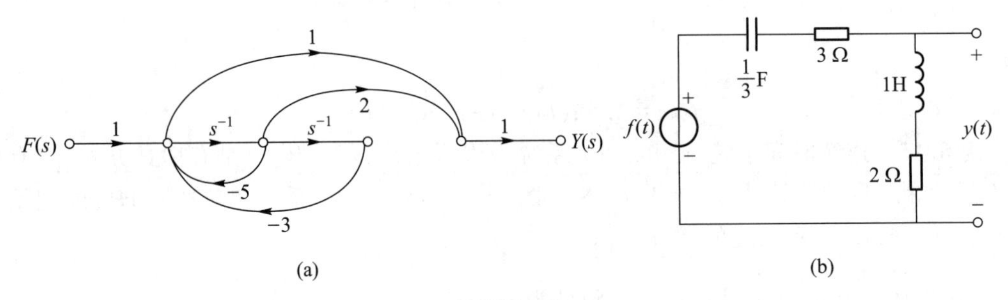

图例 6.16

例 6.17　图例 6.17 所示电路，求关于 $U_2(s)$ 的单位冲激响应 $h(t)$。

解：对节点①和②列写 KCL 方程为

$$\left(\frac{1}{2}s+\frac{1}{2}+\frac{1}{2}\right)U_1(s)-\frac{1}{2}U_2(s)=F(s)$$

$$-\frac{1}{2}U_1(s)+\left(\frac{1}{2}+\frac{1}{2s}\right)U_2(s)=0$$

图例 6.17

联解得

$$H(s)=\frac{U_2(s)}{F(s)}=\frac{2s}{s^2+2s+2}=\frac{2(s+1)}{(s+1)^2+1}-\frac{2\times 1}{(s+1)^2+1}$$

故得单位冲激响应为

$$h(t)=(2e^{-t}\cos t-2e^{-t}\sin t)U(t)$$

例 6.18　图例 6.18 所示电路。（1）求 $H(s)=\dfrac{U_2(s)}{F(s)}$。（2）若激励 $f(t)=\cos(2t)U(t)(\mathrm{V})$，今欲使响应 $u_2(t)$ 中不出现强迫响应分量（即正弦稳态响应分量），求乘积 LC 的值。（3）若 $R=1\ \Omega$，$L=1\mathrm{H}$，按照(2)中的条件求 $u_2(t)$。

解：（1）$H(s)=\dfrac{R}{\dfrac{Ls\dfrac{1}{Cs}}{Ls+\dfrac{1}{Cs}}+R}=\dfrac{s^2+\dfrac{1}{LC}}{s^2+\dfrac{1}{RC}s+\dfrac{1}{LC}}$

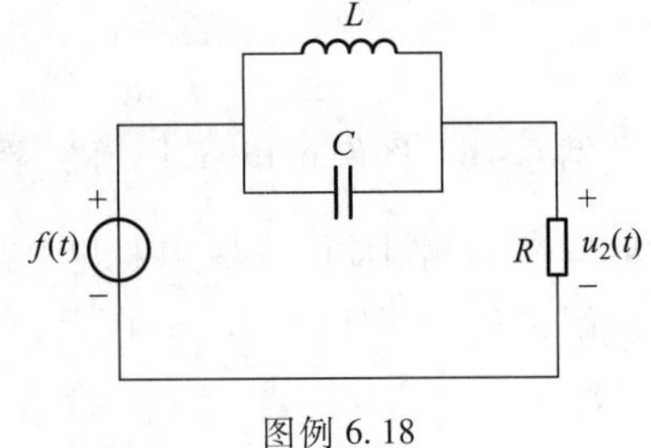

图例 6.18

(2) $F(s)=\dfrac{s}{s^2+4}$， $U_2(s)=H(s)F(s)=\dfrac{s}{s^2+4}\times\dfrac{s^2+\dfrac{1}{LC}}{s^2+\dfrac{1}{RC}s+\dfrac{1}{LC}}$

可见，欲使 $u_2(t)$ 中不出现强迫响应分量（即正弦稳态响应分量），则必须有 $s^2+4=s^2+\dfrac{1}{LC}$，故得 $\dfrac{1}{LC}=4$，即 $LC=\dfrac{1}{4}$。其物理意义是：此时 LC 电路对电源 $f(t)$ 发生了并联谐振，电源信号 $f(t)$ 被阻隔（滤除）了，因而 $u_2(t)$ 中就只有在 $f(t)$ 激励下的瞬态响应（自由响应）了。

(3) 因 $L=1$ H，故得 $C=\dfrac{1}{4}$F。此时

$$U_2(s)=\frac{s}{s^2+\dfrac{1}{RC}s+\dfrac{1}{LC}}=\frac{s}{s^2+4s+4}=\frac{s}{(s+2)^2}=\frac{1}{s+2}-\frac{2}{(s+2)^2}$$

故

$$u_2(t)=(\mathrm{e}^{-2t}-2t\mathrm{e}^{-2t})U(t)\,(\mathrm{V})$$

例 6.19 图例 6.19 所示系统，已知 $h_1(t)=\delta(t)$，$h_2(t)$ 由微分方程 $y_1'(t)+y_1(t)=f_1(t)$ 确定，$h_3(t)=\int_{-\infty}^{t}\delta(\tau)\mathrm{d}\tau$，$f(t)=\mathrm{e}^{-2(t-1)}U(t)$。(1) 求系统函数 $H(s)$ 和单位冲激响应 $h(t)$。(2) 求在 $f(t)$ 作用下系统的零状态响应 $y(t)$。

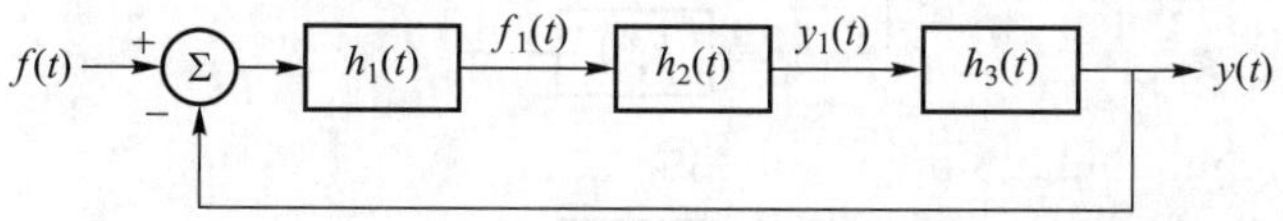

f(t) → (+) Σ (−) → h1(t) → f1(t) → h2(t) → y1(t) → h3(t) → y(t)

图例 6.19

解：(1) 因有

$$H_1(s)=1,\quad H_2(s)=\frac{Y_1(s)}{F_1(s)}=\frac{1}{s+1},\quad H_3(s)=\frac{H_1(s)}{s}=\frac{1}{s}$$

$$H(s)=\frac{Y(s)}{F(s)}=\frac{H_1(s)H_2(s)H_3(s)}{1+H_1(s)H_2(s)H_3(s)}=\frac{1}{s^2+s+1}=\frac{\dfrac{2}{\sqrt{3}}\left(\dfrac{\sqrt{3}}{2}\right)}{\left(s+\dfrac{1}{2}\right)^2+\left(\dfrac{\sqrt{3}}{2}\right)^2}$$

故得

$$h(t)=\frac{2}{\sqrt{3}}\mathrm{e}^{-\frac{1}{2}t}\sin\left(\frac{\sqrt{3}}{2}t\right)U(t)$$

(2) 因有

$$F(s)=\mathrm{e}^2\frac{1}{s+2}$$

$$Y(s)=F(s)H(s)=\mathrm{e}^2\ \frac{1}{s+2}\times\frac{1}{s^2+s+1}=\mathrm{e}^2\left[\frac{\frac{1}{3}}{s+2}+\frac{-\left(s+\frac{1}{2}\right)+\sqrt{3}\left(\frac{\sqrt{3}}{2}\right)}{3(s^2+s+1)}\right]$$

故得

$$y(t)=\frac{1}{3}\mathrm{e}^2\left\{\mathrm{e}^{-2t}+\mathrm{e}^{-\frac{1}{2}t}\left[-\cos\left(\frac{\sqrt{3}}{2}t\right)+\sqrt{3}\sin\left(\frac{\sqrt{3}}{2}t\right)\right]\right\}U(t)$$

例 6.20　图例 6.20(a)和(b)所示两个系统的微分方程分别为

$$y_1'(t)+2y_1(t)=f_1'(t)+3f_1(t)$$
$$y_2''(t)+4y_2'(t)+3y_2(t)=f_2'(t)+Kf_2(t)$$

(1) 求两个系统的系统函数 $H_1(s)=\dfrac{Y_1(s)}{F_1(s)}, H_2(s)=\dfrac{Y_2(s)}{F_2(s)}$。(2) 若将两个子系统连接成图例 6.20(c)所示系统,求大系统的 $H(s)=\dfrac{Y(s)}{F(s)}$。(3) 求 K 为何值时,系统稳定。

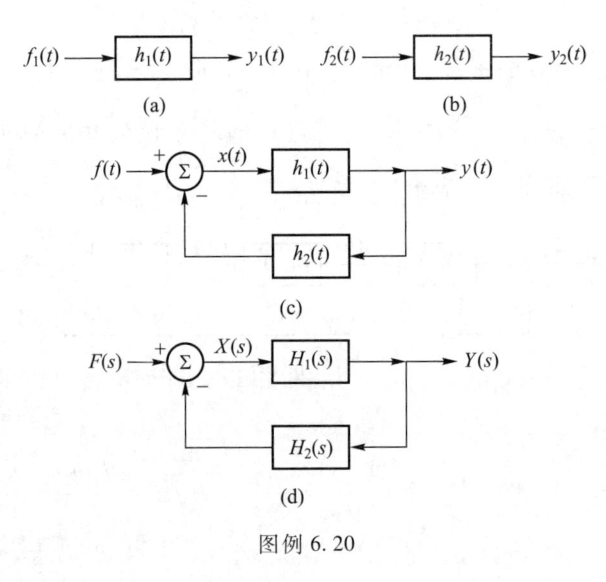

图例 6.20

解:(1) 由图例 6.20(a)和(b)得

$$H_1(s)=\frac{s+3}{s+2},\quad H_2(s)=\frac{s+K}{s^2+4s+3}$$

(2) 由图例 6.20(c)得

$$H(s)=\frac{Y(s)}{F(s)}=\frac{H_1(s)}{H_1(s)H_2(s)+1}=\frac{s^2+4s+3}{s^2+4s+2+K}$$

(3) 欲使大系统稳定,则必须有 $2+K>0$,即

$$K>-2$$

例 6.21 当系统的激励 $f(t)=\delta(t)+\delta(t-1)$ 时，系统的零状态响应 $y(t)=U(t)-U(t-1)$。求系统的单位阶跃响应 $g(t)$，并画出 $g(t)$ 的波形。

解：因有

$$F(s)=1+\mathrm{e}^{-s},\quad Y(s)=\frac{1}{s}(1-\mathrm{e}^{-s})$$

故得系统函数为

$$H(s)=\frac{Y(s)}{F(s)}=\frac{\frac{1}{s}(1-\mathrm{e}^{-s})}{1+\mathrm{e}^{-s}}$$

又有

$$F_1(s)=\frac{1}{s}$$

故得

$$G(s)=F_1(s)H(s)=\frac{1-\mathrm{e}^{-s}}{s^2(1+\mathrm{e}^{-s})}=\frac{1-\mathrm{e}^{-s}}{s}\cdot\frac{1-\mathrm{e}^{-s}}{s}\cdot\frac{1}{1-\mathrm{e}^{-2s}}$$

经反变换得

$$g(t)=[U(t)-U(t-1)]*[U(t)-U(t-1)]*\sum_{n=0}^{\infty}\delta(t-2n)=y_s(t)*\sum_{n=0}^{\infty}\delta(t-2n),\quad n\in\mathbf{N}$$

其中

$$y_s(t)=[U(t)-U(t-1)]*[U(t)-U(t-1)]$$

$y_s(t)$ 与 $g(t)$ 的波形如图例 6.21(a)和(b)所示。

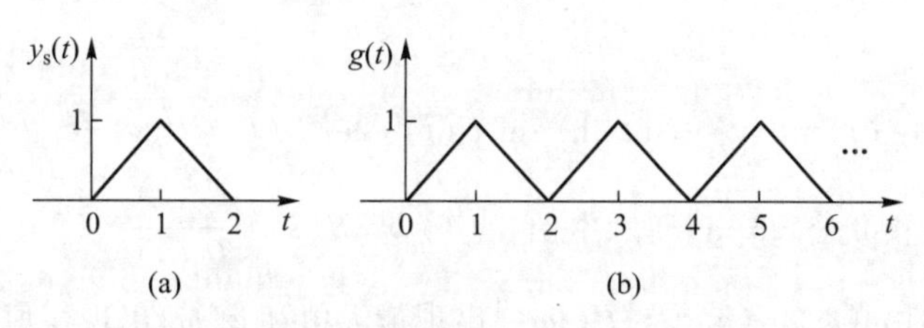

图例 6.21

例 6.22 已知当激励 $f_1(t)=\delta(t)$ 时，系统全响应为 $y_1(t)=\delta(t)+\mathrm{e}^{-t}U(t)$；当激励 $f_2(t)=U(t)$ 时，全响应 $y_2(t)=3\mathrm{e}^{-t}U(t)$。(1) 求系统的单位冲激响应 $h(t)$ 与零输入响应 $y_x(t)$。(2) 求激励为图例 6.22 所示的 $f(t)$ 时的全响应 $y(t)$。

解：(1) 设系统函数为 $H(s)$，s 域零输入响应为 $Y_x(s)$。于是当 $f_1(t)=\delta(t)$ 时有

$$\mathscr{L}[y_1(t)]=\mathscr{L}[\delta(t)+\mathrm{e}^{-t}U(t)]=H(s)+Y_x(s)$$

即

$$1+\frac{1}{s+1}=H(s)+Y_x(s)$$

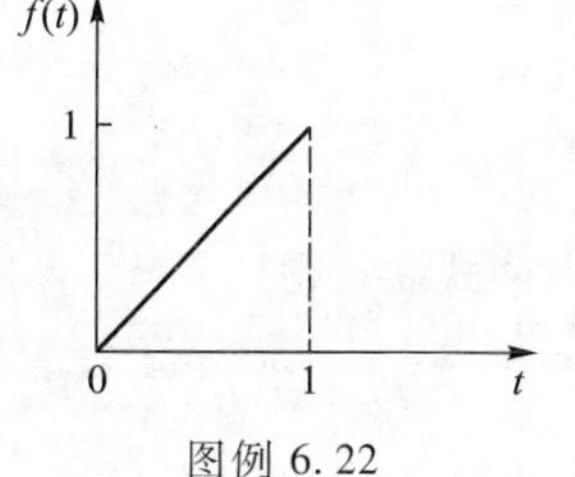

图例 6.22

当 $f_2(t)=U(t)$ 时有

$$\mathscr{L}[y_2(t)]=\mathscr{L}[3\mathrm{e}^{-t}U(t)]=\frac{1}{s}H(s)+Y_{\mathrm{x}}(s)$$

即

$$\frac{3}{s+1}=\frac{1}{s}H(s)+Y_{\mathrm{x}}(s)$$

联解得

$$H(s)=1-\frac{1}{s+1}=\frac{s}{s+1},\quad Y_{\mathrm{x}}(s)=\frac{2}{s+1}$$

故得系统的单位冲激响应和零输入响应为

$$h(t)=\delta(t)-\mathrm{e}^{-t}U(t),\quad y_{\mathrm{x}}(t)=2\mathrm{e}^{-t}U(t)$$

（2）因有

$$f(t)=tU(t)-(t-1)U(t-1)-U(t-1)$$

故得

$$F(s)=\frac{1}{s^2}-\frac{1}{s^2}\mathrm{e}^{-s}-\frac{1}{s}\mathrm{e}^{-s}$$

$$Y_{\mathrm{f}}(s)=H(s)F(s)=\frac{s}{s+1}\left(\frac{1}{s^2}-\frac{1}{s^2}\mathrm{e}^{-s}-\frac{1}{s}\mathrm{e}^{-s}\right)=\frac{1}{s}(1-\mathrm{e}^{-s})-\frac{1}{s+1}(1-\mathrm{e}^{-s})-\frac{1}{s+1}\mathrm{e}^{-s}$$

零状态响应为

$$y_{\mathrm{f}}(t)=U(t)-U(t-1)-\mathrm{e}^{-t}U(t)+\mathrm{e}^{-(t-1)}U(t-1)-\mathrm{e}^{-(t-1)}U(t-1)=U(t)-U(t-1)-\mathrm{e}^{-t}U(t)$$

进而得全响应为

$$y(t)=y_{\mathrm{f}}(t)+y_{\mathrm{x}}(t)=U(t)-U(t-1)-\mathrm{e}^{-t}U(t)+2\mathrm{e}^{-t}U(t)=U(t)-U(t-1)+\mathrm{e}^{-t}U(t)$$

例 6.23　已知图例 6.23(a)所示电路。(1) 求 $H(s)=\dfrac{U_2(s)}{U_1(s)}$。(2) 求电路的幅频特性 $|H(\mathrm{j}\omega)|$ 与相频特性 $\varphi(\omega)$。(3) 求 $|H(\mathrm{j}\omega)|$ 出现最大值和 $\varphi(\omega)$ 出现零值时的 ω 值。(4) 画出幅频特性曲线，说明电路是何种滤波器，求滤波器的截止频率 ω_{c}。

解:(1) 用节点法求解。

$$\left(\frac{1}{s+1}+\frac{1}{s+1}+2s\right)U(s)=\frac{1}{s+1}U_1(s)$$

又

$$U_2(s)=\frac{1}{s+1}U(s)$$

上两式联解得

$$H(s)=\frac{U_2(s)}{U_1(s)}=\frac{1}{2s^3+4s^2+4s+2}$$

(2) 因有

$$H(\mathrm{j}\omega)=\frac{1}{-2\mathrm{j}\omega^3-4\omega^2+4\mathrm{j}\omega+2}=\frac{1}{2-4\omega^2+\mathrm{j}2\omega(2-\omega^2)}$$

$$=\frac{1}{\sqrt{(2-4\omega^2)^2+(4\omega-2\omega^3)^2}}\angle-\arctan\frac{4\omega-2\omega^3}{2-4\omega^2}$$

故得

$$|H(\mathrm{j}\omega)|=\frac{1}{\sqrt{(2-4\omega^2)^2+(4\omega-2\omega^3)^2}}=\frac{1}{2\sqrt{1+\omega^6}}$$

$$\varphi(\omega)=-\arctan\frac{4\omega-2\omega^3}{2-4\omega^2}$$

(3) 令$\frac{\mathrm{d}}{\mathrm{d}\omega}|H(\mathrm{j}\omega)|=\frac{-3\omega^5}{2\sqrt{(1+\omega^6)^3}}=0$，当 $\omega=0$ 时，$|H(\mathrm{j}\omega)|$出现最大值，即$|H(\mathrm{j}0)|=\frac{1}{2}$。将 $\omega=0$ 代入 $\varphi(\omega)$的表达式中，得 $\varphi(0)=0$。

(4) 幅频特性曲线如图例 6.23(b)所示，电路为三阶低通滤波器。

令$|H(\mathrm{j}\omega)|=\frac{1}{2\sqrt{1+\omega^6}}=\frac{1}{\sqrt{2}}|H(\mathrm{j}0)|=\frac{\frac{1}{2}}{\sqrt{2}}$，可得 $\omega_c=1\ \mathrm{rad/s}$。

此电路幅频特性曲线的特点是：在通频带内曲线更为平坦；在截止频率 ω_c 附近，曲线变化陡峭。这些都是由于电路的阶数高(此电路为三阶)的缘故。

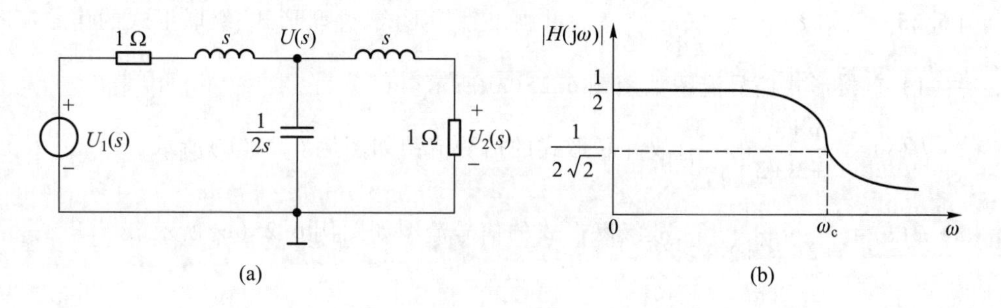

图例 6.23

例 6.24 系统框图如图例 6.24(a)所示。(1) 画出其对应的模拟图与信号流图。(2) 求$H(s)=\frac{Y(s)}{F(s)}$。

解：(1) 其模拟图与信号流图如图例 6.24(b)和(c)所示。

(2) 由信号流图得

$$H(s)=\frac{5s+5}{s^3+13s^2+32s+25}$$

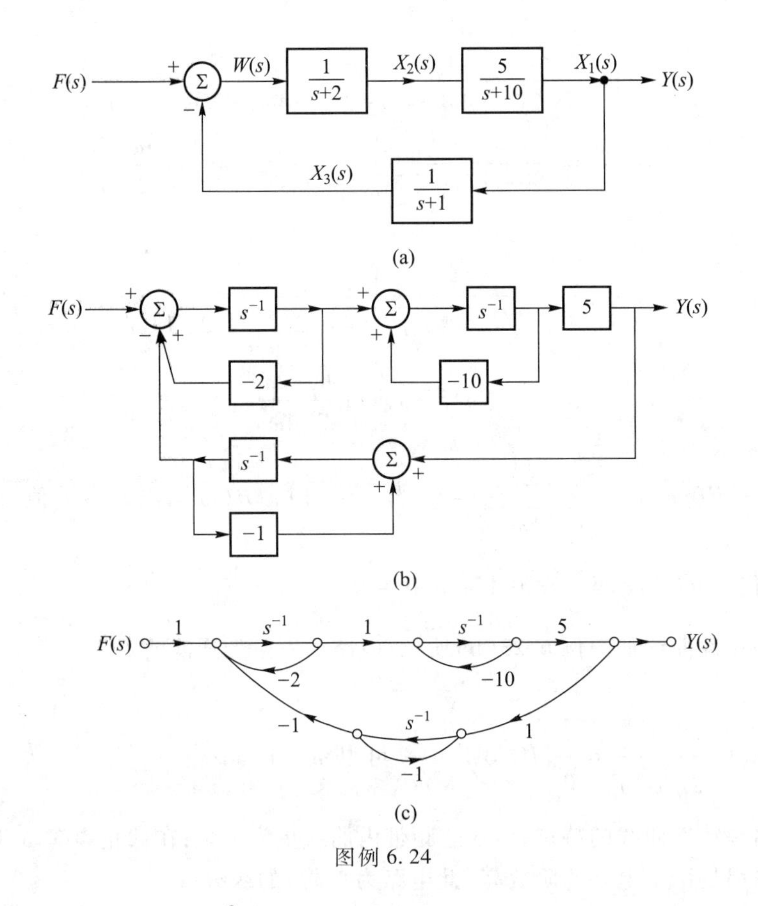

图例 6.24

例 6.25　已知 $H(s)=\dfrac{3s}{s^3+4s^2+6s+4}$，试画出直接形式、并联形式、级联形式的信号流图。

解：(1) 直接形式信号流图如图例 6.25(a)所示。

(2) $H(s)=\dfrac{3s+3}{s^2+2s+2}+\dfrac{-3}{s+2}$，故并联形式的信号流图如图例 6.25(b)所示。

(3) $H(s)=\dfrac{s}{s+2}\cdot\dfrac{3}{s^2+2s+2}$，故级联形式的信号流图如图例 6.25(c)所示。

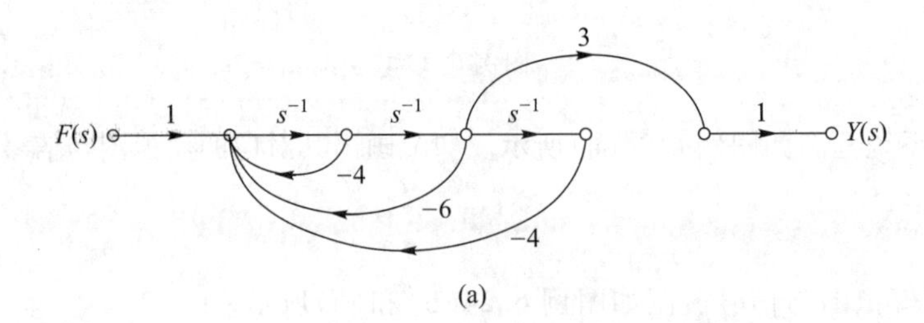

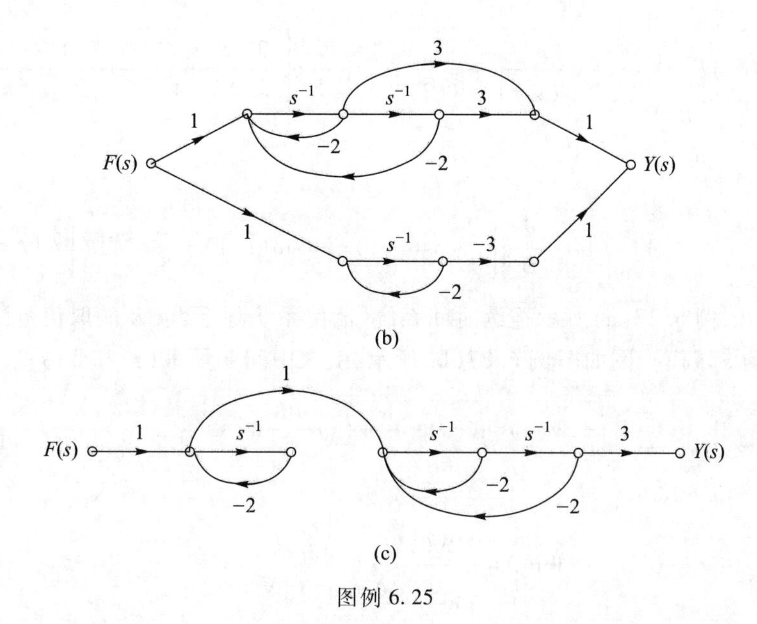

图例 6.25

例 6.26 系统的信号流图如图例 6.26 所示，$f(t)=e^{-2t+1}U(t)$。求系统函数 $H(s)=\dfrac{Y(s)}{F(s)}$与零状态响应 $y(t)$。

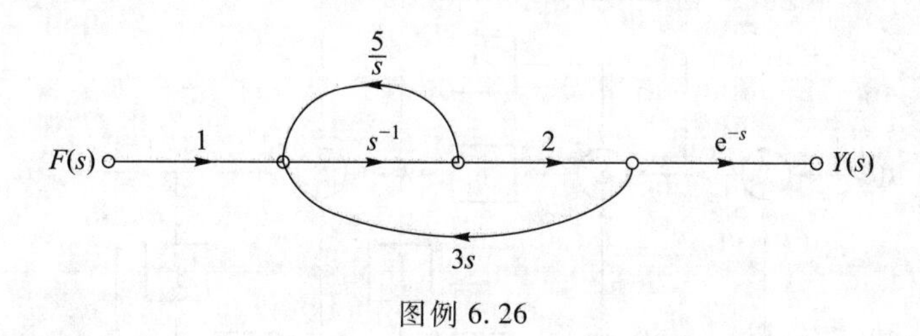

图例 6.26

解：由梅森公式求系统函数。

$$L_1=\frac{5}{s^2},\quad L_2=6,\qquad \sum_i L_i=L_1+L_2=\frac{5}{s^2}+6$$

$$\Delta=1-\sum_i L_i=1-\left(\frac{5}{s^2}+6\right)=-\frac{5(s^2+1)}{s^2}$$

$$P_1=\frac{2}{s}e^{-s},\quad \Delta_1=1,\qquad \sum_k P_k\Delta_k=P_1\Delta_1=\frac{2}{s}e^{-s}$$

故得

$$H(s)=\frac{1}{\Delta}\sum_k P_k\Delta_k=-\frac{2s}{5(s^2+1)}e^{-s}$$

又有

$$F(s)=\frac{e}{s+2}$$

$$Y(s)=H(s)F(s)=-\frac{2}{5}\mathrm{e}\frac{s}{(s^2+1)(s+2)}\mathrm{e}^{-s}=-\frac{2}{5}\mathrm{e}\left[\frac{2}{5}\cdot\frac{s}{s^2+1}+\frac{1}{5}\cdot\frac{1}{s^2+1}-\frac{\frac{2}{5}}{s+2}\right]\mathrm{e}^{-s}$$

故得零状态响应为

$$y(t)=\mathscr{L}^{-1}[Y(s)]=-\frac{2}{5}\mathrm{e}\left[\frac{2}{5}\cos(t-1)+\frac{1}{5}\sin(t-1)-\frac{2}{5}\mathrm{e}^{-2(t-1)}\right]U(t-1)$$

例 6.27　图例 6.27(a)所示连续时间系统,欲使系统稳定,求 K 的取值范围。

解:系统的 s 域模拟图如图例 6.27(b)所示,引入中间变量 $W(s)$ 和 $X(s)$。故有

$$W(s)=X(s)-\frac{1}{s}W(s)+\frac{K}{s^2}W(s)$$

故得

$$W(s)=\frac{X(s)}{1+\frac{1}{s}-\frac{K}{s^2}}=\frac{s^2}{s^2+s-K}X(s)$$

$$Y(s)=X(s)+\frac{1}{s}W(s)-\frac{1}{s}Y(s)$$

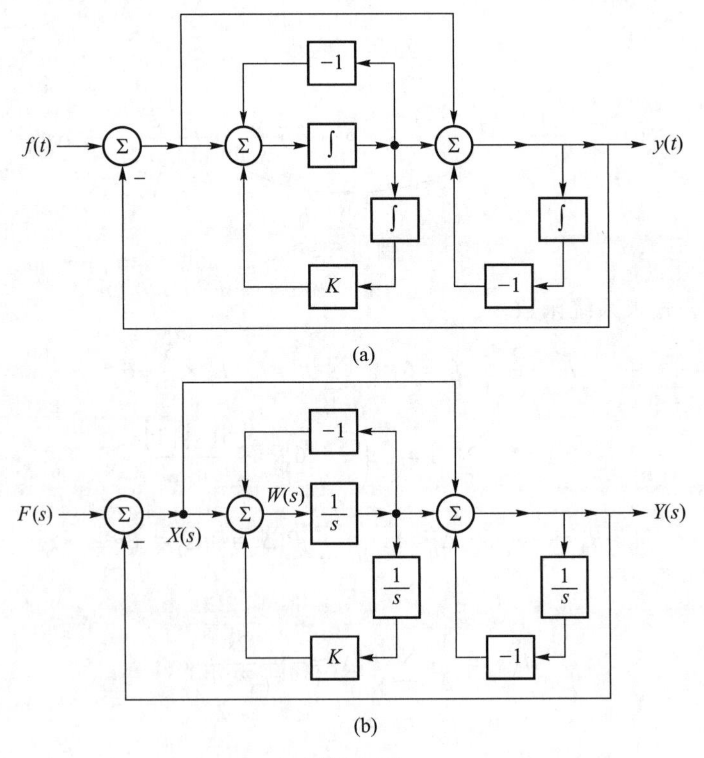

图例 6.27

有

$$Y(s)=\frac{X(s)+\frac{1}{s}W(s)}{1+\frac{1}{s}}=\frac{s^3+2s^2-Ks}{(s+1)(s^2+s-K)}X(s)$$

即

$$H_1(s)=\frac{Y(s)}{X(s)}=\frac{s^3+2s^2-Ks}{(s+1)(s^2+s-K)}$$

故

$$H(s)=\frac{Y(s)}{F(s)}=\frac{H_1(s)}{1+H_1(s)}=\frac{s^3+2s^2-Ks}{2s^3+4s^2+(1-2K)s-K}$$

排出罗斯阵列得

$$\begin{array}{lll} s^3 & 2 & 1-2K \\ s^2 & 4 & -K \\ s^1 & 1-1.5K & \\ s^0 & -K & \end{array}$$

欲使系统稳定,则必须满足

$$\begin{cases} 1-1.5K>0 \\ 1-2K>0 \quad \Rightarrow K<0 \\ -K>0 \end{cases}$$

例 6.28 图例 6.28(a)所示系统,已知 $H(s)=\frac{U_2(s)}{U_1(s)}=2$。(1) 画出其信号流图。(2) 求 $H_2(s)$。(3) 欲使子系统 $H_2(s)$ 为稳定系统,求 K 值的范围。

解:(1) 系统信号流图如图例 6.28(b)所示。

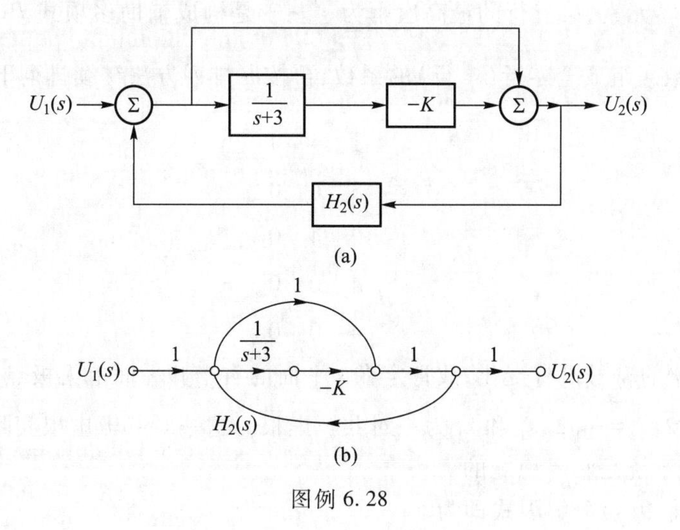

图例 6.28

（2）由信号流图得

$$L_1=H_2(s)\frac{-K}{s+3},\quad L_2=H_2(s)$$

$$\Delta=1-\sum_i L_i=1-(L_1+L_2)=\frac{s+3-H_2(s)(s+3-K)}{s+3}$$

$$P_1=\frac{-K}{s+3},\quad \Delta_1=1;\quad P_2=1,\quad \Delta_2=1$$

$$\sum_k P_k\Delta_k=P_1\Delta_1+P_2\Delta_2=\frac{-K}{s+3}+1=\frac{s+3-K}{s+3}$$

故得

$$H(s)=\frac{U_2(s)}{U_1(s)}=\frac{\sum\limits_k P_k\Delta_k}{\Delta}=\frac{s+3-K}{(s+3)-H_2(s)(s+3-K)}=2$$

解得

$$H_2(s)=\frac{s+3+K}{2(s+3-K)}$$

（3）由上式可见，欲使子系统 $H_2(s)$ 稳定，则必须有 $3-K>0$，即 $K<3$。

例 6.29　已知 $H(s)$ 表达式的分母多项式为

$$D(s)=s^4+3s^3+4s^2+6s+4$$

试判断此 $H(s)$ 所描述的系统是否稳定。

解：排出罗斯阵列，即

$$\begin{matrix} s^4 & 1 & 4 & 4 \\ s^3 & 3 & 6 & 0 \\ s^2 & 2 & 4 & 0 \\ s^1 & 0 & 0 & 0 \end{matrix}$$

可见第四行全为零元素，第三行的最高次幂为 s^2。于是构成辅助多项式 $P(s)=2s^2+4$，并以 $\frac{\mathrm{d}P(s)}{\mathrm{d}s}=4s$ 的系数 4 组成全零行（s^1 行）的系数，再按原排列方法继续排列下去。即

$$\begin{matrix} s^4 & 1 & 4 & 4 \\ s^3 & 3 & 6 & 0 \\ s^2 & 2 & 4 & 0 \\ s^1 & 4 & 0 & 0 \\ s^0 & 4 & 0 & 0 \end{matrix}$$

可见，第一列元素的符号没有变化，故肯定在 s 平面的右半开平面上无极点。令 $P(s)=2s^2+4=0$，可得 $s_1=\mathrm{j}\sqrt{2}$，$s_2=-\mathrm{j}\sqrt{2}$，s_1 和 s_2 为一对共轭虚根。这一对共轭虚根实际上就是 $H(s)$ 的两个极点。故该系统是临界稳定的。

实际上，若将 $D(s)$ 分解因式即为

$$D(s)=(2s^2+4)\left(\frac{1}{2}s^2+\frac{3}{2}s+1\right)=(s^2+2)(s+1)(s+2)$$

可见 $H(s)$ 有 4 个极点：$s_1=\mathrm{j}\sqrt{2}$，$s_2=-\mathrm{j}\sqrt{2}$，$s_3=-1$，$s_4=-2$。故该系统是临界稳定的。

例 6.30 已知：(1) $H(s)=\dfrac{s^2+3s+2}{8s^4+2s^3+3s^2+s+5}$；(2) $H(s)=\dfrac{4s^3+2s^2+3s+1}{s^5+2s^4+2s^3+4s^2+11s+10}$。试判断其稳定性，并说明位于 s 平面右半开平面上的极点有几个。

解：(1) 罗斯阵列为

$$\begin{array}{cccc}
s^4 & 8 & 3 & 5\\
s^3 & 2 & 1 & 0\\
s^2 & -1 & 5 & 0\\
s^1 & 11 & 0 & 0\\
s^0 & 5 & 0 & 0
\end{array}$$

可见，阵列中第一列元素的符号有变化，且变化了两次（从 2 变到-1，又从-1 变到 11），故系统不稳定，且在 s 平面右半开平面上有两个极点。

(2) 罗斯阵列为

$$\begin{array}{cccc}
s^5 & 1 & 2 & 11\\
s^4 & 2 & 4 & 10\\
s^3 & \varepsilon & 6 & 0\\
s^2 & 4-\dfrac{12}{\varepsilon} & 10 & 0\\
s^1 & 6 & 0 & 0\\
s^0 & 10 & 0 & 0
\end{array}$$

可见，第一列元素的符号改变了两次，故系统不稳定，在 s 平面右半开平面上有两个极点。

例 6.31 图例 6.31 所示系统，试分析反馈系数 K 对系统稳定性的影响。

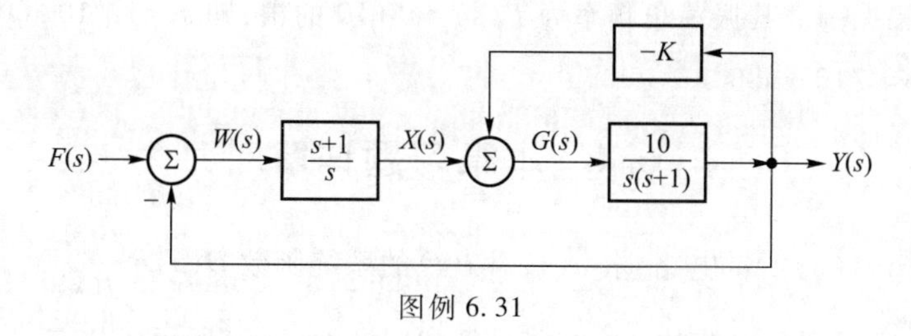

图例 6.31

解：由图得

$$W(s)=F(s)-Y(s)$$

$$X(s)=W(s)\frac{s+1}{s}=\frac{s+1}{s}F(s)-\frac{s+1}{s}Y(s)$$

$$G(s)=X(s)-KY(s)=\frac{s+1}{s}F(s)-\frac{s+1}{s}Y(s)-KY(s)=\frac{s+1}{s}F(s)-\frac{s+1+Ks}{s}Y(s)$$

$$Y(s)=G(s)\frac{10}{s(s+1)}=\frac{10(s+1)}{s^2(s+1)}F(s)-\frac{10(s+1+Ks)}{s^2(s+1)}Y(s)$$

故得

$$H(s)=\frac{Y(s)}{F(s)}=\frac{10(s+1)}{s^3+s^2+10(K+1)s+10}$$

即

$$D(s)=s^3+s^2+10(K+1)s+10$$

排出罗斯阵列为

$$\begin{array}{lll} s^3 & 1 & 10(K+1) \\ s^2 & 1 & 10 \\ s^1 & 10K & 0 \\ s^0 & 10 & 0 \end{array}$$

可见,① 欲使阵列中第一列元素的符号不发生变化(亦即使系统稳定),则必须有 $10K>0$,即 $K>0$。② 若取 $K=0$,则第三行的元素全为零,于是令

$$P(s)=s^2+10$$

又有

$$\frac{\mathrm{d}P(s)}{\mathrm{d}s}=2s$$

故得

$$\begin{array}{lll} s^3 & 1 & 10 \\ s^2 & 1 & 10 \\ s^1 & 2 & 0 \\ s^0 & 10 & 0 \end{array}$$

可见,第一列元素的符号没有改变,故肯定在 s 平面的右半开平面上无极点,系统为临界稳定,即为等幅振荡。其振荡角频率为 $P(s)=s^2+10$ 的根,即 $s_1=\mathrm{j}\sqrt{10}$,$s_2=-\mathrm{j}\sqrt{10}$,所以振荡角频率为 $\omega=\sqrt{10}$ rad/s。

6.4　本章习题详解

6-1　图题 6-1(a)所示电路,求 $u(t)$ 对 $i(t)$ 的系统函数 $H(s)=\dfrac{U(s)}{I(s)}$。

解:图题 6-1(a)所示电路的 s 域电路模型如图题 6-1(b)所示。故有

$$I(s)\left[R_1+\frac{Ls\left(R_2+\frac{1}{Cs}\right)}{Ls+R_2+\frac{1}{Cs}}\right]=U(s)$$

代入数据得

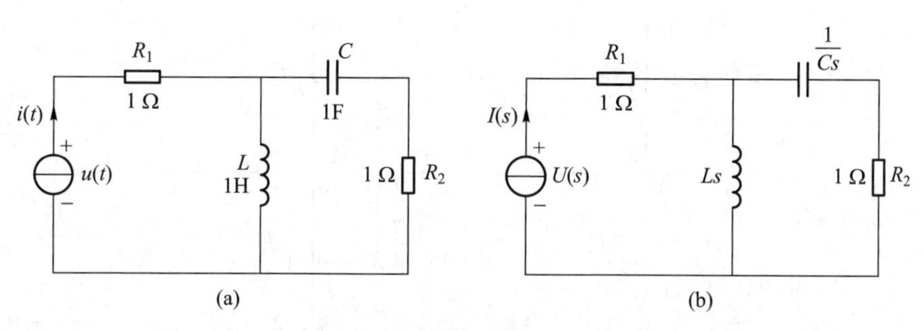

图题 6-1

$$H(s)=\frac{U(s)}{I(s)}=\frac{2s^2+2s+1}{s^2+s+1}$$

6-2 图题 6-2(a)所示电路，求 $u_2(t)$ 对 $u_1(t)$ 的系统函数 $H(s)=\dfrac{U_2(s)}{U_1(s)}$。

解：图题 6-2(a)所示电路的 s 域电路模型如图题 6-2(b)所示。故有

$$H(s)=\frac{U_2(s)}{U_1(s)}=\frac{Ls+R_2}{\dfrac{1}{Cs}+R_1+Ls+R_2}$$

代入数据得

$$H(s)=\frac{U_2(s)}{U_1(s)}=\frac{s^2+2s}{s^2+5s+3}$$

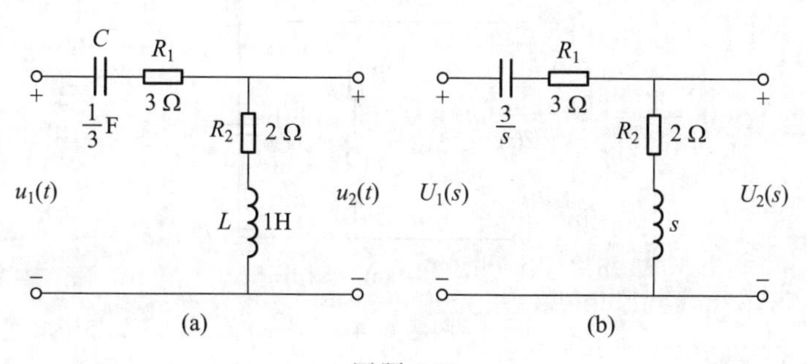

图题 6-2

6-3 已知两个系统函数 $H(s)$ 的零极点分布如图题 6-3 所示，且知 $H_0=1$，求 $H(s)$。

解：(1) 图题 6-3(a)所示电路的 $H(s)$ 为 $H(s)=H_0\dfrac{s}{\left(s+\dfrac{1}{2}+\mathrm{j}\dfrac{\sqrt{3}}{2}\right)\left(s+\dfrac{1}{2}-\mathrm{j}\dfrac{\sqrt{3}}{2}\right)}=\dfrac{s}{s^2+s+1}$。

(2) 图题 6-3(b)所示电路的 $H(s)$ 为 $H(s)=H_0\dfrac{s^2}{\left(s+\dfrac{1}{2}+\mathrm{j}\dfrac{\sqrt{3}}{2}\right)\left(s+\dfrac{1}{2}-\mathrm{j}\dfrac{\sqrt{3}}{2}\right)}=\dfrac{s^2}{s^2+s+1}$。

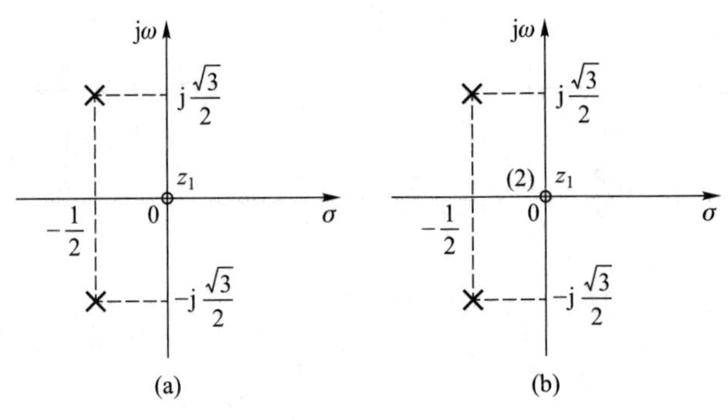

图题 6-3

6-4　已知图题6-4(a)所示电路驱动点阻抗函数 $Z(s)$ 的零极点分布如图题6-4(b)所示，且知 $Z(0)=1$。求 R、L、C 的值。

解：系统的 s 域模拟图如图题 6-4(c)所示。

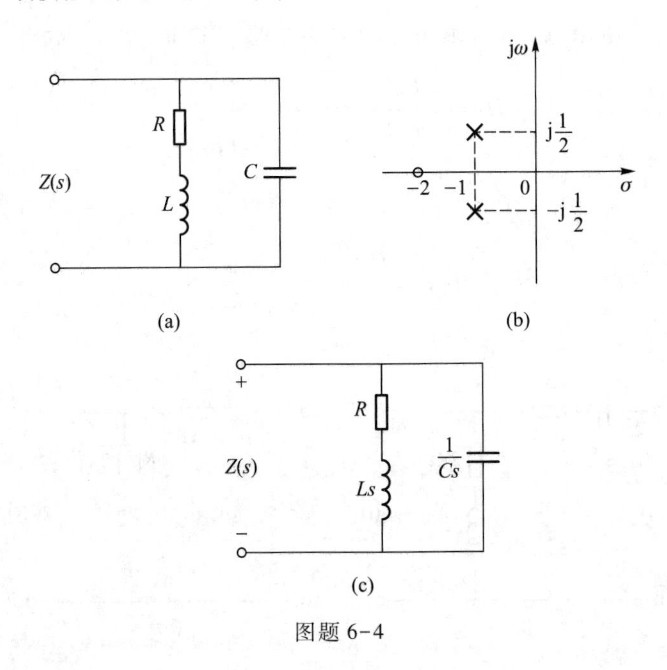

图题 6-4

由图题 6-4(b)得

零点为

$$z_1=-2$$

极点为

$$p_1=-1+\mathrm{j}\frac{1}{2},\quad p_2=-1-\mathrm{j}\frac{1}{2}$$

且已知

$$Z(0)=1$$

则

$$Z(s)=\frac{s+2}{\left(s+1-j\frac{1}{2}\right)\left(s+1+j\frac{1}{2}\right)}=\frac{s+2}{s^2+2s+\frac{5}{4}}$$

又有

$$Z(s)=\frac{(R+Ls)\times\frac{1}{Cs}}{R+Ls+\frac{1}{Cs}}=\frac{1}{C}\times\frac{s+\frac{R}{L}}{s^2+\frac{R}{L}s+\frac{1}{LC}}$$

可得

$$\begin{cases}Z(0)=R=1\\ \frac{R}{L}=2\\ \frac{1}{LC}=\frac{5}{4}\end{cases}\Rightarrow\begin{cases}R=1\ \ (\Omega)\\ L=0.5(\mathrm{H})\\ C=1.6(\mathrm{F})\end{cases}$$

6-5 已知系统的单位冲激响应为 $h(t)=5e^{-5t}U(t)$，零状态响应为 $y(t)=U(t)+2e^{-5t}U(t)+5te^{-5t}U(t)$。求系统的激励 $f(t)$。

解：

$$H(s)=\frac{5}{s+5}$$

$$Y(s)=\frac{1}{s}+\frac{2}{s+5}+\frac{5}{(s+5)^2}$$

故得激励 $f(t)$ 的拉氏变换为

$$F(s)=\frac{Y(s)}{H(s)}=\frac{\frac{1}{s}+\frac{2}{s+5}+\frac{5}{(s+5)^2}}{\frac{5}{s+5}}=\frac{3}{5}+\frac{1}{s}+\frac{1}{s+5}$$

故得

$$f(t)=\frac{3}{5}\delta(t)+U(t)+e^{-5t}U(t)=\frac{3}{5}\delta(t)+(1+e^{-5t})U(t)$$

6-6 已知系统函数 $H(s)=\dfrac{s^2+5}{s^2+2s+5}$，初始状态为 $y(0^-)=0, y'(0^-)=-2$。(1) 求系统的单位冲激响应 $h(t)$。(2) 当激励 $f(t)=\delta(t)$ 时，求系统的全响应 $y(t)$。(3) 当激励 $f(t)=U(t)$ 时，求系统的全响应 $y(t)$。

解：(1) 因有

$$H(s)=\frac{s^2+5}{s^2+2s+5}=1+\frac{-2s}{s^2+2s+5}=1+\frac{-2(s+1)}{(s+1)^2+4}+\frac{2}{(s+1)^2+4}$$

故得

$$h(t)=\delta(t)-2e^{-t}\cos(2t)U(t)+e^{-t}\sin(2t)U(t)=\delta(t)-2e^{-t}\left[\cos(2t)-\frac{1}{2}\sin(2t)\right]U(t)$$

（2）系统的微分方程为

$$y''(t)+2y'(t)+5y(t)=f''(t)+5f(t)$$

对上式两边求拉普拉斯变换，并考虑到拉普拉斯变换的微分性质有

$$s^2Y(s)-sy(0^-)-y'(0^-)+2sY(s)-2y(0^-)+5Y(s)=s^2F(s)+5F(s) \tag{1}$$

又

$$F(s)=1,\quad y(0^-)=0,\quad y'(0^-)=-2$$

代入(1)得

$$Y(s)=\frac{s^2+3}{s^2+2s+5}=1-\frac{2(s+1)}{(s+1)^2+4}$$

故全响应为

$$y(t)=\delta(t)-2e^{-t}\cos(2t)U(t)$$

（3）将 $F(s)=\frac{1}{s}, y(0^-)=0, y'(0^-)=-2$ 代入(1)得

$$Y(s)=\frac{s^2-2s+5}{s(s^2+2s+5)}=\frac{1}{s}-2\times\frac{2}{(s+1)^2+4}$$

故全响应为

$$y(t)=[1-2e^{-t}\sin(2t)]U(t)$$

6-7　图题6-7(a)所示电路。（1）求电路的单位冲激响应 $h(t)$。（2）今欲使电路的零输入响应 $u_x(t)=h(t)$，求电路的初始状态 $i(0^-)$ 和 $u(0^-)$。（3）今欲使电路的单位阶跃响应 $g(t)=U(t)$，求电路的初始状态 $i(0^-)$ 和 $u(0^-)$。

解：（1）零状态下的 s 域电路模型如图题6-7(b)所示。

$$H(s)=\frac{U(s)}{F(s)}=\frac{\frac{1}{s}}{2+s+\frac{1}{s}}=\frac{1}{(s+1)^2}$$

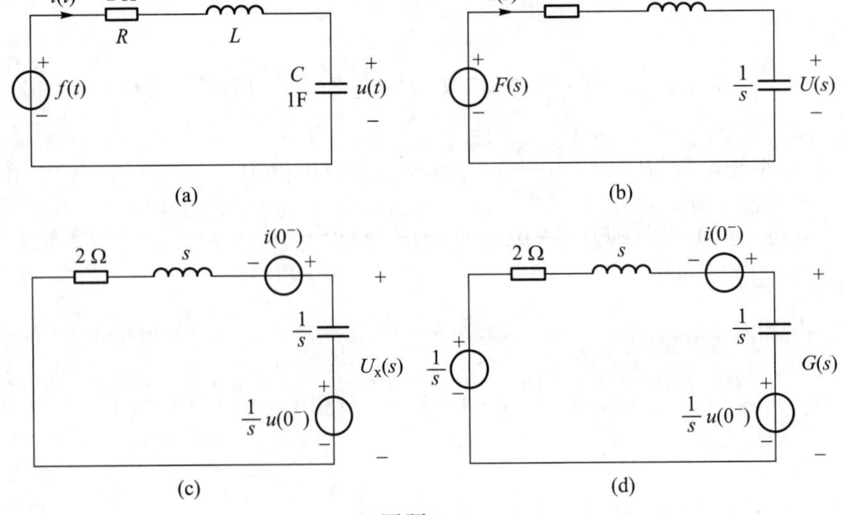

图题 6-7

故得单位冲激响应为

$$h(t)=te^{-t}U(t)\ (\mathrm{V})$$

(2) 零输入的 s 域电路模型如图题 6-7(c)所示。故

$$U_x(s)=\frac{i(0^-)-\frac{1}{s}u(0^-)}{2+s+\frac{1}{s}}\times\frac{1}{s}+\frac{1}{s}u(0^-)$$

依题意要求,应使 $U_x(s)=H(s)$,即应有

$$U_x(s)=\frac{i(0^-)-\frac{1}{s}u(0^-)}{2+s+\frac{1}{s}}\times\frac{1}{s}+\frac{1}{s}u(0^-)=\frac{1}{(s+1)^2}=H(s)$$

从而有

$$(s+2)u(0^-)+i(0^-)=1$$

故得

$$u(0^-)=0\ \mathrm{V},\quad i(0^-)=1\ \mathrm{A}$$

(3) 非零状态电路的 s 域模型,如图题 6-7(d)所示。故

$$G(s)=\frac{\frac{1}{s}+i(0^-)-\frac{1}{s}u(0^-)}{2+s+\frac{1}{s}}\times\frac{1}{s}+\frac{1}{s}u(0^-)$$

以题意要求,应使 $G(s)=\frac{1}{s}$,有

$$G(s)=\frac{\frac{1}{s}+i(0^-)-\frac{1}{s}u(0^-)}{2+s+\frac{1}{s}}\times\frac{1}{s}+\frac{1}{s}u(0^-)=\frac{1}{s}$$

从而有

$$(s+2)u(0^-)+i(0^-)=s+2$$

故得

$$u(0^-)=1\ \mathrm{V},\quad i(0^-)=0\ \mathrm{A}$$

6-8 图题 6-8(a)所示电路。(1) 求 $H(s)=\frac{U_2(s)}{U_1(s)}$。(2) 若 $u_1(t)=\cos(2t)U(t)\ (\mathrm{V})$,$C=1\ \mathrm{F}$,求零状态响应 $u_2(t)$ 的值。(3) 在 $u_1(t)$ 不变的条件下,为使 $u_2(t)$ 不存在正弦稳态响应,求 C 的值及此时的响应 $u_2(t)$。

解:(1) 电路的 s 域电路模型如图题 6-8(b)所示。故

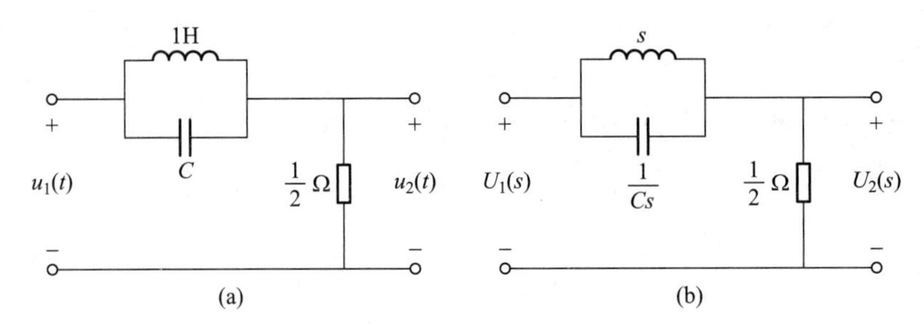

图题 6-8

$$H(s)=\frac{\frac{1}{2}}{\frac{1}{2}+\frac{s\times\frac{1}{Cs}}{s+\frac{1}{Cs}}}=\frac{s^2+\frac{1}{C}}{s^2+\frac{2}{C}s+\frac{1}{C}}$$

(2) $U_1(s)=\frac{s}{s^2+4}, C=1\ \text{F}$,则

$$H(s)=\frac{s^2+1}{s^2+2s+1}=\frac{s^2+1}{(s+1)^2}$$

故

$$U_2(s)=H(s)U_1(s)=\frac{s^2+1}{(s+1)^2}\times\frac{s}{s^2+4}=\frac{K_{11}}{(s+1)^2}+\frac{K_{12}}{s+1}+\frac{K_2}{s+\mathrm{j}2}+\frac{K_3}{s-\mathrm{j}2}$$

其中

$$K_{11}=\frac{(s^2+1)s}{(s+1)^2(s^2+4)}(s+1)^2\bigg|_{s=-1}=-\frac{2}{5}$$

$$K_{12}=\frac{\mathrm{d}}{\mathrm{d}s}\left[\frac{(s^2+1)s}{(s+1)^2(s^2+4)}(s+1)^2\right]\bigg|_{s=-1}=\frac{16}{25}$$

$$K_2=\frac{(s^2+1)s}{(s+1)^2(s+\mathrm{j}2)(s-\mathrm{j}2)}(s+\mathrm{j}2)\bigg|_{s=-\mathrm{j}2}=\frac{3}{10}\angle -53.1^\circ$$

$$K_3=K_2^*=\frac{3}{10}\angle 53.1^\circ$$

故

$$U_2(s)=\frac{-\frac{2}{5}}{(s+1)^2}+\frac{\frac{16}{25}}{s+1}+\frac{\frac{3}{10}\angle -53.1^\circ}{s+\mathrm{j}2}+\frac{\frac{3}{10}\angle 53.1^\circ}{s-\mathrm{j}2}$$

故得

$$u_2(t)=-\frac{2}{5}t\mathrm{e}^{-t}+\frac{16}{25}\mathrm{e}^{-t}+\frac{3}{10}\mathrm{e}^{-\mathrm{j}2t}\mathrm{e}^{-\mathrm{j}53.1^\circ}+\frac{3}{10}\mathrm{e}^{\mathrm{j}2t}\mathrm{e}^{\mathrm{j}53.1^\circ}$$

$$=\left[\frac{2}{5}\left(\frac{8}{5}-t\right)\mathrm{e}^{-t}+\frac{3}{5}\cos(2t+53.1°)\right]U(t)\,(\mathrm{V})$$

正弦稳态响应为

$$y(t)=\frac{3}{5}\cos(2t+53.1°)U(t)$$

（3）因有

$$U_2(s)=H(s)U_1(s)=\frac{s^2+\frac{1}{C}}{s^2+\frac{2}{C}s+\frac{1}{C}}\times\frac{s}{s^2+4}$$

可见，欲使 $u_2(t)$ 中不存在正弦稳态响应，就必须使 $s^2+\frac{1}{C}=s^2+4$，故得 $C=0.25$ F。代入上式有

$$U_2(s)=\frac{s}{s^2+8s+4}=\frac{1.077}{s+4+2\sqrt{3}}+\frac{-0.077}{s+4-2\sqrt{3}}$$

故得

$$u_2(t)=\left[1.077\mathrm{e}^{-(4+2\sqrt{3})t}-0.077\mathrm{e}^{-(4-2\sqrt{3})t}\right]U(t)\,(\mathrm{V})$$

6-9 已知系统函数 $H(s)=\frac{s+5}{s^2+5s+6}$。（1）写出描述系统响应 $y(t)$ 与激励 $f(t)$ 关系的微分方程。（2）画出系统的一种时域模拟图。（3）若系统的初始状态为 $y(0^-)=2, y'(0^-)=1$，激励 $f(t)=\mathrm{e}^{-t}U(t)$，求系统的零状态响应 $y_f(t)$、零输入响应 $y_x(t)$、全响应 $y(t)$。

解：（1）因为

$$H(s)=\frac{Y(s)}{F(s)}=\frac{s+5}{s^2+5s+6}$$

故得系统的微分方程为

$$y''(t)+5y'(t)+6y(t)=f'(t)+5f(t)$$

（2）该系统的一种时域模拟图如图题 6-9 所示。

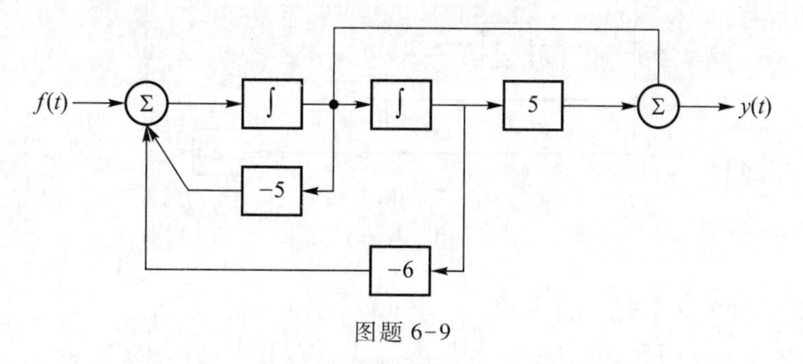

图题 6-9

（3）$Y_f(s)=F(s)H(s)=\frac{s+5}{(s+1)(s^2+5s+6)}=\frac{s+5}{(s+1)(s+2)(s+3)}=\frac{2}{s+1}+\frac{-3}{s+2}+\frac{1}{s+3}$

故得

$$y_f(t)=(2e^{-t}-3e^{-2t}+e^{-3t})U(t)$$

系统的特征方程为 $s^2+5s+6=0$，故得特征根为 $p_1=-2, p_2=-3$。零输入响应的通解形式为

$$y_x(t)=A_1e^{-2t}+A_2e^{-3t}$$

又

$$y_x'(t)=-2A_1e^{-2t}-3A_2e^{-3t}$$

故有

$$\begin{cases}y_x(0^+)=y(0^-)=A_1+A_2=2\\ y_x'(0^+)=y'(0^-)=-2A_1-3A_2=1\end{cases}$$

联解得 $A_1=7, A_2=-5$。故得零输入响应为

$$y_x(t)=(7e^{-2t}-5e^{-3t})U(t)$$

全响应为

$$\begin{aligned}y(t)=y_x(t)+y_f(t)&=(7e^{-2t}-5e^{-3t})U(t)+(2e^{-t}-3e^{-2t}+e^{-3t})U(t)\\&=(4e^{-2t}-4e^{-3t}+2e^{-t})U(t)\end{aligned}$$

6-10　已知系统的框图如图题6-10(a)所示，求系统函数 $H(s)=\dfrac{Y(s)}{F(s)}$，并画出一种 s 域模拟图。

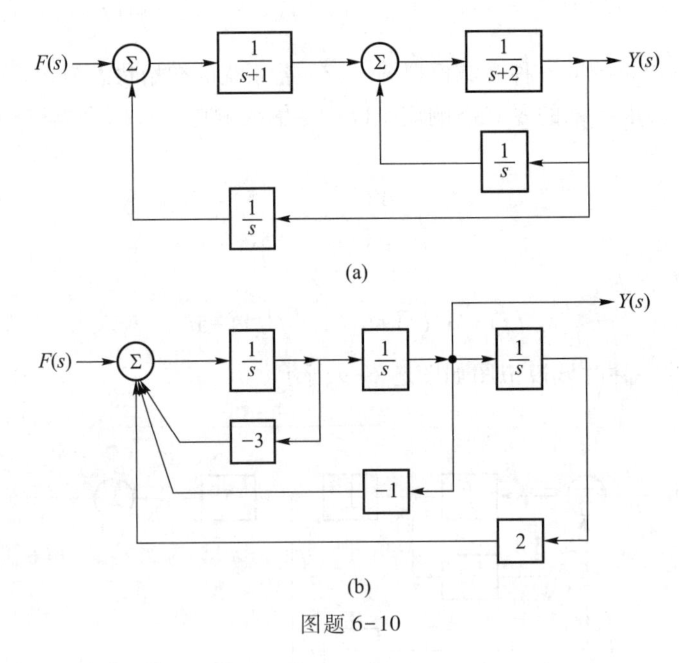

图题6-10

解：因有

$$\left\{\left[F(s)+\frac{1}{s}Y(s)\right]\frac{1}{s+1}+\frac{1}{s}Y(s)\right\}\frac{1}{s+2}=Y(s)$$

故得

$$H(s)=\frac{s}{s^3+3s^2+s-2}$$

其 s 域模拟图如图题 6-10(b)所示。

6-11 图题 6-11 所示为 $H(s)$ 的零极点分布图，且知 $h(0^+)=2$，求该系统的 $H(s)$。

解：$H(s)=H_0\dfrac{(s-z_1)(s-z_2)}{(s-p_1)(s-p_2)(s-p_3)}=H_0\dfrac{(s+2-\mathrm{j}1)(s+2+\mathrm{j}1)}{(s+3)(s-\mathrm{j}3)(s+\mathrm{j}3)}=H_0\dfrac{s^2+4s+5}{s^3+3s^2+9s+27}$

又有

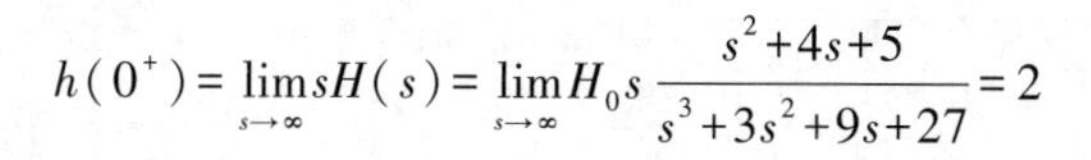

$$h(0^+)=\lim_{s\to\infty}sH(s)=\lim_{s\to\infty}H_0 s\frac{s^2+4s+5}{s^3+3s^2+9s+27}=2$$

即

$$H_0\times 1=2$$

故

$$H_0=2$$

可得

$$H(s)=\frac{2(s^2+4s+5)}{s^3+3s^2+9s+27}$$

图题 6-11

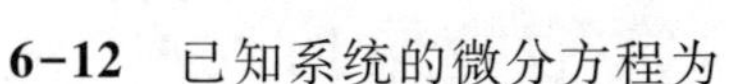

6-12 已知系统的微分方程为

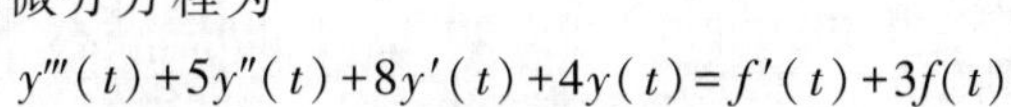

$$y'''(t)+5y''(t)+8y'(t)+4y(t)=f'(t)+3f(t)$$

(1) 求系统函数。(2) 画出系统三种形式的信号流图。

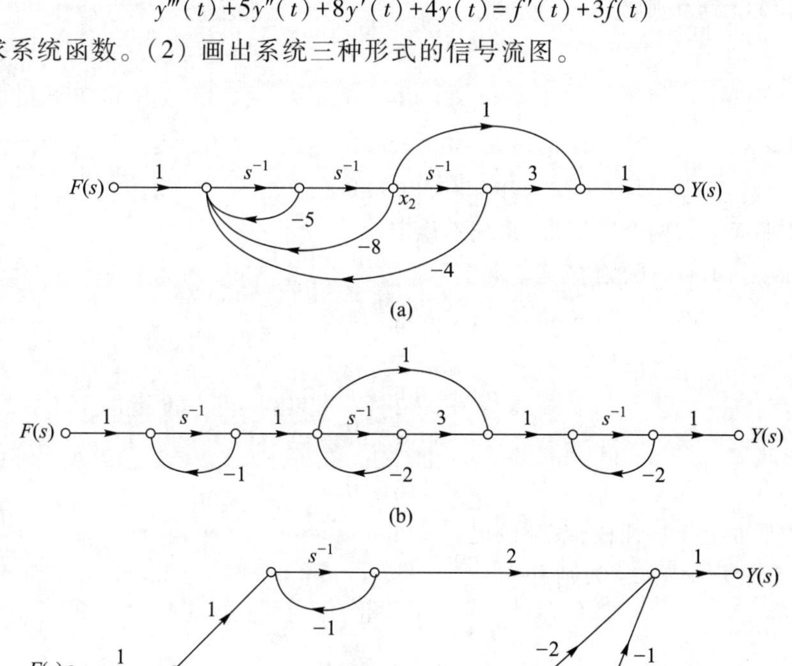

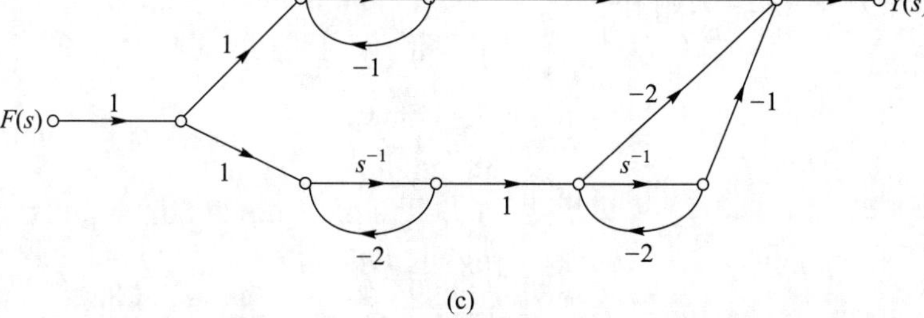

图题 6-12

解:(1) 系统函数为

$$H(s)=\frac{s+3}{s^3+5s^2+8s+4}=\frac{s+3}{(s+1)(s+2)^2}$$

直接形式的信号流图如图题6-12(a)所示。

(2)
$$H(s)=\frac{1}{s+1}\times\frac{s+3}{s+2}\times\frac{1}{s+2}$$

级联形式的信号流图如图题6-12(b)所示。

(3)
$$H(s)=\frac{2}{s+1}+\frac{-1}{(s+2)^2}+\frac{-2}{s+2}=\frac{2}{s+1}+\frac{1}{s+2}\left(\frac{-1}{s+2}-2\right)$$

并联形式的信号流图如图题6-12(c)所示。

6-13　系统的特征方程如下,试判断系统的稳定性,并指出位于 s 平面右半开平面上特征根的个数。

(1) $s^3+s^2+s+6=0$。　　(2) $3s^3+5s^2+4s+6=0$。

(3) $s^4+5s^3+9s^2+7s+2=0$。　　(4) $s^5+4s^4+8s^3+9s^2+6s+2=0$。

解:利用罗斯阵列判断。

(1) $s^3+s^2+s+6=0$,则有

$$\begin{array}{ccc} s^3 & 1 & 1 \\ s^2 & 1 & 6 \\ s^1 & -5 & 0 \\ s^0 & 6 & 0 \end{array}$$

s 平面右半开平面上有两个特征根,系统不稳定。

(2) $3s^3+5s^2+4s+6=0$,则有

$$\begin{array}{ccc} s^3 & 3 & 4 \\ s^2 & 5 & 6 \\ s^1 & \dfrac{2}{5} & 0 \\ s^0 & 6 & 0 \end{array}$$

s 平面右半开平面上无特征根,系统稳定。

(3) $s^4+5s^3+9s^2+7s+2=0$,则有

$$\begin{array}{cccc} s^4 & 1 & 9 & 2 \\ s^3 & 5 & 7 & 0 \\ s^2 & \dfrac{38}{5} & 2 & 0 \\ s^1 & \dfrac{108}{19} & 0 & 0 \\ s^0 & 2 & 0 & 0 \end{array}$$

s 平面右半开平面上无特征根,系统稳定。

(4) $s^5+4s^4+8s^3+9s^2+6s+2=0$,则有

$$\begin{array}{llll} s^5 & 1 & 8 & 6 \\ s^4 & 4 & 9 & 2 \\ s^3 & \frac{23}{4} & \frac{11}{2} & 0 \\ s^2 & \frac{119}{23} & 2 & 0 \\ s^1 & \frac{390}{119} & 0 & 0 \\ s^0 & 2 & 0 & 0 \end{array}$$

s 平面右半开平面上无特征根,系统稳定。

6-14 系统的特征方程如下,欲使系统稳定,求 K 的取值范围。

(1) $s^3+4s^2+4s+K=0$。 (2) $s^3+5s^2+(K+8)s+10=0$。

(3) $s^4+9s^3+20s^2+Ks+K=0$。

解:列出罗斯阵列求解。

(1) $s^3+4s^2+4s+K=0$,则有

$$\begin{array}{lll} s^3 & 1 & 4 \\ s^2 & 4 & K \\ s^1 & \left(4-\frac{K}{4}\right) & 0 \\ s^0 & K & 0 \end{array}$$

欲使系统稳定,应有

$$\begin{cases} K>0 \\ 4-\dfrac{K}{4}>0 \end{cases} \Rightarrow \quad 0<K<16$$

(2) $s^3+5s^2+(K+8)s+10=0$,则有

$$\begin{array}{lll} s^3 & 1 & K+8 \\ s^2 & 5 & 10 \\ s^1 & K+6 & 0 \\ s^0 & 10 & 0 \end{array}$$

欲使系统稳定,应有

$$\begin{cases} K+8>0 \\ K+6>0 \end{cases} \Rightarrow \quad K>-6$$

（3）$s^4+9s^3+20s^2+Ks+K=0$，则有

$$\begin{array}{cccc} s^4 & 1 & 20 & K \\ s^3 & 9 & K & 0 \\ s^2 & 20-\dfrac{K}{9} & K & 0 \\ s^1 & \dfrac{K^2-99K}{K-180} & 0 & 0 \\ s^0 & K & 0 & 0 \end{array}$$

欲使系统稳定，应有

$$\begin{cases} K>0 \\ 20-\dfrac{K}{9}>0 \\ \dfrac{K^2-99K}{K-180}>0 \end{cases} \Rightarrow \quad 0<K<99$$

6-15　图题6-15所示系统。（1）求 $H(s)=\dfrac{Y(s)}{F(s)}$。（2）K 满足什么条件时系统稳定。（3）在临界稳定条件下，求系统的 $h(t)$。

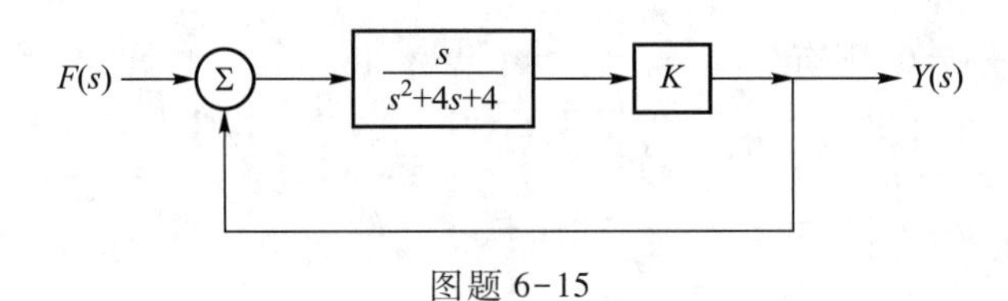

图题6-15

解：（1）$[F(s)+Y(s)]\dfrac{s}{s^2+4s+4}\times K=Y(s)$，解得

$$H(s)=\frac{Y(s)}{F(s)}=\frac{Ks}{s^2+(4-K)s+4}$$

（2）欲使系统稳定，则必须有 $4-K>0$，故 $K<4$。

（3）当 $K=4$ 时，系统为临界稳定，即

$$H(s)=\frac{4s}{s^2+4}$$

故得临界稳定条件下系统的单位冲激响应应为

$$h(t)=4\cos(2t)U(t)$$

6-16　已知系统的框图如图题6-16所示。（1）欲使系统函数 $H(s)=\dfrac{s}{s^2+5s+6}$，试求 a、b 的值。（2）当 $a=2$ 时，欲使系统为稳定系统，求 b 的取值范围。（3）若系统函数仍为（1）中的 $H(s)$，求系统的单位阶跃响应 $g(t)$。

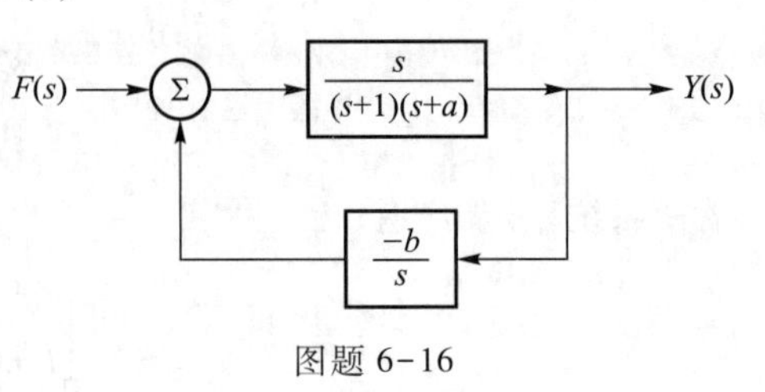

图题6-16

解:(1)

$$\left[F(s)-\frac{b}{s}Y(s)\right]\frac{s}{(s+1)(s+a)}=Y(s)$$

解得

$$H(s)=\frac{Y(s)}{F(s)}=\frac{s}{s^2+(a+1)s+(a+b)}$$

故有

$$\frac{s}{s^2+5s+6}=\frac{s}{s^2+(a+1)s+(a+b)}$$

则

$$\begin{cases}a+1=5\\a+b=6\end{cases}\Rightarrow\begin{cases}a=4\\b=2\end{cases}$$

(2) 当 $a=2$ 时,

$$H(s)=\frac{s}{s^2+3s+2+b}$$

欲使系统稳定,则必须有 $2+b>0$,故 $b>-2$。

(3) $F(s)=\dfrac{1}{s}$,故

$$G(s)=H(s)F(s)=\frac{s}{s^2+5s+6}\times\frac{1}{s}=\frac{1}{s^2+5s+6}=\frac{1}{s+2}+\frac{-1}{s+3}$$

系统的单位阶跃响应为

$$g(t)=(\mathrm{e}^{-2t}-\mathrm{e}^{-3t})U(t)$$

6-17　已知系统的信号流图如图题 6-17(a)所示。(1) 求系统函数 $H(s)=\dfrac{Y(s)}{F(s)}$及单位冲激响应 $h(t)$。(2) 写出系统的微分方程。(3) 画出与 $H(s)$相对应的一种等效电路,并求出电路元件的值。

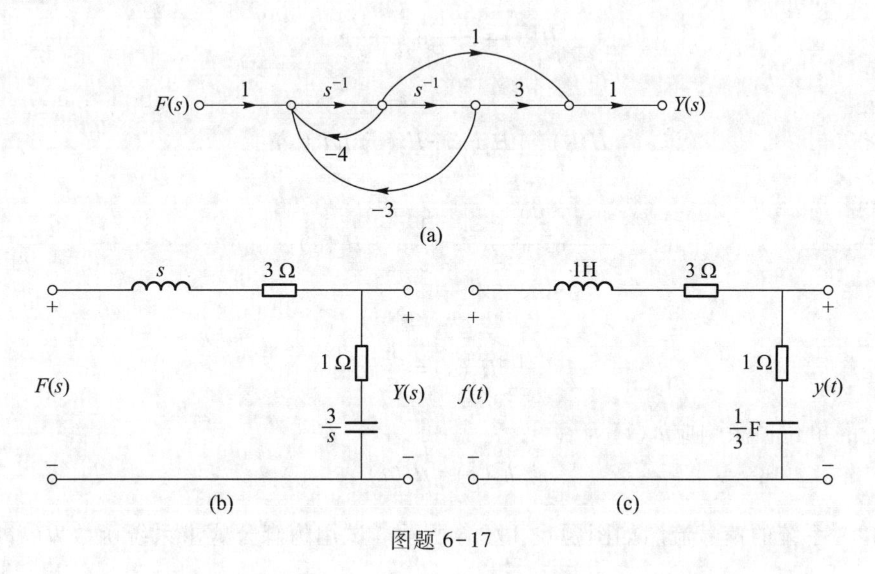

图题 6-17

解:(1) $H(s)=\dfrac{Y(s)}{F(s)}=\dfrac{s+3}{s^2+4s+3}=\dfrac{s+3}{(s+1)(s+3)}=\dfrac{1}{s+1}$

故得系统的单位冲激响应为

$$h(t)=\mathrm{e}^{-t}U(t)$$

(2) 系统的微分方程为

$$y''(t)+4y'(t)+3y(t)=f'(t)+3f(t)$$

注意:列写系统的微分方程时,$H(s)$中分子与分母中的公因式不能约去。

(3) $H(s)=\dfrac{1+\dfrac{3}{s}}{s+4+\dfrac{3}{s}}=\dfrac{1+\dfrac{3}{s}}{s+3+1+\dfrac{3}{s}}$

根据上式即可画出与之对应的一种等效电路,如图题6-17(b)所示,与之对应的时域电路如图题6-17(c)所示。

6-18　图题6-18所示系统,其中$h_1(t)=U(t)$,$H_3(s)=\mathrm{e}^{-s}$,大系统的$h(t)=(2-t)U(t-1)$。求子系统的单位冲激响应$h_2(t)$。

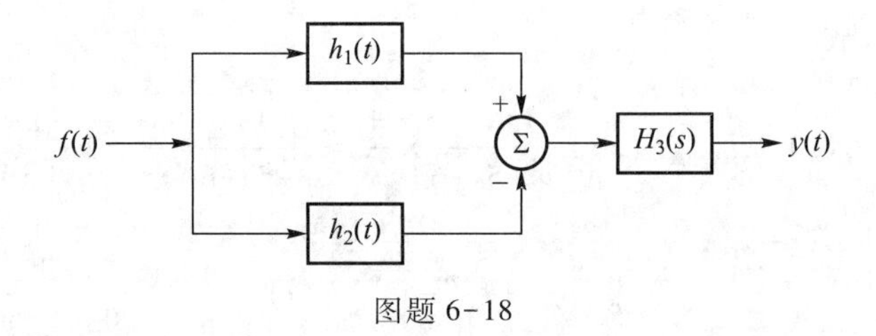

图题6-18

解:因为

$$h(t)=-(t-1-1)U(t-1)=-(t-1)U(t-1)+U(t-1)$$

所以系统函数为

$$H(s)=-\frac{1}{s^2}\mathrm{e}^{-s}+\frac{1}{s}\mathrm{e}^{-s}$$

又有

$$H(s)=[H_1(s)-H_2(s)]H_3(s)$$

即

$$-\frac{1}{s^2}\mathrm{e}^{-s}+\frac{1}{s}\mathrm{e}^{-s}=\frac{1}{s}\mathrm{e}^{-s}-H_2(s)\mathrm{e}^{-s}$$

故

$$H_2(s)=\frac{1}{s^2}$$

则子系统的单位冲激响应$h_2(t)$为

$$h_2(t)=tU(t)$$

6-19　系统的信号流图如图题6-19(a)所示。试用梅森公式求系统函数$H(s)=\dfrac{Y(s)}{F(s)}$。

解:步骤一,求 Δ。

① 求 $\sum_i L_i$:该信号流图有 3 个环路,其传输函数分别为

$$L_1=-s^{-1},\quad L_2=-2s^{-1},\quad L_3=-2s^{-1}$$

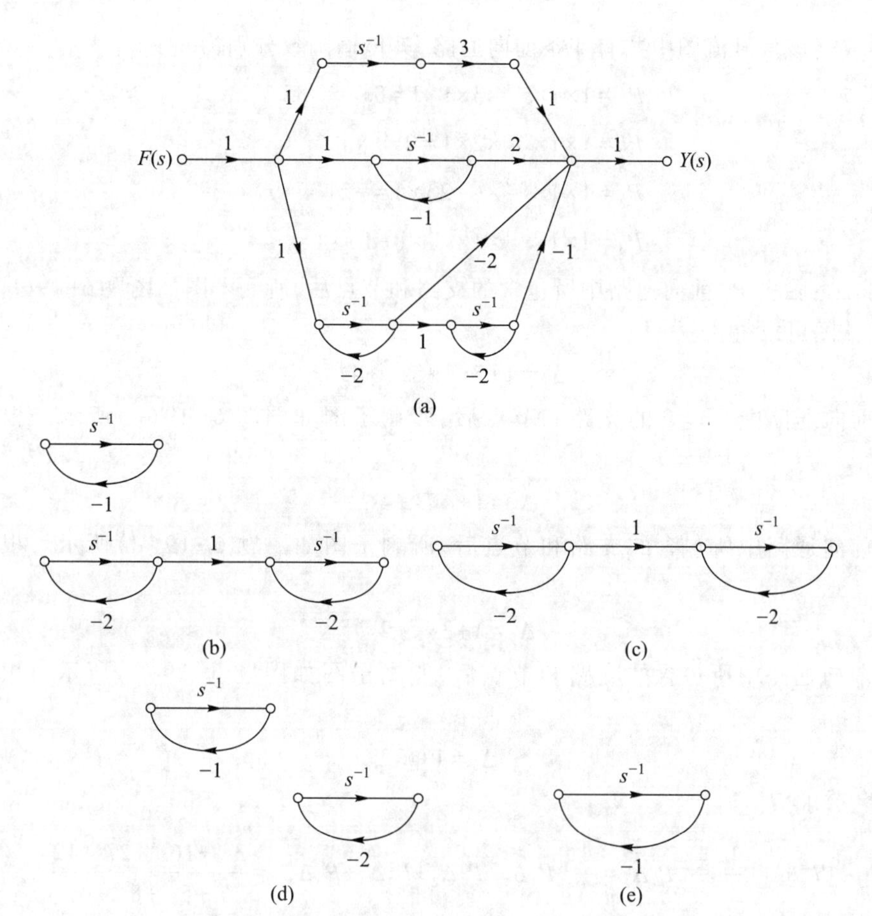

图题 6-19

故

$$\sum_i L_i=L_1+L_2+L_3=-s^{-1}-2s^{-1}-2s^{-1}=-5s^{-1}$$

② 求 $\sum_{m,n} L_mL_n$:该信号流图中两两互不接触的环路共有 3 组:

$$L_1L_2=2s^{-2},\quad L_2L_3=4s^{-2},\quad L_3L_1=2s^{-2}$$

故

$$\sum_{m,n} L_mL_n=2s^{-2}+4s^{-2}+2s^{-2}=8s^{-2}$$

③ 求 $\sum_{p,q,r} L_pL_qL_r$:该信号流图中三个互不接触的环路只有 1 组,即 L_1,L_2 与 L_3,故

$$\sum_{p,q,r} L_pL_qL_r=L_1L_2L_3=-4s^{-3}$$

可得

$$\Delta=1-\sum_{i}L_i+\sum_{m,n}L_mL_n-\sum_{p,q,r}L_pL_qL_r=1+5s^{-1}+8s^{-2}+4s^{-3}$$

步骤二,求 $\sum_{k}P_k\Delta_k$。

① 求 P_k:该信号流图中共有4条前向通路,其传输函数分别为

$$P_1=1\times1\times s^{-1}\times3\times1\times1=3s^{-1}$$

$$P_2=1\times1\times s^{-1}\times2\times1=2s^{-1}$$

$$P_3=1\times1\times s^{-1}\times(-2)\times1=-2s^{-1}$$

$$P_4=1\times1\times s^{-1}\times1\times s^{-1}\times(-1)\times1=-s^{-2}$$

② 求 Δ_k:除去 P_1 前向通路中所包含的支路和节点后,所剩子图如图题6-19(b)所示。根据该图可求得

$$\Delta_1=1+5s^{-1}+8s^{-2}+4s^{-3}$$

除去 P_2 前向通路中所包含的支路和节点后,所剩子图如图题6-19(c)所示。根据该图可求得

$$\Delta_2=1+4s^{-1}+4s^{-2}$$

除去 P_3 前向通路中所包含的支路和节点后,所剩子图如图题6-19(d)所示。根据该图可求得

$$\Delta_3=1+3s^{-1}+2s^{-2}$$

除去 P_4 前向通路中所包含的支路和节点后,所剩子图如图题6-19(e)所示。根据该图可求得

$$\Delta_4=1+s^{-1}$$

步骤三,求 $H(s)$。

$$H(s)=\frac{1}{\Delta}\sum_{k}P_k\Delta_k=\frac{1}{\Delta}[P_1\Delta_1+P_2\Delta_2+P_3\Delta_3+P_4\Delta_4]=\frac{3s^3+16s^2+27s+12}{s^4+5s^3+8s^2+4s}$$

6-20　已知系统的单位冲激响应 $h(t)=2e^{-t}U(t)$。(1) 求系统函数 $H(s)$。(2) 若 $f(t)=\cos tU(t)$,求系统的正弦稳态响应 $y(t)$。

解:(1) 系统函数

$$H(s)=\frac{2}{s+1}$$

(2) 由于系统是稳定系统,故

$$H(j\omega)=H(s)\big|_{s=j\omega}=\frac{2}{j\omega+1}$$

即

$$H(j1)=H(s)\big|_{s=j1}=\frac{2}{j1+1}=\sqrt{2}\angle-45^\circ$$

系统的正弦稳态响应为

$$y(t)=\sqrt{2}\cos(t-45^\circ)U(t)$$

6-21 已知系统函数 $H(s)=\dfrac{13}{(s+1)(s^2+4s+5)}$,求激励 $f(t)=10\cos(2t)U(t)$ 时的正弦稳态响应 $y(t)$。

解:由于

$$H(s)=\frac{13}{(s+1)(s^2+4s+5)}=\frac{13}{(s+1)[(s+2)^2+1]}$$

得 $H(s)$ 的极点为

$$p_1=-1,\quad p_2=-2+\mathrm{j}1,\quad p_3=-2-\mathrm{j}1$$

因为 $H(s)$ 的极点全部位于 s 平面的左半开平面上,系统为稳定系统,故

$$H(\mathrm{j}2)=\frac{13}{(\mathrm{j}2+1)(-4+\mathrm{j}8+5)}=\frac{13}{(\mathrm{j}2+1)(1+\mathrm{j}8)}=\frac{13}{\sqrt{5}\,\mathrm{e}^{\mathrm{j}63.43^\circ}\times\sqrt{65}\,\mathrm{e}^{\mathrm{j}82.87^\circ}}$$

$$=\frac{13}{5\sqrt{13}\,\mathrm{e}^{\mathrm{j}146.3^\circ}}=0.72\mathrm{e}^{-\mathrm{j}146.3^\circ}$$

系统正弦稳态响应为

$$y(t)=10\times0.72\cos(2t-146.3^\circ)=7.2\cos(2t-146.3^\circ)U(t)$$

6-22 系统的零极点分布如图题 6-22(a)所示。(1) 试判断系统的稳定性。(2) 若 $H(\mathrm{j}\omega)\big|_{\omega=0}=10^{-4}$,求系统函数 $H(s)$。(3) 画出直接形式的信号流图。(4) 定性画出系统的幅频特性 $|H(\mathrm{j}\omega)|$。(5) 求系统的单位阶跃响应 $g(t)$。

解:(1) 在 $\mathrm{j}\omega$ 轴上有一对共轭极点,故系统是临界稳定的。

(2) $H(s)=H_0\dfrac{s+1}{(s+\mathrm{j}100)(s-\mathrm{j}100)}$

故有

$$|H(\mathrm{j}0)|=H_0\frac{1}{\mathrm{j}100\times(-\mathrm{j}100)}=10^{-4}H_0=10^{-4}$$

可得

$$H_0=1$$

所以

$$H(s)=\frac{s+1}{s^2+100^2}$$

(3) 直接形式的信号流图如图题 6-22(b)所示。

(4) $H(\mathrm{j}\omega)=H(s)\big|_{s=\mathrm{j}\omega}=\dfrac{\mathrm{j}\omega+1}{(\mathrm{j}\omega)^2+10^4}$

故

$$|H(\mathrm{j}\omega)|=\frac{\sqrt{1+\omega^2}}{|10^4-\omega^2|}$$

则系统的幅频特性 $|H(\mathrm{j}\omega)|$ 如图题 6-22(c)所示。

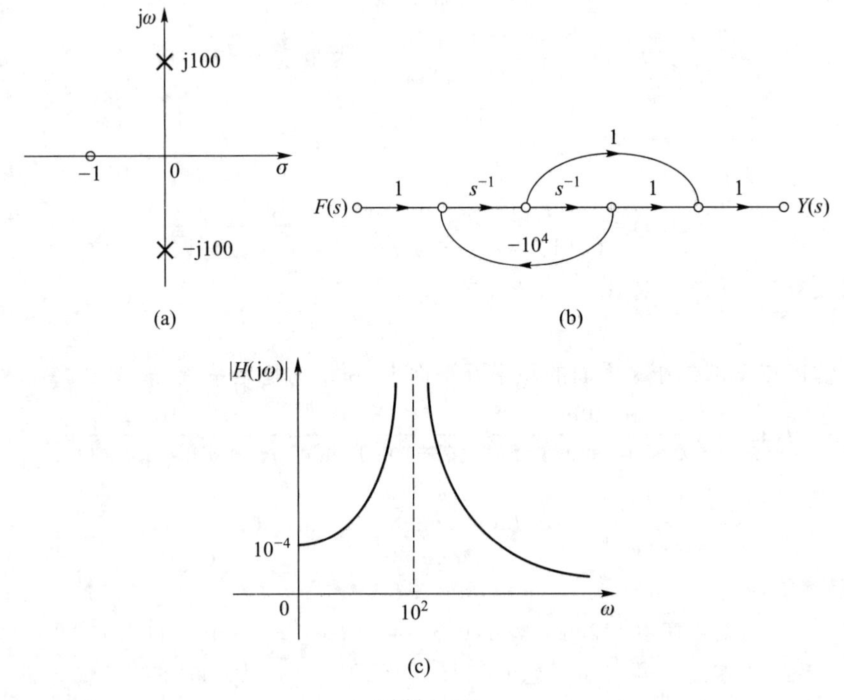

图题 6-22

（5）$F(s)=\dfrac{1}{s}$，故

$$Y(s)=H(s)F(s)=\frac{s+1}{s(s^2+10^4)}=\frac{10^{-4}}{s}+\frac{-10^{-4}s+1}{s^2+10^4}=\frac{10^{-4}}{s}+\frac{-10^{-4}s}{s^2+10^4}+10^{-2}\frac{10^2}{s^2+10^4}$$

系统的单位阶跃响应为

$$g(t)=[10^{-4}-10^{-4}\cos(100t)+10^{-2}\sin(100t)]U(t)$$

6-23　已知系统的信号流图如图题 6-23 所示。（1）求系统函数 $H(s)=\dfrac{Y(s)}{F(s)}$。（2）欲使系统为稳定系统，求 K 的取值范围。（3）若系统为临界稳定，求 $H(s)$ 在 jω 轴上的极点的值。

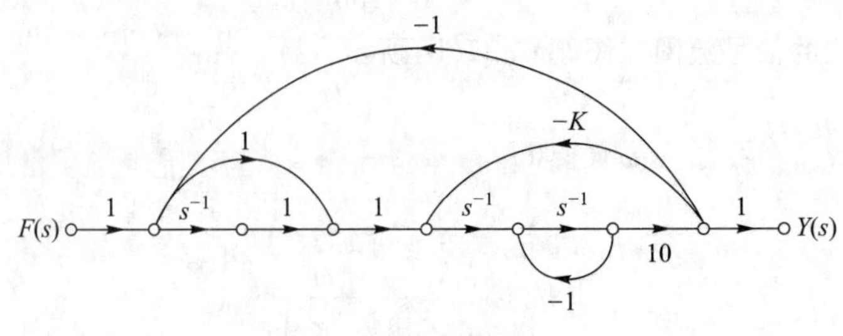

图题 6-23

解:(1) 利用梅森公式可求得

$$H(s)=\frac{Y(s)}{F(s)}=\frac{10s+10}{s^3+s^2+(10K+10)s+10}$$

(2) 列写出罗斯阵列

$$\begin{matrix} s^3 & 1 & 10K+10 \\ s^2 & 1 & 10 \\ s^1 & 10K & 0 \\ s^0 & 10 & \end{matrix}$$

可见,只要 $K>0$,系统即可稳定。

(3) 当 $K=0$ 时,系统的特征方程为

$$s^3+s^2+10s+10=0$$

故得 $H(s)$ 的极点为

$$p_1=-1,\quad p_2=\mathrm{j}\sqrt{10},\quad p_3=-\mathrm{j}\sqrt{10}$$

即在 $\mathrm{j}\omega$ 轴上有两个极点,系统为临界稳定。

6-24 图题 6-24 所示电路。(1) 求 $H(s)=\dfrac{U_2(s)}{U_1(s)}$。(2) 求 K 满足什么条件时系统稳定。(3) 求 $K=2$ 时系统的单位冲激响应 $h(t)$。

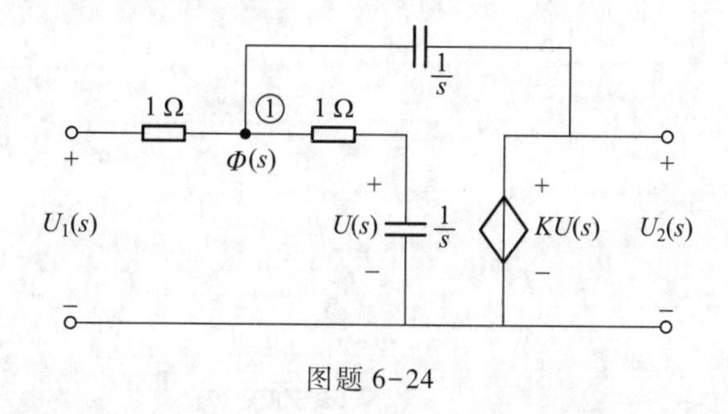

图题 6-24

解:(1) 对节点①列写 KCL 方程为

$$\left(1+\frac{1}{1+\dfrac{1}{s}}+s\right)\Phi(s)-sKU(s)=U_1(s)$$

又有

$$\Phi(s)=\frac{U(s)}{\dfrac{1}{s}}\left(1+\frac{1}{s}\right)$$

$$U_2(s)=KU(s)$$

联解得

$$H(s)=\frac{U_2(s)}{U_1(s)}=\frac{K}{s^2+(3-K)s+1}$$

（2）当 $K<3$ 时，$H(s)$ 的极点位于 s 平面的左半开平面，系统稳定。

（3）当 $K=2$ 时

$$H(s)=\frac{2}{s^2+s+1}=\frac{2}{\left(s+\frac{1}{2}\right)^2+\left(\frac{\sqrt{3}}{2}\right)^2}=2\times\frac{2}{\sqrt{3}}\times\frac{\frac{\sqrt{3}}{2}}{\left(s+\frac{1}{2}\right)^2+\left(\frac{\sqrt{3}}{2}\right)^2}$$

故得

$$h(t)=\frac{4\sqrt{3}}{3}\mathrm{e}^{-\frac{1}{2}t}\sin\left(\frac{\sqrt{3}}{2}t\right)U(t)\ (\mathrm{V})$$

第 7 章　离散信号与系统时域分析

第 7 章课件

7.1　基 本 要 求

(1) 掌握离散信号的定义及其描述;离散信号的能量和功率。

(2) 掌握离散信号的时域运算和变换;掌握离散信号分解为单位序列信号的方法。

(3) 掌握常用离散信号的定义和时域特性,理解常用离散信号与连续信号的区别与联系。

(4) 掌握离散时间系统的描述及离散 LTI 系统的性质,掌握判断系统的线性、时不变性、稳定性和因果性的方法。

(5) 了解离散系统数学模型的建立;了解时域用差分方程和传输算子模拟系统的方法;会求系统的自然频率。

(6) 掌握离散时间系统的时域经典分析方法,会求解差分方程(齐次和非齐次);深刻理解系统的初始状态、差分方程的初始条件和响应的初始值的含义,并能够确定求解差分方程的初始条件;掌握零输入响应和零状态响应的求解方法;深刻理解全响应的三种分解形式。

(7) 掌握离散时间系统的单位序列响应的求解方法:迭代法、等效初值法和传输算子法。

(8) 掌握卷积和的定义及性质;掌握离散信号的卷积和运算方法;会用卷积和求解系统的零状态响应。

7.2　重点与难点

7.2.1　离散信号的能量和功率

离散信号 $f(k)$ 在 $N_1 \leqslant k \leqslant N_2$ 内的能量定义为 $E=\sum\limits_{k=N_1}^{N_2}|f(k)|^2$。

在无穷区间上的总能量定义为 $E=\lim\limits_{N\to\infty}\sum\limits_{k=-N}^{+N}|f(k)|^2$。

在无穷区间内的平均功率定义为 $P=\lim\limits_{N\to\infty}\dfrac{1}{2N+1}\sum\limits_{k=-N}^{+N}|f(k)|^2$。

若 $E<\infty$,称 $f(k)$ 为能量信号。若 $0<P<\infty$,称 $f(k)$ 为功率信号。

7.2.2 离散时间信号的时域运算和分解

1. 加法和乘法

相加：$f(k)=f_1(k)+f_2(k)$　　相乘：$f(k)=f_1(k)f_2(k)$

2. 数乘和倒相

数乘：$y(k)=af(k)$（a 为实常数）　　倒相：$y(k)=-f(k)$

3. 移位和反折

移位：$y(k)=f(k\pm m)$（m 为正整数）　　反折：$y(k)=f(-k)$

4. 尺度变换

$y(k)=f(ak)$（a 为正实常数）

5. 差分

一阶后向差分：$\nabla f(k)=f(k)-f(k-1)$

一阶前向差分：$\Delta f(k)=f(k+1)-f(k)$

6. 累加

$$y(k)=\sum_{i=-\infty}^{k} f(i)$$

7. 分解

$$f(k)=\sum_{i=-\infty}^{+\infty} f(i)\delta(k-i)$$

7.2.3 常用的离散时间信号

1. 单位序列 $\delta(k)$

$$\delta(k)=\begin{cases}1, & k=0\\ 0, & k\neq 0\end{cases}$$

单位序列抽样性：

$$f(k)\delta(k)=f(0)\delta(k)$$

$$f(k)\delta(k-m)=f(m)\delta(k-m)$$

$$f(k)\delta(k+m)=f(-m)\delta(k+m)$$

2. 单位阶跃序列 $U(k)$

$$U(k)=\begin{cases}1, & k\geqslant 0\\0, & k<0\end{cases}$$

单位脉冲是单位阶跃的一阶后向差分：$\delta(k)=U(k)-U(k-1)$。

单位阶跃是单位脉冲的求和：$U(k)=\sum\limits_{n=-\infty}^{k}\delta(n)=\sum\limits_{m=0}^{\infty}\delta(k-m)$。

3. 单位矩形序列（门序列）$G_N(k)$

$$G_N(k)=\begin{cases}1, & 0\leqslant k\leqslant N-1\\0, & \text{其他}\end{cases}$$

4. 单边实指数序列

$$f(k)=a^kU(k)$$

若 $|a|>1$，序列发散；若 $|a|<1$，序列收敛。另外，若 a 为正时，信号样值不改变符号；若 a 为负时，信号样值符号交替变化。若 $a=1$，$f(k)=U(k)$。

5. 正弦序列

$$f(k)=A\sin(\omega_0k+\varphi) \quad \text{或} \quad f(k)=A\cos(\omega_0k+\varphi)$$

式中，ω_0 为正弦序列的数字角频率；A 为正弦序列的振幅，φ 为初相，ω_0、φ 量纲为弧度。

对于连续时间正弦信号 $f(t)=A\sin(\Omega_0t+\varphi)$，具有以下两个性质：① Ω_0 越大，信号变化的速率就越高；② 对任何 Ω_0 值，信号都是周期的。对于正弦序列，与连续信号相比较，有很大的不同。

对于离散正弦序列，频率为 ω_0 的离散时间正弦信号与频率为 $\omega_0\pm2\pi$、$\omega_0\pm4\pi$、…的离散正弦信号是完全相同的。离散正弦信号的低频段是在 ω_0 为 $0,\pm2\pi,\pm4\pi,\cdots$ 附近；而高频段在 ω_0 为 $\pm\pi,\pm3\pi,\cdots$ 附近，此时信号在每个点上都改变符号，产生最快速振荡。

离散正弦信号周期为 $N=\dfrac{2\pi}{\omega_0}m$（$m$ 为大于零的正整数）。

注意：只有当$\dfrac{2\pi}{\omega_0}$为两个正整数之比时，离散正弦序列才为周期的，而且，当$\dfrac{N}{m}$无公因子相消时，周期为 N；若$\dfrac{2\pi}{\omega_0}$不为两个正整数之比，离散正弦序列就不是周期的。

6. 离散复指数序列

$$f(k)=\mathrm{e}^{\mathrm{j}\omega_0k}$$

由欧拉公式，有

$$f(k)=\mathrm{e}^{\mathrm{j}\omega_0k}=\cos(\omega_0k)+\mathrm{j}\sin(\omega_0k)$$

它的实部表示离散余弦序列，虚部表示离散正弦序列。所以该信号周期性问题与以上的离散正弦信号的完全相同。

7.2.4　离散序列的卷积和运算

(1) 卷积和定义：$f_1(k)*f_2(k)=\sum_{i=-\infty}^{\infty}f_1(i)f_2(k-i)$。

(2) 求法：解析法（由定义和卷积和性质）、图解法、列表法。

(3) 性质。

交换律：$f_1(k)*f_2(k)=f_2(k)*f_1(k)$

分配律：$f_1(k)*[f_2(k)+f_3(k)]=f_1(k)*f_2(k)+f_1(k)*f_3(k)$

结合律：$f_1(k)*[f_2(k)*f_3(k)]=[f_1(k)*f_2(k)]*f_3(k)$

延时性：若 $y(k)=f_1(k)*f_2(k)$，则 $f_1(k-N_1)*f_2(k-N_2)=y(k-N_1-N_2)$

(4) 序列 $f(k)$ 与 $\delta(k)$ 的卷积和：$f(k)*\delta(k)=f(k)$。

7.2.5　离散 LTI 系统的概念与模型

(1) 离散系统定义：输入输出及系统内部信号都为离散信号的系统。

(2) 离散 LTI 系统的数学模型：线性常系数差分方程。

n 阶后向差分方程：

$$\begin{aligned}&y(k-n)+a_{n-1}y(k-n+1)+\cdots+a_1y(k-1)+a_0y(k)\\=&b_mf(k-m)+b_{m-1}f(k-m+1)+\cdots+b_1f(k-1)+b_0f(k)\end{aligned}$$

n 阶前向差分方程：

$$\begin{aligned}&y(k+n)+a_{n-1}y(k+n-1)+\cdots+a_1y(k+1)+a_0y(k)\\=&b_mf(k+m)+b_{m-1}f(k+m-1)+\cdots+b_1f(k+1)+b_0f(k)\end{aligned}$$

(3) 传输算子

$$H(E)=\frac{N(E)}{D(E)}=\frac{b_mE^m+b_{m-1}E^{m-1}+\cdots+b_1E+b_0}{E^n+a_{n-1}E^{n-1}+\cdots+a_1E+a_0}$$

$D(E)=E^n+a_{n-1}E^{n-1}+\cdots+a_1E+a_0$ 称为差分方程的特征多项式，$D(E)=0$ 为差分方程的特征方程，特征方程的根称为差分方程的特征根，也称为系统的自然频率。

(4) 离散 LTI 系统的模拟图和信号流图：仅由单位延时器（E^{-1}或 z^{-1}）、比例器和加法器组成的系统框图。由模拟图可以画出系统的信号流图。由差分方程和传输算子可以画出系统的模拟图。

7.2.6　离散 LTI 系统的特性

若激励 $f(k)$、$f_1(k)$ 和 $f_2(k)$ 分别作用于系统的响应分别为 $y(k)$、$y_1(k)$ 和 $y_2(k)$，设 A、A_1 和 A_2 为任意常数，则离散 LTI 系统有如下性质。

(1) 齐次性：$Af(k)\to Ay(k)$。

(2) 叠加性：$f_1(k)+f_2(k)\to y_1(k)+y_2(k)$。

(3) 线性：$A_1f_1(k)+A_2f_2(k)\to A_1y_1(k)+A_2y_2(k)$。

(4) 时不变性：$f(k-k_0)\to y(k-k_0)$。

(5) 累加性：$\sum_{i=-\infty}^{k} f(i) \to \sum_{i=-\infty}^{k} y(i)$。

(6) 稳定性：离散系统稳定的充分必要条件是单位序列响应 $h(k)$ 绝对可和。

(7) 因果性：离散 LTI 系统为因果系统的充分必要条件是单位序列响应 $h(k)$ 在 $k<0$ 时为零。

7.2.7 离散 LTI 系统的时域经典分析——差分方程经典解法

(1) 迭代法：利于计算机数值运算，一般不能形成封闭解。

(2) 系统的全响应为差分方程通解，通解为

$$y(k)=y_0(k)+y_{\mathrm{d}}(k)$$

其中，$y_0(k)$ 为齐次解，$y_{\mathrm{d}}(k)$ 为特解。

关于齐次解 $y_0(k)$，设差分方程有 n 个特征根 $\lambda_i(i=1,2,\cdots,n)$。

① 特征根均为单根，则齐次差分方程解的形式为

$$y_0(k)=A_1\lambda_1^k+A_2\lambda_2^k+\cdots+A_n\lambda_n^k=\sum_{i=1}^{n} A_i\lambda_i^k$$

② 特征根有重根。若 λ_r 是特征方程的 r 重根，即有 $\lambda_1=\lambda_2=\cdots=\lambda_r$，而其余 $n-r$ 个根均为单根，则齐次差分方程解的形式为

$$y_0(k)=(A_1+A_2k+\cdots+A_rk^{r-1})\lambda_r^k+\sum_{j=r+1}^{n} A_j\lambda_j^k$$

关于特解 $y_{\mathrm{d}}(k)$，特解的形式与激励函数的形式有关。表 7.1 列出了几种典型的激励 $f(k)$ 所对应的特解 $y_{\mathrm{d}}(k)$。

表 7.1 几种典型的激励所对应的特解

激励 $f(k)$	特解 $y_{\mathrm{d}}(k)$
k^m	$A_mk^m+A_{m-1}k^{m-1}+\cdots+A_1k+A_0$，当所有特征根均不为 1 时 $[A_mk^m+A_{m-1}k^{m-1}+\cdots+A_1k+A_0]k^r$，当有 r 重等于 1 的特征根时
a^k	Aa^k，当 a 不是特征根时 $(A_1k+A_0)a^k$，当 a 是特征单根时 $(A_rk^r+A_{r-1}k^{r-1}+\cdots+A_1k+A_0)a^k$，当 a 是 r 重特征根时

7.2.8 单位序列响应

(1) 定义：单位序列信号 $\delta(k)$ 作用于零状态离散系统的响应。用 $h(k)$ 表示。

(2) 求法：

① 迭代法。

② 等效初值法。

差分方程右边不含 $\delta(k)$ 的移序序列时，直接用等效初值法求单位序列响应。若差分方程右边含有 $\delta(k)$ 的移序序列时，先用等效初值法求出 $\delta(k)$ 单独作用时的响应，再由 LTI 系

统的线性和时不变性求系统的响应。

③ 传输算子法。

将传输算子$\frac{H(E)}{E}$展开成部分分式，即可求得单位序列响应。表 7.2 中列出了一些常用的 $H(E)$ 与 $h(k)$ 的对应关系。

表 7.2　$H(E)$ 与 $h(k)$ 的对应关系

$H(E)$	$h(k)$
E^m	$\delta(k+m)$
$\frac{E}{E-r}$	$r^k U(k)$
$\frac{E}{(E-r)^2}$	$kr^{k-1}U(k)$
$\frac{E}{(E-r)^n}$	$\frac{1}{(n-1)!}k(k-1)(k-2)\cdots(k-n+2)r^{k-n+1}U(k)$
$\frac{1}{E-r}$	$r^{k-1}U(k-1)$

7.2.9　用卷积和分析法求 LTI 系统的零状态响应

激励 $f(k)$ 作用于 LTI 系统的零状态响应为 $y_f(k)$，可以用卷积和求得零状态响应，零状态响应为

$$y_f(k)=\sum_{i=-\infty}^{\infty} f(i)h(k-i)=f(k)*h(k)$$

7.2.10　用零输入响应——零状态响应法求离散 LTI 系统的全响应

LTI 系统的全响应可以分解为零输入响应和零状态响应，即 $y(k)=y_x(k)+y_f(k)$。其中，$y_x(k)$ 为零输入响应，它对应的齐次差分方程的解，完全由系统的自然频率（差分方程的特征根）和初始状态确定。$y_f(k)$ 为系统在零状态下对应激励 $f(k)$ 的响应，可以用经典解法求得，也可以用卷积和的方法求得。

1. 系统的初始状态

当激励 $f(k)$ 在 $k=0$ 时作用于系统（激励作用起始时刻由差分方程判定），则 $k=-1$ 时刻所有延迟元件的输出为因果系统的初始状态。对于单输入单输出因果 n 阶系统，通常用 $y(-1),y(-2),\cdots,y(-n)$ 描述系统的初始状态，即为 $y_x(-1),y_x(-2),\cdots,y_x(-n)$。在求零输入响应时，可以用 $y_x(-1),y_x(-2),\cdots,y_x(-n)$ 作为初始条件。另外，也可以由齐次差分方程和初始状态迭代出 $y_x(0),y_x(1),\cdots,y_x(n-1)$ 作为求零输入响应的初始条件。

2. 零状态响应的初始条件

当激励 $f(k)$ 在 $k=0$ 时作用于零状态系统，有 $y_f(-1)=y_f(-2)=\cdots=y_f(-n)=0$。如果用

经典法(即解差分方程)求零状态响应,初始条件为 $y_f(0),y_f(1),\cdots,y_f(n-1)$。求零状态响应所需要的初始条件 $y_f(0),y_f(1),\cdots,y_f(n-1)$ 可以由非齐次差分方程和初始状态 $y_f(-1)=y_f(-2)=\cdots=y_f(-n)=0$ 迭代出。而用卷积和求零状态响应时,不用迭代初始条件。

离散 LTI 响应的初始值的关系:$y(0)=y_x(0)+y_f(0),y(1)=y_x(1)+y_f(1),\cdots,y(n-1)=y_x(n-1)+y_f(n-1)$。

7.3 典型例题

例 7.1 求电压信号 $f(k)=\left(\frac{1}{2}\right)^k U(k)$ V 的能量。

解:由定义可得

$$E=\lim_{N\to\infty}\sum_{k=-N}^{+N}|f(k)|^2=\sum_{k=0}^{\infty}\left(\frac{1}{2}\right)^{2k}=\left(1+\frac{1}{4}+\frac{1}{16}+\frac{1}{64}+\cdots\right)\text{J}=\frac{4}{3}\text{J}$$

例 7.2 求电流信号 $f(k)=U(k)$ 平均功率。

解:由平均功率定义可得

$$P=\lim_{N\to\infty}\frac{1}{2N+1}\sum_{k=-N}^{+N}|f(k)|^2=\lim_{N\to\infty}\frac{1}{2N+1}\sum_{k=0}^{N}U(k)=\lim_{N\to\infty}\frac{1}{2N+1}(N+1)=\frac{1}{2}\text{W}$$

例 7.3 已知序列 $f(k)=\left\{2,\underset{\underset{k=0}{\uparrow}}{1},1,\frac{1}{2},-2,\frac{1}{2}\right\}$,求 $y(k)=\sum\limits_{i=-\infty}^{k}f(i)$。

解:当 $k\leqslant-2$ 时,$y(k)=\sum\limits_{i=-\infty}^{-2}f(i)=0$

当 $k=-1$ 时,$y(k)=\sum\limits_{i=-\infty}^{-1}f(i)=f(-1)=2$

当 $k=0$ 时,$y(k)=\sum\limits_{i=-\infty}^{0}f(i)=f(-1)+f(0)=3$

当 $k=1$ 时,$y(k)=\sum\limits_{i=-\infty}^{1}f(i)=f(-1)+f(0)+f(1)=4$

当 $k=2$ 时,$y(k)=\sum\limits_{i=-\infty}^{2}f(i)=f(-1)+f(0)+f(1)+f(2)=\frac{9}{2}$

当 $k=3$ 时,$y(k)=\sum\limits_{i=-\infty}^{3}f(i)=f(-1)+f(0)+f(1)+f(2)+f(3)=\frac{5}{2}$

当 $k\geqslant4$ 时,$y(k)=\sum\limits_{i=-\infty}^{4}f(i)=f(-1)+f(0)+f(1)+f(2)+f(3)+f(4)=3$

所以

$$y(k)=\left\{2,\underset{\underset{k=0}{\uparrow}}{3},4,\frac{9}{2},\frac{5}{2},3,3,3,\cdots\right\}$$

例 7.4 将序列 $f(k)=\left\{-3,2,\underset{\underset{k=0}{\uparrow}}{1},8,\frac{3}{2},0,\frac{1}{2}\right\}$ 分解为单位序列的和。

解:$f(k)=-3\delta(k+2)+2\delta(k+1)+\delta(k)+8\delta(k-1)+\frac{3}{2}\delta(k-2)+\frac{1}{2}\delta(k-4)$

例 7.5　判定下列信号哪些为周期信号。

(1) $f(k)=2\cos\left(\frac{5\pi}{4}k\right)+\cos\left(\frac{\pi}{4}k\right)$。(2) $f(k)=\cos\left(5k-\frac{\pi}{3}\right)$。

(3) $f(k)=\cos\left(\frac{\pi}{2}k^2\right)$。(4) $f(k)=\cos(\pi k)+\cos\left(\frac{8\pi}{3}k\right)+\cos\left(\frac{11\pi}{5}k\right)$。

解:(1) $2\cos\left(\frac{5\pi}{4}k\right)$的周期为 8,$\cos\left(\frac{\pi}{4}k\right)$的周期为 8,所以$f(k)$的周期为 $N=8$。

(2) $\omega_0=5$,因为$\frac{2\pi}{\omega_0}=\frac{2\pi}{5}$不为整数之比,所以$f(k)$不为周期信号。

(3) $\cos\left(\frac{\pi}{2}k^2\right)=\cos\left[\frac{\pi}{2}(k+N)^2\right]=\cos\left[\frac{\pi}{2}k^2+2\pi\frac{(2kN+N^2)}{4}\right]$,因为只要 $N=2,4,8,16,\cdots$,$2\pi\left[\frac{(2kN+N^2)}{4}\right]=2m\pi$,所以$f(k)$的周期为 $N=2$。

(4) $\cos(\pi k)$的周期为 2,$\cos\left(\frac{8\pi}{3}k\right)$的周期为 3,$\cos\left(\frac{11\pi}{5}k\right)$的周期为 10,所以$f(k)$的周期为 $N=30$。

例 7.6　求下列序列的卷积和 $y(k)=f_1(k)*f_2(k)$。

(1) $f_1(k)=\left(\frac{1}{2}\right)^{|k|}$,　$f_2(k)=1$。

(2) $f_1(k)=\{\underset{k=0}{\underset{\uparrow}{2}},2,1,-1\}$,　$f_2(k)=\{\underset{k=0}{\underset{\uparrow}{0}},1,4,-2\}$。

(3) $f_1(k)=(2)^{k+1}U(k+1)$,　$f_2(k)=\delta(2-k)+U(k)$。

(4) $f_1(k)=(0.5)^kU(k)$,　$f_2(k)=U(-k)$。

解:(1) 用卷积和定义直接求解,有

$$y(k)=\sum_{i=-\infty}^{\infty}\left(\frac{1}{2}\right)^{|i|}=\sum_{i=-\infty}^{-1}\left(\frac{1}{2}\right)^{|i|}+1+\sum_{i=1}^{\infty}\left(\frac{1}{2}\right)^{|i|}=1+2\sum_{i=1}^{\infty}\left(\frac{1}{2}\right)^{i}=3$$

(2) [方法一]利用不进位乘法求解。将两个有限长序列以各自的 k 值按右端对齐进行乘法,卷积和第一个不为零值的序号为两个序列不为零值的序号之和,该例 $y(k)$第一个不为零值的序号为 $k=0+1=1$。

```
f1(k):      2  2  1  -1
f2(k):×        1  4  -2
   ---------------------
           -4 -4 -2   2
        8   8  4 -4
     2  2   1 -1
   ---------------------
     2 10   5 -1 -6   2
```

所以　$y(k)=\{\underset{k=0}{\underset{\uparrow}{0}},2,10,5,-1,-6,2\}$

[方法二]利用卷积和的性质和$f(k)*\delta(k)=f(k)$求解。

$$f_1(k)=2\delta(k)+2\delta(k-1)+\delta(k-2)-\delta(k-3)$$

$$f_2(k)=\delta(k-1)+4\delta(k-2)-2\delta(k-3)$$

$$\begin{aligned}y(k)&=[2\delta(k)+2\delta(k-1)+\delta(k-2)-\delta(k-3)]*[\delta(k-1)+4\delta(k-2)-2\delta(k-3)]\\&=2\delta(k-1)+10\delta(k-2)+5\delta(k-3)-\delta(k-4)-6\delta(k-5)+2\delta(k-6)\end{aligned}$$

所以,$y(k)=\{\underset{\underset{k=0}{\uparrow}}{0},2,10,5,-1,-6,2\}$。

(3) 利用卷积和的性质求解,且用到$\delta(2-k)=\delta(k-2)$。

因为 $(2)^kU(k)*U(k)=[(2)^{k+1}-1]U(k)$

所以 $$\begin{aligned}y(k)&=[(2)^{k+1}U(k+1)]*[\delta(k-2)+U(k)]=(2)^{k-1}U(k-1)+[(2)^{k+2}-1]U(k+1)\\&=\delta(k+1)+3\delta(k)+[9(2)^{k-1}-1]U(k-1)\end{aligned}$$

(4) 由卷积和定义直接求解。

$$y(k)=(0.5)^kU(k)*U(-k)=\sum_{i=-\infty}^{\infty}(0.5)^iU(i)U(i-k)$$

当$k<0$时,$y(k)=\sum_{i=0}^{\infty}(0.5)^i=2$

当$k\geqslant0$时,$y(k)=\sum_{i=k}^{\infty}(0.5)^i=2(0.5)^k$

所以

$$y(k)=2U(-k-1)+2(0.5)^kU(k)$$

例 7.7 描述离散系统的数学模型为

(1) $y(k)=[f(k)]^2$。 (2) $y(k)=f(k)\cos(2k)$。

(3) $y(k)=f(k)+3$。 (4) $y(k)=f(2k)$。

(5) $y(k)+2y(k-1)=f(k)$ 当$k<0$时,$y(k)=0$。

试说明系统的线性、因果性、时不变性和记忆特性。

解:(1) 非线性、因果的、时不变、无记忆。

(2) 线性、因果的、时变、无记忆。

(3) 非线性、非因果的、时不变、无记忆。

(4) 线性、非因果的、时变、有记忆。

(5) 线性、因果的、时不变、有记忆。

例 7.8 已知因果系统差分方程为$y(k)+3y(k-1)+2y(k-2)=f(k)$,当$f(k)=2^kU(k)$,$y(0)=0$,$y(1)=2$时,用经典分析法求系统的全响应。

解:首先求齐次解。特征方程为

$$\lambda^2+3\lambda+2=0$$

特征根为$\lambda_1=-1$,$\lambda_2=-2$,齐次解为

$$y_0(k)=A_1(-1)^k+A_2(-2)^k$$

其次求特解。由激励形式和特征根得到特解形式为

$$y_d(k)=A_3(2)^k$$

代入差分方程，得 $A_3=\frac{1}{3}$。故全解形式为

$$y(k)=A_1(-1)^k+A_2(-2)^k+\frac{1}{3}(2)^k$$

代入初始条件，有

$$A_1+A_2+\frac{1}{3}=y(0)=0$$

$$-A_1-2A_2+\frac{2}{3}=y(1)=2$$

解得 $A_1=\frac{2}{3}, A_2=-1$，全响应为

$$y(k)=\frac{2}{3}(-1)^k-(-2)^k+\frac{1}{3}(2)^k, \quad k\geqslant 0$$

例 7.9　在例 7.8 中，用经典法（解差分方程）求零状态响应 $y_f(k)$。

解：经典法求零状态响应，实际上是解非齐次差分方程。初始条件 $y_f(0)$、$y_f(1)$ 要由系统的初始状态和非齐次差分方程迭代出。由于激励 $f(k)=2^kU(k)$ 是在 $k=0$ 开始作用于系统的，所以系统的初始状态为 $y_f(-1)=y_f(-2)=0$。

将 $k=0$ 代入差分方程，有

$$y_f(0)+3y_f(-1)+2y_f(-2)=1$$

可得

$$y_f(0)=1$$

将 $k=1$ 代入差分方程，有

$$y_f(1)+3y_f(0)+2y_f(-1)=2$$

可得

$$y_f(1)=-1$$

齐次解的形式与例 7.8 相同，但待定系数不同。特解仍然为 $y_d(k)=\frac{1}{3}(2)^k$。所以零状态响应的通解形式为

$$y_f(k)=A_1(-1)^k+A_2(-2)^k+\frac{1}{3}(2)^k$$

代入初始条件，有

$$A_1+A_2+\frac{1}{3}=y_f(0)=1$$

$$-A_1-2A_2+\frac{2}{3}=y_f(1)=-1$$

解得　$A_1=-\frac{1}{3}, A_2=1$。

零状态响应为

$$y_f(k)=\left[-\frac{1}{3}(-1)^k+(-2)^k+\frac{1}{3}(2)^k\right]U(k)$$

例 7.10 在例 7.8 中,用零输入-零状态响应法求全响应。

解:所谓零输入-零状态响应法求全响应就是分别把零输入响应和零状态响应求出,然后相加得到全响应。求零输入响应时可以用系统的初始状态作为初始条件,也可用 $y_x(0)$、$y_x(1)$ 作为初始条件。$y_x(0)$、$y_x(1)$ 由齐次差分方程和系统的初始状态迭代确定。本例给出的是全响应的初始值,需要由全响应的初始值和非齐次差分方程迭代出系统的初始状态。

步骤一,求零输入响应 $y_x(k)$。

由于激励 $f(k)=2^kU(k)$ 是在 $k=0$ 开始作用于系统的,所以 $y(-1)$、$y(-2)$ 与激励无关,$y(-1)$、$y(-2)$ 是系统的初始状态,且 $y(-1)=y_x(-1)$,$y(-2)=y_x(-2)$,可以直接用作求零输入响应的初始条件,也可以用它和齐次差分方程迭代出 $y_x(0)$、$y_x(1)$ 作为求零输入响应的初始条件。为了说明迭代方法,这里用 $y_x(0)$、$y_x(1)$ 作为初始条件。

首先迭代出初始状态。差分方程为

$$y(k)+3y(k-1)+2y(k-2)=f(k)$$

将 $k=1$ 代入差分方程,有

$$y(1)+3y(0)+2y_x(-1)=2$$

可得

$$y_x(-1)=0$$

将 $k=0$ 代入差分方程,有

$$y(0)+3y_x(-1)+2y_x(-2)=1$$

可得

$$y_x(-2)=0.5$$

求得系统的初始状态后,再由初始状态和齐次差分方程迭代 $y_x(0)$、$y_x(1)$。

齐次差分方程为

$$y_x(k)+3y_x(k-1)+2y_x(k-2)=0$$

将 $k=0$ 代入差分方程,有

$$y_x(0)+3y_x(-1)+2y_x(-2)=0$$

可得

$$y_x(0)=-1$$

将 $k=1$ 代入差分方程,有

$$y_x(1)+3y_x(0)+2y_x(-1)=0$$

可得

$$y_x(1)=3$$

零输入响应的通解为

$$y_x(k)=A_1\ (-1)^k+A_2\ (-2)^k$$

代入初始条件,有

$$A_1+A_2=y_x(0)=-1$$

$$-A_1-2A_2=y_x(1)=3$$

得

$$A_1=1,\quad A_2=-2$$

零输入响应为

$$y_x(k)=(-1)^k-2\ (-2)^k,\quad k\geqslant 0$$

步骤二,求零状态响应。

在例 7.9 中已经用经典法求得零状态响应,下面再用卷积和方法求零状态响应。在用卷积和求零状态响应时，首先要求系统的单位序列响应 $h(k)$。这里用传输算子法求单位序列响应 $h(k)$。

传输算子为

$$H(E)=\frac{E^2}{E^2+3E+2}$$

将$\frac{H(E)}{E}$作部分分式展开，有

$$\frac{H(E)}{E}=\frac{E}{E^2+3E+2}=\frac{-1}{E+1}+\frac{2}{E+2}$$

所以

$$H(E)=\frac{-E}{E+1}+\frac{2E}{E+2}$$

单位序列响应为

$$h(k)=[-(-1)^k+2(-2)^k]U(k)$$

零状态响应为

$$\begin{aligned}y_f(k)&=f(k)*h(k)=[-(-1)^k+2(-2)^k]U(k)*2^kU(k)\\&=\left[-\frac{1}{3}(-1)^k+(-2)^k+\frac{1}{3}(2)^k\right]U(k)\end{aligned}$$

步骤三，求全响应。

$$\begin{aligned}y(k)&=y_x(k)+y_f(k)=(-1)^k-2(-2)^k+\left[-\frac{1}{3}(-1)^k+(-2)^k+\frac{1}{3}(2)^k\right]\\&=\frac{2}{3}(-1)^k-(-2)^k+\frac{1}{3}(2)^k,\quad k\geqslant 0\end{aligned}$$

例 7.11　用经典法求下列差分方程所描述的系统的零状态响应。

$$y(k)+5y(k-1)+6y(k-2)=f(k),\quad f(k)=U(k)$$

解：由于激励是从 $k=0$ 开始作用于系统的，所以系统的初始状态为 $y_f(-1)=y_f(-2)=0$。

迭代出初始条件为 $y_f(0)=1,y_f(1)=-4$。特解为 $y_d(k)=\frac{1}{12}U(k)$。

零状态响应通解为

$$y_f(k)=\left[A_1(-2)^k+A_2(-3)^k+\frac{1}{12}\right]U(k)$$

代入初始条件求得 $A_1=-\frac{4}{3},A_2=\frac{9}{4}$。

零状态响应为

$$y_f(k)=\left[-\frac{4}{3}(-2)^k+\frac{9}{4}(-3)^k+\frac{1}{12}\right]U(k)$$

例 7.12　用经典法求下列差分方程所描述的系统的零状态响应。

$$y(k)+5y(k-1)+6y(k-2)=f(k)-2f(k-1),\quad f(k)=U(k)$$

解：本例中方程右边含有激励的移序序列，在用经典法处理这类问题时，通常是先求出

方程右边只有 $f(k)$ 时的零状态响应,再用 LTI 系统的线性和时不变性直接写出系统的零状态响应。

在例 7.11 中已经求得 $f(k)=U(k)$ 单独作用时的零状态响应为

$$y_{f1}(k)=\left[-\frac{4}{3}(-2)^k+\frac{9}{4}(-3)^k+\frac{1}{12}\right]U(k)$$

本例所求的零状态响应为

$$\begin{aligned}y_f(k)&=y_{f1}(k)-2y_{f1}(k-1)\\&=\left[-\frac{4}{3}(-2)^k+\frac{9}{4}(-3)^k+\frac{1}{12}\right]U(k)-2\left[-\frac{4}{3}(-2)^{k-1}+\frac{9}{4}(-3)^{k-1}+\frac{1}{12}\right]U(k-1)\\&=\left[-\frac{8}{3}(-2)^k+\frac{15}{4}(-3)^k-\frac{1}{12}\right]U(k)\end{aligned}$$

例 7.13 用经典法求下列差分方程所描述的系统的零状态响应。

$$y(k+2)+5y(k+1)+6y(k)=f(k),\quad f(k)=U(k)$$

解:本例给出的是前向差分方程。对前向差分方程的处理方法有两种。

[方法一]将前向差分方程转化为后向差分方程。

$$y(k)+5y(k-1)+6y(k-2)=f(k-2)$$

在例 7.11 中已经求得 $f(k)=U(k)$ 单独作用时的零状态响应为

$$y_{f1}(k)=\left[-\frac{4}{3}(-2)^k+\frac{9}{4}(-3)^k+\frac{1}{12}\right]U(k)$$

所以本例所求的零状态响应为

$$y_f=y_{f1}(k-2)=\left[-\frac{4}{3}(-2)^{k-2}+\frac{9}{4}(-3)^{k-2}+\frac{1}{12}\right]U(k-2)$$

[方法二]直接用前向差分方程求解。

$$y(k+2)+5y(k+1)+6y(k)=f(k)=U(k)$$

由于激励是在 $k=0$ 时作用于系统的,将 $k=-1$ 代入差分方程,有

$$y(1)+5y(0)+6y(-1)=U(-1)=0$$

上式说明 $y(1)$、$y(0)$、$y(-1)$ 与激励无关,仅由初始状态决定,那么 $y(1)$、$y(0)$ 即是系统的初始状态,可以用作求零输入响应的初始条件。本例系统处于零状态,有

$$y(1)=y(0)=0$$

用初始状态和齐次差分方程迭代出求零状态响应的初始条件。将 $k=0$ 代入差分方程

$$y(2)+5y(1)+6y(0)=1$$

得

$$y(2)=1$$

将 $k=1$ 代入差分方程,有

$$y(3)+5y(2)+6y(1)=1$$

得

$$y(3)=-4$$

零状态响应的通解为

$$y_f(k)=\left[A_1\ (-2)^k+A_2\ (-3)^k+\frac{1}{12}\right]U(k-2)$$

代入初始条件,有

$$A_1(-2)^2+A_2(-3)^2+\frac{1}{12}=1$$

$$A_1(-2)^3+A_2(-3)^3+\frac{1}{12}=-4$$

解得

$$A_1=-\frac{1}{3},A_2=\frac{1}{4}$$

零状态响应为

$$\begin{aligned}y_f(k)&=\left[-\frac{1}{3}(-2)^k+\frac{1}{4}(-3)^k+\frac{1}{12}\right]U(k-2)\\&=\left[-\frac{4}{3}(-2)^{k-2}+\frac{9}{4}(-3)^{k-2}+\frac{1}{12}\right]U(k-2)\end{aligned}$$

例 7.14　已知系统的差分方程为 $y(k)-3y(k-1)+2y(k-2)=f(k)+f(k-1)$。(1) 求单位序列响应 $h(k)$。(2) 若激励为 $f(k)=2^kU(k)$,试用卷积和法求系统的零状态响应。

解:(1) 求单位序列响应。

[方法一]用等效初值法求解。

方程右边有激励的移序序列,处理方法是首先求出方程右边只有 $\delta(k)$ 单独作用时的响应,再由系统的线性和时不变性求出系统的单位序列响应。

方程右边只有 $\delta(k)$ 时的差分方程为

$$h(k)-3h(k-1)+2h(k-2)=\delta(k)$$

系统初始状态为 $h(-1)=h(-2)=0$,将 $k=1$ 和 $k=2$ 分别代入以上差分方程迭代出等效初值,可得 $h(0)=1,h(1)=3$。

差分方程的特征根为 $\lambda_1=1,\lambda_2=2$,方程右边只有 $\delta(k)$ 时的响应为

$$h_1(k)=[A_1\ (1)^k+A_2\ (2)^k]U(k)$$

代入等效初始值,求得 $A_1=-1,A_2=2$。

$$h_1(k)=[-1+2\ (2)^k]U(k)$$

由线性和时不变性得系统的单位序列响应为

$$h(k)=h_1(k)+h_1(k-1)=[-1+2\ (2)^k]U(k)+[-1+2\ (2)^{k-1}]U(k-1)=[-2+3\ (2)^k]U(k)$$

[方法二]用传输算子法求解。

由差分方程写出传输算子

$$H(E)=\frac{E^2+E}{E^2-3E+2}$$

将 $\frac{H(E)}{E}$ 部分分式展开后求得

$$H(E)=\frac{-2E}{E-1}+\frac{3E}{E-2}$$

单位序列响应为

$$h(k)=[-2+3\ (2)^k]U(k)$$

(2) 求零状态响应。

$$y_{\mathrm{f}}(k)=f(k)*h(k)=2^{k}U(k)*[-2+3(2)^{k}]U(k)=2U(k)+[(3k-1)2^{k}]U(k)$$

例 7.15 已知某线性时不变系统在激励 $f(k)=\{\underset{\underset{k=0}{\uparrow}}{1},4,4\}$ 的作用下,系统的零状态响应为 $y_{\mathrm{f}}(k)=2^{k}U(k)$。试求系统的单位序列响应 $h(k)$。

解:因为

$$f(k)=\delta(k)+4\delta(k-1)+4\delta(k-2)$$

$$y_{\mathrm{f}}(k)=h(k)*f(k)=h(k)*[\delta(k)+4\delta(k-1)+4\delta(k-2)]$$

所以

$$h(k)+4h(k-1)+4h(k-2)=y_{\mathrm{f}}(k)=2^{k}U(k)$$

因为 $h(-1)=h(-2)=0$,所以 $h(k)$ 的初始条件为 $h(0)$、$h(1)$,利用迭代法可求得

$$h(0)=1,\quad h(1)=-2$$

差分方程的特征根为 $\lambda_1=\lambda_2=-2$,差分方程的特解为 $h_{\mathrm{d}}(k)=\frac{1}{4}(2)^{k}$,通解为

$$h(k)=(A_1+A_2k)(-2)^{k}+\frac{1}{4}(2)^{k}$$

代入初始条件,可求得 $A_1=\frac{3}{4}$,$A_2=\frac{1}{2}$。

系统的单位序列响应为

$$h(k)=\left[\left(\frac{3}{4}+\frac{1}{2}k\right)(-2)^{k}+\frac{1}{4}(2)^{k}\right]U(k)$$

例 7.16 某线性时不变系统的阶跃响应为 $g(k)=[2+(0.5)^{k}]U(k)$。在时域求系统的单位序列响应 $h(k)$。

解:因为 $\delta(k)=U(k)-U(k-1)$,所以

$$h(k)=g(k)-g(k-1)=[2+(0.5)^{k}]U(k)-[2+(0.5)^{k-1}]U(k-1)=4\delta(k)-(0.5)^{k}U(k)$$

例 7.17 图例 7.17(a)和(b)所示两个系统,已知三个 LTI 子系统的单位序列响应分别为 $h_1(k)=U(k)$,$h_2(k)=\delta(k)$,$h_3(k)=\delta(k)+U(k)$。(1) 求两个系统的单位序列响应 $h_{\mathrm{a}}(k)$、$h_{\mathrm{b}}(k)$。(2) 判断两个系统是否等效。(3) 求两个系统的单位阶跃响应 $g_{\mathrm{a}}(k)$、$g_{\mathrm{b}}(k)$。

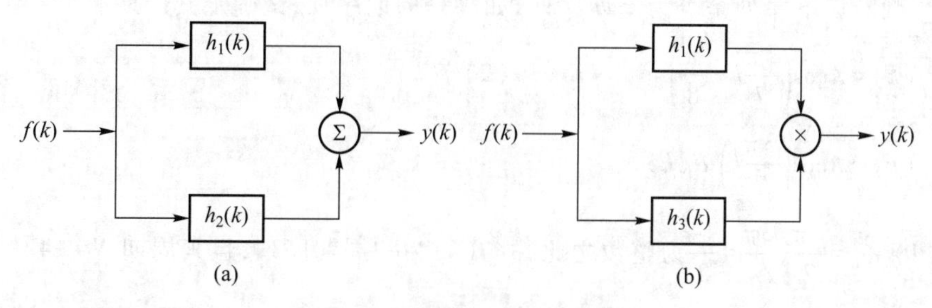

图例 7.17

解:(1) 图例 7.17(a)所示系统的单位序列响应为

$$h_{\mathrm{a}}(k)=h_1(k)+h_2(k)=U(k)+\delta(k)$$

图例7.17(b)所示系统的单位序列响应为

$$h_b(k)=h_1(k)h_3(k)=U(k)[U(k)+\delta(k)]=U(k)+U(k)\delta(k)$$

(2) 因为图例7.17(a)所示系统是线性系统,图例7.17(b)所示系统为非线性系统,所以两个系统不等效。

(3) 图例7.17(a)所示系统的单位阶跃响应为

$$g_a(k)=h_a(k)*U(k)=[U(k)+\delta(k)]*U(k)=U(k)+(k+1)U(k)=(k+2)U(k)$$

图例7.17(b)所示系统的单位阶跃响应为

$$\begin{aligned}g_b(k)&=[U(k)*h_1(k)]\times[U(k)*h_3(k)]=[U(k)*U(k)]\times\{U(k)*[U(k)+\delta(k)]\}\\&=(k+1)U(k)\times[(k+1)U(k)+U(k)]=(k+1)(k+2)U(k)\end{aligned}$$

7.4　本章习题详解

7-1　已知频谱包含直流分量至1 000 Hz分量的连续时间信号$f(t)$延续1 min,现对$f(t)$进行均匀抽样以构成离散信号。求满足抽样定理的理想抽样的最少抽样点数。

解:因为$f_m=1\ 000$ Hz,所以最低抽样频率为$f_s=2f_m=2\times10^3$ Hz。而最大的抽样间隔为

$$T_s=\frac{1}{f_s}=\frac{1}{2\times10^3}\ \text{s}=5\times10^{-4}\ \text{s}$$

故得最少的抽样点数为

$$N=\frac{t}{T_s}=\frac{60}{5\times10^{-4}}=1.2\times10^5(\text{个})$$

7-2　分别绘出以下各序列的图形。

(1) $x(k)=2^kU(k)$。　(2) $x(k)=(-2)^kU(k)$。

(3) $x(k)=kU(-k)$。　(4) $x(k)=\left(\frac{1}{2}\right)^{k+1}U(k+1)$。

(5) $x(k)=2^{k-1}U(k-1)$。　(6) $x(k)=2^{-k}U(-k)$。

(7) $x(k)=\sin\left(\frac{k\pi}{5}\right)$。　(8) $x(k)=\left(\frac{1}{2}\right)^k\sin\left(\frac{k\pi}{5}\right)$。

解:略。

7-3　判断以下序列是否为周期序列,如果是周期序列,试确定其周期。

(1) $f(k)=A\cos\left(\frac{3\pi}{7}k-\frac{\pi}{8}\right)$。　(2) $f(k)=e^{j\left(\frac{k}{8}-\pi\right)}$。

(3) $f(k)=A\cos\left(\frac{3\pi}{7}k\right)U(k)$。

解:(1) $\omega_0=\frac{3\pi}{7},\frac{2\pi}{\omega_0}=\frac{14}{3}$为整数之比,故$f(k)$为一周期序列,且其周期$N=14$。

(2) $\omega_0=\frac{1}{8},\frac{2\pi}{\omega_0}=16\pi$不为整数之比,故$f(k)$不是周期序列。

(3) 由于$f(k)$为因果序列,故$f(k)$为非周期序列。

7-4　以下各序列是离散LTI系统的单位序列响应,试判定各系统的因果性和稳定性。

(1) $\delta(k)$。 (2) $\delta(k-2)$。

(3) $\delta(k+5)$。 (4) $U(-k+3)$。

(5) $2^k U(k)$。 (6) $2^{-k}U(k)$。

(7) $0.5^k U(-k)$。 (8) $2^k[U(k)-U(k-100)]$。

解:LTI 系统为因果系统的充分必要条件是单位序列响应为因果序列。LTI 系统稳定的充分必要条件是单位序列响绝对可和。

(1) 因果系统、稳定系统。

(2) 因果系统、稳定系统。

(3) 非因果系统、稳定系统。

(4) 非因果系统、不稳定系统。

(5) 因果系统、不稳定系统。

(6) 因果系统、稳定系统。

(7) 非因果系统、不稳定系统。

(8) 因果系统、稳定系统。

7-5 以下每个系统 $f(k)$ 表示激励,$y(k)$ 表示响应。试判断每个系统的线性、时不变性和因果性。

(1) $y(k)=2f(k)+8$。 (2) $y(k)=[f(k)]^2$。 (3) $y(k)=(k-1)f(k)$。

(4) $y(k)=\sum\limits_{i=-\infty}^{k} f(i)$。 (5) $y(k)=f(1-k)$。 (6) $y(k)=f\left(\dfrac{1}{2}k\right)$。

解:(1) 系统为非线性、时不变、非因果系统。

(2) 系统为非线性、时不变、因果系统。

(3) 系统为线性、时变、因果系统。

(4) 系统为线性、时不变、因果系统。

(5) 系统为线性、时变、非因果系统。

(6) 系统为线性、时变、非因果系统。

7-6 对于 LTI 系统,(1) 已知激励为单位阶跃序列 $U(k)$ 时的零状态响应为 $g(k)$,试求单位序列响应 $h(k)$。(2) 已知单位序列响应 $h(k)$,试求单位阶跃响应 $g(k)$。

解:(1) 因有

$$\delta(k)=U(k)-U(k-1)$$

由 LTI 系统的线性和时不变性,可得

$$h(k)=g(k)-g(k-1)$$

(2) 因有

$$U(k)=\sum_{i=0}^{k}\delta(i)$$

由 LTI 系统的累加性,可得

$$g(k)=\sum_{i=0}^{k}h(i)$$

7-7 一个乒乓球从 H 米高度自由下落至地面,每次弹跳起的最高值是前一次最高值的2/3。设$y(k)$表示第k次跳起的高度,试列出描述此过程的差分方程。若设高度$H=10\ \mathrm{m}$,解此差分方程。

解:设第k次跳起的高度为$y(k)$,则差分方程为

$$y(k)=\frac{2}{3}y(k-1)$$

即

$$\begin{cases}y(k)-\dfrac{2}{3}y(k-1)=0\\ y(0)=H,\quad \text{其中 } H=10\end{cases}$$

差分方程的特征根为$p=\dfrac{2}{3}$,有

$$y(k)=A\left(\frac{2}{3}\right)^{k}U(k)$$

代入初始条件,得$A=10$。第k次跳起时的高度为

$$y(k)=10\left(\frac{2}{3}\right)^{k}U(k),\quad k\geqslant 0$$

7-8　对于图题7-8所示梯形电阻网络,确定其初始条件,并求节点电压$u(k)$。

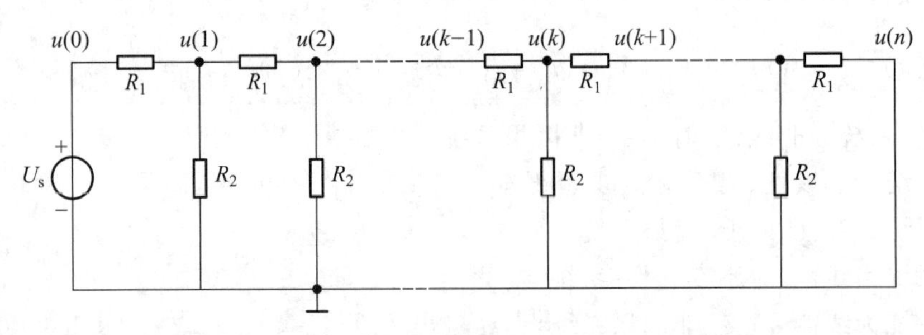

图题7-8

解:图题7-8所示为梯形电阻网络。令各节点电压为$u(k)$,其中$k=0,1,2,\cdots,n$是各节点的序号。试建立该网络节点电压的差分方程。

根据KCL,对于节点$k-1$,有

$$\frac{u(k-2)-u(k-1)}{R_1}=\frac{u(k-1)}{R_2}+\frac{u(k-1)-u(k)}{R_1}$$

整理后得

$$u(k)-\left(2+\frac{R_1}{R_2}\right)u(k-1)+u(k-2)=0,\quad 0\leqslant k\leqslant n$$

求解此差分方程的初始条件为$u(0)=u_s$,$u(n)=0$。其他求解过程略。

7-9　某人每年年初在银行存款1万元,以后每年年初将上年所得利息和本金以及新增1万元存入银行,年息为5%。(1)列此存款的差分方程。(2)求第10年年底在银行存款的总额。

解:(1)设第k年年初银行存款总数为$y(k)$,则差分方程为

$$y(k+1)-y(k)=y(k)\times\frac{5}{100}+U(k)$$

式中，$y(k+1)$为第 $k+1$ 年年初银行存款的总数，$U(k)$为第 $k+1$ 年年初新增存款 1 万元，整理得

$$y(k+1)-1.05y(k)=U(k)$$

（2）由于 $y(0)=0$，故只存在零状态响应。传输算子为

$$H(E)=\frac{1}{E-1.05}$$

故

$$h(k)=(1.05)^{k-1}U(k-1)$$

可得

$$y(k)=U(k)*h(k)=U(k)*(1.05)^{k-1}U(k-1)$$
$$=\frac{1-(1.05)^{k}}{1-1.05}U(k-1)=20[(1.05)^{k}-1]U(k-1)$$

当 $k=10$ 时，有

$$y(10)=20[(1.05)^{10}-1]\times1=12.577\ 9（万元）$$

故第 10 年年底银行的总存款数为

$$y(10)\times\left[1+\frac{5}{100}\right]=13.206\ 8（万元）$$

7-10 求下列差分方程所描述的离散系统的零输入响应、零状态响应和全响应。

（1）$y(k)+3y(k-1)+2y(k-2)=2^{k}U(k)$，$y(-1)=1$，$y(-2)=0$。

（2）$y(k)+3y(k-1)+2y(k-2)=2^{k}U(k)$，$y(0)=0$，$y(1)=2$。

解：（1）系统的特征方程为

$$E^{2}+3E+2=0$$

得特征根为

$$p_1=-1,\quad p_2=-2$$

故得零输入响应 $y_x(k)$的通解为

$$y_x(k)=A_1(-1)^{k}+A_2(-2)^{k}$$

因为激励 $f(k)$是在 $k=0$ 时刻作用于系统的，故初始状态为 $y(-1)$、$y(-2)$。将 $y(-1)$、$y(-2)$带入 $y_x(k)=A_1(-1)^{k}+A_2(-2)^{k}$，得

$$y_x(-1)=-A_1-\frac{1}{2}A_2=1$$

$$y_x(-2)=A_1+\frac{1}{4}A_2=0$$

联解得

$$A_1=1,\quad A_2=-4$$

故得零输入响应为

$$y_x(k)=(-1)^{k}-4(-2)^{k},\quad k\geqslant0$$

差分方程的传输算子为

$$H(E)=\frac{1}{1+3E^{-1}+2E^{-2}}=\frac{E^2}{E^2+3E+2}=E\left(\frac{-1}{E+1}+\frac{2}{E+2}\right)=\frac{-E}{E+1}+\frac{2E}{E+2}$$

故得单位序列响应为

$$h(k)=[-(-1)^k+2(-2)^k]U(k)$$

零状态响应为

$$\begin{aligned}y_f(k)=f(k)*h(k)&=2^kU(k)*[-(-1)^k+2(-2)^k]U(k)\\&=\left[-\frac{1}{3}(-1)^k+(-2)^k+\frac{1}{3}(2)^k\right]U(k)\end{aligned}$$

全响应为

$$y(k)=y_x(k)+y_f(k)=\left[\frac{2}{3}(-1)^k-3(-2)^k+\frac{1}{3}(2)^k\right]U(k)$$

（2）系统的特征方程为

$$E^2+3E+2=0$$

得特征根为

$$p_1=-1,\quad p_2=-2$$

故得零输入响应 $y_x(k)$ 的通解为

$$y_x(k)=A_1(-1)^k+A_2(-2)^k$$

待定系数 A_1、A_2 必须根据系统的初始状态或零输入响应的初始值来确定。因为激励 $f(k)$ 是在 $k=0$ 时刻作用于系统的，故初始状态为 $y(-1)$、$y(-2)$。取 $k=1$，代入原差分方程有

$$y(1)+3y(0)+2y(-1)=2$$

即

$$2+0+2y(-1)=2$$

故得

$$y(-1)=0$$

取 $k=0$，代入原差分方程有

$$y(0)+3y(-1)+2y(-2)=1$$

即

$$0+0+2y(-2)=1$$

故得

$$y(-2)=\frac{1}{2}$$

将 $y(-1)$、$y(-2)$ 带入 $y_x(k)=A_1(-1)^k+A_2(-2)^k$，得

$$y_x(-1)=-A_1-\frac{1}{2}A_2=0$$

$$y_x(-2)=A_1+\frac{1}{4}A_2=\frac{1}{2}$$

联解得

$$A_1=1,\quad A_2=-2$$

所以零输入响应为

$$y_x(k)=(-1)^k-2(-2)^k,\quad k\geqslant 0$$

差分方程的传输算子为

$$H(E)=\frac{1}{1+3E^{-1}+2E^{-2}}=\frac{E^2}{E^2+3E+2}$$

$$=E\frac{E}{(E+1)(E+2)}=E\left(\frac{-1}{E+1}+\frac{2}{E+2}\right)$$

$$=\frac{-E}{E+1}+\frac{2E}{E+2}$$

故得单位序列响应为

$$h(k)=[-(-1)^k+2(-2)^k]U(k)$$

零状态响应为

$$y_f(k)=f(k)*h(k)=2^kU(k)*[-(-1)^k+2(-2)^k]U(k)$$

$$=\left[-\frac{1}{3}(-1)^k+(-2)^k+\frac{1}{3}(2)^k\right]U(k)$$

全响应为

$$y(k)=y_x(k)+y_f(k)=\left[\frac{2}{3}(-1)^k-(-2)^k+\frac{1}{3}(2)^k\right]U(k)$$

7-11 试用等效初值法和传输算子法分别求下列差分方程所描述系统的单位序列响应。

(1) $y(k)+4y(k-2)=f(k)$。 (2) $y(k)-\frac{5}{6}y(k-1)+\frac{1}{6}y(k-2)=f(k)$。

(3) $y(k)-\frac{5}{6}y(k-1)+\frac{1}{6}y(k-2)=f(k)-f(k-2)$。

解:此处仅用传输算子法求解。

(1) 因有

$$H(E)=\frac{E^2}{E^2+4}=E\frac{E}{(E+2j)(E-2j)}=\frac{1}{2}\left[\frac{E}{E+2j}+\frac{E}{E-2j}\right]$$

所以

$$h(k)=\left[2^k\cos\left(\frac{k\pi}{2}\right)\right]U(k)$$

(2) 因有

$$H(E)=\frac{E^2}{E^2-\frac{5}{6}E+\frac{1}{6}}=\frac{E^2}{\left(E-\frac{1}{2}\right)\left(E-\frac{1}{3}\right)}=E\frac{E}{\left(E-\frac{1}{2}\right)\left(E-\frac{1}{3}\right)}$$

$$=E\left(\frac{3}{E-\frac{1}{2}}+\frac{-2}{E-\frac{1}{3}}\right)=\frac{3E}{E-\frac{1}{2}}-\frac{2E}{E-\frac{1}{3}}$$

所以

$$h(k)=\left[3\left(\frac{1}{2}\right)^{k}-2\left(\frac{1}{3}\right)^{k}\right]U(k)$$

(3) 因有

$$H(E)=\frac{E^{2}-1}{E^{2}-\frac{5}{6}E+\frac{1}{6}}=\frac{E^{2}}{\left(E-\frac{1}{2}\right)\left(E-\frac{1}{3}\right)}-\frac{1}{\left(E-\frac{1}{2}\right)\left(E-\frac{1}{3}\right)}$$

$$=E\left(\frac{E}{\left(E-\frac{1}{2}\right)\left(E-\frac{1}{3}\right)}\right)-E^{-1}\left(\frac{E}{\left(E-\frac{1}{2}\right)\left(E-\frac{1}{3}\right)}\right)$$

$$=3\frac{E}{E-\frac{1}{2}}-2\frac{E}{E-\frac{1}{3}}-E^{-2}\left(\frac{3E}{E-\frac{1}{2}}-\frac{2E}{E-\frac{1}{3}}\right)$$

所以

$$h(k)=\left[3\left(\frac{1}{2}\right)^{k}-2\left(\frac{1}{3}\right)^{k}\right]U(k)-\left[3\left(\frac{1}{2}\right)^{k-2}-2\left(\frac{1}{3}\right)^{k-2}\right]U(k-2)$$

7-12　已知零状态二阶因果 LTI 系统的单位阶跃响应为 $g(k)=[2^{k}+3(5)^{k}+10]U(k)$。(1) 求系统的差分方程。(2) 若激励 $f(k)=2[U(k)-U(k-10)]$,求零状态响应。

解:(1) 由阶跃响应 $g(k)$ 的表达式可知,特征方程有两个特征根:$p_1=2,p_2=5$,故知系统是二阶的。设系统的差分方程为

$$y(k)+a_1y(k-1)+a_2y(k-2)=b_0f(k)+b_1f(k-1)+b_2f(k-2)+\cdots+b_mf(k-m)$$
$$=\sum_{i=0}^{m}b_if(k-i)\quad(i=0,1,2,\cdots,m)$$

可得系统特征多项式为

$$E^{2}+a_1E+a_2=(E-2)(E-5)=E^{2}-7E+10$$

故得 $a_1=-7,a_2=10$。差分方程为

$$y(k)-7y(k-1)+10y(k-2)=\sum_{i=0}^{m}b_if(k-i)$$

下面再求系数 b_i。先求单位序列响应 $h(k)$,当激励 $f(k)=\delta(k)$时,系统的差分方程变为

$$h(k)-7h(k-1)+10h(k-2)=\sum_{i=0}^{m}b_i\delta(k-i)\tag{1}$$

因有

$$\delta(k)=\nabla U(k)=U(k)-U(k-1)$$

根据系统的差分性有

$$\begin{aligned}h(k)&=\nabla g(k)=g(k)-g(k-1)\\&=[2^{k}+3(5)^{k}+10]U(k)-[2^{k-1}+3(5)^{k-1}+10]U(k-1)\\&=14\delta(k)+[2^{k-1}+12(5)^{k-1}]U(k-1)\end{aligned}$$

故得

$$h(-2)=0, h(-1)=0, h(0)=14, h(1)=13, h(2)=62, h(3)=304, h(4)=1\ 508, \cdots$$

带入(1)得

$$h(k)-7h(k-1)+10h(k-2)=\begin{cases}14, & k=0\\ -85, & k=1\\ 111, & k=2\\ 0, & k\geqslant 3\end{cases}$$

故得系数

$$b_0=14, b_1=-85, b_2=111, b_3=b_4=\cdots=b_m=0$$

最后得差分方程为

$$y(k)-7y(k-1)+10y(k-2)=14f(k)-85f(k-1)+111f(k-2)$$

备注:由于因果系统总是有 $m\leqslant n$,又 $n=2$(阶),故必有 $b_3=b_4=\cdots=b_m=0$。

(2) 根据线性系统的齐次性和时不变性可得

$$y(k)=2[g(k)-g(k-10)]=2\{[2^k+3(5)^k+10]U(k)-[2^{k-10}+3(5)^{k-10}+10]U(k-10)\}$$

7-13 已知序列 $f_1(k)$ 和 $f_2(k)$ 如图题 7-13 所示。求 $y(k)=f_1(k)*f_2(k)$。

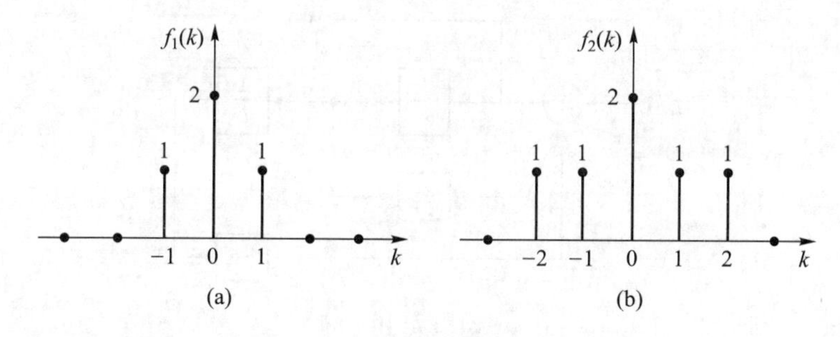

图题 7-13

解:由图得

$$\begin{aligned}y(k)=f_1(k)*f_2(k)=&[\delta(k+1)+2\delta(k)+\delta(k-1)]*\\&[\delta(k+2)+\delta(k+1)+2\delta(k)+\delta(k-1)+\delta(k-2)]\\=&\delta(k+3)+3\delta(k+2)+5\delta(k+1)+6\delta(k)+5\delta(k-1)+3\delta(k-2)+\delta(k-3)\end{aligned}$$

7-14 求下列卷积和。

(1) $U(k)*U(k)$。

(2) $0.25^kU(k)*U(k)$。

(3) $5^kU(k)*3^kU(k)$。

(4) $kU(k)*\delta(k-2)$。

解:根据卷积性质有

(1) $U(k)*U(k)=(k+1)U(k)$

(2) $0.25^kU(K)*U(k)=\dfrac{1-(0.25)^{k+1}}{1-0.25}U(k)=\dfrac{4}{3}[1-(0.25)^{k+1}]U(k)$

(3) $5^kU(k)*3^kU(k)=\dfrac{(5)^{k+1}-(3)^{k+1}}{5-3}U(k)=\dfrac{1}{2}[(5)^{k+1}-(3)^{k+1}]U(k)$

（4）$kU(k)*\delta(k-2)=(k-2)U(k-2)$

7-15　试写出图题7-15所示系统的差分方程，并指出其阶数。

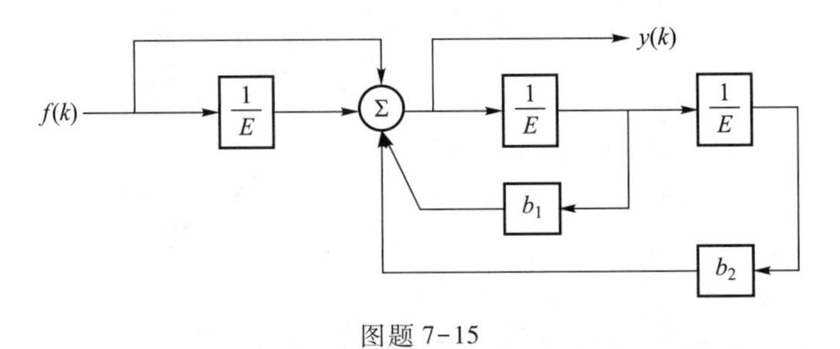

图题 7-15

解：由图题7-15得该系统的差分方程为

$$y(k)-b_1y(k-1)-b_2y(k-2)=f(k)+f(k-1)$$

由差分方程可以看出其阶数为二阶。

7-16　试写出图题7-16所示系统的前向和后项差分方程，并求出单位序列响应和单位阶跃响应。

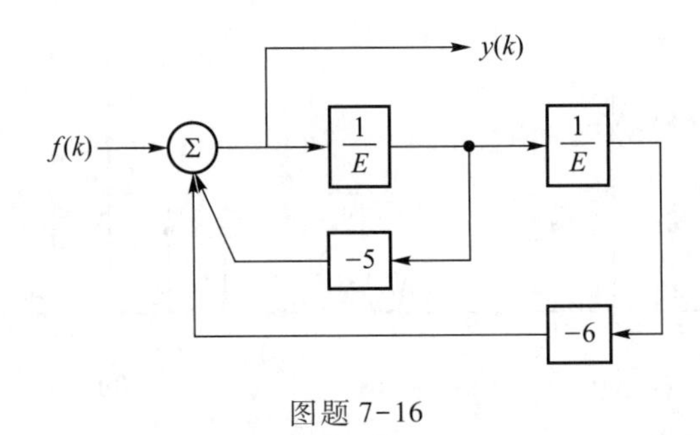

图题 7-16

解：由图题7-16得系统的差分方程为

$y(k)+5y(k-1)+6y(k-2)=f(k)$　　（后向差分方程）

$y(k+2)+5y(k+1)+6y(k)=f(k+2)$　　（前向差分方程）

差分方程的传输算子为

$$H(E)=\frac{1}{1+5E^{-1}+6E^{-2}}=\frac{E^2}{E^2+5E+6}=E\frac{E}{(E+2)(E+3)}$$

$$=E\left(\frac{-2}{E+2}+\frac{3}{E+3}\right)=\frac{-2E}{E+2}+\frac{3E}{E+3}$$

故得单位序列响应为

$$h(k)=[-2(-2)^k+3(-3)^k]U(k)$$

单位阶跃响应为

$$g(k)=U(k)*h(k)=\left\{-\frac{2}{3}[1-(-2)^{k+1}]+\frac{3}{4}[1-(-3)^{k+1}]\right\}U(k)$$

7-17 图题 7-17 所示系统，若激励为 $f(k)=\left(\frac{1}{2}\right)^k U(k)$，求系统的零状态响应。

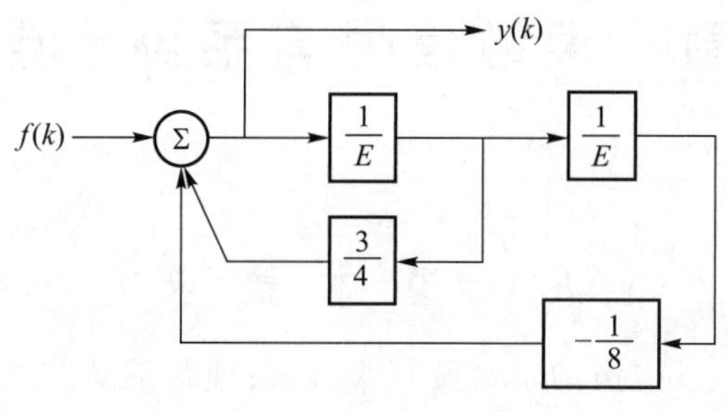

图题 7-17

解：由图题 7-17 得系统的差分方程为

$$y(k)-\frac{3}{4}y(k-1)+\frac{1}{8}y(k-2)=f(k) \qquad \text{（后向差分方程）}$$

$$y(k+2)-\frac{3}{4}y(k+1)+\frac{1}{8}y(k)=f(k+2) \qquad \text{（前向差分方程）}$$

差分方程的转移算子为

$$H(E)=\frac{1}{1-\frac{3}{4}E^{-1}+\frac{1}{8}E^{-2}}=\frac{E^2}{E^2-\frac{3}{4}E+\frac{1}{8}}=E\left(\frac{2}{E-\frac{1}{2}}+\frac{-1}{E-\frac{1}{4}}\right)=\frac{2E}{E-\frac{1}{2}}+\frac{-E}{E-\frac{1}{4}}$$

故得单位序列响应为

$$h(k)=\left[2\left(\frac{1}{2}\right)^k-\left(\frac{1}{4}\right)^k\right]U(k)$$

零状态响应为

$$y_f(k)=f(k)*h(k)=\left(\frac{1}{2}\right)^k U(k)*\left[2\left(\frac{1}{2}\right)^k-\left(\frac{1}{4}\right)^k\right]U(k)=\left[2k\left(\frac{1}{2}\right)^k+\left(\frac{1}{4}\right)^k\right]U(k)$$

7-18 图题 7-18 所示系统包括两个级联的线性时不变系统，已知它们的单位序列响应分别为 $h_1(k)=\delta(k)-\delta(k-3)$，$h_2(k)=0.8^k U(k)$。求其单位阶跃响应。

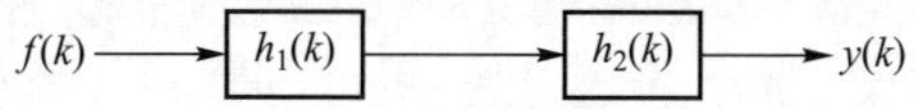

$f(k) \rightarrow \boxed{h_1(k)} \rightarrow \boxed{h_2(k)} \rightarrow y(k)$

图题 7-18

解：$g(k)=f(k)*h(k)=f(k)*h_1(k)*h_2(k)=U(k)*[\delta(k)-\delta(k-3)]*0.8^k U(k)$

$$=[U(k)-U(k-3)]*0.8^k U(k)=U(k)*0.8^k U(k)-U(k-3)*0.8^k U(k)$$

$$=5(1-0.8^{k+1})U(k)-5(1-0.8^{k-2})U(k-3)$$

第8章　离散信号与系统z域分析

第8章课件

8.1　基 本 要 求

（1）深刻理解并掌握z变换的定义及其收敛域；理解不同形式序列的z变换对应的收敛域；掌握常用离散信号的z变换及其收敛域；熟练掌握z变换的性质，并注意单边z变换与双边z变换在某些性质的区别以及某些性质的应用条件；熟练掌握利用性质求序列的z变换。

（2）了解z变换与离散序列的傅里叶变换之间的关系，由z变换会求离散序列的傅里叶变换；了解z变换与连续信号的拉氏变换之间的关系，了解s平面与z平面的映射关系。

（3）掌握z逆变换的求解方法，特别是部分分式法。

（4）掌握利用z变换求解系统的差分方程，即求解系统的零输入响应、零状态响应和全响应。

（5）掌握系统函数的定义及其物理意义；理解系统函数的零极点的含义，会画零极点图；理解并掌握因果LTI系统系统函数的零极点分布与系统单位序列响应的关系；掌握各种系统函数的求解方法。

（6）掌握系统函数的应用，特别是用系统函数分析系统的因果性、稳定性，求解差分方程，求解系统的频率特性和正弦稳态响应，用系统函数模拟系统；掌握朱利准则。

8.2　重点与难点

8.2.1　z变换

1. z变换定义

序列$f(k)$的双边z变换定义为$F(z)=\sum\limits_{k=-\infty}^{\infty}f(k)z^{-k}$。

序列$f(k)$的单边z变换定义为$F(z)=\sum\limits_{k=0}^{\infty}f(k)z^{-k}$。

2. z变换收敛域

级数$F(z)$收敛的充分必要条件是$\sum\limits_{k=-\infty}^{\infty}|f(k)z^{-k}|<\infty$，满足该式$z$的取值范围称为$F(z)$的收敛域。关于收敛域有以下结论：

（1）z变换收敛域取决于序列$f(k)$和z值。

(2) $F(z)$与$f(k)$不一定一一对应,故只有$F(z)$和其收敛域一起才可确定序列$f(k)$。

(3) 右序列的z变换的收敛域一般位于z平面半径为r的圆外区域。

(4) 左序列的z变换的收敛域位于z平面收敛半径为r的圆内区域。

(5) 双边序列z变换的收敛域位于z平面$r_1<|z|<r_2$的圆环区域内。

(6) 有限长双边序列z变换的收敛域为$0<|z|<\infty$。

(7) 有限长右序列z变换的收敛域为$|z|>0$。

(8) 有限长左序列z变换的收敛域为$|z|<\infty$。

3. 常用序列的z变换

(1) 单位序列$\delta(k)$

$$f(k)=\delta(k)\to F(z)=1,\quad \text{收敛域为整个 } z \text{ 平面}$$

(2) 单位阶跃序列$U(k)$

$$f(k)=U(k)\to F(z)=\frac{z}{z-1},\quad \text{收敛域为} |z|>1, \text{即单位圆外}$$

(3) 单边指数序列$a^kU(k)$

$$f(k)=a^kU(k)\to F(z)=\frac{z}{z-a},\quad \text{收敛域为} |z|>|a|, \text{圆外}$$

(4) 左序列$-a^kU(-k-1)$

$$f(k)=-a^kU(-k-1)\to F(z)=\frac{z}{z-a},\quad \text{收敛域为} |z|<|a|, \text{圆内}$$

(5) 复指数序列$e^{jbk}U(k)$

$$f(k)=e^{jbk}U(k)\to F(z)=\frac{z}{z-e^{jb}},\quad \text{收敛域为} |z|>1, \text{单位圆外}$$

4. z变换的性质

(1) 线性

若$f_1(k)\to F_1(z)$,$r_{11}<|z|<r_{12}$,$f_2(k)\to F_2(z)$,$r_{21}<|z|<r_{22}$,则

$$af_1(k)+bf_2(k)\to aF_1(z)+bF_2(z),\quad \text{收敛域为 } F_1(z) \text{ 和 } F_2(z) \text{ 的公共部分}$$

(2) 时移性

对于双边z变换,若$f(k)\to F(z)$,$r_1<|z|<r_2$,则序列$f(k\pm m)$的双边z变换为

$$f(k\pm m)\to z^{\pm m}F(z),\quad r_1<|z|<r_2,\quad m \text{ 为任意正整数}$$

对于单边z变换,若$f(k)U(k)\to F(z)$,$|z|>r$。

① 当$f(k)$为双边序列时,有

$$f(k-m)U(k)\to z^{-m}\left[F(z)+\sum_{k=-m}^{-1}f(k)z^{-k}\right]$$

$$f(k+m)U(k)\to z^{m}\left[F(z)-\sum_{k=0}^{m-1}f(k)z^{-k}\right]$$

收敛域为$|z|>r$。

② 当 $f(k)$ 为因果序列时，有

$$f(k-m)U(k)=f(k-m)U(k-m)\to z^{-m}F(z)$$

$$f(k+m)U(k)\to z^{m}\left[F(z)-\sum_{k=0}^{m-1}f(k)z^{-k}\right]$$

收敛域为 $|z|>r$。

(3) z 域尺度变换

若 $f(k)\to F(z)$，$r_1<|z|<r_2$，则 $a^k f(k)\to F\left(\frac{z}{a}\right)$，$r_1<\left|\frac{z}{a}\right|<r_2$，$a$ 为常量。

(4) z 域微分性

若 $f(k)\to F(z)$，　$r_1<|z|<r_2$，则 $kf(k)\to -z\frac{\mathrm{d}F(z)}{\mathrm{d}z}$，$r_1<|z|<r_2$。

上述结果可推广到 $f(k)$ 乘以 k 的任意正整数 m 次幂的情况，即有

$$k^m f(k)\to\left[-z\frac{\mathrm{d}}{\mathrm{d}z}\right]^m F(z)$$

式中，$\left[-z\frac{\mathrm{d}}{\mathrm{d}z}\right]^m$ 表示 $-z\frac{\mathrm{d}}{\mathrm{d}z}\left\{-z\frac{\mathrm{d}}{\mathrm{d}z}\left[-z\frac{\mathrm{d}}{\mathrm{d}z}\cdots\left(-z\frac{\mathrm{d}}{\mathrm{d}z}F(z)\right)\right]\right\}$，对 $F(z)$ 求导并乘以 $(-z)$ 共 m 次。

(5) z 域积分性

若 $f(k)\to F(z)$，$r_1<|z|<r_2$，则 $\frac{f(k)}{k+m}\to z^m\int_z^{\infty}\frac{F(x)}{x^{m+1}}\mathrm{d}x$，收敛域为 $r_1<|z|<r_2$，式中 m 为整数，$k+m>0$。

当 $m=0$ 时，有 $\frac{f(k)}{k}\to\int_z^{\infty}\frac{F(x)}{x}\mathrm{d}x$。

(6) 时域反折性

设 $f(k)\to F(z)$，$r_1<|z|<r_2$，则 $f(-k)\to F(z^{-1})$，$\frac{1}{r_2}<|z|<\frac{1}{r_1}$。

(7) 时域卷积定理

若 $f_1(k)\to F_1(z)$，$r_{11}<|z|<r_{12}$，$f_2(k)\to F_2(z)$，$r_{21}<|z|<r_{22}$，则 $f_1(k)*f_2(k)\to F_1(z)F_2(z)$，收敛域为 $F_1(z)$、$F_2(z)$ 收敛域的公共部分。

(8) 部分和

若 $y(k)=\sum_{i=-\infty}^{k}f(i)$，且 $f(k)\to F(z)$，$r_1<|z|<r_2$，则 $y(k)=\sum_{i=-\infty}^{k}f(i)\to\frac{z}{z-1}F(z)$，收敛域为 $|z|>1$ 与 $r_1<|z|<r_2$ 的公共部分。

(9) 初值定理

设 $f(k)$ 为右序列，且它的单边 z 变换为 $F(z)$，则

$$f(0)=\lim_{z\to\infty}F(z)$$

$$f(1)=\lim_{z\to\infty}[zF(z)-zf(0)]$$

$$f(2)=\lim_{z\to\infty}[z^2F(z)-z^2f(0)-zf(1)]$$

$$\cdots\cdots\cdots\cdots$$

如果把 $F(z)$ 表示成两个多项式之比的话,分子多项式的阶数要小于或等于分母多项式的阶数,初值定理才能成立。实际上,对于因果序列的 z 变换都能满足以上要求。

(10) 终值定理

设 $f(k)$ 为右序列,则 $f(\infty)=\lim\limits_{k\to\infty}f(k)=\lim\limits_{z\to1}\dfrac{z-1}{z}F(z)$。

5. z 域与 s 域的映射关系

对于一个连续时间信号 $f(t)$,每隔时间 T 冲激抽样一次,抽样信号 $f_s(t)=f(t)\delta_T(t)$ 的拉氏变换 $F_s(s)$ 与抽样序列 $f(kT)$ 的 z 变换之间有如下关系:

$$F_s(s)=F(z)\Big|_{z=e^{sT}}$$

$$F(z)=F_s(s)\Big|_{s=\frac{1}{T}\ln z}$$

复变量 z 与 s 的关系为

$$z=e^{sT}=re^{j\omega}$$

$$s=\frac{1}{T}\ln z=\sigma+j\Omega$$

式中,

$$r=e^{\sigma T}$$

$$\omega=\Omega T$$

s 平面和 z 平面有如下主要映射关系:

(1) s 平面上的虚轴($\sigma=0,s=j\omega$)映射到 z 平面是单位圆,即 $|z|=1$。

(2) s 右半平面($\sigma>0$)映射到 z 平面是单位圆外部区域,即 $|z|>1$。

(3) s 左半平面($\sigma<0$)映射到 z 平面是单位圆内部区域,即 $|z|<1$。

8.2.2 z 反变换的求法

z 反变换常用到三种方法:幂级数展开法、部分分式法和留数法(反演积分)。

1. 幂级数展开法

因为 $F(z)=\sum\limits_{k=-\infty}^{\infty}f(k)z^{-k}=\cdots f(-1)z^{1}+f(0)+f(1)z^{-1}+f(2)z^{-2}+\cdots$,所以只要在给定的收敛域内将 $F(z)$ 展开为 z^{-1} 或 z 的幂级数,则级数的系数就是序列 $f(k)$ 相应的值。

2. 部分分式法

当 $\dfrac{F(z)}{z}$ 是 z 的有理真分式时,可将 $\dfrac{F(z)}{z}$ 展开成部分分式后再乘以 z,得到 $F(z)$,利用常用序列 z 变换可以求得 $f(k)$。

表 8.1 列出了常用的 z 反变换。表中 a 为常数,m 为正整数。

表8.1　常用的 z 反变换

$F(z)$	收敛域	$f(k)$
A	全平面	$A\delta(k)$
z^{m}	$\|z\|<\infty$	$\delta(k+m)$
z^{-m}	$\|z\|>0$	$\delta(k-m)$
$\dfrac{z}{z-a}$	$\|z\|>\|a\|$	$a^{k}U(k)$
	$\|z\|<\|a\|$	$-a^{k}U(-k-1)$
$\dfrac{z}{(z-a)^{2}}$	$\|z\|>\|a\|$	$ka^{k-1}U(k)$
	$\|z\|<\|a\|$	$-ka^{k-1}U(-k-1)$
$\dfrac{z}{(z-a)^{3}}$	$\|z\|>\|a\|$	$\dfrac{k(k-1)}{2}a^{k-2}U(k)$
	$\|z\|<\|a\|$	$-\dfrac{k(k-1)}{2}a^{k-2}U(-k-1)$

3. 留数法

(1) $F(z)$的收敛域为$|z|>r_1$，$F(z)z^{k-1}$的极点均在$|z|=r_1$的圆的内部。$f(k)$为$F(z)z^{k-1}$极点的留数之和，即

$$f(k)=\begin{cases}0, & k<0\\ \sum\limits_{c\text{内极点}}\mathrm{Res}[F(z)z^{k-1}], & k\geqslant 0\end{cases}$$

(2) $F(z)$的收敛域为$|z|<r_2$，此时$f(k)$为反因果序列。$F(z)z^{k-1}$的极点均在$|z|=r_2$的圆的外部。

$$f(k)=\begin{cases}-\sum\limits_{c\text{外极点}}\mathrm{Res}[F(z)z^{k-1}], & k<0\\ 0, & k\geqslant 0\end{cases}$$

(3) $F(z)$的收敛域为$r_1<|z|<r_2$，此时$f(k)$为双边序列，$F(z)z^{k-1}$的极点由两部分组成，一部分位于围线 c 以内，另一部分位于 c 之外。

$$f(k)=\begin{cases}-\sum\limits_{c\text{外极点}}\mathrm{Res}[F(z)z^{k-1}], & k<0\\ \sum\limits_{c\text{内极点}}\mathrm{Res}[F(z)z^{k-1}], & k\geqslant 0\end{cases}$$

以上各式中，c 为在收敛域内包围$F(z)z^{k-1}$全部极点的逆时针方向的闭合路径。

如果$F(z)z^{k-1}$在$z=z_i$处有一阶极点，则其留数为

$$\mathrm{Res}[F(z)z^{k-1}]\big|_{z=z_i}=(z-z_i)F(z)z^{k-1}\big|_{z=z_i}$$

如果$F(z)z^{k-1}$在$z=z_i$处有 r 阶极点，则其留数为

$$\operatorname{Res}[F(z)z^{k-1}]\big|_{z=z_i}=\frac{1}{(r-1)!}\frac{\mathrm{d}^{r-1}}{\mathrm{d}z^{r-1}}[(z-z_i)^r F(z)z^{k-1}]\bigg|_{z=z_i}$$

8.2.3 利用 z 变换求因果系统的响应

1. 零输入响应

零输入响应指在起始状态 $y_x(-1), y_x(-2), \cdots, y_x(-n)$ 作用下的响应，它对应齐次差分方程的解。对于用后向差分方程描述的因果系统，可直接用单边 z 变换将齐次差分方程转化为代数方程，求得 $Y_x(z)$，然后反变换即可求得零输入响应 $y_x(k)$。

2. 零状态响应

在零状态下，$y_f(-1)=y_f(-2)=\cdots=y_f(-n)=0$，直接对非齐次差分方程作 z 变换，将非齐次差分方程转化为代数方程，求得 $Y_f(z)$，然后反变换即可求得零状态响应 $y_f(k)$。

3. 全响应

在初始状态 $y_x(-1), y_x(-2), \cdots, y_x(-n)$ 下，对因果系统的后向非齐次差分方程作单边 z 变换，可以求得全响应的像函数 $Y(z)$，然后反变换即可求得全响应 $y(k)$。

8.2.4 z 域系统函数

1. 定义

离散 LTI 系统的系统函数定义为零状态响应的 z 变换与其对应激励的 z 变换之比，即

$$H(z)=\frac{Y_f(z)}{F(z)}$$

2. 物理意义

(1) 系统函数 $H(z)$ 就是离散时间系统单位序列响应 $h(k)$ 的 z 变换。

(2) $H(z)$ 也可以看做系统对幂函数激励 z^k 的零状态响应的加权函数。即激励 z^k 的零状态响应为

$$y_f(k)=H(z)z^k$$

3. 零极点图

将系统函数零点和极点画在 z 平面上的图称为零极点图。

4. 求法

对于系统函数 $H(z)$ 的求法一般有以下几种：

(1) 已知激励和其零状态响应的 z 变换，根据定义求解。

(2) 已知系统差分方程,对差分方程两边取 z 变换,从而求得 $H(z)$。

(3) 已知系统的单位序列响应 $h(k)$,对 $h(k)$ 取 z 变换求得 $H(z)$。

(4) 如果给定系统传输算子 $H(E)$,则 $H(z)=H(E)\big|_{E=z}$。

(5) 如果已知系统的时域或 z 域模拟图,画出信号流图,则可由梅森公式求得 $H(z)$。

(6) 已知有理分式系统函数的零极点图,可以求得系统函数。

8.2.5　系统函数的应用

1. 求单位序列响应

已知系统函数和收敛域,作 z 反变换可以得到系统的单位序列响应 $h(k)$。

2. 求零状态响应

在给定激励 $f(k)$ 时可求得其对应的零状态响应 $y_{\mathrm{f}}(k)$,即 $y_{\mathrm{f}}(k)=\mathscr{Z}^{-1}[H(z)F(z)]$。

3. 求差分方程

由系统函数 $H(z)$ 求得传输算子 $H(E)$,可以写出系统的差分方程。

4. 判定因果系统的稳定性

由系统函数判定因果系统的稳定性有如下结论:

(1) 如果离散 LTI 因果系统的 $H(z)$ 的极点全部在单位圆内,那么该系统就是稳定的。

(2) 如果离散 LTI 因果系统的 $H(z)$ 在单位圆外存在极点,或在单位圆上有重阶极点,那么该系统就是不稳定的。

(3) 如果离散 LTI 因果系统的 $H(z)$ 在单位圆上有单阶极点,而其他极点在单位圆内,那么该系统就是临界稳定的。

5. 判定系统的因果性

由系统函数判定系统的因果性有如下结论:

(1) 如果离散 LTI 系统的系统函数 $H(z)$ 的收敛域为圆外,而且包括无限远处,那么该系统为因果系统。

(2) 如果离散 LTI 系统的系统函数 $H(z)$ 是关于 z 的有理多项式之比,而且分子阶数不大于分母阶数,那么该系统为因果系统。

6. 求系统的频率特性和正弦稳态响应

由稳定系统的系统函数 $H(z)$,可以求得系统的频率特性 $H(\mathrm{e}^{\mathrm{j}\omega})$,即 $H(\mathrm{e}^{\mathrm{j}\omega})=H(z)\big|_{z=\mathrm{e}^{\mathrm{j}\omega}}$。在求频率特性时,首先要判定系统是稳定的。

已知激励为正弦信号 $f(k)=A\cos(\omega k+\theta)$,它对应的正弦稳态响应为

$$y(k)=A\,|H(\mathrm{e}^{\mathrm{j}\omega})|\cos[\omega k+\theta+\varphi(\omega)]$$

7. 系统模拟

由系统函数可以模拟系统,模拟方法有函数变换法和利用梅森公式的含义两种。模拟图的形式有直接型、级联型和混合型三种。

8.2.6 用朱利准则判定因果系统的稳定性

对于二阶以上离散系统,因果系统的系统函数 $H(z)=\dfrac{N(z)}{D(z)}$ 的分母通常为有理多项式,即

$$D(z)=a_nz^n+a_{n-1}z^{n-1}+\cdots+a_1z+a_0$$

将系统特征多项式 $D(z)$ 的系数列表(朱利阵列)并计算,如表 8.2 所示。

表 8.2 朱利阵列

行数	z^0	z^1	z^2	z^3	$\cdots$	z^{n-k}	$\cdots$	z^{n-1}	z^n
1	a_n	a_{n-1}	a_{n-2}	a_{n-3}	$\cdots$	a_k	$\cdots$	a_1	a_0
2	a_0	a_1	a_2	a_3	$\cdots$	a_{n-k}	$\cdots$	a_{n-1}	a_n
3	c_{n-1}	c_{n-2}	c_{n-3}	c_{n-4}	$\cdots$	c_k	$\cdots$	c_0	
4	c_0	c_1	c_2	c_3	$\cdots$	c_{n-k}	$\cdots$	c_{n-1}	
5	d_{n-2}	d_{n-3}	d_{n-4}	d_{n-5}	$\cdots$	d_0			
6	d_0	d_1	d_2	d_3	$\cdots$	d_{n-2}			
$\vdots$	$\vdots$	$\vdots$							
$2n-3$	r_0	r_1	r_2						

第 3 行按下式求出:

$$c_{n-1}=\begin{vmatrix}a_n & a_0\\ a_0 & a_n\end{vmatrix},\quad c_{n-2}=\begin{vmatrix}a_n & a_1\\ a_0 & a_{n-1}\end{vmatrix},\quad c_{n-3}=\begin{vmatrix}a_n & a_2\\ a_0 & a_{n-2}\end{vmatrix},\cdots$$

第 4 行为第 3 行系数的反序排列,第 5 行由第 3、4 行求出:

$$d_{n-2}=\begin{vmatrix}c_{n-1} & c_0\\ c_0 & c_{n-1}\end{vmatrix},\quad d_{n-3}=\begin{vmatrix}c_{n-1} & c_1\\ c_0 & c_{n-2}\end{vmatrix},\quad d_{n-4}=\begin{vmatrix}c_{n-1} & c_2\\ c_0 & c_{n-3}\end{vmatrix},\cdots$$

用同样的方法一直求到第 $2n-3$ 行。

朱利准则:$D(z)$ 的所有根都在单位圆内(系统稳定)的充分必要条件是

$$\left.\begin{array}{c}D(1)>0\\ (-1)^nD(-1)>0\\ a_n>|a_0|\\ c_{n-1}>|c_0|\\ d_{n-2}>|d_0|\\ \vdots\\ r_2>|r_0|\end{array}\right\}$$

即各奇数行的第一个系数必大于最后一个系数的绝对值。这样根据朱利准则便可判断 $H(z)$ 的极点是否全部在单位圆内，从而判断系统是否是稳定的。

8.3 典型例题

例 8.1 用 z 变换定义求下列序列的 z 变换，注明收敛域。

(1) $f(k)=\begin{cases}2, & k=0,2,4,\cdots,2m,\cdots\\0, & k<0\end{cases}$。　(2) $f(k)=\begin{cases}\left(\dfrac{1}{2}\right)^k, & k\geqslant 0\\3^k, & k<0\end{cases}$。

(3) $f(k)=\begin{cases}\left(\dfrac{1}{2}\right)^k, & k\geqslant -2\\0, & k<-2\end{cases}$。　(4) $f(k)=\{1,\underset{k=0}{\underset{\uparrow}{1}},1,-1,-1\}$。

解：(1) $F(z)=\sum\limits_{k=-\infty}^{\infty}f(k)z^{-k}=\sum\limits_{m=0}^{\infty}2z^{-2m}=\dfrac{2z^2}{z^2-1}$，$|z|>1$。

(2) $F(z)=\sum\limits_{k=-\infty}^{\infty}f(k)z^{-k}=\sum\limits_{k=-\infty}^{-1}3^kz^{-k}+\sum\limits_{k=0}^{\infty}\left(\dfrac{1}{2}\right)^kz^{-k}=\sum\limits_{k=1}^{\infty}\left(\dfrac{z}{3}\right)^k+\sum\limits_{k=0}^{\infty}\left(\dfrac{1}{2z}\right)^k$

$$=\frac{z}{3-z}+\frac{2z}{2z-1}=\frac{5z}{(3-z)(2z-1)},\ \frac{1}{2}<|z|<3。$$

(3) $F(z)=\sum\limits_{k=-\infty}^{\infty}f(k)z^{-k}=\sum\limits_{k=-2}^{\infty}\left(\dfrac{1}{2}\right)^kz^{-k}=\left(\dfrac{1}{2}\right)^{-2}z^2+\left(\dfrac{1}{2}\right)^{-1}z+\sum\limits_{k=0}^{\infty}\left(\dfrac{1}{2}\right)^kz^{-k}$

$$=\left(\frac{1}{2}\right)^{-2}z^2+\left(\frac{1}{2}\right)^{-1}z+\frac{2z}{2z-1}=\frac{8z^3}{2z-1},\frac{1}{2}<|z|<\infty。$$

(4) $F(z)=\sum\limits_{k=-\infty}^{\infty}f(k)z^{-k}=z+1+z^{-1}-z^{-2}-z^{-3}=\dfrac{z^4+z^3+z^2-z-1}{z^3}$，$0<|z|<\infty$。

例 8.2 利用 z 变换的性质求下列序列的 z 变换，注明收敛域。

(1) $f(k)=|k-2|U(k)$。　(2) $f(k)=k(2)^{k-1}U(k)$。

(3) $f(k)=\dfrac{a^k}{k+1}U(k)$。　(4) $f(k)=2^kU(-k+1)$。

(5) $f(k)=\sum\limits_{i=0}^{k}(-1)^iU(i)$。　(6) $f(k)=2^k\sum\limits_{i=0}^{\infty}(-2)^iU(k-i)$。

解：(1) 应用 $kU(k)\rightarrow\dfrac{z}{(z-1)^2}$，$|z|>1$ 和时移性求解。

$$f(k)=|k-2|U(k)=2\delta(k)+\delta(k-1)+(k-2)U(k-2)$$

$$F(z)=2+z^{-1}+z^{-2}\frac{z}{(z-1)^2}=\frac{2z^3-3z^2+2}{z(z-1)^2},\quad 收敛域为|z|>1$$

(2) 因为　$(2)^{k-1}U(k)\rightarrow\dfrac{1}{2}\dfrac{z}{z-2}$，$|z|>2$，由微分性得

$$F(z)=-z\frac{\mathrm{d}}{\mathrm{d}z}\left(\frac{1}{2}\frac{z}{z-2}\right)=\frac{z}{(z-2)^2},\quad 收敛域为|z|>2$$

(3) 利用 $a^kU(k)\to\frac{z}{z-a}$, $|z|>|a|$和积分性求解。

$$F(z)=z\int_z^\infty x^{-2}\frac{x}{x-a}\mathrm{d}x=z\int_z^\infty\frac{1}{x(x-a)}\mathrm{d}x=\frac{z}{a}\ln\frac{z}{z-a}\text{，收敛域为}|z|>|a|$$

(4) 利用 $U(k)\to\frac{z}{z-1}$, $|z|>1$，由时移性可得 $U(k+1)\to\frac{z^2}{z-1}$, $1<|z|<\infty$，由时域反折性得

$$U(-k+1)\to\frac{z^{-2}}{z^{-1}-1},\quad |z|<1$$

再由 z 域尺度变换得

$$F(z)=\frac{1}{\frac{z}{2}-\left(\frac{z}{2}\right)^2}=\frac{4}{z(2-z)},\quad |z|<2$$

(5) 用 $(-1)^kU(k)\to\frac{z}{z+1}$, $|z|>1$ 和部分和性质得

$$F(z)=\frac{z}{z-1}\frac{z}{z+1}=\frac{z^2}{z^2-1},\quad |z|>1$$

(6) 利用 $U(k)\to\frac{z}{z-1}$, $|z|>1$ 和时移性，有

$$\sum_{i=0}^{\infty}(-2)^iU(k-i)\to\sum_{i=0}^{\infty}(-2)^i\frac{z}{z-1}z^{-i}=\frac{z}{z-1}\sum_{i=0}^{\infty}(-2)^iz^{-i}=\frac{z}{z-1}\frac{z}{z+2},\quad |z|>2$$

由尺度变换得

$$F(z)=\frac{z^2}{(z-2)(z+4)},\quad |z|>4$$

例 8.3 求下列像函数的逆变换。

(1) $F(z)=\frac{z-1}{z-2}$, $|z|>2$。 (2) $F(z)=\frac{1}{z^2+1}$, $|z|>1$。

(3) $F(z)=z^{-1}+5z^{-2}-3z^{-5}$, $|z|>0$。 (4) $F(z)=\frac{z^3}{z-2}$, $2<|z|<\infty$。

解：(1) 因为 $F(z)=\frac{z}{z-2}-\frac{1}{z-2}$，所以 $f(k)=2^kU(k)-2^{k-1}U(k-1)$。

(2) 将 $\frac{F(z)}{z}$ 作部分分式展开得 $\frac{F(z)}{z}=\frac{1}{z}-\frac{1}{2}\frac{1}{z-\mathrm{j}}-\frac{1}{2}\frac{1}{z+\mathrm{j}}$，所以 $F(z)=1-\frac{1}{2}\frac{z}{z-\mathrm{j}}-\frac{1}{2}\frac{z}{z+\mathrm{j}}$。反变换为

$$f(k)=\delta(k)-\left[\frac{1}{2}(-\mathrm{j})^k+\frac{1}{2}(\mathrm{j})^k\right]U(k)=\delta(k)-\cos\left(\frac{\pi k}{2}\right)U(k)$$

(3) $f(k)=\delta(k-1)+5\delta(k-2)-3\delta(k-5)$。

(4) $F(z)=z^2\frac{z}{z-2}$，由收敛域可知 $F(z)$ 为双边 z 变换。由时移性得

$$f(k)=2^{k+2}U(k+2)$$

例 8.4　用部分分式法求反变换 $F(z)=\dfrac{2z^3-5z^2+z+3}{z^2-3z+2}$，$2<|z|<\infty$。

解：由于 $\dfrac{F(z)}{z}$ 为假分式，首先将 $F(z)$ 进行长除。

$$F(z)=2z+1+\frac{1}{z^2-3z+2}$$

设　$F_1(z)=\dfrac{1}{z^2-3z+2}$，将 $\dfrac{F_1(z)}{z}$ 进行部分分式展开，有

$$\frac{F_1(z)}{z}=\frac{1}{2z}-\frac{1}{z-1}+\frac{1}{2(z-2)}$$

得
$$F(z)=2z+1+\frac{1}{2}-\frac{z}{z-1}+\frac{z}{2(z-2)}=2z+\frac{3}{2}-\frac{z}{z-1}+\frac{z}{2(z-2)}$$

所以

$$f(k)=2\delta(k+1)+\frac{3}{2}\delta(k)-U(k)+\frac{1}{2}(2)^kU(k)$$

例 8.5　求像函数 $F(z)=\dfrac{3z}{2z^2-5z+2}$ 在下列三种情况下的序列。

(1) $|z|>2$。　　(2) $|z|<0.5$。　　(3) $0.5<|z|<2$。

解：将 $\dfrac{F(z)}{z}$ 进行部分分式展开，有 $\dfrac{F(z)}{z}=\dfrac{1}{z-2}-\dfrac{1}{z-0.5}$，故

$$F(z)=\frac{z}{z-2}-\frac{z}{z-0.5}$$

(1) 当收敛域为 $|z|>2$ 时，$f(k)$ 为因果序列，$f(k)=[2^k-0.5^k]U(k)$。

(2) 当收敛域为 $|z|<0.5$ 时，$f(k)$ 为反因果序列，$f(k)=[-2^k+0.5^k]U(-k-1)$。

(3) 当收敛域为 $0.5<|z|<2$ 时，$f(k)$ 为双边序列，$f(k)=-2^kU(-k-1)-0.5^kU(k)$。

例 8.6　用单边 z 变换解下列差分方程。

(1) $y(k)+3y(k-1)+2y(k-2)=U(k)$，$y(-1)=0$，$y(-2)=0.5$。

(2) $y(k+2)-2y(k+1)+y(k)=U(k)$，$y(0)=0$，$y(1)=1$。

解：(1) 本例给出的是后向差分方程，对方程两边取单边 z 变换，有

$$Y(z)+3[z^{-1}Y(z)+y(-1)]+2[z^{-2}Y(z)+y(-2)+y(-1)z^{-1}]=\frac{z}{z-1}$$

代入已知条件，解得

$$Y(z)=\frac{z^2}{(z-1)(z+1)(z+2)}=\frac{\frac{1}{6}z}{z-1}+\frac{\frac{1}{2}z}{z+1}-\frac{\frac{2}{3}z}{z+2}$$

取反变换得

$$y(k)=\left[\frac{1}{6}+\frac{1}{2}(-1)^k-\frac{2}{3}(-2)^k\right]U(k)$$

（2）本例给出的是前向差分方程，对方程两边取单边 z 变换，有

$$[z^2Y(z)-z^2y(0)-zy(1)]-2[zY(z)-zy(0)]+Y(z)=\frac{z}{z-1}$$

代入已知条件，解得

$$Y(z)=\frac{z^2}{(z-1)^3}=z\frac{z}{(z-1)^3}$$

取反变换得

$$y(k)=\frac{k(k+1)}{2}U(k)$$

例 8.7 已知某 LTI 因果系统的差分方程为 $y(k)-y(k-1)-2y(k-2)=f(k)+2f(k-2)$，利用 z 变换求 $y(-1)=2, y(-2)=-0.5$，激励为 $f(k)=U(k)$ 时，系统的零输入响应和零状态响应。

解: 在用单边 z 变换求因果系统的零输入响应时，要用到系统的初始状态。对于本例，将 $k=-1$ 代入差分方程，容易验证 $y(-1)=2, y(-2)=-0.5$ 就是系统的初始状态。

对齐次差分方程作单边 z 变换，有

$$Y_x(z)-[z^{-1}Y_x(z)+y(-1)]-2[z^{-2}Y_x(z)+y(-2)+z^{-1}y(-1)]=0$$

代入 $y(-1)=2, y(-2)=-0.5$，解得

$$Y_x(z)=\frac{z(z+4)}{z^2-z-2}=\frac{-z}{z+1}+\frac{2z}{z-2}$$

取反变换，得到零输入响应为

$$y_x(k)=[2\,(2)^k-(-1)^k]U(k)$$

对非齐次差分方程作单边 z 变换，有

$$Y_f(z)-z^{-1}Y_f(z)-2z^{-2}Y_f(z)=F(z)+2z^{-2}F(z)=\frac{z^2+2}{z(z-1)}$$

解得

$$Y_f(z)=\frac{z(z^2+2)}{(z-2)(z+1)(z-1)}=\frac{2z}{z-2}+\frac{0.5z}{z+1}-\frac{1.5z}{z-1}$$

取反变换，得零状态响应为

$$y_f(k)=[2\,(2)^k+0.5\,(-1)^k-1.5]U(k)$$

例 8.8 描述某 LTI 系统的差分方程为 $y(k)-y(k-1)-2y(k-2)=f(k)+2f(k-2)$，已知 $y(0)=2, y(1)=7$，激励为 $f(k)=U(k)$。用 z 变换法求系统的零输入响应、零状态响应和全响应。

解: 本例是典型用单边 z 变换求解因果系统响应的问题。由于已给出后向差分方程，在用单边 z 变换求因果系统的零输入响应和全响应时，要用到系统的初始状态，而本例已知的是全响应的初值，所以要用迭代法求出初始状态。经过迭代求得初始状态为

$$y(-1)=2, y(-2)=-0.5$$

对齐次差分方程两边作单边 z 变换，有

$$Y_x(z)-[z^{-1}Y_x(z)+y(-1)]-2[z^{-2}Y_x(z)+y(-2)+z^{-1}y(-1)]=0$$

代入 $y(-1)=2, y(-2)=-0.5$，解得零输入响应的像函数为

$$Y_x(z)=\frac{z^2+4z}{z^2-z-2}=\frac{2z}{z-2}-\frac{z}{z+1}$$

取反变换得零输入响应为

$$y_x(k)=[2\ (2)^k-(-1)^k]U(k)$$

对非齐次差分方程两边作 z 变换，并考虑初始状态为零，有

$$Y_f(z)-z^{-1}Y_f(z)-2z^{-2}Y_f(z)=\frac{z}{z-1}(1+2z^{-2})$$

解得零状态响应的像函数为

$$Y_f(z)=\frac{z^3+2z}{(z^2-z-2)(z-1)}=\frac{2z}{z-2}+\frac{\frac{1}{2}z}{z+1}-\frac{\frac{3}{2}z}{z-1}$$

取反变换的零状态响应为

$$y_f(k)=[2\ (2)^k+\frac{1}{2}(-1)^k-\frac{3}{2}]U(k)$$

用 $y_x(k)$ 和 $y_f(k)$ 相加可以得到全响应。也可以对非齐次差分方程取单边 z 变换来求全响应。此时要用到系统的初始状态。

对非齐次差分方程两边作单边 z 变换，有

$$Y(z)-[z^{-1}Y(z)+y(-1)]-2[z^{-2}Y(z)+y(-2)+z^{-1}y(-1)]=\frac{z}{z-1}(1+2z^{-2})$$

代入初始状态值，解得

$$Y(z)=\frac{z^2+4z}{z^2-z-2}+\frac{z^3+2z}{(z^2-z-2)(z-1)}$$

上式第一项是零输入响应的像函数，第二项是零状态响应的像函数。

将 $Y(z)$ 整理并作部分分式展开，得到全响应的像函数为

$$Y(z)=\frac{4z}{z-2}-\frac{\frac{1}{2}z}{z+1}-\frac{\frac{3}{2}z}{z-1}$$

取反变换得到全响应为

$$y(k)=\left[4\ (2)^k-\frac{1}{2}(-1)^k-\frac{3}{2}\right]U(k)$$

例 8.9　因果序列 $f(k)$ 满足方程 $f(k)=kU(k)+\sum_{i=0}^{k-1}f(i)$。求序列 $f(k)$。

解：对已知方程两边作 z 变换，有

$$F(z)=\frac{z}{(z-1)^2}+z^{-1}\frac{z}{z-1}F(z)$$

解得

$$F(z)=\frac{z}{(z-1)(z-2)}=\frac{z}{z-2}-\frac{z}{z-1}$$

取反变换,得

$$f(k)=(2^{k}-1)U(k)$$

例 8.10　已知某 LTI 因果系统的系统函数零极点图如图例 8.10 所示,已知 $\lim\limits_{k\to\infty}h(k)=4$。(1) 求系统函数。(2) 若已知系统的零状态响应为 $y_{\mathrm{f}}(k)=[1+3(-3)^{k}]U(k)$,求激励。

解:(1) 由零极点图可设系统函数为

$$H(z)=H_{0}\frac{z}{z-1}$$

系统函数极点为 1,所以满足终值定理。由终值定理得

$$\lim_{k\to\infty}h(k)=4=\lim_{z\to1}(z-1)H(z)=H_{0}$$

所以

$$H(z)=\frac{4z}{z-1}$$

图例 8.10

(2) 零状态响应像函数为

$$Y_{\mathrm{f}}(z)=\frac{z}{z-1}+\frac{3z}{z+3}=H(z)F(z)$$

可得激励像函数为

$$F(z)=\frac{z}{z+3}$$

取反变换,求得激励为

$$f(k)=(-3)^{k}U(k)$$

例 8.11　某 LTI 因果系统的单位阶跃响应为 $g(k)=\delta(k)$。若已知系统的零状态响应为 $y_{\mathrm{f}}(k)=\{\underset{\underset{k=0}{\uparrow}}{1},1,-1,-1\}$,求激励。

解:由阶跃响应可求得系统函数为

$$H(z)=\frac{Y(z)}{F(z)}=\frac{1}{\dfrac{z}{z-1}}=\frac{z-1}{z}$$

零状态响应的像函数为

$$Y_{\mathrm{f}}(z)=1+z^{-1}-z^{-2}-z^{-3}$$

所以得到激励的像函数为

$$F(z)=\frac{Y_{\mathrm{f}}(z)}{H(z)}=\frac{1+z^{-1}-z^{-2}-z^{-3}}{\dfrac{z-1}{z}}=1+2z^{-1}+z^{-2}$$

激励为

$$f(k)=\delta(k)+2\delta(k-1)+\delta(k-2)$$

例 8.12　已知某 LTI 因果系统,当初始状态为 $y(-1)=1$,输入为 $f_{1}(k)=U(k)$时,全响

应为 $y_1(k)=2U(k)$；当初始状态为 $y(-1)=-1$，输入为 $f_2(k)=0.5kU(k)$ 时，全响应为 $y_2(k)=(k-1)U(k)$。求输入为 $f_3(k)=0.5^kU(k)$ 时的零状态响应 $y_{3f}(k)$。

解：因为全响应可以表示为 $y(k)=y_x(k)+h(k)*f(k)$，所以当初始状态为 $y(-1)=1$，输入为 $f_1(k)=U(k)$ 时，有

$$y_1(k)=2U(k)=y_{1x}(k)+h(k)*U(k)$$

当初始状态为 $y(-1)=-1$，输入为 $f_2(k)=0.5kU(k)$ 时，有

$$y_2(k)=(k-1)U(k)=y_{2x}(k)+h(k)*[0.5kU(k)]$$

又

$$y_{1x}(k)=-y_{2x}(k)$$

联立求解以上式子，得

$$(k+1)U(k)=h(k)*[0.5kU(k)+U(k)]$$

两边作 z 变换，有

$$\frac{z}{(z-1)^2}+\frac{z}{z-1}=H(z)\left[\frac{0.5z}{(z-1)^2}+\frac{z}{z-1}\right]$$

解得

$$H(z)=\frac{z}{z-0.5}$$

当输入为 $f_3(k)=0.5^kU(k)$ 时，$F_3(z)=\dfrac{z}{z-0.5}$，零状态响应的像函数为

$$Y_{3f}(z)=\frac{z^2}{(z-0.5)^2}$$

取反变换得零状态响应为

$$y_{3f}(k)=(k+1)(0.5)^kU(k)$$

例 8.13　已知某 LTI 因果系统的差分方程为 $y(k+2)-\dfrac{7}{2}y(k+1)+\dfrac{3}{2}y(k)=f(k)$。(1) 若 $f(k)=U(k)$，利用 z 变换求零状态响应。(2) 若 $f(k)$ 为如图例 8.13 所示的序列，求零状态响应在 $k=2$ 时的值。

解：(1) 系统函数为

$$H(z)=\frac{1}{z^2-\dfrac{7}{2}z+\dfrac{3}{2}}$$

零状态响应的像函数为

$$Y_f(z)=H(z)F(z)=\frac{z}{\left(z-\dfrac{1}{2}\right)(z-3)(z-1)}=\frac{\dfrac{4}{5}z}{z-\dfrac{1}{2}}+\frac{\dfrac{1}{5}z}{z-3}-\frac{z}{z-1}$$

图例 8.13

取反变换得零状态响应为

$$y_f(k)=\left[\frac{4}{5}\left(\frac{1}{2}\right)^k+\frac{1}{5}(3)^k-1\right]U(k)$$

(2) 对于因果系统,零状态响应在 $k=2$ 时的值只与 $k\leqslant 2$ 的激励有关。所以,可以设激励 $f(k)=\delta(k)+2\delta(k-1)+3\delta(k-2)$。

零状态响应的像函数为

$$Y_{\mathrm{f}}(z)=H(z)F(z)=\frac{z^{2}+2z+3}{z^{2}\left(z^{2}-\frac{7}{2}z+\frac{3}{2}\right)}$$

要求零状态响应在 $k=2$ 时的值,可以对上式取反变换求得零状态响应,进而求得 $y_{\mathrm{f}}(2)$。这里有更简单的方法,就是对上式长除展开,有

$$Y_{\mathrm{f}}(z)=z^{-2}+\frac{11}{2}z^{-3}+\cdots$$

其中,z^{-2} 的系数即为 $y_{\mathrm{f}}(2)$,所以 $y_{\mathrm{f}}(2)=1$。

例 8.14 某线性时不变因果系统,当初始状态为 $y(-1)=0, y(-2)=0.5$,激励为 $f(k)=U(k)$ 时,系统全响应为 $y(k)=[1-(-1)^{k}-(-2)^{k}]U(k)$。求差分方程。

解:本题的关键是求出系统函数。全响应的像函数为

$$Y(z)=\frac{z(-z^{2}+2z+5)}{(z^{2}+3z+2)(z-1)}$$

由于激励 $F(z)=\dfrac{z}{z-1}$,不难判断系统函数的特征多项式为

$$D(z)=z^{2}+3z+2$$

写出齐次差分方程

$$y(k)+3y(k-1)+2y(k-2)=0$$

作单边 z 变换,有

$$Y_{\mathrm{x}}(z)+3[z^{-1}Y_{\mathrm{x}}(z)+y(-1)]+2[z^{-2}Y_{\mathrm{x}}(z)+y(-2)+z^{-1}y(-1)]=0$$

代入初始状态,解得

$$Y_{\mathrm{x}}(z)=\frac{-z^{2}}{z^{2}+3z+2}$$

零状态响应的像函数为

$$Y_{\mathrm{f}}(z)=Y(z)-Y_{\mathrm{x}}(z)=\frac{z(z+5)}{(z^{2}+3z+2)(z-1)}$$

系统函数为

$$H(z)=\frac{z+5}{z^{2}+3z+2}$$

差分方程为

$$y(k)+3y(k-1)+2y(k-2)=f(k-1)+5f(k-2)$$

例 8.15 已知某 LTI 因果系统的单位序列响应 $h(k)$ 满足差分方程 $h(k)+2h(k-1)=b(-4)^{k}U(k)$,对所有的 k,当激励为 $f(k)=8^{k}$ 时,系统的零状态响应为 $y_{\mathrm{f}}(k)=8^{k+1}$。求系统函数。

解:对差分方程作 z 变换,解得系统函数为

$$H(z)=\frac{bz^2}{(z+2)(z+4)}$$

当激励为 $f(k)=8^k$ 时，系统的零状态响应为

$$y_f(k)=h(k)*f(k)=\sum_{i=-\infty}^{\infty}h(i)(8)^{k-i}=8^k\sum_{i=-\infty}^{\infty}h(i)(8)^{-i}=8^{k+1}$$

有

$$\sum_{i=-\infty}^{\infty}h(i)(8)^{-i}=8$$

由 z 变换的定义 $H(z)=\sum_{i=-\infty}^{\infty}h(i)(z)^{-i}$，得

$$H(8)=8=\frac{b8^2}{(8+2)(8+4)},\quad 解得\ b=15$$

所以系统函数为

$$H(z)=\frac{15z^2}{(z+2)(z+4)}$$

例 8.16　某 LTI 系统的系统函数为 $H(z)=\frac{z(z-0.5)}{z^2-1.5z-1}$。写出所有可能的收敛域，求单位序列响应，并说明系统的因果性和稳定性。

解：将 $\frac{H(z)}{z}$ 作部分分式展开，得

$$H(z)=\frac{z(z-0.5)}{z^2-1.5z-1}=\frac{z(z-0.5)}{(z+0.5)(z-2)}=\frac{0.4z}{z+0.5}+\frac{0.6z}{z-2}$$

$H(z)$ 可能的收敛域有三种：$|z|<0.5$，$0.5<|z|<2$，$|z|>2$。

（1）收敛域为 $|z|<0.5$ 时，单位序列响应为左序列，系统是非因果的。由于收敛域不包含单位圆，即系统函数在单位圆内有极点，所以系统不稳定。单位序列响应为

$$h(k)=[-0.4(-0.5)^k-0.6(2)^k]U(-k-1)$$

（2）收敛域为 $0.5<|z|<2$ 时，单位序列响应为双边序列，系统是非因果的。由于收敛域包含单位圆，所以系统稳定。单位序列响应为

$$h(k)=0.4(-0.5)^kU(k)-0.6(2)^kU(-k-1)$$

（3）收敛域为 $|z|>2$ 时，单位序列响应为因果序列，系统是因果的。由于收敛域不包含单位圆，即系统函数在单位圆外有极点，所以系统不稳定。单位序列响应为

$$h(k)=[0.4(-0.5)^k+0.6(2)^k]U(k)$$

例 8.17　某 LTI 因果系统的系统函数为 $H(z)=\frac{1}{z^2+z+0.25+A}$，求使得系统稳定的 A 的取值范围。

解：$D(z)=z^2+z+0.25+A$，由朱利准则得

$$D(1)=1+1+0.25+A>0,\quad A>-2.25$$

$$(-1)^2D(-1)=1-1+0.25+A>0,\quad A>-0.25$$

又 $1>|0.25+A|$，综合以上，使得系统稳定的 A 的范围为 $-0.25<A<0.75$。

例 8.18　某 LTI 系统的差分方程为 $y(k+2)+1.5y(k+1)-y(k)=f(k+1)$，如果系统是稳

定的，求单位阶跃响应 $g(k)$。

解：对差分方程作 z 变换，得到系统函数为

$$H(z)=\frac{z}{z^{2}+1.5z-1}=\frac{z}{(z-0.5)(z+2)}$$

因为系统是稳定的，所以系统函数的收敛域为 $0.5<|z|<2$。

单位序列响应的像函数为

$$G(z)=H(z)F(z)=\frac{z^{2}}{(z-0.5)(z+2)(z-1)}$$

由于 $F(z)$ 的收敛域为 $|z|>1$，所以 $G(z)$ 的收敛域为 $1<|z|<2$。将 $\frac{G(z)}{z}$ 作部分分式展开，得

$$G(z)=\frac{-\frac{2}{5}z}{z-0.5}+\frac{\frac{2}{3}z}{z-1}+\frac{-\frac{4}{15}z}{z+2}$$

系统的单位序列响应为

$$g(k)=\left[\frac{2}{3}-\frac{2}{5}(0.5)^{k}\right]U(k)+\frac{4}{15}(-2)^{k}U(-k-1)$$

例 8.19 已知某 LTI 因果系统的差分方程为 $y(k)+0.2y(k-1)-0.24y(k-2)=f(k)+f(k-1)$。(1) 求系统函数，并指明收敛域。(2) 画出级联形式的信号流图。(3) 判断系统的稳定性。(4) 若激励为 $f(k)=2\cos(0.5\pi k+45°)$，求正弦稳态响应。

解：(1) 系统函数为

$$H(z)=\frac{z^{2}+z}{z^{2}+0.2z-0.24}$$

因为是因果系统，所以系统函数的收敛域为 $|z|>0.6$。

(2) $H(z)=\frac{z^{2}+z}{z^{2}+0.2z-0.24}=\frac{z}{z-0.4}\frac{z+1}{z+0.6}$，由梅森公式含义，画出级联形式信号流图为图例 8.19。

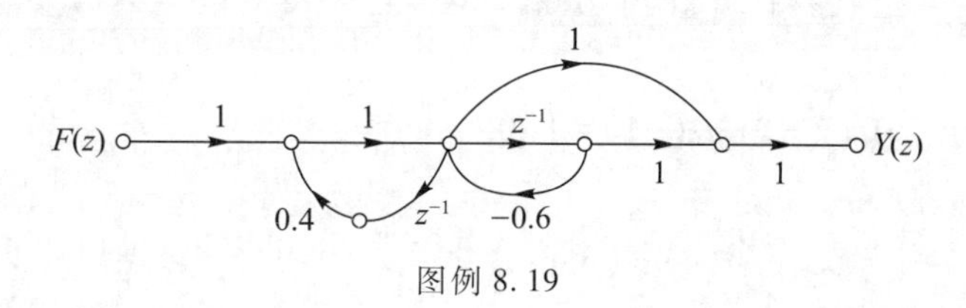

图例 8.19

(3) 系统函数极点为 $p_1=0.4$，$p_2=-0.6$，都在单位圆内，系统稳定。

(4) 系统的频率特性为

$$H(e^{j\omega})=H(z)\Big|_{z=e^{j\omega}}=\frac{e^{j2\omega}+e^{j\omega}}{e^{j2\omega}+0.2e^{j\omega}-0.24}$$

将 $\omega_0=0.5\pi$ 代入，得

$$H(e^{j0.5\pi})=\frac{-1+j}{-1+0.2j-0.24}=1.13e^{-j35.8^\circ}$$

正弦稳态响应为

$$y(k)=2.26\cos(0.5\pi k+9.2^\circ)$$

例 8.20　已知某 LTI 因果系统模拟图如图例 8-20 所示。当激励为 $f(k)=1+2\cos(0.5\pi k)+3\cos(\pi k)$时,求稳态响应。

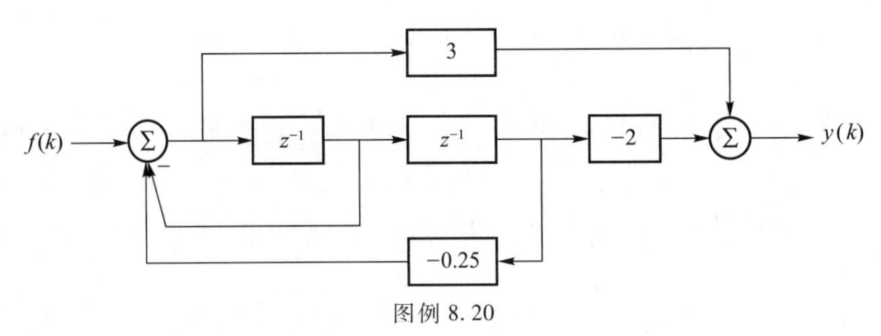

图例 8.20

解:由梅森公式求得系统函数为

$$H(z)=\frac{3z^2-2}{z^2+z+0.25}$$

极点 $p_1=p_2=-0.5$ 都在单位圆内,系统稳定。系统的频率特性为

$$H(e^{j\omega})=\frac{3e^{j2\omega}-2}{e^{j2\omega}+e^{j\omega}+0.25}$$

将 $\omega_0=0$、0.5π、π 分别代入,得

$$H(e^{j0})=\frac{4}{9},\quad H(e^{j0.5\pi})=4\angle 53.1^\circ,\quad H(e^{j\pi})=4$$

系统的稳态响应为

$$y(k)=\frac{4}{9}+8\cos(0.5\pi k+53.1^\circ)+12\cos(\pi k)$$

例 8.21　某 LTI 因果系统的系统函数的特征多项式如下:

(1) $D(z)=2z^3+2z^2+2z+1$　　(2) $D(z)=3z^4+3z^3+z^2+3z+1$

判断系统的稳定性。

解:(1) $D(1)=7>0$, $(-1)^3D(-1)=1>0$

列朱利阵列

2	2	2	1
1	2	2	2
3	2	2	

奇数行首列元素都大于该行最后一个元素的绝对值。综合以上,$D(z)$满足朱利准则,系统是稳定的。

(2) $D(1)=11>0$, $(-1)^4D(-1)=-1<0$,不满足朱利准则,系统不稳定。

8.4 本章习题详解

8-1 求长度为 N 的斜坡序列 $R_N(k)=\begin{cases}k, & 0\leqslant k\leqslant N-1\\0, & k<0,k\geqslant N\end{cases}$ 的 z 变换 $R_N(z)$,并求 $N=4$ 时的 $R_N(z)$。

解:[方法一]设 $G_N(k)=U(k)-U(k-N)$,则 $R_N(k)=kG_N(k)$。因

$$G_N(z)=\frac{z}{z-1}-\frac{z^{-N+1}}{z-1}$$

故

$$\begin{aligned}R_N(z)&=-z\frac{\mathrm{d}}{\mathrm{d}z}G_N(z)=\frac{z}{(z-1)^2}-\frac{z^{-N+1}+Nz^{-N+2}-Nz^{-N+1}}{(z-1)^2}\\&=\frac{z-z^{-N+1}+Nz^{-N+1}-Nz^{-N+2}}{(z-1)^2}\end{aligned}$$

当 $N=4$ 时,

$$R_4(z)=\frac{z-z^{-3}+4z^{-3}-4z^{-2}}{(z-1)^2}=\frac{z^4+3-4z}{z^3(z-1)^2}=\frac{z^2+2z+3}{z^3}$$

[方法二]$R_N(k)=\delta(k-1)+2\delta(k-2)+3\delta(k-3)+\cdots+(N-1)\delta(k-N+1)$

$$R_N(z)=z^{-1}+2z^{-2}+3z^{-3}+\cdots+(N-1)z^{-(N-1)}=\frac{z^{N-2}+2z^{N-3}+3z^{N-4}+\cdots+(N-1)z^0}{z^{N-1}}$$

当 $N=4$ 时,

$$R_4(z)=\frac{z^2+2z+3}{z^3}$$

8-2 求双边序列 $f(k)=\left(\frac{1}{2}\right)^{|k|}$ 的 z 变换,表明收敛域并求出其零极点。

解:
$$\begin{aligned}F(z)&=\sum_{k=-\infty}^{\infty}f(k)z^{-k}=\sum_{k=-\infty}^{\infty}\left[\left(\frac{1}{2}\right)^{-k}U(-k-1)+\left(\frac{1}{2}\right)^{k}U(k)\right]z^{-k}\\&=\sum_{k=-\infty}^{-1}\left(\frac{1}{2}\right)^{-k}z^{-k}+\sum_{k=0}^{\infty}\left(\frac{1}{2}\right)^{k}z^{-k}=\sum_{n=1}^{\infty}\left(\frac{z}{2}\right)^{n}+\sum_{k=0}^{\infty}\left(\frac{1}{2z}\right)^{k}\\&=\frac{z}{2-z}+\frac{2z}{2z-1}=\frac{-3z}{(z-2)(2z-1)}\end{aligned}$$

极点 $z_1=\frac{1}{2}$,$z_2=2$,零点 $p=0$,收敛域为 $\frac{1}{2}<|z|<2$。

8-3 求下列序列的 z 变换 $F(z)$,并标明收敛域,指出 $F(z)$ 的零点和极点。

(1) $\left(\frac{1}{2}\right)^kU(k)$。 (2) $\left(\frac{1}{2}\right)^kU(-k)$。 (3) $\left(\frac{1}{4}\right)^kU(k)-\left(\frac{2}{3}\right)^kU(k)$。

(4) $-\left(\frac{1}{2}\right)^kU(-k-1)$。 (5) $\left(\frac{1}{5}\right)^kU(k)-\left(\frac{1}{3}\right)^kU(-k-1)$。

(6) $\mathrm{e}^{\mathrm{j}k\omega_0}U(k)$。

解:(1) $F(z)=\dfrac{z}{z-\dfrac{1}{2}}$, $|z|>\dfrac{1}{2}$,其极点为 $p_1=\dfrac{1}{2}$,零点为 $z_1=0$。

(2) $f(k)=\left(\dfrac{1}{2}\right)^k U(-k-1)+\delta(k)$, $F(z)=-\dfrac{z}{z-\dfrac{1}{2}}+1=\dfrac{1}{1-2z}$, $|z|<\dfrac{1}{2}$,其极点为 $p_1=\dfrac{1}{2}$。

(3) $F(z)=\dfrac{z}{z-\dfrac{1}{4}}-\dfrac{z}{z-\dfrac{2}{3}}=\dfrac{-5z}{12\left(z-\dfrac{1}{4}\right)\left(z-\dfrac{2}{3}\right)}$, $|z|>\dfrac{2}{3}$,其极点为 $p_1=\dfrac{1}{4}$, $p_2=\dfrac{2}{3}$,零点为 $z_1=0$。

(4) $F(z)=\dfrac{z}{z-\dfrac{1}{2}}$, $|z|<\dfrac{1}{2}$,其极点为 $p_1=\dfrac{1}{2}$,零点为 $z_1=0$。

(5) $F(z)=\dfrac{z}{z-\dfrac{1}{5}}+\dfrac{z}{z-\dfrac{1}{3}}=\dfrac{30z^2-8z}{15\left(z-\dfrac{1}{5}\right)\left(z-\dfrac{1}{3}\right)}$, $\dfrac{1}{5}<|z|<\dfrac{1}{3}$,其极点为 $p_1=\dfrac{1}{5}$, $p_2=\dfrac{1}{3}$,零点为 $z_1=0$, $z_2=\dfrac{4}{15}$。

(6) $F(z)=\dfrac{z}{z-e^{j\omega_0}}$, $|z|>1$,其极点为 $p_1=e^{j\omega_0}$,零点为 $z_1=0$。

8-4　设 $f(k)$ 是一个绝对可和的信号,其有理 z 变换为 $F(z)$。若已知 $F(z)$ 在 $z=1/2$ 处有一个极点,$f(k)$ 是(1) 有限长信号吗?(2) 左边信号吗?(3) 右边信号吗?(4) 双边信号吗?

解:有限长信号收敛域为 **R**,其余 3 种皆有可能,但是左边信号不绝对可和(不收敛)。

8-5　设 $f(k)$ 的 z 变换为 $F(z)=\dfrac{z^4-\dfrac{1}{4}z^2}{\left(z^2+\dfrac{1}{4}\right)\left(z^2+\dfrac{5}{4}z+\dfrac{3}{8}\right)}$, $F(z)$ 可能有多少不同的收敛域?

解:$F(z)$ 的极点为 $p_1=-\dfrac{1}{j2}$, $p_2=\dfrac{1}{j2}$, $p_3=-\dfrac{1}{2}$, $p_4=-\dfrac{3}{4}$。

$F(z)$ 可能的收敛域为 $|z|<\dfrac{1}{2}$, $\dfrac{1}{2}<|z|<\dfrac{3}{4}$, $|z|>\dfrac{3}{4}$。

8-6　设 $f(k)$ 的有理 z 变换 $F(z)$ 在 $z=\dfrac{1}{2}$ 处有一个极点,已知 $f_1(k)=\left(\dfrac{1}{4}\right)^k f(k)$ 是绝对可和的,而 $f_2(k)=\left(\dfrac{1}{8}\right)^k f(k)$ 不是绝对可和的。试确定 $f(k)$ 是左边的、右边的或双边的。

解:　$f(k)$ 是双边的。

8-7　直接从下列 z 变换看出它所对应的序列。

(1) $F(z)=1,|z|<\infty$。 (2) $F(z)=z^{5},\ |z|<\infty$。

(3) $F(z)=z^{-2},|z|>0$。 (4) $F(z)=-2z^{-2}+2z+1,|z|>0$。

(5) $F(z)=\dfrac{1}{1-az^{-1}},|z|>|a|$。 (6) $F(z)=\dfrac{1}{1-az^{-1}},|z|<|a|$。

解:(1) $f(k)=\delta(k)$。

(2) $f(k)=\delta(k+5)$。

(3) $f(k)=\delta(k-2)$。

(4) $f(k)=-2\delta(k-2)+2\delta(k+1)+\delta(k)$。

(5) $f(k)=a^{k}U(k)$。

(6) $f(k)=-a^{k}U(-k-1)$。

8-8 试用 z 变换的性质求下列序列的 z 变换 $F(z)$。

(1) $f(k)=\dfrac{1}{2}[1-(-1)^{k}]U(k)$。 (2) $f(k)=U(k)-U(k-6)$。

(3) $f(k)=k(-1)^{k}U(k)$。 (4) $f(k)=k(k+1)U(k)$。

(5) $f(k)=\cos\left(\dfrac{\pi}{2}k\right)U(k)$。 (6) $f(k)=\left(\dfrac{1}{2}\right)^{k}\cos\left(\dfrac{\pi}{2}k\right)U(k)$。

解:(1) $F(z)=\dfrac{1}{2}\left(\dfrac{z}{z-1}-\dfrac{z}{z+1}\right)=\dfrac{z}{z^{2}-1}$。

(2) $F(z)=\dfrac{z}{z-1}-\dfrac{z}{z-1}z^{-6}=\dfrac{z-z^{-5}}{z-1}$。

(3) $F(z)=-z\dfrac{\mathrm{d}}{\mathrm{d}z}\left(\dfrac{z}{z+1}\right)=-\dfrac{z}{(z+1)^{2}}$。

(4) $f(k)=k\times kU(k)+kU(k)$,故 $F(z)=-z\dfrac{\mathrm{d}}{\mathrm{d}z}\left(\dfrac{z}{(z-1)^{2}}\right)+\dfrac{z}{(z-1)^{2}}=\dfrac{2z^{2}}{(z-1)^{3}}$。

(5) $f(k)=\dfrac{1}{2}\left[\mathrm{e}^{\mathrm{j}\frac{\pi}{2}k}+\mathrm{e}^{-\mathrm{j}\frac{\pi}{2}k}\right]U(k)$,故 $F(z)=\dfrac{1}{2}\left(\dfrac{z}{z-\mathrm{e}^{\mathrm{j}\frac{\pi}{2}}}+\dfrac{z}{z-\mathrm{e}^{-\mathrm{j}\frac{\pi}{2}}}\right)=\dfrac{z^{2}}{z^{2}+1}$。

(6) 由尺度变换和 8-8(5),得

$$F(z)=\frac{4z^{2}}{4z^{2}+1}$$

8-9 求下列各 $F(z)$ 的反变换 $f(k)$。

(1) $F(z)=\dfrac{z^{2}+z}{(z-1)(z^{2}-z+1)},|z|>1$。 (2) $F(z)=\dfrac{z}{(z-1)(z^{2}-1)},|z|>1$。

(3) $F(z)=\dfrac{z^{-5}}{z+2},|z|>2$。

解:(1) $F(z)=z\left[\dfrac{z+1}{(z-1)\left(z-\dfrac{1}{2}-\mathrm{j}\dfrac{\sqrt{3}}{2}\right)\left(z-\dfrac{1}{2}+\mathrm{j}\dfrac{\sqrt{3}}{2}\right)}\right]$

$$=z\left(\frac{2}{z-1}+\frac{-1}{z-\frac{1}{2}-\mathrm{j}\frac{\sqrt{3}}{2}}+\frac{-1}{z-\frac{1}{2}+\mathrm{j}\frac{\sqrt{3}}{2}}\right)=\frac{2z}{z-1}-\left(\frac{z}{z-\mathrm{e}^{\mathrm{j}\frac{\pi}{3}}}+\frac{z}{z-\mathrm{e}^{-\mathrm{j}\frac{\pi}{3}}}\right)$$

故得

$$f(k)=2U(k)-(\mathrm{e}^{\mathrm{j}\frac{\pi}{3}k}+\mathrm{e}^{-\mathrm{j}\frac{\pi}{3}k})U(k)$$

$$=2U(k)-2\frac{\mathrm{e}^{\mathrm{j}\frac{\pi}{3}k}+\mathrm{e}^{-\mathrm{j}\frac{\pi}{3}k}}{2}U(k)=2\left[1-\cos\left(\frac{\pi}{3}k\right)\right]U(k)$$

(2) $F(z)=\dfrac{z}{(z+1)(z-1)^2}=\dfrac{\frac{1}{4}z}{z+1}+\dfrac{\frac{1}{2}z}{(z-1)^2}+\dfrac{-\frac{1}{4}z}{z-1}$,故得

$$f(k)=\left[\frac{1}{4}(-1)^k+\frac{1}{2}k\,(1)^k-\frac{1}{4}(1)^k\right]U(k)=\frac{1}{4}[(-1)^k+2k-1]U(k)$$

(3) $F(z)=z^{-6}\dfrac{z}{z+2}$,故得 $f(k)=(-2)^{k-6}U(k-6)$。

8-10　已知 $F(z)=\dfrac{-3z}{2z^2-5z+2}$,求下列三种收敛域情况下所对应的序列。

(1) $|z|>2$。　(2) $|z|<0.5$。　(3) $0.5<|z|<2$。

解: $F(z)=-\dfrac{3z}{2}\left(\dfrac{1}{z^2-2.5z+1}\right)=-\dfrac{3z}{2}\left(\dfrac{-\frac{2}{3}}{z-0.5}+\dfrac{\frac{2}{3}}{z-2}\right)=\dfrac{z}{z-0.5}-\dfrac{z}{z-2}$

(1) 当 $|z|>2$ 时,$y(k)$ 为右序列,得 $y(k)=\left[\left(\dfrac{1}{2}\right)^k-(2)^k\right]U(k)$。

(2) 当 $|z|<0.5$ 时,$y(k)$ 为左序列,得 $y(k)=\left[-\left(\dfrac{1}{2}\right)^k+(2)^k\right]U(-k-1)$。

(3) 当 $0.5<|z|<2$ 时,$y(k)$ 为双边序列,得 $y(k)=\left(\dfrac{1}{2}\right)^kU(k)+(2)^kU(-k-1)$。

8-11　已知序列 $f(k)$ 的 $F(z)$ 如下,求初值 $f(0)$、$f(1)$ 及终值 $f(\infty)$。

(1) $F(z)=\dfrac{z^2+z+1}{(z-1)\left(z+\frac{1}{2}\right)}$, $|z|>1$。　(2) $F(z)=\dfrac{z^2}{(z-2)(z-1)}$, $|z|>2$。

解:(1) $f(k)$ 为右序列,由初值定理得

$$f(0)=\lim_{z\to\infty}F(z)=\lim_{z\to\infty}\frac{z^2+z+1}{z^2-0.5z-0.5}=1$$

$$f(1)=\lim_{z\to\infty}[F(z)-f(0)]z=\lim_{z\to\infty}\left(\frac{z^2+z+1}{z^2-0.5z-0.5}-1\right)z=\lim_{z\to\infty}\left(\frac{1.5z^2+1.5z}{z^2-0.5z-0.5}\right)=1.5$$

$F(z)$ 的极点为 $p_1=1$,$p_2=-0.5$,满足终值定理。由终值定理得

$$f(\infty)=\lim_{z\to1}(z-1)F(z)=\lim_{z\to1}\left(\frac{z^2+z+1}{z+0.5}\right)=2$$

(2) $f(k)$为右序列，由初值定理得

$$f(0)=\lim_{z\to\infty}\frac{z^2}{(z-2)(z-1)}=1$$

$$f(1)=\lim_{z\to\infty}z[F(z)-f(0)]=\lim_{z\to\infty}\frac{z(3z-2)}{(z-2)(z-1)}=3$$

因为 $F(z)$的收敛域为$|z|>2$，不满足应用终值定理的条件，故终值不存在。

8-12 利用卷积定理求 $y(k)=f(k)*h(k)$，已知

(1) $f(k)=a^kU(k)$，$h(k)=b^kU(k)$。 (2) $f(k)=a^kU(k)$，$h(k)=\delta(k-2)$。

(3) $f(k)=a^kU(k)$，$h(k)=U(k-1)$。

解：(1) $f(k)=a^kU(k)\to F(z)=\dfrac{z}{z-a}$，$h(k)=b^kU(k)\to H(z)=\dfrac{z}{z-b}$

由时域卷积定理得

$$Y(z)=F(z)H(z)=\left(\frac{z}{z-a}\right)\left(\frac{z}{z-b}\right)=\frac{\frac{a}{a-b}z}{z-a}+\frac{\frac{b}{b-a}z}{z-b}$$

取反变换得

$$y(k)=\frac{b^{k+1}-a^{k+1}}{b-a}U(k)$$

(2) $f(k)=a^kU(k)\to F(z)=\dfrac{z}{z-a}$，$h(k)=\delta(k-2)\to H(z)=z^{-2}$

由时域卷积定理得

$$Y(z)=F(z)H(z)=\left(\frac{z}{z-a}\right)z^{-2}$$

取反变换得

$$y(k)=a^{k-2}U(k-2)$$

(3) $f(k)=a^kU(k)\to F(z)=\dfrac{z}{z-a}$，$h(k)=U(k-1)\to H(z)=\dfrac{1}{z-1}$

由时域卷积定理得

$$Y(z)=F(z)H(z)=\left(\frac{z}{z-a}\right)\left(\frac{1}{z-1}\right)=\frac{\frac{1}{a-1}z}{z-a}-\frac{\frac{1}{a-1}z}{z-1}$$

取反变换得

$$y(k)=\frac{1-a^k}{1-a}U(k)$$

8-13 利用 z 变换解下列差分方程。

(1) $y(k)+3y(k-1)+2y(k-2)=U(k)$，$y(-1)=0$，$y(-2)=0.5$。

(2) $y(k+2)-y(k+1)-2y(k)=U(k)$，$y(0)=1$，$y(1)=1$。

解:(1) 对差分方程作单边z变换,得

$$Y(z)+3[z^{-1}Y(z)+y(-1)]+2[z^{-2}Y(z)+y(-2)+z^{-1}y(-1)]=\frac{z}{z-1}$$

代入初始状态,解得

$$Y(z)=\frac{z^2}{(z-1)(z^2+3z+2)}$$

对$\frac{Y(z)}{z}$作部分分式展开,有

$$\frac{Y(z)}{z}=\frac{z}{(z-1)(z+1)(z+2)}=\frac{\frac{1}{6}}{z-1}+\frac{\frac{1}{2}}{z+1}+\frac{-\frac{2}{3}}{z+2}$$

所以

$$y(k)=\left[\frac{1}{6}+\frac{1}{2}(-1)^k-\frac{2}{3}(-2)^k\right]U(k)$$

(2) 对差分方程作单边z变换,得

$$z^2Y(z)-z^2y(0)-zy(1)-zY(z)+zy(0)-2Y(z)=\frac{z}{z-1}$$

代入初始状态,解得

$$Y(z)=\frac{z(z^2-z+1)}{(z-1)(z^2-z-2)}$$

对$\frac{Y(z)}{z}$作部分分式展开,有

$$\frac{Y(z)}{z}=\frac{z^2-z+1}{(z-1)(z-2)(z+1)}=\frac{-\frac{1}{2}}{z-1}+\frac{1}{z-2}+\frac{\frac{1}{2}}{z+1}$$

所以

$$y(k)=\left[-\frac{1}{2}+2^k+\frac{1}{2}(-1)^k\right]U(k)$$

8-14　已知离散系统的差分方程为

$$y(k)-y(k-1)-2y(k-2)=f(k)+2f(k-2)$$

系统的初始状态为$y(-1)=2$, $y(-2)=-\frac{1}{2}$;激励为$f(k)=U(k)$。求系统的零输入响应$y_x(k)$、零状态响应$y_f(k)$、全响应$y(k)$。

解:$F(z)=\frac{z}{z-1}$

对齐次差分方程进行z变换,得

$$Y_x(z)-[z^{-1}Y_x(z)+y(-1)]-2[z^{-2}Y_x(z)+y(-2)+z^{-1}y(-1)]=0$$

代入初始状态,解得

$$Y_x(z)=\frac{z^2+4z}{z^2-z-2}=\frac{-z}{z+1}+\frac{2z}{z-2}$$

取反变换得

$$y_x(k)=[-(-1)^k+2(2)^k]U(k)$$

对非齐次差分方程进行 z 变换，得

$$Y_f(z)-z^{-1}Y_f(z)-2z^{-2}Y_f(z)=(1+2z^{-2})F(z)$$

解得

$$Y_f(z)=\frac{z(z^2+2)}{(z-1)(z+1)(z-2)}=\frac{2z}{z-2}+\frac{0.5z}{z+1}-\frac{1.5z}{z-1}$$

取反变换得

$$y_f(k)=[2(2)^k+0.5(-1)^k-1.5]U(k)$$

将 $y_x(k)$ 和 $y_f(k)$ 相加可以得到全响应。下面用 z 变换求解。

对非齐次差分方程作单边 z 变换，有

$$Y(z)-[z^{-1}Y(z)+y(-1)]-2[z^{-2}Y(z)+y(-2)+z^{-1}y(-1)]=(1+2z^{-2})F(z)$$

代入初始状态，解得

$$Y(z)=\frac{z(2z^2+3z-2)}{(z-1)(z+1)(z-2)}=\frac{-1.5z}{z-1}-\frac{0.5z}{z+1}+\frac{4z}{z-2}$$

取反变换得全响应为

$$y(k)=[-1.5-0.5(-1)^k+4(2)^k]U(k)$$

8-15 根据下面描述离散系统的不同形式，求出对应系统的系统函数 $H(z)$。

(1) $y(k)-2y(k-1)-5y(k-2)+6y(k-3)=f(k)$。

(2) $H(E)=\dfrac{2-E^3}{E^3-\frac{1}{2}E^2+\frac{1}{18}E}$。

(3) 单位序列响应 $h(k)$ 如图题 8-15(a)所示。

(4) 信号流图如图题 8-15(b)所示。

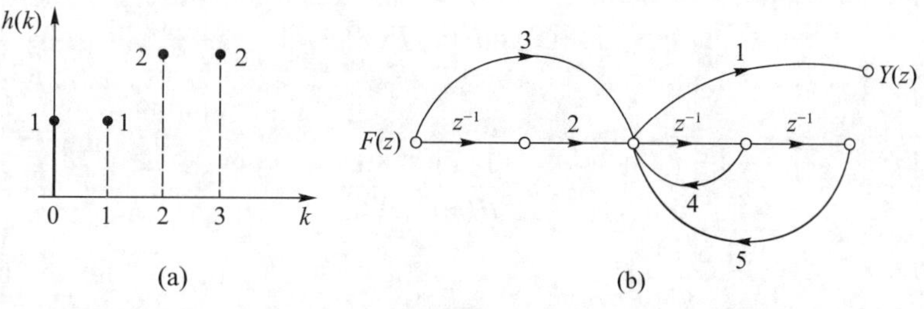

图题 8-15

解:(1) 在零状态下对差分方程进行 z 变换得

$$(1-2z^{-1}-5z^{-2}+6z^{-3})Y(z)=F(z)$$

故

$$H(z)=\frac{Y(z)}{F(z)}=\frac{z^3}{z^3-2z^2-5z+6}$$

（2）$H(z)=H(E)\big|_{E=z}=\dfrac{2-z^3}{z^3-\dfrac{1}{2}z^2+\dfrac{1}{18}z}$

（3）因 $h(k)=\delta(k)+\delta(k-1)+2\delta(k-2)+2\delta(k-3)$，故

$$H(z)=1+z^{-1}+2z^{-2}+2z^{-3}=\frac{z^3+z^2+2z+2}{z^3}$$

（4）根据梅森公式得

$$H(z)=\frac{3+2z^{-1}}{1-4z^{-1}-5z^{-2}}=\frac{3z^2+2z}{z^2-4z-5}$$

8-16　已知离散系统的单位阶跃响应 $g(k)=\left[\frac{4}{3}-\frac{3}{7}(0.5)^k+\frac{2}{21}(-0.2)^k\right]U(k)$。若需获得的零状态响应为 $y(k)=\frac{10}{7}[(0.5)^k-(-0.2)^k]U(k)$。求输入 $f(k)$。

解：因

$$G(z)=Z[g(k)]=\frac{4}{3}\frac{z}{z-1}-\frac{3}{7}\frac{z}{z-0.5}+\frac{2}{21}\frac{z}{z+0.2}=\frac{z^2(z-0.2)}{(z-1)(z-0.5)(z+0.2)}$$

又 $G(z)=H(z)F(z)=H(z)\dfrac{z}{z-1}$，故得系统函数为

$$H(z)=\frac{z-1}{z}G(z)=\frac{z(z-0.2)}{(z-0.5)(z+0.2)}$$

又零状态响应的 z 变换为

$$Y(z)=\frac{10}{7}\left[\frac{z}{z-0.5}-\frac{z}{z+0.2}\right]=\frac{z}{(z-0.5)(z+0.2)}$$

因为

$$Y(z)=H(z)F(z)$$

故

$$F(z)=\frac{Y(z)}{H(z)}=\frac{1}{z-0.2}$$

所以得激励为

$$f(k)=(0.2)^{k-1}U(k-1)$$

8-17　离散时间系统，当激励 $f(k)=kU(k)$ 时，其零状态响应 $y_f(k)=2\left[\left(\frac{1}{2}\right)^k-1\right]U(k)$。求系统的一种 z 域模拟图和单位序列响应 $h(k)$。

解:

$$F(z)=-z\frac{\mathrm{d}}{\mathrm{d}z}\left(\frac{z}{z-1}\right)=\frac{z}{(z-1)^2}$$

$$Y_f(z)=\frac{2z}{z-\frac{1}{2}}-\frac{2z}{z-1}=\frac{-z}{\left(z-\frac{1}{2}\right)(z-1)}$$

由 $Y_f(z)=H(z)F(z)$ 可得

$$H(z)=\frac{Y_f(z)}{F(z)}=\frac{1-z}{z-\frac{1}{2}}$$

故该系统的信号流图如图题 8-17 所示。

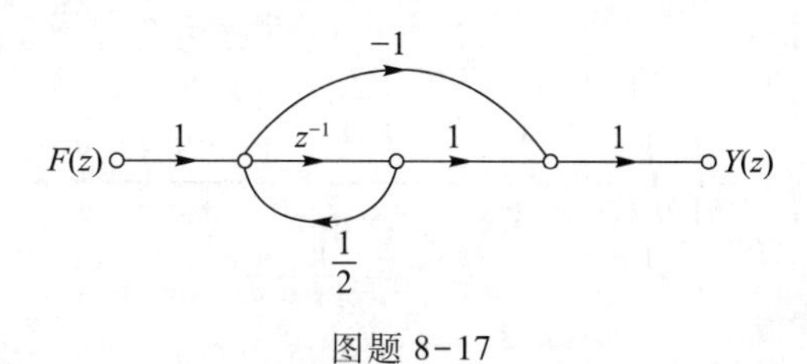

图题 8-17

单位序列响应为

$$h(k)=\left(\frac{1}{2}\right)^{k-1}U(k-1)-\left(\frac{1}{2}\right)^{k}U(k)$$

8-18 已知图题 8-18(a)所示系统。(1) 写出系统的差分方程。(2) 求系统函数 $H(z)=\frac{Y(z)}{F(z)}$,画出零极点图。(3) 求单位序列响应 $h(k)$,并画出波形。(4) 若保持其频率特性不变,试再画出一种时域模拟图。

解:(1) 因为

$$y(k)=f(k-1)+y(k-1)-0.5y(k-2)$$

故系统的差分方程为

$$y(k)-y(k-1)+0.5y(k-2)=f(k-1)$$

(2) 系统函数为 $H(z)=\frac{z^{-1}}{1-z^{-1}+0.5z^{-2}}=\frac{z}{z^2-z+0.5}$,故得系统函数 $H(z)$ 的零点为 $z_1=0$,极点为 $p_{1,2}=\frac{1}{2}\pm \mathrm{j}\frac{1}{2}$。其零极点图如图题 8-18(b)所示。

(3) 因 $H(z)=\frac{z}{z^2-z+0.5}=\frac{\mathrm{j}z}{z-\frac{1}{2}+\mathrm{j}\frac{1}{2}}-\frac{\mathrm{j}z}{z-\frac{1}{2}-\mathrm{j}\frac{1}{2}}$,故单位序列响应为

$$h(k)=\mathrm{j}\left[\left(\frac{1}{2}-\mathrm{j}\frac{1}{2}\right)^k-\left(\frac{1}{2}+\mathrm{j}\frac{1}{2}\right)^k\right]U(k)=2\left(\frac{\sqrt{2}}{2}\right)^k\sin\left(\frac{\pi}{4}k\right)U(k)$$

其波形如图题 8-18(c)所示。

（4）根据 $H(z)$ 和题目要求，可画出另一种时域模拟图如图题 8-18(d) 所示。

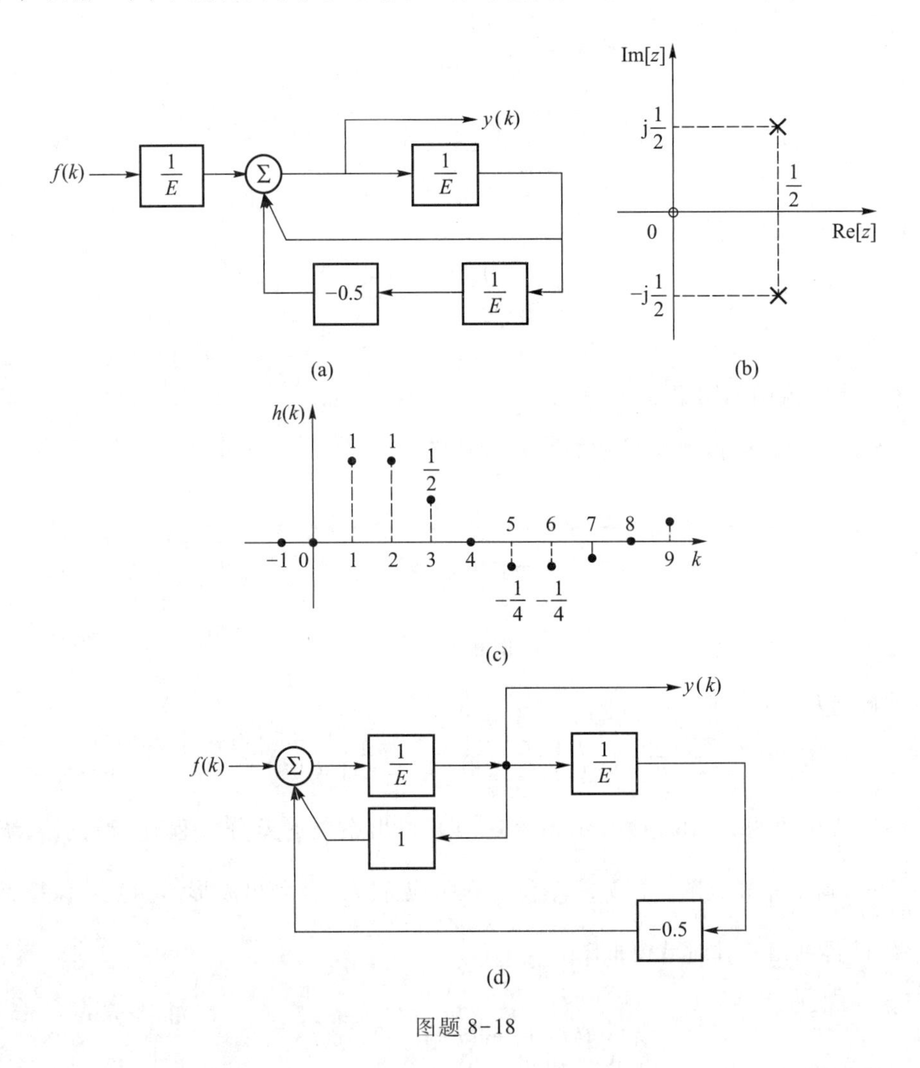

图题 8-18

8-19　已知离散系统的差分方程为 $y(k)-\frac{1}{3}y(k-1)=f(k)$。

（1）画出系统的一种信号流图。

（2）若系统的零状态响应为 $y_f(k)=3\left[\left(\frac{1}{2}\right)^k-\left(\frac{1}{3}\right)^k\right]U(k)$，求输入 $f(k)$。

解：（1）$H(z)=\dfrac{1}{1-\frac{1}{3}z^{-1}}$，故得系统的信号流图如图题 8-19 所示。

（2）因

$$Y_f(z)=\frac{3z}{z-\frac{1}{2}}-\frac{3z}{z-\frac{1}{3}}=\frac{z}{2\left(z-\frac{1}{2}\right)\left(z-\frac{1}{3}\right)}$$

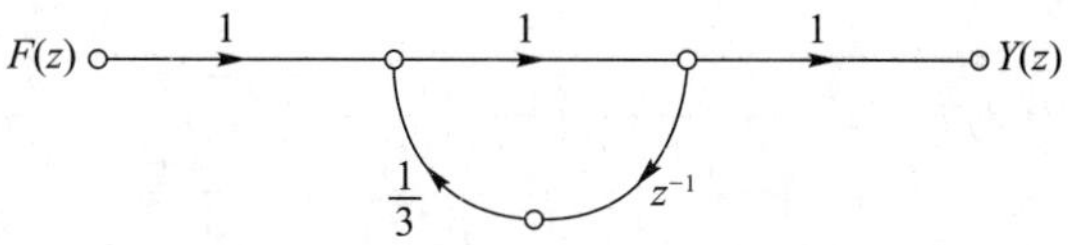

图题 8-19

$$F(z)=\frac{Y_{\mathrm{f}}(z)}{H(z)}=\frac{1}{2\left(z-\frac{1}{2}\right)}$$

故系统的输入为

$$f(k)=\frac{1}{2}\left(\frac{1}{2}\right)^{k-1}U(k-1)$$

8-20　已知离散系统的信号流图如图题 8-20 所示。(1) 求 $H(z)=\dfrac{Y(z)}{F(z)}$及单位序列响应 $h(k)$。(2) 试判断系统的稳定性。(3) 写出系统的差分方程。(4) 求系统的单位阶跃响应 $g(k)$。

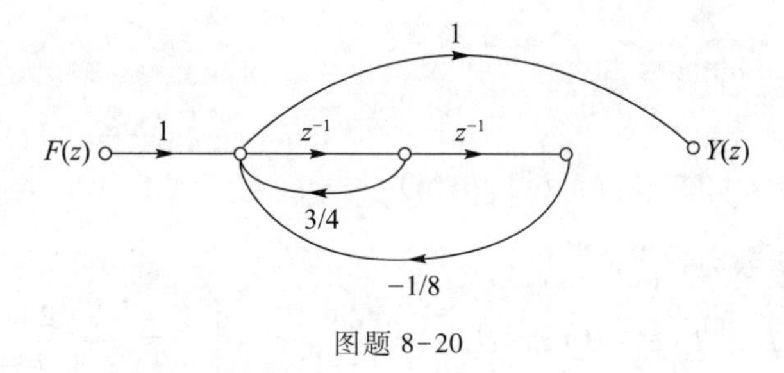

图题 8-20

解:(1) 因有

$$H(z)=\frac{z^2}{z^2-\frac{3}{4}z+\frac{1}{8}}=\frac{2z}{z-\frac{1}{2}}+\frac{-z}{z-\frac{1}{4}}$$

故系统的单位序列响应为

$$h(k)=\left[2\left(\frac{1}{2}\right)^k-\left(\frac{1}{4}\right)^k\right]U(k)$$

(2) 由于系统的极点都在单位圆内,所以该系统是稳定的。

(3) 系统的差分方程为

$$y(k+2)-\frac{3}{4}y(k+1)+\frac{1}{8}y(k)=f(k+2)$$

或

$$y(k)-\frac{3}{4}y(k-1)+\frac{1}{8}y(k-2)=f(k)$$

(4) 因有

$$G(z)=H(z)F(z)=\frac{z^2z}{\left(z-\frac{1}{2}\right)\left(z-\frac{1}{4}\right)(z-1)}=\frac{-2z}{z-\frac{1}{2}}+\frac{\frac{1}{3}z}{z-\frac{1}{4}}+\frac{\frac{8}{3}z}{z-1}$$

故得系统的单位阶跃响应为

$$g(k)=\left[-2\left(\frac{1}{2}\right)^k+\frac{1}{3}\left(\frac{1}{4}\right)^k+\frac{8}{3}\right]U(k)$$

8-21　图题 8-21 所示系统，$h_1(k)=U(k)$，$H_2(z)=\frac{z}{z+1}$，$H_3(z)=\frac{1}{z}$，$f(k)=U(k)-U(k-2)$。求零状态响应 $y(k)$。

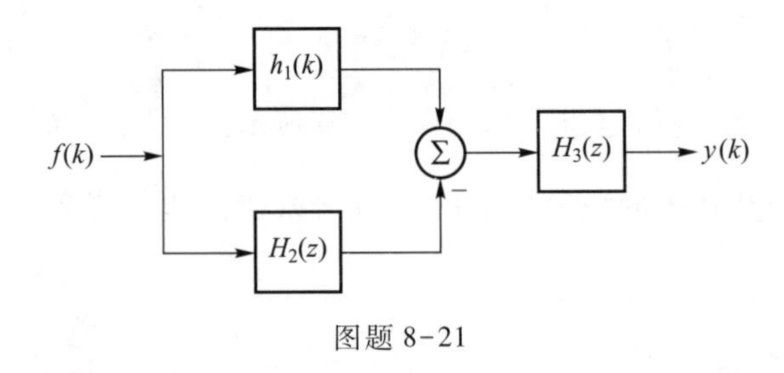

图题 8-21

解：由已知得

$$H_1(z)=\frac{z}{z-1}$$

则整个系统的系统函数为

$$H(z)=[H_1(z)-H_2(z)]H_3(z)=\left[\frac{z}{z-1}-\frac{z}{z+1}\right]\frac{1}{z}=\frac{2}{(z-1)(z+1)}$$

又

$$F(z)=\frac{z}{z-1}-\frac{z}{z-1}z^{-2}=\frac{z+1}{z}$$

$$Y(z)=H(z)F(z)=\frac{2}{(z-1)z}=\frac{2z}{z-1}z^{-2}$$

所以系统的零状态响应为

$$y(k)=2\,(1)^kU(k-2)=2U(k-2)$$

8-22　已知离散系统的系统函数为

$$H(z)=\frac{3z^3-5z^2+10z}{z^3-3z^2+7z-5}$$

(1) 试画出级联形式的模拟图与并联形式的信号流图。(2) 试判断系统的稳定性。

解：(1) 因

$$H(z)=\frac{3z^3-5z^2+10z}{z^3-3z^2+7z-5}=\frac{2z}{z-1}+\frac{z^2}{z^2-2z+5}$$

故其级联形式的模拟图如图题 8-22(a)所示，其并联形式的信号流图如图题 8-22(b)所示。

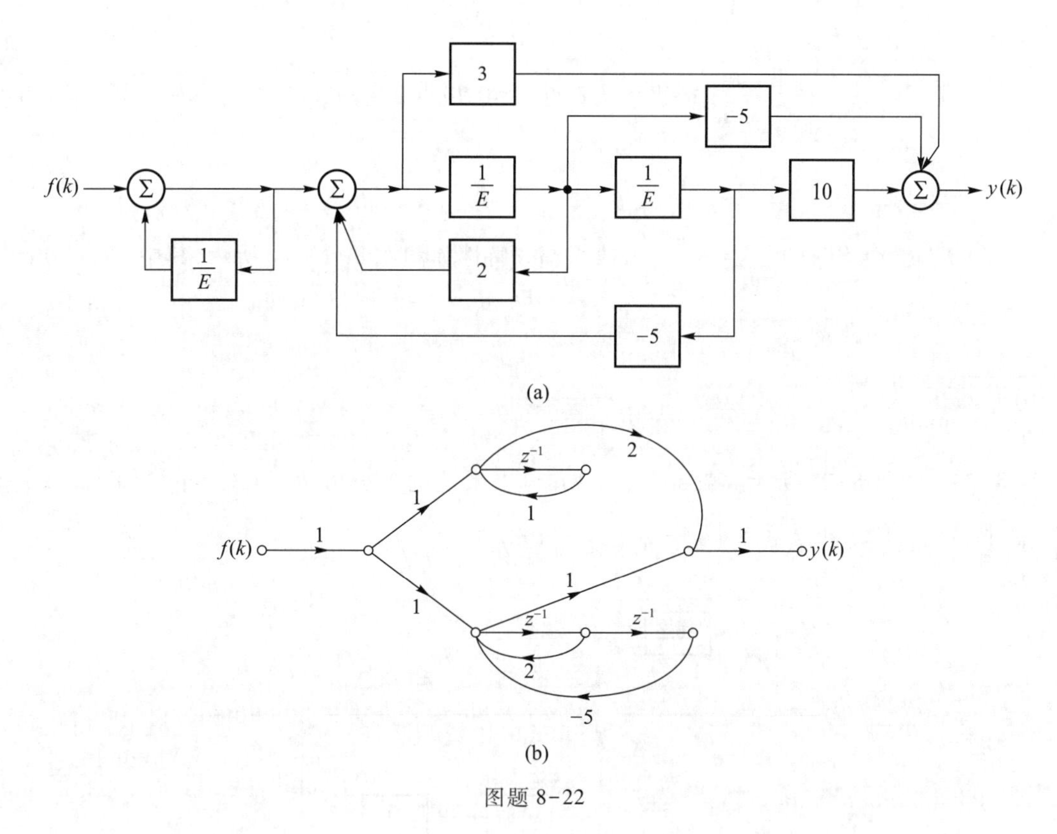

图题 8-22

(2) 系统的极点为 $p_1=1, p_2=1+\mathrm{j}2, p_3=1-\mathrm{j}2$，单位圆外有极点，所以该系统不稳定。

8-23 已知图题 8-23(a)所示系统的零状态响应为 $y(k)=3\left[\left(\frac{1}{2}\right)^k-\left(\frac{1}{3}\right)^k\right]U(k)$。(1) 求 $H(z)$，画出零极点图。(2) 求频率特性，大致画出幅频特性曲线。

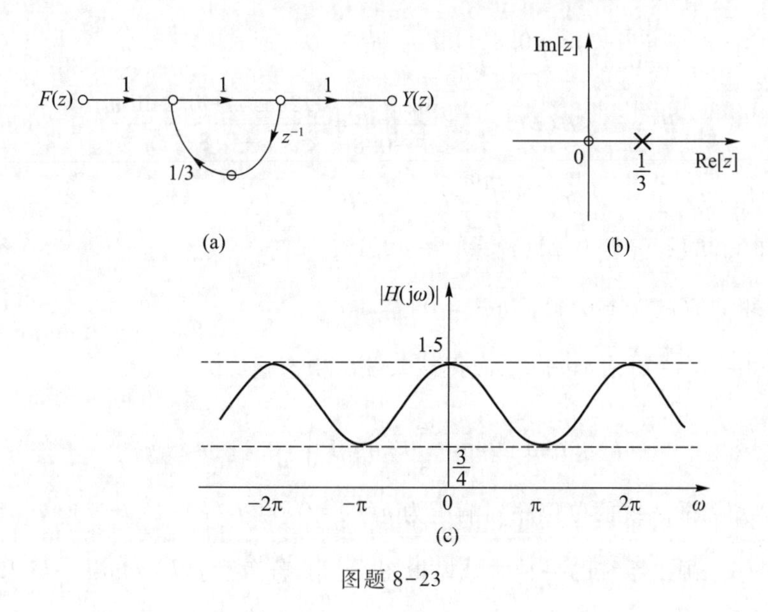

图题 8-23

解：

（1）$H(z)=\dfrac{1}{1-\frac{1}{3}z^{-1}}=\dfrac{z}{z-\frac{1}{3}}$，故得系统零点 $z_1=0$，极点 $p_1=\dfrac{1}{3}$，故零极点图如图题 8-23(b)所示。

（2）$H(e^{j\omega})=H(z)\big|_{z=e^{j\omega}}=\dfrac{e^{j\omega}}{e^{j\omega}-\frac{1}{3}}$，故得幅频特性如图题 8-23(c)所示，其中 $|H(e^{j\omega})|=\dfrac{1}{\sqrt{\frac{10}{9}-\frac{2}{3}\cos\omega}}$。

8-24　图题 8-24 所示离散系统。（1）写出系统的差分方程。（2）若 $f(k)=U(k)+\left[\cos\left(\frac{\pi}{3}k\right)+\cos(\pi k)\right]U(k)$，求系统的稳态响应 $y(k)$。

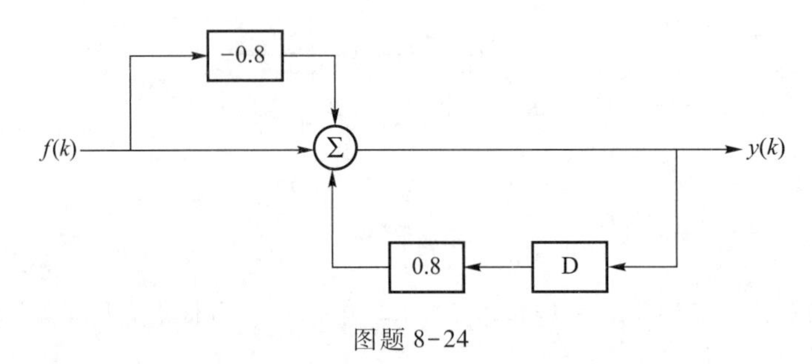

图题 8-24

解：（1）因为 $y(k)=f(k)-0.8f(k)+0.8y(k-1)$，故得系统的差分方程为

$$y(k)-0.8y(k-1)=0.2f(k)$$

（2）因为 $H(z)=\dfrac{0.2z}{z-0.8}$，$|z|>0.8$，且 $T=1$，故

$$H(e^{j\omega})=H(z)\big|_{z=e^{j\omega}}=\frac{0.2e^{j\omega}}{e^{j\omega}-0.8}=\frac{0.2\cos\omega+j0.2\sin\omega}{\cos\omega-0.8+j\sin\omega}$$

当 $\omega=0$ 时，$|H(e^{j0})|=1$，$\varphi(0)=0°$；

当 $\omega=\dfrac{\pi}{3}$ 时，$|H(e^{j\frac{\pi}{3}})|=0.22$，$\varphi\left(\dfrac{\pi}{3}\right)=-49.1°$；

当 $\omega=\pi$ 时，$|H(e^{j\pi})|=0.11$，$\varphi(\pi)=0°$。

令 $f(k)=1+\cos\left(\dfrac{\pi}{3}k\right)+\cos(\pi k)$，故得该系统的稳态响应为

$$y(k)=1+0.22\cos\left(\frac{\pi}{3}k-49.1°\right)+0.11\cos(\pi k)$$

8-25　已知离散系统的单位序列响应为 $h(k)=0.5^k[U(k)+U(k-1)]$。（1）写出系统的差分方程。（2）画出系统的一种时域模拟图。（3）若激励 $f(k)=\cos\left(\dfrac{\pi}{2}k+45°\right)U(k)$，求

正弦稳态响应。

解:(1) 因为系统函数为

$$H(z)=\frac{z}{z-0.5}+\frac{0.5}{z-0.5}=\frac{z+0.5}{z-0.5}$$

故得系统的差分方程为

$$y(k+1)-0.5y(k)=f(k+1)+0.5f(k)$$

或者

$$y(k)-0.5y(k-1)=f(k)+0.5f(k-1)$$

(2) 由 $H(z)=\dfrac{1+0.5z^{-1}}{1-0.5z^{-1}}$,可画出一种时域模拟图如图题 8-25 所示。

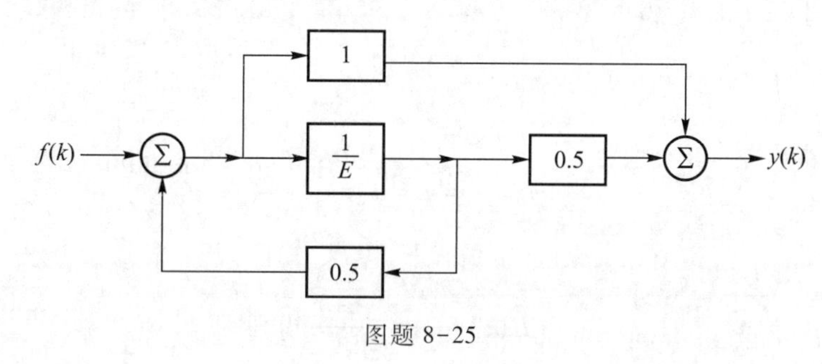

图题 8-25

(3) 当 $\omega=\dfrac{\pi}{2}$ 时

$$H(e^{j\frac{\pi}{2}})=\frac{1-j0.5\sin(\pi/2)}{1+j0.5\sin(\pi/2)}=\frac{1-j0.5}{1+j0.5}$$

故得

$$|H(e^{j\frac{\pi}{2}})|=\sqrt{1+0.5^2}/\sqrt{1+0.5^2}=1,\quad \varphi\left(\frac{\pi}{2}\right)=-2\arctan 0.5=-53.13°$$

故得系统的正弦稳态响应为

$$y(k)=\cos\left(\frac{\pi}{2}k+45°-53.13°\right)=\cos\left(\frac{\pi}{2}k-8.13°\right)$$

8-26 图题 8-26 所示为非递推型滤波器,抽样间隔 $T=0.001$ s。为了使直流增益为 1,且在 $\Omega=\dfrac{\pi}{2}\times10^3$ rad/s 与 $\pi\times10^3$ rad/s 两频率时的增益为零,试确定系数 a_0、a_1、a_2、a_3,并求此滤波器的系统函数 $H(z)$ 及其幅频特性。

解:因为

$$y(k)=a_0f(k)+a_1f(k-1)+a_2f(k-2)+a_3f(k-3)$$

故得

$$H(z)=a_0+a_1z^{-1}+a_2z^{-2}+a_3z^{-3}$$

$$H(e^{j\omega T})=a_0+a_1e^{-j\omega T}+a_2e^{-j2\omega T}+a_3e^{-j3\omega T}$$

当 $\omega=0$ 时,$a_0+a_1+a_2+a_3=1$;

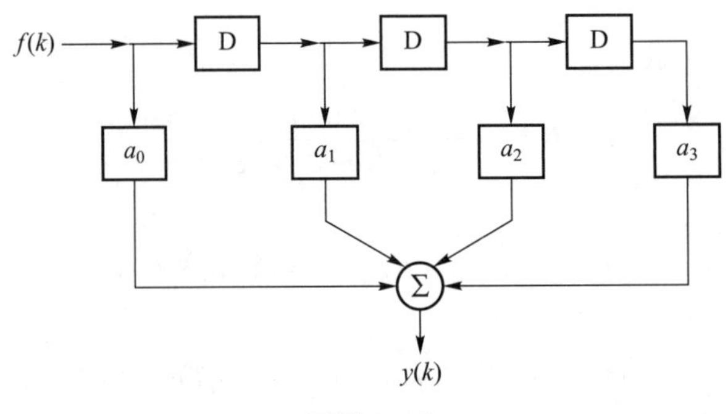

图题 8-26

当 $\omega=\dfrac{\pi}{2}$ 时，$a_0-ja_1-a_2+ja_3=0$；

当 $\omega=\pi$ 时，$a_0-a_1+a_2-a_3=0$。

联解得

$$a_0=a_1=a_2=a_3=\frac{1}{4}$$

故得

$$H(z)=\frac{z^3+z^2+z+1}{4z^3}$$

则有

$$H(e^{j\omega T})=\frac{1}{4}(1+e^{-j\omega T}+e^{-j2\omega T}+e^{-j3\omega T})$$

$$|H(e^{j\omega T})|=\frac{1}{4}\sqrt{[1+\cos(\omega T)+\cos(2\omega T)+\cos(3\omega T)]^2+[\sin(\omega T)+\sin(2\omega T)+\sin(3\omega T)]^2}$$

8-27　已知一数字滤波器的差分方程为

$$5y(k-2)=f(k)+f(k-1)+f(k-2)+f(k-3)+f(k-4)$$

输入信号 $f(k)$ 为频率 $f=5$ Hz 的正弦信号，信号的抽样频率 $f_s=250$ Hz，同时有频率为 50 Hz 的干扰信号存在。试确定此滤波器能否将输入信号 $f(k)$ 完全通过，同时将干扰信号完全滤除。

解：由差分方程可求得系统函数为

$$H(z)=\frac{1+z^{-1}+z^{-2}+z^{-3}+z^{-4}}{5z^{-2}}=\frac{z^4+z^3+z^2+z+1}{5z^2}$$

因为 $H(z)$ 的极点 $p_1=p_2=0$，故系统为稳定系统。则系统的频率特性为

$$H(e^{j\omega T})=H(z)\big|_{z=e^{j\omega T}}=\frac{1}{5}\times\frac{1+e^{-j\omega T}+e^{-j2\omega T}+e^{-j3\omega T}+e^{-j4\omega T}}{e^{-j2\omega T}}$$

式中，分子是首项为 $a_1=1$、公比为 $q=e^{-j\omega T}$ 的等比数列前 5 项的和，故根据等比级数前 n 项求和公式 $S_n=\dfrac{a_1(1-q^n)}{1-q}$ 可得

$$\text{分子}=\frac{1[1-(e^{-j\omega T})^5]}{1-e^{-j\omega T}}=\frac{1-e^{-j5\omega T}}{1-e^{-j\omega T}}$$

再代入上式有

$$H(\mathrm{e}^{\mathrm{j}\omega T})=\frac{1}{5}\times\frac{1-\mathrm{e}^{-\mathrm{j}5\omega T}}{1-\mathrm{e}^{-\mathrm{j}\omega T}}\times\mathrm{e}^{\mathrm{j}2\omega T}=\frac{1}{5}\times\frac{\mathrm{e}^{-\mathrm{j}\frac{5}{2}\omega T}(\mathrm{e}^{\mathrm{j}\frac{5}{2}\omega T}-\mathrm{e}^{-\mathrm{j}\frac{5}{2}\omega T})}{\mathrm{e}^{-\mathrm{j}\frac{1}{2}\omega T}(\mathrm{e}^{\mathrm{j}\frac{1}{2}\omega T}-\mathrm{e}^{-\mathrm{j}\frac{1}{2}\omega T})}\times\mathrm{e}^{\mathrm{j}2\omega T}$$

$$=\frac{1}{5}\times\mathrm{e}^{-\mathrm{j}2\omega T}\frac{\dfrac{\mathrm{e}^{\mathrm{j}\frac{5}{2}\omega T}-\mathrm{e}^{-\mathrm{j}\frac{5}{2}\omega T}}{2\mathrm{j}}}{\dfrac{\mathrm{e}^{\mathrm{j}\frac{1}{2}\omega T}-\mathrm{e}^{-\mathrm{j}\frac{1}{2}\omega T}}{2\mathrm{j}}}\times\mathrm{e}^{\mathrm{j}2\omega T}=\frac{1}{5}\times\frac{\sin\left(\dfrac{5}{2}\omega T\right)}{\sin\left(\dfrac{1}{2}\omega T\right)}$$

今已知 $\omega T=2\pi f\dfrac{1}{f_{\mathrm{s}}}=2\pi\times5\times\dfrac{1}{250}=\dfrac{\pi}{25}$，代入上式得

$$H(\mathrm{e}^{\mathrm{j}\omega T})=\frac{1}{5}\times\frac{\sin\left(\dfrac{5}{2}\times\dfrac{\pi}{25}\right)}{\sin\left(\dfrac{1}{2}\times\dfrac{\pi}{25}\right)}=\frac{1}{5}\times\frac{\sin\dfrac{\pi}{10}}{\sin\dfrac{\pi}{50}}=0.2\times\frac{0.309\,0}{0.062\,8}=0.984\,1\approx1$$

此结果表明，该滤波器能将输入信号 $f(k)$ 全部通过。

对于频率 $f=50$ Hz 的干扰信号，有

$$\omega T=2\pi f\times\frac{1}{f_{\mathrm{s}}}=2\pi\times50\times\frac{1}{250}=\frac{2\pi}{5}$$

故得

$$H(\mathrm{e}^{\mathrm{j}\omega T})=\frac{1}{5}\times\frac{\sin\left(\dfrac{5}{2}\times\dfrac{2\pi}{5}\right)}{\sin\left(\dfrac{1}{2}\times\dfrac{2\pi}{5}\right)}=\frac{1}{5}\times\frac{0}{\sin\dfrac{\pi}{5}}=0$$

此结果表明，该滤波器能将 50 Hz 的干扰信号完全滤除。

8-28　已知离散系统系统函数 $H(z)$ 的零极点分布如图题 8-28 所示，$\lim\limits_{k\to\infty}h(k)=4$。(1) 求系统函数 $H(z)$。(2) 若系统的零状态响应为 $y(k)=[1+3(-3)^k]U(k)$，求激励 $f(k)$。

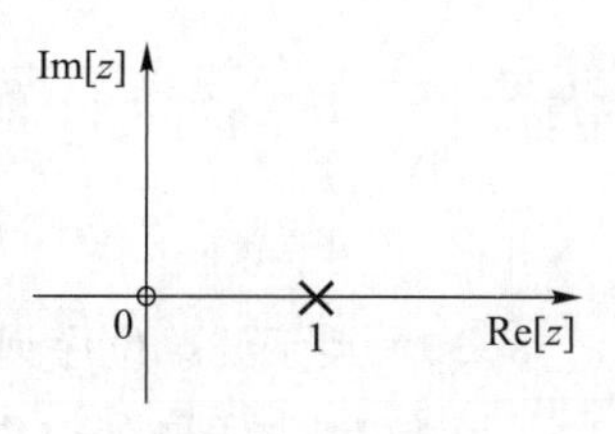

图题 8-28

解：(1) 设 $H(z)=H_0\dfrac{z}{z-1}$，因有

$$\lim_{k\to\infty}h(k)=\lim_{z\to1}\frac{z-1}{z}H(z)=\lim_{z\to1}\frac{z-1}{z}H_0\frac{z}{z-1}=H_0=4$$

所以 $H(z)=\dfrac{4z}{z-1}$。

(2) 因有

$$Y(z)=\frac{z}{z-1}+3\frac{z}{z+3}=H(z)F(z)$$

故得

$$F(z)=\frac{Y(z)}{H(z)}=\frac{\dfrac{z}{z-1}+\dfrac{3z}{z+3}}{\dfrac{4z}{z-1}}=\frac{z}{z+3}$$

故得激励

$$f(k)=(-3)^{k}U(k)$$

8-29　已知离散系统系统函数 $H(z)$ 的零极点分布如图题 8-29 所示，$\lim\limits_{k\to\infty}h(k)=\dfrac{1}{3}$，系统的初始条件为 $y(0)=2$，$y(1)=1$。(1) 求 $H(z)$。(2) 若 $f(k)=(-3)^{k}U(k)$，求零状态响应 $y_{f}(k)$。

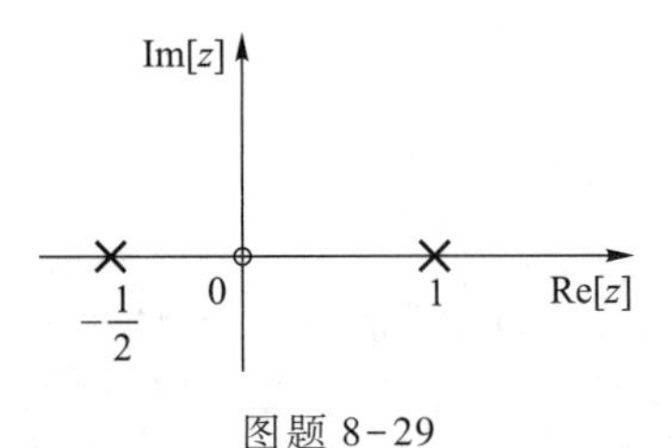

图题 8-29

解：(1) 由系统的零极点图，设 $H(z)=H_{0}\dfrac{z}{\left(z+\dfrac{1}{2}\right)(z-1)}$，

因有

$$\lim_{k\to\infty}h(k)=\lim_{z\to1}\frac{z-1}{z}H(z)=\lim_{z\to1}\frac{z-1}{z}H_{0}\frac{z}{\left(z+\dfrac{1}{2}\right)(z-1)}=\frac{2}{3}H_{0}=\frac{1}{3}$$

故 $H_{0}=\dfrac{1}{2}$，则

$$H(z)=\frac{1}{2}\times\frac{z}{\left(z+\dfrac{1}{2}\right)(z-1)}=\frac{\dfrac{1}{2}z}{z^{2}-\dfrac{1}{2}z-\dfrac{1}{2}}$$

(2) 因 $F(z)=\dfrac{z}{z+3}$，故得

$$Y_{f}(z)=F(z)H(z)=\frac{z^{2}}{2(z+3)(z-1)\left(z+\dfrac{1}{2}\right)}=-\frac{3}{20}\times\frac{z}{z+3}+\frac{1}{15}\times\frac{z}{z+\dfrac{1}{2}}+\frac{1}{12}\times\frac{z}{z-1}$$

故得

$$y_{f}(k)=\left[-\frac{3}{20}(-3)^{k}+\frac{1}{15}\left(-\frac{1}{2}\right)^{k}+\frac{1}{12}\right]U(k)$$

8-30　某系统单位序列响应 $h(k)$ 的 z 变换为 $H(z)$，它们满足以下条件：

(1) $h(k)$ 为实序列；(2) $h(k)$ 为右序列；(3) $\lim\limits_{z\to\infty}H(z)=1$；(4) $H(z)$ 有两个零点；(5) $H(z)$ 的极点中有一个位于 $|z|=\dfrac{3}{4}$ 的非实数位置。

试回答下列两个问题：(a) 系统是因果的吗？(b) 系统是稳定的吗？

解：(a) 系统是因果的。(b) 系统是稳定的。

第 9 章　状态变量法

第 9 章课件

9.1　基 本 要 求

（1）掌握系统在状态空间中的描述：状态、状态变量、状态空间、状态方程与输出方程。

（2）掌握系统状态方程的建立，包括连续系统和离散系统状态变量的选择、状态方程与输出方程的建立及其向量表示法。

（3）掌握连续时间系统状态方程的时域解法：一阶向量状态差分方程的解，状态过渡矩阵，指数函数的计算，输出方程的解，单位冲激响应矩阵及其转移函数矩阵间的关系。

（4）掌握连续时间系统状态方程的复频域解法：应用拉普拉斯变换法求解一阶向量状态微分方程与输出方程；多输入多输出系统的转移函数矩阵，A 矩阵的特征根和系统的自然频率。

（5）掌握离散时间系统状态方程的时域解法：一阶向量状态差分方程的解，离散时间系统的状态过渡矩阵，输出方程的解，单位序列函数响应矩阵及其与转移函数矩阵间的关系。

（6）掌握离散时间系统状态方程的 z 变换解法：应用 z 变换法解一阶向量状态差分方程与输出方程，离散时间系统的转移函数矩阵。

9.2　重点与难点

9.2.1　连续系统状态方程与输出方程的建立

1. 由电路图直观列写

（1）确定状态变量数目，它等于系统独立记忆（储能）元件的数目，即独立电容和独立电感的数目之和。

（2）选择状态变量，一般选取电路中所有独立电容电压和独立电感电流作为状态变量。

（3）根据网络约束条件（即 KVL 和 KCL）建立电路方程。为保证所列写的状态方程中等号左端只为一个状态变量的一阶导数，必须对每一个独立电容列写只含此独立电容电压一阶导数在内的节点 KCL 方程；对每一个独立电感列写只含此独立电感电流一阶导数在内的回路 KVL 方程。

（4）若在第（3）步所列出的方程中含有非状态变量，则应利用适当的节点 KCL 方程和回路 KVL 方程，将非状态变量也用激励和状态变量表示出来，从而将非状态变量消去，然后整理成矩阵标准形式。

2. 单输入单输出系统状态方程与输出方程的列写

可根据系统的微分方程或 $H(s)$ 画出其模拟图或信号流图，然后选取每一个积分器的输出变量作为状态变量，即可列出系统的状态方程与输出方程。

9.2.2　连续系统状态方程与输出方程的 s 域解法

1. 状态方程的 s 域求解

$$\boldsymbol{X}(s)=(s\boldsymbol{I}-\boldsymbol{A})^{-1}\boldsymbol{x}(0^-)+(s\boldsymbol{I}-\boldsymbol{A})^{-1}\boldsymbol{BF}(s)=\underbrace{\boldsymbol{\Phi}(s)\boldsymbol{x}(0^-)}_{(\text{零输入解})}+\underbrace{\boldsymbol{\Phi}(s)\boldsymbol{BF}(s)}_{(\text{零状态解})}$$

式中，$\boldsymbol{\Phi}(s)=(s\boldsymbol{I}-\boldsymbol{A})^{-1}$ 称为状态预解矩阵，为 $n\times n$ 阶，即与 $\boldsymbol{A}$ 同阶。
状态向量的时域解为

$$\boldsymbol{x}(t)=\boldsymbol{\varphi}(t)\boldsymbol{x}(0^-)+\mathscr{L}^{-1}\{\boldsymbol{\Phi}(s)\boldsymbol{BF}(s)\}$$

式中

$$\boldsymbol{\varphi}(t)=\mathscr{L}^{-1}[\boldsymbol{\Phi}(s)]$$

称为状态转移矩阵。$\boldsymbol{\varphi}(t)$ 与 $\boldsymbol{\Phi}(s)$ 为一对拉普拉斯变换，即　$\boldsymbol{\varphi}(t)\leftrightarrow\boldsymbol{\Phi}(s)$。

2. 输出方程的 s 域解法与转移函数矩阵 $\boldsymbol{H}(s)$

$$\begin{aligned}\boldsymbol{Y}(s)&=\boldsymbol{CX}(s)+\boldsymbol{DF}(s)=\boldsymbol{C\Phi}(s)\boldsymbol{x}(0^-)+\{\boldsymbol{C\Phi}(s)\boldsymbol{B}+\boldsymbol{D}\}\boldsymbol{F}(s)\\&=\underbrace{\boldsymbol{C\Phi}(s)\boldsymbol{x}(0^-)}_{\text{零输入响应}}+\underbrace{\boldsymbol{H}(s)\boldsymbol{F}(s)}_{\text{零状态响应}}\end{aligned}$$

式中

$$\boldsymbol{H}(s)=\boldsymbol{C\Phi}(s)\boldsymbol{B}+\boldsymbol{D}$$

称为系统的转移函数矩阵，其阶数为 $r\times m$ 阶，即与 $\boldsymbol{D}$ 同阶。

响应向量的时域解为

$$\boldsymbol{y}(t)=\underbrace{\boldsymbol{C\varphi}(t)\boldsymbol{x}(0^-)}_{(\text{零输入响应})}+\mathscr{L}^{-1}[\underbrace{\boldsymbol{H}(s)\boldsymbol{F}(s)}_{(\text{零状态响应})}]$$

3. 矩阵 $\boldsymbol{A}$ 的特征值与系统的自然频率

$$\boldsymbol{H}(s)=\boldsymbol{C}(s\boldsymbol{I}-\boldsymbol{A})^{-1}\boldsymbol{B}+\boldsymbol{D}=\frac{\boldsymbol{C}\mathrm{adj}(s\boldsymbol{I}-\boldsymbol{A})}{|s\boldsymbol{I}-\boldsymbol{A}|}\boldsymbol{B}+\boldsymbol{D}=\frac{\boldsymbol{C}\mathrm{adj}(s\boldsymbol{I}-\boldsymbol{A})\boldsymbol{B}+|s\boldsymbol{I}-\boldsymbol{A}|\boldsymbol{D}}{|s\boldsymbol{I}-\boldsymbol{A}|}$$

式中，$\mathrm{adj}(s\boldsymbol{I}-\boldsymbol{A})$ 为矩阵 $(s\boldsymbol{I}-\boldsymbol{A})$ 的伴随矩阵；矩阵 $(s\boldsymbol{I}-\boldsymbol{A})$ 称为矩阵 $\boldsymbol{A}$ 的特征矩阵；行列式 $|s\boldsymbol{I}-\boldsymbol{A}|$ 的展开式称为矩阵 $\boldsymbol{A}$ 的特征多项式；$|s\boldsymbol{I}-\boldsymbol{A}|=0$ 称为矩阵 $\boldsymbol{A}$ 的特征方程(即系统的特征方程)。特征方程的根即为矩阵 $\boldsymbol{A}$ 的特征值，亦即 $\boldsymbol{H}(s)$ 中每一个元素 $H_{ij}(s)$ 的极点，称为系统的自然频率或固有频率，也称为矩阵 $\boldsymbol{A}$ 的特征根。

9.2.3　连续系统状态方程与输出方程的时域解法

1. 状态方程的时域求解

$$\boldsymbol{x}(t)=\mathrm{e}^{\boldsymbol{A}t}\boldsymbol{x}(0^-)+\int_{0^-}^{t}\mathrm{e}^{\boldsymbol{A}(t-\tau)}\boldsymbol{Bf}(\tau)\,\mathrm{d}\tau=\underbrace{\mathrm{e}^{\boldsymbol{A}t}\boldsymbol{x}(0^-)}_{(\text{零输入解})}+\underbrace{\mathrm{e}^{\boldsymbol{A}t}\boldsymbol{B}*\boldsymbol{f}(t)}_{(\text{零状态解})}$$

式中，
$$e^{At}=\boldsymbol{\varphi}(t)=\mathscr{L}^{-1}[\boldsymbol{\Phi}(s)]=\mathscr{L}^{-1}(s\boldsymbol{I}-\boldsymbol{A})^{-1}$$
同时，$e^{At}=\boldsymbol{\varphi}(t)$ 与 $\boldsymbol{\Phi}(s)$ 为一对拉普拉斯变换，即有
$$\boldsymbol{\varphi}(t)\leftrightarrow\boldsymbol{\Phi}(s)$$

2. 输出方程的时域解与单位冲激响应矩阵 $\boldsymbol{h}(t)$

$$\begin{aligned}\boldsymbol{y}(t)&=\boldsymbol{C}e^{At}\boldsymbol{x}(0^-)+\boldsymbol{C}e^{At}\boldsymbol{B}*\boldsymbol{f}(t)+\boldsymbol{D}\delta(t)*\boldsymbol{f}(t)=\boldsymbol{C}e^{At}\boldsymbol{x}(0^-)+\{\boldsymbol{C}e^{At}\boldsymbol{B}+\boldsymbol{D}\delta(t)\}*\boldsymbol{f}(t)\\&=\underset{(\text{零输入响应})}{\boldsymbol{C}e^{At}\boldsymbol{x}(0^-)}+\underset{(\text{零状态响应})}{\boldsymbol{h}(t)*\boldsymbol{f}(t)}\end{aligned}$$

式中
$$\boldsymbol{h}(t)=\boldsymbol{C}e^{At}\boldsymbol{B}+\boldsymbol{D}\delta(t)=\boldsymbol{C}\boldsymbol{\varphi}(t)\boldsymbol{B}+\boldsymbol{D}\delta(t)$$
称为系统的单位冲激响应矩阵，为 $r\times m$ 阶，即与 $\boldsymbol{D}$ 同阶。

又
$$\boldsymbol{h}(t)\leftrightarrow\boldsymbol{H}(s)$$

3. 状态转移矩阵 $\boldsymbol{\varphi}(t)=e^{At}$ 的性质

(1) $\boldsymbol{\varphi}(0)=e^{A\cdot 0}=\boldsymbol{I}$

(2) $\boldsymbol{\varphi}(t-t_0)=\boldsymbol{\varphi}(t-t_1)\boldsymbol{\varphi}(t_1-t_0)$

(3) $\boldsymbol{\varphi}(t_1+t_2)=\boldsymbol{\varphi}(t_1)\boldsymbol{\varphi}(t_2)$

(4) $[\boldsymbol{\varphi}(t)]^{-1}=\boldsymbol{\varphi}(-t)$

(5) $[\boldsymbol{\varphi}(t)]^{n}=\boldsymbol{\varphi}(nt)$

(6) $\dfrac{d}{dt}e^{At}=\boldsymbol{A}e^{At}=e^{At}\boldsymbol{A}$

9.2.4 离散系统状态方程与输出方程的列写

在离散时间系统中，惯性元件是延时单元，因而状态变量通常取延时单元的输出，相当于连续系统中选取积分器的输出变量作为状态变量一样。

9.2.5 状态方程与输出方程的 z 域求解

1. 状态方程的 z 域解

$$\boldsymbol{X}(z)=(z\boldsymbol{I}-\boldsymbol{A})^{-1}z\boldsymbol{x}(0)+(z\boldsymbol{I}-\boldsymbol{A})^{-1}\boldsymbol{B}\boldsymbol{F}(z)=\underset{(z\text{域零输入解})}{\boldsymbol{\Phi}(z)\boldsymbol{x}(0)}+\underset{(z\text{域零状态解})}{(z\boldsymbol{I}-\boldsymbol{A})^{-1}\boldsymbol{B}\boldsymbol{F}(z)}$$

式中，$\boldsymbol{\Phi}(z)=(z\boldsymbol{I}-\boldsymbol{A})^{-1}z$ 称为状态预解矩阵，为 $n\times n$ 阶，即与 $\boldsymbol{A}$ 同阶。

状态向量的时域解为
$$\boldsymbol{X}(k)=\underset{(\text{时域零输入解})}{\boldsymbol{\varphi}(k)\boldsymbol{x}(0)}+\mathscr{Z}^{-1}\{\underset{(\text{时域零状态解})}{(z\boldsymbol{I}-\boldsymbol{A})^{-1}\boldsymbol{B}\boldsymbol{F}(z)}\}$$

式中，$\boldsymbol{\varphi}(k)=\mathscr{Z}^{-1}[\boldsymbol{\Phi}(z)]=\mathscr{Z}^{-1}\{(z\boldsymbol{I}-\boldsymbol{A})^{-1}z\}$ 称为状态转移矩阵。$\boldsymbol{\varphi}(k)$ 与 $\boldsymbol{\Phi}(z)$ 为一对 z 变换，即有
$$\boldsymbol{\varphi}(k)\leftrightarrow\boldsymbol{\Phi}(z)$$

2. 输出方程的 z 域解与转移函数矩阵 $\boldsymbol{H}(z)$

$$\boldsymbol{Y}(z)=\boldsymbol{C}\boldsymbol{\Phi}(z)\boldsymbol{x}(0)+\{\boldsymbol{C}(z\boldsymbol{I}-\boldsymbol{A})^{-1}\boldsymbol{B}+\boldsymbol{D}\}\boldsymbol{F}(z)=\underset{(z\text{域零输入响应})}{\boldsymbol{C}\boldsymbol{\Phi}(z)\boldsymbol{x}(0)}+\underset{(z\text{域零状态响应})}{\boldsymbol{H}(z)\boldsymbol{F}(z)}$$

式中，$\boldsymbol{H}(z)=\boldsymbol{C}(z\boldsymbol{I}-\boldsymbol{A})^{-1}\boldsymbol{B}+\boldsymbol{D}$ 称为 z 域转移函数矩阵，其物理意义与连续系统的 $\boldsymbol{H}(s)$ 相同。

响应向量的时域解为

$$\boldsymbol{Y}(k)=\underbrace{\boldsymbol{C}\boldsymbol{\varphi}(k)\boldsymbol{x}(0)}_{\text{(时域零输入响应)}}+\underbrace{\mathscr{Z}^{-1}\{\boldsymbol{H}(z)\boldsymbol{F}(z)\}}_{\text{(时域零状态响应)}}$$

3. 矩阵 $\boldsymbol{A}$ 的特征值与系统的自然频率

矩阵 $(z\boldsymbol{I}-\boldsymbol{A})$ 称为矩阵 $\boldsymbol{A}$ 的特征矩阵；行列式 $|z\boldsymbol{I}-\boldsymbol{A}|$ 的展开式称为矩阵 $\boldsymbol{A}$ 的特征多项式；$|z\boldsymbol{I}-\boldsymbol{A}|=0$ 称为矩阵 $\boldsymbol{A}$ 的特征方程，即系统的特征方程，其根即为矩阵 $\boldsymbol{A}$ 的特征值，亦即 $\boldsymbol{H}(z)$ 中每一个元素 $H_{ij}(z)$ 的极点，称为系统的自然频率或固有频率，也称为矩阵 $\boldsymbol{A}$ 的特征根。

9.2.6 状态方程与输出方程的时域求解

1. 状态方程的时域解

$$\boldsymbol{x}(k)=\underbrace{\boldsymbol{A}^k\boldsymbol{x}(0)}_{\text{(时域零输入解)}}+\underbrace{\boldsymbol{A}^{k-1}\boldsymbol{B}*\boldsymbol{f}(k)}_{\text{(时域零状态解)}}\quad k\geqslant 1$$

式中，$\boldsymbol{A}^k$ 称为离散系统的状态转移矩阵，描述了系统本身的特性，决定了系统的自由运动情况。

$$\boldsymbol{A}^k=\boldsymbol{\varphi}(k)=\mathscr{Z}^{-1}[(z\boldsymbol{I}-\boldsymbol{A})^{-1}z]$$

$\boldsymbol{\Phi}(z)$ 与 $\boldsymbol{A}^k$ 为一对 z 变换，即有 $\boldsymbol{A}^k\leftrightarrow\boldsymbol{\Phi}(z)$。

2. 输出方程的时域解与单位序列响应矩阵 $\boldsymbol{h}(k)$

$$\boldsymbol{Y}(k)=\boldsymbol{C}\boldsymbol{A}^k\boldsymbol{x}(0)+\sum_{j=0}^{k-1}\boldsymbol{C}\boldsymbol{A}^{k-1-j}\boldsymbol{B}\boldsymbol{f}(j)+\boldsymbol{D}\boldsymbol{f}(k)$$

或

$$\begin{aligned}\boldsymbol{y}(k)&=\boldsymbol{C}\boldsymbol{A}^k\boldsymbol{x}(0)+\boldsymbol{C}\boldsymbol{A}^{k-1}\boldsymbol{B}*\boldsymbol{f}(k)+\boldsymbol{D}\boldsymbol{\delta}(k)*\boldsymbol{f}(k)\\&=\boldsymbol{C}\boldsymbol{\varphi}(k)\boldsymbol{x}(0)+\boldsymbol{C}\boldsymbol{\varphi}(k-1)\boldsymbol{B}*\boldsymbol{f}(k)+\boldsymbol{D}\boldsymbol{\delta}(k)*\boldsymbol{f}(k)\\&=\boldsymbol{C}\boldsymbol{\varphi}(k)\boldsymbol{x}(0)+\{\boldsymbol{C}\boldsymbol{\varphi}(k-1)\boldsymbol{B}+\boldsymbol{D}\boldsymbol{\delta}(k)\}*\boldsymbol{f}(k)=\underbrace{\boldsymbol{C}\boldsymbol{\varphi}(k)\boldsymbol{x}(0)}_{\text{(零输入响应)}}+\underbrace{\boldsymbol{h}(k)*\boldsymbol{f}(k)}_{\text{(零状态响应)}}\end{aligned}$$

式中，$\boldsymbol{h}(k)=\boldsymbol{C}\boldsymbol{\varphi}(k-1)\boldsymbol{B}+\boldsymbol{D}\boldsymbol{\delta}(k)=\boldsymbol{C}\boldsymbol{A}^{k-1}\boldsymbol{B}+\boldsymbol{D}\boldsymbol{\delta}(k)$ 称为系统的单位序列响应矩阵，即 $\boldsymbol{h}(k)$ 与 $\boldsymbol{H}(z)$ 为一对 z 变换，有 $\boldsymbol{h}(k)\leftrightarrow\boldsymbol{H}(z)$。

9.2.7 由状态方程判断系统的稳定性

1. 连续系统

欲使连续系统稳定，必须使 $\boldsymbol{H}(s)$ 的极点，即特征方程 $|s\boldsymbol{I}-\boldsymbol{A}|=0$ 的根，亦即矩阵 $\boldsymbol{A}$ 的特征值，全部位于 s 平面的左半开平面上。

2. 离散系统

欲使离散系统稳定，必须使 $\boldsymbol{H}(z)$ 的极点，即特征方程 $|z\boldsymbol{I}-\boldsymbol{A}|=0$ 的根，亦即矩阵 $\boldsymbol{A}$ 的特征值，全部位于 z 平面的单位圆内部。

9.3 典型例题

例 9.1 写出图例 9.1 所示电路的状态方程,若以电流 i_C 和电压 u 为输出,列出输出方程。

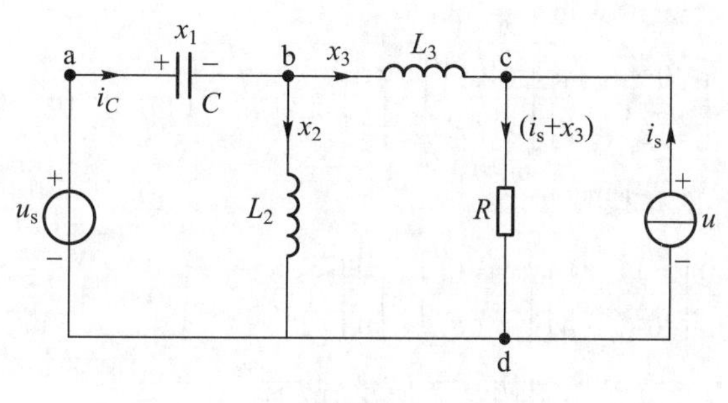

图例 9.1

解:选电容电压 u_C 和电感电流 i_{L2}、i_{L3} 为状态变量,并令

$$\left.\begin{aligned} x_1 &= u_C \\ x_2 &= i_{L2} \\ x_3 &= i_{L3} \end{aligned}\right\}$$

对于接有电容 C 的节点 b,可列出电流方程

$$i_C = C\dot{x}_1 = x_2 + x_3$$

选包含 L_2 的回路和包含 L_3 的回路列写两个独立电压方程为

$$\left.\begin{aligned} u_s &= x_1 + L_2\dot{x}_2 \\ u_s &= x_1 + L_3\dot{x}_3 + R(i_s + x_3) \end{aligned}\right\}$$

将上式写成矩阵形式,得

$$\begin{bmatrix} \dot{x}_1 \\ \dot{x}_2 \\ \dot{x}_3 \end{bmatrix} = \begin{bmatrix} 0 & \dfrac{1}{C} & \dfrac{1}{C} \\ \dfrac{-1}{L_2} & 0 & 0 \\ \dfrac{-1}{L_3} & 0 & \dfrac{-R}{L_3} \end{bmatrix} \begin{bmatrix} x_1 \\ x_2 \\ x_3 \end{bmatrix} + \begin{bmatrix} 0 & 0 \\ \dfrac{1}{L_2} & 0 \\ \dfrac{1}{L_3} & \dfrac{-R}{L_3} \end{bmatrix} \begin{bmatrix} u_s \\ i_s \end{bmatrix}$$

电路的输出,即电流 i_C 和电阻 R 两端的电压 u 为

$$\begin{cases} y_1 = i_C = x_2 + x_3 \\ y_2 = u = R(i_s + x_3) = Rx_3 + Ri_s \end{cases}$$

写成矩阵形式的输出方程为

$$\begin{bmatrix} y_1 \\ y_2 \end{bmatrix} = \begin{bmatrix} i_C \\ u \end{bmatrix} = \begin{bmatrix} 0 & 1 & 1 \\ 0 & 0 & R \end{bmatrix} \begin{bmatrix} x_1 \\ x_2 \\ x_3 \end{bmatrix} + \begin{bmatrix} 0 & 0 \\ 0 & R \end{bmatrix} \begin{bmatrix} u_s \\ i_s \end{bmatrix}$$

例 9.2　已知 $H(s)=\dfrac{3s+10}{s^2+7s+12}=\dfrac{1}{s+3}+\dfrac{2}{s+4}=\dfrac{3}{s+3}\times\dfrac{s+\frac{10}{3}}{s+4}$，列写与直接模拟、并联模拟、级联模拟相对应的状态方程与输出方程(均以积分器的输出信号为状态变量)。

解:(1) 直接模拟——相变量

$$\begin{bmatrix}\dot{x}_1(t)\\ \dot{x}_2(t)\end{bmatrix}=\begin{bmatrix}0 & 1\\ -12 & -7\end{bmatrix}\begin{bmatrix}x_1(t)\\ x_2(t)\end{bmatrix}+\begin{bmatrix}0\\ 1\end{bmatrix}f(t),\quad y(t)=[10\quad 3]\begin{bmatrix}x_1(t)\\ x_2(t)\end{bmatrix}$$

(2) 并联模拟——对角线变量

$$\begin{bmatrix}\dot{x}_1(t)\\ \dot{x}_2(t)\end{bmatrix}=\begin{bmatrix}-3 & 0\\ 0 & -4\end{bmatrix}\begin{bmatrix}x_1(t)\\ x_2(t)\end{bmatrix}+\begin{bmatrix}1\\ 1\end{bmatrix}f(t),\quad y(t)=[1\quad 2]\begin{bmatrix}x_1(t)\\ x_2(t)\end{bmatrix}$$

(3) 级联模拟的信号流图如图例 9.2 所示，故有

$$\begin{bmatrix}\dot{x}_1(t)\\ \dot{x}_2(t)\end{bmatrix}=\begin{bmatrix}-4 & 3\\ 0 & -3\end{bmatrix}\begin{bmatrix}x_1(t)\\ x_2(t)\end{bmatrix}+\begin{bmatrix}0\\ 1\end{bmatrix}f(t)$$

输出方程为

$$y(t)=\frac{10}{3}x_1(t)+\dot{x}_1(t)=\frac{10}{3}x_1(t)-4x_1(t)+3x_2(t)=-\frac{2}{3}x_1(t)+3x_2(t)$$

$$y(t)=\begin{bmatrix}-\dfrac{2}{3} & 3\end{bmatrix}\begin{bmatrix}x_1(t)\\ x_2(t)\end{bmatrix}$$

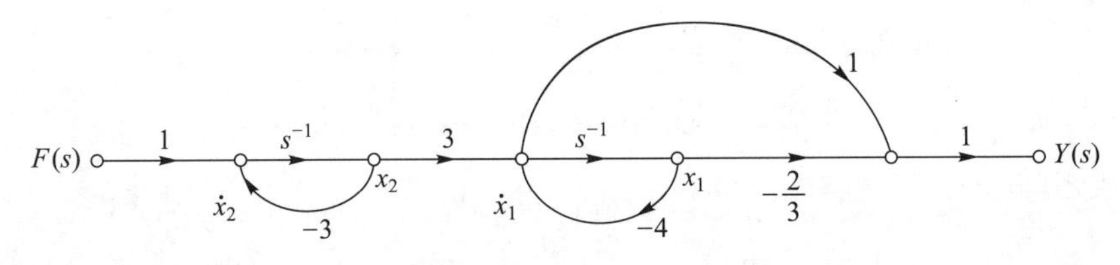

图例 9.2

例 9.3　一个 LTI 系统有两个输入 $f_1(t)$、$f_2(t)$ 和两个输出 $y_1(t)$、$y_2(t)$，描述该系统的方程组为 $\dot{y}_1(t)+2y_1(t)-3y_2(t)=f_1(t)$，$\ddot{y}_2(t)+3\dot{y}_2(t)+y_2(t)-2\dot{y}_1(t)=3f_2(t)$，写出该系统的状态方程和输出方程。

解:将以上两式改写为

$$\dot{y}_1=-2y_1+3y_2+f_1$$

$$\ddot{y}_2=-3\dot{y}_2-y_2+2\dot{y}_1+3f_2$$

令 $x_1=y_1$，$x_2=y_2$，不难画出其信号流图如图例 9.3 所示。

选各积分器(s^{-1})输出端信号为状态变量，可列出各积分器输入端信号为

$$\dot{x}_1=-2x_1+3x_2+f_1$$

$$\dot{x}_2=x_3$$

$$\dot{x}_3=2\dot{x}_1-3x_3-x_2+3f_2$$

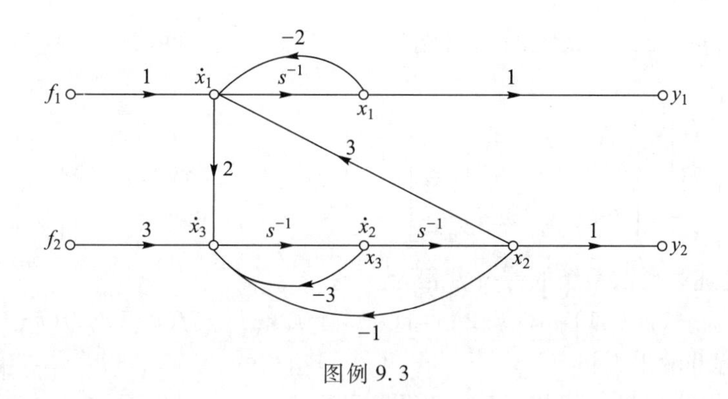

图例 9.3

消去方程右边的微分项，得

$$\dot{x}_3=-4x_1+5x_2-3x_3+2f_1+3f_2$$

将上式写为矩阵形式为

$$\begin{bmatrix}\dot{x}_1\\\dot{x}_2\\\dot{x}_3\end{bmatrix}=\begin{bmatrix}-2&3&0\\0&0&1\\-4&5&-3\end{bmatrix}\begin{bmatrix}x_1\\x_2\\x_3\end{bmatrix}+\begin{bmatrix}1&0\\0&0\\2&3\end{bmatrix}\begin{bmatrix}f_1\\f_2\end{bmatrix}$$

系统的输出方程为

$$\begin{bmatrix}y_1\\y_2\end{bmatrix}=\begin{bmatrix}1&0&0\\0&1&0\end{bmatrix}\begin{bmatrix}x_1\\x_2\\x_3\end{bmatrix}$$

例 9.4 图例 9.4(a)所示系统由三个子系统并联组成，写出该系统的状态方程和输出方程。

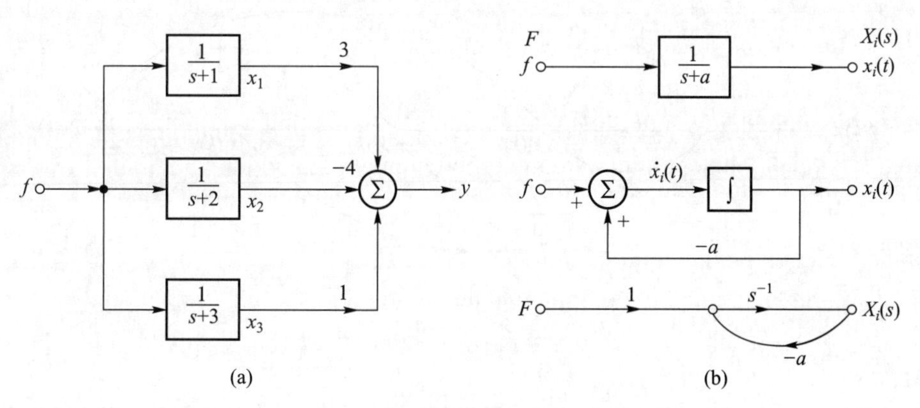

图例 9.4

解：先研究系统函数为 $H_i(s)=\dfrac{1}{s+a}$ 的子系统，其时域框图和 s 域信号流图如图例 9.4(b)所示。若选积分器（相应于 s^{-1}）的输出信号为状态变量 $x_i(t)$，则其输入端信号为

$$\dot{x}_i(t)=-ax_i(t)+f(t)$$

依此，选图例9.4(a)各子系统的输出端信号为状态变量，可写出其状态方程和输出方程为

$$\begin{bmatrix}\dot{x}_1\\\dot{x}_2\\\dot{x}_3\end{bmatrix}=\begin{bmatrix}-1&0&0\\0&-2&0\\0&0&-3\end{bmatrix}\begin{bmatrix}x_1\\x_2\\x_3\end{bmatrix}+\begin{bmatrix}1\\1\\1\end{bmatrix}f(t),\quad y=[3\quad -4\quad 1]\begin{bmatrix}x_1\\x_2\\x_3\end{bmatrix}$$

例9.5　描述某离散系统的差分方程为

$$y(k)+2y(k-1)-3y(k-2)+4y(k-3)=f(k-1)+2f(k-2)-3f(k-3)$$

写出其状态方程和输出方程。

解：由上述差分方程可写出该系统的系统函数

$$H(z)=\frac{z^{-1}+2z^{-2}-3z^{-3}}{1+2z^{-1}-3z^{-2}+4z^{-3}}$$

根据$H(z)$可画出其k域框图和z域信号流图，分别如图例9.5(a)和(b)所示。

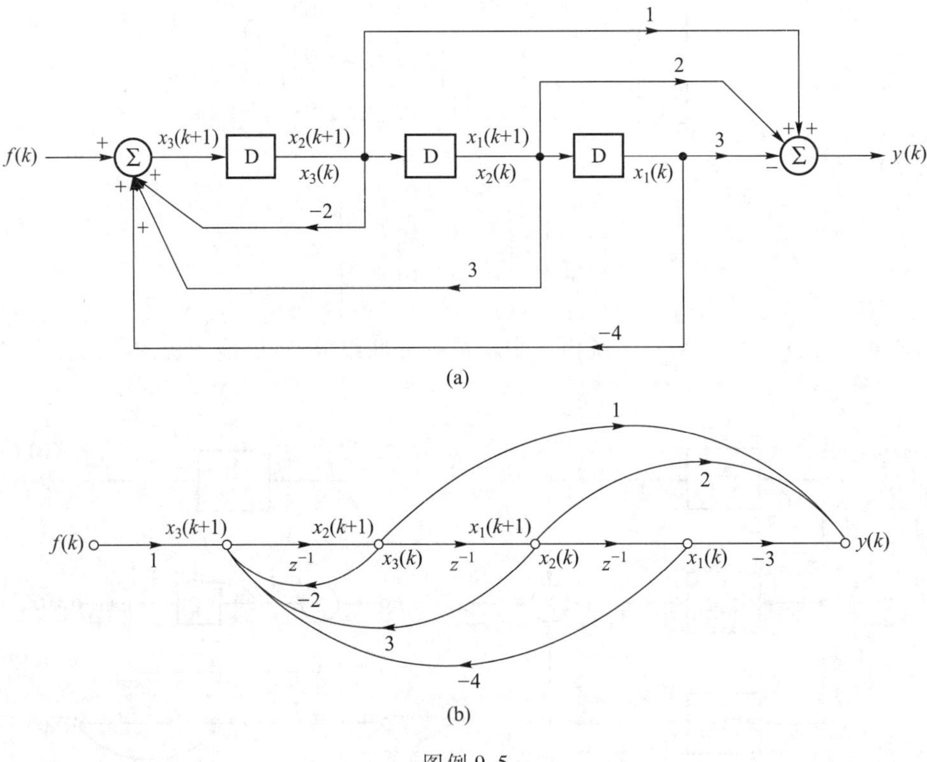

图例9.5

选延迟单元(相应于z^{-1})的输出端信号为状态变量(见图)，可列出状态方程和输出方程为

$$x_1(k+1)=x_2(k)$$

$$x_2(k+1)=x_3(k)$$

$$x_3(k+1)=-4x_1(k)+3x_2(k)-2x_3(k)+f(k)$$

$$y(k)=-3x_1(k)+2x_2(k)+x_3(k)$$

将它们写为矩阵形式，有

$$\begin{bmatrix} x_1(k+1) \\ x_2(k+1) \\ x_3(k+1) \end{bmatrix} = \begin{bmatrix} 0 & 1 & 0 \\ 0 & 0 & 1 \\ -4 & 3 & -2 \end{bmatrix} \begin{bmatrix} x_1(k) \\ x_2(k) \\ x_3(k) \end{bmatrix} + \begin{bmatrix} 0 \\ 0 \\ 1 \end{bmatrix} f(k), \quad y(k) = \begin{bmatrix} -3 & 2 & 1 \end{bmatrix} \begin{bmatrix} x_1(k) \\ x_2(k) \\ x_3(k) \end{bmatrix}$$

例 9.6 一离散系统有两个输入 $f_1(k)$、$f_2(k)$ 和两个输出 $y_1(k)$、$y_2(k)$，其信号流图如图例 9.6 所示。写出其状态方程和输出方程。

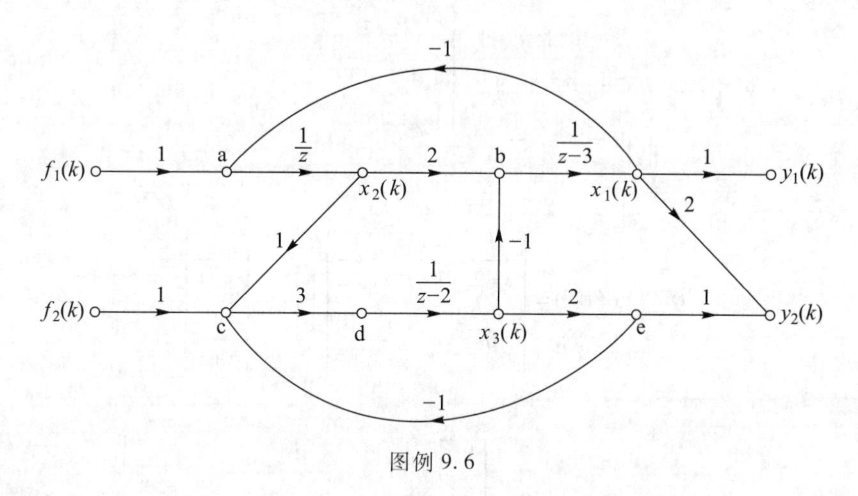

图例 9.6

解：选延迟单元或一阶子系统的输出端信号为状态变量 $x_1(k)$、$x_2(k)$、$x_3(k)$，如图所示。

对节点 b：$x_1(k+1)=3x_1(k)+2x_2(k)-x_3(k)$

对节点 a：$x_2(k+1)=-x_1(k)+f_1(k)$

对节点 d：首先令节点 c 和节点 e 的信号为 $x_c(k)$ 和 $x_e(k)$（它们是辅助变量而不是状态变量），由图可得

$$x_e(k)=2x_3(k)$$

$$x_c(k)=x_2(k)+f_2(k)-x_e(k)=x_2(k)-2x_3(k)+f_2(k)$$

对节点 d：$x_3(k+1)=2x_3(k)+3x_c(k)$

将 $x_c(k)$ 代入，得 $\qquad x_3(k+1)=3x_2(k)-4x_3(k)+3f_2(k)$

其矩阵形式为

$$\begin{bmatrix} x_1(k+1) \\ x_2(k+1) \\ x_3(k+1) \end{bmatrix} = \begin{bmatrix} 3 & 2 & -1 \\ -1 & 0 & 0 \\ 0 & 3 & -4 \end{bmatrix} \begin{bmatrix} x_1(k) \\ x_2(k) \\ x_3(k) \end{bmatrix} + \begin{bmatrix} 0 & 0 \\ 1 & 0 \\ 0 & 3 \end{bmatrix} \begin{bmatrix} f_1(k) \\ f_2(k) \end{bmatrix}$$

其输出方程为

$$\begin{bmatrix} y_1(k) \\ y_2(k) \end{bmatrix} = \begin{bmatrix} 1 & 0 & 0 \\ 2 & 0 & 2 \end{bmatrix} \begin{bmatrix} x_1(k) \\ x_2(k) \\ x_3(k) \end{bmatrix}$$

例 9.7　已知系统的状态方程与输出方程为

$$\begin{bmatrix}\dot{x}_1(t)\\ \dot{x}_2(t)\end{bmatrix}=\begin{bmatrix}-2 & 1\\ 0 & -1\end{bmatrix}\begin{bmatrix}x_1(t)\\ x_2(t)\end{bmatrix}+\begin{bmatrix}1\\ 0\end{bmatrix}f(t),\quad y(t)=\begin{bmatrix}1 & 0\end{bmatrix}\begin{bmatrix}x_1(t)\\ x_2(t)\end{bmatrix}$$

初始状态为$\begin{bmatrix}x_1(0^-)\\ x_2(0^-)\end{bmatrix}=\begin{bmatrix}1\\ 1\end{bmatrix}$，激励为$f(t)=U(t)$。求状态向量$\boldsymbol{x}(t)$、响应$y(t)$、转移函数$H(s)$、冲激响应$h(t)$。

解：$$\boldsymbol{\Phi}(s)=[s\boldsymbol{I}-\boldsymbol{A}]^{-1}=\begin{bmatrix}\frac{1}{s+2} & \frac{1}{s+1}-\frac{1}{s+2}\\ 0 & \frac{1}{s+1}\end{bmatrix}$$

故得s域零输入解为

$$\boldsymbol{\Phi}(s)\boldsymbol{x}(0^-)=\begin{bmatrix}\frac{1}{s+2} & \frac{1}{s+1}-\frac{1}{s+2}\\ 0 & \frac{1}{s+1}\end{bmatrix}\begin{bmatrix}1\\ 1\end{bmatrix}=\begin{bmatrix}\frac{1}{s+1}\\ \frac{1}{s+1}\end{bmatrix}$$

进而得时域零输入解为

$$\begin{bmatrix}e^{-t}\\ e^{-t}\end{bmatrix}U(t)$$

s域零状态解为

$$\boldsymbol{\Phi}(s)\boldsymbol{B}\boldsymbol{F}(s)=\begin{bmatrix}\frac{1}{s+2} & \frac{1}{s+1}-\frac{1}{s+2}\\ 0 & \frac{1}{s+1}\end{bmatrix}\begin{bmatrix}1\\ 0\end{bmatrix}\begin{bmatrix}\frac{1}{s}\end{bmatrix}=\begin{bmatrix}\frac{1}{2}\frac{1}{s}-\frac{1}{2}\frac{1}{s+2}\\ 0\end{bmatrix}$$

时域零状态解为

$$\begin{bmatrix}\frac{1}{2}-\frac{1}{2}e^{-2t}\\ 0\end{bmatrix}U(t)$$

由状态向量=零输入解+零状态解，得

$$\boldsymbol{x}(t)=\begin{bmatrix}e^{-t}\\ e^{-t}\end{bmatrix}+\begin{bmatrix}\frac{1}{2}-\frac{1}{2}e^{-2t}\\ 0\end{bmatrix}=\begin{bmatrix}\frac{1}{2}+e^{-t}-\frac{1}{2}e^{-2t}\\ e^{-t}\end{bmatrix}U(t)$$

$$y(t)=\begin{bmatrix}1 & 0\end{bmatrix}\boldsymbol{x}(t)=\left(\frac{1}{2}+e^{-t}-\frac{1}{2}e^{-2t}\right)U(t)$$

$$H(s)=\boldsymbol{C\Phi}(s)\boldsymbol{B}+\boldsymbol{D}=\frac{1}{s+2}$$

故得

$$h(t)=e^{-2t}U(t)$$

例 9.8　已知系统的状态方程与输出方程为

$$\begin{bmatrix}\dot{x}_1(t)\\ \dot{x}_2(t)\end{bmatrix}=\begin{bmatrix}-4 & 1\\ -3 & 0\end{bmatrix}\begin{bmatrix}x_1(t)\\ x_2(t)\end{bmatrix}+\begin{bmatrix}1\\ 1\end{bmatrix}f(t),\quad y(t)=\begin{bmatrix}1 & 0\end{bmatrix}\begin{bmatrix}x_1(t)\\ x_2(t)\end{bmatrix}$$

且当激励$f(t)=U(t)$时的全响应为$y(t)=\left(\frac{1}{3}+\frac{1}{2}\mathrm{e}^{-t}-\frac{5}{6}\mathrm{e}^{-3t}\right)U(t)$，求系统的初始状态$x_1(0^-)$、$x_2(0^-)$。

解：$H(s)=\boldsymbol{C}[s\boldsymbol{I}-\boldsymbol{A}]^{-1}\boldsymbol{B}+\boldsymbol{D}=\frac{s+1}{(s+1)(s+3)}=\frac{1}{s+3},\quad F(s)=\frac{1}{s}$

故得零状态响应为

$$y_{\mathrm{f}}(t)=\mathscr{L}^{-1}[H(s)F(s)]=\mathscr{L}^{-1}\left[\frac{1}{s(s+3)}\right]=\left(\frac{1}{3}-\frac{1}{3}\mathrm{e}^{-3t}\right)U(t)$$

零输入响应为

$$y_{\mathrm{x}}(t)=y(t)-y_{\mathrm{f}}(t)=\left(\frac{1}{2}\mathrm{e}^{-t}-\frac{1}{2}\mathrm{e}^{-3t}\right)U(t)$$

又因有$y_{\mathrm{x}}'(t)=\boldsymbol{CA}\mathrm{e}^{\boldsymbol{A}t}\boldsymbol{x}(0^-)$，故有

$$y_{\mathrm{x}}(0)=\boldsymbol{CIx}(0^-)=\boldsymbol{Cx}(0^-)=\begin{bmatrix}1 & 0\end{bmatrix}\begin{bmatrix}x_1(0^-)\\ x_2(0^-)\end{bmatrix}=0 \tag{1}$$

$$y_{\mathrm{x}}'(0^-)=\boldsymbol{CAx}(0^-)=\begin{bmatrix}1 & 0\end{bmatrix}\begin{bmatrix}-4 & 1\\ -3 & 0\end{bmatrix}\begin{bmatrix}x_1(0^-)\\ x_2(0^-)\end{bmatrix}=1 \tag{2}$$

由式(1)和(2)联解得$x_1(0^-)=0$，$x_2(0^-)=1$。

例 9.9 如图例 9.9 的电路，已知$L=\frac{1}{2}\mathrm{H}$，$C=1\mathrm{F}$，$R=\frac{1}{2}\Omega$，初始状态为$u_C(0^-)=0\ \mathrm{V}$，$i_L(0^-)=1\ \mathrm{A}$，电压源$u_{\mathrm{S}}(t)=\delta(t)\mathrm{V}$，电流源$i_{\mathrm{S}}(t)=U(t)\mathrm{A}$。若指定电感电压$u_L(t)$和电容电压$u_C(t)$为输出，用状态变量法求状态变量$i_L(t)$、$u_C(t)$和输出$u_L(t)$、$u_C(t)$的解。

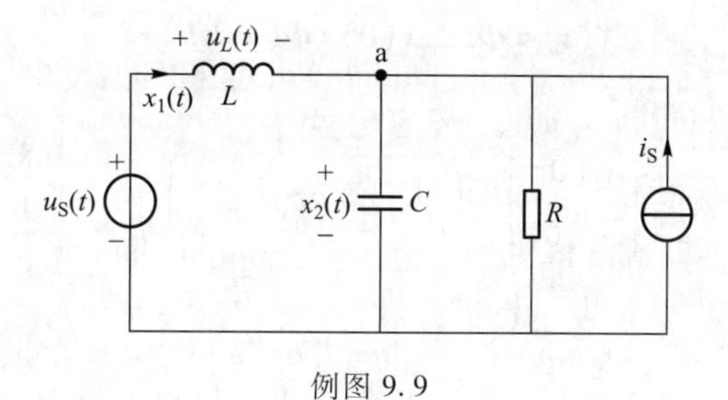

例图 9.9

解：选电感电流i_L和电容电压u_C为状态变量，令

$$x_1=i_L$$

$$x_2=u_C$$

列出节点 a 的电流方程和u_{S}、L、C回路的电压方程为

$$C\dot{x}_2 = x_1 + i_S - \frac{1}{R}x_2$$

$$u_S = L\dot{x}_1 + x_2$$

将上式稍加整理,得状态方程为

$$\begin{bmatrix}\dot{x}_1\\ \dot{x}_2\end{bmatrix}=\begin{bmatrix}0 & \dfrac{-1}{L}\\ \dfrac{1}{C} & \dfrac{-1}{RC}\end{bmatrix}\begin{bmatrix}x_1\\ x_2\end{bmatrix}+\begin{bmatrix}\dfrac{1}{L} & 0\\ 0 & \dfrac{1}{C}\end{bmatrix}\begin{bmatrix}u_S\\ i_S\end{bmatrix}$$

将元件值代入,有

$$\begin{bmatrix}\dot{x}_1\\ \dot{x}_2\end{bmatrix}=\begin{bmatrix}0 & -2\\ 1 & -2\end{bmatrix}\begin{bmatrix}x_1\\ x_2\end{bmatrix}+\begin{bmatrix}2 & 0\\ 0 & 1\end{bmatrix}\begin{bmatrix}u_S\\ i_S\end{bmatrix}$$

令输出 $y_1(t)=u_L(t)$,$y_2(t)=u_C(t)$,可得

$$y_1 = u_L = u_S - x_2$$

$$y_2 = u_C = x_2$$

于是得输出方程为

$$\begin{bmatrix}y_1\\ y_2\end{bmatrix}=\begin{bmatrix}u_L\\ u_C\end{bmatrix}=\begin{bmatrix}0 & -1\\ 0 & 1\end{bmatrix}\begin{bmatrix}x_1\\ x_2\end{bmatrix}+\begin{bmatrix}1 & 0\\ 0 & 0\end{bmatrix}\begin{bmatrix}u_S\\ i_S\end{bmatrix}$$

系统矩阵 $\boldsymbol{A}=\begin{bmatrix}0 & -2\\ 1 & -2\end{bmatrix}$,可得

$$[s\boldsymbol{I}-\boldsymbol{A}]=s\begin{bmatrix}1 & 0\\ 0 & 1\end{bmatrix}-\begin{bmatrix}0 & -2\\ 1 & -2\end{bmatrix}=\begin{bmatrix}s & 2\\ -1 & s+2\end{bmatrix}$$

预解矩阵为

$$\boldsymbol{\Phi}(s)=[s\boldsymbol{I}-\boldsymbol{A}]^{-1}=\frac{\text{adj}[s\boldsymbol{I}-\boldsymbol{A}]}{\det[s\boldsymbol{I}-\boldsymbol{A}]}=\frac{\begin{bmatrix}s+2 & -2\\ 1 & s\end{bmatrix}}{s(s+2)+2}=\frac{1}{(s+1)^2+1}\begin{bmatrix}s+2 & -2\\ 1 & s\end{bmatrix}$$

因为

$$\boldsymbol{X}(s)=\boldsymbol{\Phi}(s)\boldsymbol{x}(0)+\boldsymbol{\Phi}(s)\boldsymbol{BF}(s)$$

根据已知条件,有

$$\boldsymbol{x}(0)=\begin{bmatrix}i_L(0)\\ u_C(0)\end{bmatrix}=\begin{bmatrix}1\\ 0\end{bmatrix},\quad \boldsymbol{F}(s)=\mathscr{L}\begin{bmatrix}u_S\\ i_S\end{bmatrix}=\begin{bmatrix}1\\ \dfrac{1}{s}\end{bmatrix}$$

代入上式,得

$$\boldsymbol{X}(s)=\frac{1}{(s+1)^2+1}\begin{bmatrix}s+2 & -2\\ 1 & s\end{bmatrix}\begin{bmatrix}1\\ 0\end{bmatrix}+\frac{1}{(s+1)^2+1}\begin{bmatrix}s+2 & -2\\ 1 & s\end{bmatrix}\begin{bmatrix}2 & 0\\ 0 & 1\end{bmatrix}\begin{bmatrix}1\\ \dfrac{1}{s}\end{bmatrix}$$

$$=\begin{bmatrix}\dfrac{s+2}{(s+1)^2+1}\\ \dfrac{1}{(s+1)^2+1}\end{bmatrix}+\begin{bmatrix}\dfrac{2(s^2+2s-1)}{s[(s+1)^2+1]}\\ \dfrac{3}{(s+1)^2+1}\end{bmatrix}=\begin{bmatrix}\dfrac{s+2}{(s+1)^2+1}\\ \dfrac{1}{(s+1)^2+1}\end{bmatrix}+\begin{bmatrix}\dfrac{3(s+2)}{(s+1)^2+1}-\dfrac{1}{s}\\ \dfrac{3}{(s+1)^2+1}\end{bmatrix}$$

取逆变换，得

$$\boldsymbol{x}(t)=\begin{bmatrix}x_1(t)\\x_2(t)\end{bmatrix}=\begin{bmatrix}\mathrm{e}^{-t}(\cos t+\sin t)\\\mathrm{e}^{-t}\sin t\end{bmatrix}+\begin{bmatrix}3\mathrm{e}^{-t}(\cos t+\sin t)-1\\3\mathrm{e}^{-t}\sin t\end{bmatrix},\quad t\geqslant 0$$

上式第一项为零输入解，第二项为零状态解，其完全解为

$$\boldsymbol{x}(t)=\begin{bmatrix}x_1(t)\\x_2(t)\end{bmatrix}=\begin{bmatrix}i_L(t)\\u_C(t)\end{bmatrix}=\begin{bmatrix}4\mathrm{e}^{-t}(\cos t+\sin t)-1\\4\mathrm{e}^{-t}\sin t\end{bmatrix},\quad t\geqslant 0$$

电路的输出为

$$\boldsymbol{y}(t)=\begin{bmatrix}y_1(t)\\y_2(t)\end{bmatrix}=\begin{bmatrix}0&-1\\0&1\end{bmatrix}\begin{bmatrix}x_1(t)\\x_2(t)\end{bmatrix}+\begin{bmatrix}1&0\\0&0\end{bmatrix}\begin{bmatrix}u_S\\i_S\end{bmatrix}$$

将状态变量 $\boldsymbol{x}(t)$ 代入，得

$$\boldsymbol{y}(t)=\begin{bmatrix}y_1(t)\\y_2(t)\end{bmatrix}=\begin{bmatrix}u_L(t)\\u_C(t)\end{bmatrix}=\begin{bmatrix}-x_2(t)\\x_2(t)\end{bmatrix}+\begin{bmatrix}u_S\\0\end{bmatrix}=\begin{bmatrix}-\mathrm{e}^{-t}\sin t\\\mathrm{e}^{-t}\sin t\end{bmatrix}+\begin{bmatrix}-3\mathrm{e}^{-t}\sin t+\delta(t)\\3\mathrm{e}^{-t}\sin t\end{bmatrix},\quad t\geqslant 0$$

上式第一项为零输入响应，第二项为零状态响应。其全响应为

$$\boldsymbol{y}(t)=\begin{bmatrix}u_L(t)\\u_C(t)\end{bmatrix}=\begin{bmatrix}-4\mathrm{e}^{-t}\sin t+\delta(t)\\4\mathrm{e}^{-t}\sin t\end{bmatrix},\quad t\geqslant 0$$

例 9.10 描述二阶连续系统的动态方程为

$$\dot{\boldsymbol{x}}(t)=\begin{bmatrix}0&-2\\1&-2\end{bmatrix}\boldsymbol{x}(t)+\begin{bmatrix}1\\0\end{bmatrix}\boldsymbol{f}(t),\quad \boldsymbol{y}(t)=[1\quad 1]\boldsymbol{x}(t)$$

求描述该系统输入、输出的微分方程。

解：只要求得描述系统输入、输出关系的系统函数，就不难写出其微分方程。

$$\boldsymbol{\Phi}(s)=[s\boldsymbol{I}-\boldsymbol{A}]^{-1}=\begin{bmatrix}s&2\\-1&s+2\end{bmatrix}^{-1}=\frac{1}{s^2+2s+2}\begin{bmatrix}s+2&-2\\1&s\end{bmatrix}$$

$$H(s)=\boldsymbol{C\Phi}(s)\boldsymbol{B}+\boldsymbol{D}=[1\quad 1]\frac{1}{s^2+2s+2}\begin{bmatrix}s+2&-2\\1&s\end{bmatrix}\begin{bmatrix}1\\0\end{bmatrix}=\frac{s+3}{s^2+2s+2}$$

则描述该系统的微分方程为

$$y''(t)+2y'(t)+2y(t)=f'(t)+3f(t)$$

例 9.11 已知各系统矩阵 $\boldsymbol{A}$ 如下，求 $\mathrm{e}^{At}=\boldsymbol{\varphi}(t)$ 与系统的自然频率。

(1) $\begin{bmatrix}0&2\\-1&-2\end{bmatrix}$。 (2) $\begin{bmatrix}4&3\\-3&4\end{bmatrix}$。 (3) $\begin{bmatrix}2&0&0\\0&1&0\\0&0&3\end{bmatrix}$。

解：(1) $\boldsymbol{\Phi}(s)=[s\boldsymbol{I}-\boldsymbol{A}]^{-1}=\left\{s\begin{bmatrix}1&0\\0&1\end{bmatrix}-\begin{bmatrix}0&2\\-1&-2\end{bmatrix}\right\}^{-1}$

$$=\begin{bmatrix}\dfrac{s+1}{(s+1)^2+1}+\dfrac{1}{(s+1)^2+1}&\dfrac{2}{(s+1)^2+1}\\\dfrac{-1}{(s+1)^2+1}&\dfrac{s+1}{(s+1)^2+1}-\dfrac{1}{(s+1)^2+1}\end{bmatrix}$$

故得
$$e^{At}=\boldsymbol{\varphi}(t)=\begin{bmatrix} e^{-t}\cos t+e^{-t}\sin t & 2e^{-t}\sin t \\ -e^{-t}\sin t & e^{-t}\cos t-e^{-t}\sin t \end{bmatrix}$$
$$=\begin{bmatrix} \sqrt{2}e^{-t}\cos(t-45^\circ) & 2e^{-t}\sin t \\ -e^{-t}\sin t & \sqrt{2}e^{-t}\cos(t+45^\circ) \end{bmatrix}U(t)$$

又
$$|s\boldsymbol{I}-\boldsymbol{A}|=s^2+2s+2=0$$

故得自然频率为 $p_1=-1+\mathrm{j}1, p_2=-1-\mathrm{j}1=p_1^*$。

(2) $$\boldsymbol{\Phi}(s)=[s\boldsymbol{I}-\boldsymbol{A}]^{-1}=\begin{bmatrix} \dfrac{s-4}{(s-4)^2+3^2} & \dfrac{3}{(s-4)^2+3^2} \\ \dfrac{-3}{(s-4)^2+3^2} & \dfrac{s-4}{(s-4)^2+3^2} \end{bmatrix}$$

故得
$$e^{At}=\boldsymbol{\varphi}(t)=\begin{bmatrix} e^{4t}\cos(3t) & e^{4t}\sin(3t) \\ -e^{4t}\sin(3t) & e^{4t}\cos(3t) \end{bmatrix}U(t)$$

又
$$|s\boldsymbol{I}-\boldsymbol{A}|=(s-4)^2+3^2=0$$

故得自然频率为 $p_1=4+\mathrm{j}3, p_2=p_1^*=4-\mathrm{j}3$。

(3) $$\boldsymbol{\Phi}(s)=[s\boldsymbol{I}-\boldsymbol{A}]^{-1}=\begin{bmatrix} \dfrac{1}{s-2} & 0 & 0 \\ 0 & \dfrac{1}{s-1} & 0 \\ 0 & 0 & \dfrac{1}{s-3} \end{bmatrix}$$

故得
$$e^{At}=\boldsymbol{\varphi}(t)=\begin{bmatrix} e^{2t} & 0 & 0 \\ 0 & e^{t} & 0 \\ 0 & 0 & e^{3t} \end{bmatrix}$$

又
$$|s\boldsymbol{I}-\boldsymbol{A}|=(s-2)(s-1)(s-3)=0$$

故得自然频率为 $p_1=2, p_2=1, p_3=3$。可见,若 $\boldsymbol{A}$ 为对角阵,则其对角线上的元素即为系统的自然频率。

例 9.12　已知系统的状态过渡矩阵为
$$e^{At}=\boldsymbol{\varphi}(t)=\begin{bmatrix} e^{4t}\cos(3t) & e^{4t}\sin(3t) \\ -e^{4t}\sin(3t) & e^{4t}\cos(3t) \end{bmatrix}U(t)$$

求矩阵 $\boldsymbol{A}$。

解:[方法一]时域法。因有 $\dfrac{\mathrm{d}}{\mathrm{d}t}e^{At}\Big|_{t=0}=\boldsymbol{A}e^{At}\Big|_{t=0}=\boldsymbol{A}\boldsymbol{I}=\boldsymbol{A}$

故得
$$\boldsymbol{A}=\frac{\mathrm{d}}{\mathrm{d}t}e^{At}\Big|_{t=0}=\begin{bmatrix} -3e^{4t}\sin(3t)+4e^{4t}\cos(3t) & 3e^{4t}\cos(3t)+4e^{4t}\sin(3t) \\ -3e^{4t}\cos(3t)-4e^{4t}\sin(3t) & -3e^{4t}\sin(3t)+4e^{4t}\cos(3t) \end{bmatrix}\Bigg|_{t=0}=\begin{bmatrix} 4 & 3 \\ -3 & 4 \end{bmatrix}$$

[方法二]变换域法。因有　$\mathscr{L}[e^{At}]=[s\boldsymbol{I}-\boldsymbol{A}]^{-1}$

对此式等式两端同时取逆,有　$\{\mathscr{L}[e^{At}]\}^{-1}=s\boldsymbol{I}-\boldsymbol{A}$,故

$$\boldsymbol{A}=s\boldsymbol{I}-\{\mathscr{L}[\mathrm{e}^{\boldsymbol{A}t}]\}^{-1}=s\boldsymbol{I}-\begin{bmatrix}\dfrac{s-4}{(s-4)^2+9} & \dfrac{3}{(s-4)^2+9}\\ \dfrac{-3}{(s-4)^2+9} & \dfrac{s-4}{(s-4)^2+9}\end{bmatrix}^{-1}=s\begin{bmatrix}1&0\\0&1\end{bmatrix}-\begin{bmatrix}s-4&-3\\3&s-4\end{bmatrix}=\begin{bmatrix}4&3\\-3&4\end{bmatrix}$$

例 9.13 一个二阶系统,其状态方程为 $\dot{\boldsymbol{x}}(t)=\boldsymbol{A}\boldsymbol{x}(t)$。当 $\boldsymbol{x}(0)=\begin{bmatrix}x_1(0)\\x_2(0)\end{bmatrix}=\begin{bmatrix}1\\-1\end{bmatrix}$ 时,$\boldsymbol{x}(t)=\begin{bmatrix}x_1(t)\\x_2(t)\end{bmatrix}=\begin{bmatrix}\mathrm{e}^{-t}\\-\mathrm{e}^{-t}\end{bmatrix}$;当 $\boldsymbol{x}(0)=\begin{bmatrix}1\\0\end{bmatrix}$ 时,$\boldsymbol{x}(t)=\begin{bmatrix}\mathrm{e}^{t}\\0\end{bmatrix}$。求该系统的状态转移矩阵 $\boldsymbol{\varphi}(t)$ 和系统矩阵 $\boldsymbol{A}$。

解:状态矢量的零输入响应为

$$\boldsymbol{x}(t)=\boldsymbol{\varphi}(t)\boldsymbol{x}(0)$$

显然,这里 $\boldsymbol{\varphi}(t)$ 是 2×2 矩阵。由已知条件可得

$$\begin{bmatrix}\mathrm{e}^{-t}\\-\mathrm{e}^{-t}\end{bmatrix}=\boldsymbol{\varphi}(t)\begin{bmatrix}1\\-1\end{bmatrix}\quad 和\quad \begin{bmatrix}\mathrm{e}^{t}\\0\end{bmatrix}=\boldsymbol{\varphi}(t)\begin{bmatrix}1\\0\end{bmatrix}$$

将它们综合在一起,有

$$\begin{bmatrix}\mathrm{e}^{-t}&\mathrm{e}^{t}\\-\mathrm{e}^{-t}&0\end{bmatrix}=\boldsymbol{\varphi}(t)\begin{bmatrix}1&1\\-1&0\end{bmatrix}$$

由上式可解得

$$\boldsymbol{\varphi}(t)=\begin{bmatrix}\mathrm{e}^{-t}&\mathrm{e}^{t}\\-\mathrm{e}^{-t}&0\end{bmatrix}\begin{bmatrix}1&1\\-1&0\end{bmatrix}^{-1}=\begin{bmatrix}\mathrm{e}^{-t}&\mathrm{e}^{t}\\-\mathrm{e}^{-t}&0\end{bmatrix}\begin{bmatrix}0&-1\\1&1\end{bmatrix}=\begin{bmatrix}\mathrm{e}^{t}&\mathrm{e}^{t}-\mathrm{e}^{-t}\\0&\mathrm{e}^{-t}\end{bmatrix}$$

由于 $\boldsymbol{\varphi}(t)=\mathrm{e}^{\boldsymbol{A}t}$,根据矩阵指数函数的性质

$$\frac{\mathrm{d}\boldsymbol{\varphi}(t)}{\mathrm{d}t}=\frac{\mathrm{d}}{\mathrm{d}t}\mathrm{e}^{\boldsymbol{A}t}=\boldsymbol{A}\mathrm{e}^{\boldsymbol{A}t}$$

令 $t=0$,得

$$\boldsymbol{A}=\frac{\mathrm{d}}{\mathrm{d}t}\boldsymbol{\varphi}(t)\Big|_{t=0}$$

所以

$$\boldsymbol{A}=\frac{\mathrm{d}}{\mathrm{d}t}\begin{bmatrix}\mathrm{e}^{t}&\mathrm{e}^{t}-\mathrm{e}^{-t}\\0&\mathrm{e}^{-t}\end{bmatrix}\Bigg|_{t=0}=\begin{bmatrix}\mathrm{e}^{t}&\mathrm{e}^{t}+\mathrm{e}^{-t}\\0&-\mathrm{e}^{-t}\end{bmatrix}\Bigg|_{t=0}=\begin{bmatrix}1&2\\0&-1\end{bmatrix}$$

例 9.14 LTI 系统的状态方程和输出方程为

$$\begin{bmatrix}\dot{x}_1(t)\\\dot{x}_2(t)\end{bmatrix}=\begin{bmatrix}1&2\\0&-1\end{bmatrix}\begin{bmatrix}x_1(t)\\x_2(t)\end{bmatrix}+\begin{bmatrix}0&1\\1&0\end{bmatrix}\begin{bmatrix}f_1(t)\\f_2(t)\end{bmatrix}$$

$$\begin{bmatrix}y_1(t)\\y_2(t)\end{bmatrix}=\begin{bmatrix}1&1\\0&-1\end{bmatrix}\begin{bmatrix}x_1(t)\\x_2(t)\end{bmatrix}+\begin{bmatrix}1&0\\1&0\end{bmatrix}\begin{bmatrix}f_1(t)\\f_2(t)\end{bmatrix}$$

试求状态转移矩阵 $\boldsymbol{\varphi}(t)$ 和冲激响应矩阵 $\boldsymbol{h}(t)$。

解:用变换法解状态方程的关键是求预解矩阵 $\boldsymbol{\Phi}(s)=[s\boldsymbol{I}-\boldsymbol{A}]^{-1}$。根据方程的矩阵 $\boldsymbol{A}$,有

$$sI-A=s\begin{bmatrix}1&0\\0&1\end{bmatrix}-\begin{bmatrix}1&2\\0&-1\end{bmatrix}=\begin{bmatrix}s-1&-2\\0&s+1\end{bmatrix}$$

预解矩阵为

$$\boldsymbol{\Phi}(s)=[sI-A]^{-1}=\frac{\mathrm{adj}[sI-A]}{\det[sI-A]}=\begin{bmatrix}\dfrac{1}{s-1}&\dfrac{2}{(s-1)(s+1)}\\0&\dfrac{1}{s+1}\end{bmatrix}$$

转移函数矩阵为

$$H(s)=C\boldsymbol{\Phi}(s)B+D=\begin{bmatrix}1&1\\0&-1\end{bmatrix}\begin{bmatrix}\dfrac{1}{s-1}&\dfrac{2}{(s-1)(s+1)}\\0&\dfrac{1}{(s+1)}\end{bmatrix}\begin{bmatrix}0&1\\1&0\end{bmatrix}+\begin{bmatrix}1&0\\1&0\end{bmatrix}=\begin{bmatrix}\dfrac{s}{s-1}&\dfrac{1}{s-1}\\\dfrac{s}{s+1}&0\end{bmatrix}$$

取 $\boldsymbol{\Phi}(s)$ 和 $H(s)$ 的逆变换,得状态转移矩阵和冲激响应矩阵为

$$\boldsymbol{\varphi}(t)=\mathscr{L}^{-1}[\boldsymbol{\Phi}(s)]=\begin{bmatrix}e^{t}&e^{t}-e^{-t}\\0&e^{-t}\end{bmatrix}U(t)$$

$$h(t)=\mathscr{L}^{-1}[H(s)]=\begin{bmatrix}\delta(t)+e^{t}&e^{t}\\\delta(t)-e^{-t}&0\end{bmatrix}U(t)$$

例 9.15 已知系统在零输入条件下的状态方程为 $\dot{x}(t)=Ax(t)$。当 $x(0^-)=\begin{bmatrix}2\\1\end{bmatrix}$ 时,$x(t)=\begin{bmatrix}2e^{-t}\\e^{-t}\end{bmatrix}U(t)$;当 $x(0^-)=\begin{bmatrix}1\\1\end{bmatrix}$ 时,$x(t)=\begin{bmatrix}e^{-t}+2te^{-t}\\e^{-t}+te^{-t}\end{bmatrix}U(t)$。求 e^{At} 和 A。

解:因有 $x(t)=e^{At}x(0^-)$,故有

$$\begin{bmatrix}2e^{-t}\\e^{-t}\end{bmatrix}=e^{At}\begin{bmatrix}2\\1\end{bmatrix},\quad\begin{bmatrix}e^{-t}+2te^{-t}\\e^{-t}+te^{-t}\end{bmatrix}=e^{At}\begin{bmatrix}1\\1\end{bmatrix}$$

将以上两式合并写在一起有

$$\begin{bmatrix}2e^{-t}&e^{-t}+2te^{-t}\\e^{-t}&e^{-t}+te^{-t}\end{bmatrix}=e^{At}\begin{bmatrix}2&1\\1&1\end{bmatrix}$$

得

$$e^{At}=\begin{bmatrix}2e^{-t}&e^{-t}+2te^{-t}\\e^{-t}&e^{-t}+te^{-t}\end{bmatrix}\begin{bmatrix}2&1\\1&1\end{bmatrix}^{-1}=\begin{bmatrix}e^{-t}-2te^{-t}&4te^{-t}\\-te^{-t}&e^{-t}+2te^{-t}\end{bmatrix}$$

故

$$A=\frac{d}{dt}e^{At}\Big|_{t=0}=\begin{bmatrix}-e^{-t}-2e^{-t}+2te^{-t}&-4te^{-t}+4e^{-t}\\te^{-t}-e^{-t}&-e^{-t}+2e^{-t}-2te^{-t}\end{bmatrix}\Bigg|_{t=0}=\begin{bmatrix}-3&4\\-1&1\end{bmatrix}$$

例 9.16 已知离散系统的系数矩阵 A,求 $\boldsymbol{\varphi}(k)=A^k$。

(1) $A=\begin{bmatrix}0&1\\3&2\end{bmatrix}$。 (2) $A=\begin{bmatrix}0.5&0\\0.5&0.5\end{bmatrix}$。 (3) $A=\begin{bmatrix}-1&0&0\\0&-0.3&0\\0&0&0.4\end{bmatrix}$。

解：(1) $\boldsymbol{\Phi}(z)=[z\boldsymbol{I}-\boldsymbol{A}]^{-1}z=\begin{bmatrix}\frac{1}{4}\frac{z}{z-3}+\frac{3}{4}\frac{z}{z+1} & \frac{1}{4}\frac{z}{z-3}-\frac{1}{4}\frac{z}{z+1}\\ \frac{3}{4}\frac{z}{z-3}-\frac{3}{4}\frac{z}{z+1} & \frac{3}{4}\frac{z}{z-3}+\frac{1}{4}\frac{z}{z+1}\end{bmatrix}$

$$\boldsymbol{A}^k=\boldsymbol{\varphi}(k)=\begin{bmatrix}\frac{1}{4}(3)^k+\frac{3}{4}(-1)^k & \frac{1}{4}(3)^k-\frac{1}{4}(-1)^k\\ \frac{3}{4}(3)^k-\frac{3}{4}(-1)^k & \frac{3}{4}(3)^k+\frac{1}{4}(-1)^k\end{bmatrix}U(k)$$

(2) $\boldsymbol{\Phi}(z)=[z\boldsymbol{I}-\boldsymbol{A}]^{-1}z=\begin{bmatrix}\frac{z}{z-0.5} & 0\\ \frac{0.5z}{(z-0.5)^2} & \frac{z}{z-0.5}\end{bmatrix}$

$$\boldsymbol{A}^k=\boldsymbol{\varphi}(k)=\begin{bmatrix}(0.5)^k & 0\\ k(0.5)^k & (0.5)^k\end{bmatrix}U(k)$$

(3) $\boldsymbol{\Phi}(z)=[z\boldsymbol{I}-\boldsymbol{A}]^{-1}z=\begin{bmatrix}\frac{z}{z+1} & 0 & 0\\ 0 & \frac{z}{z+0.3} & 0\\ 0 & 0 & \frac{z}{z-0.4}\end{bmatrix}$

$$\boldsymbol{A}^k=\boldsymbol{\varphi}(k)=\begin{bmatrix}(-1)^k & 0 & 0\\ 0 & (-0.3)^k & 0\\ 0 & 0 & (0.4)^k\end{bmatrix}U(k)$$

例 9.17 已知离散系统的状态方程与输出方程为

$$\begin{bmatrix}x_1(k+1)\\ x_2(k+1)\end{bmatrix}=\begin{bmatrix}\frac{1}{2} & \frac{1}{4}\\ 1 & \frac{1}{2}\end{bmatrix}\begin{bmatrix}x_1(k)\\ x_2(k)\end{bmatrix}+\begin{bmatrix}1\\ 0\end{bmatrix}f(k),\quad \begin{bmatrix}y_1(k)\\ y_2(k)\end{bmatrix}=\begin{bmatrix}1 & 0\\ 0 & 1\end{bmatrix}\begin{bmatrix}x_1(k)\\ x_2(k)\end{bmatrix}+\begin{bmatrix}1\\ 1\end{bmatrix}f(k)$$

初始状态为$\begin{bmatrix}x_1(0)\\ x_2(0)\end{bmatrix}=\begin{bmatrix}1\\ 1\end{bmatrix}$，激励为 $f(k)=U(k)$。用 z 变换法求：(1) 状态转移矩阵 $\boldsymbol{A}^k$。(2) 状态向量 $\boldsymbol{x}(k)$。(3) 响应向量 $\boldsymbol{y}(k)$。(4) 转移函数矩阵 $\boldsymbol{H}(z)$。(5) 单位序列响应矩阵 $\boldsymbol{h}(k)$。

解：(1) $[z\boldsymbol{I}-\boldsymbol{A}]^{-1}=\frac{1}{z(z-1)}\begin{bmatrix}z-\frac{1}{2} & \frac{1}{4}\\ 1 & z-\frac{1}{2}\end{bmatrix}$

故

$$A^k=\mathscr{Z}^{-1}\{[zI-A]^{-1}z\}=\mathscr{Z}^{-1}\begin{bmatrix}\dfrac{z-\frac{1}{2}}{z-1} & \dfrac{\frac{1}{4}}{z-1}\\ \dfrac{1}{z-1} & \dfrac{z-\frac{1}{2}}{z-1}\end{bmatrix}=\begin{bmatrix}\delta(k)+\frac{1}{2}U(k-1) & \frac{1}{4}U(k-1)\\ U(k-1) & \delta(k)+\frac{1}{2}U(k-1)\end{bmatrix}$$

（2）$X(z)=[zI-A]^{-1}zx(0)+[zI-A]^{-1}BF(z)$

$$=\begin{bmatrix}\dfrac{z-1/2}{z-1} & \dfrac{1/4}{z-1}\\ \dfrac{1}{z-1} & \dfrac{z-1/2}{z-1}\end{bmatrix}\begin{bmatrix}1\\1\end{bmatrix}+\begin{bmatrix}\dfrac{z-1/2}{z(z-1)} & \dfrac{1/4}{z(z-1)}\\ \dfrac{1}{z(z-1)} & \dfrac{z-1/2}{z(z-1)}\end{bmatrix}\begin{bmatrix}1\\0\end{bmatrix}\left[\dfrac{z}{z-1}\right]=\begin{bmatrix}\dfrac{z-1/4}{z-1}\\ \dfrac{z+1/2}{z-1}\end{bmatrix}+\begin{bmatrix}\dfrac{z-1/2}{(z-1)^2}\\ \dfrac{1}{(z-1)^2}\end{bmatrix}$$

故得

$$x(k)=\begin{bmatrix}x_1(k)\\x_2(k)\end{bmatrix}=\begin{bmatrix}\delta(k)+\frac{3}{4}U(k-1)\\ \delta(k)+\frac{3}{2}U(k-1)\end{bmatrix}+\begin{bmatrix}kU(k)-\frac{1}{2}(k-1)U(k-1)\\ (k-1)U(k-1)\end{bmatrix}$$

（3）$Y(z)=C[zI-A]^{-1}zx(0)+C[zI-A]^{-1}BF(z)+DF(z)=\begin{bmatrix}\dfrac{z-1/4}{z-1}\\ \dfrac{z+1/2}{z-1}\end{bmatrix}+\begin{bmatrix}\dfrac{z^2-1/2}{(z-1)^2}\\ \dfrac{z^2-z+1}{(z-1)^2}\end{bmatrix}$

故得

$$y(k)=\begin{bmatrix}y_1(k)\\y_2(k)\end{bmatrix}=\begin{bmatrix}\delta(k)+\frac{3}{4}U(k-1)\\ \delta(k)+\frac{3}{2}U(k-1)\end{bmatrix}+\begin{bmatrix}\delta(k)+2kU(k)-\frac{3}{2}(k-1)U(k-1)\\ \delta(k)+kU(k)\end{bmatrix}$$

（4）$H(z)=C[zI-A]^{-1}B+D=\begin{bmatrix}\dfrac{z^2-1/2}{z(z-1)}\\ \dfrac{z^2-z+1}{z(z-1)}\end{bmatrix}=\begin{bmatrix}1+\dfrac{1/2}{z}+\dfrac{1/2}{z-1}\\ 1-\dfrac{1}{z}+\dfrac{1}{z-1}\end{bmatrix}$

（5）$h(k)=\mathscr{Z}^{-1}[H(z)]=\begin{bmatrix}\delta(k)+\frac{1}{2}\delta(k-1)+\frac{1}{2}U(k-1)\\ \delta(k)-\delta(k-1)+U(k-1)\end{bmatrix}$

例 9.18　离散系统的状态空间方程为

$$\begin{bmatrix}x_1(k+1)\\x_2(k+1)\end{bmatrix}=\begin{bmatrix}\frac{1}{2} & 0\\ \frac{1}{4} & \frac{1}{4}\end{bmatrix}\begin{bmatrix}x_1(k)\\x_2(k)\end{bmatrix}+\begin{bmatrix}1\\0\end{bmatrix}f(k),\quad \begin{bmatrix}y_1(k)\\y_2(k)\end{bmatrix}=\begin{bmatrix}1 & 0\\1 & -1\end{bmatrix}\begin{bmatrix}x_1(k)\\x_2(k)\end{bmatrix}$$

求状态转移矩阵 $\boldsymbol{\varphi}(k)$ 和单位序列响应矩阵 $\boldsymbol{h}(k)$。

解:

$$\boldsymbol{A}=\begin{bmatrix}\frac{1}{2} & 0\\ \frac{1}{4} & \frac{1}{4}\end{bmatrix},\quad z\boldsymbol{I}-\boldsymbol{A}=\begin{bmatrix}z-\frac{1}{2} & 0\\ -\frac{1}{4} & z-\frac{1}{4}\end{bmatrix}$$

预解矩阵为

$$\boldsymbol{\Phi}(z)=[z\boldsymbol{I}-\boldsymbol{A}]^{-1}z=\begin{bmatrix}\dfrac{z}{z-\frac{1}{2}} & 0\\ \dfrac{z}{z-\frac{1}{2}}-\dfrac{z}{z-\frac{1}{4}} & \dfrac{z}{z-\frac{1}{4}}\end{bmatrix}$$

取其逆变换,得

$$\boldsymbol{\varphi}(k)=\mathscr{Z}^{-1}[\boldsymbol{\Phi}(z)]=\begin{bmatrix}\left(\frac{1}{2}\right)^{k} & 0\\ \left(\frac{1}{2}\right)^{k}-\left(\frac{1}{4}\right)^{k} & \left(\frac{1}{4}\right)^{k}\end{bmatrix},\quad k\geqslant 0$$

系统函数矩阵为

$$\boldsymbol{H}(z)=\boldsymbol{C}z^{-1}\boldsymbol{\Phi}(z)\boldsymbol{B}+\boldsymbol{D}=\begin{bmatrix}1 & 0\\ 1 & -1\end{bmatrix}\begin{bmatrix}\dfrac{1}{z-\frac{1}{2}} & 0\\ \dfrac{1}{z-\frac{1}{2}}-\dfrac{1}{z-\frac{1}{4}} & \dfrac{1}{z-\frac{1}{4}}\end{bmatrix}\begin{bmatrix}1\\ 0\end{bmatrix}=\begin{bmatrix}\dfrac{1}{z-\frac{1}{2}}\\ \dfrac{1}{z-\frac{1}{4}}\end{bmatrix}$$

取其逆变换,得

$$\boldsymbol{h}(k)=\mathscr{Z}^{-1}[\boldsymbol{H}(z)]=\begin{bmatrix}\left(\frac{1}{2}\right)^{k-1}\\ \left(\frac{1}{4}\right)^{k-1}\end{bmatrix},\quad k\geqslant 1$$

例 9.19　某离散系统的状态方程为

$$\begin{bmatrix}x_1(k+1)\\ x_2(k+1)\end{bmatrix}=\begin{bmatrix}0 & \frac{1}{2}\\ -\frac{1}{2} & 1\end{bmatrix}\begin{bmatrix}x_1(k)\\ x_2(k)\end{bmatrix}+\begin{bmatrix}0\\ 1\end{bmatrix}f(k),\quad y(k)=[1\quad 1]\begin{bmatrix}x_1(k)\\ x_2(k)\end{bmatrix}$$

求状态转移矩阵 $\boldsymbol{\varphi}(k)$ 和描述该系统输入输出关系的差分方程。

解:由给定的状态方程,可得特征矩阵为

$$[z\boldsymbol{I}-\boldsymbol{A}]=\begin{bmatrix} z & -\dfrac{1}{2} \\ \dfrac{1}{2} & z-1 \end{bmatrix}$$

其逆矩阵为

$$[z\boldsymbol{I}-\boldsymbol{A}]^{-1}=\frac{1}{z^2-z+\dfrac{1}{4}}\begin{bmatrix} z-1 & \dfrac{1}{2} \\ -\dfrac{1}{2} & z \end{bmatrix}=\begin{bmatrix} \dfrac{z-1}{\left(z-\dfrac{1}{2}\right)^2} & \dfrac{\dfrac{1}{2}}{\left(z-\dfrac{1}{2}\right)^2} \\ \dfrac{-\dfrac{1}{2}}{\left(z-\dfrac{1}{2}\right)^2} & \dfrac{z}{\left(z-\dfrac{1}{2}\right)^2} \end{bmatrix}$$

预解矩阵为

$$\boldsymbol{\Phi}(z)=[z\boldsymbol{I}-\boldsymbol{A}]^{-1}z=\begin{bmatrix} \dfrac{z(z-1)}{\left(z-\dfrac{1}{2}\right)^2} & \dfrac{\dfrac{1}{2}z}{\left(z-\dfrac{1}{2}\right)^2} \\ \dfrac{-\dfrac{1}{2}z}{\left(z-\dfrac{1}{2}\right)^2} & \dfrac{z^2}{\left(z-\dfrac{1}{2}\right)^2} \end{bmatrix}=\begin{bmatrix} \dfrac{-\dfrac{1}{2}z}{\left(z-\dfrac{1}{2}\right)^2}+\dfrac{z}{z-\dfrac{1}{2}} & \dfrac{\dfrac{1}{2}z}{\left(z-\dfrac{1}{2}\right)^2} \\ \dfrac{-\dfrac{1}{2}z}{\left(z-\dfrac{1}{2}\right)^2} & \dfrac{\dfrac{1}{2}z}{\left(z-\dfrac{1}{2}\right)^2}+\dfrac{z}{z-\dfrac{1}{2}} \end{bmatrix}$$

取其逆变换,得状态转移矩阵为

$$\boldsymbol{\varphi}(k)=\begin{bmatrix} (1-k)\left(\dfrac{1}{2}\right)^k & k\left(\dfrac{1}{2}\right)^k \\ -k\left(\dfrac{1}{2}\right)^k & (1+k)\left(\dfrac{1}{2}\right)^k \end{bmatrix},\quad k\geqslant 0$$

系统函数为

$$H(z)=\boldsymbol{C}[z\boldsymbol{I}-\boldsymbol{A}]^{-1}\boldsymbol{B}+\boldsymbol{D}=[1\quad 1]\frac{1}{z^2-z+\dfrac{1}{4}}\begin{bmatrix} z-1 & \dfrac{1}{2} \\ -\dfrac{1}{2} & z \end{bmatrix}\begin{bmatrix} 0 \\ 1 \end{bmatrix}=\frac{z+\dfrac{1}{2}}{z^2-z+\dfrac{1}{4}}$$

由 $H(z)$ 不难写出,描述该系统的差分方程为

$$y(k)-y(k-1)+\frac{1}{4}y(k-2)=f(k-1)+\frac{1}{2}f(k-2)$$

例 9.20　如描述某系统的状态方程为

$$\begin{bmatrix}\dot{x}_1(t)\\ \dot{x}_2(t)\\ \dot{x}_3(t)\end{bmatrix}=\begin{bmatrix}0 & 1 & 0\\ 0 & 0 & 1\\ -K & -1 & -3\end{bmatrix}\begin{bmatrix}x_1(t)\\ x_2(t)\\ x_3(t)\end{bmatrix}+\begin{bmatrix}0\\ 0\\ 1\end{bmatrix}f(t)$$

当 K 在什么范围内时,系统是稳定的?

解:系统的特征多项式为

$$\det(s\boldsymbol{I}-\boldsymbol{A})=\det\begin{bmatrix}s & -1 & 0\\ 0 & s & -1\\ K & 1 & s+3\end{bmatrix}=s^3+3s^2+s+K$$

罗斯阵列为

$$\begin{matrix}1 & 1\\ 3 & K\\ \dfrac{3-K}{3} & 0\\ K & \end{matrix}$$

若系统的特征根均在 s 平面的左半开平面,则罗斯阵列的第一列数必须均大于零,故得

$$3-K>0$$

$$K>0$$

解得 $0<K<3$,即当 $0<K<3$ 时系统是稳定的。

例 9.21 若某系统的状态方程为

$$\begin{bmatrix}x_1(k+1)\\ x_2(k+1)\\ x_3(k+1)\end{bmatrix}=\begin{bmatrix}0 & 1 & 0\\ 0 & 0 & 1\\ \dfrac{1}{2} & -a & \dfrac{1}{2}\end{bmatrix}\begin{bmatrix}x_1(k)\\ x_2(k)\\ x_3(k)\end{bmatrix}+\begin{bmatrix}0\\ 0\\ 1\end{bmatrix}f(k)$$,当 a 在什么范围内时系统是稳定的?

解:系统的特征多项式为

$$p(z)=\det[z\boldsymbol{I}-\boldsymbol{A}]=\det\begin{bmatrix}z & -1 & 0\\ 0 & z & -1\\ -\dfrac{1}{2} & a & z-\dfrac{1}{2}\end{bmatrix}=z^3-\frac{1}{2}z^2+az-\frac{1}{2}$$

利用朱利准则,有

$$p(1)=1-\frac{1}{2}+a-\frac{1}{2}=a$$

$$(-1)^3p(-1)=(-1)\left(-1-\frac{1}{2}-a-\frac{1}{2}\right)=2+a$$

排出朱利阵列为

$$\begin{array}{cccc} 1 & -\frac{1}{2} & a & -\frac{1}{2} \\ -\frac{1}{2} & a & -\frac{1}{2} & 1 \\ \frac{3}{4} & \frac{a-1}{2} & a-\frac{1}{4} & \end{array}$$

根据朱利准则,若系统是稳定的,有

$$p(1)=a>0$$

$$(-1)^3p(-1)=2+a>0$$

$$\frac{3}{4}>\left|a-\frac{1}{4}\right|$$

由以上三个不等式可得 $a>0$;而且若 $a>\frac{1}{4}\left(\text{即 } a-\frac{1}{4}>0\right)$,则$\frac{3}{4}>a-\frac{1}{4}$,即 $a<1$;若 $0<a<\frac{1}{4}\left(\text{即 } a-\frac{1}{4}<0\right)$,则$\frac{3}{4}>-\left(a-\frac{1}{4}\right)$,即 $a>-\frac{1}{2}$。

综合以上结果可知,当 $0<a<1$ 时系统是稳定的。

例 9.22　已知离散系统的状态方程与输出方程为

$$\begin{bmatrix} x_1(k+1) \\ x_2(k+1) \end{bmatrix}=\begin{bmatrix} 0 & 1 \\ -6 & 5 \end{bmatrix}\begin{bmatrix} x_1(k) \\ x_2(k) \end{bmatrix}+\begin{bmatrix} 0 \\ 1 \end{bmatrix}f(k),\quad \begin{bmatrix} y_1(k) \\ y_2(k) \end{bmatrix}=\begin{bmatrix} 1 & 1 \\ 2 & -1 \end{bmatrix}\begin{bmatrix} x_1(k) \\ x_2(k) \end{bmatrix}$$

初始状态为$\begin{bmatrix} x_1(0) \\ x_2(0) \end{bmatrix}=\begin{bmatrix} 1 \\ 2 \end{bmatrix}$,激励为$f(k)=U(k)$。求 $\boldsymbol{\Phi}(k)$、状态向量 $\boldsymbol{x}(k)$、响应向量 $\boldsymbol{y}(k)$,$\boldsymbol{H}(z)$,$\boldsymbol{h}(k)$、系统的自然频率,并判断系统的稳定性。

解:$\boldsymbol{\Phi}(z)=[z\boldsymbol{I}-\boldsymbol{A}]^{-1}z=\begin{bmatrix} \frac{z^2-5z}{(z-2)(z-3)} & \frac{z}{(z-2)(z-3)} \\ \frac{-6z}{(z-2)(z-3)} & \frac{z^2}{(z-2)(z-3)} \end{bmatrix}=\begin{bmatrix} \frac{3z}{z-2}-\frac{2z}{z-3} & \frac{-z}{z-2}+\frac{z}{z-3} \\ \frac{6z}{z-2}-\frac{6z}{z-3} & \frac{-2z}{z-2}+\frac{3z}{z-3} \end{bmatrix}$

故得

$$\boldsymbol{\varphi}(k)=\begin{bmatrix} 3(2)^k-2(3)^k & -(2)^k+(3)^k \\ 6(2)^k-6(3)^k & -2(2)^k+3(3)^k \end{bmatrix}U(k)$$

零输入 z 域解为

$$\boldsymbol{\Phi}(z)\boldsymbol{x}(0)=\begin{bmatrix} \frac{z}{z-2} \\ \frac{2z}{z-2} \end{bmatrix}$$

零输入时域解为

$$\begin{bmatrix} (2)^k \\ 2(2)^k \end{bmatrix}U(k)$$

零状态 z 域解为

$$z^{-1}[\boldsymbol{\Phi}(z)\boldsymbol{B}\boldsymbol{F}(z)]=\begin{bmatrix}\dfrac{z/2}{z-1}-\dfrac{z}{z-2}+\dfrac{z/2}{z-3}\\ \dfrac{z/2}{z-1}-\dfrac{2z}{z-2}+\dfrac{3z/2}{z-3}\end{bmatrix}$$

零状态时域解为

$$\begin{bmatrix}\dfrac{1}{2}-2^k+\dfrac{1}{2}(3)^k\\ \dfrac{1}{2}-2(2^k)+\dfrac{3}{2}(3)^k\end{bmatrix}U(k)$$

由状态向量=零输入时域解+零状态时域解,有

$$\begin{bmatrix}x_1(k)\\ x_2(k)\end{bmatrix}=\begin{bmatrix}(2)^k\\ 2\ (2)^k\end{bmatrix}+\begin{bmatrix}\dfrac{1}{2}-2^k+\dfrac{1}{2}(3)^k\\ \dfrac{1}{2}-2(2^k)+\dfrac{3}{2}(3)^k\end{bmatrix}=\begin{bmatrix}\dfrac{1}{2}+\dfrac{1}{2}(3)^k\\ \dfrac{1}{2}+\dfrac{3}{2}(3)^k\end{bmatrix}U(k)$$

零输入响应为

$$\boldsymbol{C}\boldsymbol{\varphi}(k)\boldsymbol{x}(0)=\begin{bmatrix}3\ (2)^k\\ 0\end{bmatrix}U(k)$$

零状态响应为

$$[\boldsymbol{C}\boldsymbol{\varphi}(k-1)\boldsymbol{B}+\boldsymbol{D}\boldsymbol{\delta}(k)]*\boldsymbol{f}(k)=\boldsymbol{C}\boldsymbol{\varphi}(k-1)\boldsymbol{B}*\boldsymbol{f}(k)$$

$$=\begin{bmatrix}1 & 1\\ 2 & -1\end{bmatrix}\begin{bmatrix}\dfrac{1}{2}-2^k+\dfrac{1}{2}(3)^k\\ \dfrac{1}{2}-2(2^k)+\dfrac{3}{2}(3)^k\end{bmatrix}=\begin{bmatrix}1-3(2^k)+2\ (3)^k\\ \dfrac{1}{2}-\dfrac{1}{2}(3)^k\end{bmatrix}U(k)$$

由响应向量=零输入响应+零状态响应,有

$$\begin{bmatrix}y_1(k)\\ y_2(k)\end{bmatrix}=\begin{bmatrix}3(2^k)\\ 0\end{bmatrix}+\begin{bmatrix}1-3(2^k)+2\ (3)^k\\ \dfrac{1}{2}-\dfrac{1}{2}(3)^k\end{bmatrix}=\begin{bmatrix}1+2\ (3)^k\\ \dfrac{1}{2}-\dfrac{1}{2}(3)^k\end{bmatrix}U(k)$$

$$\boldsymbol{H}(z)=\boldsymbol{C}[z\boldsymbol{I}-\boldsymbol{A}]^{-1}\boldsymbol{B}+\boldsymbol{D}=\begin{bmatrix}-\dfrac{3}{2}\dfrac{z}{z-2}+\dfrac{4}{3}\dfrac{z}{z-3}\\ -\dfrac{1}{3}\dfrac{z}{z-3}\end{bmatrix}$$

$$\boldsymbol{h}(k)=\mathscr{Z}^{-1}[\boldsymbol{H}(z)]=\begin{bmatrix}-\dfrac{3}{2}(2^k)+\dfrac{4}{3}(3^k)\\ -\dfrac{1}{3}(3^k)\end{bmatrix}U(k)$$

$$|z\boldsymbol{I}-\boldsymbol{A}|=\left|\begin{bmatrix}z & 0\\ 0 & z\end{bmatrix}-\begin{bmatrix}0 & 1\\ -6 & 5\end{bmatrix}\right|=(z-2)(z-3)=0$$

故得自然频率 $p_1=2,p_2=3$。因特征根位于 z 平面上单位圆之外,所以系统不稳定。

9.4　本章习题详解

9-1　图题9-1所示电路，已知$x_1(t)$与$x_2(t)$为状态变量，试证明以下各对变量是否都可以作为状态变量。(1) $i_L(t)$，$u_L(t)$。(2) $i_C(t)$，$u_C(t)$。(3) $u_{R1}(t)$，$u_L(t)$。(4) $i_C(t)$，$u_L(t)$。(5) $i_C(t)$，$u_{R3}(t)$。(6) $i_{R1}(t)$，$i_{R2}(t)$。

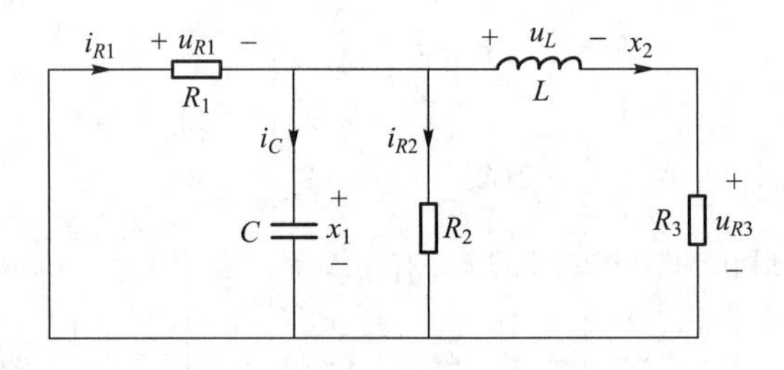

图题9-1

解：本题说明状态变量的选取不是唯一的。若各组变量之间存在着非奇异性变换关系，则这些变量组即可作为状态变量。又因为研究的是电路的状态，故可采用无激励电路（即电路中的激励均为零）。

(1) $i_L(t)=x_2(t)$，　$u_L(t)=x_1(t)-R_3x_2(t)$

即

$$\begin{bmatrix} i_L(t) \\ u_L(t) \end{bmatrix}=\begin{bmatrix} 0 & 1 \\ 1 & -R_3 \end{bmatrix}\begin{bmatrix} x_1(t) \\ x_2(t) \end{bmatrix}$$

(2) $i_C(t)=-\dfrac{1}{R_1}x_1(t)-\dfrac{1}{R_2}x_1(t)-x_2(t)=-\left(\dfrac{1}{R_1}+\dfrac{1}{R_2}\right)x_1(t)-x_2(t)$，$u_C(t)=x_1(t)$

即

$$\begin{bmatrix} i_C(t) \\ u_C(t) \end{bmatrix}=\begin{bmatrix} -\left(\dfrac{1}{R_1}+\dfrac{1}{R_2}\right) & -1 \\ 1 & 0 \end{bmatrix}\begin{bmatrix} x_1(t) \\ x_2(t) \end{bmatrix}$$

(3) $u_{R1}=-x_1(t)$，$u_L(t)=x_1(t)-R_3x_2(t)$

即

$$\begin{bmatrix} u_{R1}(t) \\ u_L(t) \end{bmatrix}=\begin{bmatrix} -1 & 0 \\ 1 & -R_3 \end{bmatrix}\begin{bmatrix} x_1(t) \\ x_2(t) \end{bmatrix}$$

(4) $i_C(t)=-\left(\dfrac{1}{R_1}+\dfrac{1}{R_2}\right)x_1(t)-x_2(t)$，$u_L(t)=x_1(t)-R_3x_2(t)$

即

$$\begin{bmatrix} i_C(t) \\ u_L(t) \end{bmatrix}=\begin{bmatrix} -\left(\dfrac{1}{R_1}+\dfrac{1}{R_2}\right) & -1 \\ 1 & -R_3 \end{bmatrix}\begin{bmatrix} x_1(t) \\ x_2(t) \end{bmatrix}$$

（5）$i_C(t)=-\left(\frac{1}{R_1}+\frac{1}{R_2}\right)x_1(t)-x_2(t),u_{R3}(t)=R_3x_2(t)$

即

$$\begin{bmatrix} i_C(t) \\ u_{R3}(t) \end{bmatrix}=\begin{bmatrix} -\left(\frac{1}{R_1}+\frac{1}{R_2}\right) & -1 \\ 0 & R_3 \end{bmatrix}\begin{bmatrix} x_1(t) \\ x_2(t) \end{bmatrix}$$

可见，以上 5 对变量的变换矩阵，其行列式的值均不为零，即它们均为非零奇异矩阵，故以上 5 对变量组均可作为该电路的状态变量。

（6）$i_{R1}(t)=-\frac{1}{R_1}x_1(t),i_{R2}(t)=\frac{1}{R_2}x_1(t)$

即

$$\begin{bmatrix} i_{R1}(t) \\ i_{R2}(t) \end{bmatrix}=\begin{bmatrix} -\frac{1}{R_1} & 0 \\ \frac{1}{R_2} & 0 \end{bmatrix}\begin{bmatrix} x_1(t) \\ x_2(t) \end{bmatrix}$$

可见，此变换矩阵的行列式值为零，故 $i_{R1}(t)$ 与 $i_{R2}(t)$ 不能同时作为状态变量，它们两者线性相关。

9-2 图题 9-2 所示电路，以 $x_1(t)$、$x_2(t)$、$x_3(t)$ 为状态变量，试列写电路的状态方程。

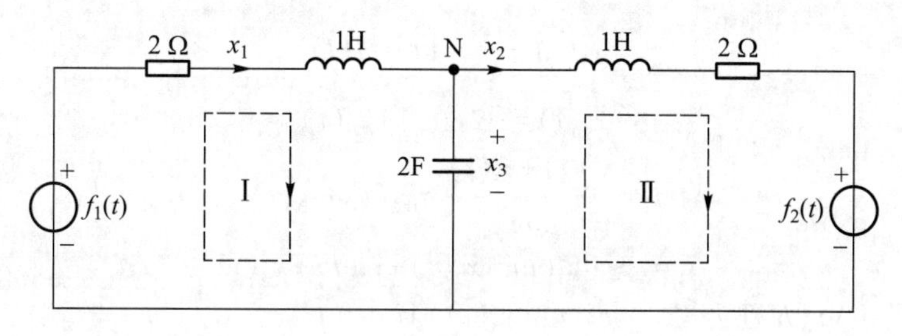

图题 9-2

解：对只含一个独立电感的两个回路 I 和 II 分别列写 KVL 方程为

$$2x_1(t)+1\dot{x}_1(t)+x_3(t)=f_1(t)$$

$$1\dot{x}_2(t)+2x_2(t)-x_3(t)=-f_2(t)$$

即

$$\begin{cases} \dot{x}_1(t)=-2x_1(t)-x_3(t)+f_1(t) & (1) \\ \dot{x}_2(t)=-2x_2(t)+x_3(t)-f_2(t) & (2) \end{cases}$$

对只含一个独立电容的节点 N 列写 KCL 方程为

$$2\dot{x}_3(t)=x_1(t)-x_2(t)$$

即

$$\dot{x}_3(t)=\frac{1}{2}x_1(t)-\frac{1}{2}x_2(t) \quad (3)$$

式(1)(2)(3)即为电路的状态方程,其矩阵形式为

$$\begin{bmatrix}\dot{x}_1(t)\\ \dot{x}_2(t)\\ \dot{x}_3(t)\end{bmatrix}=\begin{bmatrix}-2 & 0 & -1\\ 0 & -2 & 1\\ \frac{1}{2} & -\frac{1}{2} & 0\end{bmatrix}\begin{bmatrix}x_1(t)\\ x_2(t)\\ x_3(t)\end{bmatrix}+\begin{bmatrix}1 & 0\\ 0 & -1\\ 0 & 0\end{bmatrix}\begin{bmatrix}f_1(t)\\ f_2(t)\end{bmatrix}$$

9-3　图题 9-3 所示电路,以 $x_1(t)$、$x_2(t)$、$x_3(t)$ 为状态变量,以 $y_1(t)$、$y_2(t)$ 为响应变量,试列写电路的状态方程与输出方程。

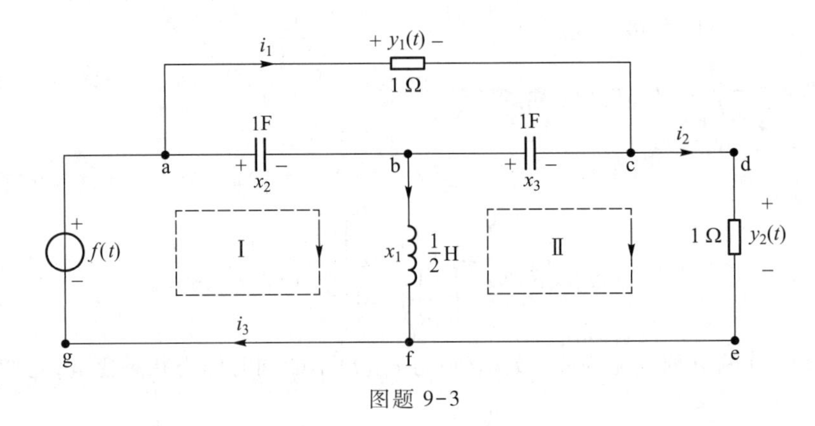

图题 9-3

解:对只含一个独立电感的回路列写 KVL 方程为

$$x_2(t)+\frac{1}{2}\dot{x}_1(t)=f(t)$$

即

$$\dot{x}_1(t)=-2x_2(t)+2f(t)$$

又

$$i_1=\frac{x_2(t)+x_3(t)}{1}=x_2(t)+x_3(t)$$

$$i_2=i_1+1\,\dot{x}_3(t)=x_2(t)+x_3(t)+\dot{x}_3(t)$$

abcdefga 回路的 KVL 方程为　$x_2(t)+x_3(t)+1i_2=f(t)$

即

$$x_2(t)+x_3(t)+1[x_2(t)+x_3(t)+\dot{x}_3(t)]=f(t)$$

故

$$\dot{x}_3(t)=-2x_2(t)-2x_3(t)+f(t)$$

对节点 b 列写 KCL 方程为

$$\dot{x}_2(t)=x_1(t)+\dot{x}_3(t)=x_1(t)-2x_2(t)-2x_3(t)+f(t)$$

矩阵形式为

$$\begin{bmatrix}\dot{x}_1(t)\\ \dot{x}_2(t)\\ \dot{x}_3(t)\end{bmatrix}=\begin{bmatrix}0 & -2 & 0\\ 1 & -2 & -2\\ 0 & -2 & -2\end{bmatrix}\begin{bmatrix}x_1(t)\\ x_2(t)\\ x_3(t)\end{bmatrix}+\begin{bmatrix}2\\ 1\\ 1\end{bmatrix}[f(t)]$$

因为

$$y_1(t)=x_2(t)+x_3(t)$$

$$y_2(t)=-x_2(t)-x_3(t)+f(t)$$

故输出方程的矩阵形式为

$$\begin{bmatrix} y_1(t) \\ y_2(t) \end{bmatrix} = \begin{bmatrix} 0 & 1 & 1 \\ 0 & -1 & -1 \end{bmatrix} \begin{bmatrix} x_1(t) \\ x_2(t) \\ x_3(t) \end{bmatrix} + \begin{bmatrix} 0 \\ 1 \end{bmatrix} [f(t)]$$

9-4 已知系统的微分方程为

$$y'''(t)+5y''(t)+7y'(t)+3y(t)=f(t)$$

试列写系统的状态方程与输出方程,并写出 $\boldsymbol{A}$、$\boldsymbol{B}$、$\boldsymbol{C}$、$\boldsymbol{D}$ 矩阵。

解:设状态变量为

$$x_1(t)=y(t)$$

$$x_2(t)=y'(t)=\dot{x}_1(t)$$

$$x_3(t)=y''(t)=\dot{x}_2(t)$$

代入原微分方程得

$$\dot{x}_3(t)+5\dot{x}_2(t)+7\dot{x}_1(t)+3x_1(t)=f(t)$$

即

$$\dot{x}_3(t)=-3x_1(t)-5\dot{x}_2(t)-7\dot{x}_1(t)+f(t)$$

即

$$\dot{x}_3(t)=-3x_1(t)-7x_2(t)-5x_3(t)+f(t)$$

故得系统的状态方程为

$$\begin{cases} \dot{x}_1(t)=x_2(t) \\ \dot{x}_2(t)=x_3(t) \\ \dot{x}_3(t)=-3x_1(t)-7x_2(t)-5x_3(t)+f(t) \end{cases}$$

其矩阵形式为

$$\begin{bmatrix} \dot{x}_1(t) \\ \dot{x}_2(t) \\ \dot{x}_3(t) \end{bmatrix} = \begin{bmatrix} 0 & 1 & 0 \\ 0 & 0 & 1 \\ -3 & -7 & -5 \end{bmatrix} \begin{bmatrix} x_1(t) \\ x_2(t) \\ x_3(t) \end{bmatrix} + \begin{bmatrix} 0 \\ 0 \\ 1 \end{bmatrix} [f(t)]$$

系统输出方程为

$$y(t)=x_1(t)=[1 \quad 0 \quad 0] \begin{bmatrix} x_1(t) \\ x_2(t) \\ x_3(t) \end{bmatrix} + [0][f(t)]$$

故得

$$\boldsymbol{A}=\begin{bmatrix} 0 & 1 & 0 \\ 0 & 0 & 1 \\ -3 & -7 & -5 \end{bmatrix}, \quad \boldsymbol{B}=\begin{bmatrix} 0 \\ 0 \\ 1 \end{bmatrix}, \quad \boldsymbol{C}=[1 \quad 0 \quad 0], \quad \boldsymbol{D}=[0]$$

9-5　图题9-5所示系统，以积分器的输出信号为状态变量，试列写出系统的状态方程与输出方程。

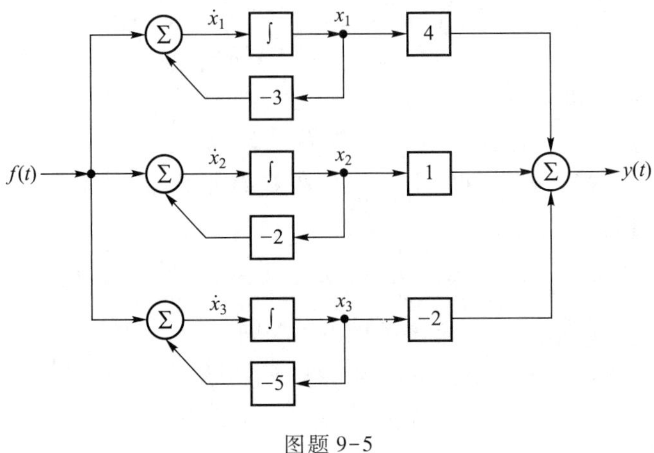

图题9-5

解：系统状态方程为

$$\begin{cases}\dot{x}_1(t)=-3x_1(t)+f(t)\\ \dot{x}_2(t)=-2x_2(t)+f(t)\\ \dot{x}_3(t)=-5x_3(t)+f(t)\end{cases}$$

其矩阵形式为

$$\begin{bmatrix}\dot{x}_1(t)\\ \dot{x}_2(t)\\ \dot{x}_3(t)\end{bmatrix}=\begin{bmatrix}-3&0&0\\0&-2&0\\0&0&-5\end{bmatrix}\begin{bmatrix}x_1(t)\\x_2(t)\\x_3(t)\end{bmatrix}+\begin{bmatrix}1\\1\\1\end{bmatrix}[f(t)]$$

系统输出方程为

$$y(t)=4x_1(t)+x_2(t)-2x_3(t)$$

写成矩阵形式为

$$y(t)=[4\quad 1\quad -2]\begin{bmatrix}x_1(t)\\x_2(t)\\x_3(t)\end{bmatrix}+[0][f(t)]$$

9-6　已知系统的微分方程为

$$y'''(t)+7y''(t)+10y'(t)=5f'(t)+5f(t)$$

画出直接形式、级联形式、并联形式的信号流图，并列写出与上述各种形式相对应的状态方程与输出方程。

解：系统函数为

$$H(s)=\frac{5s+5}{s^3+7s^2+10s}$$

(1) 直接形式的信号流图如图题9-6(a)所示。取积分器的输出信号$x_1(t)$、$x_2(t)$、$x_3(t)$

为状态变量,可列写出系统的状态方程为

$$\dot{x}_1(t)=x_2(t)$$

$$\dot{x}_2(t)=x_3(t)$$

$$\dot{x}_3(t)=-10x_2(t)-7x_3(t)+f(t)$$

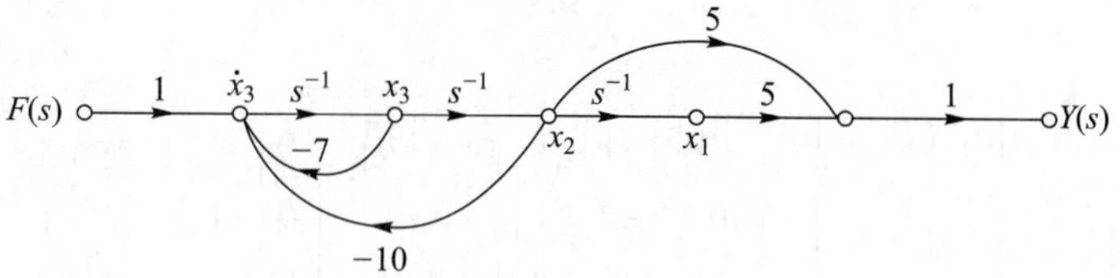

$F(s)$ 1 $\dot{x}_3$ s^{-1} x_3 s^{-1} x_2 s^{-1} x_1 5 1 $Y(s)$
5
-7
-10

(a)

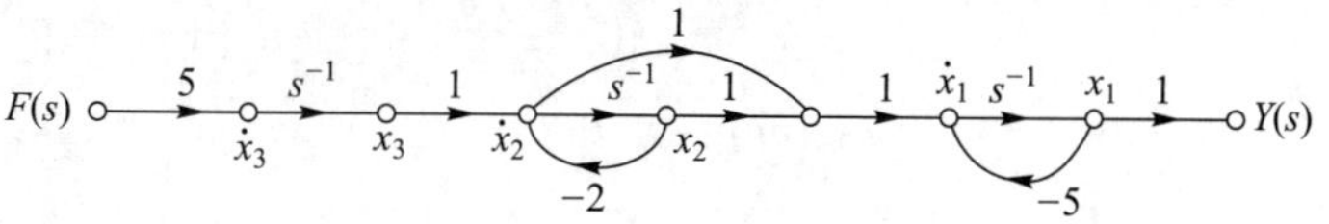

$F(s)$ 5 $\dot{x}_3$ s^{-1} x_3 1 $\dot{x}_2$ s^{-1} x_2 1 1 $\dot{x}_1$ s^{-1} x_1 1 $Y(s)$
1
-2
-5

(b)

$F(s)$ 1
1 $\dot{x}_1$ s^{-1} x_1 $\frac{1}{2}$
1 $\dot{x}_2$ s^{-1} x_2 $\frac{5}{6}$
-2
1 $\dot{x}_3$ s^{-1} x_3 $-\frac{4}{3}$
-5
1 $Y(s)$

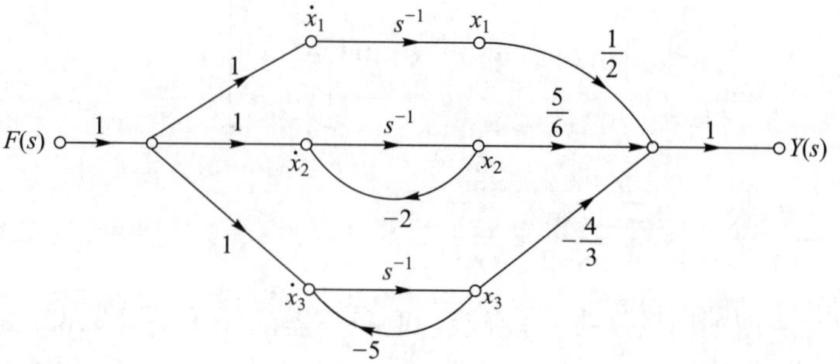

(c)

图题 9-6

其矩阵形式为

$$\begin{bmatrix}\dot{x}_1(t)\\ \dot{x}_2(t)\\ \dot{x}_3(t)\end{bmatrix}=\begin{bmatrix}0 & 1 & 0\\ 0 & 0 & 1\\ 0 & -10 & -7\end{bmatrix}\begin{bmatrix}x_1(t)\\ x_2(t)\\ x_3(t)\end{bmatrix}+\begin{bmatrix}0\\ 0\\ 1\end{bmatrix}[f(t)]$$

输出方程为

$$y(t)=5x_1(t)+5x_2(t)$$

即

$$[y(t)]=[5\quad 5\quad 0]\begin{bmatrix}x_1(t)\\ x_2(t)\\ x_3(t)\end{bmatrix}$$

(2) $H(s)=\dfrac{5s+5}{s^3+7s^2+10s}=\dfrac{5(s+1)}{s(s+2)(s+5)}=5\times\dfrac{1}{s}\times\dfrac{s+1}{s+2}\times\dfrac{1}{s+5}$

故级联形式的信号如图题 9-6(b)所示。取积分器的输出信号 $x_1(t)$、$x_2(t)$、$x_3(t)$ 为状态变量,可列写出系统的状态方程为

$$\dot{x}_1(t)=-5x_1(t)+x_2(t)+\dot{x}_2(t)$$
$$=-5x_1(t)+x_2(t)-2x_2(t)+x_3(t)$$
$$=-5x_1(t)-x_2(t)+x_3(t)$$
$$\dot{x}_2(t)=-2x_2(t)+x_3(t)$$
$$\dot{x}_3(t)=5f(t)$$

其矩阵形式为

$$\begin{bmatrix}\dot{x}_1(t)\\ \dot{x}_2(t)\\ \dot{x}_3(t)\end{bmatrix}=\begin{bmatrix}-5 & -1 & 1\\ 0 & -2 & 1\\ 0 & 0 & 0\end{bmatrix}\begin{bmatrix}x_1(t)\\ x_2(t)\\ x_3(t)\end{bmatrix}+\begin{bmatrix}0\\ 0\\ 5\end{bmatrix}[f(t)]$$

输出方程为

$$y(t)=x_1(t)$$

即

$$[y(t)]=[1\quad 0\quad 0]\begin{bmatrix}x_1(t)\\ x_2(t)\\ x_3(t)\end{bmatrix}$$

(3) $H(s)=\dfrac{5s+5}{s^3+7s^2+10s}=\dfrac{\frac{1}{2}}{s}+\dfrac{\frac{5}{6}}{s+2}+\dfrac{-\frac{4}{3}}{s+5}$

故并联形式的信号流图如图题9-6(c)所示。取积分器的输出信号 $x_1(t)$、$x_2(t)$、$x_3(t)$ 为状态变量,可列写出系统的状态方程为

$$\dot{x}_1(t)=f(t)$$
$$\dot{x}_2(t)=-2x_2(t)+f(t)$$
$$\dot{x}_3(t)=-5x_3(t)+f(t)$$

其矩阵形式为

$$\begin{bmatrix}\dot{x}_1(t)\\ \dot{x}_2(t)\\ \dot{x}_3(t)\end{bmatrix}=\begin{bmatrix}0 & 0 & 0\\ 0 & -2 & 0\\ 0 & 0 & -5\end{bmatrix}\begin{bmatrix}x_1(t)\\ x_2(t)\\ x_3(t)\end{bmatrix}+\begin{bmatrix}1\\ 1\\ 1\end{bmatrix}[f(t)]$$

输出方程为

$$y(t)=\frac{1}{2}x_1(t)+\frac{5}{6}x_2(t)-\frac{4}{3}x_3(t)$$

即

$$[y(t)]=\begin{bmatrix}\frac{1}{2} & \frac{5}{6} & -\frac{4}{3}\end{bmatrix}\begin{bmatrix}x_1(t)\\ x_2(t)\\ x_3(t)\end{bmatrix}$$

9-7　已知离散系统的框图如图题 9-7 所示,试列写出系统的状态方程与输出方程。

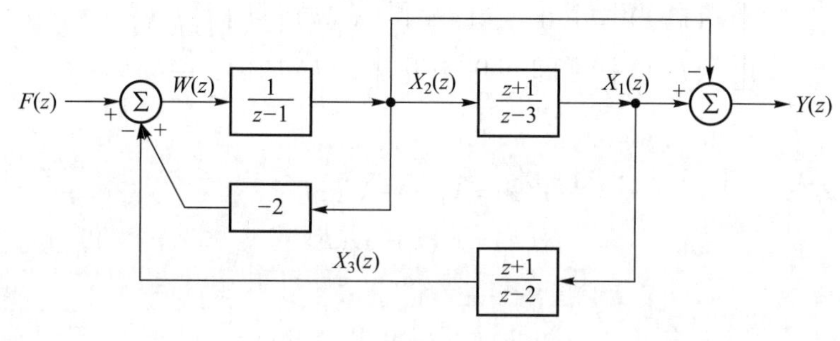

图题 9-7

解:取一阶子系统的输出信号 $x_1(k)$、$x_2(k)$、$x_3(k)$ 为状态变量。

$$W(z)=-2X_2(z)-X_3(z)+F(z)$$

即

$$w(k)=-2x_2(k)-x_3(k)+f(k)$$

又

$$X_2(z)=\frac{1}{z-1}W(z)$$

故

$$zX_2(z)=X_2(z)+W(z)$$

即

$$x_2(k+1)=x_2(k)-2x_2(k)-x_3(k)+f(k)=-x_2(k)-x_3(k)+f(k) \tag{1}$$

因为

$$X_1(z)=\frac{z+1}{z+3}X_2(z)$$

所以

$$zX_1(z)=-3X_1(z)+zX_2(z)+X_2(z)$$

有

$$\begin{aligned}x_1(k+1)&=-3x_1(k)+x_2(k+1)+x_2(k)=-3x_1(k)-x_2(k)-x_3(k)+f(k)+x_2(k)\\&=-3x_1(k)-x_3(k)+f(k)\end{aligned} \tag{2}$$

又

$$X_3(z)=\frac{z+1}{z-2}X_1(z)$$

故

$$zX_3(z)=2X_3(z)+zX_1(z)+X_1(z)$$

即

$$\begin{aligned}x_3(k+1)&=2x_3(k)+x_1(k+1)+x_1(k)=2x_3(k)-3x_1(k)-x_3(k)+f(k)+x_1(k)\\&=-2x_1(k)+x_3(k)+f(k)\end{aligned} \tag{3}$$

将式(1)(2)(3)按次写成矩阵形式为

$$\begin{bmatrix} x_1(k+1) \\ x_2(k+1) \\ x_3(k+1) \end{bmatrix} = \begin{bmatrix} -3 & 0 & -1 \\ 0 & -1 & -1 \\ -2 & 0 & 1 \end{bmatrix} \begin{bmatrix} x_1(k) \\ x_2(k) \\ x_3(k) \end{bmatrix} + \begin{bmatrix} 1 \\ 1 \\ 1 \end{bmatrix} [f(k)]$$

输出方程为

$$Y(z) = X_1(z) - X_2(z)$$
$$y(k) = x_1(k) - x_2(k)$$

即

$$[y(k)] = [1 \quad -1 \quad 0] \begin{bmatrix} x_1(k) \\ x_2(k) \\ x_3(k) \end{bmatrix}$$

9-8　离散系统的时域模拟图如图题9-8所示，以单位延时器的输出信号 $x_1(k)$、$x_2(k)$ 为状态变量，列写系统的状态方程与输出方程。

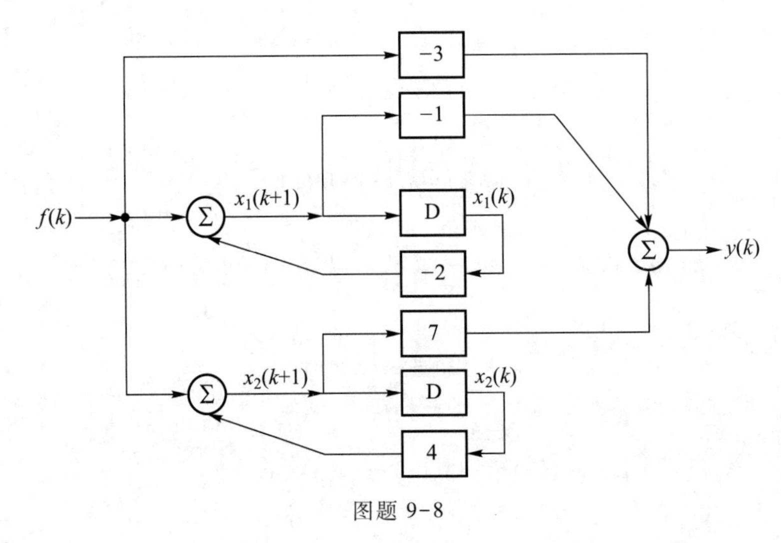

图题 9-8

解:因有

$$x_1(k+1) = -2x_1(k) + f(k)$$
$$x_2(k+1) = 4x_2(k) + f(k)$$

故其矩阵形式的状态方程为

$$\begin{bmatrix} x_1(k+1) \\ x_2(k+1) \end{bmatrix} = \begin{bmatrix} -2 & 0 \\ 0 & 4 \end{bmatrix} \begin{bmatrix} x_1(k) \\ x_2(k) \end{bmatrix} + \begin{bmatrix} 1 \\ 1 \end{bmatrix} [f(k)]$$

其输出方程为

$$y(k) = -x_1(k+1) + 7x_2(k+1) - 3f(k)$$

即

$$y(k) = 2x_1(k) + 28x_2(k) + 3f(k)$$

其矩阵形式的输出方程为

$$[y(k)]=[2\quad 28]\begin{bmatrix}x_1(k)\\x_2(k)\end{bmatrix}+[3][f(k)]$$

9-9 已知离散系统的差分方程为

$$y(k)+3y(k-1)+2y(k-2)+y(k-3)=f(k-1)+2f(k-2)+3f(k-3)$$

(1) 画出系统直接形式的信号流图。(2) 以单位延时器的输出信号 $x_1(k)$、$x_2(k)$、$x_3(k)$为状态变量,列写出系统的状态方程与输出方程。

解:(1) 由差分方程可求得系统函数为

$$H(z)=\frac{z^2+2z+3}{z^3+3z^2+2z+1}$$

其直接形式信号流图如图题 9-9 所示。

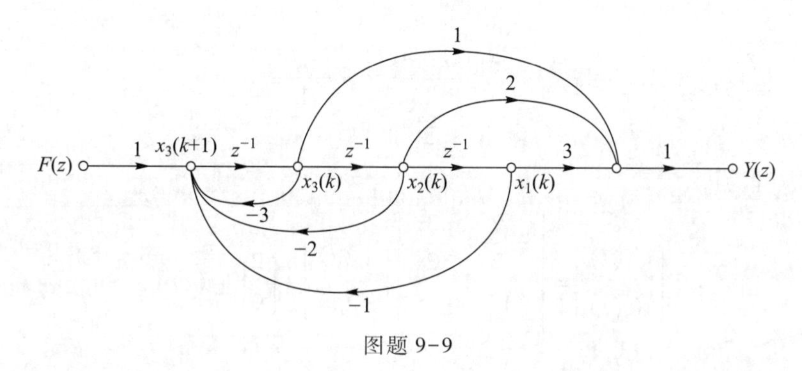

图题 9-9

(2) 取单位延时器的输出信号 $x_1(k)$、$x_2(k)$、$x_3(k)$为状态变量,故可列写出系统的状态方程为

$$x_1(k+1)=x_2(k)$$
$$x_2(k+1)=x_3(k)$$
$$x_3(k+1)=-x_1(k)-2x_2(k)-3x_3(k)+f(k)$$

其矩阵形式为

$$\begin{bmatrix}x_1(k+1)\\x_2(k+1)\\x_3(k+1)\end{bmatrix}=\begin{bmatrix}0&1&0\\0&0&1\\-1&-2&-3\end{bmatrix}\begin{bmatrix}x_1(k)\\x_2(k)\\x_3(k)\end{bmatrix}+\begin{bmatrix}0\\0\\1\end{bmatrix}[f(k)]$$

输出方程为

$$y(k)=3x_1(k)+2x_2(k)+x_3(k)$$

其矩阵形式为

$$[y(k)]=[3\quad 2\quad 1]\begin{bmatrix}x_1(k)\\x_2(k)\\x_3(k)\end{bmatrix}+[0][f(k)]$$

9-10　图题 9-10 所示电路，激励 $f(t)=U(t)$ V。求电路的单位阶跃响应 $y(t)$。

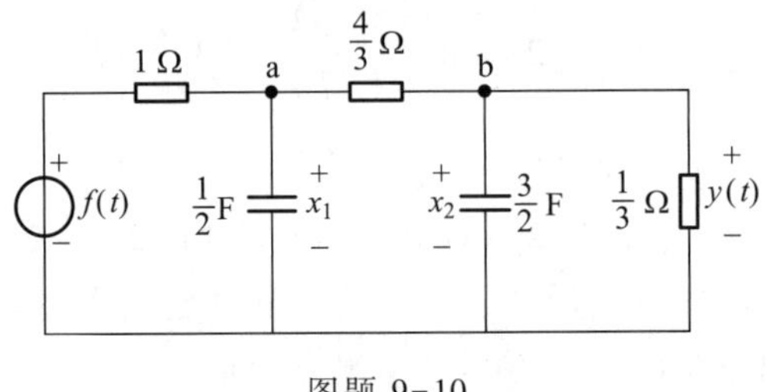

图题 9-10

解：以 $x_1(t)$、$x_2(t)$ 为状态变量，对节点 a、b 列写 KCL 方程为

$$\frac{1}{2}\dot{x}_1(t)=\frac{f(t)-x_1(t)}{1}-\frac{x_1(t)-x_2(t)}{\frac{4}{3}}$$

$$\frac{3}{2}\dot{x}_2(t)=\frac{x_1(t)-x_2(t)}{\frac{4}{3}}-\frac{x_2(t)}{\frac{1}{3}}$$

整理后电路方程为

$$\begin{bmatrix}\dot{x}_1(t)\\ \dot{x}_2(t)\end{bmatrix}=\begin{bmatrix}-\frac{7}{2} & \frac{3}{2}\\ \frac{1}{2} & -\frac{5}{2}\end{bmatrix}\begin{bmatrix}x_1(t)\\ x_2(t)\end{bmatrix}+\begin{bmatrix}2\\ 0\end{bmatrix}[f(t)]$$

故

$$\boldsymbol{A}=\begin{bmatrix}-\frac{7}{2} & \frac{3}{2}\\ \frac{1}{2} & -\frac{5}{2}\end{bmatrix},\quad \boldsymbol{B}=\begin{bmatrix}2\\ 0\end{bmatrix}$$

则

$$\boldsymbol{\Phi}(s)=[s\boldsymbol{I}-\boldsymbol{A}]^{-1}=\begin{bmatrix}\frac{s+\frac{5}{2}}{s^2+6s+8} & \frac{\frac{3}{2}}{s^2+6s+8}\\ \frac{\frac{1}{2}}{s^2+6s+8} & \frac{s+\frac{7}{2}}{s^2+6s+8}\end{bmatrix}$$

故

$$x(t)=\begin{bmatrix}x_1(t)\\ x_2(t)\end{bmatrix}=\mathscr{L}^{-1}[\boldsymbol{\Phi}(s)\boldsymbol{B}\boldsymbol{F}(s)]=\mathscr{L}^{-1}\begin{bmatrix}\frac{2s+5}{s(s+2)(s+4)}\\ \frac{1}{s(s+2)(s+4)}\end{bmatrix}=\begin{bmatrix}\frac{5}{8}-\frac{1}{4}\mathrm{e}^{-2t}-\frac{3}{8}\mathrm{e}^{-4t}\\ \frac{1}{8}-\frac{1}{4}\mathrm{e}^{-2t}+\frac{1}{8}\mathrm{e}^{-4t}\end{bmatrix}U(t)$$

单位阶跃响应为

$$y(t)=x_2(t)=\left(\frac{1}{8}-\frac{1}{4}\mathrm{e}^{-2t}+\frac{1}{8}\mathrm{e}^{-4t}\right)U(t)(\mathrm{V})$$

9-11 已知系统的信号流图如图题 9-11 所示。(1) 以积分器的输出信号 $x_1(t)$、$x_2(t)$ 为状态变量,列写系统的状态方程与输出方程。(2) 求系统函数矩阵 $H(s)$。(3) 求单位冲激响应 $h(t)$。

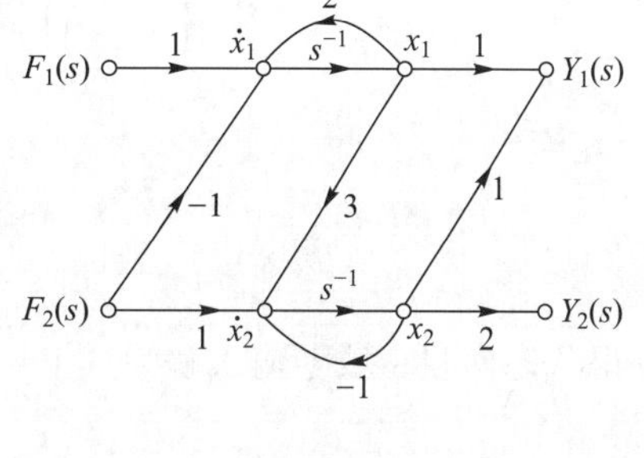

图题 9-11

解:这是一个多输入多输出系统。

(1) 因为

$$\dot{x}_1(t)=2x_1(t)+f_1(t)-f_2(t)$$

$$\dot{x}_2(t)=3x_1(t)-x_2(t)+f_2(t)$$

其矩阵形式为

$$\begin{bmatrix}\dot{x}_1(t)\\ \dot{x}_2(t)\end{bmatrix}=\begin{bmatrix}2 & 0\\ 3 & -1\end{bmatrix}\begin{bmatrix}x_1(t)\\ x_2(t)\end{bmatrix}+\begin{bmatrix}1 & -1\\ 0 & 1\end{bmatrix}\begin{bmatrix}f_1(t)\\ f_2(t)\end{bmatrix}$$

输出方程为

$$y_1(t)=x_1(t)+x_2(t)$$

$$y_2(t)=2x_2(t)$$

其矩阵形式为

$$\begin{bmatrix}y_1(t)\\ y_2(t)\end{bmatrix}=\begin{bmatrix}1 & 1\\ 0 & 2\end{bmatrix}\begin{bmatrix}x_1(t)\\ x_2(t)\end{bmatrix}+\begin{bmatrix}0 & 0\\ 0 & 0\end{bmatrix}\begin{bmatrix}f_1(t)\\ f_2(t)\end{bmatrix}$$

故

$$\boldsymbol{A}=\begin{bmatrix}2 & 0\\ 3 & -1\end{bmatrix},\quad \boldsymbol{B}=\begin{bmatrix}1 & -1\\ 0 & 1\end{bmatrix},\quad \boldsymbol{C}=\begin{bmatrix}1 & 1\\ 0 & 2\end{bmatrix},\quad \boldsymbol{D}=\begin{bmatrix}0 & 0\\ 0 & 0\end{bmatrix}$$

(2) 系统函数矩阵为

$$\boldsymbol{H}(s)=\boldsymbol{C\Phi}(s)\boldsymbol{B}+\boldsymbol{D}=\begin{bmatrix}\dfrac{2}{s-2}+\dfrac{-1}{s+1} & \dfrac{2}{s+1}+\dfrac{-2}{s-2}\\ \dfrac{2}{s-2}+\dfrac{-2}{s+1} & \dfrac{4}{s+1}+\dfrac{-2}{s-2}\end{bmatrix}$$

(3) 系统的单位冲激响应 $\boldsymbol{h}(t)$ 为

$$\boldsymbol{h}(t)=\mathscr{L}^{-1}[\boldsymbol{H}(s)]=\begin{bmatrix}2\mathrm{e}^{2t}-\mathrm{e}^{-t} & 2\mathrm{e}^{-t}-2\mathrm{e}^{2t}\\ 2\mathrm{e}^{2t}-2\mathrm{e}^{-t} & 4\mathrm{e}^{-t}-2\mathrm{e}^{2t}\end{bmatrix}U(t)$$

9-12 系统的状态方程和输出方程为

$$\begin{bmatrix}\dot{x}_1(t)\\ \dot{x}_2(t)\end{bmatrix}=\begin{bmatrix}-2 & 1\\ 0 & -1\end{bmatrix}\begin{bmatrix}x_1(t)\\ x_2(t)\end{bmatrix}+\begin{bmatrix}1\\ 0\end{bmatrix}f(t),\quad y(t)=[1\quad 0]\begin{bmatrix}x_1(t)\\ x_2(t)\end{bmatrix}$$

$x_1(0^-)=1$,$x_2(0^-)=1$,$f(t)=U(t)$。(1) 用拉氏变换求解输出 $y(t)$。(2) 求系统函数

矩阵 $\boldsymbol{H}(s)$。

解:(1) 由系统的状态方程和输出方程得

$$\boldsymbol{A}=\begin{bmatrix}-2 & 1\\0 & -1\end{bmatrix},\quad \boldsymbol{B}=\begin{bmatrix}1\\0\end{bmatrix},\quad \boldsymbol{C}=[1\quad 0],\quad \boldsymbol{D}=0$$

$$\boldsymbol{\Phi}(s)=[s\boldsymbol{I}-\boldsymbol{A}]^{-1}=\begin{bmatrix}\frac{1}{s+2} & \frac{1}{s+1}-\frac{1}{s+2}\\0 & \frac{1}{s+1}\end{bmatrix}$$

故得状态向量 s 域零输入解为

$$\boldsymbol{\Phi}(s)\boldsymbol{x}(0^-)=\begin{bmatrix}\frac{1}{s+1}\\\frac{1}{s+1}\end{bmatrix}$$

则状态向量的时域零输入解为

$$\begin{bmatrix}e^{-t}\\e^{-t}\end{bmatrix}U(t)$$

状态向量的 s 域零状态解为

$$\boldsymbol{\Phi}(s)\boldsymbol{B}\boldsymbol{F}(s)=\begin{bmatrix}\frac{\frac{1}{2}}{s}-\frac{\frac{1}{2}}{s+2}\\0\end{bmatrix}$$

则状态向量的时域零状态解为

$$\begin{bmatrix}\frac{1}{2}-\frac{1}{2}e^{-2t}\\0\end{bmatrix}U(t)$$

由于状态向量=零输入解+零状态解,故有

$$x(t)=\begin{bmatrix}\frac{1}{2}+e^{-t}-\frac{1}{2}e^{-2t}\\e^{-t}\end{bmatrix}U(t)$$

则输出方程为

$$[y(t)]=[1\quad 0]\begin{bmatrix}x_1(t)\\x_2(t)\end{bmatrix}=\left(\frac{1}{2}+e^{-t}-\frac{1}{2}e^{-2t}\right)U(t)$$

即

$$y(t)=\left(\frac{1}{2}+e^{-t}-\frac{1}{2}e^{-2t}\right)U(t)$$

(2) $\boldsymbol{H}(s)=\boldsymbol{C}\boldsymbol{\Phi}(s)\boldsymbol{B}+\boldsymbol{D}=\dfrac{1}{s+2}$

9-13　已知系统的信号流图如图题 9-13 所示。(1) 以积分器的输出信号 $x_1(t)$、$x_2(t)$ 为状态变量,列写系统的状态方程与输出方程。(2) 求系统的微分方程。(3) 已知激励

$f(t)=U(t)$时的全响应为$y(t)=\left(\frac{1}{3}+\frac{1}{2}\mathrm{e}^{-t}-\frac{5}{6}\mathrm{e}^{-3t}\right)U(t)$，求系统的零输入响应$y_x(t)$与初始状态$x(0^-)$。(4) 求系统的单位冲激响应$h(t)$。

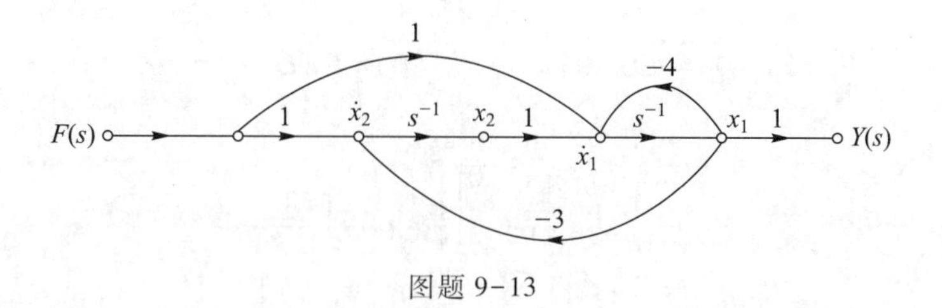

图题 9-13

解：(1) 列写系统的状态方程和输出方程。

$$\dot{x}_1(t)=-4x_1(t)+x_2(t)+f(t)$$

$$\dot{x}_2(t)=-3x_1(t)+f(t)$$

即

$$\begin{bmatrix}\dot{x}_1(t)\\ \dot{x}_2(t)\end{bmatrix}=\begin{bmatrix}-4 & 1\\ -3 & 0\end{bmatrix}\begin{bmatrix}x_1(t)\\ x_2(t)\end{bmatrix}+\begin{bmatrix}1\\ 1\end{bmatrix}f(t)$$

输出方程为

$$y(t)=x_1(t)=\begin{bmatrix}1 & 0\end{bmatrix}\begin{bmatrix}x_1(t)\\ x_2(t)\end{bmatrix}+[0][f(t)]$$

故

$$\boldsymbol{A}=\begin{bmatrix}-4 & 1\\ -3 & 0\end{bmatrix},\quad \boldsymbol{B}=\begin{bmatrix}1\\ 1\end{bmatrix},\quad \boldsymbol{C}=\begin{bmatrix}1 & 0\end{bmatrix},\quad \boldsymbol{D}=[0]$$

(2) $H(s)=\boldsymbol{C\Phi}(s)\boldsymbol{B}+\boldsymbol{D}=\frac{s+1}{s^2+4s+3}$

故得系统的微分方程为

$$y''(t)+4y'(t)+3y(t)=f'(t)+f(t)$$

(3) 零状态响应的像函数为

$$Y_f(s)=H(s)F(s)=\frac{s+1}{(s+1)(s+3)}\times\frac{1}{s}=\frac{\frac{1}{3}}{s}-\frac{\frac{1}{3}}{s+3}$$

故得零状态响应为

$$y_f(t)=\left(\frac{1}{3}-\frac{1}{3}\mathrm{e}^{-3t}\right)U(t)$$

零输入响应$y_x(t)$为

$$\begin{aligned}y_x(t)=y(t)-y_f(t)&=\left(\frac{1}{3}+\frac{1}{2}\mathrm{e}^{-t}-\frac{5}{6}\mathrm{e}^{-3t}\right)U(t)-\left(\frac{1}{3}-\frac{1}{3}\mathrm{e}^{-3t}\right)U(t)\\&=\left(\frac{1}{2}\mathrm{e}^{-t}-\frac{1}{2}\mathrm{e}^{-3t}\right)U(t)\end{aligned}$$

故

$$y_x(0)=0,\quad y_x'(0)=-\frac{1}{2}+\frac{3}{2}=1$$

又因

$$y_x(0)=\boldsymbol{CIx}(0)=0,\quad y_x'(0)=\boldsymbol{CAIx}(0)=1$$

即

$$\begin{bmatrix}1 & 0\end{bmatrix}\begin{bmatrix}1 & 0\\0 & 1\end{bmatrix}\begin{bmatrix}x_1(0)\\x_2(0)\end{bmatrix}=0$$

$$\begin{bmatrix}1 & 0\end{bmatrix}\begin{bmatrix}-4 & 1\\-3 & 0\end{bmatrix}\begin{bmatrix}1 & 0\\0 & 1\end{bmatrix}\begin{bmatrix}x_1(0)\\x_2(0)\end{bmatrix}=1$$

联解得

$$\boldsymbol{x}(0^-)=\begin{bmatrix}x_1(0)\\x_2(0)\end{bmatrix}=\begin{bmatrix}0\\1\end{bmatrix}$$

（4）

$$h(t)=\mathscr{L}^{-1}[H(s)]=\mathscr{L}^{-1}\left[\frac{s+1}{(s+1)(s+3)}\right]=\mathrm{e}^{-3t}U(t)$$

9-14　已知系统的状态方程与输出方程为

$$\begin{bmatrix}\dot{x}_1(t)\\\dot{x}_2(t)\end{bmatrix}=\begin{bmatrix}-1 & 2\\-1 & -4\end{bmatrix}\begin{bmatrix}x_1(t)\\x_2(t)\end{bmatrix}+\begin{bmatrix}0\\1\end{bmatrix}[f(t)],\quad [y(t)]=\begin{bmatrix}1 & 1\end{bmatrix}\begin{bmatrix}x_1(t)\\x_2(t)\end{bmatrix}+[1][f(t)]$$

今选新的状态向量 $\boldsymbol{w}(t)=\begin{bmatrix}w_1(t)\\w_2(t)\end{bmatrix}$，它与原状态向量 $\boldsymbol{x}(t)$ 的关系为 $\boldsymbol{x}(t)=\begin{bmatrix}2 & -1\\-1 & 1\end{bmatrix}\boldsymbol{w}(t)$。

（1）求关于 $\boldsymbol{w}(t)$ 的状态方程与输出方程。（2）已知系统的初始状态为 $\boldsymbol{x}(0^-)=\begin{bmatrix}x_1(0^-)\\x_2(0^-)\end{bmatrix}=\begin{bmatrix}3\\2\end{bmatrix}$，激励 $f(t)=\delta(t)$，求两种状态变量下的响应 $y(t)$。

解：（1）$\boldsymbol{w}(t)=\begin{bmatrix}2 & -1\\-1 & 1\end{bmatrix}^{-1}\boldsymbol{x}(t)=\begin{bmatrix}1 & 1\\1 & 2\end{bmatrix}\boldsymbol{x}(t)$

故

$$\begin{bmatrix}\dot{w}_1(t)\\\dot{w}_2(t)\end{bmatrix}=\begin{bmatrix}1 & 1\\1 & 2\end{bmatrix}\begin{bmatrix}\dot{x}_1(t)\\\dot{x}_2(t)\end{bmatrix}=\begin{bmatrix}1 & 1\\1 & 2\end{bmatrix}\left\{\begin{bmatrix}-1 & 2\\-1 & -4\end{bmatrix}\begin{bmatrix}x_1(t)\\x_2(t)\end{bmatrix}+\begin{bmatrix}0\\1\end{bmatrix}[f(t)]\right\}$$

$$=\begin{bmatrix}-2 & 0\\0 & -3\end{bmatrix}\begin{bmatrix}w_1(t)\\w_2(t)\end{bmatrix}+\begin{bmatrix}1\\2\end{bmatrix}[f(t)]$$

$$[y(t)]=\begin{bmatrix}1 & 1\end{bmatrix}\begin{bmatrix}2 & -1\\-1 & 1\end{bmatrix}\begin{bmatrix}w_1(t)\\w_2(t)\end{bmatrix}+[1][f(t)]=\begin{bmatrix}1 & 0\end{bmatrix}\begin{bmatrix}w_1(t)\\w_2(t)\end{bmatrix}+[1][f(t)]$$

（2）当状态向量为 $\boldsymbol{x}(t)$ 时

$$\boldsymbol{\Phi}(s)=[s\boldsymbol{I}-\boldsymbol{A}]^{-1}=\frac{1}{(s+2)(s+3)}\begin{bmatrix}s+4 & 2\\-1 & s+1\end{bmatrix}$$

$$\boldsymbol{X}(s)=\boldsymbol{\Phi}(s)\boldsymbol{x}(0^-)+\boldsymbol{\Phi}(s)\boldsymbol{B}\boldsymbol{F}(s)=\begin{bmatrix}\dfrac{12}{s+2}+\dfrac{-9}{s+3}\\ \dfrac{-6}{s+2}+\dfrac{9}{s+3}\end{bmatrix}$$

故得状态向量为

$$\boldsymbol{x}(t)=\begin{bmatrix}12\mathrm{e}^{-2t}-9\mathrm{e}^{-3t}\\ -6\mathrm{e}^{-2t}+9\mathrm{e}^{-3t}\end{bmatrix}U(t)$$

响应向量为

$$y(t)=[1\quad 1]\begin{bmatrix}12\mathrm{e}^{-2t}-9\mathrm{e}^{-3t}\\ -6\mathrm{e}^{-2t}+9\mathrm{e}^{-3t}\end{bmatrix}U(t)+[1][\delta(t)]=6\mathrm{e}^{-2t}U(t)+\delta(t)$$

当状态向量为 $\boldsymbol{w}(t)$时

$$\boldsymbol{w}(0^-)=\begin{bmatrix}1&1\\1&2\end{bmatrix}\boldsymbol{x}(0^-)=\begin{bmatrix}5\\7\end{bmatrix}$$

$$\boldsymbol{\Phi}(s)=[s\boldsymbol{I}-\boldsymbol{A}]^{-1}=\left\{s\begin{bmatrix}1&0\\0&1\end{bmatrix}-\begin{bmatrix}-2&0\\0&-3\end{bmatrix}\right\}^{-1}=\begin{bmatrix}\dfrac{1}{s+2}&0\\0&\dfrac{1}{s+3}\end{bmatrix}$$

$$\boldsymbol{W}(s)=\boldsymbol{\Phi}(s)\boldsymbol{w}(0^-)+\boldsymbol{\Phi}(s)\boldsymbol{B}\boldsymbol{F}(s)$$

$$=\begin{bmatrix}\dfrac{1}{s+2}&0\\0&\dfrac{1}{s+3}\end{bmatrix}\begin{bmatrix}5\\7\end{bmatrix}+\begin{bmatrix}\dfrac{1}{s+2}&0\\0&\dfrac{1}{s+3}\end{bmatrix}\begin{bmatrix}1\\2\end{bmatrix}[1]=\begin{bmatrix}\dfrac{6}{s+2}\\ \dfrac{9}{s+3}\end{bmatrix}$$

故

$$\boldsymbol{w}(t)=\begin{bmatrix}w_1(t)\\w_2(t)\end{bmatrix}=\begin{bmatrix}6\mathrm{e}^{-2t}\\9\mathrm{e}^{-3t}\end{bmatrix}U(t)$$

$$[y(t)]=[1\quad 0]\begin{bmatrix}w_1(t)\\w_2(t)\end{bmatrix}+[1][f(t)]=6\mathrm{e}^{-2t}U(t)+\delta(t)$$

可见在两种不同的状态变量下,响应是完全相同的。

9-15 已知系统的状态转移矩阵为

$$\boldsymbol{\varphi}(t)=\begin{bmatrix}\mathrm{e}^{-t}(\cos t+\sin t)&-2\mathrm{e}^{-t}\sin t\\ \mathrm{e}^{-t}\sin t&\mathrm{e}^{-t}(\cos t-\sin t)\end{bmatrix}U(t)$$

求系统矩阵 $\boldsymbol{A}$。

解:此题可以用两种方法求解。

[方法一]利用状态转移矩阵的一阶导数求解,即

$$\frac{\mathrm{d}}{\mathrm{d}t}\mathrm{e}^{\boldsymbol{A}t}\bigg|_{t=0}=\boldsymbol{A}\mathrm{e}^{\boldsymbol{A}t}\big|_{t=0}=\boldsymbol{A}\boldsymbol{I}=\boldsymbol{A}$$

故

$$A=\frac{\mathrm{d}}{\mathrm{d}t}\boldsymbol{\varphi}(t)\bigg|_{t=0}=\begin{bmatrix}\dfrac{\mathrm{d}}{\mathrm{d}t}\mathrm{e}^{-t}(\cos t+\sin t) & \dfrac{\mathrm{d}}{\mathrm{d}t}[-2\mathrm{e}^{-t}\sin t]\\ \dfrac{\mathrm{d}}{\mathrm{d}t}\mathrm{e}^{-t}\sin t & \dfrac{\mathrm{d}}{\mathrm{d}t}\mathrm{e}^{-t}(\cos t-\sin t)\end{bmatrix}\Bigg|_{t=0}$$

$$=\begin{bmatrix}-2\mathrm{e}^{-t}\sin t & 2\mathrm{e}^{-t}\sin t-2\mathrm{e}^{-t}\cos t\\ -\mathrm{e}^{-t}\sin t+\mathrm{e}^{-t}\cos t & -2\mathrm{e}^{-t}\cos t\end{bmatrix}\Bigg|_{t=0}=\begin{bmatrix}0 & -2\\ 1 & -2\end{bmatrix}$$

[方法二]变换域方法求解。因有

$$\mathscr{L}[\mathrm{e}^{At}]=\mathscr{L}[\boldsymbol{\varphi}(t)]=[sI-A]^{-1}$$

故

$$A=sI-(\mathscr{L}[\boldsymbol{\varphi}(t)])^{-1}$$

今有

$$\mathscr{L}[\boldsymbol{\varphi}(t)]=\begin{bmatrix}\dfrac{s+2}{(s+1)^2+1} & \dfrac{-2}{(s+1)^2+1}\\ \dfrac{1}{(s+1)^2+1} & \dfrac{s}{(s+1)^2+1}\end{bmatrix}=\frac{1}{(s+1)^2+1}\begin{bmatrix}s+2 & -2\\ 1 & s\end{bmatrix}$$

故

$$(\mathscr{L}[\boldsymbol{\varphi}(t)])^{-1}=\left(\frac{1}{(s+1)^2+1}\begin{bmatrix}s+2 & -2\\ 1 & s\end{bmatrix}\right)^{-1}=\begin{bmatrix}s & 2\\ -1 & s+2\end{bmatrix}$$

故

$$A=sI-(\mathscr{L}[\boldsymbol{\varphi}(t)])^{-1}=\begin{bmatrix}s-s & -2\\ 1 & s-s-2\end{bmatrix}=\begin{bmatrix}0 & -2\\ 1 & -2\end{bmatrix}$$

9-16　已知系统的状态方程为$\begin{bmatrix}\dot{x}_1(t)\\ \dot{x}_2(t)\end{bmatrix}=\begin{bmatrix}-1 & 1\\ 0 & -2\end{bmatrix}\begin{bmatrix}x_1(t)\\ x_2(t)\end{bmatrix}+\begin{bmatrix}1\\ -1\end{bmatrix}[f(t)]$，激励为$f(t)=\mathrm{e}^{-t}U(t)$，初始状态为$\begin{bmatrix}x_1(0^-)\\ x_2(0^-)\end{bmatrix}=\begin{bmatrix}1\\ 2\end{bmatrix}$。(1) 求系统的状态转移矩阵$\boldsymbol{\varphi}(t)$。(2) 求状态向量$\boldsymbol{x}(t)=\begin{bmatrix}x_1(t)\\ x_2(t)\end{bmatrix}$。

解：(1) 因有

$$A=\begin{bmatrix}-1 & 1\\ 0 & -2\end{bmatrix},\quad B=\begin{bmatrix}1\\ -1\end{bmatrix}$$

$$\boldsymbol{\Phi}(s)=[sI-A]^{-1}=\begin{bmatrix}\dfrac{1}{s+1} & \dfrac{1}{(s+1)(s+2)}\\ 0 & \dfrac{1}{s+2}\end{bmatrix}$$

故

$$\boldsymbol{\varphi}(t)=\begin{bmatrix}\mathrm{e}^{-t} & \mathrm{e}^{-t}-\mathrm{e}^{-2t}\\ 0 & \mathrm{e}^{-2t}\end{bmatrix}U(t)$$

（2）时域零输入解为 $\boldsymbol{\varphi}(t)\boldsymbol{x}(0^-)=\begin{bmatrix}3e^{-t}-2e^{-2t}\\2e^{-2t}\end{bmatrix}U(t)$

s 域零状态解为

$$\boldsymbol{\Phi}(s)\boldsymbol{B}\boldsymbol{F}(s)=\begin{bmatrix}\frac{1}{s+1}&\frac{1}{(s+1)(s+2)}\\0&\frac{1}{s+2}\end{bmatrix}\begin{bmatrix}1\\-1\end{bmatrix}\begin{bmatrix}\frac{1}{s+1}\end{bmatrix}=\begin{bmatrix}\frac{1}{(s+1)(s+2)}\\\frac{-1}{(s+1)(s+2)}\end{bmatrix}=\begin{bmatrix}\frac{1}{s+1}-\frac{1}{s+2}\\\frac{-1}{s+1}+\frac{1}{s+2}\end{bmatrix}$$

故时域零状态解为

$$\begin{bmatrix}e^{-t}-e^{-2t}\\-e^{-t}+e^{-2t}\end{bmatrix}U(t)$$

由状态向量=零输入解+零状态解，可得

$$\boldsymbol{x}(t)=\begin{bmatrix}x_1(t)\\x_2(t)\end{bmatrix}=\begin{bmatrix}4e^{-t}-3e^{-2t}\\-e^{-t}+3e^{-2t}\end{bmatrix}U(t)$$

9-17 已知系统的状态转移矩阵为 $\boldsymbol{\varphi}(t)=\begin{bmatrix}2e^{-t}-e^{-2t}&-2e^{-t}+2e^{-2t}\\e^{-t}-e^{-2t}&-e^{-t}+2e^{-2t}\end{bmatrix}U(t)$，当激励 $f(t)=\delta(t)$ 时的零状态解与零状态响应分别为 $\begin{bmatrix}x_1(t)\\x_2(t)\end{bmatrix}=\begin{bmatrix}12e^{-t}-12e^{-2t}\\6e^{-t}-12e^{-2t}\end{bmatrix}U(t)$，$y(t)=\delta(t)+(6e^{-t}-12e^{-2t})U(t)$，求系统的系数矩阵 $\boldsymbol{A}$、$\boldsymbol{B}$、$\boldsymbol{C}$、$\boldsymbol{D}$。

解：设 $\boldsymbol{A}=\begin{bmatrix}a_{11}&a_{12}\\a_{21}&a_{22}\end{bmatrix}$， $\boldsymbol{B}=\begin{bmatrix}b_1\\b_2\end{bmatrix}$， $\boldsymbol{C}=[c_1\quad c_2]$， $\boldsymbol{D}=[d]$，因有

$$\frac{d}{dt}\boldsymbol{\varphi}(t)=\frac{d}{dt}e^{\boldsymbol{A}t}=\boldsymbol{A}e^{\boldsymbol{A}t}$$

故

$$\boldsymbol{A}=\frac{d}{dt}e^{\boldsymbol{A}t}\bigg|_{t=0}=\begin{bmatrix}-2e^{-t}+2e^{-2t}&2e^{-t}-4e^{-2t}\\-e^{-t}+2e^{-2t}&e^{-t}-4e^{-2t}\end{bmatrix}\bigg|_{t=0}=\begin{bmatrix}0&-2\\1&-3\end{bmatrix}$$

又有

$$\begin{bmatrix}x_1(t)\\x_2(t)\end{bmatrix}=e^{\boldsymbol{A}t}\boldsymbol{B}*\boldsymbol{f}(t)=\begin{bmatrix}2e^{-t}-e^{-2t}&-2e^{-t}+2e^{-2t}\\e^{-t}-e^{-2t}&-e^{-t}+2e^{-2t}\end{bmatrix}\begin{bmatrix}b_1\\b_2\end{bmatrix}*\delta(t)$$

即

$$\begin{bmatrix}12e^{-t}-12e^{-2t}\\6e^{-t}-12e^{-2t}\end{bmatrix}U(t)=\begin{bmatrix}(2b_1-2b_2)e^{-t}+(-b_1+2b_2)e^{-2t}\\(b_1-b_2)e^{-t}+(-b_1+2b_2)e^{-2t}\end{bmatrix}U(t)$$

故有

$$\begin{cases}2b_1-2b_2=12\\-b_1+2b_2=-12\end{cases}$$

联解得 $b_1=0$，$b_2=-6$。故得矩阵

$$B=\begin{bmatrix}0\\-6\end{bmatrix}$$

又因有

$$y(t)=Cx(t)+Df(t)=[c_1\quad c_2]\begin{bmatrix}12e^{-t}-12e^{-2t}\\6e^{-t}-12e^{-2t}\end{bmatrix}+[d][\delta(t)]$$

即

$$\delta(t)+(6e^{-t}-12e^{-2t})=[(12c_1+6c_2)e^{-t}-12(c_1+c_2)e^{-2t}]+d\delta(t)$$

故有

$$\begin{cases}12c_1+6c_2=6\\12(c_1+c_2)=12\\d=1\end{cases}$$

联解得 $c_1=0,c_2=1,d=1$。故得矩阵

$$C=[0\quad 1],\quad D=[1]$$

系统的自然频率为

$$p_1=-1,\quad p_2=-2$$

故

$$A=\begin{bmatrix}0&-2\\1&-3\end{bmatrix},\quad B=\begin{bmatrix}0\\-6\end{bmatrix},\quad C=[0\quad 1],\quad D=[1]$$

9-18　系统的状态方程和输出方程为

$$\begin{bmatrix}x_1(k+1)\\x_2(k+1)\end{bmatrix}=\begin{bmatrix}0&1\\0.11&1\end{bmatrix}\begin{bmatrix}x_1(k)\\x_2(k)\end{bmatrix}+\begin{bmatrix}0\\1\end{bmatrix}U(k),\quad y(k)=[0.11\quad 1]\begin{bmatrix}x_1(k)\\x_2(k)\end{bmatrix}+U(k)$$

已知$\begin{bmatrix}x_1(0^-)\\x_2(0^-)\end{bmatrix}=\begin{bmatrix}0\\0\end{bmatrix}$。(1) 求系统函数矩阵 $\boldsymbol{H}(z)$。(2) 求单位序列响应矩阵 $\boldsymbol{h}(k)$。

解:(1) $A=\begin{bmatrix}0&1\\0.11&1\end{bmatrix},\quad B=\begin{bmatrix}0\\1\end{bmatrix},\quad C=[0.11\quad 1],\quad D=[1]$

则

$$H(z)=C[zI-A]^{-1}B+D=\frac{z^2}{z^2-z-0.11}$$

(2) 因为

$$H(z)=\frac{z^2}{(z-1.1)(z+0.1)}=\frac{\frac{11}{12}z}{z-1.1}+\frac{\frac{1}{12}z}{z+0.1}$$

则

$$h(k)=\left[\frac{11}{12}(1.1)^k+\frac{1}{12}(-0.1)^k\right]U(k)$$

9-19　已知离散系统的状态方程与输出方程为$\begin{bmatrix}x_1(k+1)\\x_2(k+1)\end{bmatrix}=\begin{bmatrix}0&1\\-6&5\end{bmatrix}\begin{bmatrix}x_1(k)\\x_2(k)\end{bmatrix}+\begin{bmatrix}0\\1\end{bmatrix}[f(k)]$,

$\begin{bmatrix} y_1(k) \\ y_2(k) \end{bmatrix} = \begin{bmatrix} 1 & 1 \\ 2 & -1 \end{bmatrix} \begin{bmatrix} x_1(k) \\ x_2(k) \end{bmatrix}$，系统的初始状态为$\begin{bmatrix} x_1(0) \\ x_2(0) \end{bmatrix} = \begin{bmatrix} 1 \\ 2 \end{bmatrix}$。(1) 求状态转移矩阵 $\boldsymbol{\varphi}(k) = \boldsymbol{A}^k$。(2) 求激励 $f(k)=0$ 时的状态向量 $\boldsymbol{x}(k)$ 和响应向量 $\boldsymbol{y}(k)$。

解：(1) 因有

$$\boldsymbol{\Phi}(z) = [\boldsymbol{I} - z^{-1}\boldsymbol{A}]^{-1} = \begin{bmatrix} \dfrac{3z}{z-2} - \dfrac{2z}{z-3} & \dfrac{-z}{z-2} + \dfrac{z}{z-3} \\ \dfrac{6z}{z-2} - \dfrac{6z}{z-3} & \dfrac{-2z}{z-2} + \dfrac{3z}{z-3} \end{bmatrix}$$

故

$$\boldsymbol{\varphi}(k) = \mathscr{Z}^{-1}[\boldsymbol{\Phi}(z)] = \begin{bmatrix} 3(2)^k - 2(3)^k & -(2)^k + (3)^k \\ 6(2)^k - 6(3)^k & -2(2)^k + 3(3)^k \end{bmatrix} U(k)$$

(2) 当激励 $f(k)=0$ 时，状态向量只有零输入解，响应向量只有零输入响应。

状态向量为

$$\boldsymbol{x}(k) = \boldsymbol{\varphi}(k)\boldsymbol{x}(0) = \begin{bmatrix} 2^k \\ 2(2)^k \end{bmatrix} U(k)$$

响应向量为

$$\boldsymbol{y}(k) = \boldsymbol{C}\boldsymbol{\varphi}(k)\boldsymbol{x}(0) = \begin{bmatrix} 3(2)^k \\ 0 \end{bmatrix} U(k)$$

9-20 已知离散系统的模拟图如图题 9-20 所示。(1) 求激励 $f(k)=\delta(k)$ 时的状态向量 $\boldsymbol{x}(k)$。(2) 求系统的差分方程。

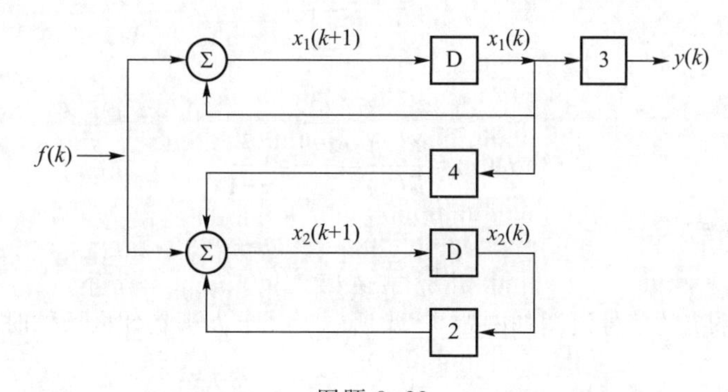

图题 9-20

解：(1) 取单位延时器的输出信号 $x_1(k)$、$x_2(k)$ 为状态变量，故可列写出系统的状态方程为

$$x_1(k+1) = x_1(k) + f(k)$$
$$x_2(k+1) = 4x_1(k) + 2x_2(k) + f(k)$$

其矩阵形式为

$$\begin{bmatrix} x_1(k+1) \\ x_2(k+1) \end{bmatrix} = \begin{bmatrix} 1 & 0 \\ 4 & 2 \end{bmatrix} \begin{bmatrix} x_1(k) \\ x_2(k) \end{bmatrix} + \begin{bmatrix} 1 \\ 1 \end{bmatrix} [f(k)]$$

输出方程为

$$y(k)=3x_1(k)$$

即

$$[y(k)]=[3\quad 0]\begin{bmatrix}x_1(k)\\x_2(k)\end{bmatrix}$$

$$\boldsymbol{\Phi}(z)=[z\boldsymbol{I}-\boldsymbol{A}]^{-1}z=\begin{bmatrix}\dfrac{z}{z-1} & 0\\ \dfrac{-4z}{z-1}+\dfrac{4z}{z-2} & \dfrac{z}{z-2}\end{bmatrix}$$

$$F(z)=\mathscr{Z}[\delta(k)]=1$$

因为系统的初始状态为零,故状态向量中只有零状态解,即

$$\boldsymbol{X}(z)=z^{-1}\boldsymbol{\Phi}(z)\boldsymbol{B}\boldsymbol{F}(z)=\begin{bmatrix}\dfrac{1}{z-1}\\ \dfrac{-4}{z-1}+\dfrac{5}{z-2}\end{bmatrix}$$

故得此状态向量为

$$\boldsymbol{x}(k)=\mathscr{Z}^{-1}[\boldsymbol{X}(z)]=\begin{bmatrix}1\\-[4-5(2)^{k-1}]\end{bmatrix}U(k-1)$$

(2) 由于 $y(k)=3x_1(k)=3U(k-1)$ 为零状态响应,故

$$Y(z)=\frac{3}{z-1}$$

有

$$H(z)=\frac{Y(z)}{F(z)}=\frac{\frac{3}{z-1}}{1}=\frac{3}{z-1}$$

可得系统的差分方程为

$$y(k+1)-y(k)=3f(k)$$

9-21　已知系统的信号流图如图题 9-21 所示。试求 k 满足什么条件时系统为稳定的。

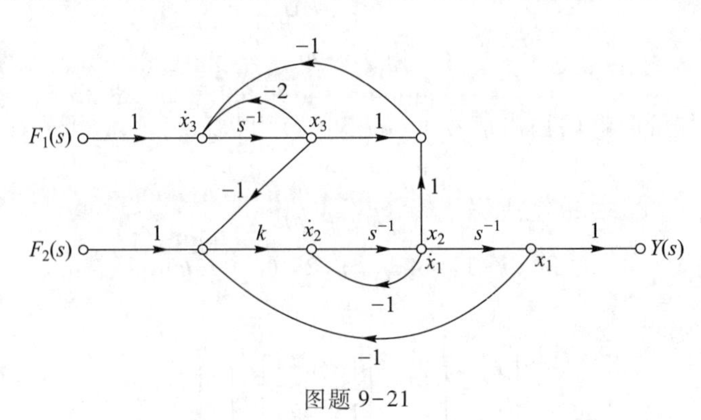

图题 9-21

解:取积分器的输出信号 $x_1(t)$、$x_2(t)$、$x_3(t)$ 为状态变量,故可列写出系统的状态方程与输出方程为

$$\dot{x}_1(t)=x_2(t)$$

$$\dot{x}_2(t)=k[-x_1(t)-x_3(t)+f_2(t)]-x_2(t)=-kx_1(t)-x_2(t)-kx_3(t)+kf_2(t)$$

$$\dot{x}_3(t)=-2x_3(t)-[x_2(t)+x_3(t)]+f_1(t)=-x_2(t)+f_1(t)-3x_3(t)+f_1(t)$$

即

$$\begin{bmatrix}\dot{x}_1(t)\\ \dot{x}_2(t)\\ \dot{x}_3(t)\end{bmatrix}=\begin{bmatrix}0 & 1 & 0\\ -k & -1 & -k\\ 0 & -1 & -3\end{bmatrix}\begin{bmatrix}x_1(t)\\ x_2(t)\\ x_3(t)\end{bmatrix}+\begin{bmatrix}0 & 0\\ 0 & k\\ 1 & 0\end{bmatrix}\begin{bmatrix}f_1(t)\\ f_2(t)\end{bmatrix}$$

故系统的特征多项式为

$$|s\boldsymbol{I}-\boldsymbol{A}|=s^3+4s^2+3s+3k$$

罗斯阵列为

s^3	1	3	0
s^2	4	$3k$	0
s^1	$\frac{12-3k}{4}$	0	
s^0	$3k$	0	

故欲使系统为稳定系统,就必须有

$$\begin{cases}12-3k>0\\ 3k>0\end{cases}$$

故得

$$0<k<4$$

9-22 若某因果系统状态方程为 $\begin{bmatrix}x_1(k+1)\\ x_2(k+1)\\ x_3(k+1)\end{bmatrix}=\begin{bmatrix}0 & 1 & 0\\ 0 & 0 & 1\\ \frac{1}{2} & -a & \frac{1}{2}\end{bmatrix}\begin{bmatrix}x_1(k)\\ x_2(k)\\ x_3(k)\end{bmatrix}+\begin{bmatrix}0\\ 0\\ 1\end{bmatrix}f(k)$,试求 a 在什么范围内系统是稳定的。

解：

$$A=\begin{bmatrix}0 & 1 & 0\\ 0 & 0 & 1\\ \frac{1}{2} & -a & \frac{1}{2}\end{bmatrix}$$

故系统的特征多项式为

$$|zI-A|=z^3-\frac{1}{2}z^2+az-\frac{1}{2}$$

用朱利准则判断系统的稳定性得

$$0<a<1$$

硕士研究生入学考试模拟题一及解析

模拟题一

一、(每小题 3 分,共 45 分)填空题

1. $\int_{-\infty}^{\infty} t\delta'(t-1)\,dt=(\quad)$。

2. 已知$f(t)=2\delta(t-3)$,则$\int_{0^-}^{\infty} f(5-2t)\,dt=(\quad)$。

3. 对信号$f(t)=Sa^2(100t)$进行理想抽样时的最大允许抽样间隔 $T_N=(\quad)$。

4. 若 $F(j\omega)=U(\omega+\omega_0)-U(\omega-\omega_0)$,则$f(t)=(\quad)$。

5. $\int_{-\infty}^{\infty} \cos(\omega t)\,dt=(\quad)$。

6. 理想低通滤波器的频率特性 $H(j\omega)=(\quad)$。

7. 已知系统的状态方程$\begin{bmatrix}\dot{x}_1\\ \dot{x}_2\end{bmatrix}=\begin{bmatrix}-4 & 1\\ -3 & 0\end{bmatrix}\begin{bmatrix}x_1\\ x_2\end{bmatrix}+\begin{bmatrix}1\\ 1\end{bmatrix}f(t)$,则系统的自然频率为(　　)。

8. 已知某系统的状态转移矩阵$\boldsymbol{\varphi}(t)=\begin{bmatrix}e^{4t}\cos(3t) & e^{4t}\sin(3t)\\ -e^{4t}\sin(3t) & e^{4t}\cos(3t)\end{bmatrix}$,则系统矩阵$\boldsymbol{A}=(\quad)$。

9. 信号$f(t)=\dfrac{2\sin t}{t}$的能量 $W=(\quad)$J。

10. 某离散系统函数 $H(z)=\dfrac{z^2+\frac{1}{2}z+1}{z^2+kz-\frac{1}{4}}$,使其稳定的 k 的范围是(　　)。

11. 某离散系统的差分方程为 $y(k)-7y(k-1)+6y(k-2)=6f(k)$,则其单位序列响应 $h(k)=(\quad)$。

12. $f(k)=\delta(k-2)+U(k)+\left(\dfrac{1}{4}\right)^k U(k)$的 z 变换 $F(z)=(\quad)$。

13. 已知$f(t)=\dfrac{\sin[2\pi(t-2)]}{\pi(t-2)}$,则其频谱函数 $F(j\omega)=(\quad)$。

14. 图模 1-1 所示电路的自然频率为(　　)。

15. 某连续系统的特征方程为 $s^4+9s^3+20s^2+ks+k=0$,使系统稳定的 k 的取值范围为(　　)。

二、(15 分)如图模 1-2 所示系统,理想低通滤波器的系统函数为 $H(j\omega)=[U(\omega+2)-$

$U(\omega-2)]e^{-j3\omega}$，若 $r(t)=\left(\dfrac{\sin t}{t}\right)^2\cos(50t)$，求 $y(t)$。

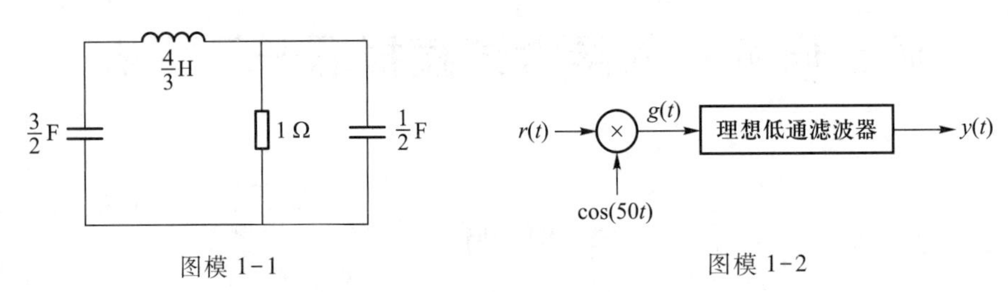

图模 1-1　　　　图模 1-2

三、(15 分)某离散时间系统，当激励 $f(k)=U(k)$ 时，其零状态响应为 $y(k)=2[1-0.5^k]U(k)$。求当激励为 $f(k)=(0.5)^kU(k)$ 时的零状态响应。

四、(20 分)某离散系统的差分方程为 $y(k)-\dfrac{3}{4}y(k-1)+\dfrac{1}{8}y(k-2)=f(k)+\dfrac{1}{3}f(k-1)$。(1) 求系统函数 $H(z)$。(2) 画出直接形式的信号流图。(3) 求系统的单位序列响应。(4) 若 $f(k)=10\cos\left(\dfrac{\pi}{2}k\right)$ 时，求系统的稳态响应。

五、(20 分)图模 1-3 所示电路系统，$u_C(0^-)=5$ V，$i_L(0^-)=4$ A，$f(t)$ 为激励，$i(t)$ 为响应。(1) 求系统函数 $H(s)=\dfrac{I(s)}{F(s)}$。(2) 求零输入响应 $i_x(t)$。(3) 已知全响应 $i(t)=[-57e^{-3t}+136e^{-4t}]U(t)$，求零状态响应 $i_f(t)$。(4) 求 $f(t)$ 的表达式。

六、(15 分)图模 1-4 所示电路，已知 $x_1(0^-)=1$ V，$x_2(0^-)=1$ A。(1) 以 $x_1(t)$、$x_2(t)$ 为状态变量，以 $x_1(t)$、$x_2(t)$ 为响应变量，列写状态方程和输出方程。(2) 求单位冲激响应。

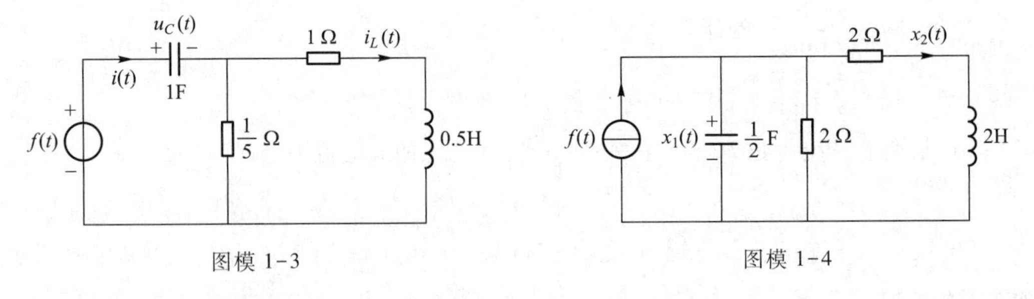

图模 1-3　　　　图模 1-4

七、(20 分)如图模 1-5(a)所示系统，其单位阶跃响应 $g(t)$ 如图模 1-5(b)所示，系统的稳态误差 $e_{ss}(\infty)=0$，求 k、N、T 的值。

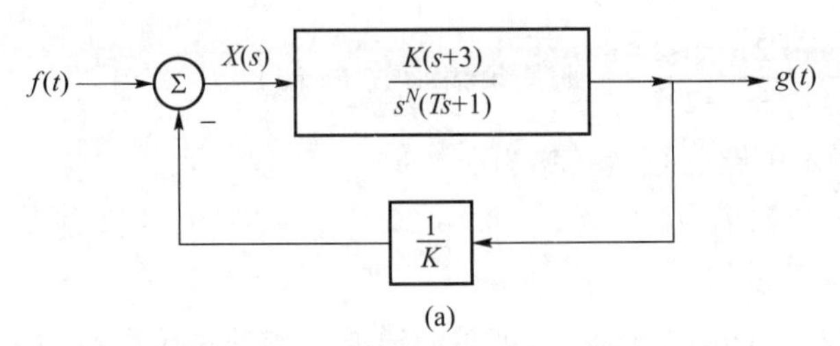

(a)

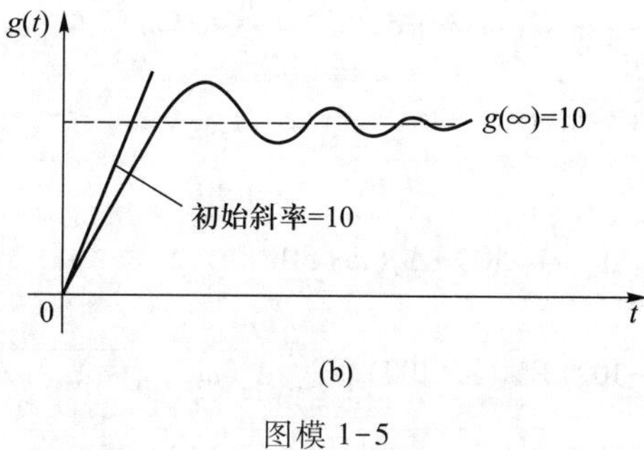

(b)

图模 1-5

模拟题一解析

一、填空题

1. -1。

2. 1。

3. $\dfrac{\pi}{200}$。

4. $\dfrac{\omega_0}{\pi}\mathrm{Sa}(\omega_0 t)$。

5. $2\pi\delta(\omega)$。

6. $\begin{cases} k\mathrm{e}^{-\mathrm{j}\omega t_0}, & |\omega|<\omega_0 \\ 0, & |\omega|>\omega_0 \end{cases}$。

7. $p_1=-3$，$p_2=-1$。

8. $\begin{bmatrix} 4 & 3 \\ -3 & 4 \end{bmatrix}$。

9. 4π。

10. $-\dfrac{3}{4}<k<\dfrac{3}{4}$。

11. $\left[-\dfrac{6}{5}+\dfrac{36}{5}(6)^k\right]U(k)$。

12. $z^{-2}+\dfrac{z}{z-1}+\dfrac{z}{z-\dfrac{1}{4}}$，$|z|>1$。

13. $G_{4\pi}(\omega)\mathrm{e}^{-\mathrm{j}2\omega}$。

14. $p_1=-1$，$p_2=-\dfrac{1}{2}+\mathrm{j}\dfrac{\sqrt{3}}{2}$，$p_3=-\dfrac{1}{2}-\mathrm{j}\dfrac{\sqrt{3}}{2}$。

15. $0<k<99$。

二、解：因为

$$\frac{\sin t}{t}\leftrightarrow \pi G_2(\omega)$$

所以
$$\left(\frac{\sin t}{t}\right)^2 \leftrightarrow \frac{1}{2\pi}\cdot \pi G_2(\omega) * \pi G_2(\omega)=\frac{\pi}{2}G_2(\omega) * G_2(\omega)=\pi\Delta_4(\omega)$$

$\Delta_4(\omega)$的频谱如图模 1-6 所示。

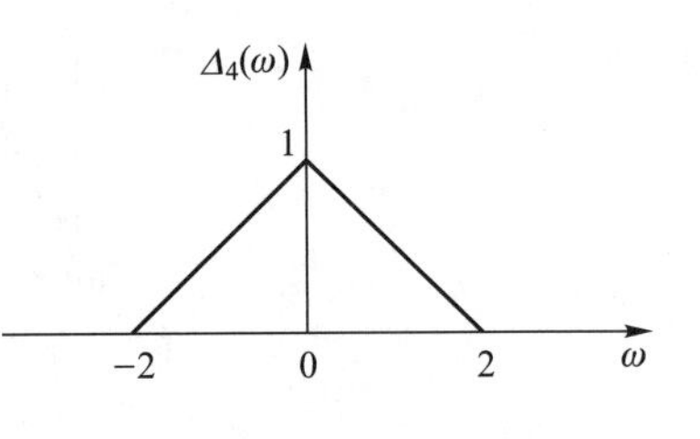

图模 1-6

因此

$$R(\mathrm{j}\omega)=\mathscr{F}[r(t)]=\frac{\pi}{2}[\Delta_4(\omega-50)+\Delta_4(\omega+50)]$$

$$G(\mathrm{j}\omega)=\mathscr{F}[g(t)]=\frac{\pi}{4}[\Delta_4(\omega-100)+\Delta_4(\omega+100)]+\frac{\pi}{2}\Delta_4(\omega),$$

$G(\mathrm{j}\omega)$的频谱如图模 1-7 所示。

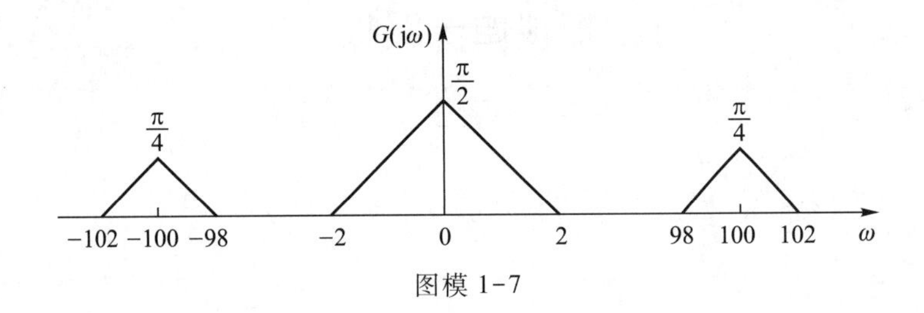

图模 1-7

$$Y(\mathrm{j}\omega)=G(\mathrm{j}\omega)H(\mathrm{j}\omega)=\frac{\pi}{2}\Delta_4(\omega)\mathrm{e}^{-\mathrm{j}3\omega}$$

则

$$y(t)=\frac{1}{2}\left[\frac{\sin(t-3)}{t-3}\right]^2$$

三、解:由已知条件求系统函数得

$$H(z)=\frac{Y(z)}{F(z)}=\frac{\frac{2z}{z-1}-\frac{2z}{z-0.5}}{\frac{z}{z-1}}=\frac{2}{2z-1}$$

又有$f(k)=(0.5)^kU(k)\leftrightarrow F(z)=\frac{z}{z-0.5}$,则

$$Y(z)=F(z)H(z)=\frac{z}{z-0.5}\frac{2}{2z-1}=\frac{z}{(z-0.5)^2}$$

故激励为$f(k)=0.5^kU(k)$时的零状态响应为

$$y(k)=2k\cdot 0.5^kU(k)$$

四、解:(1) 由系统差分方程得系统函数为

$$H(z)=\frac{z\left(z+\frac{1}{3}\right)}{z^2-\frac{3}{4}z+\frac{1}{8}}$$

(2) 直接形式的信号流图如图模 1-8 所示。

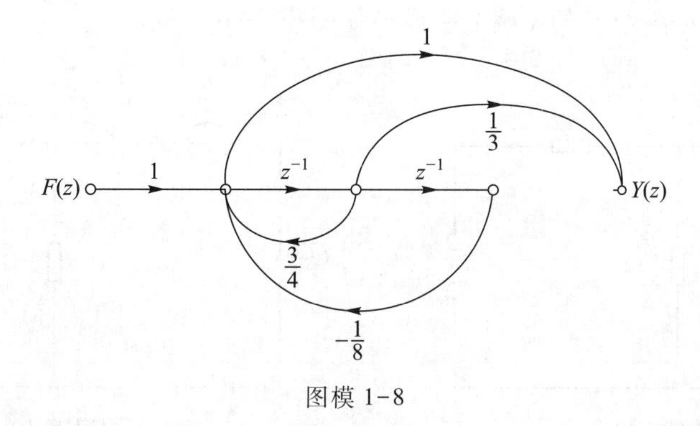

图模 1-8

（3）由系统函数得

$$H(z)=\frac{z\left(z+\frac{1}{3}\right)}{z^2-\frac{3}{4}z+\frac{1}{8}}=\frac{\frac{10}{3}z}{z-\frac{1}{2}}+\frac{-\frac{7}{3}z}{z-\frac{1}{4}}$$

故得系统的单位序列响应为

$$h(k)=\left[\frac{10}{3}\left(\frac{1}{2}\right)^k-\frac{7}{3}\left(\frac{1}{4}\right)^k\right]U(k)$$

（4）若 $f(k)=10\cos\left(\frac{\pi}{2}k\right)$，则 $F(z)=\frac{10z^2}{z^2+1}$，故有

$$H(\mathrm{e}^{\mathrm{j}\omega})=\frac{\mathrm{e}^{\mathrm{j}\omega}\left(\mathrm{e}^{\mathrm{j}\omega}+\frac{1}{3}\right)}{\mathrm{e}^{\mathrm{j}2\omega}-\frac{3}{4}\mathrm{e}^{\mathrm{j}\omega}+\frac{1}{8}}$$

当 $\omega=\frac{\pi}{2}$ 时

$$H(\mathrm{e}^{\mathrm{j}\frac{\pi}{2}})=\frac{\mathrm{e}^{\mathrm{j}\frac{\pi}{2}}\left(\mathrm{e}^{\mathrm{j}\frac{\pi}{2}}+\frac{1}{3}\right)}{\mathrm{e}^{\mathrm{j}2\frac{\pi}{2}}-\frac{3}{4}\mathrm{e}^{\mathrm{j}\frac{\pi}{2}}+\frac{1}{8}}=\frac{-1+\frac{1}{3}\mathrm{j}}{-1-\frac{3}{4}\mathrm{j}+\frac{1}{8}}$$

故有

$$|H(\mathrm{e}^{\mathrm{j}\frac{\pi}{2}})|=0.914,\quad \varphi\left(\frac{\pi}{2}\right)=-59^\circ$$

所以，系统的稳态响应为

$$y(k)=9.14\cos\left(\frac{\pi}{2}k-59^\circ\right)$$

五、解：（1）电路的 s 域零状态模型如图模 1-9 所示。

电路的系统函数为

$$H(s)=\frac{I(s)}{F(s)}=\frac{5s^2+12s}{s^2+7s+12}$$

（2）求零输入响应 $i_x(t)$ 的 s 域电路模型如图模 1-10 所示。

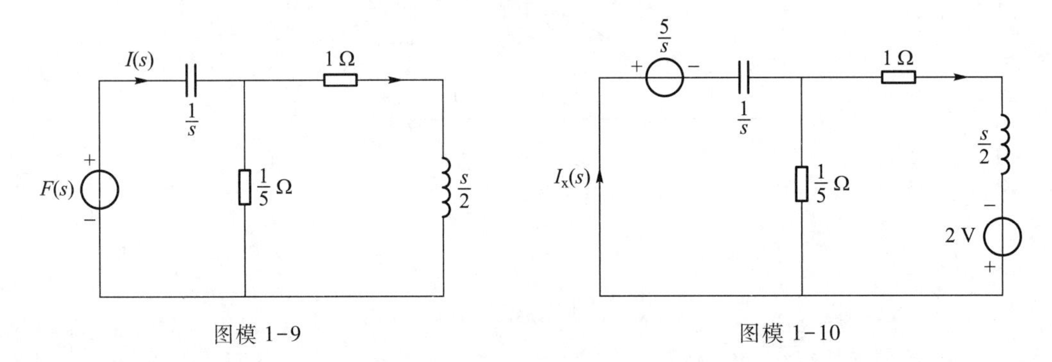

图模 1-9　　　　图模 1-10

$$I_x(s)=\frac{-21s-60}{s^2+7s+12}=\frac{3}{s+3}+\frac{-24}{s+4}$$

故得零输入响应为

$$i_x(t)=(3e^{-3t}-24e^{-4t})\mathrm{A},\quad t>0$$

（3）因有 $i(t)=i_f(t)+i_x(t)$，故得零状态响应为

$$i_f(t)=i(t)-i_x(t)=(-60e^{-3t}+160e^{-4t})\mathrm{A},\quad t>0$$

（4）
$$I_f(s)=\frac{-60}{s+3}+\frac{160}{s+4}$$

又因有

$$H(s)=\frac{I_f(s)}{F(s)}$$

故得

$$F(s)=\frac{100s+240}{5s^2+12s}=\frac{20}{s}$$

$$f(t)=20U(t)\mathrm{V}$$

六、解：（1）电路的 KCL、KVL 方程为

$$\frac{1}{2}\dot{x}_1(t)=-\frac{1}{2}x_1(t)-x_2(t)+f(t)$$

$$2\dot{x}_2(t)=x_1(t)-2x_2(t)$$

故得状态方程为

$$\begin{bmatrix}\dot{x}_1(t)\\ \dot{x}_2(t)\end{bmatrix}=\begin{bmatrix}-1 & -2\\ \frac{1}{2} & -1\end{bmatrix}\begin{bmatrix}x_1(t)\\ x_2(t)\end{bmatrix}+\begin{bmatrix}2\\ 0\end{bmatrix}f(t)$$

系统的响应为

$$y_1(t)=x_1(t)$$

$$y_2(t)=x_2(t)$$

输出方程为

$$\begin{bmatrix} y_1(t) \\ y_2(t) \end{bmatrix} = \begin{bmatrix} 1 & 0 \\ 0 & 1 \end{bmatrix} \begin{bmatrix} x_1(t) \\ x_2(t) \end{bmatrix} + \begin{bmatrix} 0 \\ 0 \end{bmatrix} f(t)$$

（2）$\boldsymbol{\Phi}(s) = [s\boldsymbol{I}-\boldsymbol{A}]^{-1} = \left\{ s\begin{bmatrix} 1 & 0 \\ 0 & 1 \end{bmatrix} - \begin{bmatrix} -1 & -2 \\ \dfrac{1}{2} & -1 \end{bmatrix} \right\}^{-1} = \dfrac{1}{s^2+2s+2} \begin{bmatrix} s+1 & -2 \\ \dfrac{1}{2} & s+1 \end{bmatrix}$

则有

$$\boldsymbol{H}(s) = \boldsymbol{C\Phi}(s)\boldsymbol{B}+\boldsymbol{D} = \begin{bmatrix} \dfrac{2(s+1)}{s^2+2s+2} \\ \dfrac{1}{s^2+2s+2} \end{bmatrix} = \begin{bmatrix} \dfrac{2(s+1)}{(s+1)^2+1} \\ \dfrac{1}{(s+1)^2+1} \end{bmatrix}$$

故得单位冲激响应为

$$\boldsymbol{h}(t) = \begin{bmatrix} 2\mathrm{e}^{-t}\cos t \\ \mathrm{e}^{-t}\sin t \end{bmatrix} U(t)$$

七、解：由图得

$$G(s) = \frac{K(s+3)}{Ts^{N+1}+s^N+s+3} \cdot \frac{1}{s}$$

故得

$$g(\infty) = \lim_{s\to 0} sG(s) = \lim_{s\to 0} \frac{K(s+3)}{Ts^{N+1}+s^N+s+3} = K = 10$$

系统的单位冲激响应为

$$h(t) = \frac{\mathrm{d}}{\mathrm{d}t} g(t)$$

$$H(s) = sG(s) = \frac{K(s+3)}{Ts^{N+1}+s^N+s+3}$$

$$h(0) = \lim_{s\to\infty} sH(s) = \lim_{s\to\infty} \frac{Ks(s+3)}{Ts^{N+1}+s^N+s+3} = \lim_{s\to\infty} \frac{10s^2+30s}{Ts^{N+1}+s^N+s+3} = 10$$（因为 $g(t)$ 的初始斜率 = 10）

故得

$$\begin{cases} T=1 \\ N+1=2 \end{cases} \Rightarrow \begin{cases} T=1 \\ N=1 \end{cases}$$

硕士研究生入学考试模拟题二及解析

模拟题二

一、(每小题 3 分,共 30 分)解答题

1. 已知$f(1-3t)$的波形如图模 2-1 所示,求$f(t)$的波形。

2. 已知$f(t)$如图模 2-2 所示,求$\int_{-\infty}^{t} f(\tau)\mathrm{d}\tau$。

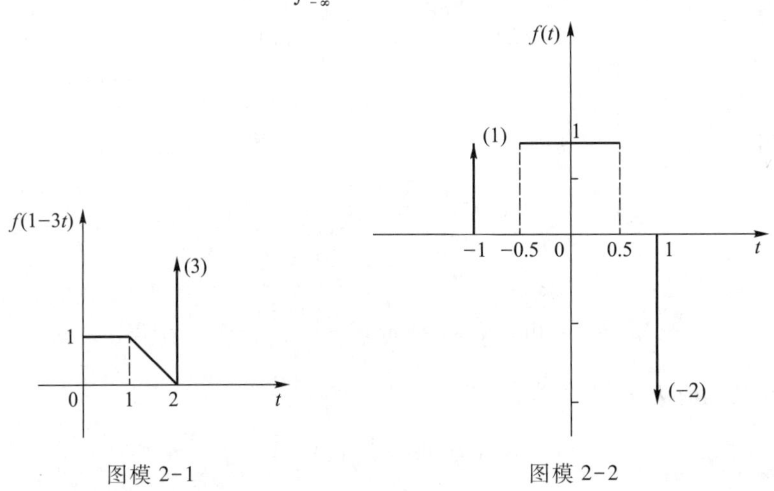

图模 2-1　　　　图模 2-2

3. 求$\int_{-\infty}^{0} \mathrm{sgn}(t)\sin\left(t-\frac{\pi}{3}\right)\delta\left(t-\frac{\pi}{3}\right)\mathrm{d}t$的值。

4. 对信号$f(t)=1+\cos(10t)\cos(30t)$进行理想抽样,求奈奎斯特频率和奈奎斯特间隔。

5. 已知像函数$F(s)=\frac{3-\mathrm{e}^{-2s}}{1-\mathrm{e}^{-3s}}$。求原函数$f(t)$。

6. 求$f(k)=\left(\frac{1}{5}\right)^{k}U(-k)$的$z$变换$F(z)$。

7. 已知$f(t)$的拉氏变换$F(s)=\frac{s^3+s^2+2s+1}{s^3+6s^2+11s+6}$。求$f(t)$的初值$f(0^+)$和终值$f(\infty)$。

8. 已知信号$f(t)$的傅里叶变换$F(\mathrm{j}\omega)=\begin{cases}\pi A, & |\omega|<\frac{\tau}{2}\\ 0, & |\omega|>\frac{\tau}{2}\end{cases}$,求$f(t)$。

9. 已知系统的状态转移函数$\boldsymbol{\varphi}(t)=\begin{bmatrix}\mathrm{e}^{-4t} & \mathrm{e}^{t}\\ \mathrm{e}^{-3t} & 0\end{bmatrix}$,求与其对应的系统矩阵$\boldsymbol{A}$及系统的自

然频率。

10. 已知连续系统的系统函数 $H(s)=\dfrac{s+1}{s^3+2s^2+3s+2}$。试判断该系统是否稳定。

二、(每小题 5 分,共 20 分)解答题

1. 已知 $f_1(t)$ 和 $f_2(t)$ 的波形分别如图模 2-3(a)和(b)所示。求 $f_1(t)*f_2(t)$。

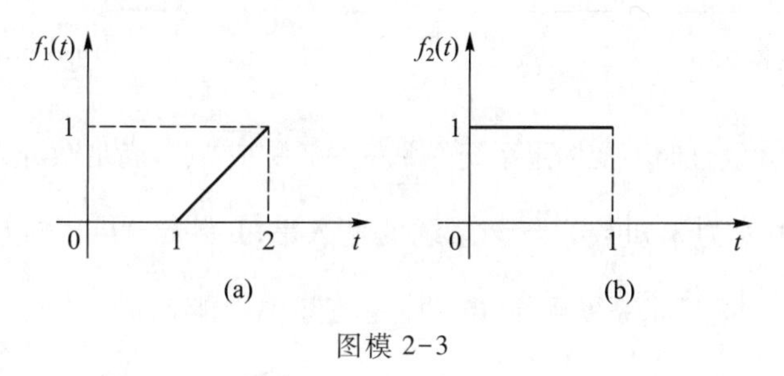

图模 2-3

2. 已知 $f(t)=10[U(t)-U(t-2)]$,求卷积 $f(t)*U(t)$ 的频谱函数。

3. 利用傅里叶变换证明:

$$\frac{1}{\pi}\int_{-\infty}^{\infty}\frac{\sin(\omega t)}{\omega}\mathrm{d}\omega=\begin{cases}1, & t>0\\ -1, & t<0\end{cases}$$

4. 图模 2-4 为某周期信号的频谱图。求该信号的有效频谱宽度和平均功率。

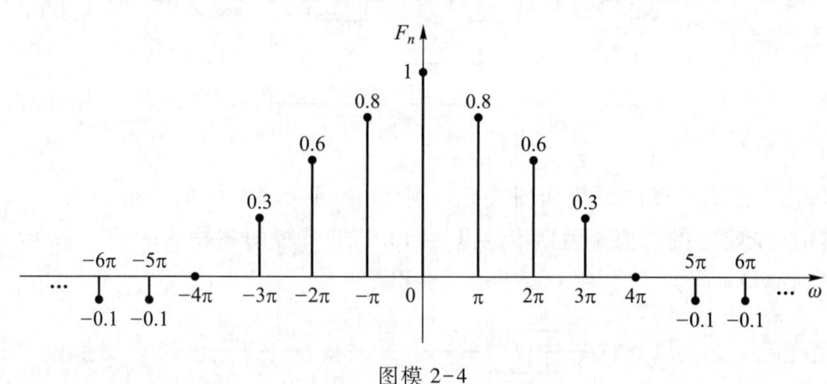

图模 2-4

三、(10 分)已知系统传递函数 $H(\mathrm{j}\omega)=\dfrac{1}{\mathrm{j}\omega+2}$,系统输入信号 $f(t)=\mathrm{e}^{t}U(-t)$,求系统的响应 $y(t)$。

四、(10 分)电路如图模 2-5 所示,当 $t<0$ 时开关 S 打开,电路已达稳态,且 $u_1(0^-)=3\ \mathrm{V}$。$t=0$ 时开关 S 闭合。求 $t>0$ 时的全响应 $i(t)$。

五、(10 分)离散系统激励为 $f_1(k)=3(2)^kU(k)$ 时,其零状态响应为 $y_1(k)$;激励为 $f_2(k)$ 时,其零状态响应为 $y_2(k)=\sum\limits_{i=0}^{k}y_1(i)$。求 $f_2(k)$。

六、(10 分)图模 2-6 所示系统。(1) 画出其信号流图。(2) 用梅森公式求系统函数 $H(s)$。(3) 欲使系统稳定,确定 A 的取值范围。

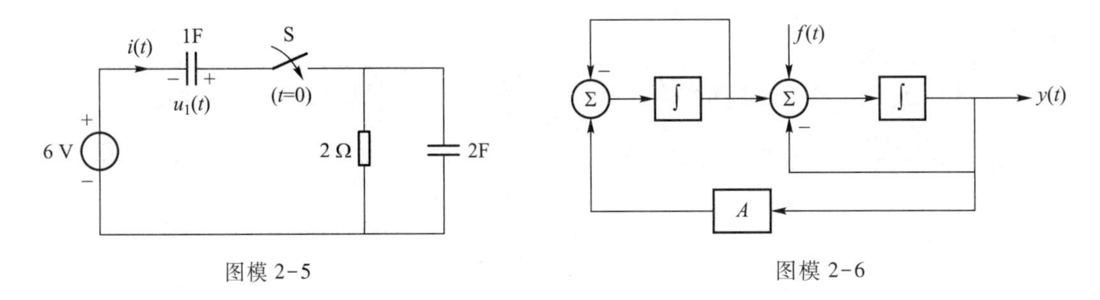

图模 2-5　　　　图模 2-6

七、(10 分)已知线性时不变因果系统的单位冲激响应 $h(t)$ 满足微分方程:$\dfrac{\mathrm{d}h(t)}{\mathrm{d}t}+2h(t)=\mathrm{e}^{-4t}U(t)+bU(t)$,其中 b 为未知数。当该系统的输入信号为 $f(t)=\mathrm{e}^{2t}$ 时(对所有 t),输出为 $y(t)=\dfrac{1}{6}\mathrm{e}^{2t}$(对所有 t)。试求系统函数 $H(s)$。(答案中不能有 b)

八、(10 分)某离散系统结构图如图模 2-7 所示。若 $f(k)=1+2\cos\left(\dfrac{\pi}{2}k\right)+3\cos(\pi k)$ 时,求系统的稳态响应 $y(k)$。

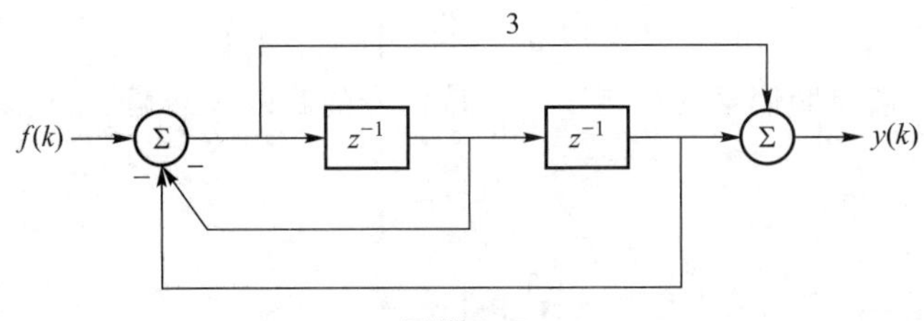

图模 2-7

九、(10 分)已知某离散系统如图模 2-8 所示。(1) 求系统的差分方程。(2) 若激励 $f(k)=U(k)$ 时,全响应的初值 $y(0)=9$,$y(1)=13.9$,求系统的零输入响应 $y_x(k)$。(3) 求系统的单位序列响应 $h(k)$。

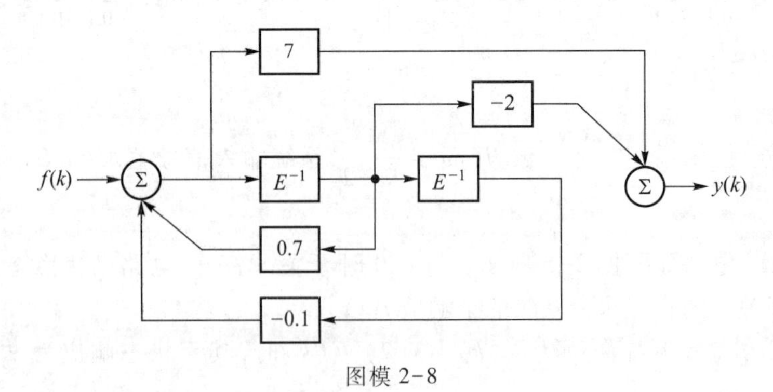

图模 2-8

十、(10 分)已知系统的状态方程和输出方程分别为

$$\begin{bmatrix}x_1(k+1)\\x_2(k+1)\end{bmatrix}=\begin{bmatrix}0&1\\K&-1\end{bmatrix}\begin{bmatrix}x_1(k)\\x_2(k)\end{bmatrix}+\begin{bmatrix}0&0\\1&0\end{bmatrix}\begin{bmatrix}f_1(k)\\f_2(k)\end{bmatrix},\quad y(k)=\begin{bmatrix}1&0\end{bmatrix}\begin{bmatrix}x_1(k)\\x_2(k)\end{bmatrix}+\begin{bmatrix}0&1\end{bmatrix}\begin{bmatrix}f_1(k)\\f_2(k)\end{bmatrix}$$

（1）画出系统的信号流图。（2）求使系统稳定的 K 的取值范围。（3）求系统的转移函数矩阵 $\boldsymbol{H}(z)$。

十一、（10 分）已知某线性系统的状态方程为 $\dot{x}(t)=\boldsymbol{AX}(t)+\boldsymbol{Bf}(t)$，当初始状态为 $\begin{bmatrix}x_1(0^-)\\x_2(0^-)\end{bmatrix}=\begin{bmatrix}2\\1\end{bmatrix}$ 时，系统的零输入响应为 $\begin{bmatrix}x_1(t)\\x_2(t)\end{bmatrix}=\begin{bmatrix}2\mathrm{e}^{-t}\\\mathrm{e}^{-t}\end{bmatrix}$。当初始状态为 $\begin{bmatrix}x_1(0^-)\\x_2(0^-)\end{bmatrix}=\begin{bmatrix}1\\1\end{bmatrix}$ 时，系统的零输入响应为 $\begin{bmatrix}x_1(t)\\x_2(t)\end{bmatrix}=\begin{bmatrix}\mathrm{e}^{-t}+2t\mathrm{e}^{-t}\\\mathrm{e}^{-t}+t\mathrm{e}^{-t}\end{bmatrix}$。求状态转移矩阵 $\boldsymbol{\varphi}(t)$。

十二、（10 分）如图模 2-9 所示系统，$f_1(t)$ 的频谱函数 $F_1(\mathrm{j}\omega)=\cos\omega\cdot G_\pi(\omega)$，$f_2(t)$ 的频谱函数 $F_2(\mathrm{j}\omega)=G_\pi(\omega)$。其中 $H(\mathrm{j}\omega)$ 为理想低通滤波器。（1）求 $x(t)$、$x_1(t)$、$x_2(t)$ 的频谱函数。（2）若使 $y_1(t)=f_1(t)$，$y_2(t)=f_2(t)$，求 $H(\mathrm{j}\omega)$，并给出其截止频率的范围。

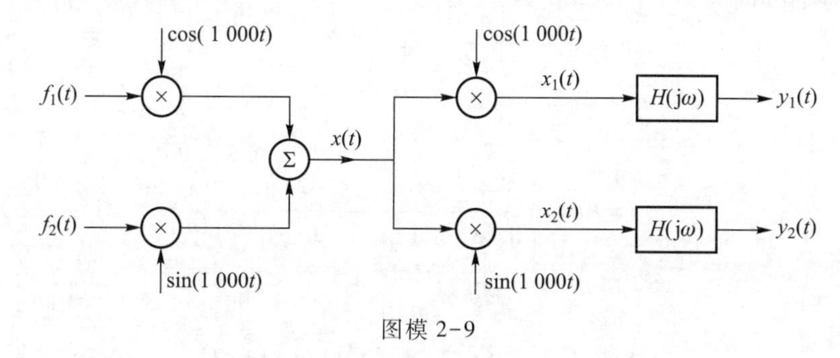

图模 2-9

模拟题二解析

一、解答题

1. 解：由信号的时域变换得 $f(t)$ 的波形如图模 2-10 所示。

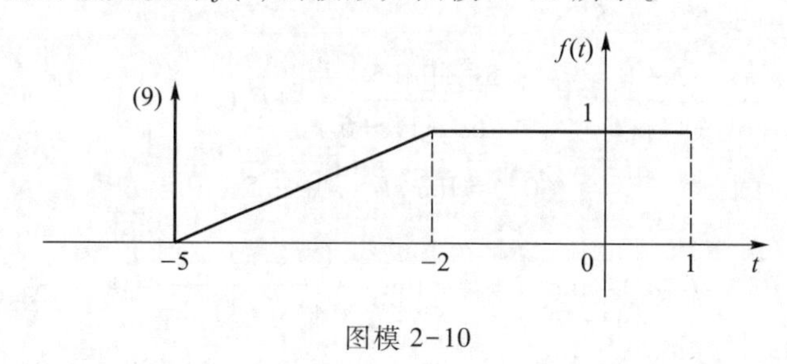

图模 2-10

2. 解：由图得

$$f(t)=\delta(t+1)+U(t+0.5)-U(t-0.5)-2\delta(t-1)$$

则有

$$\int_{-\infty}^{t}f(\tau)\,\mathrm{d}\tau=\begin{cases}0, & t<-1\\1, & -1<t<-0.5\\1.5+t, & -0.5<t<0.5\\2, & 0.5<t<1\\0, & t>1\end{cases}$$

3. 解：$\int_{-\infty}^{0}\operatorname{sgn}(t)\sin\left(t-\frac{\pi}{3}\right)\delta\left(t-\frac{\pi}{3}\right)\mathrm{d}t=\int_{-\infty}^{0}\operatorname{sgn}(t)\sin 0\times\delta\left(t-\frac{\pi}{3}\right)\mathrm{d}t=\int_{-\infty}^{0}0\times\delta\left(t-\frac{\pi}{3}\right)\mathrm{d}t=0$

4. 解：由 $f(t)=1+\cos(10t)\cos(30t)$ 得

$$\omega_{\mathrm{m}}=(10+30)\ \mathrm{rad/s}=40\ \mathrm{rad/s}$$

则有奈奎斯特角频率为

$$\omega_{\mathrm{N}}=2\omega_{\mathrm{m}}=80\ \mathrm{rad/s}$$

又有奈奎斯特频率为

$$f_{\mathrm{N}}=\frac{40}{\pi}\mathrm{Hz}$$

故得奈奎斯特抽样间隔为

$$T_{\mathrm{N}}=\frac{\pi}{40}\mathrm{s}$$

5. 解：由于

$$F(s)=\frac{3-\mathrm{e}^{-2s}}{1-\mathrm{e}^{-3s}}=\frac{3}{1-\mathrm{e}^{-3s}}-\frac{\mathrm{e}^{-2s}}{1-\mathrm{e}^{-3s}}$$

故得

$$f(t)=3\sum_{n=0}^{\infty}\delta(t-3n)-\sum_{n=0}^{\infty}\delta(t-3n-2)$$

6. 解：$F(z)=1-\dfrac{z}{z-\frac{1}{5}}=\dfrac{-\frac{1}{5}}{z-\frac{1}{5}}=\dfrac{-1}{5z-1},\ |z|<\dfrac{1}{5}$

7. 解：$F(s)=\dfrac{s^3+s^2+2s+1}{s^3+6s^2+11s+6}=1-\dfrac{5s^2+9s+5}{s^3+6s^2+11s+6}=1+F_1(s)$

$$f(0^+)=\lim_{s\to\infty}sF_1(s)=-5$$

$$f(\infty)=\lim_{s\to 0}sF(s)=\lim_{s\to 0}s\frac{s^3+s^2+2s+1}{s^3+6s^2+11s+6}=0$$

8. 解：$f(t)=\dfrac{A}{2}\tau\mathrm{Sa}\dfrac{\tau t}{2}$

9. 解：因为$\dfrac{\mathrm{d}}{\mathrm{d}t}\boldsymbol{\varphi}(t)\Big|_{t=0}=\dfrac{\mathrm{d}}{\mathrm{d}t}\mathrm{e}^{\boldsymbol{A}t}\Big|_{t=0}=\boldsymbol{A}\mathrm{e}^{\boldsymbol{A}t}\Big|_{t=0}=\boldsymbol{AI}=\boldsymbol{A}$，所以

$$\boldsymbol{A}=\frac{\mathrm{d}}{\mathrm{d}t}\mathrm{e}^{\boldsymbol{A}t}\Big|_{t=0}=\begin{bmatrix}-4\mathrm{e}^{-4t} & \mathrm{e}^{t}\\ -3\mathrm{e}^{-3t} & 0\end{bmatrix}\Bigg|_{t=0}=\begin{bmatrix}-4 & 1\\ -3 & 0\end{bmatrix}$$

令 $|s\boldsymbol{I}-\boldsymbol{A}|=0$，得系统的自然频率 $p_1=-1,p_2=-3$。

10. 解：由罗斯稳定判据可知系统稳定。

二、解答题

1. 解：$y(t)=f_1(t)*f_2(t)=\begin{cases}0, & t<1\\ \int_1^t (t-1)\mathrm{d}t=\frac{1}{2}t^2-t+\frac{1}{2}, & 1<t<2\\ \int_{t-1}^2 (t-1)\mathrm{d}t=-\frac{1}{2}t^2+2t-\frac{3}{2}, & 2<t<3\\ 0, & t>3\end{cases}$

2. 解：$f(t)*U(t)$的频谱函数为

$$Y(\mathrm{j}\omega)=F(\mathrm{j}\omega)G(\mathrm{j}\omega)=10\cdot\tau\mathrm{Sa}\left(\frac{\tau\omega}{2}\right)\Big|_{\tau=2}\cdot\mathrm{e}^{-\mathrm{j}\omega}\cdot\left[\pi\delta(\omega)+\frac{1}{\mathrm{j}\omega}\right]=20\pi\delta(\omega)+\frac{20}{\mathrm{j}\omega}\mathrm{Sa}(\omega)\mathrm{e}^{-\mathrm{j}\omega}$$

3. 证明：$f(t)=\mathrm{sgn}(t)$，$F(\mathrm{j}\omega)=\frac{2}{\mathrm{j}\omega}$

$$f(t)=\int_{-\infty}^{\infty}\frac{F(\mathrm{j}\omega)}{2\pi}\mathrm{e}^{\mathrm{j}\omega t}\mathrm{d}\omega=\frac{1}{\pi}\int_{-\infty}^{\infty}\frac{\mathrm{e}^{\mathrm{j}(\omega t)}}{\mathrm{j}\omega}\mathrm{d}\omega=\frac{1}{\pi}\int_{-\infty}^{\infty}\frac{\cos(\omega t)}{\mathrm{j}\omega}\mathrm{d}\omega+\frac{1}{\pi}\int_{-\infty}^{\infty}\frac{\mathrm{j}\sin(\omega t)}{\mathrm{j}\omega}\mathrm{d}\omega$$

$$=\frac{1}{\pi}\int_{-\infty}^{\infty}\frac{\sin(\omega t)}{\omega}\mathrm{d}\omega$$

故得

$$\frac{1}{\pi}\int_{-\infty}^{\infty}\frac{\sin(\omega t)}{\omega}\mathrm{d}\omega=\begin{cases}1, & t>0\\ -1, & t<0\end{cases}$$

4. 解：有效带宽 $B=4\pi$，有效功率 $P=|F_0|^2+2\sum_{n=1}^{\infty}|F_n|^2=1+2\sum_{n=1}^{3}|F_n|^2=(1+2\times 1.09)\ \mathrm{W}=3.18\ \mathrm{W}$

三、解：由于

$$H(\mathrm{j}\omega)=\frac{1}{\mathrm{j}\omega+2},\quad f(t)=\mathrm{e}^{t}U(-t)\rightarrow F(\mathrm{j}\omega)=\frac{1}{1-\mathrm{j}\omega}$$

则有

$$Y(\mathrm{j}\omega)=H(\mathrm{j}\omega)F(\mathrm{j}\omega)=\frac{1}{\mathrm{j}\omega+2}\times\frac{1}{1-\mathrm{j}\omega}=\frac{-\frac{1}{3}}{-1+\mathrm{j}\omega}+\frac{\frac{1}{3}}{2+\mathrm{j}\omega}=\frac{\frac{1}{3}}{1-\mathrm{j}\omega}+\frac{\frac{1}{3}}{2+\mathrm{j}\omega}$$

故得系统的响应为

$$y(t)=\frac{1}{3}\mathrm{e}^{t}U(-t)+\frac{1}{3}\mathrm{e}^{-2t}U(t)$$

四、解：s 域电路如图模 2-11 所示。

$$I(s)=\frac{6/s+3/s}{\frac{1}{s}+\frac{2\times 1/(2s)}{2+1/(2s)}}=\frac{9}{1+\frac{2s}{4s+1}}=6+\frac{1/2}{s+1/6}$$

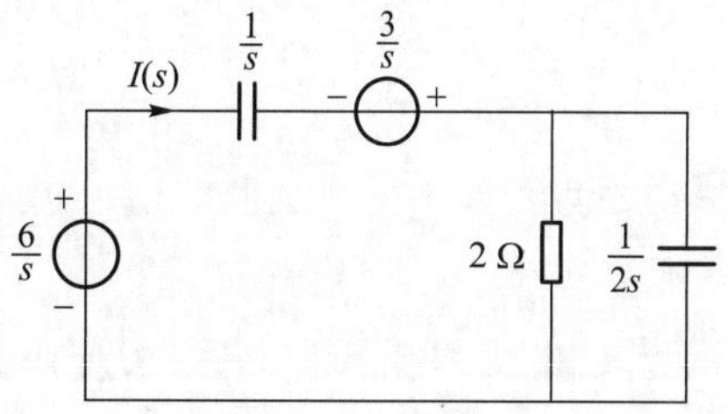

图模 2-11

故得

$$i(t)=\left[6\delta(t)+\frac{1}{2}\mathrm{e}^{-\frac{1}{6}t}U(t)\right]\mathrm{A}$$

五、解：

$$Y_1(z)=H(z)F_1(z)$$

$$Y_2(z)=\frac{z}{z-1}Y_1(z)=H(z)F_2(z)$$

则有

$$F_2(z)=\frac{Y_2(z)}{H(z)}=\frac{\frac{z}{z-1}Y_1(z)}{\frac{Y_1(z)}{F_1(z)}}=\frac{z}{z-1}F_1(z)=\frac{3z^2}{(z-1)(z-2)}$$

即

$$F_2(z)=\frac{6z}{z-2}-\frac{3z}{z-1}$$

故得

$$f_2(k)=6(2)^kU(k)-3(1)^kU(k)=[6(2)^k-3]U(k)$$

六、解：(1) 系统的信号流图如图模 2-12 所示。

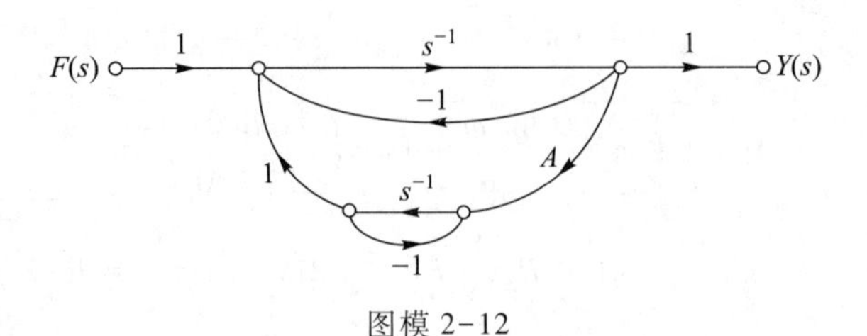

图模 2-12

(2) 由系统信号流图得系统函数为

$$H(s)=\frac{s^{-1}+s^{-2}}{1+2s^{-1}-As^{-2}+s^{-2}}=\frac{s+1}{s^2+2s+(1-A)}$$

(3) 若要使系统稳定，则有　　　　$A<1$

七、解：由

$$\frac{\mathrm{d}h(t)}{\mathrm{d}t}+2h(t)=\mathrm{e}^{-4t}U(t)+bU(t)$$

得

$$sH(s)+2H(s)=\frac{1}{s+4}+\frac{b}{s}$$

所以

$$H(s)=\frac{\frac{1}{s+4}+\frac{b}{s}}{s+2}=\frac{s+b(s+4)}{s(s+4)(s+2)}$$

又因为

$$y(t)=h(t)*e^{st}=H(s)e^{st}=\frac{1}{6}e^{2t}$$

所以 $H(s)\big|_{s=2}=\frac{1}{6}\Rightarrow\frac{2+6b}{48}=\frac{1}{6}$，则 $b=1$。系统函数为

$$H(s)=\frac{1}{s+2}\left[\frac{1}{s+4}+\frac{1}{s}\right]$$

八、解：由图模 2-7 得

$$H(z)=\frac{3z^2+1}{z^2+z+1}\Leftrightarrow H(e^{j\omega})=\frac{3e^{j2\omega}+1}{e^{j2\omega}+e^{j\omega}+1}$$

当 $\omega=0$ 时，$H(e^{j0})=\frac{3e^0+1}{e^0+e^0+1}=\frac{3+1}{1+1+1}=\frac{4}{3}$

当 $\omega=\frac{\pi}{2}$ 时，$H(e^{j\frac{\pi}{2}})=\frac{3e^{j2\frac{\pi}{2}}+1}{e^{j2\frac{\pi}{2}}+e^{j\frac{\pi}{2}}+1}=\frac{-3+1}{-1+j+1}=\frac{-2}{j}=2\angle 90^\circ$

当 $\omega=\pi$ 时，$H(e^{j\pi})=\frac{3e^{j2\pi}+1}{e^{j2\pi}+e^{j\pi}+1}=\frac{3+1}{1-1+1}=4=4\angle 0^\circ$

故得系统的稳态响应为

$$y(k)=\frac{4}{3}\times1+2\times2\cos\left(\frac{\pi}{2}k+90^\circ\right)+4\times3\cos(\pi k)=\frac{4}{3}+4\cos\left(\frac{\pi}{2}k+90^\circ\right)+12\cos(\pi k)$$

九、解：(1) 由图可知系统的差分方程为

$$y(k)-0.7y(k-1)+0.1y(k-2)=7f(k)-2f(k-1)$$

(2) 若激励 $f(k)=U(k)$ 时，全响应的初值 $y(0)=9$，$y(1)=13.9$，且差分方程为

$$y(k)-0.7y(k-1)+0.1y(k-2)=7f(k)-2f(k-1)$$

可得系统的自然频率为 $p_1=0.5$，$p_2=0.2$。

利用递推法可得

$$y(-1)=-26,\quad y(-2)=-202$$

设 $y_x(k)=C_1(0.5)^k+C_2(0.2)^k$，代入 $y(-1)$、$y(-2)$ 的值，得

$$y_x(k)=12(0.5)^k-10(0.2)^k$$

(3) 由于系统函数为

$$H(z)=\frac{7z^2-2z}{z^2-0.7z+0.1}=\frac{5z}{z-0.5}+\frac{2z}{z-0.2}$$

故得系统的单位序列响应为

$$h(k)=[5(0.5)^k+2(0.2)^k]U(k)$$

十、解：(1) 系统的信号流图如图模 2-13 所示。

(2) 由 $|z\boldsymbol{I}-\boldsymbol{A}|=\begin{vmatrix} z & -1 \\ -K & z+1 \end{vmatrix}=z^2+z-K=D(z)$，根据朱利准则有

$$\begin{cases} D(1)>0 \\ (-1)^2D(-1)>0 \\ 1>|-K| \end{cases}$$

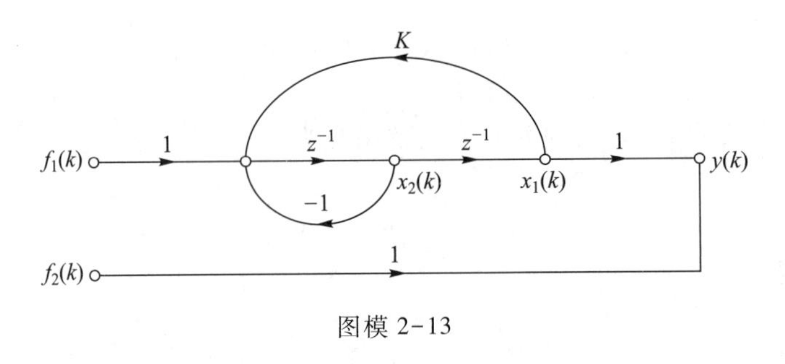

图模 2-13

所以

$$-1<K<0$$

（3）因有

$$\boldsymbol{A}=\begin{bmatrix}0 & 1\\ K & -1\end{bmatrix},\quad \boldsymbol{B}=\begin{bmatrix}0 & 0\\ 1 & 0\end{bmatrix},\quad \boldsymbol{C}=[1\quad 0],\quad \boldsymbol{D}=[0\quad 1]$$

故有

$$\boldsymbol{H}(z)=\boldsymbol{C}[z\boldsymbol{I}-\boldsymbol{A}]^{-1}\boldsymbol{B}+\boldsymbol{D}=[1\quad 0]\begin{bmatrix}z & -1\\ -K & z+1\end{bmatrix}^{-1}\begin{bmatrix}0 & 0\\ 1 & 0\end{bmatrix}+[0\quad 1]=\begin{bmatrix}\dfrac{1}{z^2+z-K} & 1\end{bmatrix}$$

十一、解：因有

$$\boldsymbol{x}(t)=\mathrm{e}^{At}\boldsymbol{x}(0^-)$$

故有

$$\begin{bmatrix}2\mathrm{e}^{-t}\\ \mathrm{e}^{-t}\end{bmatrix}=\mathrm{e}^{At}\begin{bmatrix}2\\ 1\end{bmatrix}$$

$$\begin{bmatrix}\mathrm{e}^{-t}+2t\mathrm{e}^{-t}\\ \mathrm{e}^{-t}+t\mathrm{e}^{-t}\end{bmatrix}=\mathrm{e}^{At}\begin{bmatrix}1\\ 1\end{bmatrix}$$

所以

$$\begin{bmatrix}2\mathrm{e}^{-t} & \mathrm{e}^{-t}+2t\mathrm{e}^{-t}\\ \mathrm{e}^{-t} & \mathrm{e}^{-t}+t\mathrm{e}^{-t}\end{bmatrix}=\mathrm{e}^{At}\begin{bmatrix}2 & 1\\ 1 & 1\end{bmatrix}$$

可得

$$\mathrm{e}^{At}=\begin{bmatrix}2\mathrm{e}^{-t} & \mathrm{e}^{-t}+2t\mathrm{e}^{-t}\\ \mathrm{e}^{-t} & \mathrm{e}^{-t}+t\mathrm{e}^{-t}\end{bmatrix}\begin{bmatrix}2 & 1\\ 1 & 1\end{bmatrix}^{-1}=\begin{bmatrix}\mathrm{e}^{-t}-2t\mathrm{e}^{-t} & 4t\mathrm{e}^{-t}\\ -t\mathrm{e}^{-t} & \mathrm{e}^{-t}+2t\mathrm{e}^{-t}\end{bmatrix}$$

状态转移矩阵为

$$\boldsymbol{\varphi}(t)=\mathrm{e}^{At}=\begin{bmatrix}\mathrm{e}^{-t}-2t\mathrm{e}^{-t} & 4t\mathrm{e}^{-t}\\ -t\mathrm{e}^{-t} & \mathrm{e}^{-t}+2t\mathrm{e}^{-t}\end{bmatrix}$$

十二、解：(1) $x(t)=f_1(t)\cos(1\,000t)+f_2(t)\sin(1\,000t)$，则有

$$X(\mathrm{j}\omega)=\frac{1}{2\pi}F_1(\mathrm{j}\omega)*\pi[\delta(\omega+1\,000)+\delta(\omega-1\,000)]+\frac{1}{2\pi}F_2(\mathrm{j}\omega)*\mathrm{j}\pi[\delta(\omega+1\,000)-\delta(\omega-1\,000)]$$

$$=\frac{1}{2}[\cos(\omega-1\,000)\cdot G_\pi(\omega-1\,000)+\cos(\omega+1\,000)\cdot G_\pi(\omega+1\,000)]+$$

$$\frac{\mathrm{j}}{2}[G_\pi(\omega+1\,000)-G_\pi(\omega-1\,000)]$$

$$X_1(\mathrm{j}\omega)=\frac{1}{2\pi}X(\mathrm{j}\omega)*\pi[\delta(\omega+1\ 000)+\delta(\omega-1\ 000)]$$

$$=\frac{1}{4}[\cos(\omega-2\ 000)G_\pi(\omega-2\ 000)+\cos\omega G_\pi(\omega)]+\frac{\mathrm{j}}{4}[G_\pi(\omega)-G_\pi(\omega-2\ 000)]+$$

$$\frac{1}{4}[\cos\omega G_\pi(\omega)+\cos(\omega+2\ 000)G_\pi(\omega+2\ 000)]+\frac{\mathrm{j}}{4}[G_\pi(\omega+2\ 000)-G_\pi(\omega)]$$

$$=\frac{1}{4}[\cos(\omega-2\ 000)G_\pi(\omega-2\ 000)]+\frac{1}{2}\cos\omega G_\pi(\omega)+\frac{1}{4}[\cos(\omega+2\ 000)G_\pi(\omega+2\ 000)]+$$

$$\frac{\mathrm{j}}{4}[G_\pi(\omega+2\ 000)-G_\pi(\omega-2\ 000)]$$

$$X_2(\mathrm{j}\omega)=\frac{1}{2\pi}X(\mathrm{j}\omega)*\mathrm{j}\pi[\delta(\omega+1\ 000)-\delta(\omega-1\ 000)]$$

$$=\frac{\mathrm{j}}{4}[\cos(\omega+2\ 000)G_\pi(\omega+2\ 000)+\cos\omega\cdot G_\pi(\omega)]+\frac{1}{4}[G_\pi(\omega)-G_\pi(\omega-2\ 000)]-$$

$$\frac{\mathrm{j}}{4}[\cos\omega\cdot G_\pi(\omega)+\cos(\omega-2\ 000)G_\pi(\omega-2\ 000)]+\frac{1}{4}[G_\pi(\omega)-G_\pi(\omega+2\ 000)]$$

$$=-\frac{1}{4}[G_\pi(\omega+2\ 000)+G_\pi(\omega-2\ 000)]+\frac{\mathrm{j}}{4}[\cos(\omega+2\ 000)G_\pi(\omega+2\ 000)-$$

$$\cos(\omega-2\ 000)G_\pi(\omega-2\ 000)]+\frac{1}{2}G_\pi(\omega)$$

（2）$H(\mathrm{j}\omega)=2G_\pi(\omega)$，$\frac{\pi}{2}<\omega_c<2\ 000-\frac{\pi}{2}$

硕士研究生入学考试模拟题三及解析

模 拟 题 三

一、(每小题 5 分,共 50 分)解答题

1. 已知离散信号 $f_1(k)$ 与 $f_2(k)$ 的波形如图模 3-1 所示,设 $y(k)=f_1(k)*f_2(k)$,求 $y(-2)$、$y(2)$ 的值。

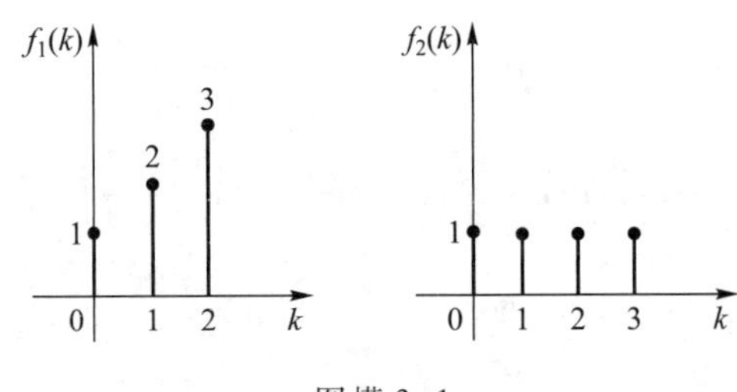

图模 3-1

2. 求信号 $f(k)=(k+3)U(k)$ 的 z 变换 $F(z)$,并指出其收敛域。

3. 求下列各式的值。

(1) $\int_{-\infty}^{\infty} 2\delta(t)\dfrac{\sin(2t)}{t}\mathrm{d}t$。　　(2) $\int_{-\infty}^{t}\left(\tau+\cos\dfrac{\pi}{2}\tau\right)\delta\left(1-\dfrac{\tau}{2}\right)\mathrm{d}\tau$。

4. 已知信号 $f(t)=\left(\dfrac{\sin(2\pi t)}{2\pi t}\right)^2$,求其频谱函数 $F(\mathrm{j}\omega)$。

5. 求信号 $f(k)=\sum\limits_{i=0}^{k} 2(2)^i$ 的单边 z 变换 $F(z)$。

6. 求单边拉氏变换 $F(s)=\dfrac{\mathrm{e}^{-(s-2)}}{s+2}$ 的原函数 $f(t)$。

7. 已知离散系统的系统函数 $H(z)=\dfrac{0.5z+1}{z^2-0.5(A+1)z+3A}$,欲使系统稳定工作,求 A 的取值范围。

8. 已知离散系统的系统矩阵 $\boldsymbol{A}=\begin{bmatrix}-5 & -1\\ 3 & -1\end{bmatrix}$,求该系统自然频率。

9. 写出连续系统无失真传输的时域条件和频域条件。

10. 某系统的系统函数为 $H(s)=\dfrac{(s+2)(s+1)}{(s+0.5)(s+2.5)(s+3)}$,求系统单位冲激响应的初值 $h(0^+)$ 和终值 $h(\infty)$。

二、(10分)图模3-2所示系统。(1) 求系统函数 $H(s)=\dfrac{Y(s)}{F(s)}$。(2) 求 k 为何值时系统为临界稳定系统。(3) 求在临界稳定条件下系统的单位冲激响应 $h(t)$。

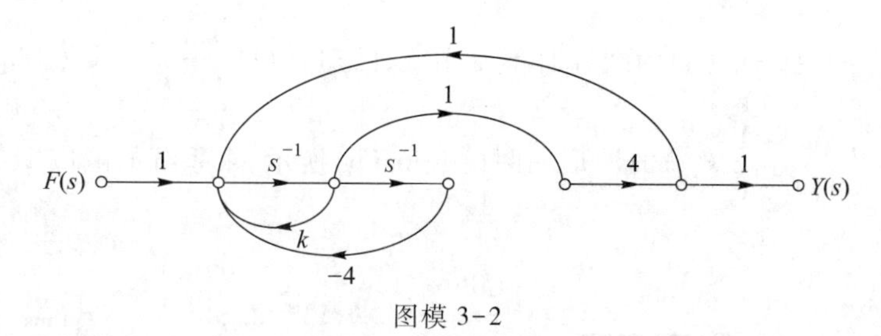

图模3-2

三、(10分)图模3-3(a)所示系统为理想高通滤波器,$f(t)$为激励,$y(t)$为响应。已知该系统的模频特性 $|H(\mathrm{j}\omega)|$ 与相频特性 $\varphi(\omega)$ 分别如图模3-3(b)、(c)所示,求其单位冲激响应 $h(t)$。

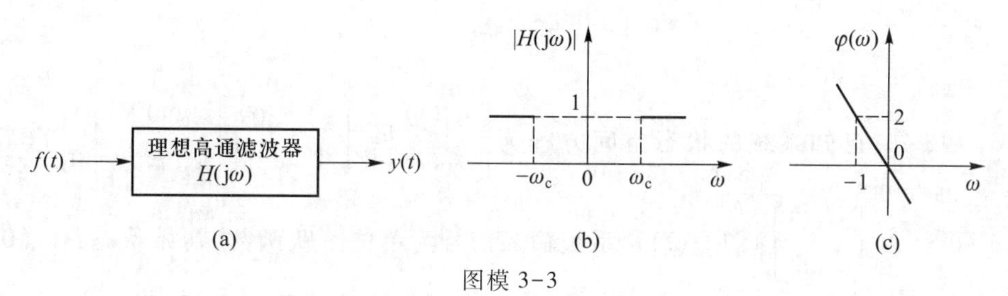

图模3-3

四、(10分)图模3-4为离散线性时不变零状态因果系统。(1) 写出系统的差分方程。(2) 求系统函数 $H(z)$,画出 $H(z)$ 的零极点分布图。(3) 写出系统的模频特性与相频特性的表达式。

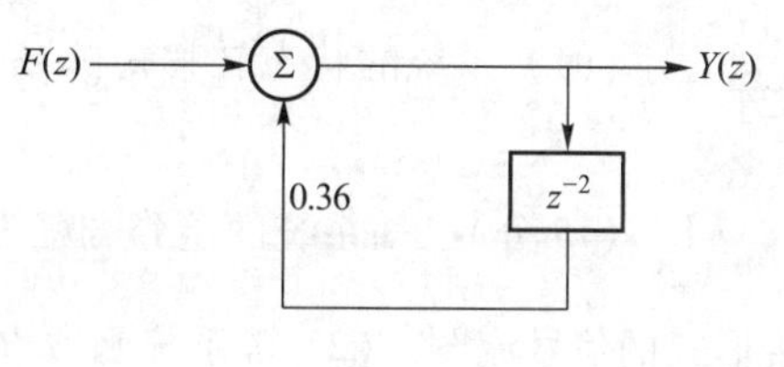

图模3-4

五、(10分)根据下列描述离散系统的不同形式,分别求出各系统的系统函数 $H(z)$。

(1) $y(k)-2y(k-1)+y(k-2)=f(k-1)+f(k-2)$。

(2) $H(E)=\dfrac{6E^2+17E+19}{E^3+8E^2+17E+10}$(其中 E 为差分算子或位移算子)。

(3) 系统的单位序列响应 $h(k)$ 的波形如图模3-5所示。

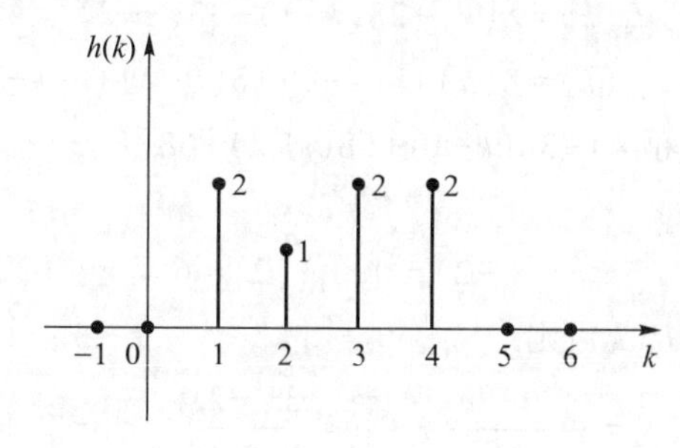

图模3-5

六、(15 分)已知某线性时不变离散时间系统的单位序列响应为 $h(k)=\delta(k)+4\delta(k-1)+4\delta(k-2)$,若使系统的零状态响应为 $y_f(k)=\begin{cases}9, & k\geqslant 0\\0, & k<0\end{cases}$,试确定其激励序列 $f(k)$。

七、(15 分)图模 3-6 (a)为线性时不变系统,已知 $f(t)=\dfrac{\sin(2t)}{t}\cos(2\,000\pi t)$,系统函数 $H(j\omega)=\begin{cases}e^{-j2\omega}, & |\omega|<1\\0, & |\omega|>1\end{cases}$,$s(t)$ 的波形如图模 3-6 (b)所示,求系统的响应 $y(t)$。

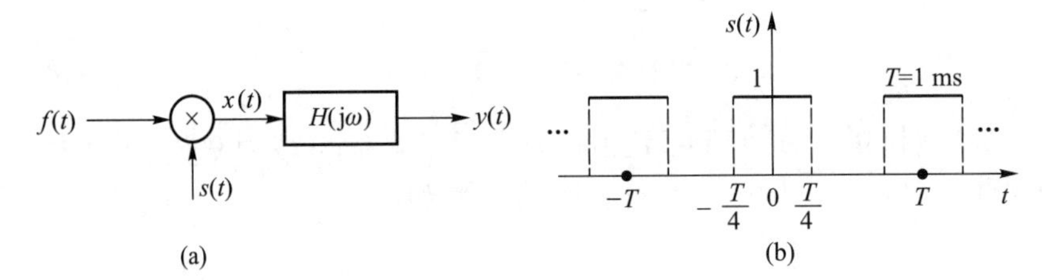

图模 3-6

八、(15 分)已知系统的状态空间方程为 $\begin{bmatrix}x'_1(t)\\x'_2(t)\end{bmatrix}=\begin{bmatrix}-1 & 0\\1 & -3\end{bmatrix}\begin{bmatrix}x_1(t)\\x_2(t)\end{bmatrix}+\begin{bmatrix}1\\0\end{bmatrix}\boldsymbol{f}(t)$,$\boldsymbol{y}(t)=[-0.5\quad 1]\begin{bmatrix}x_1(t)\\x_2(t)\end{bmatrix}+[1]\boldsymbol{f}(t)$。系统输入信号为单位阶跃函数,初始状态是 $\boldsymbol{x}(0^-)=\begin{bmatrix}1\\2\end{bmatrix}$。求:(1) 系统的状态转移矩阵 $\boldsymbol{\varphi}(t)$。(2) 冲激响应 $h(t)$。(3) 系统的输出 $y(t)$。

九、(15 分)已知系统的差分方程为 $y(k)-y(k-1)+\dfrac{1}{2}y(k-2)=f(k-1)$。(1) 画出系统直接形式的信号流图。(2) 求系统函数 $H(z)$。(3) 已知激励 $f(k)=100\cos(\pi k-90^\circ)U(k)$,求系统的正弦稳态响应 $y(k)$。

模拟题三解析

一、解答题

1. 解:

$$f_1(k)=\delta(k)+2\delta(k-1)+3\delta(k-2)$$
$$f_2(k)=\delta(k)+\delta(k-1)+\delta(k-2)+\delta(k-3)$$
$$y(k)=f_1(k)*f_2(k)=\delta(k)+3\delta(k-1)+6\delta(k-2)+6\delta(k-3)+5\delta(k-4)+3\delta(k-5)$$

所以

$$y(-2)=0,\quad y(2)=6$$

2. 解:$f(k)=kU(k)+3U(k)$,则

$$F(z)=\frac{z}{(z-1)^2}+3\frac{z}{z-1}=\frac{3z^2-2z}{(z-1)^2},\qquad |z|>1$$

3. 解:由信号积分性质得

(1) 原式 $=\int_{-\infty}^{\infty}4\delta(t)\dfrac{\sin(2t)}{2t}\mathrm{d}t=4\int_{-\infty}^{\infty}1\delta(t)\mathrm{d}t=4$

(2) 原式 $=\int_{-\infty}^{t}\left(2+\cos\dfrac{\pi}{2}\times2\right)\times2\delta(\tau-2)\mathrm{d}\tau=2U(t-2)$

4. 解:因有

$$\frac{\sin(2\pi t)}{2\pi t}=\mathrm{Sa}(2\pi t)\leftrightarrow\frac{1}{2}G_{4\pi}(\omega)$$

故得

$$F(\mathrm{j}\omega)=\frac{1}{2\pi}\times\frac{1}{2}G_{4\pi}(\omega)*\frac{1}{2}G_{4\pi}(\omega)=\frac{1}{2}\left[1-\frac{|\omega|}{4\pi}\right]$$

5. 解:根据单边 z 变换的时域累加和性质,有

$$F(z)=\frac{2z}{z-1}\times\frac{z}{z-2}=\frac{2z^2}{z^2-3z+2},\quad |z|>2$$

6. 解:根据单边拉普拉斯变换性质得

$$F(s)=\mathrm{e}^2\frac{1}{s+2}\mathrm{e}^{-s}\leftrightarrow\mathrm{e}^2\times\mathrm{e}^{-2(t-1)}U(t-1)$$

故得

$$f(t)=\mathrm{e}^{-2(t-2)}U(t-1)$$

7. 解:$H(z)$ 的分母 $D(z)=z^2-0.5(A+1)z+3A$,欲使系统稳定,应满足

$$\begin{cases}D(1)=2.5A+0.5>0\\(-1)^2D(-1)=3.5A+1.5>0\\1>|3A|\end{cases}$$

所以

$$-\frac{1}{5}<A<\frac{1}{3}$$

8. 解:因有

$$|z\boldsymbol{I}-\boldsymbol{A}|=\left|z\begin{bmatrix}1&0\\0&1\end{bmatrix}-\begin{bmatrix}-5&-1\\3&-1\end{bmatrix}\right|=(z+5)(z+1)+3=z^2+6z+8=(z+2)(z+4)=0$$

故得自然频率为

$$p_1=-2,\quad p_2=-4$$

9. 解:连续系统无失真传输的时域条件为

$$h(t)=K\delta(t-t_0)$$

连续系统无失真传输的频域条件为

$$H(\mathrm{j}\omega)=K\mathrm{e}^{-\mathrm{j}\omega t_0}$$

10. 解:系统单位冲激响应的初值为

$$h(0^+)=\lim_{s\to\infty} sH(s)=\lim_{s\to\infty} s\frac{(s+2)(s+1)}{(s+0.5)(s+2.5)(s+3)}=1$$

系统单位冲激响应的终值为

$$h(\infty)=\lim_{s\to 0} sH(s)=\lim_{s\to 0} s\frac{(s+2)(s+1)}{(s+0.5)(s+2.5)(s+3)}=0$$

二、解:(1) 利用梅森公式可求得系统函数为

$$H(s)=\frac{4s}{s^2-(k+4)s+4}$$

(2) 欲使系统临界稳定,应有

$$k=-4$$

(3) 当 $k=-4$ 时

$$H(s)=\frac{4s}{s^2+4}=\frac{4s}{s^2+2^2}$$

故得临界稳定条件下系统的单位冲激响应为

$$h(t)=4\cos(2t)U(t)$$

三、解:因有

$$H(\mathrm{j}\omega)=[1-G_{2\omega_c}(\omega)]\mathrm{e}^{-\mathrm{j}2\omega}$$

故得其单位冲激响应为

$$h(t)=\delta(t-2)-\frac{\omega_c}{\pi}\mathrm{Sa}[\omega_c(t-2)]$$

四、解:(1) 根据图得

$$H(z)=\frac{z^2}{z^2-0.36}=\frac{z^2}{(z+0.6)(z-0.6)}=\frac{1}{1-0.36z^{-2}}$$

故得系统的差分方程为

$$y(k)-0.36y(k-2)=f(k)$$

(2) 系统函数为

$$H(z)=\frac{z^2}{(z+0.6)(z-0.6)}$$

其零极点分布图如图模 3-7 所示。

(3) 因有

$$H(\mathrm{e}^{\mathrm{j}\omega})=\frac{1}{1-0.36\mathrm{e}^{-\mathrm{j}2\omega}}=\frac{1}{1-0.36\cos(2\omega)+\mathrm{j}0.36\sin(2\omega)}$$

故得系统的模频特性为

$$|H(\mathrm{e}^{\mathrm{j}\omega})|=\frac{1}{\sqrt{[1-0.36\cos(2\omega)]^2+[0.36\sin(2\omega)]^2}}$$

图模 3-7

系统的相频特性为

$$\varphi(\omega)=-\arctan\frac{0.36\sin(2\omega)}{1-0.36\cos(2\omega)}$$

五、解：(1) $H(z)=\dfrac{z+1}{z^2-2z+1}$

(2) $H(z)=H(E)\big|_{E=z}=\dfrac{6z^2+17z+19}{z^3+8z^2+17z+10}$

(3) $h(k)=2\delta(k-1)+\delta(k-2)+2\delta(k-3)+2\delta(k-4)$

所以

$$H(z)=2z^{-1}+z^{-2}+2z^{-3}+2z^{-4}=\frac{2z^3+z^2+2z+2}{z^4}$$

六、解：

$$H(z)=1+4z^{-1}+4z^{-2}=\frac{z^2+4z+4}{z^2}=\frac{(z+2)^2}{z^2}$$

$$Y(z)=9\frac{z}{z-1}$$

因为

$$H(z)=\frac{Y(z)}{F(z)}$$

所以

$$F(z)=\frac{Y(z)}{H(z)}=\frac{9z^3}{(z-1)(z+2)^2}=\frac{z}{z-1}+\frac{-12z}{(z+2)^2}+\frac{8z}{z+2}$$

故得激励序列为

$$f(k)=[-12k(-2)^k+8(-2)^k+(1)^k]U(k)$$

七、解：引入

$$f_1(t)=2\frac{\sin(2t)}{2t}\leftrightarrow\pi G_4(\omega)$$

$$F_1(\mathrm{j}\omega)=\pi G_4(\omega)$$

$F_1(\mathrm{j}\omega)$的图形如图模 3-8 所示。

$F_1(\mathrm{j}\omega)$

π

-2　0　2　ω

图模 3-8

$$f(t)=2\frac{\sin(2t)}{2t}\cos(2\,000\pi t)$$

$$F(\mathrm{j}\omega)=\frac{1}{2\pi}F_1(\mathrm{j}\omega)*\pi[\delta(\omega+2\,000\pi)+\delta(\omega-2\,000\pi)]$$

$$=\frac{1}{2\pi}\times\pi G_4(\omega)*\pi[\delta(\omega+2\,000\pi)+\delta(\omega-2\,000\pi)]$$

$$=\frac{\pi}{2}G_4(\omega+2\,000\pi)+\frac{\pi}{2}G_4(\omega-2\,000\pi)$$

$F(\mathrm{j}\omega)$的图形如图模 3-9 所示。

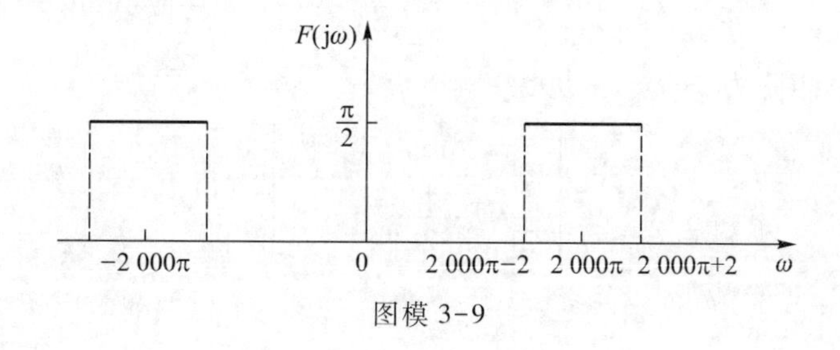

图模 3-9

引入

$$f_0(t)=G_{\frac{T}{2}}(t)$$

$$F_0(\mathrm{j}\omega)=\frac{T}{2}\mathrm{Sa}\left(\frac{T}{4}\omega\right)$$

故

$$A_n=\frac{2}{T}F_0(\mathrm{j}\omega)\Big|_{\omega=n\Omega}=\frac{2}{T}\times\frac{T}{2}\mathrm{Sa}\left(\frac{T}{4}n\Omega\right)=\mathrm{Sa}\left(\frac{\pi}{2}n\right)$$

式中，$\Omega=\dfrac{2\pi}{T}=\dfrac{2\pi}{1\times10^{-3}}=2\ 000\pi(\mathrm{rad/s})$。

$$S(\mathrm{j}\omega)=\sum_{n=-\infty}^{\infty}\pi A_n\delta(\omega-n\Omega)=\sum_{n=-\infty}^{\infty}\pi\mathrm{Sa}\left(\frac{\pi}{2}n\right)\delta(\omega-n2\ 000\pi)$$

$H(\mathrm{j}\omega)=|H(\mathrm{j}\omega)|\mathrm{e}^{\mathrm{j}\varphi(\omega)}$ 的图形如图模 3-10 所示。

$$X(\mathrm{j}\omega)=\frac{1}{2\pi}F(\mathrm{j}\omega)*S(\mathrm{j}\omega)$$

$$Y(\mathrm{j}\omega)=X(\mathrm{j}\omega)H(\mathrm{j}\omega)=G_2(\omega)\mathrm{e}^{-\mathrm{j}2\omega}$$

故得

$$y(t)=\frac{1}{\pi}\mathrm{Sa}(t-2),\quad t\in\mathbf{R}$$

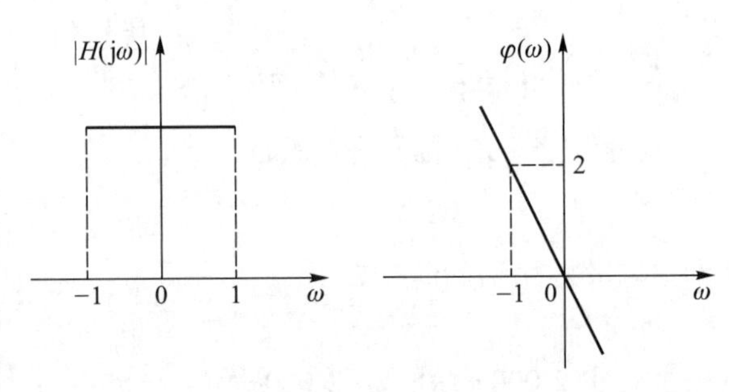

图模 3-10

八、解：(1) 因有

$$\boldsymbol{\Phi}(s)=[s\boldsymbol{I}-\boldsymbol{A}]^{-1}=\begin{bmatrix}\dfrac{1}{s+1} & 0\\ \dfrac{\frac{1}{2}}{s+1}-\dfrac{\frac{1}{2}}{s+3} & \dfrac{1}{s+3}\end{bmatrix}$$

故得系统状态转移矩阵为

$$\boldsymbol{\varphi}(t)=\begin{bmatrix}\mathrm{e}^{-t} & 0\\ \dfrac{1}{2}\mathrm{e}^{-t}-\dfrac{1}{2}\mathrm{e}^{-3t} & \mathrm{e}^{-3t}\end{bmatrix}U(t)$$

(2) 因有

$$H(s)=\boldsymbol{C\Phi}(s)\boldsymbol{B}+\boldsymbol{D}=1-\frac{\frac{1}{2}}{s+3}$$

故得冲激响应为

$$h(t)=\left[\delta(t)-\frac{1}{2}\mathrm{e}^{-3t}\right]U(t)$$

（3）因有

$$F(s)=\frac{1}{s}$$

$$Y(s)=\boldsymbol{C\Phi}(s)\boldsymbol{x}(0^-)+\boldsymbol{H}(s)\boldsymbol{F}(s)=\frac{\frac{5}{6}}{s}+\frac{\frac{10}{6}}{s+3}$$

故得系统输出为

$$y(t)=\frac{5}{6}(1+2\mathrm{e}^{-3t})U(t)$$

九、解:(1) 因有

$$H(z)=\frac{z}{z^2-z+\frac{1}{2}}$$

故得系统的直接形式信号流图如图模 3-11 所示。

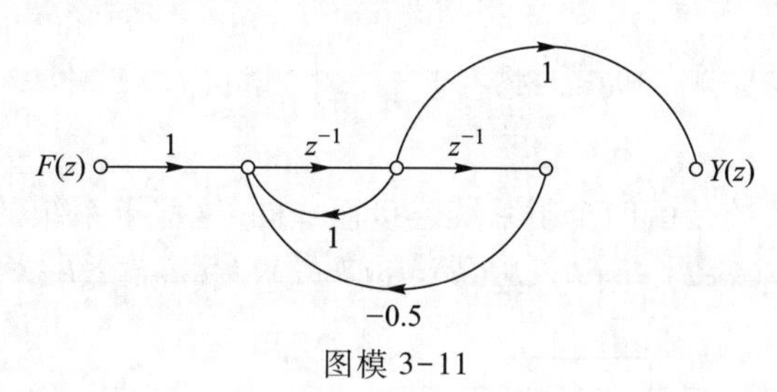

图模 3-11

（2）系统函数为

$$H(z)=\frac{z}{z^2-z+\frac{1}{2}}$$

（3）因有

$$H(\mathrm{e}^{\mathrm{j}\omega})=\frac{\mathrm{e}^{\mathrm{j}\omega}}{\mathrm{e}^{\mathrm{j}2\omega}-\mathrm{e}^{\mathrm{j}\omega}+\frac{1}{2}}$$

$$H(\mathrm{e}^{\mathrm{j}\pi})=\frac{\mathrm{e}^{\mathrm{j}\pi}}{\mathrm{e}^{\mathrm{j}2\pi}-\mathrm{e}^{\mathrm{j}\pi}+\frac{1}{2}}=\frac{-1}{1+1+\frac{1}{2}}=0.4\angle 180^\circ$$

故得系统正弦稳态响应为

$$y(k)=0.4\times100\cos(\pi k-90^\circ+180^\circ)=40\cos(\pi k+90^\circ)$$

硕士研究生入学考试模拟题四及解析

模拟题四

一、(每小题5分,共50分)解答题

1. 已知激励$f(t)=e^{-\alpha t}U(t)$,系统的单位冲激响应为$h(t)=e^{-\beta t}U(t)$,求$\alpha=\beta$和$\alpha\neq\beta$时系统的零状态响应$y_f(t)$。

2. 已知信号$f(t)=\cos(2\pi t)\cdot\dfrac{\sin(\pi t)}{\pi t}+3\sin(6\pi t)\cdot\dfrac{\sin(2\pi t)}{\pi t}$,求其奈奎斯特间隔$T_N$。

3. 已知信号$f(t)$的频谱函数为$F(j\omega)=\begin{cases}2\cos\omega, & |\omega|<\pi \\ 0, & |\omega|>\pi\end{cases}$,求$f(t)$。

4. 已知信号$f(t)=A_c[1+\mu\cos(\omega_0 t)]\cos(\omega_c t)$,其中$\omega_c>\omega_0$,$A_c$和$\mu$均为常数,求$f(t)$的频谱$F(j\omega)$。

5. 求信号$f(t)=2\cos(1\,000t)\cdot\dfrac{\sin(5t)}{\pi t}$的能量。

6. 线性时不变系统的输入输出关系为$y(t)=\int_{-\infty}^{t}e^{-(t-\tau)}f(\tau-2)d\tau$,求该系统的单位冲激响应$h(t)$。

7. 图模4-1所示系统是由四个子系统连接而成的,这些子系统的单位序列响应分别为$h_1(k)=U(k)$,$h_2(k)=U(k+2)-U(k)$,$h_3(k)=\delta(k-2)$,$h_4(k)=2^kU(k)$。求该系统的单位序列响应$h(k)$。

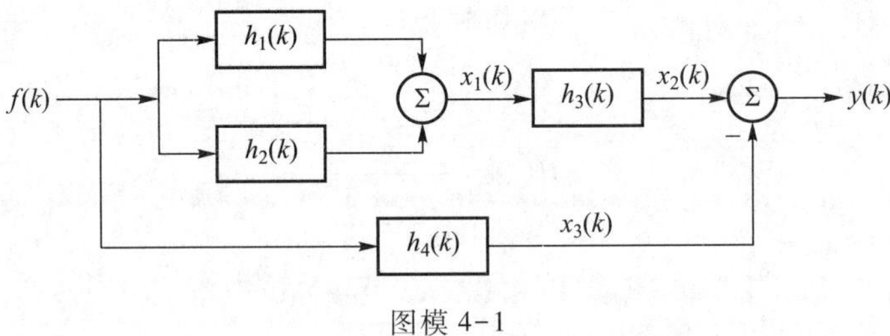

图模4-1

8. 已知离散信号$f(k)=2\left(\dfrac{\sqrt{2}}{2}\right)^k\sin\left(\dfrac{\pi}{4}k\right)U(k)$,求其$z$变换$F(z)$及其收敛域。

9. 已知离散线性时不变系统的输入输出关系为$y(k)=\dfrac{1}{3}[f(k)+f(k-1)+f(k-2)]$,试证明该系统是输入有界、输出有界的稳定系统。

10. 线性时不变离散时间系统输入输出关系为$y(k)=f(k)+\dfrac{1}{2}f(k-1)$,已知$f(k)=$

$2\delta(k)+4\delta(k-1)-2\delta(k-2)$，求该系统的零状态响应 $y_f(k)$。

二、(10 分)已知系统的单位冲激响应 $h(t)=2e^{-t}U(t)$。(1) 求系统函数 $H(s)$。(2) 若激励 $f(t)=\cos tU(t)$，求系统的正弦稳态响应 $y_s(t)$。

三、(15 分)线性时不变离散时间因果系统如图模 4-2 所示，已知 $h_2(k)=U(k)-U(k-2)$，并且整个系统的单位序列响应为 $h(k)=\delta(k)+5\delta(k-1)+10\delta(k-2)+11\delta(k-3)+8\delta(k-4)+4\delta(k-5)+\delta(k-6)$。求：(1) $h_1(k)$。(2) $f(k)=\delta(k)-\delta(k-1)$ 时系统的零状态响应。

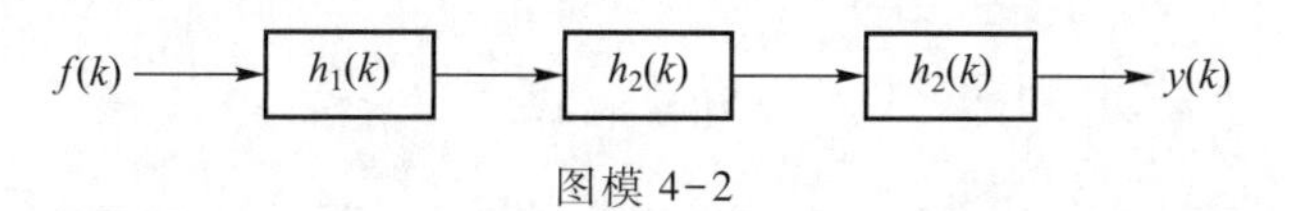

图模 4-2

四、(15 分)某线性时不变系统的输入输出关系由方程 $y''(t)+4y'(t)+8y(t)=\int_{-\infty}^{+\infty}f(t-\tau)[\delta(\tau)+2\tau e^{-\tau}U(\tau)-3e^{-\tau}U(\tau)]\mathrm{d}\tau$ 确定，其中 $f(t)$ 是因果输入信号。(1) 求系统函数 $H(s)$。(2) 画出 $H(s)$ 的零极点图，并判断系统是否稳定。(3) 画出系统直接形式的信号流图。

五、(15 分)线性时不变离散时间系统输入输出关系满足方程 $y(k)-y(k-1)-\dfrac{3}{4}y(k-2)=f(k-1)$。(1) 求系统函数 $H(z)$。(2) 求系统单位序列响应 $h(k)$ 的三种可能选择，对于每一种 $h(k)$ 讨论系统是否稳定，是否为因果系统。(3) 求系统的频率响应(只要求写出表达式)。

六、(15 分)图模 4-3(a)所示系统 S_1 是线性时不变系统，当输入信号为 $f(t)=U(t-1)$ 时，系统的零状态响应为 $y_{1f}(t)=e^{-(t-1)}U(t-1)$。(1) 求系统 S_1 的单位冲激响应 $h_1(t)$。(2) 求激励为 $f(t)=(t-3)e^{-(t-3)}U(t-3)$ 时系统的零状态响应 $y_{1f}(t)$。(3) 系统 S_1 和 S_2 按图模 4-3(b)所示级联，且 S_2 的输入输出关系为 $y(t)=\int_0^t y_1(\tau)\mathrm{d}\tau$，求级联系统总的单位冲激响应 $h(t)$。(4) 求级联系统在 $f(t)=U(t)$ 时的零状态响应 $y_f(t)$。

f(t) → S1 → y(t)　　f(t) → S1 → y1(t) → S2 → y(t)

(a)　　(b)

图模 4-3

七、(15 分)离散线性时不变系统的信号流图如图模 4-4 所示，以 $x_1(k)$、$x_2(k)$ 为状态变量，以 $y(k)$ 为输出变量。(1) 写出系统的状态方程和输出方程。(2) 求系统的转移函数矩阵 $\boldsymbol{H}(z)$。(3) 写出系统的差分方程。

八、(15 分)脉冲幅度调制系统(PAM)可以建模为图模 4-5(a)所示，$q(t)$ 是脉冲幅度调制信号，已知 $h_1(t)=\begin{cases}1, & |t|<\dfrac{\Delta}{2}\\ 0, & 其他\end{cases}$。(1) 假定 $f(t)$ 是带限信号，其频谱 $F(j\omega)$ 如

图模 4-5(b)所示，求 $r(t)$ 和 $q(t)$ 的频谱，并画出其频谱图。(2) 求通过滤波器 $h_2(t)$ 使 $y(t)=f(t)$ 的最大 Δ 值。(3) 求使 $y(t)=f(t)$ 的滤波器 $h_2(t)$ 的频率特性 $H_2(\mathrm{j}\omega)$。

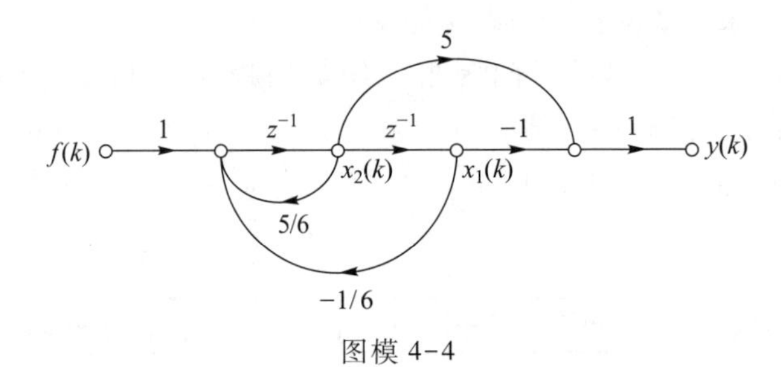

图模 4-4

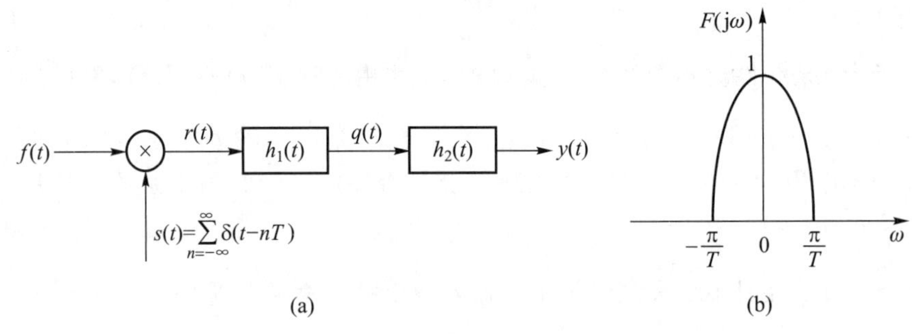

图模 4-5

模拟题四解析

一、解答题

1. 解：$y_f(t)=f(t)*h(t)=e^{-\alpha t}U(t)*e^{-\beta t}U(t)$

当 $\alpha=\beta$ 时

$$y_f(t)=te^{-\alpha t}U(t)=te^{-\beta t}U(t)$$

当 $\alpha\neq\beta$ 时

$$y_f(t)=\frac{1}{\beta-\alpha}(e^{-\alpha t}-e^{-\beta t})U(t)$$

2. 解：分解 $f(t)$ 得

$$f(t)=f_1(t)+f_2(t)$$

$$f_1(t)=\cos(2\pi t)\frac{\sin(\pi t)}{\pi t}=\mathrm{Sa}(\pi t)\cos(2\pi t)$$

$$f_2(t)=3\sin(6\pi t)\frac{\sin(2\pi t)}{\pi t}=2\frac{\sin(2\pi t)}{2\pi t}\times 3\sin(6\pi t)=6\mathrm{Sa}(2\pi t)\sin(6\pi t)$$

故得

$$F_1(\mathrm{j}\omega)=\frac{1}{2\pi}\times G_{2\pi}(\omega)*\pi[\delta(\omega+2\pi)+\delta(\omega-2\pi)]$$

$$=\frac{1}{2}G_{2\pi}(\omega+2\pi)+\frac{1}{2}G_{2\pi}(\omega-2\pi)$$

$$F_2(\mathrm{j}\omega)=6\times\frac{1}{2\pi}\times\frac{1}{2}G_{4\pi}(\omega)*\mathrm{j}\pi[\delta(\omega+6\pi)-\delta(\omega-6\pi)]$$

$$=\mathrm{j}\ \frac{3}{2}G_{4\pi}(\omega+6\pi)-\mathrm{j}\ \frac{3}{2}G_{4\pi}(\omega-6\pi)$$

$$F(\mathrm{j}\omega)=F_1(\mathrm{j}\omega)+F_2(\mathrm{j}\omega)$$

$F(\mathrm{j}\omega)$的最高频率为 $\omega_{\mathrm{m}}=8\pi$,故

$$\omega_{\mathrm{N}}=2\omega_{\mathrm{m}}=16\pi,\quad T_{\mathrm{N}}=\frac{2\pi}{\omega_{\mathrm{N}}}=\frac{2\pi}{16\pi}=\frac{1}{8}$$

3. 解:由信号的频谱函数得

$$F(\mathrm{j}\omega)=2\cos\ \omega\cdot G_{2\pi}(\omega)$$

因为

$$2\cos\ \omega=\mathrm{e}^{\mathrm{j}\omega}+\mathrm{e}^{-\mathrm{j}\omega}\leftrightarrow\delta(t+1)+\delta(t-1)$$

$$G_{2\pi}(\omega)\leftrightarrow\mathrm{Sa}(\pi t)$$

故

$$f(t)=[\delta(t+1)+\delta(t-1)]*\mathrm{Sa}(\pi t)=\mathrm{Sa}[\pi(t+1)]+\mathrm{Sa}[\pi(t-1)],\quad t\in\mathbf{R}$$

4. 解:因有

$$f(t)=A_{\mathrm{c}}\cos(\omega_{\mathrm{c}}t)+A_{\mathrm{c}}\mu\cos(\omega_0 t)\cos(\omega_{\mathrm{c}}t)$$

$$=A_{\mathrm{c}}\cos(\omega_{\mathrm{c}}t)+\frac{1}{2}A_{\mathrm{c}}\mu\cos[(\omega_0+\omega_{\mathrm{c}})t]+\frac{1}{2}A_{\mathrm{c}}\mu\cos\ [(\omega_0-\omega_{\mathrm{c}})t]$$

故得

$$\begin{aligned}F(\mathrm{j}\omega)=&A_{\mathrm{c}}\pi[\delta(\omega_0+\omega_{\mathrm{c}})+\delta(\omega_0-\omega_{\mathrm{c}})]+\\&\frac{1}{2}A_{\mathrm{c}}\mu\pi[\delta(\omega+\omega_0+\omega_{\mathrm{c}})+\delta(\omega-\omega_0-\omega_{\mathrm{c}})]+\\&\frac{1}{2}A_{\mathrm{c}}\mu\pi[\delta(\omega+\omega_0-\omega_{\mathrm{c}})+\delta(\omega-\omega_0+\omega_{\mathrm{c}})]\end{aligned}$$

5. 解:$f(t)=2\cos(1\ 000t)\cdot\dfrac{\sin(5t)}{\pi t}=\dfrac{10}{\pi}\cdot\dfrac{\sin(5t)}{5t}\cos(1\ 000t)=\dfrac{10}{\pi}\mathrm{Sa}(5t)\cos(1\ 000t)$

因有

$$\mathrm{Sa}(5t)\leftrightarrow\frac{\pi}{5}G_{10}(\omega)$$

$$\cos(1\ 000t)\leftrightarrow\pi[\delta(\omega+1\ 000)+\delta(\omega-1\ 000)]$$

故得

$$F(\mathrm{j}\omega)=\frac{10}{\pi}\times\frac{1}{2\pi}\times\frac{\pi}{5}G_{10}(\omega)*\pi[\delta(\omega+1\ 000)+\delta(\omega-1\ 000)]$$

$$=G_{10}(\omega+1\ 000)+G_{10}(\omega-1\ 000)$$

$$W=\int_{-\infty}^{\infty}[f(t)]^2\mathrm{d}t=\frac{1}{2\pi}\int_{-\infty}^{\infty}|F(\mathrm{j}\omega)|^2\mathrm{d}\omega=\frac{10}{\pi}$$

6. 解:因有

$$y(t)=\int_{-\infty}^{t} \mathrm{e}^{-(t-\tau)} f(\tau-2)\,\mathrm{d}\tau$$

故有

$$h(t)=\int_{-\infty}^{t} \mathrm{e}^{-(t-\tau)}\delta(\tau-2)\,\mathrm{d}\tau=\int_{-\infty}^{t} \mathrm{e}^{-(t-2)}\delta(\tau-2)\,\mathrm{d}\tau=\mathrm{e}^{-(t-2)}\int_{-\infty}^{t}\delta(\tau-2)\,\mathrm{d}\tau=\mathrm{e}^{-(t-2)}U(t-2)$$

7. 解：$h(k)=[h_1(k)+h_2(k)]*h_3(k)-h_4(k)=U(k+2)*\delta(k-2)-2^k U(k)=U(k)-2^k U(k)$

8. 解：由 $f(k)=2\left(\frac{\sqrt{2}}{2}\right)^k \sin\left(\frac{\pi}{4}k\right)U(k)$ 得信号的 z 变换为

$$F(z)=\frac{z}{z^2-z+0.5},\quad |z|>\frac{\sqrt{2}}{2}$$

9. 解：由 $y(k)=\frac{1}{3}[f(k)+f(k-1)+f(k-2)]$ 得系统函数为

$$H(z)=\frac{1}{3}\frac{z^2}{z^2+z+1}$$

$H(z)$ 的极点均在单位圆内部，故系统稳定。

或者若 $f(k)<M_{\mathrm{f}}$ 有界，则 $y(k)=\frac{1}{3}(M_{\mathrm{f}}+M_{\mathrm{f}}+M_{\mathrm{f}})=M_{\mathrm{f}}$ 有界，则系统稳定。

10. 解：因有

$$y(k)=f(k)+\frac{1}{2}f(k-1)$$

所以

$$H(z)=\frac{Y(z)}{F(z)}=1+\frac{1}{2}z^{-1}$$

$$F(z)=2+4z^{-1}-2z^{-2}$$

$$Y(z)=H(z)F(z)=2+5z^{-1}-z^{-3}$$

故得

$$y(k)=2\delta(k)+5\delta(k-1)-\delta(k-3)$$

二、解：(1) 系统函数为 $H(s)=\frac{2}{s+1}$。

(2) 因系统具有稳定性，则 $H(\mathrm{j}\omega)=\frac{2}{\mathrm{j}\omega+1}$。故

$$H(\mathrm{j}1)=\frac{2}{\mathrm{j}1+1}=\sqrt{2}\,\mathrm{e}^{-\mathrm{j}45^\circ}$$

则系统正弦稳态响应为

$$y_{\mathrm{s}}(t)=\sqrt{2}\cos(t-45^\circ)$$

三、解：(1) $H_2(z)=\frac{z}{z-1}-\frac{z}{z-1}z^{-2}$，$H(z)=1+5z^{-1}+10z^{-2}+11z^{-3}+8z^{-4}+4z^{-5}+z^{-6}$

$$H(z)=H_1(z)H_2(z)H_2(z)$$

故

$$H_1(z)=\frac{H(z)}{H_2(z)H_2(z)}=1+3z^{-1}+3z^{-2}+2z^{-3}+z^{-4}$$

可得

$$h_1(k)=\delta(k)+3\delta(k-1)+3\delta(k-2)+2\delta(k-3)+\delta(k-4)$$

（2）$f(k)=\delta(k)-\delta(k-1)$ 时系统的零状态响应为

$$\begin{aligned}y(k)&=h(k)*f(k)=h(k)*[\delta(k)-\delta(k-1)]=h(k)-h(k-1)\\&=\delta(k)+4\delta(k-1)+5\delta(k-2)+\delta(k-3)-3\delta(k-4)-4\delta(k-5)-3\delta(k-6)-\delta(k-7)\end{aligned}$$

四、解:（1）线性时不变系统的输入输出关系方程为

$$y''(t)+4y'(t)+8y(t)=f(t)*\delta(t)+f(t)*2te^{-t}U(t)-f(t)*3e^{-t}U(t)$$

$$(s^2+4s+8)Y(s)=F(s)+2F(s)\frac{1}{(s+1)^2}-3F(s)\frac{1}{s+1}$$

$$=F(s)\left[1+\frac{2}{(s+1)^2}-\frac{3}{s+1}\right]$$

$$[(s+2)^2+4]Y(s)=F(s)\frac{(s+1)^2+2-3(s+1)}{(s+1)^2}=F(s)\frac{s^2-s}{(s+1)^2}$$

$$H(s)=\frac{Y(s)}{F(s)}=\frac{s(s-1)}{(s+1)^2[(s+2)^2+4]}=\frac{s^2-s}{s^4+6s^3+17s^2+20s+8}$$

（2）$H(s)$ 的两个零点为 $z_1=0,z_2=1$；4 个极点为 $p_1=p_2=-1,p_3=-2+j2,p_4=-2-j2,H_0=1$；$H(s)$ 的零极点图如图模 4-6 所示，系统是稳定的。

（3）直接形式的信号流图如图模 4-7 所示。

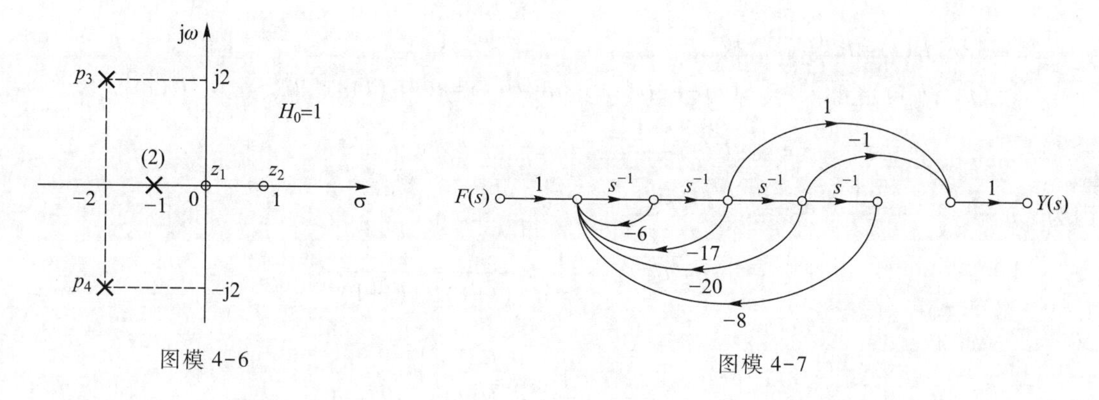

图模 4-6　　图模 4-7

五、解:（1）系统函数

$$H(z)=\frac{z}{z^2-z-\frac{3}{4}}=\frac{z}{\left(z+\frac{1}{2}\right)\left(z-\frac{3}{2}\right)}=\frac{-\frac{1}{2}z}{z+\frac{1}{2}}+\frac{\frac{1}{2}z}{z-\frac{3}{2}}$$

（2）当收敛域 $|z|>\frac{3}{2}$ 时，

$$h(k)=\left[-\frac{1}{2}\left(-\frac{1}{2}\right)^{k}+\frac{1}{2}\left(\frac{3}{2}\right)^{k}\right]U(k)$$

系统为因果系统,不稳定。

当收敛域$\frac{1}{2}<|z|<\frac{3}{2}$时,

$$h(k)=-\frac{1}{2}\left(-\frac{1}{2}\right)^{k}U(k)-\frac{1}{2}\cdot\left(\frac{3}{2}\right)^{k}U(-k-1)$$

系统为非因果系统,稳定。

当收敛域$|z|<\frac{1}{2}$时,

$$h(k)=\frac{1}{2}\left[\left(-\frac{1}{2}\right)^{k}-\left(\frac{3}{2}\right)^{k}\right]U(-k-1)$$

系统为非因果系统,不稳定。

(3) 系统的频率响应为

$$H(\mathrm{e}^{\mathrm{j}\omega})=\frac{\mathrm{e}^{\mathrm{j}\omega}}{\mathrm{e}^{\mathrm{j}2\omega}-\mathrm{e}^{\mathrm{j}\omega}-\frac{3}{4}}\text{(只对稳定系统成立)}$$

六、解:(1) 当$f(t)=U(t)$时,系统的单位阶跃为$g_1(t)=\mathrm{e}^{-t}U(t)$,故得系统 S_1 的单位阶跃响应为

$$h_1(t)=\frac{\mathrm{d}}{\mathrm{d}t}g_1(t)=\delta(t)-\mathrm{e}^{-t}U(t)$$

$$H_1(s)=1-\frac{1}{s+1}$$

(2) 引入$f_0(t)=t\mathrm{e}^{-t}U(t)$,故

$$\begin{aligned}y_0(t)=h_1(t)*f_0(t)&=[\delta(t)-\mathrm{e}^{-t}U(t)]*t\mathrm{e}^{-t}U(t)=t\mathrm{e}^{-t}U(t)-\mathrm{e}^{-t}U(t)*t\mathrm{e}^{-t}U(t)\\&=t\mathrm{e}^{-t}U(t)-\frac{1}{2}t^2\mathrm{e}^{-t}U(t)\end{aligned}$$

因为

$$\mathrm{e}^{-t}U(t)*t\mathrm{e}^{-t}U(t)\leftrightarrow\frac{1}{s+1}\times\frac{1}{(s+1)^2}=\frac{1}{(s+1)^3}$$

又

$$\frac{1}{(s+1)^3}\leftrightarrow\frac{1}{2}t^2\mathrm{e}^{-t}U(t)$$

故

$$y_0(t)=t\mathrm{e}^{-t}U(t)-\frac{1}{2}t^2\mathrm{e}^{-t}U(t)$$

当$f(t)=f_0(t-3)=(t-3)\mathrm{e}^{-(t-3)}U(t-3)$时,得

$$y_{1\mathrm{f}}=y_0(t-3)=(t-3)\mathrm{e}^{-(t-3)}U(t-3)-\frac{1}{2}(t-3)^2\mathrm{e}^{-(t-3)}U(t-3)$$

（3）因已知有 $y(t)=\int_0^t y_1(\tau)\mathrm{d}\tau$，故 $Y(s)=\frac{1}{s}Y_1(s)$，系统 S_2 的系统函数为

$$H_2(s)=\frac{Y(s)}{Y_1(s)}=\frac{1}{s}$$

总的系统函数为

$$H(s)=H_1(s)H_2(s)=\left(1-\frac{1}{s+1}\right)\frac{1}{s}=\frac{1}{s+1}$$

故得级联系统总的单位冲激响应为

$$h(t)=\mathrm{e}^{-t}U(t)$$

（4）当 $f(t)=U(t)$ 时，零状态响应为

$$y(t)=\int_0^t h(\tau)\mathrm{d}\tau=\int_0^t \mathrm{e}^{-\tau}U(\tau)\mathrm{d}\tau=(1-\mathrm{e}^{-t})U(t)$$

或

$$Y(s)=F(s)H(s)=\frac{1}{s}\times\frac{1}{s+1}=\frac{1}{s}-\frac{1}{s+1}$$

故

$$y(t)=(1-\mathrm{e}^{-t})U(t)$$

七、解：(1) 由图得

$$x_1(k+1)=x_2(k),\quad x_2(k+1)=-\frac{1}{6}x_1(k)+\frac{5}{6}x_2(k)+f(k)$$

故得矩阵形式的状态方程为

$$\begin{bmatrix}x_1(k+1)\\x_2(k+1)\end{bmatrix}=\begin{bmatrix}0&1\\-\frac{1}{6}&\frac{5}{6}\end{bmatrix}\begin{bmatrix}x_1(k)\\x_2(k)\end{bmatrix}+\begin{bmatrix}0\\1\end{bmatrix}[f(k)]$$

输出方程为

$$y(t)=-x_1(k)+5x_2(k)$$

即

$$[y(k)]=[-1\quad 5]\begin{bmatrix}x_1(k)\\x_2(k)\end{bmatrix}+[0][f(k)]$$

（2）$\boldsymbol{H}(z)=\boldsymbol{C}[z\boldsymbol{I}-\boldsymbol{A}]^{-1}\boldsymbol{B}+\boldsymbol{D}=\dfrac{5z-1}{z^2-\frac{5}{6}z+\frac{1}{6}}$

（3）系统的差分方程为

$$y(k)-\frac{5}{6}y(k-1)+\frac{1}{6}y(k-2)=5f(k-1)-f(k-2)$$

八、解：(1) $S(\mathrm{j}\omega)=\frac{2\pi}{T}\sum_{n=-\infty}^{\infty}\delta\left(\omega-n\frac{2\pi}{T}\right)$，$S(\mathrm{j}\omega)$ 的图形如图模 4-8 所示。

$$\Omega=\frac{2\pi}{T}$$

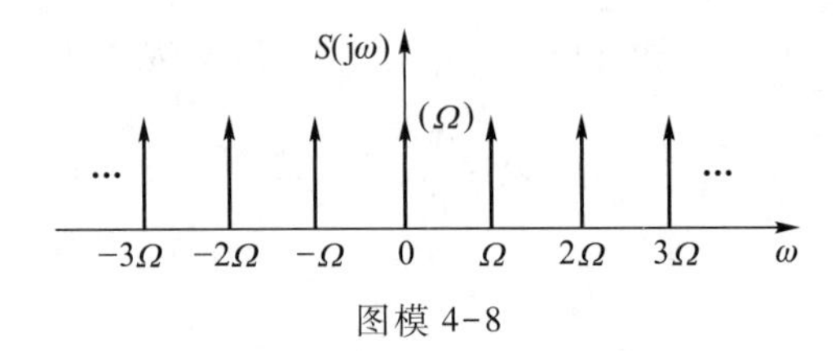

图模 4-8

$$R(\mathrm{j}\omega)=\frac{1}{2\pi}F(\mathrm{j}\omega)*S(\mathrm{j}\omega)=\frac{1}{2\pi}F(\mathrm{j}\omega)*\frac{2\pi}{T}\sum_{n=-\infty}^{\infty}\delta\left(\omega-n\frac{2\pi}{T}\right)=\frac{1}{T}\sum_{n=-\infty}^{\infty}F\left[\mathrm{j}\left(\omega-n\frac{2\pi}{T}\right)\right]$$

$R(\mathrm{j}\omega)$的图形如图模 4-9 所示。

$$h_1(t)=\begin{cases}1, & |t|<\dfrac{\Delta}{2}\\ 0, & \text{其他}\end{cases}\text{，所以}\quad H_1(\mathrm{j}\omega)=\Delta\mathrm{Sa}\left(\frac{\Delta}{2}\omega\right)$$

$$Q(\mathrm{j}\omega)=R(\mathrm{j}\omega)H_1(\mathrm{j}\omega)=\frac{\Delta}{T}\left[\sum_{n=-\infty}^{\infty}F\left(\omega-\frac{2\pi}{T}n\right)\right]\cdot\mathrm{Sa}\left(\frac{\Delta}{2}\omega\right)$$

（2）欲使 $y(t)=f(t)$ 的最大 Δ 值为 $\Delta=2T$。

（3）$$H_2(\mathrm{j}\omega)=\begin{cases}\dfrac{T}{\Delta}\cdot\dfrac{\frac{\Delta\omega}{2}}{\sin\frac{\Delta\omega}{2}}, & \left|\omega\leqslant\dfrac{\pi}{T}\right|\\ 0, & |\omega|>\dfrac{\pi}{T}\end{cases}$$

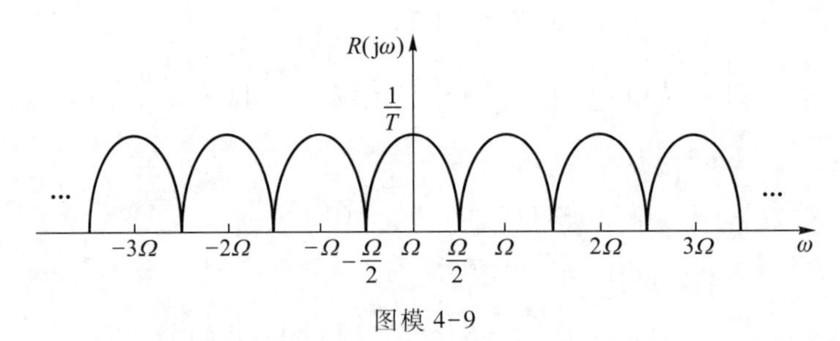

图模 4-9

硕士研究生入学考试模拟题五及解析

模 拟 题 五

一、(每小题 5 分,共 50 分)解答题

1. 某线性时不变离散时间系统的输入 $f(k)$ 和输出 $y(k)$ 的关系为 $y(k)=\dfrac{1}{4}\sum\limits_{m=0}^{3}f(k-m)$,求系统的单位阶跃响应。

2. 信号 $f(t)$ 是最高频率 $f_{\max}=3\ \text{kHz}$ 的语音信号,求 $f(2t)$ 的奈奎斯特频率 f_N。

3. 信号 $f(t)$ 的波形如图模 5-1 所示,求其频谱密度函数 $F(j\omega)$。

4. 求信号 $f(t)=\dfrac{\sin(2\pi t)}{\pi t}$ 的能量 W。

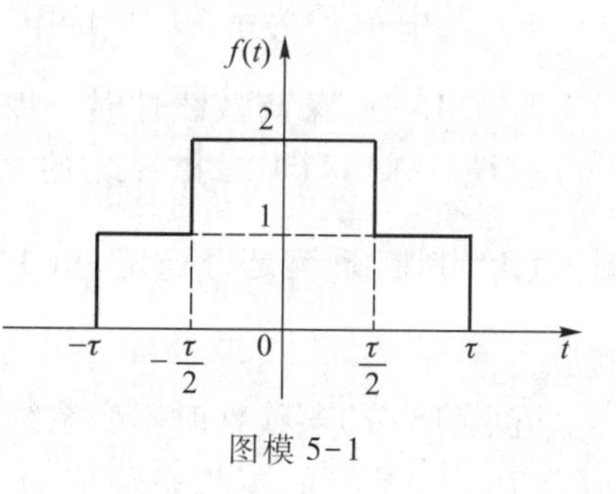

图模 5-1

5. 某离散时不变因果系统的差分方程为 $y(k)-3y(k-1)=f(k)$,求当激励为 $f(k)=2^kU(k)$ 时系统的零状态响应 $y(k)$。

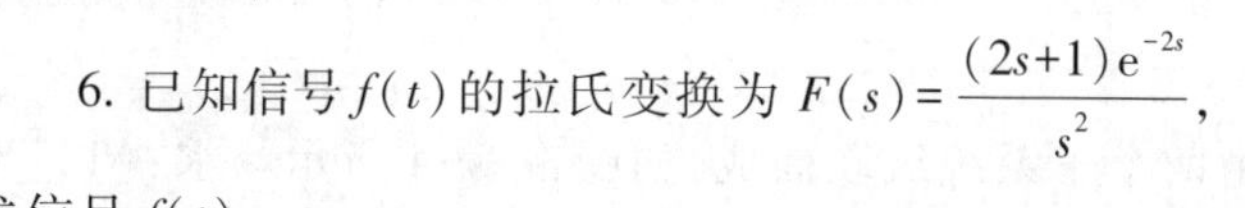

6. 已知信号 $f(t)$ 的拉氏变换为 $F(s)=\dfrac{(2s+1)e^{-2s}}{s^2}$,求信号 $f(t)$。

7. 已知信号 $f(k)$ 的 z 变换 $F(z)=\dfrac{z}{\left(z+\dfrac{1}{2}\right)\left(z+\dfrac{3}{4}\right)}$,$|z|>\dfrac{3}{4}$,求信号 $f(k)$。

8. 某线性时不变系统如图模 5-2 所示。已知 $h_1(t)=U(t)+U(t-2)$,$h_2(t)=U(t-3)$,$h_3(t)=U(t)$,$h_4(t)=\delta(t-1)$,$h_5(t)=\delta(t-2)$。求该系统的单位冲激响应 $h(t)$。

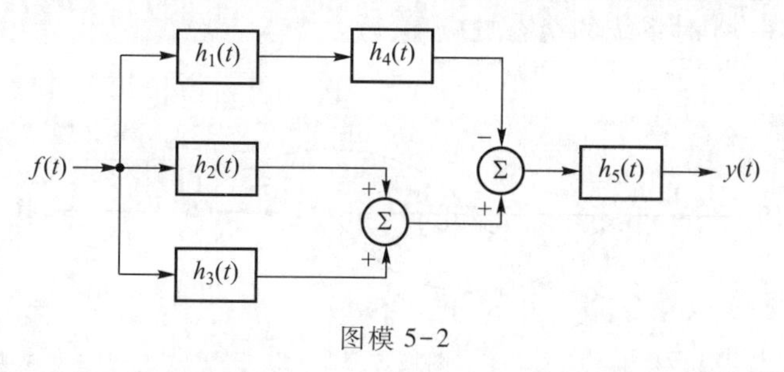

图模 5-2

9. 已知信号 $f(t)=\dfrac{d}{dt}\left[e^{-3t}U(t)*e^{-t}U(t-2)\right]$,求其频谱函数 $F(j\omega)$。

10. 证明:当线性时不变离散时间系统的单位序列响应 $h(k)$ 绝对可和 $\left(即\sum\limits_{k=-\infty}^{\infty}|h(k)|<\infty\right)$

时，系统在有界输入有界输出意义下为稳定系统。

二、(10 分)在图模 5-3 所示系统中，已知 $h_1(k)=4\left(\frac{1}{2}\right)^k[U(k)-U(k-3)]$，$h_2(k)=h_3(k)=U(k)$，$h_4(k)=\delta(k-1)$。求：(1) 总系统的单位序列响应 $h(k)$。(2) 当系统激励为 $f(k)=[U(k)-U(k-2)]$ 时的零状态响应 $y_f(k)$。

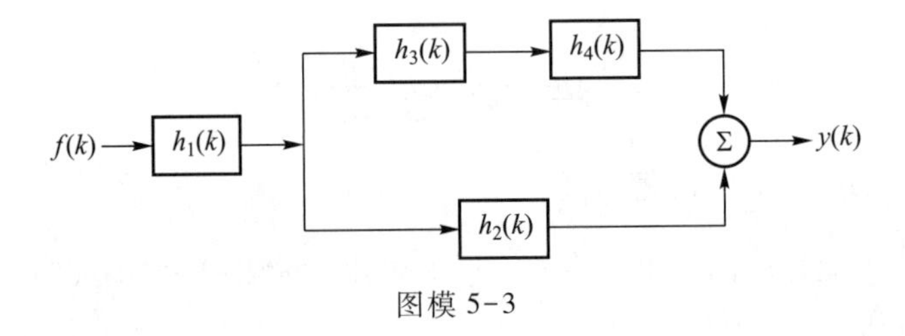

图模 5-3

三、(10 分)某线性时不变离散系统的输入 $f(k)$ 和输出 $y(k)$ 的关系为 $y(k)=\sum_{m=0}^{k}f(m)h(k-m)$，其中 $h(k)$ 为系统的单位序列响应。试证明 $f(k)=\left[y(k)-\sum_{m=0}^{k-1}f(m)h(k-m)\right]/h(0)$。

四、(15 分)某离散线性时不变系统的差分方程为 $y(k)-0.2y(k-1)-0.24y(k-2)=f(k)+5f(k-1)$。(1) 求系统的系统函数 $H(z)$。(2) 画出系统直接形式的信号流图。(3) 判断系统是否稳定。(4) 求当激励为 $f(k)=10\cos\left(0.5\pi k+\frac{\pi}{4}\right)$ 时的正弦稳态响应。

五、(15 分)某线性时不变系统由两个子系统级联而成，如图模 5-4 所示。求：(1) 当 $f(t)=U(t)$，系统的零状态响应为 $y_f(t)=(1+t^2e^{-t})U(t)$ 时级联系统的单位冲激响应 $h(t)$。(2) 系统的微分方程。(3) 给定 $h_1(t)=e^{-2t}U(t)$ 时求 $h_2(t)$。

f(t) → h1(t) → h2(t) → y(t)

图模 5-4

六、(15 分)某线性系统的信号流图如图模 5-5 所示，求：(1) 系统函数 $H(s)$ 及单位冲激响应 $h(t)$。(2) 判断系统是否稳定。(3) 若激励为 $f(t)=9+20\cos\left(t+\frac{\pi}{3}\right)$ 时系统的稳态响应 $y_s(t)$。

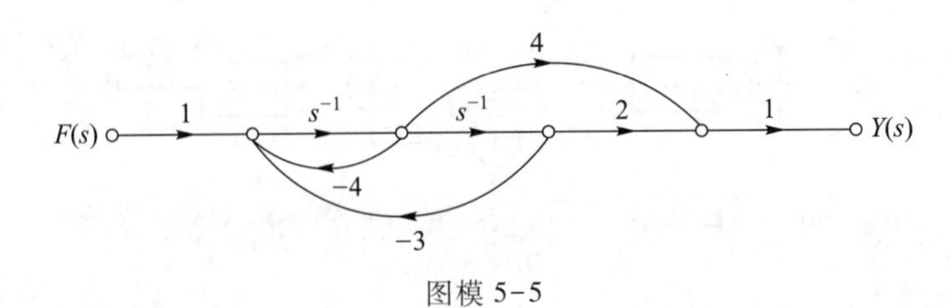

图模 5-5

七、(15 分)已知系统的信号流图如图模 5-6 所示，$f_1(t)$、$f_2(t)$ 为输入信号，$y_1(t)$、$y_2(t)$ 为输出信号，$x_1(t)$、$x_2(t)$ 为状态变量。(1) 写出系统的状态方程和输出方程。(2) 求系统函数矩阵 $\boldsymbol{H}(s)$。(3) 求系统的单位冲激响应矩阵 $\boldsymbol{h}(t)$。

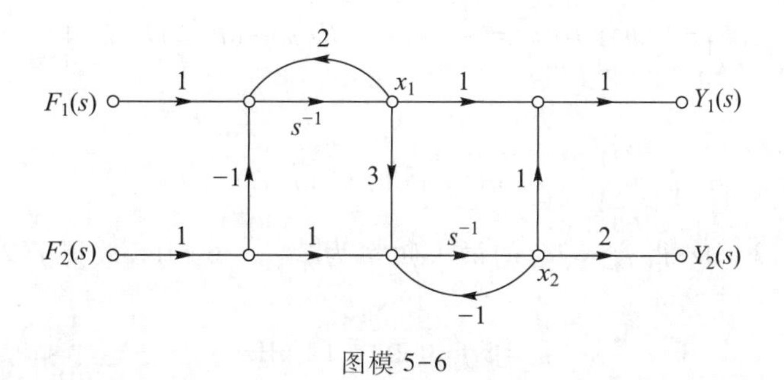

图模 5-6

八、(20 分)在图模 5-7(a)所示系统中,已知 $f(t)=\dfrac{200}{\pi}\mathrm{Sa}^2(200t)$,$H_1(\mathrm{j}\omega)$、$H_2(\mathrm{j}\omega)$分别如图模 5-7(b)和(c)所示,其中 $\omega_{\mathrm{H}}=(\omega_2-\omega_0)+400$,且已知 $\omega_2>\omega_0$ 并可无失真地恢复出信号 $f(t)$[即 $f(t)$与 $f_5(t)$成比例]。(1) 画出 $f(t)$、$f_1(t)$、$f_2(t)$、$f_3(t)$、$f_4(t)$、$f_5(t)$的频谱图。(2) 使 $f_5(t)$的频谱不混叠时,ω_2、ω_0 应满足什么条件?(3) 求 ω_3 的值。

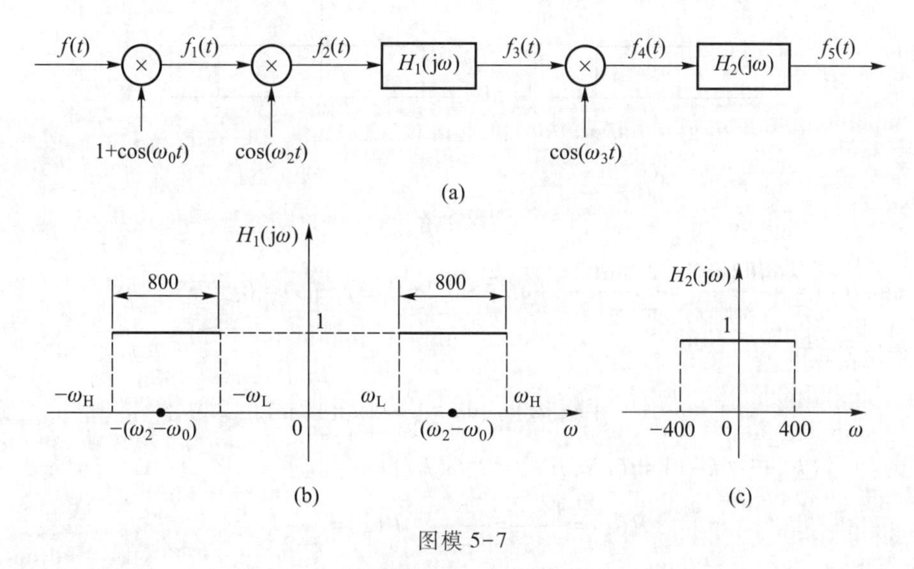

图模 5-7

模拟题五解析

一、解答题

1. 解:由 $y(k)=\dfrac{1}{4}\sum\limits_{m=0}^{3}f(k-m)$ 得

$$y(k)=\frac{1}{4}\sum_{m=0}^{3}f(k-m)=\frac{1}{4}[f(k)+f(k-1)+f(k-2)+f(k-3)]$$

$$H(z)=\frac{Y(z)}{F(z)}=\frac{z^3+z^2+z+1}{4z^3}=\frac{1}{4}(1+z^{-1}+z^{-2}+z^{-3})$$

则系统单位阶跃响应为

$$g(k)=h(k)*U(k)=\frac{1}{4}[(k+1)U(k)-(k-3)U(k-4)]$$

或

$$g(k)=\frac{1}{4}[U(k)+U(k-1)+U(k-2)+U(k-3)]$$

2. 解：由 $f_{\max}=3\ \text{kHz}$，得 $f_{\max}(2t)$ 的最大频率为 $2f_{\max}=6\ \text{kHz}$，故得 $f(2t)$ 的奈奎斯特频率为

$$f_{\text{N}}=2\ f_{\max}(2t)=12\ \text{kHz}$$

3. 解：将图模 5-1 分解为图模 5-8(a)和(b)所示两个部分，则有 $f(t)=G_{\tau}(t)+G_{2\tau}(t)$，所以 $F(\text{j}\omega)=F_1(\text{j}\omega)+F_2(\text{j}\omega)=\tau\text{Sa}\left(\frac{\omega\tau}{2}\right)+2\tau\text{Sa}(\omega\tau)$。

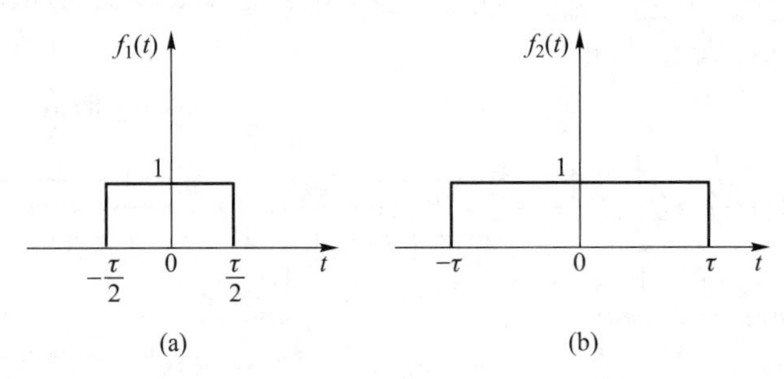

图模 5-8

4. 解：$f(t)=\dfrac{\sin(2\pi t)}{\pi t}=\dfrac{2}{\pi}\dfrac{\sin(2\pi t)}{2t}=\dfrac{2}{\pi}\text{Sa}(2\pi t)\Leftrightarrow F(\text{j}\omega)=G_{4\pi}(\omega)$

故得信号能量为

$$W=\frac{1}{2\pi}\int_{-\infty}^{\infty}|F(\text{j}\omega)|^2\text{d}\omega=\frac{1}{2\pi}\times(2\pi+2\pi)\text{J}=2\ \text{J}$$

5. 解：由 $y(k)-3y(k-1)=f(k)$，$f(k)=2^kU(k)$ 得

$$H(z)=\frac{Y(z)}{F(z)}=\frac{z}{z-3},\quad F(z)=\frac{z}{z-2}$$

故有系统的零状态响应为

$$Y(z)=H(z)F(z)=\frac{z}{z-3}\times\frac{z}{z-2}=\frac{3z}{z-3}-\frac{2z}{z-2}\rightarrow y(k)=(3^{k+1}-2^{k+1})U(k)$$

6. 解：由 $F(s)=\dfrac{(2s+1)\text{e}^{-2s}}{s^2}$ 得

$$F(s)=F_1(s)F_2(s)=\frac{(2s+1)\text{e}^{-2s}}{s^2}=\text{e}^{-2s}\left(\frac{2}{s}+\frac{1}{s^2}\right)$$

故有 $f_2(t)=2U(t)+tU(t)$，所以

$$f(t)=2U(t-2)+(t-2)U(t-2)=2U(t-2)+tU(t-2)-2U(t-2)=tU(t-2)$$

7. 解：由 $F(z)=\dfrac{z}{\left(z+\frac{1}{2}\right)\left(z+\frac{3}{4}\right)}=\dfrac{4z}{z+\frac{1}{2}}-\dfrac{4z}{z+\frac{3}{4}}$ 得

$$f(k)=\left[4\left(-\frac{1}{2}\right)^{k}-4\left(-\frac{3}{4}\right)^{k}\right]U(k)$$

8. 解：

$$\begin{aligned}h(t)&=\{[h_2(t)+h_3(t)]-h_1(t)*h_4(t)\}*h_5(t)\\&=\{[U(t-3)+U(t)]-[U(t)+U(t-2)]*\delta(t-1)\}*\delta(t-2)\\&=\{[U(t-3)+U(t)]-[U(t-1)+U(t-3)]\}*\delta(t-2)\\&=[U(t)-U(t-1)]*\delta(t-2)\\&=U(t-2)-U(t-3)\end{aligned}$$

9. 解：由 $f(t)=\frac{\mathrm{d}}{\mathrm{d}t}[\mathrm{e}^{-3t}U(t)*\mathrm{e}^{-t}U(t-2)]$ 及 $\frac{\mathrm{d}}{\mathrm{d}t}[f_1(t)*f_2(t)]=f_2(t)*\frac{\mathrm{d}}{\mathrm{d}t}f_1(t)$ 得

$$f(t)=\mathrm{e}^{-t}U(t-2)*[-3\mathrm{e}^{-3t}U(t)+\delta(t)]$$

故可得频谱函数为

$$F(\mathrm{j}\omega)=\mathrm{e}^{-2}\frac{\mathrm{j}\omega\mathrm{e}^{-\mathrm{j}2\omega}}{(1+\mathrm{j}\omega)(3+\mathrm{j}\omega)}$$

10. 证明：因为 $y(k)=\sum_{m=-\infty}^{+\infty}h(m)f(k-m)$，$|y(k)|\leqslant\sum_{m=-\infty}^{\infty}|h(m)||f(k-m)|\leqslant\sum_{m=-\infty}^{\infty}|h(m)|M_{\mathrm{f}}$，且 $\sum_{m=-\infty}^{+\infty}h(m)<\infty$，所以当线性时不变离散时间系统的单位序列响应 $h(k)$ 绝对可和$\left(\text{即}\sum_{k=-\infty}^{\infty}|h(k)|<\infty\right)$时，系统在有界输入有界输出意义下为稳定系统。

二、解：(1)

$$\begin{aligned}h(k)&=h_1(k)*[h_3(k)*h_4(k)+h_2(k)]\\&=4\left(\frac{1}{2}\right)^{k}[U(k)-U(k-3)]*[U(k)*\delta(k-1)+U(k)]\\&=4\left(\frac{1}{2}\right)^{k}[U(k)-U(k-3)]*[U(k-1)+U(k)]\\&=4U(k)+6U(k-1)+3U(k-2)+U(k-3)\end{aligned}$$

(2) 当 $f(k)=[U(k)-U(k-2)]=\delta(k)+\delta(k-1)$ 时，系统的零状态响应为

$$\begin{aligned}y_{\mathrm{f}}(k)=f(k)*h(k)&=[U(k)-U(k-2)]*[4U(k)+6U(k-1)+3U(k-2)+U(k-3)]\\&=4U(k)+10U(k-1)+9U(k-2)+4U(k-3)+U(k-4)\end{aligned}$$

三、证明：因有

$$y(k)=\sum_{m=0}^{k}f(m)h(k-m)$$

故

$$y(0)=f(0)h(0)\rightarrow f(0)=y(0)/h(0)$$

$$y(1)=f(0)h(1)+f(1)h(0)\rightarrow f(1)=[y(1)-f(0)h(1)]/h(0)$$

$$y(2)=f(0)h(2)+f(1)h(1)+f(2)h(0)\rightarrow f(2)=[y(1)-f(0)h(2)-f(1)h(1)]/h(0)$$

$$\vdots$$

$$f(k)=\left[y(k)-\sum_{m=0}^{k-1}f(m)h(k-m)\right]/h(0)$$

四、解：(1) 由差分方程 $y(k)-0.2y(k-1)-0.24y(k-2)=f(k)+5f(k-1)$ 得系统函数为

$$H(z)=\frac{z^2+5z}{z^2-0.2z-0.24}$$

(2) 系统直接形式的信号流图如图模 5-9 所示。

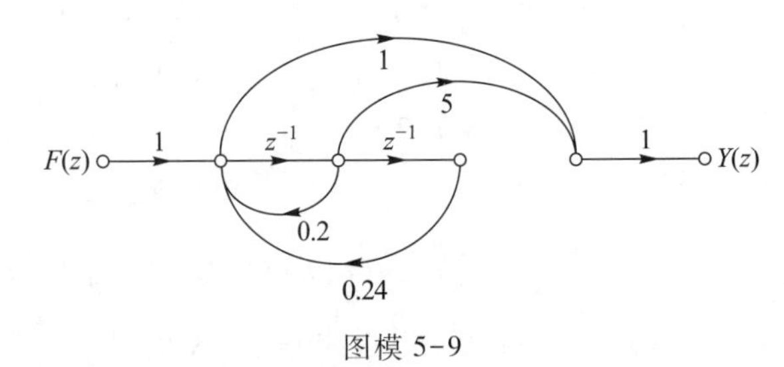

图模 5-9

(3) 令 $z^2-0.2z-0.24=0$ 得系统极点 $p_1=0.6, p_2=-0.4$，则极点均位于单位圆内，故系统为稳定系统。

(4) 由系统函数得

$$H(\mathrm{e}^{\mathrm{j}\omega})=H(z)\Big|_{z=\mathrm{e}^{\mathrm{j}\omega}}=\frac{\mathrm{e}^{\mathrm{j}2\omega}+5\mathrm{e}^{\mathrm{j}\omega}}{\mathrm{e}^{\mathrm{j}2\omega}-0.2\mathrm{e}^{\mathrm{j}\omega}-0.24}$$

当 $\omega=0.5\pi$ 时有

$$H(\mathrm{e}^{\mathrm{j}0.5\pi})=\frac{-1+5\mathrm{j}}{-1-0.2\mathrm{j}-0.24}=\frac{-1+5\mathrm{j}}{-1.24-0.2\mathrm{j}}=4.06\mathrm{e}^{-\mathrm{j}87.9^\circ}$$

故得系统正弦稳态响应为

$$y(k)=40.6\cos(0.5\pi k-42.9^\circ)$$

五、解：(1) 由 $f(t)=U(t)$，$y_{\mathrm{f}}(t)=(1+t^2\mathrm{e}^{-t})U(t)$ 得 $F(s)=\dfrac{1}{s}$，$Y_{\mathrm{f}}(s)=\dfrac{(s+1)^3+2s}{s(s+1)^3}$，则有

$$H(s)=\frac{Y_{\mathrm{f}}(s)}{F(s)}=1+\frac{2s}{(s+1)^3}=1+\frac{2}{(s+1)^2}-\frac{2}{(s+1)^3}$$

当 $f(t)=U(t)$，系统的零状态响应为 $y_{\mathrm{f}}(t)=(1+t^2\mathrm{e}^{-t})U(t)$ 时级联系统的单位冲激响应为

$$h(t)=\delta(t)+2t\mathrm{e}^{-t}U(t)-t^2\mathrm{e}^{-t}U(t)$$

(2) 因有

$$H(s)=\frac{(s+1)^3+2s}{(s+1)^3}=\frac{s^3+3s^2+5s+1}{s^3+3s^2+3s+1}$$

故得系统的差分方程为

$$y'''(t)+3y''(t)+3y'(t)+y(t)=f'''(t)+3f''(t)+5f'(t)+f(t)$$

(3) 因有 $h_1(t)=\mathrm{e}^{-2t}U(t)\Leftrightarrow H_1(s)=\dfrac{1}{s+2}$，$H(s)=1+\dfrac{2s}{(s+1)^3}$，可得

$$h(t)=h_1(t)*h_2(t)\Leftrightarrow H(s)=H_1(s)H_2(s)$$

$$H_2(s)=\frac{H(s)}{H_1(s)}=\frac{(s+1)^3+2s}{(s+1)^3}\cdot(s+2)=s+2+\frac{2}{s+1}-\frac{2}{(s+1)^3}$$

故得

$$h_2(t)=\delta'(t)+2\delta(t)+2e^{-t}U(t)-t^2e^{-t}U(t)$$

六、解:(1) 系统函数为

$$H(s)=\frac{4s+2}{s^2+4s+3}=-\frac{1}{s+1}+\frac{5}{s+3}$$

故得系统单位冲激响应为

$$h(t)=(-e^{-t}+5e^{-3t})U(t)$$

(2) 令 $s^2+4s+3=0$ 得系统极点为 $p_1=-1, p_2=-3$,极点均位于 s 平面的左半开平面上,所以系统稳定。

(3) $f(t)=9+20\cos\left(t+\frac{\pi}{3}\right)$, $\quad H(j\omega)=\dfrac{4j\omega+2}{-\omega^2+4j\omega+3}$

$$H(j0)=\frac{2}{3},\quad H(j)=\frac{j4+2}{j4+2}=1$$

故得系统的稳态响应为

$$y_s(t)=6+20\cos\left(t+\frac{\pi}{3}\right)$$

七、解:(1) 取输出信号 $x_1(t)$、$x_2(t)$ 为状态变量,则 $\begin{cases}\dot{x}_1(t)=2x_1(t)+f_1(t)-f_2(t)\\ \dot{x}_2(t)=3x_1(t)-x_2(t)+f_2(t)\end{cases}$,所以系统状态方程与输出方程为

$$\begin{bmatrix}\dot{x}_1(t)\\ \dot{x}_2(t)\end{bmatrix}=\begin{bmatrix}2 & 0\\ 3 & -1\end{bmatrix}\begin{bmatrix}x_1(t)\\ x_2(t)\end{bmatrix}+\begin{bmatrix}1 & -1\\ 0 & 1\end{bmatrix}\begin{bmatrix}f_1(t)\\ f_2(t)\end{bmatrix}$$

$$\begin{bmatrix}y_1(t)\\ y_2(t)\end{bmatrix}=\begin{bmatrix}1 & 1\\ 0 & 2\end{bmatrix}\begin{bmatrix}x_1(t)\\ x_2(t)\end{bmatrix}+\begin{bmatrix}0 & 0\\ 0 & 0\end{bmatrix}\begin{bmatrix}f_1(t)\\ f_2(t)\end{bmatrix}$$

(2) 系统函数矩阵为

$$\boldsymbol{H}(s)=\boldsymbol{C\Phi}(s)\boldsymbol{B}+\boldsymbol{D}=\begin{bmatrix}\dfrac{2}{s-2}+\dfrac{-1}{s+1} & \dfrac{-2}{s-2}+\dfrac{2}{s+1}\\ \dfrac{2}{s-2}+\dfrac{-2}{s+1} & \dfrac{-2}{s-2}+\dfrac{4}{s+1}\end{bmatrix}$$

(3) 由系统函数矩阵得系统单位冲激响应矩阵为

$$\boldsymbol{h}(t)=\begin{bmatrix}2e^{2t}-e^{-t} & -2e^{2t}+2e^{-t}\\ 2e^{2t}-2e^{-t} & -2e^{2t}+4e^{-t}\end{bmatrix}U(t)$$

八、解:(1) 因为

$$\Lambda\left(\frac{t}{\tau}\right)=\begin{cases}1-\dfrac{|t|}{\tau}, & |t|<\tau\\ 0, & \text{其他}\end{cases}$$

其波形如图模 5-10 所示。

$$\frac{1}{\tau}G_{\tau}(t)*G_{\tau}(t)\to\tau\mathrm{Sa}^{2}\left(\frac{\omega\tau}{2}\right)\xlongequal{\tau=400}400\mathrm{Sa}^{2}(200\omega)$$

$$\frac{200}{\pi}\mathrm{Sa}^{2}(200t)\to F(\mathrm{j}\omega)=\Lambda\left(\frac{\omega}{\tau}\right)$$

$F(\mathrm{j}\omega)$ 的波形如图模 5-11 所示。

$$F_{1}(\mathrm{j}\omega)=\frac{1}{2\pi}\mathscr{F}[f(t)]*\mathscr{F}[1+\cos(\omega_{0}t)]=F(\mathrm{j}\omega)+\frac{1}{2}F[\mathrm{j}(\omega+\omega_{0})]+\frac{1}{2}F[\mathrm{j}(\omega-\omega_{0})]$$

$F_{1}(\mathrm{j}\omega)$ 的波形如图模 5-12 所示。

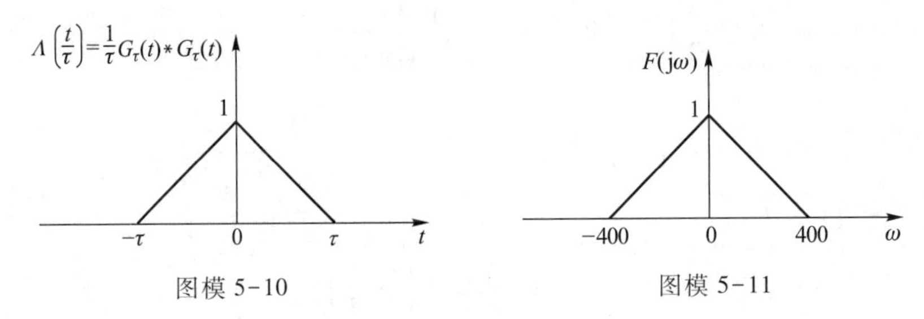

图模 5-10　　图模 5-11

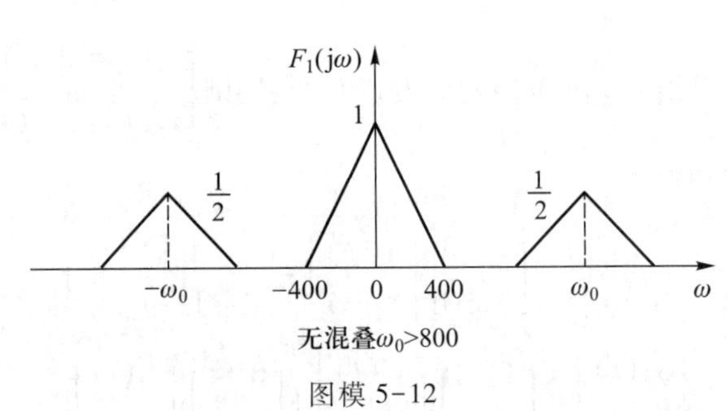

图模 5-12

$$F_{2}(\mathrm{j}\omega)=\frac{1}{2}\{F_{1}[\mathrm{j}(\omega+\omega_{2})]+F_{1}[\mathrm{j}(\omega-\omega_{2})]\}$$

其波形如图模 5-13 所示。

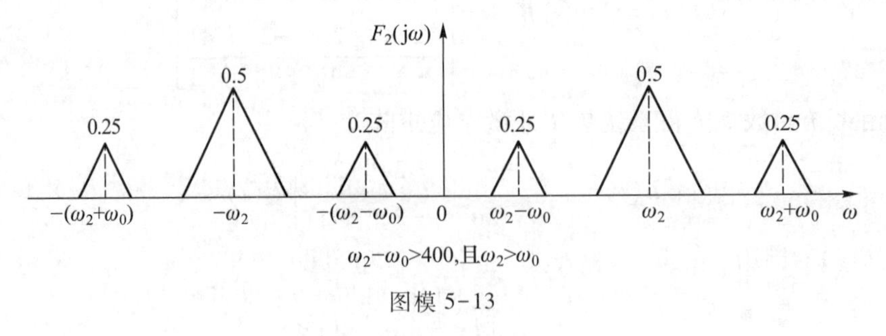

图模 5-13

$$F_{3}(\mathrm{j}\omega)=F_{2}(\mathrm{j}\omega)H_{1}(\mathrm{j}\omega)$$

其波形如图模 5-14 所示。

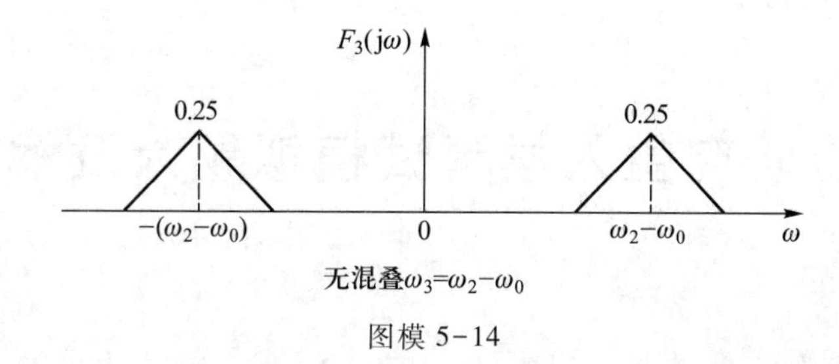

图模 5-14

$$F_4(j\omega)=\frac{1}{2}\{F_3[j(\omega+\omega_3)]+F_3[j(\omega-\omega_3)]\}$$

其波形如图模 5-15 所示。

$$F_5(j\omega)=F_4(j\omega)H_2(j\omega)$$

其波形如图模 5-16 所示。

(2) 使 $f_5(t)$ 的频谱不混叠时，ω_2、ω_0 应满足 $\omega_0>2\tau=800$，且 $\omega_2>\omega_0+400$，即

$$\omega_2-\omega_0>400$$

(3) $\omega_3=\omega_2-\omega_0$

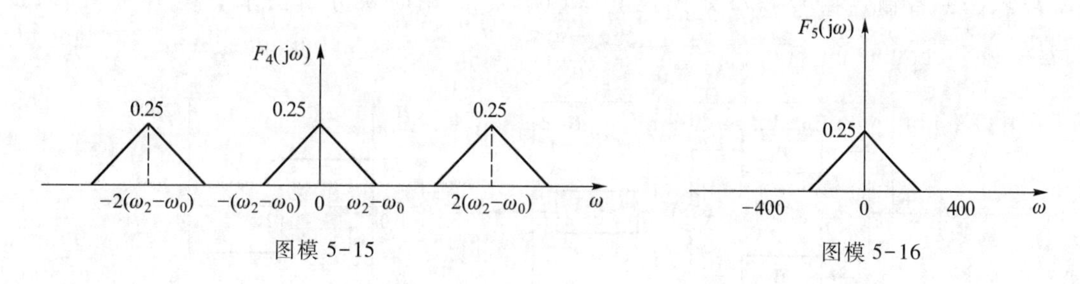

图模 5-15　　图模 5-16

硕士研究生入学考试模拟题六及解析

模拟题六

一、(10分)某线性连续系统的系统函数为$H(s)=\dfrac{2s+6}{s^2+6s+8}$。(1) 求该系统的单位冲激响应。(2) 当系统激励为$f(t)=20\cos(2t)$时,求系统的正弦稳态响应$y_s(t)$。

二、(10分)图模6-1(a)所示线性连续系统N是由A、B、C三个子系统组成的。已知系统A的单位冲激响应为$h_A(t)=\dfrac{1}{2}e^{-4t}U(t)$,系统B与系统C的单位阶跃响应分别为$g_B(t)=(1-e^{-t})U(t)$和$g_C(t)=e^{-3t}U(t)$。(1) 用时域分析法求系统N的单位阶跃响应$g(t)$。(2) 若输入信号$f(t)$如图模6-1(b)所示,用时域分析法求系统N的零状态响应。

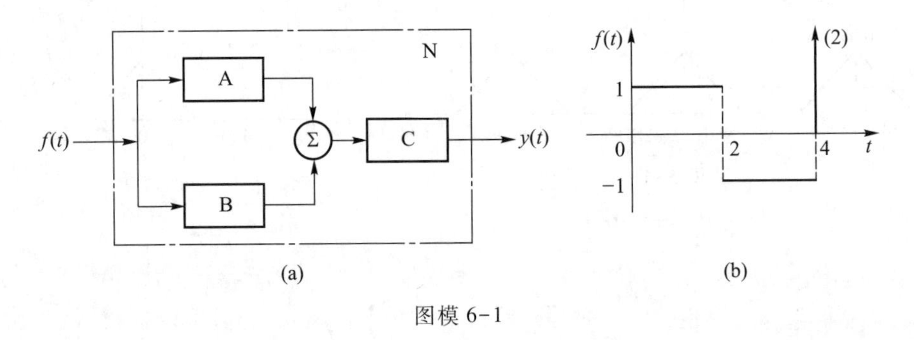

图模6-1

三、(10分)求下列$F(z)$的逆变换。

(1) $F(z)=z^{-1}+6z^{-4}-2z^{-7}$　($|z|>0$)。(2) $F(z)=\dfrac{10z^2}{(z-1)(z+1)}$　($|z|>1$)。

四、(15分)某线性连续系统如图模6-2所示。(1) 求系统函数$H(s)$。(2) 欲使系统稳定,求K的取值范围。(3) 若系统为临界稳定,求$H(s)$在jω轴上极点的值。

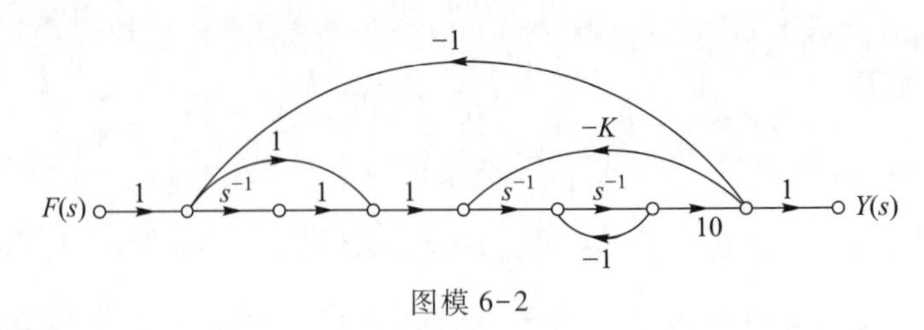

图模6-2

五、(15 分)图模 6-3(a)和(b)所示的线性系统分别由几个子系统组成,其中$h_1(k)=U(k)$,$h_2(k)=\delta(k-3)$,$h_3(k)=(0.8)^k U(k)$。(1) 试证明图模 6-3(a)所示系统和图模 6-3(b)所示系统是等效的。(2) 求出此系统的单位序列响应 $h(k)$。

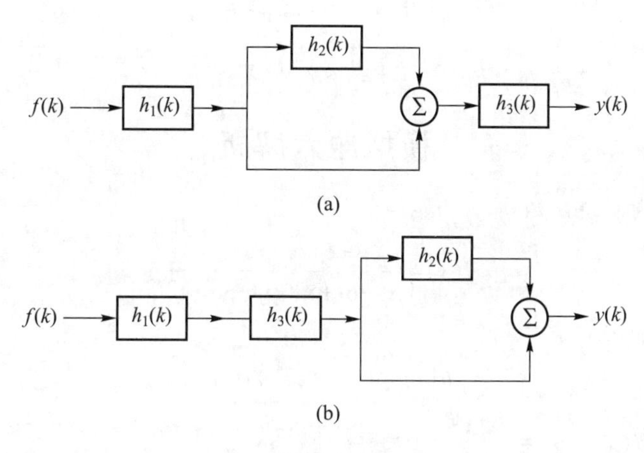

图模 6-3

六、(15 分)已知某线性连续系统的微分方程为 $y''(t)+2y'(t)+y(t)=f'(t)+f(t)$,初始状态为 $y(0)=1$,$y'(0)=2$,激励为 $f(t)=e^{-t}U(t)$。(1) 画出系统直接形式的信号流图。(2) 求系统的响应 $y(t)$。(3) 判断系统的稳定性。

七、(15 分)已知某离散系统的差分方程为 $y(k)+0.2y(k-1)-0.24y(k-2)=f(k)+f(k-1)$。(1) 求系统函数 $H(z)$,并说明收敛域及系统的稳定性。(2) 求单位序列响应 $h(k)$。(3) 当激励 $f(k)$ 为单位阶跃序列时,求其零状态响应 $y(k)$。

八、(20 分)设 $f(t)$ 为限带信号,频谱 $F(j\omega)$ 如图模 6-4 所示。(1) 分别求出 $f(2t)$ 和 $f\left(\frac{1}{2}t\right)$ 的奈奎斯特频率 ω_s 和奈奎斯特周期 T_s。(2) 用单位冲激串 $\delta_{T_s}(t)=\sum_{n=-\infty}^{\infty}\delta\left(t-\frac{n\pi}{4}\right)$ 对信号 $f(t)$、$f(2t)$ 和 $f\left(\frac{1}{2}t\right)$ 分别抽样,画出抽样信号 $f_s(t)$、$f_s(2t)$ 和 $f_s\left(\frac{1}{2}t\right)$ 的频谱,并判断是否发生混叠。

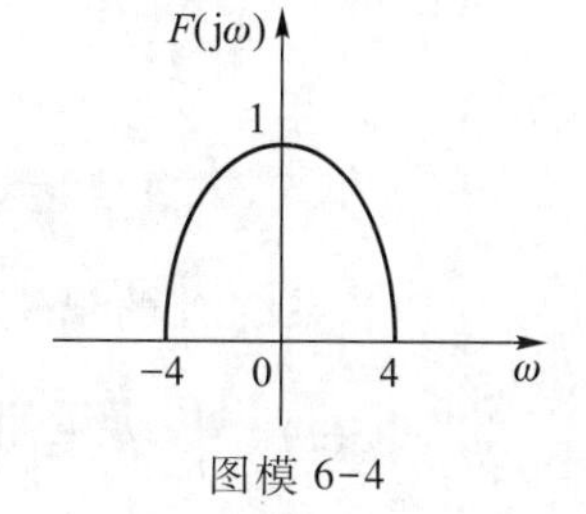

图模 6-4

九、(20 分)已知信号 $g(t)$ 的波形如图模 6-5 所示,$f(t)=g(1-2t)$,$f(t)$ 的频谱为 $F(j\omega)$。(1) 画出 $f(t)$ 的波形。(2) 求 $F(j0)$。(3) 求 $\int_{-\infty}^{\infty}F(j\omega)d\omega$。(4) 计算 $\int_{-\infty}^{\infty}|F(j\omega)|^2 d\omega$。(5) 计算 $\int_{-\infty}^{\infty}F(j\omega)\frac{2\sin\omega}{\omega}e^{j\frac{\omega}{2}}d\omega$。

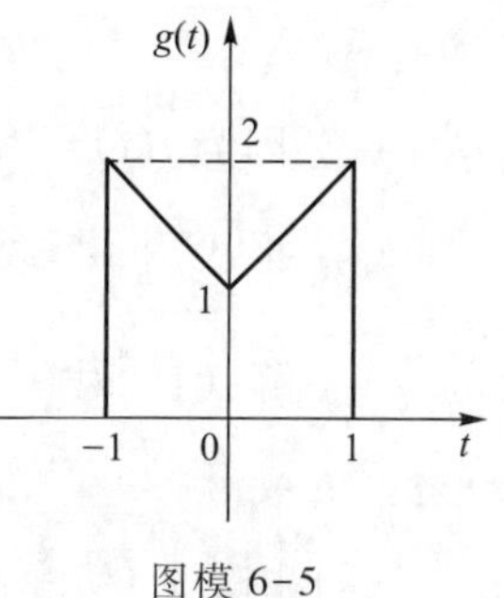

图模 6-5

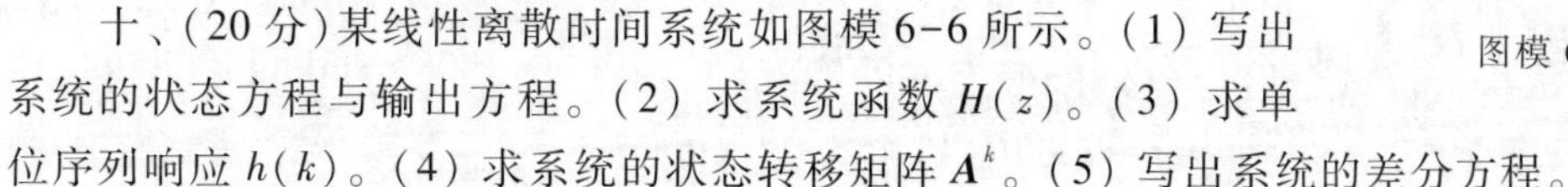

十、(20 分)某线性离散时间系统如图模 6-6 所示。(1) 写出系统的状态方程与输出方程。(2) 求系统函数 $H(z)$。(3) 求单位序列响应 $h(k)$。(4) 求系统的状态转移矩阵 $\boldsymbol{A}^k$。(5) 写出系统的差分方程。

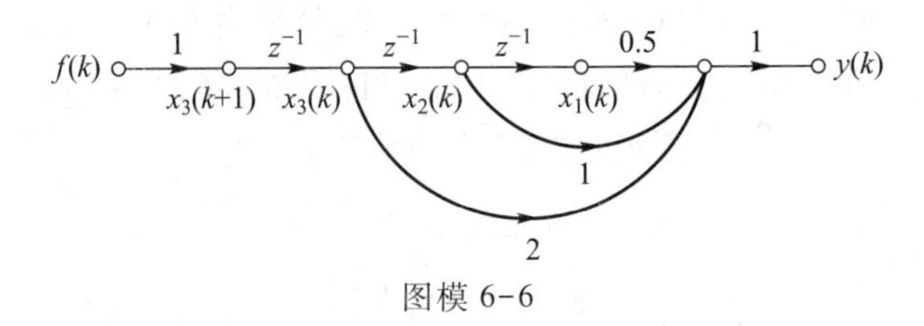

图模 6-6

模拟题六解析

一、解：(1) 由系统函数得

$$H(s)=\frac{2s+6}{s^2+6s+8}=\frac{1}{s+4}+\frac{1}{s+2}$$

则系统的单位冲激响应为

$$h(t)=(e^{-2t}+e^{-4t})U(t)$$

(2) $H(j2)=H(s)\big|_{s=j2}=\dfrac{6+j4}{4+j12}=0.57\angle{-37.88°}$

所以
$$y_s(t)=11.4\cos(2t-37.88°)$$

二、解：由

$$g_B(t)=(1-e^{-t})U(t),\quad g_C(t)=e^{-3t}U(t),\quad h_A(t)=\frac{1}{2}e^{-4t}U(t)$$

及图模 6-1 得

$$h_B(t)=g'_B(t)=e^{-t}U(t)$$
$$h_C(t)=g'_C(t)=-3e^{-3t}U(t)+\delta(t)$$
$$h(t)=h_C(t)*[h_A(t)+h_B(t)]$$
$$y(t)=g(t)-2g(t-2)+g(t-4)+2h(t)$$

(1) 系统 N 的单位阶跃响应 $g(t)$ 为

$$g(t)=\int_{0^-}^{t}h(\tau)\mathrm{d}\tau=g_C(t)*[h_A(t)+h_B(t)]=e^{-3t}U(t)*\left[e^{-t}U(t)+\frac{1}{2}e^{-4t}U(t)\right]$$
$$=\frac{1}{2}(e^{-t}-e^{-4t})U(t)$$

(2) 因为 $f(t)=U(t)-2U(t-2)+U(t-4)+2\delta(t-4)$，可得系统的零状态响应为

$$y(t)=\frac{1}{2}[e^{-t}-e^{-4t}]U(t)-[e^{-(t-2)}-e^{-4(t-2)}]U(t-2)+\frac{1}{2}[7e^{-4(t-4)}-e^{-(t-4)}]U(t-4)$$

三、解：(1) 因有 $F(z)=z^{-1}+6z^{-4}-2z^{-7}(|z|>0)$，故得

$$f(k)=\delta(k-1)+6\delta(k-4)-2\delta(k-7)$$

(2) 因有 $F(z)=\dfrac{10z^2}{(z-1)(z+1)}=\dfrac{5z}{z-1}+\dfrac{5z}{z+1}$，故得

$$f(k)=5U(k)+5(-1)^kU(k)$$

四、解：(1) 由梅森公式得

$$H(s)=\frac{10s+10}{s^3+s^2+10(K+1)s+10}$$

（2）欲使系统稳定，则 $s^3+s^2+10Ks+10s+10$ 中各项系数均大于零，列罗斯阵列得

$$\begin{array}{ccc} s^3 & 1 & 10+K \\ s^2 & 1 & 10 \\ s^1 & 10K & 0 \\ s^0 & 10 & \end{array}$$

即 $K>0$ 时，系统稳定。

（3）若系统临界稳定，则可由 $s^2+10=0$ 得极点为

$$p_{1,2}=\pm\sqrt{10}\,\mathrm{j}\ \mathrm{rad/s}$$

五、解：（1）由图 6-3(a)(b)得

$$h_a(k)=h_1(k)*h_2(k)*h_3(k)+h_1(k)*h_3(k)=h_1(k)*[1+h_2(k)]*h_3(k)$$

$$h_b(k)=h_1(k)*h_3(k)*h_2(k)+h_1(k)*h_3(k)=h_1(k)*[1+h_2(k)]*h_3(k)$$

根据卷积性质得以上两个系统是等效的。

（2）因有 $h_1(k)=U(k)$，$h_2(k)=\delta(k-3)$，$h_3(k)=(0.8)^kU(k)$，由卷积性质得

$$\begin{aligned} h(k)=h_1(k)*[1+h_2(k)]*h_3(k) &= U(k)*[1+\delta(k-3)]*(0.8)^kU(k) \\ &= 5[1-(0.8)^{k+1}]U(k)+5[1-(0.8)^{k-2}]U(k-3) \end{aligned}$$

六、解：（1）由 $y''(t)+2y'(t)+y(t)=f'(t)+f(t)$ 得系统函数为

$$H(s)=\frac{s+1}{s^2+2s+1}$$

直接形式的信号流图如图模 6-7 所示。

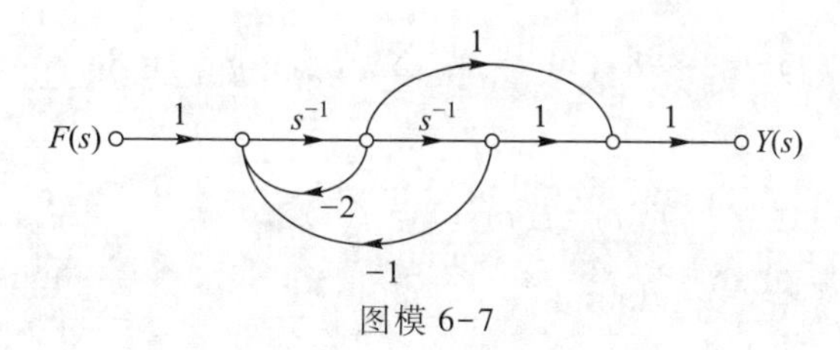

图模 6-7

（2）将 $y(0)=y(0^-)=1$，$y'(0)=y'(0^-)=2$，$f(t)=\mathrm{e}^{-t}U(t)\rightarrow F(s)=\dfrac{1}{s+1}$代入

$$s^2Y(s)-sy(0^-)-y'(0^-)+2sY(s)-2y(0^-)+Y(s)=sF(s)+F(s)$$

有

$$Y(s)=\frac{s+5}{(s+1)^2}=\frac{4}{(s+1)^2}+\frac{1}{s+1}$$

故得系统的响应为

$$y(t)=(4t\mathrm{e}^{-t}+\mathrm{e}^{-t})U(t)$$

（3）令 $s^2+2s+1=0$，则 $s_1=s_2=-1$，所以系统稳定。

七、解：（1）由系统差分方程 $y(k)+0.2y(k-1)-0.24y(k-2)=f(k)+f(k-1)$ 得系统函

数为

$$H(z)=\frac{z^2+z}{z^2+0.2z-0.24}=\frac{z(z+1)}{(z-0.4)(z+0.6)},\quad |z|>0.6$$

由系统极点可知系统稳定。

（2）$H(z)=\frac{z^2+z}{z^2+0.2z-0.24}=\frac{z(z+1)}{(z-0.4)(z+0.6)}=\frac{1.4z}{z-0.4}-\frac{0.4z}{z+0.6}$

故得系统的单位序列响应为

$$h(k)=[1.4(0.4)^k-0.4(-0.6)^k]U(k)$$

（3）因有

$$Y(z)=H(z)F(z)=\frac{z^2(z+1)}{(z-1)(z-0.4)(z+0.6)}=\frac{2.08z}{z-1}-\frac{0.93z}{z-0.4}-\frac{0.15z}{z+0.6}$$

故得系统零状态响应为

$$y(k)=[2.08-0.93(0.4)^k-0.15(-0.6)^k]U(k)$$

八、解：(1) 由图模 6-4 得 $f(t)$ 的奈奎斯特周期 $T_s=\frac{\pi}{4}$，奈奎斯特频率 $\omega_s=\frac{2\pi}{T_s}=8$，故

对于 $f(2t)$ 有 $\omega_s=16$，$T_s=\frac{\pi}{8}$；

对于 $f\left(\frac{1}{2}t\right)$ 有 $\omega_s=4$，$T_s=\frac{\pi}{2}$。

（2）设开关信号 $s(t)$ 为单位冲激串 $\delta_{T_s}(t)=\sum_{n=-\infty}^{\infty}\delta(t-nT_s)=\sum_{n=-\infty}^{\infty}\delta\left(t-n\cdot\frac{\pi}{4}\right)$，其频谱函数为

$$S(j\omega)=\mathscr{F}\{s(t)\}=\mathscr{F}\{\delta_{\frac{\pi}{4}}(t)\}=\omega_s\sum_{n=-\infty}^{\infty}\delta(\omega-n\omega_s)=8\sum_{n=-\infty}^{\infty}\delta(\omega-n\cdot 8)$$

且

$$f_s(t)=f(t)s(t)=f(t)\delta_{T_s}(t)$$

则抽样信号 $f_s(t)$ 的频谱函数为

$$F_s(j\omega)=\frac{1}{2\pi}F(j\omega)*S(j\omega)=\frac{1}{2\pi}F(j\omega)*\omega_s\sum_{n=-\infty}^{\infty}\delta(\omega-n\omega_s)$$

$$F(j\omega)=\frac{\omega_s}{2\pi}\sum_{n=-\infty}^{\infty}F[j(\omega-n\omega_s)]=\frac{1}{T_s}\sum_{n=-\infty}^{\infty}F[j(\omega-n\omega_s)]=\frac{4}{\pi}\sum_{n=-\infty}^{\infty}F[j(\omega-n\cdot 8)]$$

$F_s(j\omega)$ 的频谱图如图模 6-8 所示。

由 $f(t)\leftrightarrow F(j\omega)$ 得 $f(2t)\leftrightarrow\frac{1}{2}F\left(j\frac{\omega}{2}\right)$，$f\left(\frac{1}{2}t\right)\leftrightarrow 2F(j2\omega)$，故得其响应频谱图如图模 6-9 和图模 6-10 所示。

九、解：(1) 由　$f(t)=g(1-2t)$，　$g(2t)=g(-2t)$，　$g(1-2t)=g\left[-2\left(t-\frac{1}{2}\right)\right]$

故得 $f(t)$ 的波形如图模 6-11 所示。

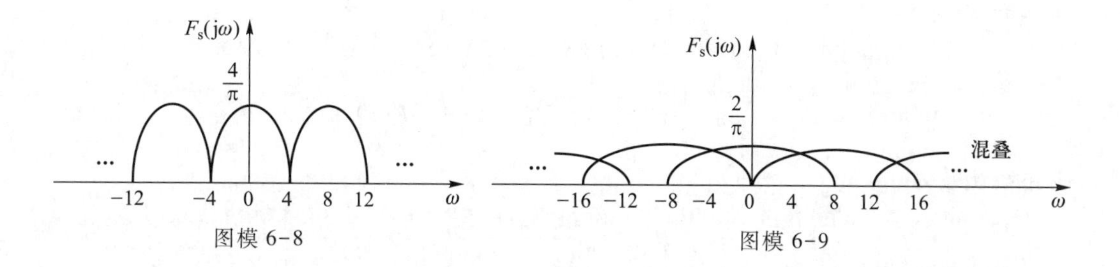

图模 6-8　　　　图模 6-9

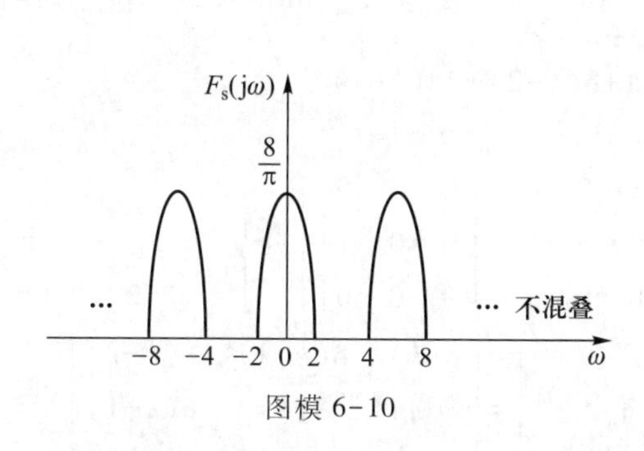

图模 6-10

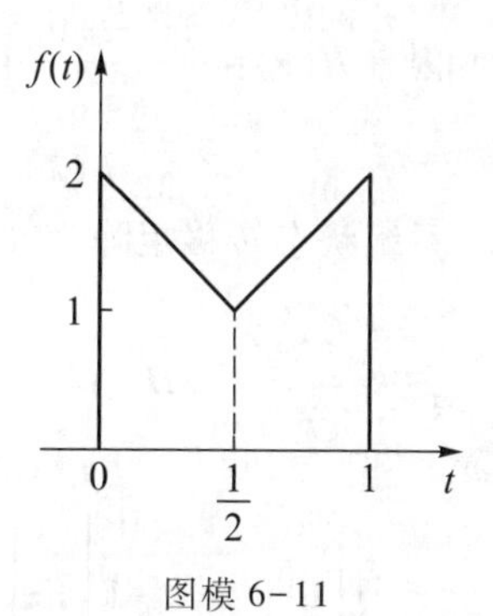

图模 6-11

(2) $F(j\omega)=\int_{-\infty}^{\infty}f(t)e^{j\omega t}dt$，令 $\omega=0$，得 $F(j0)=\int_{-\infty}^{\infty}f(t)dt$。

当 $0\leqslant t<\frac{1}{2}$ 时，$F(j0)=\int_{0}^{\frac{1}{2}}(-2t+2)dt=-t^2+2t\Big|_0^{\frac{1}{2}}=\frac{3}{4}$

当 $\frac{1}{2}\leqslant t\leqslant 1$ 时，$F(j0)=\int_{\frac{1}{2}}^{1}2tdt=t^2\Big|_{\frac{1}{2}}^{1}=\frac{3}{4}$

故得 $F(j0)=\frac{3}{2}$。

(3) $f(t)=\frac{1}{2\pi}\int_{-\infty}^{\infty}F(j\omega)e^{j\omega t}d\omega$，令 $t=0$，得 $\int_{-\infty}^{\infty}F(j\omega)d\omega=2\pi f(0)$，则有 $f(0)=2$，$\int_{-\infty}^{\infty}F(j\omega)d\omega=4\pi$。

(4) $\int_{-\infty}^{\infty}|F(j\omega)|^2d\omega=2\pi\int_{-\infty}^{\infty}|f(t)|^2dt=\frac{14}{3}\pi$

(5) $\int_{-\infty}^{\infty}F(j\omega)\frac{2\sin\omega}{\omega}e^{j\frac{\omega}{2}}d\omega=\mathscr{F}^{-1}[f(t)*G_2(t)]=2\pi[f(t)*G_2(t)]\big|_{t=\frac{1}{2}}=3\pi$

十、解：(1)　$x_1(k+1)=x_2(k)$，　$x_2(k+1)=x_3(k)$，　$x_3(k+1)=f(k)$

$$y(k)=0.5x_1(k)+x_2(k)+2x_3(k)$$

所以

$$\begin{bmatrix}x_1(k+1)\\x_2(k+1)\\x_3(k+1)\end{bmatrix}=\begin{bmatrix}0&1&0\\0&0&1\\0&0&0\end{bmatrix}\begin{bmatrix}x_1(k)\\x_2(k)\\x_3(k)\end{bmatrix}+\begin{bmatrix}0\\0\\1\end{bmatrix}f(k),\quad [y(k)]=[0.5\quad 1\quad 2]\begin{bmatrix}x_1(k)\\x_2(k)\\x_3(k)\end{bmatrix}$$

（2）由

$$
\begin{aligned}
Y(z) &= 0.5X_1(z)+X_2(z)+2X_3(z)\\
&= \frac{1}{2}z^{-3}F(z)+z^{-2}F(z)+2z^{-1}F(z)
\end{aligned}
$$

故得系统函数为

$$
H(z)=\frac{2z^2+z+0.5}{z^3}
$$

（3）因有 $H(z)=\frac{2z^2+z+0.5}{z^3}=\frac{2}{z}+\frac{1}{z^2}+\frac{0.5}{z^3}=\frac{1}{2}z^{-3}+z^{-2}+2z^{-1}$，故得系统单位序列响应为

$$
h(k)=0.5\delta(k-3)+\delta(k-2)+2\delta(k-1)
$$

（4）系统状态转移矩阵为

$$
\boldsymbol{A}^k=\boldsymbol{\varphi}(k)=\mathscr{Z}^{-1}[(z\boldsymbol{I}-\boldsymbol{A})^{-1}z]=\mathscr{Z}^{-1}\left\{\left[\begin{bmatrix} z & 0 & 0\\ 0 & z & 0\\ 0 & 0 & z\end{bmatrix}-\begin{bmatrix} 0 & 1 & 0\\ 0 & 0 & 1\\ 0 & 0 & 0\end{bmatrix}\right]^{-1}z\right\}
$$

$$
=\mathscr{Z}^{-1}\left\{\begin{bmatrix} z & -1 & 0\\ 0 & z & -1\\ 0 & 0 & z\end{bmatrix}^{-1}z\right\}=\mathscr{Z}^{-1}\begin{bmatrix} 1 & z^{-1} & z^{-2}\\ 0 & 1 & z^{-1}\\ 0 & 0 & 1\end{bmatrix}=\begin{bmatrix} \delta(k) & \delta(k-1) & \delta(k-2)\\ 0 & \delta(k) & \delta(k-1)\\ 0 & 0 & \delta(k)\end{bmatrix}
$$

（5）系统的差分方程为

$$
y(k)=0.5f(k-3)+f(k-2)+2f(k-1)
$$

硕士研究生入学考试模拟题七及解析

模 拟 题 七

一、(每小题 5 分,共 60 分)解答题

1. 已知信号 $f(1-2t)$ 的波形如图模 7-1 所示,利用波形变换画出信号 $f(t)$ 的波形。

2. 计算积分 $\int_{-\infty}^{t} e^{-\tau}\delta'(\tau)\mathrm{d}\tau$。

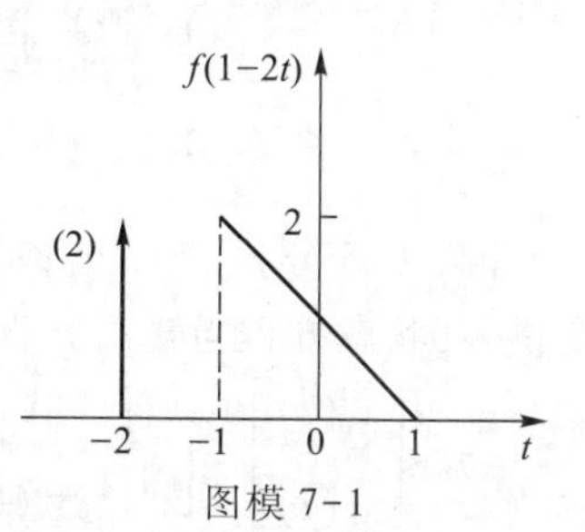

图模 7-1

3. 已知某系统的输出信号 $y(t)$ 与输入信号 $f(t)$ 的关系为 $y(t)=\int_{-\infty}^{5t} f(\tau)\mathrm{d}\tau$,判断该系统是否为时不变系统。

4. 已知信号 $f(t)$ 的频谱函数 $F(\mathrm{j}\omega)=4\mathrm{Sa}(\omega)\cos(2\omega)$,求信号 $f(t)$。

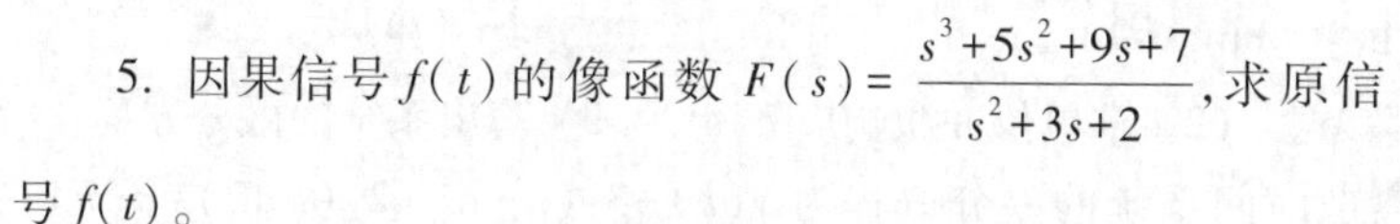

5. 因果信号 $f(t)$ 的像函数 $F(s)=\dfrac{s^3+5s^2+9s+7}{s^2+3s+2}$,求原信号 $f(t)$。

6. 因果信号 $f(t)$ 的像函数 $F(s)=\dfrac{s^2+2s+1}{s^3+2s^2+3s+6}$,求信号 $f(t)$ 的终值 $f(\infty)$。

7. 求 $U(k+1)*[U(k-2)+\delta(k-1)]$。

8. 某线性时不变离散时间系统的系统矩阵 $\boldsymbol{A}=\begin{bmatrix}-1 & 0 & 0\\ 0 & 0.3 & 0\\ 0 & 0 & 0.4\end{bmatrix}$,求其状态转移矩阵 $\boldsymbol{\varphi}(k)$。

9. 求序列 $f(k)=\sum_{i=0}^{k}(-1)^i$ 的单边 z 变换 $F(z)$。

10. 序列 $f(k)$ 的像函数 $F(z)=\dfrac{z^2}{(z-2)(z-1)}$,$|z|>2$,求初值 $f(0)$、$f(1)$。

11. 线性时不变离散时间系统的差分方程为 $y(k)+3y(k-1)+2y(k-2)=f(k)$,激励信号为 $f(k)=2^kU(k)$,响应信号为 $y(k)$,初值为 $y(0)=0$,$y(1)=2$。求系统的零输入响应 $y_x(k)$。

12. 某线性时不变离散时间系统中,当激励 $f(k)$ 为 $\delta(k-1)$ 时,系统的零状态响应为 $\left(\dfrac{1}{2}\right)^k U(k-1)$。求系统的单位阶跃响应 $g(k)$。

二、(15 分)带限信号 $f(t)=2+\cos(\Omega t)+\cos(4\Omega t)$,$\Omega=2\pi\times10^3(\mathrm{rad/s})$,用冲激串 $\delta_{T_s}(t)=\sum_{n=-\infty}^{\infty}\delta(t-nT_s)$ 对 $f(t)$ 进行抽样得到抽样信号 $f_s(t)$,抽样周期 $T_s=\dfrac{2\pi}{5\Omega}$。(1) 求抽

样信号的频谱 $F_s(j\omega)$。(2) 若抽样信号 $f_s(t)$ 通过单位冲激响应为 $\dfrac{\sin(2.5\Omega t)}{\pi t}$ 的滤波器,求该滤波器的输出 $y(t)$。(3) 经上述滤波器滤波后,系统能否无失真地恢复原信号?请说明原因。

三、(15 分)已知线性连续系统的信号流图如图模 7-2 所示,$F(s)$ 为激励信号的像函数,$Y(s)$ 为响应信号的像函数。(1) 求系统函数 $H(s)$。(2) 若系统处于临界稳定状态,确定其常数 K 的值。(3) 系统临界稳定时,画出系统的零极点图。

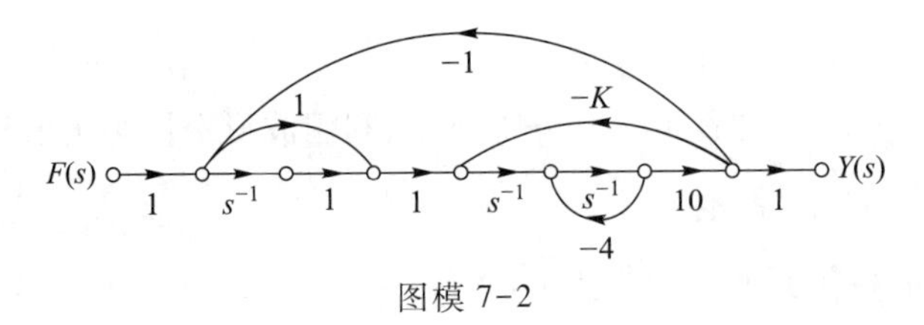

图模 7-2

四、(15 分)已知在连续系统中,$f(t)$ 为激励信号,$y(t)$ 为响应信号,$x_1(t)$、$x_2(t)$ 为状态变量,其状态方程与输出方程分别为

$$\begin{bmatrix}\dot{x}_1(t)\\ \dot{x}_2(t)\end{bmatrix}=\begin{bmatrix}-1 & 0\\ 1 & -3\end{bmatrix}\begin{bmatrix}x_1(t)\\ x_2(t)\end{bmatrix}+\begin{bmatrix}1\\ 0\end{bmatrix}f(t),\quad y(t)=\begin{bmatrix}-0.5 & 1\end{bmatrix}\begin{bmatrix}x_1(t)\\ x_2(t)\end{bmatrix}+f(t)$$

(1) 求系统的状态转移矩阵 e^{At}。(2) 求单位冲激响应 $h(t)$。(3) 写出系统的微分方程。

五、(15 分)线性时不变离散时间系统的差分方程为 $y(k)+3y(k-1)+2y(k-2)=f(k)$,其中 $f(k)$ 为激励序列,$y(k)$ 为响应序列。(1) 求系统的传输算子 $H(E)$。(2) 用传输算子法求系统的单位序列响应 $h(k)$。(3) 画出系统直接形式的信号流图。

六、(15 分)线性时不变离散时间系统的信号流图如图模 7-3 所示,$F(z)$ 为激励序列的像函数,$Y(z)$ 为响应序列的像函数。(1) 求系统函数 $H(z)$,注明其收敛域。(2) 求系统的单位序列响应 $h(k)$。(3) 若系统的零状态响应为 $y_f(k)=\left[\frac{7}{8}\left(\frac{1}{2}\right)^k-\frac{7}{120}\left(-\frac{1}{2}\right)^k-\frac{9}{10}\left(\frac{1}{3}\right)^k+\frac{5}{6}\right]U(k)$,求激励序列 $f(k)$。

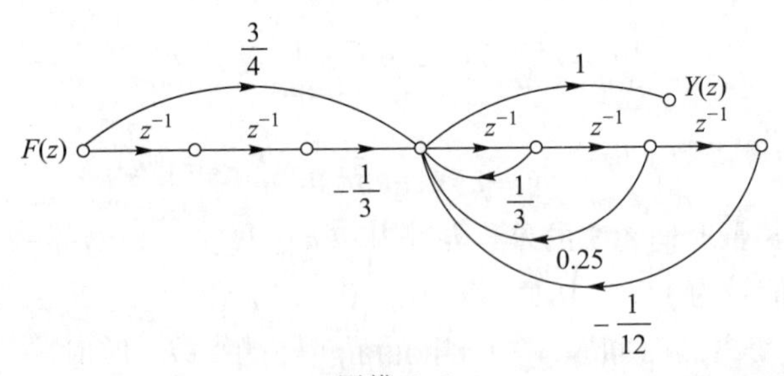

图模 7-3

七、(15 分)线性时不变离散时间系统,$f(k)$ 为激励序列,$y(k)$ 为响应序列。系统的差分方程为 $y(k)+0.2y(k-1)-0.24y(k-2)=f(k)+f(k-1)$。(1) 求系统的单位序列响应 $h(k)$。(2) 判断系统的稳定性。(3) 当激励序列 $f(k)=12\cos(2\pi k+30°)$ 时,求系统的稳态响应 $y_s(k)$。

模拟题七解析

一、解答题

1. 解：$f(t)$的波形如图模 7-4 所示。

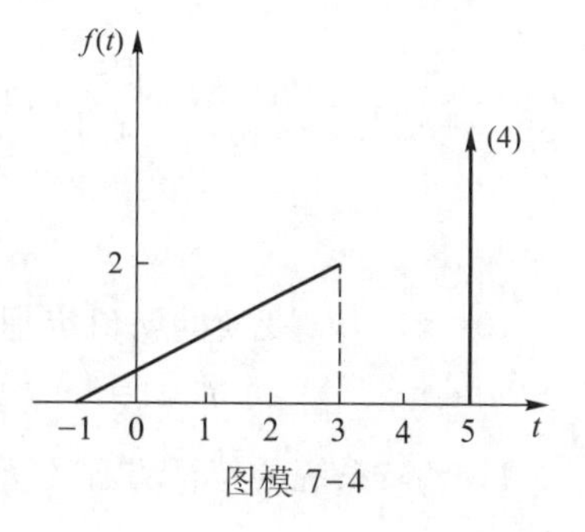

图模 7-4

2. 解：因为$f(t)\delta'(t)=f(0)\delta'(t)-f'(0)\delta(t)$，所以$e^{-\tau}\delta'(\tau)=\delta'(\tau)+\delta(\tau)$，有

$$\int_{-\infty}^{t} e^{-\tau}\delta'(\tau)\mathrm{d}\tau=\int_{-\infty}^{t}\delta'(\tau)\mathrm{d}\tau+\int_{-\infty}^{t}\delta(\tau)\mathrm{d}\tau=\delta(t)+U(t)$$

3. 解：$f(t-t_0)\Rightarrow\int_{-\infty}^{5t}f(t-t_0)\mathrm{d}t\xlongequal{t-t_0=\tau}\int_{-\infty}^{5t-t_0}f(\tau)\mathrm{d}\tau\neq y(t-t_0)$，所以系统是时变系统。

4. 解：$G_\tau(t)\to\tau\mathrm{Sa}\left(\frac{\omega\tau}{2}\right)$，当$\tau=2$时有$G_2(t)\to 2\mathrm{Sa}(\omega)$，所以

$$F(\mathrm{j}\omega)=4\mathrm{Sa}(\omega)\frac{e^{\mathrm{j}2\omega}+e^{-\mathrm{j}2\omega}}{2}=2\mathrm{Sa}(\omega)e^{\mathrm{j}2\omega}+2\mathrm{Sa}(\omega)e^{-\mathrm{j}2\omega}$$

根据时移性有

$$f(t)=G_2(t+2)+G_2(t-2)$$

5. 解：

$$F(s)=s+2+\frac{s+3}{s^2+3s+2}=s+2+\frac{2}{s+1}-\frac{1}{s+2}$$

$$h(t)=\delta'(t)+2\delta(t)+(2e^{-t}-e^{-2t})U(t)$$

6. 解：$s^3+2s^2+3s+6=s^2(s+2)+3(s+2)=(s+2)(s^2+3)$，可见系统在虚轴上有极点$\pm\mathrm{j}\sqrt{3}$，所以系统不存在终值。

7. 解：因为$U(k)*U(k)=(k+1)U(k)$，所以$U(k+1)*[U(k-2)+\delta(k-1)]=kU(k-1)+U(k)$或$(k+1)U(k)$。

8. 解：$\boldsymbol{\Phi}(z)=z[z\boldsymbol{I}-\boldsymbol{A}]^{-1}=z\begin{bmatrix} z+1 & 0 & 0 \\ 0 & z-0.3 & 0 \\ 0 & 0 & z-0.4 \end{bmatrix}^{-1}$

$$=\frac{z}{(z+1)(z-0.3)(z-0.4)}\begin{bmatrix} (z-0.3)(z-0.4) & 0 & 0 \\ 0 & (z+1)(z-0.4) & 0 \\ 0 & 0 & (z+1)(z-0.3) \end{bmatrix}$$

$$=\begin{bmatrix} \frac{z}{z+1} & 0 & 0 \\ 0 & \frac{z}{z-0.3} & 0 \\ 0 & 0 & \frac{z}{z-0.4} \end{bmatrix}$$

$$\boldsymbol{\varphi}(k)=\boldsymbol{\Phi}^{-1}(z)=\begin{bmatrix}(-1)^k & 0 & 0\\ 0 & 0.3^k & 0\\ 0 & 0 & 0.4^k\end{bmatrix}U(k)$$

9. 解：$(-1)^kU(k)\to\dfrac{z}{z-1}$，$|z|>1$，根据 z 变换的部分和定理有

$$F(z)=\frac{z^2}{z^2-1},\quad |z|>1$$

10. 解：由 z 变换的初值定理有

$$f(0)=\lim_{z\to\infty}F(z)=1,\quad f(1)=\lim_{z\to\infty}z[F(z)-f(0)]=3$$

11. 解：系统的特征方程为 $E^2+3E+2=0$，自然频率为 $p_1=-1,p_2=-2$。设系统的零输入响应为

$$y_x(k)=A(-1)^k+B(-2)^k$$

把初值 $y(0)=0,y(1)=2$ 带入差分方程得到

$$A=1,\quad B=-2$$

故有
$$y_x(k)=[(-1)^k-2(-2)^k]U(k)$$

12. 解：根据线性时不变系统的性质，可知系统的单位序列响应为

$$h(k)=\left(\frac{1}{2}\right)^{k+1}U(k)$$

故有
$$g(k)=U(k)*h(k)=\left[1-\left(\frac{1}{2}\right)^{k+1}\right]U(k)$$

二、解：(1) 抽样频率为

$$\omega_s=2\pi f_s=5\Omega$$

冲激串的频谱为

$$\delta_{T_s}\leftrightarrow 5\Omega\sum_{n=-\infty}^{\infty}\delta(\omega-n5\Omega)$$

激励序列的频谱为

$$F(j\omega)=4\pi\delta(\omega)+\pi\delta(\omega+\Omega)+\pi\delta(\omega-\Omega)+\pi\delta(\omega+4\Omega)+\pi\delta(\omega-4\Omega)$$

抽样信号为

$$f_s(t)=f(t)*\delta_{T_s}(t)$$

根据时域卷积定理有

$$F_s(j\omega)=\frac{1}{2\pi}F(j\omega)*5\Omega\sum_{n=-\infty}^{\infty}\delta(\omega-n5\Omega)=\frac{5\Omega}{2\pi}F(jn5\Omega)\sum_{n=-\infty}^{\infty}\delta(\omega-n5\Omega)$$

(2) 滤波器的频谱函数

$$h(t)=\frac{\sin(2.5\Omega t)}{\pi t}\leftrightarrow H(j\omega)=G_{5\Omega}(\omega)$$

响应频谱函数为

$$Y(j\omega)=F_s(j\omega)H(j\omega)=10\Omega\delta(\omega)+2.5\Omega\delta(\omega+\Omega)+2.5\Omega\delta(\omega-\Omega)$$

滤波器的输出为

$$y(t)=\frac{10\Omega}{2\pi}+\frac{2.5\Omega}{2\pi}(\mathrm{e}^{-\mathrm{j}\Omega t}+\mathrm{e}^{\mathrm{j}\Omega t})=\frac{5\Omega}{\pi}+\frac{2.5\Omega}{\pi}\cos(\Omega t)$$

（3）不能。采样频率太低。

三、解:（1）由梅森公式可求得系统函数为

$$H(s)=\frac{10s+10}{s^3+4s^2+(10K+10)s+10}$$

（2）系统临界稳定时,根据罗斯准则,令

$$-(10-40K-40)=0$$

得到

$$K=-0.75$$

（3）$K=-0.75$ 时，　$H(s)=\dfrac{10s+10}{s^3+4s^2+2.5s+10}$

求得系统零点为 $z_0=-1$,系统极点为 $p_1=\mathrm{j}\sqrt{2.5}$, $p_2=-\mathrm{j}\sqrt{2.5}$, $p_3=-4$。系统的零极点图如图模 7-5 所示。

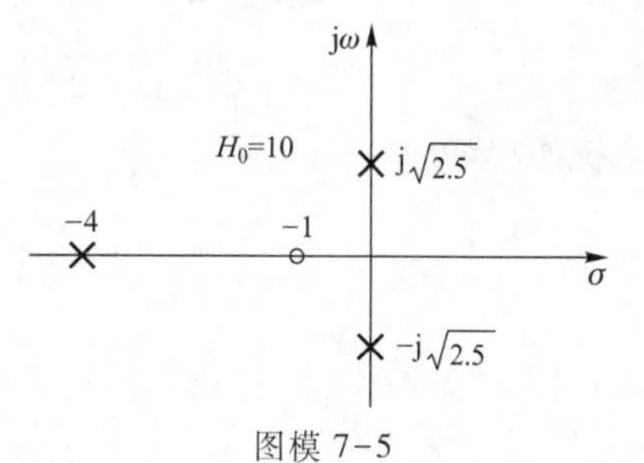

图模 7-5

四、解:（1）系统的状态预解矩阵为

$$\boldsymbol{\Phi}(s)=[s\boldsymbol{I}-\boldsymbol{A}]^{-1}=\begin{bmatrix}\dfrac{1}{s+1} & 0\\ \dfrac{0.5}{s+1}-\dfrac{0.5}{s+3} & \dfrac{1}{s+3}\end{bmatrix}$$

系统的状态转移矩阵为

$$\mathrm{e}^{At}=\boldsymbol{\varphi}(t)=\begin{bmatrix}\mathrm{e}^{-t} & 0\\ 0.5(\mathrm{e}^{-t}-\mathrm{e}^{-3t}) & \mathrm{e}^{-3t}\end{bmatrix}U(t)$$

（2）系统函数为

$$\boldsymbol{H}(s)=\boldsymbol{C\Phi}(s)\boldsymbol{B}+\boldsymbol{D}=\frac{s+2.5}{s+3}$$

单位冲激响应为

$$\boldsymbol{h}(t)=\delta(t)-0.5\mathrm{e}^{-3t}U(t)$$

（3）系统的微分方程为

$$y'(t)+3y(t)=f'(t)+2.5f(t)$$

五、解:（1）系统的算子方程为

$$y(k)+3E^{-1}y(k)+2E^{-2}y(k)=f(k)$$

传输算子为

$$H(E)=\frac{y(k)}{f(k)}=\frac{1}{1+3E^{-1}+2E^{-2}}=\frac{E^2}{E^2+3E+2}$$

（2）$H(E)=\dfrac{E^2}{E^2+3E+2}=\dfrac{-E}{E+1}+\dfrac{2E}{E+2}$,系统的单位序列响应为

$$h(k)=[-(-1)^k+2(-2)^k]U(k)$$

（3）系统直接形式的信号流图如图模 7-6 所示。

图模 7-6

六、解：(1) 由梅森公式可得系统函数

$$H(z)=\frac{\frac{3}{4}-\frac{1}{3}z^{-2}}{1-\frac{1}{3}z^{-1}-\frac{1}{4}z^{-2}+\frac{1}{12}z^{-3}}=\frac{\frac{3}{4}z^{3}-\frac{1}{3}z}{z^{3}-\frac{1}{3}z^{2}-\frac{1}{4}z+\frac{1}{12}}=\frac{\frac{3}{4}z^{3}-\frac{1}{3}z}{\left(z-\frac{1}{2}\right)\left(z+\frac{1}{2}\right)\left(z-\frac{1}{3}\right)},\quad |z|>\frac{1}{2}$$

(2) 将系统函数写为

$$H(z)=\frac{\frac{3}{4}z^{3}-\frac{1}{3}z}{\left(z-\frac{1}{2}\right)\left(z+\frac{1}{2}\right)\left(z-\frac{1}{3}\right)}=\frac{-\frac{7}{8}z}{z-\frac{1}{2}}+\frac{-\frac{7}{40}z}{z+\frac{1}{2}}+\frac{\frac{9}{5}z}{z-\frac{1}{3}}$$

系统的单位序列响应为

$$h(k)=\left[-\frac{7}{8}\left(\frac{1}{2}\right)^{k}-\frac{7}{40}\left(-\frac{1}{2}\right)^{k}+\frac{9}{5}\left(\frac{1}{3}\right)^{k}\right]U(k)$$

(3) $F(z)=\dfrac{Y_{f}(z)}{H(z)}=\dfrac{z}{z-1}$，所以系统的激励序列为

$$f(k)=U(k)$$

七、解：(1) 对系统的零状态差分方程取 z 变换，有

$$Y(z)+0.2z^{-1}Y(z)-0.24z^{-2}Y(z)=F(z)+z^{-1}F(z)$$

系统函数为

$$H(z)=\frac{Y(z)}{F(z)}=\frac{1+z^{-1}}{1+0.2z^{-1}-0.24z^{-2}}=\frac{z^{2}+z}{z^{2}+0.2z-0.24}=\frac{1.4z}{z-0.4}+\frac{-0.4z}{z+0.6}$$

系统的单位序列响应 $h(k)$ 为

$$h(k)=[1.4(0.4)^{k}-0.4(-0.6)^{k}]U(k)$$

(2) 由系统函数可知，系统的极点为

$$p_{1}=0.4,\quad p_{2}=-0.6$$

均在单位圆内，所以系统稳定。

(3) $H(e^{j2\pi})=H(z)\big|_{z=e^{j2\pi}=1}=\dfrac{25}{12}$，所以系统的正弦稳态响应为

$$y_{s}(k)=25\cos(2\pi k+30^{\circ})$$

硕士研究生入学考试模拟题八及解析

模 拟 题 八

一、(每小题 5 分,共 60 分)解答题

1. 已知频谱函数 $F(\mathrm{j}\omega)=2U(3-\omega)$,求其原函数 $f(t)$。

2. 线性时不变连续时间系统的频率特性为 $H(\mathrm{j}\omega)=\dfrac{1}{\mathrm{j}\omega+2}$,求激励 $f(t)=\mathrm{e}^{-\mathrm{j}2t}$ 作用时系统的零状态响应 $y_{\mathrm{f}}(t)$。

3. 求卷积积分 $f(t)=G_2(t)*G_2(t)$,写出其表达式并画出波形。

4. 已知信号 $f(t)=\dfrac{2\sin 2t}{t}\cos(1\,000t)$,求其能量 W。

5. 线性时不变离散时间系统的响应 $y(k)$ 与激励 $f(k)$ 之间的关系为 $y(k)=\sum\limits_{i=0}^{\infty}f(k-i)$,当激励为 $f(k)=2^kU(k)$ 时求该系统的零状态响应 $y(k)$。

6. 线性时不变离散时间系统的差分方程为 $2y(k)-7y(k-1)+3y(k-2)=f(k-1)+2f(k-2)$,求该系统的单位序列响应 $h(k)$。

7. 求离散信号 $f(k)=\left(\dfrac{1}{5}\right)^kU(k)-\left(\dfrac{1}{3}\right)^kU(-k-1)$ 的 z 变换 $F(z)$,并指出其收敛域。

8. 线性时不变离散时间系统的系统函数 $H(z)=\dfrac{z^2+3z+1}{z^2+Az-\dfrac{1}{4}}$,求使系统稳定的常数 A 的取值范围。

9. 求离散时间信号 $f(k)=\cos(\pi k)+\cos\left(\dfrac{8}{3}\pi k\right)$ 的周期 N。

10. 求单位阶跃序列 $U(k)$ 的功率 P。

11. 已知信号 $f(k)$ 的 z 变换为 $F(z)=\dfrac{z}{z-a}$,$|z|>a$,其中 a 是常数,求其终值 $f(\infty)$。

12. 线性时不变离散时间系统的单位序列响应为 $h(k)=\delta(k)-\delta(k-2)$,求系统的幅频特性 $|H(\mathrm{e}^{\mathrm{j}\omega})|$。

二、(15 分)图模 8-1(a)所示线性系统,激励 $f(t)$ 和系统的频率特性 $H(\mathrm{j}\omega)$ 分别如图模 8-1(b)和(c)所示,求系统的零状态响应 $y(t)$,并画出激励信号和响应信号的幅频特性曲线 $|F(\mathrm{j}\omega)|$ 和 $|Y(\mathrm{j}\omega)|$。

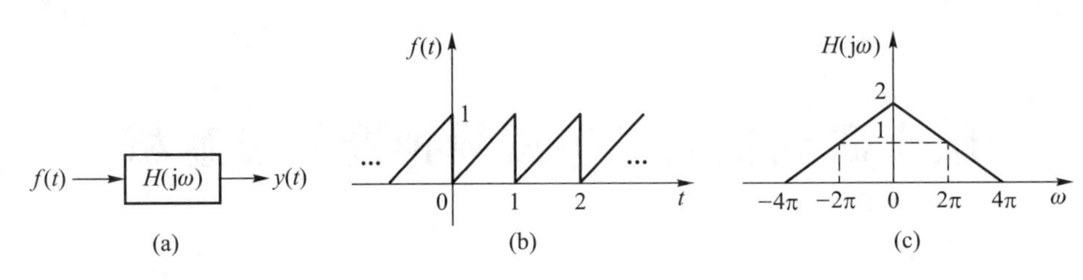

图模 8-1

三、(15 分)如图模 8-2 所示电路,已知 $t<0$ 时开关 S 打开,$u_1(0^-)=3\ \text{V}$,$u_2(0^-)=0$。今于 $t=0$ 时刻闭合开关 S。用复频域分析方法,求 $t>0$ 时的 $i(t)$ 和 $u(t)$。

四、(15 分)已知线性连续时不变稳定系统的系统函数 $H(s)$ 的零极点分布如图模 8-3 所示,有两个极点、一个零点,系统的激励为 $f(t)=\mathrm{e}^{3t}, t\in\mathbf{R}$ 时,响应为 $y(t)=\dfrac{3}{20}\mathrm{e}^{3t}, t\in\mathbf{R}$。(1) 求系统函数 $H(s)$ 及单位冲激响应 $h(t)$,并判断系统是否为因果系统。(2) 若 $f(t)=U(t)$,求响应 $y(t)$。(3) 写出系统的微分方程。

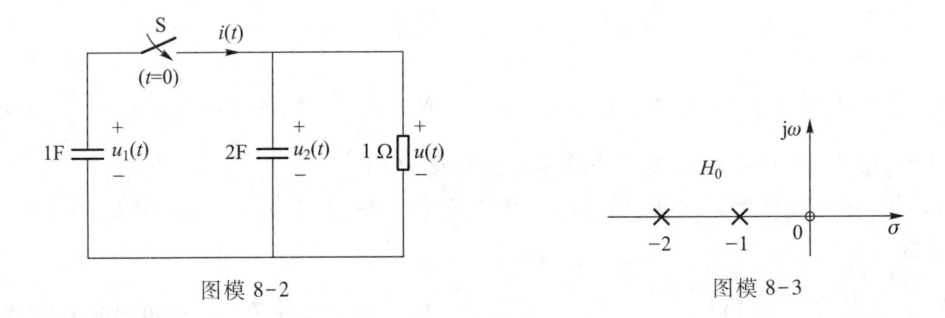

图模 8-2　　　　图模 8-3

五、(15 分)图模 8-4 所示离散线性时不变因果系统,已知该系统的单位序列响应为

$$h(k)=\begin{cases}1, & k=0\\ 5, & k=1\\ 0, & \text{其他}\end{cases}$$

,第二个子系统的单位序列响应为 $h_2(k)=U(k)-U(k-2)$。用时域分析法求:(1) 当输入为 $f(k)=\delta(k)-\delta(k-1)$ 时系统的零状态响应 $y(k)$。(2) 第一个子系统的单位序列响应 $h_1(k)$。

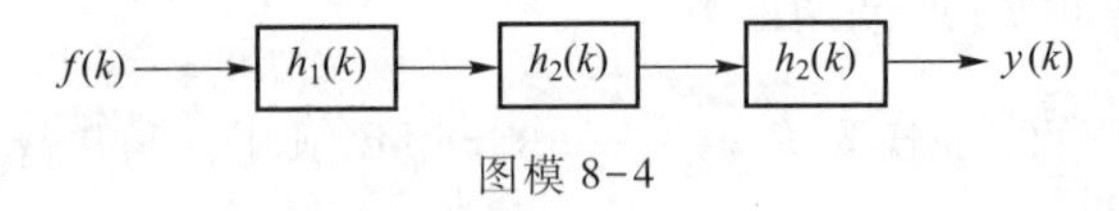

图模 8-4

六、(15 分)已知线性时不变离散时间系统的差分方程为 $y(k)-y(k-1)-2y(k-2)=f(k)+2f(k-2)$,$y(0)=2$,$y(1)=7$,$f(k)=U(k)$。(1) 求系统的单位序列响应。(2) 画出系统直接形式的信号流图。(3) 求系统的全响应。

七、(15 分)已知连续系统的信号流图如图模 8-5 所示。(1) 以积分器的输出信号 $x_1(t)$、$x_2(t)$ 为状态变量,写出矩阵形式的状态方程和输出方程。(2) 求系统函数矩阵 $\boldsymbol{H}(s)$。(3) 求系统的单位冲激响应矩阵 $\boldsymbol{h}(t)$。

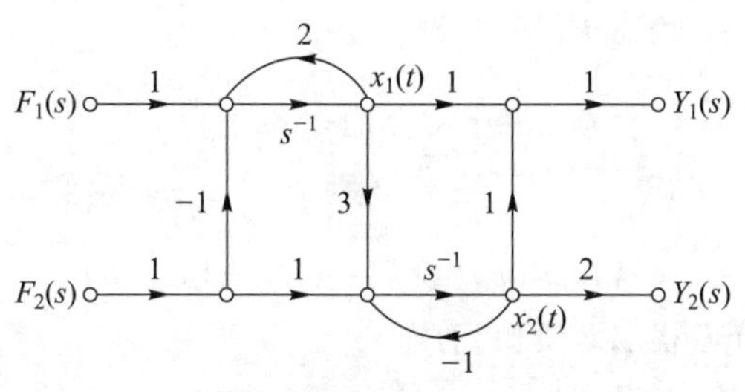

图模 8-5

模拟题八解析

一、解答题

1. 解：$U(t)\to\pi\delta(\omega)+\dfrac{1}{\mathrm{j}\omega}$，根据对称性有

$$\pi\delta(t)+\frac{1}{\mathrm{j}t}\to 2\pi U(-\omega)$$

$F(\mathrm{j}\omega)=2U(3-\omega)=2U[-(\omega-3)]$，根据频移性有

$$\left[\pi\delta(t)+\frac{1}{\mathrm{j}t}\right]\mathrm{e}^{\mathrm{j}3t}\to 2\pi U(3-\omega)$$

所以

$$f(t)=\frac{1}{\pi}\left[\pi\delta(t)+\frac{1}{\mathrm{j}t}\right]\mathrm{e}^{\mathrm{j}3t}=\delta(t)+\frac{1}{\mathrm{j}\pi t}\mathrm{e}^{\mathrm{j}3t}$$

2. 解：根据频域系统函数的物理意义有

$$y_{\mathrm{f}}(t)=H(\mathrm{j}\omega)\mid_{\omega=-2}\mathrm{e}^{-\mathrm{j}2t}=\frac{1}{2-\mathrm{j}2}\mathrm{e}^{-\mathrm{j}2t}=\frac{1}{2\sqrt{2}}\mathrm{e}^{-\mathrm{j}(2t-45^\circ)}$$

3. 解：根据卷积积分的微分性和积分性，如图模 8-6 所示，有

$$f(t)=\begin{cases}2\left(1-\dfrac{|t|}{2}\right), & |t|<2\\ 0, & |t|>2\end{cases}$$

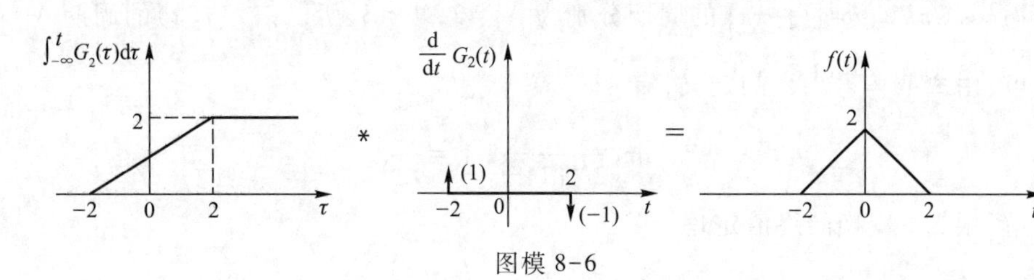

图模 8-6

4. 解：因为$\dfrac{2\sin 2t}{t}=4\mathrm{Sa}(2t)\to 2\pi G_4(\omega)$，所以$f(t)$的频谱函数为$F(\mathrm{j}\omega)=\pi G_4(\omega+1\,000)+\pi G_4(\omega-1\,000)$。信号的能量为

$$W=\frac{1}{2\pi}\int_{-\infty}^{\infty}|F(\mathrm{j}\omega)|^2\mathrm{d}\omega=4\pi(\mathrm{J})$$

5. 解:系统的单位序列响应为

$$h(k)=\sum_{i=0}^{\infty}\delta(k-i)=U(k)$$

所以系统的零状态响应为

$$y(k)=h(k)*f(k)=(2^{k+1}-1)U(k)$$

6. 解:对零状态差分方程取 z 变换,有

$$2Y(z)-7z^{-1}Y(z)+3z^{-2}Y(z)=z^{-1}F(z)+z^{-2}F(z)$$

系统函数为

$$H(z)=\frac{Y(z)}{F(z)}=\frac{z^{-1}+2z^{-2}}{2-7z^{-1}+3z^{-2}}=\frac{z+2}{2z^2-7z+3}=\frac{2}{3}-\frac{z}{z-0.5}+\frac{\frac{1}{3}z}{z-3}$$

系统的单位序列响应为

$$h(k)=\frac{2}{3}\delta(k)-(0.5)^kU(k)+\frac{1}{3}(3)^kU(k)$$

7. 解:$F(z)=\dfrac{z}{z-\frac{1}{5}}+\dfrac{z}{z-\frac{1}{3}},\quad \dfrac{1}{5}<|z|<\dfrac{1}{3}$

8. 解:令 $$D(z)=z^2+Az-\frac{1}{4}$$

根据朱利准则,有

$$\begin{cases}D(1)>0\\D(-1)>0\\1>\left|-\frac{1}{4}\right|\end{cases}$$

所以

$$-\frac{3}{4}<A<\frac{3}{4}$$

9. 解:$\cos(\pi k)$、$\cos\left(\frac{8}{3}\pi k\right)$ 的周期分别为 $N_1=2,N_2=3$,所以信号 $f(k)$ 的周期 $N=6$。

10. 解:由离散信号功率的定义,有

$$P=\lim_{N\to\infty}\frac{1}{2N+1}\sum_{i=0}^{N}1^2=\frac{1}{2}$$

11. 解:根据 z 变换的终值定理,有

$$f(\infty)=\lim_{z\to1}\frac{z-1}{z}\cdot\frac{z}{z-a}=\begin{cases}0,a<1\\1,a=1\\\text{不存在},a>1\end{cases}$$

12. 解:系统函数为 $$H(z)=1-z^{-2}$$

系统的频率特性为 $H(e^{j\omega})=H(z)\big|_{z=e^{j\omega}}=1-e^{-j2\omega}=1-\cos(2\omega)+j\sin(2\omega)$

系统的幅频特性为

$$|H(e^{j\omega})|=\sqrt{[1-\cos(2\omega)]^2+\sin^2(2\omega)}=\sqrt{2-2\cos(2\omega)}$$

二、解：

$$f(t)=\sum_{n=-\infty}^{\infty}F_n e^{jn\Omega t},\quad F(j\omega)=2\pi\sum_{n=-\infty}^{\infty}F_n\delta(\omega-n\Omega),\quad \Omega=\frac{2\pi}{T}=2\pi,\quad F_0=\frac{1}{2},\quad F_n=\frac{j}{2n\pi}$$

输入信号 $f(t)$ 的频谱函数为

$$F(j\omega)=\sum_{n=-\infty}^{-1}\frac{j}{n}\delta(\omega-2n\pi)+\pi\delta(\omega)+\sum_{n=1}^{\infty}\frac{j}{n}\delta(\omega-2n\pi)$$

系统输出信号的频谱函数为

$$Y(j\omega)=F(j\omega)H(j\omega)=-j\delta(\omega+2\pi)+2\pi\delta(\omega)+j\delta(\omega-2\pi)$$

输出信号为

$$y(t)=1-\frac{j}{2\pi}e^{-j2\pi t}+\frac{j}{2\pi}e^{j2\pi t}=1-\frac{1}{\pi}\sin(2\pi t)$$

激励信号和响应信号的幅频特性曲线如图模 8-7 所示。

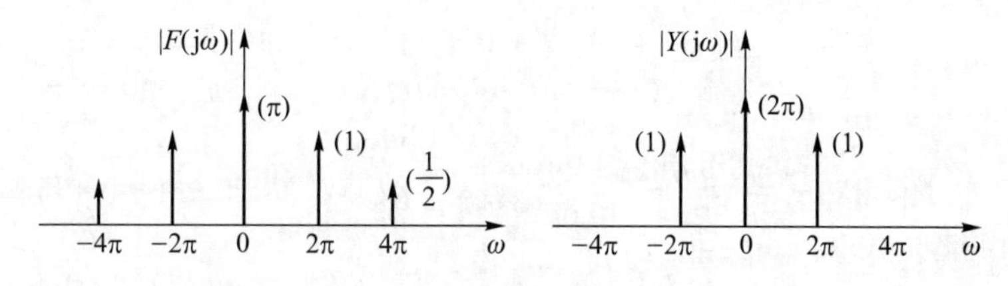

图模 8-7

三、解：系统的 s 域电路模型如图模 8-8 所示。

由节点法可得

$$(1+2s+s)U(s)=\frac{\frac{3}{s}}{\frac{1}{s}}=3$$

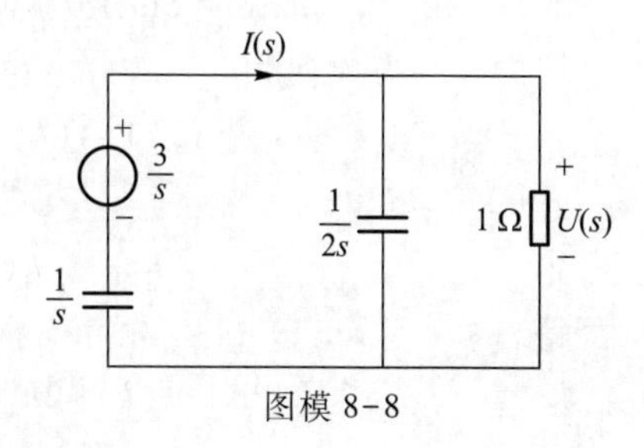

图模 8-8

即

$$U(s)=\frac{3}{1+3s}=\frac{1}{s+\frac{1}{3}},\quad u(t)=e^{-\frac{1}{3}t}U(t)\ (\mathrm{V})$$

根据电路图可得

$$I(s)=\frac{U(s)}{\frac{1}{2s}}+\frac{U(s)}{1}=(2s+1)\frac{1}{s+\frac{1}{3}}=2+\frac{\frac{1}{3}}{s+\frac{1}{3}}$$

所以

$$i(t)=2\delta(t)+\frac{1}{3}e^{-\frac{1}{3}t}U(t)\ (\mathrm{A})$$

四、解：(1) 由系统的零极点图，设

$$H(s)=H_0\frac{s}{(s+1)(s+2)}$$

由系统函数的物理意义有

$$y(t)=H(3)e^{3t}=\frac{3}{20}e^{3t}$$

所以

$$H_0=1,\quad H(s)=\frac{s}{(s+1)(s+2)}=\frac{s}{s^2+3s+2}=\frac{-1}{s+1}+\frac{2}{s+2}$$

已知系统是稳定的，$H(s)$的收敛域为$\sigma>-1$，故系统为因果系统。可得

$$h(t)=[-e^{-t}+2e^{-2t}]U(t)$$

(2)

$$F(s)=\frac{1}{s}$$

$$Y(s)=F(s)H(s)=\frac{1}{s}\times\frac{s}{(s+1)(s+2)}=\frac{1}{s+1}+\frac{-1}{s+2}$$

所以

$$y(t)=(e^{-t}-e^{-2t})U(t)$$

(3)

$$H(s)=\frac{s}{s^2+3s+2}=\frac{Y(s)}{F(s)}$$

系统的微分方程为

$$y''(t)+3y'(t)+2y(t)=f'(t)$$

五、解：(1) $h(k)=\delta(k)+5\delta(k-1)$，　$h_2(k)=U(k)-U(k-2)=\delta(k)+\delta(k-1)$

系统的零状态响应为

$$y(k)=f(k)*h(k)=\delta(k)+4\delta(k-1)-5\delta(k-2)$$

(2)

$$h(k)=h_1(k)*h_2(k)*h_2(k)$$

可得

$$h_1(k)+2h_1(k-1)+h_1(k-2)=\delta(k)+5\delta(k-1)$$

于是有

$$\frac{H_1(E)}{E}=\frac{1+5E^{-1}}{1+2E^{-1}+E^{-2}}=\frac{E^2+5E}{(E+1)^2}$$

第一个子系统的单位序列响应为

$$h_1(k)=(1+k)(-1)^kU(k+1)+5k(-1)^{k-1}U(k)=(1-4k)(-1)^kU(k)$$

六、解：(1) 对零状态的差分方程取 z 变换，有

$$Y(z)-z^{-1}Y(z)-2z^{-2}Y(z)=F(z)+2z^{-2}F(z)$$

系统函数为

$$H(z)=\frac{Y(z)}{F(z)}=\frac{1+2z^{-2}}{1-z^{-1}-2z^{-2}}=\frac{z^2+2}{z^2-z-2}=-1+\frac{z}{z-2}+\frac{z}{z+1}$$

系统的单位序列响应为

$$h(k)=-\delta(k)+2^kU(k)+(-1)^kU(k)$$

（2）根据梅森公式的物理意义，系统直接形式的信号流图如图模 8-9 所示。

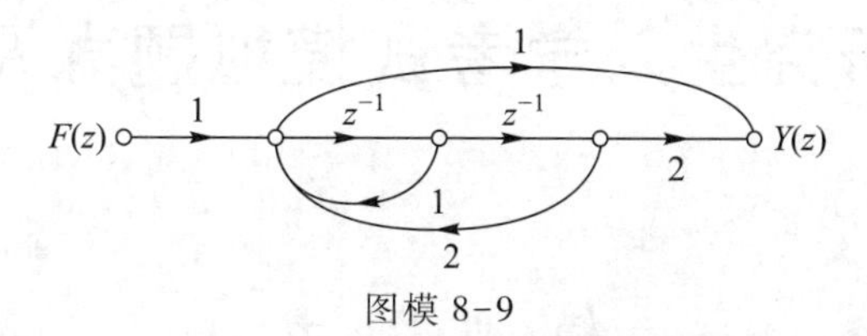

图模 8-9

（3）由迭代法可知 $y(-1)=2$，$y(-2)=-0.5$，对差分方程取 z 变换，有

$$Y(z)=\frac{z^2+4z}{z^2-z-2}+\frac{z^3+2z}{(z^2-z-2)(z-1)}=\frac{4z}{z-2}-\frac{\frac{1}{2}z}{z+1}-\frac{\frac{3}{2}z}{z-1}$$

所以，系统的全响应为

$$y(k)=\left[4(2)^k-\frac{1}{2}(-1)^k-\frac{3}{2}\right]U(k)$$

七、解：（1）由系统的信号流图，可得状态方程为

$$\begin{cases}\dot{x}_1(t)=2x_1(t)+f_1(t)-f_2(t)\\ \dot{x}_2(t)=3x_1(t)-x_2(t)+f_2(t)\end{cases}$$

输出方程为

$$\begin{cases}y_1(t)=x_1(t)+x_2(t)\\ y_2(t)=2x_2(t)\end{cases}$$

写为矩阵形式，有

$$\begin{bmatrix}\dot{x}_1(t)\\ \dot{x}_2(t)\end{bmatrix}=\begin{bmatrix}2&0\\3&-1\end{bmatrix}\begin{bmatrix}x_1(t)\\x_2(t)\end{bmatrix}+\begin{bmatrix}1&-1\\0&1\end{bmatrix}\begin{bmatrix}f_1(t)\\f_2(t)\end{bmatrix},\quad \begin{bmatrix}y_1(t)\\y_2(t)\end{bmatrix}=\begin{bmatrix}1&1\\0&2\end{bmatrix}\begin{bmatrix}x_1(t)\\x_2(t)\end{bmatrix}+\begin{bmatrix}0&0\\0&0\end{bmatrix}\begin{bmatrix}f_1(t)\\f_2(t)\end{bmatrix}$$

（2）系统函数矩阵为

$$\boldsymbol{H}(s)=\boldsymbol{C\Phi}(s)\boldsymbol{B}+\boldsymbol{D}=\begin{bmatrix}\frac{2}{s-2}+\frac{-1}{s+1}&\frac{-2}{s-2}+\frac{2}{s+1}\\ \frac{2}{s-2}+\frac{-2}{s+1}&\frac{-2}{s-2}+\frac{4}{s+1}\end{bmatrix}$$

（3）系统的单位冲激响应矩阵为

$$h(t)=\begin{bmatrix}2e^{2t}-e^{-t}&-2e^{2t}+2e^{-t}\\ 2e^{2t}-2e^{-t}&-2e^{2t}+4e^{-t}\end{bmatrix}U(t)$$

硕士研究生入学考试模拟题九及解析

模 拟 题 九

一、(每小题 5 分,共 70 分)解答题

1. 证明:$\int_{-\infty}^{\infty}\frac{\sin t}{t}\mathrm{d}t=\pi$。

2. 某连续系统的响应 $y(t)$ 与激励 $f(t)$ 之间的关系是 $y(t)=f(1-t)$,判断该系统是否为因果系统。

3. 某连续系统的零状态响应为 $y_{\mathrm{f}}(t)=\frac{t}{4}[U(t)-U(t-4)]$,激励信号为 $f(t)=\sin t\cdot U(t)$,求系统的单位冲激响应 $h(t)$。

4. 信号 $f(t)$ 的像函数 $F(s)=\frac{s^3+s^2+2s+1}{s^3+6s^2+11s+6}$,求其初值 $f(0^+)$。

5. 信号 $f(t)$ 的频谱函数 $F(\mathrm{j}\omega)=\pi\mathrm{e}^{-2|\omega|}$,求原函数 $f(t)$。

6. 已知信号 $f(t)=t\mathrm{e}^{-(t-2)}U(t-1)$,求其拉普拉斯变换 $F(s)$。

7. 某线性时不变连续时间系统系统的单位冲激响应 $h(t)=(\mathrm{e}^{-2t}-\mathrm{e}^{-3t})U(t)$,当激励信号 $f(t)=\mathrm{e}^{-t}U(t)$ 时求系统的零状态响应。

8. 已知信号 $f(t)$ 的带宽为 20 kHz,若对信号 $f(2t)$ 进行抽样,求其奈奎斯特频率 f_{N}。

9. 求离散信号 $f(k)=\left(\frac{1}{5}\right)^k U(-k)$ 的 z 变换 $F(z)$,并指出其收敛域。

10. 图模 9-1 所示的线性时不变离散时间系统,写出系统单位序列响应 $h(k)$ 的表达式。

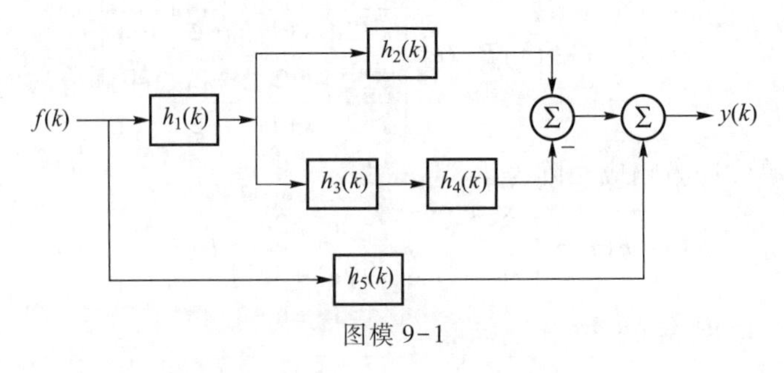

图模 9-1

11. 某离散系统的系统函数 $H(z)=\frac{0.5z+1}{z^2-0.5(A+1)z+3A}$,要使该系统稳定,求其常数 A 的取值范围。

12. 某线性时不变离散系统的差分方程为 $y(k)+4y(k-1)+y(k-2)-y(k-3)=5f(k)+$

$10f(k-1)+9f(k-2)$，求系统函数 $H(z)$。

13. 描述某线性时不变离散系统的差分方程为 $y(k)+3y(k-1)+2y(k-2)=2^kU(k)$，全响应的初值为 $y(0)=0, y(1)=2$，求系统的初始状态。

14. 某线性离散系统的响应 $y(k)$ 与激励 $f(k)$ 的关系为 $y(k)=\sum\limits_{i=0}^{\infty}f(k-i)$，当激励序列 $f(k)=U(k)-U(k-1)$ 时，求系统的响应 $y(k)$。

二、(20 分) 图模 9-2 所示系统，已知激励信号 $f(t)=\dfrac{\sin\left(\dfrac{\pi}{4}t\right)}{\pi t}$，单位冲激串 $\delta_T(t)=\sum\limits_{n=-\infty}^{\infty}\delta(t-nT)$，$T=2$ s，子系统的单位冲激响应 $h(t)=\dfrac{\sin\left(\dfrac{\pi}{8}t\right)}{\pi t}$。(1) 求 $f(t)$、$f_1(t)$ 的频谱并画出其频谱图。(2) 求子系统 $h(t)$ 的频率特性并画出其频谱图。(3) 求响应 $y(t)$ 并画出其频谱图。

图模 9-2

三、(20 分) 图模 9-3 所示系统，$h_1(t)=\delta(t)$，$h_2(t)$ 由微分方程 $y_2'(t)+y_2(t)=f_2(t)$ 确定，$h_3(t)=\int_{-\infty}^{t}\delta(\tau)\mathrm{d}\tau$，$f(t)=\mathrm{e}^{-2(t-1)}U(t)$。(1) 求系统函数 $H(s)$。(2) 求系统的单位冲激响应 $h(t)$。(3) 判断系统的稳定性。(4) 求系统的零状态响应 $y(t)$。

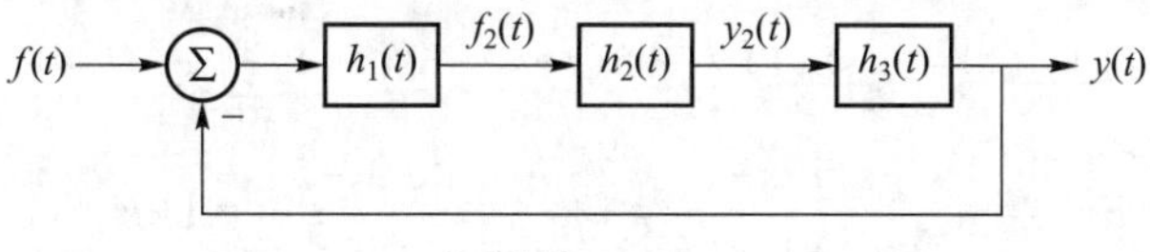

图模 9-3

四、(20 分) 某离散系统的差分方程为 $y(k)-\dfrac{3}{4}y(k-1)+\dfrac{1}{8}y(k-2)=f(k)+\dfrac{1}{3}f(k-1)$。(1) 求系统函数 $H(z)$。(2) 画出系统直接形式的信号流图。(3) 求系统单位序列响应 $h(k)$。(4) 若激励信号 $f(k)=10\cos\left(\dfrac{\pi}{2}k\right)$ 时，求系统的正弦稳态响应 $y_s(k)$。

五、(20 分) 某线性离散系统如图模 9-4 所示。(1) 写出系统的状态方程与输出方程。(2) 求系统函数 $H(z)$。(3) 求系统的单位序列响应 $h(k)$。(4) 求系统状态转移矩阵 $\boldsymbol{A}^k$。

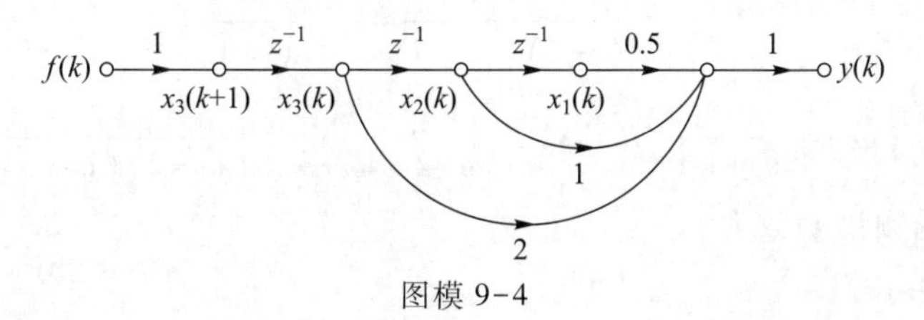

图模 9-4

模拟题九解析

一、解答题

1. 证明：

$$G_\tau(t)\to \mathrm{Sa}\left(\frac{\omega\tau}{2}\right)$$

由对称性，可得

$$\frac{\sin t}{t}\to \pi G_2(\omega)$$

由傅里叶变换的定义得

$$\int_{-\infty}^{\infty}\frac{\sin t}{t}\mathrm{e}^{-\mathrm{j}\omega t}\mathrm{d}t=\pi G_2(\omega)$$

所以，当 $\omega=0$ 时，原式成立。

2. 解：因为 $y(t)=f(1-t)$，系统的功能是对输入信号进行反折和时移变换，当系统的输入为零时，系统的输出也为零，故系统为因果系统。

3. 解：$y_\mathrm{f}(t)=h(t)*f(t)=h(t)*\sin tU(t)$，根据卷积积分的微分性，有

$$y'_\mathrm{f}(t)=h(t)*f'(t)=h(t)*\cos tU(t)$$

$$y''_\mathrm{f}(t)=h(t)*f''(t)=h(t)*[\delta(t)-\sin tU(t)]=h(t)-y_\mathrm{f}(t)$$

所以

$$h(t)=f''(t)+y_\mathrm{f}(t)=\frac{1}{4}\delta(t)-\frac{1}{4}\delta(t-4)-\delta'(t-4)+\frac{t}{4}[U(t)-U(t-4)]$$

4. 解：

$$F(s)=\frac{s^3+s^2+2s+1}{s^3+6s^2+11s+6}=1+\frac{-5s^2-9s-5}{s^3+6s^2+11s+6}=1+F_0(s)$$

由拉氏变换的初值定理得

$$f(0^+)=\lim_{s\to\infty}sF_0(s)=-5$$

5. 解：偶双边指数信号 $\mathrm{e}^{-2|t|}\to\dfrac{4}{4+\omega^2}$，根据对称性有 $\dfrac{2}{4+t^2}\to\pi\mathrm{e}^{-2|\omega|}$，所以

$$f(t)=\frac{2}{4+t^2}$$

6. 解：　$f(t)=t\mathrm{e}^{-(t-2)}U(t-1)=\mathrm{e}[(t-1)\mathrm{e}^{-(t-1)}U(t-1)+\mathrm{e}^{-(t-1)}U(t-1)]$

所以

$$F(s)=\frac{\mathrm{e}^{-s+1}}{(s+1)^2}+\frac{\mathrm{e}^{-s+1}}{s+1}=\mathrm{e}^{-s+1}\frac{s+2}{(s+1)^2}$$

7. 解：　$F(\mathrm{j}\omega)=\dfrac{1}{\mathrm{j}\omega+1}$，　$H(\mathrm{j}\omega)=\dfrac{1}{\mathrm{j}\omega+2}-\dfrac{1}{\mathrm{j}\omega+3}=\dfrac{1}{(\mathrm{j}\omega+2)(\mathrm{j}\omega+3)}$

系统零状态响应的频谱函数为

$$Y(\mathrm{j}\omega)=F(\mathrm{j}\omega)H(\mathrm{j}\omega)=\frac{1}{(\mathrm{j}\omega+1)(\mathrm{j}\omega+2)(\mathrm{j}\omega+3)}=\frac{\frac{1}{2}}{\mathrm{j}\omega+1}+\frac{-1}{\mathrm{j}\omega+2}+\frac{\frac{1}{2}}{\mathrm{j}\omega+3}$$

所以

$$y(t)=\left(\frac{1}{2}e^{-t}-e^{-2t}+\frac{1}{2}e^{-3t}\right)U(t)$$

8. 解：时域压缩，频域展宽。$f(2t)$的最高频率为$f_m=40\ \text{kHz}$，奈奎斯特频率为

$$f_N=2f_m=80\ \text{kHz}$$

9. 解：$f(k)=\left(\frac{1}{5}\right)^k U(-k)=5^{-k}U(-k)$，因为$5^kU(k)\to\frac{z}{z-5}$，根据反折性，有

$$F(z)=\frac{z^{-1}}{z^{-1}-5}=\frac{1}{1-5z},\quad |z|<\frac{1}{5}$$

10. 解：
$$h(k)=h_5(k)+h_1(k)*\{h_2(k)-h_3(k)*h_4(k)\}$$

11. 解：$D(z)=z^2-0.5(A+1)z+3A$，根据朱利准则，有

$$\begin{cases}D(1)>0\\D(-1)>0,\\1>|3A|\end{cases}\quad -\frac{1}{5}<A<\frac{1}{3}$$

12. 解：对零状态差分方程取z变换，有

$$H(z)=\frac{Y(z)}{F(z)}=\frac{5z^3+10z^2+9z}{z^3+4z^2+z-1}$$

13. 解：将$k=0$、$k=1$分别带入差分方程，可得

$$y(-1)=0,\quad y(-2)=\frac{1}{2}$$

14. 解：系统的单位序列响应为

$$h(k)=\sum_{i=0}^{\infty}\delta(k-i)=U(k)$$

又$f(k)=U(k)-U(k-1)=\delta(k)$所以系统响应为

$$y(k)=U(k)*f(k)=U(k)$$

二、解：(1)　$F(j\omega)=G_{\frac{\pi}{2}}(\omega)$，　$f_1(t)=f(t)\cdot\delta_T(t)$，　$\delta_T(t)\to\pi\sum_{n=-\infty}^{\infty}\delta(\omega-n\pi)$

根据频域卷积定理，有

$$F_1(j\omega)=\frac{1}{2\pi}F(j\omega)*\pi\sum_{n=-\infty}^{\infty}\delta(\omega-n\pi)=\frac{1}{2}\sum_{n=-\infty}^{\infty}F(jn\pi)\delta(\omega-n\pi)$$

$f(t)$、$f_1(t)$的频谱图如图模9-5所示。

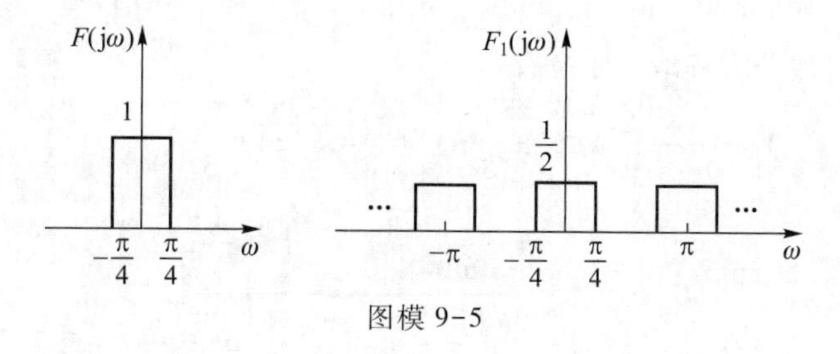

图模9-5

（2）根据对称性，可求得 $H(\mathrm{j}\omega)=G_{\frac{\pi}{4}}(\omega)$，其频谱图如图模 9-6 所示。

（3）$Y(\mathrm{j}\omega)=F_1(\mathrm{j}\omega)H(\mathrm{j}\omega)=\dfrac{1}{2}G_{\frac{\pi}{4}}(\omega)$，频谱图如图模 9-7 所示，所以

$$y(t)=\frac{\sin\left(\dfrac{\pi}{8}t\right)}{2\pi t}=\frac{1}{16}\mathrm{Sa}\left(\frac{\pi}{8}t\right)$$

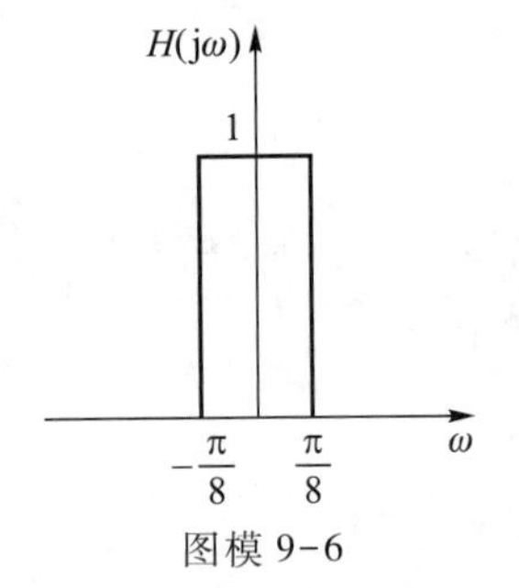

图模 9-6

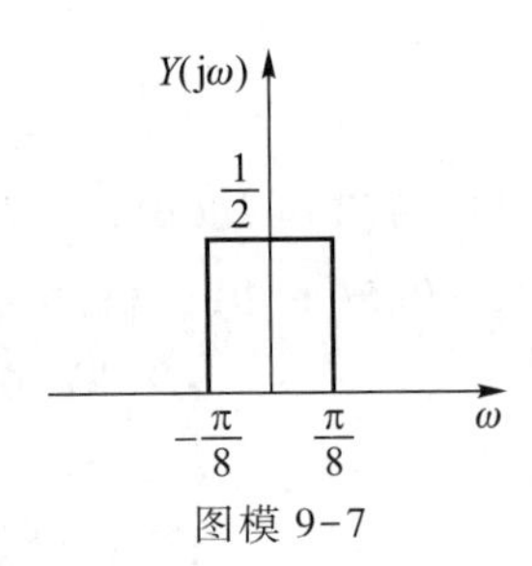

图模 9-7

三、解：（1）　$H_1(s)=1,\quad H_2(s)=\dfrac{Y_2(s)}{F_2(s)}=\dfrac{1}{s+1},\quad H_3(s)=\dfrac{1}{s}$

根据梅森公式，有

$$H(s)=\frac{H_1(s)H_2(s)H_3(s)}{1+H_1(s)H_2(s)H_3(s)}=\frac{1}{s^2+s+1}$$

（2）

$$H(s)=\frac{1}{s^2+s+1}=\frac{1}{\left(s+\dfrac{1}{2}\right)^2+\left(\dfrac{\sqrt{3}}{2}\right)^2}$$

故有

$$h(t)=\frac{2}{\sqrt{3}}\mathrm{e}^{-\frac{t}{2}}\sin\left(\frac{\sqrt{3}}{2}t\right)U(t)$$

（3）系统的极点为 $p_{1,2}=-\dfrac{1}{2}\pm\mathrm{j}\dfrac{\sqrt{3}}{2}$，在 s 平面的左半开平面，系统稳定。

（4）

$$F(s)=\mathrm{e}^2\frac{1}{s+2},\quad Y(s)=F(s)H(s)$$

$$y(t)=\frac{1}{3}\mathrm{e}^2\left[\mathrm{e}^{-2t}-\mathrm{e}^{-\frac{1}{2}t}\cos\left(\frac{\sqrt{3}}{2}t\right)+\sqrt{3}\,\mathrm{e}^{-\frac{1}{2}t}\sin\left(\frac{\sqrt{3}}{2}t\right)\right]U(t)$$

四、解：（1）对差分方程取 z 变换有

$$Y(z)-\frac{3}{4}z^{-1}Y(z)+\frac{1}{8}z^{-2}Y(z)=F(z)+\frac{1}{3}z^{-1}F(z)$$

$$H(z)=\frac{1+\dfrac{1}{3}z^{-1}}{1-\dfrac{3}{4}z^{-1}+\dfrac{1}{8}z^{-2}}=\frac{z\left(z+\dfrac{1}{3}\right)}{z^2-\dfrac{3}{4}z+\dfrac{1}{8}}$$

(2) 系统直接形式的信号流图如图模 9-8 所示。

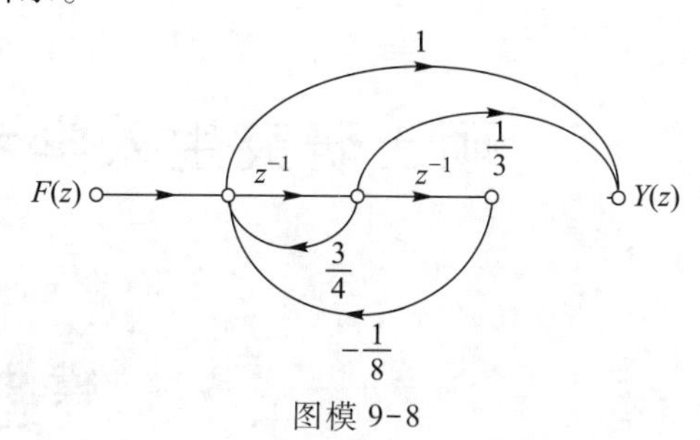

图模 9-8

(3) $H(z)=\dfrac{z\left(z+\dfrac{1}{3}\right)}{z^2-\dfrac{3}{4}z+\dfrac{1}{8}}=\dfrac{\dfrac{10}{3}z}{z-\dfrac{1}{2}}+\dfrac{-\dfrac{7}{3}z}{z-\dfrac{1}{4}}$

故有 $h(k)=\left[\dfrac{10}{3}\left(\dfrac{1}{2}\right)^k-\dfrac{7}{3}\left(\dfrac{1}{4}\right)^k\right]U(k)$

(4) $H(e^{j\frac{\pi}{2}})=H(j)=0.914\angle -59^\circ$

所以,系统的正弦稳态响应为

$$y(k)=9.14\cos\left(\frac{\pi}{2}k-59^\circ\right)$$

五、解:(1) $\begin{cases}x_1(k+1)=x_2(k)\\ x_2(k+1)=x_3(k),\\ x_3(k+1)=f(k)\end{cases}$ $y(k)=0.5x_1(k)+x_2(k)+2x_3(k)$

矩阵形式的状态方程与输出方程分别为

$$\begin{bmatrix}x_1(k+1)\\x_2(k+1)\\x_3(k+1)\end{bmatrix}=\begin{bmatrix}0&1&0\\0&0&1\\0&0&0\end{bmatrix}\begin{bmatrix}x_1(k)\\x_2(k)\\x_3(k)\end{bmatrix}+\begin{bmatrix}0\\0\\1\end{bmatrix}f(k),\quad [y(k)]=[0.5\quad 1\quad 2]\begin{bmatrix}x_1(k)\\x_2(k)\\x_3(k)\end{bmatrix}$$

(2) 由梅森公式,可得

$$H(z)=\frac{2z^2+z+0.5}{z^3}$$

(3) $H(z)=2z^{-1}+z^{-2}+0.5z^{-3}$, $h(k)=0.5\delta(k-3)+\delta(k-2)+2\delta(k-1)$

(4) 系统的预解矩阵为

$$\boldsymbol{\Phi}(z)=z(z\boldsymbol{I}-\boldsymbol{A})^{-1}=\begin{bmatrix}1&z^{-1}&z^{-2}\\0&1&z^{-1}\\0&0&1\end{bmatrix}$$

所以 $$\boldsymbol{A}^k=\boldsymbol{\varphi}(k)=\begin{bmatrix}\delta(k)&\delta(k-1)&\delta(k-2)\\0&\delta(k)&\delta(k-1)\\0&0&\delta(k)\end{bmatrix}$$

硕士研究生入学考试模拟题十及解析

模拟题十

一、(每小题 3 分,共 30 分)单项选择题

1. $\int_{-\infty}^{\infty}\delta(t-1)\left[t^2+\dfrac{e^{-t}\sin(\pi t)}{t-1}\right]dt=$(　　)。

A. 0　　B. 1　　C. $1+\dfrac{\pi}{e}$　　D. $1-\dfrac{\pi}{e}$

2. 设某离散线性时不变系统的单位序列响应为 $\delta(k)$,则该系统为(　　)。

A. 因果,稳定系统　　B. 非因果,稳定系统

C. 因果,非稳定系统　　D. 非因果,非稳定系统

3. 信号 $f(k)=(k+3)U(k)$ 的 z 变换为(　　)。

A. $\dfrac{z+3}{z-1}$　　B. $\dfrac{3z^2-2z}{(z-1)^2}$　　C. $\dfrac{z+3}{(z-1)^2}$　　D. $\dfrac{z^2+3z}{(z-1)^2}$

4. 信号 $f(t)=2\cos(1\ 000t)\cdot\dfrac{\sin(5t)}{\pi t}$的能量为(　　)。

A. 1 J　　B. $\dfrac{2}{\pi}$ J　　C. $\dfrac{5}{\pi}$ J　　D. $\dfrac{10}{\pi}$ J

5. 线性系统的系统函数 $H(s)=\dfrac{Y(s)}{F(s)}=\dfrac{s}{s+1}$,若其零状态响应 $y(t)=(1-e^{-t})U(t)$,则系统的输入 $f(t)$ 等于(　　)。

A. $\delta(t)$　　B. $U(t)$　　C. $e^{-t}U(t)$　　D. $tU(t)$

6. 设 $f(k)=U(k)*U(k)$,则 $f(2)$ 等于(　　)。

A. 1　　B. 2　　C. 3　　D. $kU(k)$

7. 下列关于离散时间系统稳定性的说法正确的是(　　)。

A. 若系统所有极点在单位圆内,则系统稳定

B. 若系统所有极点在左半平面,则系统稳定

C. 若系统所有极点在单位圆外,则系统稳定

D. 若系统所有极点在右半平面,则系统稳定

8. 以下序列中,(　　)序列为周期序列。

A. $f(k)=A\cos\left(\dfrac{3\pi}{7}k-\dfrac{\pi}{6}\right)$　　B. $f(k)=A\cos\left(\dfrac{3}{7}k-\dfrac{\pi}{6}\right)$

C. $f(k)=A\cos\left(\dfrac{3\pi}{7}k-\dfrac{\pi}{6}\right)U(k)$　　D. $f(k)=A\cos\left(\dfrac{3}{7}k-\dfrac{\pi}{6}\right)U(k)$

9. 已知离散系统的系统函数 $H(z)=\dfrac{0.5z+1}{z^2-0.5(k+1)z+3k}$，欲使系统稳定工作，则 k 的范围为（　　）。

A. $-\dfrac{3}{7}<k<\dfrac{1}{3}$　　B. $-\dfrac{1}{5}<A<\dfrac{1}{3}$　　C. $-\dfrac{1}{3}<A<\dfrac{1}{3}$　　D. $-\dfrac{1}{3}<k<-\dfrac{1}{5}$

10. 线性时不变系统的输入输出关系为 $y(t)=\int_{-\infty}^{t}\mathrm{e}^{-(t-\tau)}f(\tau)\mathrm{d}\tau$，则系统的单位冲激响应为（　　）。

A. $\mathrm{e}^{-t}U(t)$　　B. 1　　C. e^{-t}　　D. $U(t)$

二、（每小题 4 分，共 40 分）填空题

1. 已知连续系统的系统矩阵 $\boldsymbol{A}=\begin{bmatrix}4 & 3\\ -3 & 4\end{bmatrix}$，则系统的自然频率为（　　）。

2. 已知信号 $f(k)$ 的 z 变换 $F(z)=\dfrac{z}{\left(z+\dfrac{1}{2}\right)\left(z+\dfrac{3}{4}\right)}$，$|z|>\dfrac{3}{4}$，则 $f(k)=$（　　）。

3. 已知离散系统的激励为 $f(k)=A\cos(\omega_0 k+\theta)$，系统的频率特性为 $H(\mathrm{e}^{\mathrm{j}\omega})=|H(\mathrm{e}^{\mathrm{j}\omega})|\mathrm{e}^{\mathrm{j}\varphi(\omega)}$，则系统的正弦稳态响应为 $y(k)=$（　　）。

4. $f(k)=\cos(\pi k)+\cos\left(\dfrac{8}{3}\pi k\right)+\cos\left(\dfrac{11}{5}\pi k\right)$ 的周期为（　　）。

5. 设某系统的传输函数为 $H(\mathrm{j}\omega)=G_{2\pi}(\omega)$，则激励为 $f(t)=\dfrac{\sin(4\pi t)}{\pi t}$ 时系统的零状态响应为 $y_{\mathrm{f}}(t)=$（　　）。

6. 离散时间系统单位阶跃响应的 z 变换为 $G(z)=\dfrac{z^2+1}{(z+1)(z-1)^2}$，则其系统函数 $H(z)=$（　　）。

7. $[(1-3t)\delta'(t)]*\mathrm{e}^{-3t}U(t)=$（　　）。

8. 已知 $F(s)=\dfrac{2}{s+1}$，则 $f(0^+)=$（　　）。

9. $f(k)=\delta(k-2)+U(k)-U(k-6)$ 的 z 变换为（　　）。

10. 系统函数为 $H(s)=\dfrac{ks}{s^2+(4-k)s+4}$，系统临界稳定的条件是 $k=$（　　）。

三、（15 分）如图模 10-1(a) 所示系统，其子系统的单位冲激响应为 $h_1(t)=\delta(t+1)-\delta(t)$，$h_3(t)=\delta(t)-\delta(t-2)$，子系统 $h_2(t)$ 的输入输出关系如图模 10-1(b) 所示。(1) 求子系统的冲激响应 $h_2(t)$。(2) 求系统的冲激响应 $h(t)$。(3) 求 $f(t)=U(t)-U(t-3)$ 时系统的响应 $y(t)$。

四、（20 分）图模 10-2(a) 表示一个斩波放大器，它根据调幅原理将低频信号搬到较高频率段上，信号 $s_{\mathrm{p}}(t)$ 的波形如图模 10-2(b) 所示，系统 $H_1(\mathrm{j}\omega)$、$H_2(\mathrm{j}\omega)$ 分别如图模 10-2(c) 和 (d) 所示。(1) 确定 $x_1(t)$、$x_2(t)$、$x_3(t)$ 和 $y(t)$ 的频谱。(2) 若 $y(t)$ 正比于 $f(t)$，根据 T

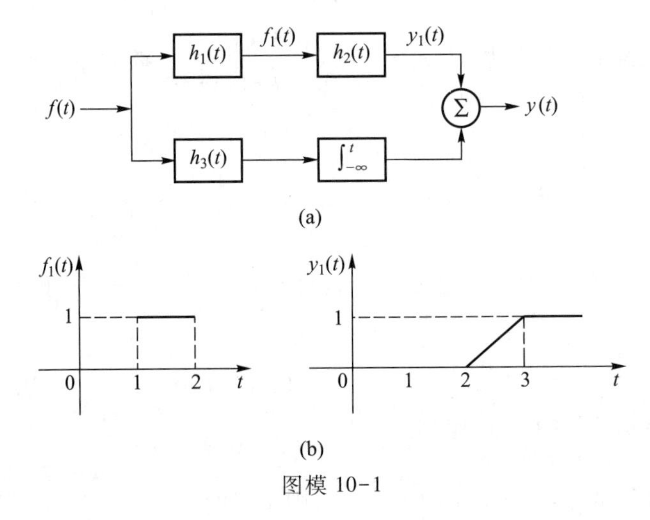

图模 10-1

确定 $f(t)$ 中允许存在的最高频率 ω_m。(3) 在(2)的基础上确定系统的频率响应 $H(j\omega)=\dfrac{Y(j\omega)}{F(j\omega)}$,并求系统增益。

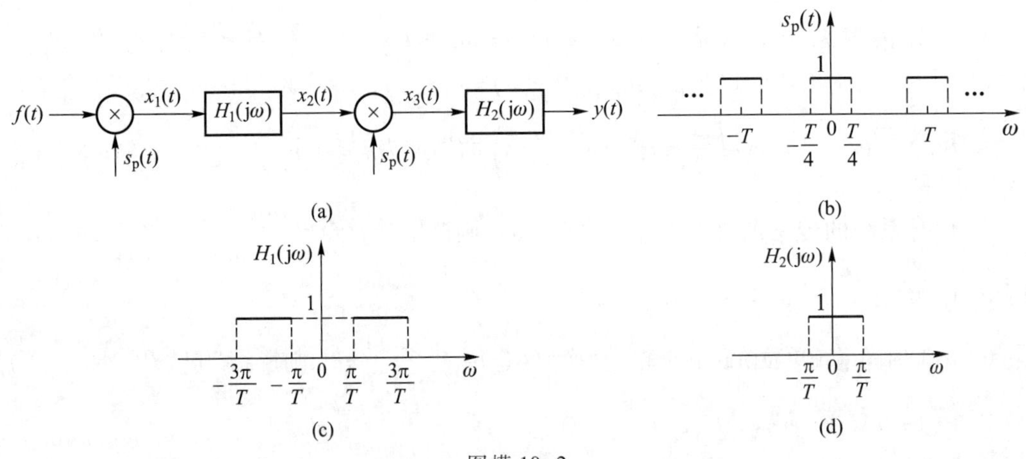

图模 10-2

五、(15 分)某线性时不变连续时间系统如图模 10-3 所示。(1) 以积分器输出 $x_1(t)$、$x_2(t)$ 为状态变量,写出系统的状态方程和输出方程。(2) 求系统的微分方程。(3) 已知系统在阶跃激励即 $f(t)=U(t)$ 时的全响应为 $y(t)=\left(\dfrac{1}{3}+\dfrac{1}{2}e^{-t}-\dfrac{5}{6}e^{-3t}\right)U(t)$,求系统的零输入响应 $y_x(t)$ 与初始状态 $\boldsymbol{x}(0^-)$。

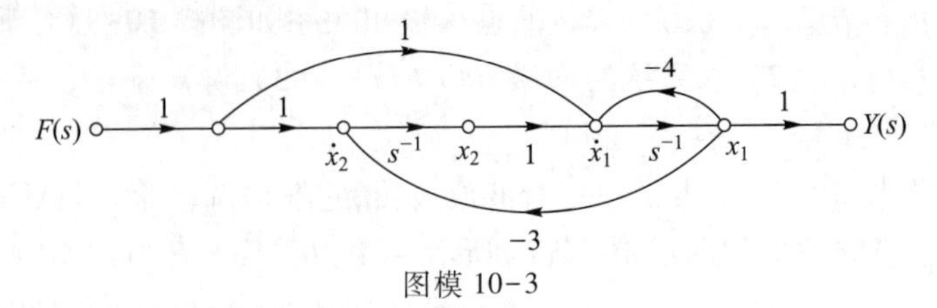

图模 10-3

六、(15分)某线性时不变系统的信号流图如图模10-4所示。(1) 求系统的单位序列响应 $h(k)$,并判断系统的稳定性。(2) 写出系统的差分方程。(3) 求系统的单位阶跃响应 $g(k)$。

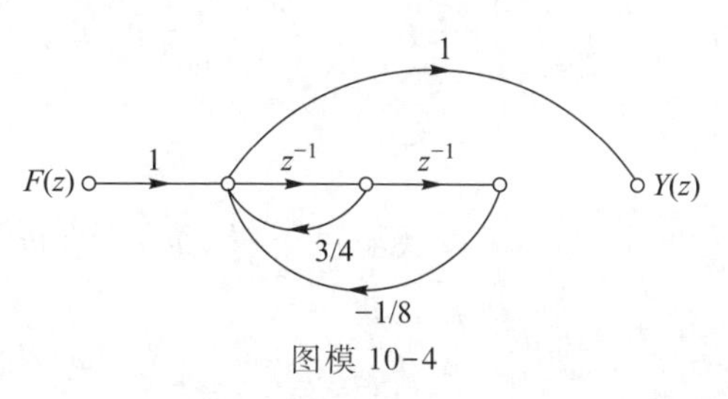

图模 10-4

七、(15分)序列 $y(k)$ 是某一线性时不变系统的输出信号,其输入信号为 $f(k)$,描述该系统的差分方程为 $y(k)=f(k)-e^{-8a}f(k-8)$,其中 $0<a<1$。(1) 求该系统的系统函数 $H_1(z)=\dfrac{Y(z)}{F(z)}$,给出收敛域,并求出其零极点。(2) 若用一个线性时不变系统从 $y(k)$ 中恢复出 $f(k)$,这个系统的输出信号为 $x(k)$,确定该系统的系统函数 $H_2(z)=\dfrac{X(z)}{Y(z)}$,使得 $x(k)=f(k)$,并给出 $H_2(z)$ 的所有可能的收敛域,分别对这些收敛域确定系统是否是稳定的、因果的。(3) 求出所有使 $x(k)=h_2(k)*y(k)=f(k)$ 的单位冲激响应 $h_2(k)$。

模拟题十解析

一、单项选择题

1. D	2. A	3. B	4. D	5. D
6. C	7. A	8. A	9. B	10. A

二、填空题

1. 4+j3,4−j3。　　2. $\left[4\left(-\dfrac{1}{2}\right)^k-4\left(-\dfrac{3}{4}\right)^k\right]U(k)$。

3. $A\,|H(e^{j\omega_0})|\cos[\omega_0k+\theta+\varphi(\omega_0)]$。　　4. 30。

5. $\mathrm{Sa}(\pi t)$。　　6. $\dfrac{z^2+1}{z(z-1)(z+1)}$。

7. $\delta(t)$。　　8. 2。

9. $z^{-2}+\dfrac{z}{z-1}-\dfrac{z}{z-1}z^{-6}=\dfrac{z+z^{-1}-z^{-2}-z^{-5}}{z-1}$。　　10. 4。

三、解:(1) 由图可知 $y_1'(t)=f_1(t-1)$,取拉普拉斯变换得

$$H_2(s)=\frac{Y_1(s)}{F_1(s)}=\frac{e^{-s}}{s}$$

故有

$$h_2(t)=U(t-1)$$

(2) 系统的冲激响应为

$$h(t)=h_1(t)*h_2(t)+h_3(t)*U(t)=2U(t)-U(t-1)-U(t-2)$$

(3) $f(t)=U(t)-U(t-3)$ 时系统的响应为

$$\begin{aligned}y(t)&=h(t)*[U(t)-U(t-3)]\\&=2tU(t)-(t-1)U(t-1)-(t-2)U(t-2)-2(t-3)U(t-3)+(t-4)U(t-4)+(t-5)U(t-5)\end{aligned}$$

四、解：(1)
$$S_p(j\omega)=\sum_{n=-\infty}^{\infty}\frac{2\sin\left(\frac{n\pi}{2}\right)}{n}\delta\left(\omega-\frac{2\pi}{T}n\right)$$

$$X_1(j\omega)=\frac{1}{2\pi}F(j\omega)*S_p(j\omega)=\sum_{n=-\infty}^{\infty}\frac{2\sin\frac{n\pi}{2}}{n\pi}F\left[j\left(\omega-\frac{2\pi}{T}n\right)\right]$$

$$X_2(j\omega)=X_1(j\omega)H_1(j\omega)=\frac{1}{\pi}F\left[j\left(\omega\pm\frac{2\pi}{T}\right)\right]$$

$$X_3(j\omega)=\frac{1}{2\pi}X_2(j\omega)*S_p(j\omega)=\sum_{n=-\infty}^{\infty}\frac{2\sin\frac{n\pi}{2}}{n\pi^2}X\left[j\left(\omega\pm\frac{2\pi}{T}-\frac{2\pi}{T}n\right)\right]$$

故有
$$Y(j\omega)=X_3(j\omega)H_2(j\omega)=\frac{2}{\pi^2}F(j\omega)$$

(2) $f(t)$中允许存在的最高频率为$\omega_m=\frac{\pi}{T}$。

(3) $H(j\omega)=\frac{2}{\pi^2}$，系统增益为$\frac{2}{\pi^2}$。

五、解：(1) 可直接写出系统状态方程和输出方程分别为
$$\begin{cases}\dot{x}_1(t)=-4x_1(t)+x_2(t)+f(t)\\ \dot{x}_2(t)=-3x_1(t)+f(t)\end{cases},\quad y(t)=x_1(t)$$

写成矩阵形式为
$$\begin{bmatrix}\dot{x}_1\\ \dot{x}_2\end{bmatrix}=\begin{bmatrix}-4&1\\-3&0\end{bmatrix}\begin{bmatrix}x_1(t)\\x_2(t)\end{bmatrix}+\begin{bmatrix}1\\1\end{bmatrix}f(t),\quad y(t)=[1\quad 0]\begin{bmatrix}x_1(t)\\x_2(t)\end{bmatrix}+[0]f(t)$$

(2) 系统矩阵为
$$H(s)=\boldsymbol{C\Phi}(s)\boldsymbol{B}+\boldsymbol{D}=\boldsymbol{C}[s\boldsymbol{I}-\boldsymbol{A}]^{-1}\boldsymbol{B}+\boldsymbol{D}=\frac{s+1}{s^2+4s+3}$$

系统微分方程为
$$y''(t)+4y'(t)+3y(t)=f'(t)+f(t)$$

(3) 系统的零状态响应为
$$Y_f(s)=H(s)F(s)=\frac{s+1}{s^2+4s+3}\cdot\frac{1}{s}=\frac{\frac{1}{3}}{s}+\frac{-\frac{1}{3}}{s+3}$$

$$y_f(t)=\left(\frac{1}{3}-\frac{1}{3}e^{-3t}\right)U(t)$$

系统的全响应为$y(t)=y_f(t)+y_x(t)$，所以零输入响应为
$$y_x(t)=y(t)-y_f(t)=\frac{1}{2}(e^{-t}-e^{-3t})U(t)$$

因为$y(0)=0,y'(0)=1$，所以

$$x(0^-)=\begin{bmatrix}0\\1\end{bmatrix}$$

六、解:(1) 由梅森公式可得

$$H(z)=\frac{1}{1-\frac{3}{4}z^{-1}+\frac{1}{8}z^{-2}}=\frac{2z}{z-\frac{1}{2}}+\frac{-z}{z-\frac{1}{4}}$$

取反变换有

$$h(k)=\left[2\left(\frac{1}{2}\right)^k-\left(\frac{1}{4}\right)^k\right]U(k)$$

系统的极点为 $p_1=\frac{1}{2},p_2=\frac{1}{4}$,均在单位圆内,所以系统稳定。

(2) $H(z)=\dfrac{1}{1-\frac{3}{4}z^{-1}+\frac{1}{8}z^{-2}}=\dfrac{Y(z)}{F(z)}$,所以差分方程为

$$y(k)-\frac{3}{4}y(k-1)+\frac{1}{8}y(k-2)=f(k)$$

(3)
$$G(z)=H(z)F(z)=\frac{z^2}{z^2-\frac{3}{4}z+\frac{1}{8}}\cdot\frac{z}{z-1}=\frac{-2z}{z-\frac{1}{2}}+\frac{\frac{1}{3}z}{z-\frac{1}{4}}+\frac{\frac{8}{3}z}{z-1}$$

系统的单位阶跃响应为

$$g(k)=\left[-2\left(\frac{1}{2}\right)^k+\frac{1}{3}\left(\frac{1}{4}\right)^k+\frac{8}{3}\right]U(k)$$

七、解:(1) 对差分方程取 z 变换,有

$$H(z)=\frac{Y(z)}{F(z)}=1-z^{-8}e^{-8a}=\frac{z^8-e^{-8a}}{z^8},\quad |z|>0$$

系统零点为

$$z_l=e^{-a}e^{j2\pi\times\frac{l}{8}},\quad l=1,2,\cdots,8$$

系统极点为

$$p_1=\cdots=p_8=0$$

(2)
$$H_2(z)=\frac{1}{H_1(z)}=\frac{z^8}{z^8-e^{-8a}}$$

$|z|>e^{-a}$,对应稳定的因果系统;$|z|<e^{-a}$,对应不稳定的非因果系统。

(3) 对于稳定的因果系统,$h_2(k)=\begin{cases}e^{-ak}, & k=0,8,16,\cdots\\0, & \text{其他}\end{cases}$;对于不稳定的非因果系统,不能恢复 $f(k)$。

参 考 文 献

[1] 李辉,段哲民,严家明,等.信号与系统重点与难点解析及模拟题[M]. 3 版.北京:电子工业出版社,2008.

[2] 范世贵,李辉,冯晓毅.信号与系统导教 · 导学 · 导考[M]. 2 版.西安:西北工业大学出版社,2007.

[3] 段哲民,尹熙鹏,周巍,等.信号与系统[M]. 4 版.北京:电子工业出版社,2020.

[4] 王景芳,肖尚辉,康清钦.信号与系统[M].北京:清华大学出版社,2010.

[5] 张艳萍.信号与系统[M].北京:清华大学出版社,2016.

[6] 许淑芳.信号与系统学习及解题指导[M].北京:清华大学出版社,2016.

[7] 吴楚,李京清,王雪明.信号与系统例题精解与考研辅导[M].北京:清华大学出版社,2010.

[8] 王炼红,孙闽红,陈洁平.信号与系统分析[M].武汉:华中科技大学出版社,2020.

[9] 张小虹.信号与系统[M].4 版.西安:西安电子科技大学出版社,2018.

[10] 张永瑞.电路、信号与系统考试辅导[M]. 3 版.西安:西安电子科技大学出版社,2014.

[11] 张永瑞.信号与系统(精编版)[M].西安:西安电子科技大学出版社,2014.

[12] 奥本海姆,等.刘树棠,译.信号与系统[M]. 2 版.北京:电子工业出版社,2020.

[13] 令前华,范世贵.信号与系统[M]. 2 版.西安:西北工业大学出版社,2021.

[14] 许丽佳,康志亮.信号与系统[M].北京:北京大学出版社,2013.

[15] 张晔.信号与线性系统[M].5 版.哈尔滨:哈尔滨工业大学出版社,2020.